数学·统计学系列

几何学教程（立体几何卷）

Geometry Tutorial (Solid Geometry Volume)

[法] J·阿达玛 著

朱德祥 朱维宗 译

哈尔滨工业大学出版社
HARBIN INSTITUTE OF TECHNOLOGY PRESS

内 容 提 要

本书是法国著名数学家 J. Hadamard 的一部名著,译者为我国著名初等几何专家朱德祥教授和其子朱维宗教授. 该书除详细而严格地论述了立体几何内容外,还包括了常用曲线、测量概念以及有关高等几何等内容. 书中附有大量的习题(共 900 题),颇有启发性. 附录部分主要介绍几何问题的可解性,关于体积的定义,关于任意曲线的长度、任意曲面的面积和体积的概念,关于正多面体的旋转群,关于凸多面体的柯西(Cauchy)定理和空间的圆的自反性质等. 该书迄今始终是初等几何方面的重要文献之一,它对掌握立体几何甚至数学方法,培养独立思考能力都有很好的启发作用.

本书可供高等院校数学与应用数学专业学生、中学教师、数学爱好者作为学习或教学的参考用书.

图书在版编目(CIP)数据

几何学教程. 立体几何卷/(法)阿达玛著;朱德祥,朱维宗译. —哈尔滨:哈尔滨工业大学出版社,2011.6(2024.11 重印)
ISBN 978-7-5603-3303-8

Ⅰ.①几… Ⅱ.①阿…②朱…③朱… Ⅲ.①几何学-教材②立体几何-教材 Ⅳ.①O18②O123.2

中国版本图书馆 CIP 数据核字(2011)第 117811 号

策划编辑　刘培杰　张永芹
责任编辑　李长波
出版发行　哈尔滨工业大学出版社
社　　址　哈尔滨市南岗区复华四道街 10 号　邮编 150006
传　　真　0451-86414749
网　　址　http://hitpress.hit.edu.cn
印　　刷　哈尔滨市石桥印务有限公司
开　　本　787mm×1092mm　1/16　印张 38.75　字数 651 千字
版　　次　2011 年 7 月第 1 版　2024 年 11 月第 3 次印刷
书　　号　ISBN 978-7-5603-3303-8
定　　价　68.00 元

(如因印装质量问题影响阅读,我社负责调换)

序　言

几何学,英文为 Geometry,实由希腊文 Geometria 一字演变而来,而按 Geometria 一字的字义分析. Geo 的含义是"地",metria 的意义是"量",合起来可译为"测地术",这也符合一些古代著作残片上的文字.亚里士多德学派哲学家欧金·罗道斯科曾说:"依据很多的实证,几何是埃及人创造的且发生于土地测量.由于尼罗河泛滥,经常冲毁界线,这测量变成必要的工作.无可置疑的,这类科学和其他科学一样,都发生于人类的需要."但在明代徐光启翻译几何原本时,却把 Geometry 译为几何学,这是从 Geo 之音译而来,亦有把 Geometry 译为形学的.但此译名却未获通用.

本书是法国数学家阿达玛(J. Hadamard)院士近 300 多篇(部)著作中的一部(其中平面几何卷已由数学工作室出版).阿达玛是历史上少数几位高龄数学家之一,活了 98 岁.在他 90 岁生日之际,被授予荣誉军团大十字勋章.他曾到中国清华大学进行过讲学,阿达玛在清华大学讲学期间是他为华罗庚介绍了前苏联大数学家维诺格拉多夫在数论方面的工作.可以说中国数学家深受其影响.

立体几何真正的困难在于空间想象能力.

André Weil 说:真正的几何直观在心理上也许永远说不清楚.在过去,这种几何直观主要是关于三维空间的构想力.而今天,对高维空间的讨论日益取代了初等问题的研究,那么构想至多只能是部分的或象征性的.触觉的想象似乎也起着一定的作用.

根据科学家的研究发现,人类所接收的信息绝大多数是用眼睛所看来的.也就是说如果一门知识如果"可视化"强,接受起来便顺利.无疑立体几何作为三维空间上的几何学当然要比作为二维几何学的平面几何难以掌握.还有一些人努力把科学解释通俗化,这时,他们即使没有造成任何误解,至少也造成了方向性的转变.在"时空连续统"(Space-Time Continuum)的概念中,从字面上讲,时间被描述为"第四维度",结果也造成了混乱.在三度空间里,旋转只能围绕着一根轴线进行,四度空间的数学属性则不然,旋转可以围绕着一个轴面进行.非专业人士为了让行家想象中的这种观点"可视化",做出了各种努力,结果造成了传统的"共同经历"与最新用来描述物质世界性质的科学术语之间的鸿沟.

本书首先要满足那些藏书者的需求.

正如藏书家陆昕所言:"古代是没有藏书文化的.所谓古代的藏书文化,是今人替古人发掘的一种文化.为了研究传统文化并继承发扬,我们替古人总结出许多文化,藏书即是其中之一.因为古人藏书,主要的目的就是用,或是学家以此研究学术,以正前贤之说,以解史迹之疑;或是藏者以此校经勘史,以纠通行本之错讹,以复古本之原貌.但无人从文化层面上研究藏书兴衰和古籍流转,至多在书跋中发几通感慨."(陆昕.今日藏书 路在何方.博览群书,2010(1).)

本书为我国几何学家朱德祥教授早年所译,现今只有在大学图书馆或少数学者的书房中可以一见,这给年轻一代喜欢老书的几何迷带来很多不便.老书是有吸引力的.有一本专门讲书店的书,专门介绍过一家英国老店——查令十字街84号书店像有去过的人所描述的那样:"这是一间活脱从狄更斯书里头蹦出来的可爱铺子,如果让你见到了,不爱死了才怪……极目所见全是书架.高耸直抵到天花板的深色的古老书架,橡木架面经过漫长岁月的洗礼,虽已褪色仍径放光芒."

工业化革命后,制造能力之强超出人们想象.大量同质同样的东西被制造出来.在人们享受到过去只有帝王和贵族才能享受到的精神食粮后突然发现,它们也在大幅贬值.所以新书有价值但它没有附加值,而旧书则有双倍价值.

本书其次要满足那些具有小众口味,醉心于冷门学问中的性情中人.早年陈省身大师下决心搞微分几何时,被人告之这个分支已近死亡.但谁成想它竟成就了陈省身一生的伟业.

新经济评论家姜奇平对Google在世界的意外成功有一妙论:"冷门打开局面,就成热门了.草根上了台面,就成精英了."立体几何在中国的命运也是几起几落.

数学的热点和冷门是交替的.可谓三十年河东三十年河西.从大的方向说方程是数学的中心议题,后来被函数所取代,再后来随着布尔巴基学派的崛起对结构又开始关注.从小的分支来说从早期的初等数论代之以解析数论(20世纪三四十年代是其黄金时代),随后超越数论红极一时,随即又被代数几何抢了风头及至费马大定理的被证明,代数数论又渐成主流.近年伴随着密码学的兴起.计算数论又开始盛行.借用卡皮查的一句人生感悟说:"我们只是漂浮在命运之河上的粒子,能做的不过是稍稍偏斜一下自己的踪迹以便保持漂浮.是河流最终支配着我们."冷门应该且尤其应该有人搞.

北京大学的季羡林先生独步中国的吐火罗语研究,没能培养出一个接班人.作为吐火罗语残卷出土地的中国,至今没有第二个能释读这种语言的学者,不能不说是个遗憾.但更令人感慨的是在万里之外的北欧小国,竟有人不计功利地从事着这样的冷门研究.这位可敬的学者是冰岛雷克雅未克大学的 J. Hilmarsson 博士.可惜他于1992年英年早逝.现在谁要想掌握这种文字只能借助字典阅读一本捷克学者(parel pouha)用拉丁文编写的吐火罗语词典和文选.立体几何现在中国已少有人系统研究了.但欧美这种因爱好而深入钻研的还大有人在.

这种冷门在社会科学中比比皆是,在自然科学中也不占少数.但人人都怕被时代抛弃,都怕被边缘化,所以都在不断寻找热门,躲避冷门,这种倾向会导致一批"冷门学科"消亡.数学因我们尚在圈内不便评论,以社会科学为例.

西北史地学曾经是清代的一门显学.晚清重臣左宗棠面对同光之际的西北动乱局势曾经说过:"中国盛世,无不奄有西北……"传统的西北史地学研究作为一个独立的方向是在清代才正式形成的,历经几代学人的努力,最终形成了在资料收集、研究方法、研究成果等方面都独具特色的学术成就,使清代的西域学成就达到了中国传统西北史地研究的高峰.但随着近代地理学的引入,原来那群研究者还周旋于浩渺的古文献中,在追赶时代步伐时显得力不从心.近代西方地理学是一种以近代物理学、近代数学为基础的一个重实测、求精确的科学体系.这一西学的引入使得西域学成为学术旧邦中深藏的珍宝重器,成为一门"绝学".

第一次世界大战后,美国数学会曾派出一个以 M. Bôcher 为首的考察团到法国,目的是了解为什么当时法国数学如此发达.该考察团在巴黎和法国外省都进行了详尽的调查,回国后在 Bulletin of American Mathematical Society 上发表了一个报告.结论是:法国数学的发展,得力于它的中等数学教育.

诚然,法国中学教师一般都是高等师范学校(Ecole Normale Supérieure)毕业的.该校历史悠久,入学考试很严格,毕业后还需经过很严格的教师合格考试(Agrégation)才能成为合格教师(Agrégé).中学教师也同大学教师一样称教授(Professeur).

中学教授讲课一般不用教科书,教了几年后,各教授都要写一套教科书,所以这类教科书很多,对中学生的自学提供了很大的方便.数学在中学课程中占很大的分量.特别数学班(Classe de Mathématiques Spéciales)则是中学最高的班次,也可以说是准备投考大学或高等学校的预备班.教特别数学班的教师一般是最有经验的教师.法国数学教育的一个特点是重实质不重形式.2011年1月17日南方科技大学创校校长朱清时在《经济观察报》发表了题为《让学校别无选择》的文章,他指出:

事实上,世界上除了中国以外的所有大学都是自授文凭,像巴黎高等师范学院根本就不授文凭.完全不走形式主义,完全靠教学质量教学过程好.巴黎高等师范学院的学历就是金字招牌.他们的状态正好跟中国的意识相反.

中国把文凭变成文凭主义,现在社会崇尚文凭这个符号,淡漠了符号背后应有的内涵.崇尚符号就忽略了能力.

中国学生很多到了硕士、博士阶段还在让导师抱着找论文题目.而法国数学家一般在22~23岁时就能完成有开创性的博士论文.这又证明了法国的中学数学教育的优越性.世界知名的布尔巴基学派就是由一些大学刚毕业的法国大学生组成的.独步世界数坛数十年,开创一代新风.

本书译者为朱氏父子.中国向来有子承父业的传统.原中译本序由曾留法博士吴新谋所写.由于吴新谋夫妇均已去世.且子女均在法国,联系不上,版权无法取得,故朱维宗教授嘱我代写一序,但写序一般是业内高人,鸿学大儒所为之事,故令笔者惶恐,且出版社都是拉作序者的大旗做虎皮.刚读一则消息是:法国前总统雅克·希拉克年少时因崇拜盛雄甘地而尝试学习梵语,被老师认为没有学习梵语的天分而改学俄语并翻译了普希金的《叶甫盖尼·奥涅金》.当时年轻的雅克把译稿寄给了十几家出版社,半数出版社甚至都没有给他收稿回执,另外半数出版社给他寄来了客套的拒稿信.多年后,当希拉克第一次被任命入主马提尼翁宫时,西岱出版社社长托人转来热情洋溢的稿约:"亲爱的总理,我们刚刚发现了您出色的《叶甫盖尼·奥涅金》的译本,我想出版它,外加一篇几页长的小引言……"被希拉克一口回绝:"我二十岁的时候您不想要这个译本,现在您也不会拿到它!"读完这则轶事,笔者想作序的念头理应打消,但由于2011年全国书博会即将在哈尔滨召开,本书要在此会亮相,时间赶人,来不及找名家作序,所以虽是狗尾,也得续貂了.佛头著粪也望作者及读者见谅!

刘培杰

2011年5月20日于哈工大

译者序

　　本书是由法文原著第七版(1932年)译出,由于法文本几经修订,原书中所引上册(平面几何)以及本册的节次编号和习题编号,往往与实际不符,凡译者注意到的已加更正,并校正了排版方面的若干错误,但难免还有遗漏,请读者惠予协助校正.

　　由于我们在上册按俄译本增译了习题解答,增加了大量插图,同时原书节次和插图编号都有缺漏,所以本册对节次和插图都重编了号码,但习题编号未动.

　　本书上册出版后,收到了许多读者来信,反映较好,并希望下册能早日出版.由法文第二版序言(上册)可知,本书对提高法国中学几何教学,曾起过一定作用,它的翻译出版相信对我国数学教学也会有一定参考价值.书中不少章节,只宜作为教师参考进修之用,自不待言.

　　限于本人水平,错误在所难免,尚祈读者指正!

朱德祥

1964年10月于昆明师范学院

第七版序

这一版有一些相当重要的变动.

由于已故的勒古格(Lesgourgues)给我的提示,我早已有意把多面角理论和球面多边形的理论融合为一,而在这一方面,布宜诺斯艾利斯①(Buenos - Aires)大学的一位同事给了我一个有用的例.在这以前,已对平面几何作过相应的修改,变得简单了.这一次把它的空间部分实现了,这样修改除了其他的一些优点外,从教学法观点来看,还有一个重要的优点,即叙述变得更为清晰易明.

另一方面,有一位教育工作者的意见,我认为很宝贵,根据他的建议,我把前几版只放在习题中的空间圆的自反性质写成了一个附录(附录 F).在我们第一版引进的以及后来增补的[特别是由布洛哈(André Bloch)增补的]值得注意的结果之外,又加入了罗伯特(Robert)、戴伦斯(Delens)、刚比艾(Gambier)等的研究结果.本书并未介绍这些重要工作的全部细节,但却建立了最突出而又最简单的结论.

---

① 阿根廷首都.——译者注

另外还有一些修改,特别是关于射影几何(关于平面射影对应图形基本定理的阐述,但愿已经简化了)的修改工作,关于凸多面体的柯西定理(附录 F)已重新给了证明.事实上,耶拉(Louis Gérard)新近提出了意见,由于他的指示,使我在这一版中能避免一些缺点.

今天的教育界放弃用"关于一直线的对称"这一词汇,是很有理由的,因为它掩盖了关于一直线或一平面的对称的主要区别,在设想替代的名词中,我喜欢用"轴反射(半周旋转)"(transposition),理由纯粹是文法上的,因为应用这一词,就可说一点的轴反射像(transposé d'un point)或一图形的轴反射像(transposé d'une figure),而其他拟议的名词,就我所知,都不能这样运用自如.

和以前各版一样,我对习题是相当重视的,这方面的主要更动是关于球面几何(习题(63)和(64))和射影几何的.我们要指出,作为习题(872)的对象的定理是由一位青年几何学家提出的.两个非常精致的问题(习题(782)和(783))是从伊利俄维西(G. Iliovici)(《科学教育》)和卡斯纳(E. Kasner)(《美国数学月刊》)那里借用的.最后,根据洛桑①人马雄(Marchand de Lausanne)(《数学教育》,1930,P291)提出的极为简单的证明(习题(900)),可以不用三角工具而建立莫莱(Morley)定理.

J. 阿达玛

---

① 洛桑是瑞士的地名.——译者注

◎ 目录

第一编 平面与直线

第 1 章 直线和平面的交点 // 3

第 2 章 平行的直线和平面 // 9

第 3 章 垂直的直线和平面 // 17

第 4 章 二面角、垂直平面 // 23

第 5 章 直线在平面上的射影、直线和平面的交角、两直线间的最短距离、平面面积的射影 // 30

第 6 章 球面几何初步概念 // 38

第 7 章 多面角、球面多边形 // 44

第二编 多面体

第 8 章 一般概念 // 69

第 9 章 棱柱的体积 // 77

第10章 棱锥的体积 // 84

第三编 运动、对称、相似

第11章 运动 // 95
第12章 对称 // 104
第13章 位似与相似 // 108

第四编 圆体

第14章 一般定义、柱 // 117
第15章 锥、锥台 // 124
第16章 球的性质 // 130
第17章 球的面积和体积 // 144

第五编 常用曲线

第18章 椭圆 // 159
第19章 双曲线 // 179
第20章 抛物线 // 198
第21章 螺旋线 // 213

第六编 测量概念

第22章 一般概念、平面测量 // 233

第23章　水准测量　// 245

第34章　面积测量　// 253

第七编　立体几何补充材料

第25章　比例距离中心　// 259

第26章　透视的性质　// 279

第27章　对于球的极与极面、空间反演、球面几何补充材料　// 314

第28章　球面多边形的面积　// 338

第29章　欧拉定理、正多面体　// 343

第30章　旋转锥和旋转柱的平面截线　// 369

第31章　椭圆看做圆的射影、以渐近线为坐标轴的双曲线　// 383

第32章　圆锥曲线的面积　// 402

第33章　圆底斜锥的截线、圆锥曲线的射影性质　// 410

附录

A. 关于几何问题的可解性　// 457

B. 关于体积的定义　// 464

C. 关于任意曲线的长度、任意曲面的面积和体积的概念　// 468

D. 关于正多面体和旋转群　// 480

E. 关于凸多面体的柯西(Cauchy)定理　// 497

F. 空间的圆的自反性质　// 506

杂题(784)~(900)　// 558

后记　// 584

第一编

平面与直线

第一编　平面与直线

第1章　直线和平面的交点

1. 我们知道(平,6)①,所谓**平面**是这样一种面,它上面两点所联结的直线整个位于这面上.

这样的面是无限的.为了用图形表示出来,只能画出它的某个有限部分,通常画一个矩形,在图1.2上以及以后就是这样办的.

按照上述定义,一条直线对于一个平面可能有三种不同的相关位置:

(1)直线可能与平面有两个公共点,因之整个位于这平面上.

(2)直线可能与平面只有一个公共点,这时称为直线与平面**相交**.

(3)直线与平面可能没有任何公共点,于是称为相互**平行**.

我们承认,任何平面分空间为两区域,各在平面的一侧.从一区到另一区,不可能不穿过平面.特别地,联结一平面异侧两点的直线穿过平面.

反过来,凡和平面相交的直线,被公共点分为两条半直线,各在平面的一侧.

从定义还得出:一个平面的全等图形是一个平面.

反之,我们承认,任何两平面可以这样迭合:使一平面上任意给定的一条半直线,迭合于另一平面上一条任意给定的半直线(原点相迭合).

2. 我们曾采用(平,6)下述公理:

公理　通过空间任意三点,有一个平面.

我们用下述定理来补足它:

定理　通过空间不共线三点,只有一个平面.

设 A,B,C 为不共线三点,假定有两平面 P 和 P' 都通过这三点.现证这两平面重合.

首先注意,由定义,这两平面公有直线 AB,AC,BC.

现令 M 为平面 P 的任一点(图1.1).过这一点可引一直线使交直线 AB 于 D,且交直线 AC 于 E.平面 P' 含有点 D 及 E,因此必含整条直线 DE,所以它含

---

①　缩写(平,6)代表本教程平面几何卷部分第6节.下同.

有点 M.

因此,平面 P 的所有点都属于平面 P',仿此可证平面 P' 的所有点都属于平面 P,定理因而得证.

为了表达上述公理和定理的总的含义,我们说,不共线三点决定一平面.

一直线 AB 及其外一点 C 决定一平面.因为含直线 AB 和点 C 的条件,和含三点 A,B,C 的条件是完全可以互相转化的.

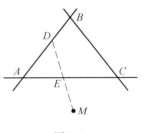

图 1.1

同理,相交的二直线 AB,AC 决定一平面,这就是三点 A,B,C 所决定的平面;两条平行直线决定一平面,因为按定义(平,38)有一个平面含有这两直线,而另一方面,由于这平面含有两直线之一及另一直线上的一点,所以是唯一的(见上段).

因此,表示一个平面,可用单一字母,或者用相应于这平面上不共线三点,或一直线及一点,或(相交或平行的)两直线的字母.

备注 我们看出,通过给定直线 D 有无穷多个平面,因为通过这直线和空间任一点可作一个平面,而通过 D 以及不在这第一平面上的一点可作第二个平面,等等.

3.备注 设有一图形,不是仅由一点构成,如果联结这图形上任意两点的直线整个属于它,那么这图形或者是一条直线,或者是一个平面,或者含有空间的所有点.

事实上,由假设,这图形至少含两点 A,B,因之含直线 AB.如果它只含有这直线,那么命题已证明了.否则,设 C 为这图形上直线 AB 外的一点,只要重复上节定理的证明,就足以断定平面 ABC 属于这个图形.如果这图形不再含其他的点,命题便证明了.

否则,设 D 为图形上在平面 ABC 以外的一点(图 1.2),所考虑的图形于是含有对平面 ABC 说来点 D

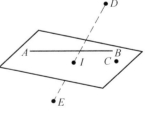

图 1.2

所不在的一侧的任何点 E,因为直线 DE 必然与这平面相交于一点 I,于是可看做由 D 和 I 所决定,从而这直线整个属于这图形.按照同样的推理,这图形也含有对平面 ABC 说来点 E 所不在的一侧(即点 D 所在的一侧)的任何点 F.因此,它含有整个空间.证毕.

4. 平面几何的公理(平,40):

过直线外一点只能引一直线平行于该直线.

在立体几何里依然成立,因为通过一点 C 所引一直线 AB 的平行线必在平面 ABC 上,于是可引用上述公理.

于是我们依然可以说,通过直线外一点所引它的那条平行线.

同理,从直线 AB 外一点 C 能引它的一条也只一条垂直线,这垂线应属于平面 ABC,而在这平面上,定理已证明过了(平,19).

相反地,从直线上一点则可引无穷多条直线和它垂直,即在通过它的每一平面上(第2节,备注)都可以引一条(图1.3).

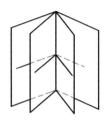

图 1.3

由此可知,两直线可以同垂直于第三条直线而并不互相平行.

5. 平面 ABC 可视为由一直线移动所产生,这直线恒通过点 C 而倚靠着直线 AB,因为这样一条直线总保持在所说的平面上,而且另一方面,从这平面上任一点(除开通过 C 而平行于 AB 的那条平行线上的点),总可以引这样一条直线.

仿此,一直线 xy 保持平行于自身原始的方向 AC,倚靠着一定直线 AB 而移动时(图1.4),便产生出平面 ABC,或者说,保持自身原始的方向,倚靠着定直线(直线的原始位置和定直线假定是相交的)而移动的直线的轨迹是一个平面.事实上,按照几何轨迹的定义(平,33),这表明下面的双重事实:(1)动直线 xy 恒属于平面 ABC;(2)通过这平面上任一点有一直线 xy 平行于 AC 而与 AB 相交.

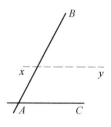

图 1.4

6. **定理** 两个互异的平面有了一个公共点,就有无穷多个公共点,都在一条直线上.

设两平面 P,Q(图1.5)有一公共点 A 而不重合.平面 Q 将空间分为两个区域,为简短计我们称之为这平面的上方和下方.

在平面 P 上通过点 A 任引一直线 MAM'.可能这直线全部属于平面 Q,如果是这样,就证明了两平面有一公共直线.

若非如此,我们知道点 A 分直线 MAM' 为两部分,一部分在平面 Q 上方,另一部分在下方.为确定计,设 M 在平面 Q 上方而 M' 在下方.

同样,引平面 P 的第二条直线 NAN',倘若它不属于平面 Q,就假定 N 在这平面上方而 N' 在其下方.

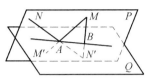

图 1.5

联结 MN',这直线联结了 Q 异侧的两点,就必然在一点 B 穿过这平面,这一点绝不是 A(否则三点 M,A,N' 将共线了)①.两已知平面公有了两点 A 和 B,就公有了整条直线 AB.

两平面在 AB 以外不会再有任何公共点,否则它们就不互异了(第 2 节).

从此可知,两个互异平面可能:(1)相交——这时它们的交点共线;(2)没有任何公共点,在这种情况下,称它们是**平行的**.

若两平面相交,公共直线将它们每一个分为两区(**半平面**),各居于不同的一侧.

7. 学习了直线和平面(第 1 节)以及两平面(上节)的情况以后,还须举出两直线的情况.明显地,若设两直线互异,那么只有三种可能:(1)两直线相交;(2)它们是平行的;(3)它们不在同一平面上.

应当指出,如果两条直线是任意画的,一般发生的都是第三种情况.对此,我们不拟多加阐明(这需要利用初等几何以外的概念),只如下指出它的正确性:任意给定第一条直线 AB 和第二条上的一点 C,如果通过 C 任意画这第二条直线,那么一般它不在平面 ABC 上,从而这两直线并不在一平面上.

7a. 特别地,我们见到,要建立两直线的平行性,像平面几何那样证明它们没有公共点是不够的.显然还须证明它们属于同一平面.

8.三平面的交点 在 1 和 7 节我们找出了直线与平面或两平面的公共点之间的情况.现在来研究三平面 P,Q,R 的公共点.

为此,若两平面 Q,R 相交,设其交线为 D_1.由于 Q 和 R 的公共点就是 D_1 的点,于是问题化为考查 D_1 和 P 的交点.

仿此,设 R,P 的交线为 D_2,而 P,Q 的交线为 D_3(如果这些平面相交),研

---

① 那时,MAM' 和 NAN' 将重合了.——译者注

究 D_2 和 Q 或 D_3 和 R 的交点就解决问题了.

我们从第一法出发.首先考虑这样的情况:

(1)平面 Q 和 R 相交(于直线 D_1),且直线 D_1 与平面 P 相交.

我们立刻看出:

Ⅰ.在假设(1)下,三平面有唯一公共点 S(D_1 和 P 的交点).如果(1)中的双重假设不真,只能有下列情况:

Ⅱ.三平面没有任何公共点,这里有三种可能的情况:

(2)Q 和 R 相交于一直线 D_1,但 D_1 与 P 平行;

(3)Q 和 R 平行;

(4)Q 和 R 重合,但和 P 平行.

Ⅲ.三平面公有一直线上的点.这里有两种可能的情况:

(5)Q 和 R 相交于一直线 D_1,而 D_1 在 P 上;

(6)平面 Q 和 R 重合而与 P 相交.

Ⅳ.三平面公有它们所有各点,只要

(7)它们两两重合.

上述七种假设是所有可能的情况.因为如果直线 D_1 存在,它对于 P 便只有三种可能,如1节所示[假设(1),(2),(5)];而如果 D_1 不存在,平面 Q 和 R 便只能平行[假设(3)]或重合[假设(4),(6),(7)].

于是我们有上述命题的逆命题:例如说,如果三平面没有任何公共点,那么这三平面必然符合假设(2),(3)或(4).

并且,D_2 对于 Q 显然相同于 D_1 对于 P 的地位,从而必然得出相同的结论.因此,如果按上述进行推理,我们是处在,例如说,假设(2),(3)或(4)之一下,那么,互换 P 与 Q,D_1 与 D_2,仍然处在这假设之下.

8a. 最后,三平面的交点也是三直线 D_1,D_2,D_3(假定它们存在)中任两线的交点:三平面的任何公共点显然是 D_1 和 D_2 的公共点,反过来也对.

因此,如果直线 D_1 和 D_2 存在且相交,就有唯一公共点.

如果它们平行,就没有任何公共点.

如果它们重合,就有无穷多个公共点.

反过来,如果三平面相交于唯一点(情况Ⅰ),这点就是三直线 D_1,D_2,D_3 的公共点.

如果它们没有公共点(情况Ⅱ),三直线 D_1,D_2,D_3(当它们存在时)就两两平行:因为直线 D_1 和 D_2(例如说)在同一平面即平面 R 上,且彼此不相交.

如果三平面有无穷多个公共点,且设直线 D_1,D_2,D_3 存在(这只在情况Ⅲ

可能),它们就是三条重合直线.

习 题

(1)设有若干直线,其中任两线相交,证明这些直线或者都通过同一点,或者都在同一平面上.

(2)通过一已知点求作一直线,使与不在同一平面上的两已知直线相交①.

已知三直线,其中任两线不共面,证明有无穷多直线与这三直线相交.

上两问题当已知直线中有两线共面时,答案为何?

(3)有两个不在同一平面上的三角形 ABC 和 $A'B'C'$,边 BC 和 $B'C'$ 相交,CA 和 $C'A'$ 以及 AB 和 $A'B'$ 也相交,证明:

①三直线 AA',BB',CC' 通过同一点,或两两平行;

②BC 和 $B'C'$,CA 和 $C'A'$,AB 和 $A'B'$ 三交点共线.

(4)给定平面 P 和这平面外(不共线的)三点 A,B,C,求:

①一点,这点与点 A,B,C 的连线交平面 P 于一个三角形的顶点,使这三角形与一已知三角形位似;

②一点,这点与点 A,B,C 的连线交平面 P 于一个三角形的顶点,使这三角形与一已知三角形全等①.

(4a)给定两个三角形 ABC 和 $A'B'C'$ 及一平面 P,在这平面上求作一三角形 $\alpha\beta\gamma$,使直线 $A\alpha$,$B\beta$,$C\gamma$ 共点,而且 $A'\alpha$,$B'\beta$,$C'\gamma$ 也共点①.

(5)将习题(8a)(平,第一编)的定理推广于**一空间多边形**(即一封闭折线,它的边不在同一平面上)和空间的任一点.

---

① 参看第一编习题末的附注.

第 2 章　平行的直线和平面

9.平行直线

定理　当两直线 D_1，D_2 平行时，由空间任一点 M①所引 D_1 的平行线(第 4 节)和由同一点所引 D_2 的平行线重合为一.

由假设,直线 D_1 和 D_2 在同一平面 R 上.如果 M 也在这平面上,由平面几何,命题已经知道了(平,40),因为那时凡平行于 D_1 的直线也平行于 D_2.

在相反的情况下,设 P 为 M 和 D_2 的平面,Q 为 M 和 D_1 的平面.这两平面(它们是互异的,因为 M 和 D_1，D_2 不在同一平面上)相交于一直线 D_3.

由 D_1 和 D_2 平行,所以三平面 P，Q，R 没有公共点(第 8a 节).

因此(第 8a 节),D_3 是通过 M 所引 D_1 的平行线,也是通过 M 所引 D_2 的平行线.

备注　同时我们看出:若直线 D_1 平行于 D_2,那么分别通过 D_1 和 D_2 的两平面的交线,必平行于 D_1 及 D_2.

10.由上节定理可得

定理　平行于同一第三直线 D_1 的两直线 D_2，D_3 彼此平行(或重合).

因若由 D_3 上一点 M 引 D_1 的平行线,必与 D_3 重合,而它也就是由 M 所引平行于 D_2 的直线.

备注　(1)同一命题在平面几何曾经证过(平,40);但显然(第 7a 节)这证明在空间是不够的.

(2)像在平面几何里一样,我们常常用有相同方向的直线这个术语来代替平行线.这样的叙述方式由上述定理得到解释.

像在平面几何里一样,我们也把两条重合直线看做是平行线的特殊情况;这样,若干命题的叙述就简化了(例如上述命题显然就是一例).

---

① 但我们假设点 M 不在 D_1 以及 D_2 上,除非我们注意到下面(10 节末)的按语.

11. 直线和平面的平行

定理 若平面 P 平行于直线 D，则通过 D 而与 P 相交的任何平面，截 P 于与 D 平行的一直线 D_1（图 2.1）.

因由作法，交线 D_1 和 D 在同一平面内，而且不与 D 相交，因为 D 和 P 没有公共点.

定理 设平面 P 含有平行于直线 D 的一条直线 D_1，则 P 必平行于直线 D，除非 P 包含 D.

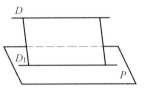

图 2.1

因为，或者 D 和 D_1 的平面重合于 P，在这样情况下 D_1 包含于 P；或者这两平面沿一直线 D_1 相截，这时 D 如与 P 相遇，只能相遇于 D_1 上一点（图2.1），而这是不可能的，因为 D 和 D_1 是平行的.

这第二命题可以看做是第一命题的**逆命题**. 将它们结合起来，可见一平面平行于或含有一直线的充要条件是它至少含这直线的一条平行线（由第一定理，这条件是必要的，而由第二定理它是充分的）.

从此立即得出：

定理 设两直线平行，则平行或包含其中一直线的任何平面，必平行或包含另一直线.

因为一个平面如果含有第一直线的一条平行线，也就含有第二直线的一条平行线.

备注 这里如果也规定把包含在平面上的直线，看做是平行于这平面的直线的特殊情况，那么叙述就可大为简化.

推论 1 设直线 D 与平面 P 平行，从平面 P 上一点引 D 的平行线，则此平行线整个在 P 上.

因为，如其不然，它就只能平行于 P；但它和 P 已有了一个公共点.

推论 2 若相交两平面平行于同一直线 D，则其交线也平行于直线 D.

事实上，这两平面都含有平行于 D 的一条直线，于是由 9 节（备注）得出结论.

推论 3 若两直线平行，则与其中一直线相交的任何平面，必与另一直线相交.

因为如果它平行或含有两直线之一的话，它也就要平行或含有另一直线.

12. 平行平面 若一平面平行于另一平面，那么它就平行于这另一平面上的一切直线.事实上,如果第一平面和另一平面上的直线之一有一个公共点,这公共点就将属于两个平面了.

反之,若一平面平行于(与第一平面互异的)第二平面上的一切直线,则必平行于此第二平面.事实上,若两平面有一公共点,通过这点就将有在第二平面上而与第一平面相交的直线了.

但我们可以进一步断言下述定理:

定理 设一平面平行于(和它互异的)第二平面上的两条相交直线,则必平行于此平面.

事实上,若此两平面相交,则此交线将(第 11 节)与命题中两直线都平行,而这是不可能的.

12a.定理 通过已知平面外一点,有一个也只一个平面平行于已知平面.这平面是通过该点而与已知平面平行的直线的轨迹.

(1)通过平面 P 外一点 A(图 2.2)有一平面与 P 平行.为了得到这平面,我们通过点 A 引两直线 Ax, Ax' 和平面 P 上不相平行的两直线 D, D' 平行.平面 Axx' 平行于平面 P(上述定理).

(2)通过 A 而平行于 P 的任何平面必重合于上面得出的平面.事实上,所得的平面应当平行于 D 和 D',因之(第 11 节)含有它们的平行线 Ax, Ax'.

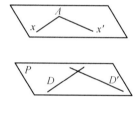

图 2.2

(3)以上的证明表明,通过 A 而平行于 P 的平面 Q,含有任何通过 A 且平行于 P 上一直线的直线(换句话说,任何通过 A 而平行于 P 的直线).

反之,我们知道,Q 的任何直线平行于 P,因此 Q 上任一点 M 属于通过 A 而平行于 P 的一条直线(直线 AM).

所以平面 Q 具有命题中所述轨迹的双重判别性质.

13. 由平行性的充要条件(第 12 节)以及为直线与平面所找出的类似条件(第 11 节),得出类似于 11 节最后一定理的命题:

(1)平行于一平面 P 的一直线 D,也平行于 P 的任何平行平面 Q(除非它含于 Q).事实上,这第二平面是平行于在 P 上且平行于 D 的直线的.

(2)同平行于第三平面 R 的两平面 P 和 Q 彼此平行(除非它们重合).因为平面 P 平行于 R 上的直线,因之也就平行于这些直线在 Q 上的平行线.

这些断言显然可提供与 10 和 11 节相类似的一个备注,如果采用下述规定,它们将大为简化:

(1) 11 节备注中的规定;

(2) 承认两重合平面作为平行平面的特殊情况的规定.

定理 当两平面平行时:

(1) 凡与一平面相交的直线必与另一平面相交;

(2) 凡与一平面相交的平面必与另一平面相交,且两交线平行.

(1) 由于两平面 P 和 Q 平行,凡与 P 相交的直线也与 Q 相交.事实上,假若与 P 相交的直线与 Q 平行(或在 Q 上),那么它将平行于 P 或含在 P 上,这与假设不合.

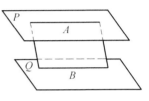

(2) 凡与 P 相交的平面也与 Q 相交(图 2.3).事实上,假若与 P 相交的平面平行于 Q(或与它重合),那么它将与 P 平行或重合,这与假设不合.

图 2.3

(3) 两平行平面 P, Q 和任意第三平面的交线 A, B 是平行的.这只须应用 11 节第一定理于平面 Q 的平行线 A.

14. 按照 10 节定理,5 节第二个断言可用下面的替代:给定两直线 D 和 D',D' 与 D 不平行(但这一次无须要求它们相交),那么依靠着定线 D 而平行于定线 D' 移动的直线的轨迹是一个平面.

明显地,我们可以作一个也只一个平面,使其通过 D 而平行于 D'(即所求轨迹),它可由 D 以及通过 D 上一点所作平行于 D' 的直线来决定.

推广言之,由空间一点可作一个也只一个平面,使其同时与 D 和 D' 平行[①],这平面是由所考虑的点引 D, D' 的平行线所决定的.

通过不在同一平面上的两直线可作相互平行的两平面,而且只能唯一地作出.为此,必须通过一线而平行于另一线作平面;另一方面,这样得出的两平面确是相互平行的,因为其中每一个是平行于另一个上两条相交直线的.

15. 定理 夹边相平行的两个角相等或相补.

明显地(平,43),只要证明夹边同向平行的两个角相等就够了.

设两角(图 2.4)∠BAC 和 ∠$B'A'C'$ 中,边 AB 和 $A'B'$,AC 和 $A'C'$ 同向平行,

---

① 仍设 D 与 D' 不平行,就没有唯一性了.——译者注

那么这两角相等.

为了证明,在这两角的边上截取长度 $AB = A'B'$, $AC = A'C'$.联结 AA', BB', CC'.四边形 $ABB'A'$ 有两边平行且相等,所以是(平,46)平行四边形,从而 AA' 与 BB' 平行且相等.

仿此可证 AA' 和 CC' 平行且相等.

因此 BB' 和 CC' 相等且(第 10 节)平行,于是 $BB'C'C$ 是平行四边形,而 $BC = B'C'$.三角形 ABC 和三角形 $A'B'C'$ 的三边分别相等,因而全等.所以角 A 和 A' 也就相等了.

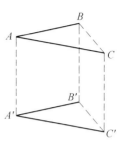

图 2.4

16.任意两直线间的角

定义 给定两直线 D, D',在或不在同一平面上(图 2.5),从空间任一点 O 引这两直线的平行射线,这两射线所形成的角称为**半直线 D, D' 间的角**.

要这个定义有意义,必须所说的角的大小与 O 的选择无关.但这可由上面的定理推出.事实上,若由两点 O, O' 引直线平行于 D, D',就得出两个角,它们的边是同向平行的.

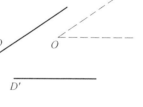

图 2.5

当两直线 D, D' 相交时,这角的新定义,和直到现在为止按角这个字的意义所理解的 D, D' 间的角,显然是一致的.

在或不在同一平面上的两直线,如果按照刚才的定义,它们之间的角是直角,我们就说它们是**垂直的**.

备注 两直线间的角,显然不因用它们的平行线分别代替而有所改变.特别,若两直线垂直,那么一条直线的任一平行线,和另一线的任一平行线垂直.

17.定理 平行线介于两平行平面或介于一直线与一平行平面间的部分相等.

设 $AB, A'B'$ 是两平行线介于两平行面 P, Q 间的部分(图 2.6),或介于一直线 AA' 和它的一个平行平面 Q 间的部分(图 2.7).为了证明这两线段相等,只要联结 BB' 并注意这直线平行于 AA'(第 13 节(3)或第 11 节),于是这两线段就是一个平行四边形的对边,因而相等.

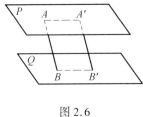

图 2.6

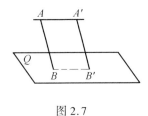

图 2.7

18. 定理 三平行平面截任意直线成比例线段.

设 P,Q,R(图 2.8)为平行平面,如果这些平面被任意的第一直线截于 A, B,C,而被任意的第二直线截于 A',B',C',那么比 $\dfrac{AB}{AC}$ 等于比 $\dfrac{A'B'}{A'C'}$.

首先,设所考虑的两直线共面(例如图 2.8 的直线 D,D'),则所求证的比例划归为平面几何的类似定理(平,113),因为平面 DD' 截三平面 P,Q,R 于三条平行直线.

其次,考虑不共面的两直线 D,D''(图 2.8).这种情况可以划归为上面的一种,只要考虑一条直线 D' 使其与 D 共面且与 D'' 也共面(例如 D 上一点和 D'' 上一点的连线,或由 D 上一点所引 D'' 的平行线).直线 D 上所截的线段之比,和直线 D'' 上所截的线段之比,由于都等于 D' 上的类似的比,所以相等.证毕.

推论 两平行平面截由一点发出的各直线成比例线段.

这个命题只不过是将上面一个应用于两已知平面,以及通过已知点所引它们的第三个平行平面而已(图 2.9;比较平,114).

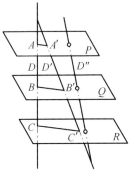

图 2.8

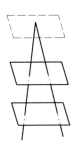

图 2.9

19.我们来回忆本章中所已证明的一些命题:

(1)通过一已知点可作一条也只一条直线平行于一已知直线;

(2)通过一已知点可作一个也只一个平面平行于一已知平面;

相反地,有

(3)通过一已知点可作无穷多条直线平行于一已知平面,即在通过已知点而且平行于已知平面的那个平面上(通过已知点)的一切直线;

(4)通过一已知点可作无穷多个平面平行于一已知直线,即通过由已知点所引平行于已知直线的那条直线的一切平面.

两条平行线公有它们所有的平行线,并且公有它们所有的平行面;两个平行平面情况仿此.但是对于一直线 D 和它的一个平行面 P,情况就不同了:平行于 D 的平面,对于 P 讲来可取任意的位置;同样,平行于 P 的一条直线,对于 D 讲来也是这样.

习 题

(6)在习题(1)中,如果只知道已知直线中任意两条共面,那么结论变成什么?

(7)求作一直线使与一已知直线平行,并与两已知直线相交[①].

(8)证明:空间四边形(习题(5))各边中点是一个平行四边形的顶点.

这平行四边形的中心是四边形两对角线中点连线的中点.

当四边形的三顶点固定,而第四个顶点描画一已知平面或直线时,求这四边形中心的轨迹.

(9)第 18 节定理的逆定理.设两直线分别被分于 A, B, C 及 A', B', C' 成比例线段,证明:分别通过直线 AA', BB', CC' 可作三个平行平面.

(10)给定不共面的两直线 D 和 D',M 是 D 上任一点,M' 是 D' 上任一点,以定比分 M 和 M' 的连线段,分点的轨迹为何?

(10a)当 M, M' 不是在给定直线上任意变动,而假设直线 MM' 平行于一定平面时,解决同一问题.

由是推断,一直线变动时,如果保持与两定直线相交并与一平面平行,则必与另外的无穷多条定直线相交,这些直线平行于同一个平面.

(11)证明:反过来,当一动直线与平行于同一面的三定直线相交时,它被这些直线分成定比且保持平行于一定平面.

[①] 参看第一编习题末的附注.

(12)证明:如果上两题中所考虑的动直线无限远离时,它将变成平行于一确定的方向.

(13)求作一直线使与三已知直线相交,并被它们分成已知比①.

(14)设一动直线与两定直线 D, D' 相交,并被这两线和一定平面(不同时平行于 D, D')分成定比,证明:它与一定平面平行.

(15)在空间四边形相邻两边上取两点,各到其对边上一点连线,使两双对边分别分成相同的比.证明:这两直线相交,并且其中每一条被另一条所分的比,等于与它不相交的边上的比.

(16)在两条给定直线间求作一定长割线,使其平行于一已知平面①.

---

① 参看第一编习题末的附注.

第3章 垂直的直线和平面

20. 定义 我们说直线 AB(图 3.1)**垂直**于平面 P,如果它垂直于平面上通过它的足的一切直线.

我们就要证明,可以找到一个平面垂直于已知直线,或一条直线垂直于已知平面.

这样的一条直线垂直于平面上的一切直线.

说得更广泛些,垂直于一平面的一条直线,必垂直于这平面的任何平行线.

例如说,在点 A(图 3.1)垂直于平面 P 的直线 AB,是垂直于这平面的任意一条平行线 D 的.事实上,通过点 A 有一条直线 AC 平行于 D 且在平面 P 上:由假设,表征 AB 和 D 间的角的,是直角 BAC.

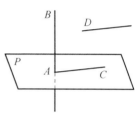

图 3.1

反过来,若一直线垂直于一平面上的所有直线,它就不能平行于这平面(第 11 节),于是它穿过平面,从而和平面垂直.

21. 从定义还可以立刻推出下面的结果:

(1)垂直于一直线的平面 P,必垂直于这直线的任意一条平行线.因为平面 P 的所有直线既垂直于第一条直线,也就垂直于第二条.

(2)垂直于一平面 P 的直线 D,必垂直于 P 的任意一个平行面.因为后一平面上的任一直线都是平行于 P 的,因此,它就垂直于 D 了.

22. 直线与平面垂直存在的可能性,由下述命题得出:

定理 距两点 B, B_1 等远的点的轨迹,是线段 BB_1 的中垂面.

证明 设 A 为 BB_1 的中点.轨迹上的点位于通过 BB_1 的一个平面上(图 3.2),是在这平面上由 A 所作垂直于 BB_1 的直线上的点.因此,轨迹是由这些垂线产生的.现设 C, C' 为轨迹上两点(图 3.3),两个三角形 BCC' 和 B_1CC' 因三边分别相等($BC = B_1C$, $BC' = B_1C'$,边 CC' 公用)而全等.使这两个三角形重合,

并以 C'' 表示直线 CC' 上任一点. 顶点 C, C' 保持重合于自身, 当顶点 B_1 与 B 重合时, B_1C'' 来到 BC'' 的位置. 所以有 $B_1C'' = BC''$.

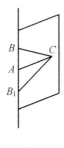

图 3.2

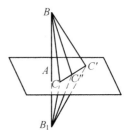

图 3.3

所以 CC' 上任一点 C'' 属于轨迹.

这轨迹既具有性质:联结其上两点的直线整个被包含在内, 又含有不共线三点, 而又不包含空间的一切点(例如点 B 就不属于轨迹), 所以轨迹是一个平面(第 3 节), 这平面显然在 A 与 BB_1 垂直.

备注 距 B 较距 B_1 为近的点, 与 B 在上述轨迹的同侧. 事实上, 在通过 BB_1 的任一平面上(例如平面 BB_1C), 距 B 较距 B_1 为近的点, 对直线 AC 说来, 是在含 B 的半平面上(平, 32).

23. 定理 要一条直线垂直于一个平面, 只须它垂直于这平面上通过它的足的两条直线.

事实上, 设直线 AB 垂直于两直线 AC, AC' (图 3.3). 取 $AB_1 = AB$. 距 B 和 B_1 等远的点的轨迹将包含 AC 和 AC', 所以它将和平面 CAC' 重合, 这平面于是(上述定理)垂直于 AB. 证毕.

推论 一直线 D 和一平面 P 垂直的充要条件是:它垂直于这平面上的或与这平面平行的两条不相平行的直线 D_1 和 D_2.

事实上, 若由 D 上一点引 D_1 和 D_2 的平行线, 这两平行线是互异的, 于是决定一个与 P 平行(第 12a 节)而与 D 垂直的平面.

23a. 定理 通过空间一点 O 可作一个且只一个平面垂直于一直线 D. 这平面是通过已知点 O 所作已知直线 D 的垂线的轨迹.

首先假设点 O 在直线 D 上. 于是在这直线上从 O 起截取相等的长度 OA 和 OB, 距 A, B 等远的点的轨迹将是一个在 O 与 AB 垂直的平面. 这平面是由 O

所作 AB 的垂线的轨迹,因之就是通过 O 而垂直于直线 D 仅有的平面.

其次假设点 O 在 D 外(图 3.4).通过这一点作直线 D_1 平行于 D,以及平面 P 垂直于 D_1.P 即是所求平面,而且是仅有的,因为凡垂直于 D_1 的平面必垂直于 D,反之亦然,并且凡通过 O 而垂直于 D 的直线都在这平面 P 上(由于垂直于 D_1),而且 P 上的任何直线是与 D 垂直的.

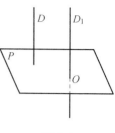

图 3.4

命题全部证毕.

备注 按照 16 节关于垂线一词的说明,我们就不能像在 4 节那样说,从已知直线外一点只能作它的一条垂线;相反地,这样的垂线有无穷多条.

但当说到由直线外一点 O 所作这直线的那条垂直线时,我们将了解为(除非另有声明)与 D 相交的那一条.特别地,所谓点 O 到直线 D 的**距离**,将永远指这条垂线上介于垂足 H(它和 D 的交点)和点 O 间的部分.像平面几何一样,点 H 称为点 O 在直线 D 上的**正(交)射影**(或简称**射影**).

24.定理　(1)垂直于同一直线的两平面互相平行;
(2)垂直于同一直线的直线和平面互相平行.

(1)垂直于同一直线 xy 的两平面 P,Q 互相平行.事实上,若由 P 的一点作一平面平行于 Q,这平面也将垂直于 xy,因之它将与 P 重合.

(2)垂直于同一直线 xy 的平面 P 和直线 D 相平行.事实上,若由 P 的一点作一直线平行于 D,这直线将垂直于 xy,因之含于 P.

25.定理　通过空间一点 O 可作一条且仅一条直线垂直于一已知平面.

在平面 P(图 3.5)上作两相交直线 D_1,D_2.通过点 O 所引垂直于这平面的直线,应该既垂直于 D_1 又垂直于 D_2,因之应属于由 O 所作这两直线的垂直平面 Q_1 和 Q_2.反之,这两平面的公共线是垂直于平面 P 的(第 23 节,推论).

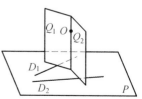

图 3.5

平面 Q_1,Q_2 截平面 P 于两条相异的直线,因为在平面 P 上同一条直线不可能同时和两条相交直线 D_1,D_2 垂直,所以这两平面是相异的.而由于它们有了一个公共点,所以它们相交于唯一直线,这就是所求垂线,并且是仅有的一条.

定理 垂直于同一平面 P 的两条直线相平行.

因若由一直线上一点作另一直线的平行线,它将和第一条重合(上述定理).

26. 定理 设由一平面外一点引这平面的垂线和一些斜线:

(1) 这垂线短于任何斜线;

(2) 距垂线足等远的斜线等长;

(3) 若两斜线距垂足不等远,则距垂足较远者较长.

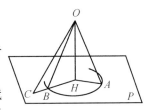

图 3.6

(1) 由点 O(图 3.6)作平面 P 的垂线 OH 和斜线 OA. OA 较 OH 为长,因为对于直线 HA 来说,OA 是斜线而 OH 是垂线;

(2) 满足 $HA = HB$ 的斜线 OA 和 OB 相等,这是由于三角形 OHA 和 OHB 全等的缘故(在 H 处的角是直角因而相等,且夹边分别相等);

(3) 设斜线 OA, OC 满足 $HA < HC$,在 HC 上取长度 $HB = HA$. 斜线 OB 等于 OA((2))而小于 OC(平,29).

由这定理后半得:

推论 两条等长斜线距垂足等远. 和(2)结合,这表明:在一平面上距空间一点 O 有定长的点的轨迹是一个圆周(图 3.6),它的圆心是由 O 所引这平面的垂线足.

事实上,平面 P 上距点 O 有等距离的点,也距 H 等远,反之亦然.

27. 由一点向一平面所引的垂线长,称为由点到平面的**距离**(按照上述定理,它是由点到平面的最短线路).

两平行平面处处相距等远. 由一平面 P(图 3.7)上两点 A, B 到一个平行平面 P' 的距离 AA' 和 BB' 是相等的,因为它们是平行平面间的平行线段.

同理,一直线到一平行平面的距离处处相等.

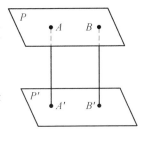

图 3.7

28. 定理 给定一点以及从这点发出的两条射线,由这点发出且与这两射线成等角的直线的轨迹是一个平面,它通过两已知射线夹角的平分线,以及由两已知射线的公共点所引它们平面的垂线.

设在两射线 OA,OB(图 3.8)上截取线段 $OA = OB$.若直线 OM 与 OA,OB 构成等角,则两三角形 OAM 和 OBM 全等(因有两边及夹角对应相等),从而点 M 距 A,B 等远.于是 M 属于 AB 的中垂面 P.

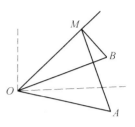

图 3.8

并且这平面通过角 AOB 的平分线,以及由 O 所引平面 AOB 的垂线,因为这两直线显然属于轨迹.

备注 一条射线 OM' 和 OA 形成的角,小于或大于它和 OB 所成的角,就看它上面一点 M' 距 A 较距 B 为近或远而定,因此(第 22 节,备注)就看对平面 P 而言,它在 OA 所在的一侧或 OB 所在的一侧.

习 题

(17)在一已知平面上求作一直线,使其通过这平面上一点且垂直于任意给定的直线[①].

(18)求空间中距一已知三角形三顶点等远的点的轨迹.

(19)求空间中距两相交直线等远的点的轨迹.对于两平行直线解决同一问题.

(20)求通过一已知点并与不共面两已知直线成等角的直线的轨迹.

(21)通过一已知点求作一直线,使其与三已知直线成等角[①].

(22)设一射线与一平面上三射线形成等角,证明:它垂直于这平面.

(23)给定两相交直线 OA,OB,由公共点 O 发出的射线应在空间什么区域则与 OA 所成的角大于与 OB 所成的角?

(24)证明:与两已知点距离的平方差为常数的点的轨迹为一平面.

(25)直接证明(仿照第 22 节)上述命题.并由此重新得出 23 节定理.

(26)求一已知平面上的点的轨迹,使与两已知点的距离之比为常数.

(27)求一已知平面上的点的轨迹,使与两已知点的距离的平方和为常数.

(28)求一已知平面上的点的轨迹,使一已知线段在这些点的视角为直角.考查线段一端在已知平面上的情况.

(29)任意给定空间一点及一圆,它们之间所引的直线段以哪一条为最短?

---

① 参看第一编习题末的附注.

以哪一条为最长?

(30)给定一平面同侧两点 A,B,在这平面上求一点,使与 A,B 的距离之和为最小①.

(31)给定一平面异侧两点 A,B,在这平面上求一点,使与 A,B 的距离之差为最大①.

(32)给定不共面两直线 D,D',并在这两直线上各取一点 A,A';设 M,M' 也是分别在 D 和 D' 上的两点,且 $AM=A'M'$.证明:

①当 A,A' 固定而线段 $AM,A'M'$ 的公共长度变动时,MM' 的中垂面通过两定直线 G_1,G_2 之一(由线段 $AM,A'M'$ 所取指向而定),其上各点距两给定直线等远;

②当两点 A,A' 在这两直线上任意变动时,直线 G_1,G_2 中每一条保持平行于一定平面;

③每一直线 G_1 和各直线 G_2 相交;

④通过距两条给定直线等远的任一点,有一条直线 G_1 和一条直线 G_2.

---

① 参看第一编习题末的附注.

第4章 二面角、垂直平面

29.定义 有一公共直线的两半平面所组成的图形(图4.1)称为**二面角**,这直线是二面角的**棱**,两半平面是它的**面**.

二面角可以用表示两面的字母,或用表示棱的字母放在面的字母之间来表示;也可以只用棱的字母来表示,只要不至于和其他有同一棱的二面角相混.因此,图4.1所表示的二面角,可记为 PQ,或$\angle P\cdot xy\cdot Q$或$\angle xy$.

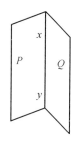

图4.1

30.定义 从二面角的棱上同一点 A(图4.2)在两面上引棱的垂线 AB 和 AC,所形成的线性角$\angle BAC$称为二面角的**平面角**或**线性角**,换言之,平面角由垂直于棱的一个平面截二面角而形成.

这样得到的平面角的大小,只因所考虑的二面角而定,与角顶 A 在棱上的选取无关.事实上,先后在棱上取两点 A,A' 作为顶点,可以得到$\angle BAC$,$\angle B'A'C'$.这两个角是相等的,因为直线 AB 和 $A'B'$ 在同一平面上垂直于AA',因而相平行,且又有同向,而 AC 和$A'C'$也是如此.

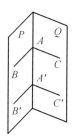

图4.2

31. 给了一个平面角$\angle BAC$(图4.3),我们可以谈论这个角的转向(平,20),但在空间,要在平面 ABC 所分成的两部分(设为 R 和 R')之中,选取一个(例如 R),并规定就在这个部分里观察平面.

设由点 A(即角的顶点)引这平面的垂线,确定区域 R,便归结为在这垂线上选一个指向,即当我们离开平面要进入所考虑的区域时,所应移动的指向(图4.3上以箭头表示).设想一个观察者沿这平面的垂线站着,使所定下的指向就是从他的脚趾朝头的方向,便可以用这样的观察者,来代替平面几何里所谈到

(平,20)的那个观察者.如果面向这角内部,观察者看到边 AB 在 AC 之右,这角就是**正的**,否则就是**逆的**.

由平面几何所论,转向主要取决于这垂线上所选的指向;改变了后者,转向也就变了.要注意,角的转向也依赖于读这角的两边的顺序.

现设 PQ 为一二面角(图 4.3).把以上所说用于这二面角的平面角 ∠BAC(边 AB 在面 P 上,边 AC 在面 Q 上).所谓平面 BAC 的垂线,就是二面角的棱.因此在这棱上应假设选定了一个指向,并设想一个观察者沿棱站着,面向二面角内部,使从脚到头的方向正好就是所考虑的指向.如果这观察者见到边 AB 在 AC 之右,二面角就是**正的**.也可以这样说,如果观察者见到面 P 在面 Q 之右,二面角就是正的;在这样的方式下,可知所得转向与平面角的选取无关.

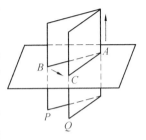

图 4.3

于是我们看到,一经在二面角棱上定下了指向,就可以决定这二面角是正的或逆的;但当这指向没有定下时,总可以适当地选择指向使二面角为正的.

32. 如果能移置两个二面角之一使与另一个迭合,那么这两个二面角称为**全等**或**相等的**(按全等图形一般定义).

两个二面角称为**相邻的**,如果它们有公共的棱,一个公共的面,并且位于这公共面的异侧,如图 4.4 的二面角 PQ 和 QR.这时,外侧的两面所成的二面角 PR 称为前两个的和.因此要得到两个二面角的和,可移置其中一个使与另一个成相邻.

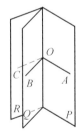

图 4.4

要比较两个二面角,可移置其中一个于另一个之上,使它们有相同的棱,一个公共面 P(图 4.4),并且其余两面 Q,R 在 P 的同侧.二面角 PR 称为**大于**或**小于**二面角 PQ,就看各面的顺序是 P,Q,R 或是 P,R,Q.在这两种情况下,将二面角 QR 加于其中一个就得出另外一个,这二面角 QR 称为它们的**差**.最后,若平面 Q 与 R 重合,已知的二面角就是相等的.

我们看出,这些定义和平面几何里关于通常的角的定义完全类似,只不过这一次它们的合理性不是很显然的.事实上,有无穷多方式移置二面角 PQ,使它与二面角 PR 都公有棱和面 P(因为可以把它沿公共棱滑动而面 P 仍能保持与其自身重合),在这些移动中,面 Q 为什么不取得各种不同的位置这一点,并不明显.如果这假设成立,那么就有可能发生这样的情况:即有时面 Q 在面 R

的这一侧,而有时又在它的那一侧,于是由于比较的方式不同,二面角 PQ 就可能既大于二面角 PR 又小于它.

事实却并不如此,这是由下面的定理得出的.

33.定理 相等的两个二面角的线性角相等;不相等的两个二面角的线性角不相等,较大的二面角对应的线性角也较大;两个二面角的和(或差)所对应的线性角,等于原先两个二面角对应的线性角之和(或差).

(1)第一部分是明显的,因为当我们把两个二面角迭合时,它们的线性角必然相同.

(2)如果两个二面角按上法将一个移置在另一个之上(如图 4.4 的 PQ,PR)是不相等的,而面 Q 在 P 和 R 之间.这时用垂直于公共棱的一个平面去截这些二面角,在这平面上就得出两个线性角 $\angle AOB$ 和 $\angle AOC$,其中 OB 介于 OA 和 OC 之间,因之有 $\angle AOB < \angle AOC$.

(3)设相邻的二面角 PQ,QR 的和是二面角 PR.这时它们的线性角 $\angle AOB$ 和 $\angle BOC$ 在同一平面内是邻角,并确定以 PR 的线性角 $\angle AOC$ 为其和.

显然这些命题的逆命题都成立.

以上证明的命题表明,正像上面所说的那样,两个二面角的大小顺序,它们的和与差,不因移置它们的方式而变,也不因使它们成为相邻的方式而变,事实上这并不改变平面角的大小顺序或其和与差.所以上节末了所说的情况是不会发生的.

一个二面角可以移置于其自身上,使每一面取另一面的位置(棱仍在原位置,但改变了指向).

这显然只要将线性角反转为其自身(平,10).

34.定理 两个二面角之比等于它们的平面角之比.

这定理由上面的定理立刻可推出(比较平,17,113,247).读者也可以重新作出算术上的一般推理,如同在平面几何卷里所作的那样(平,17,113).

推论 如果把线性角等于一个单位的二面角取为二面角的单位,那么任何二面角和它的线性角有同一度量.

为了看出这一点,只要在上述定理中把第二个二面角取为单位二面角.

依照刚才得出的结论,我们用度、分、秒来量二面角.一个二面角的度、分、秒数,即是它的平面角的度、分、秒数.

35. 垂直平面

定义 一平面称为**垂直**于另一平面,如果这两平面形成的两个相邻的二面角彼此相等.

当二面角的一面垂直于另一面时,便称为**直二面角**.

定理 一个二面角是直二面角的充要条件是它的平面角是直角.

(1)设二面角 P-xy-Q(图 4.5),其中平面 P 垂直于 Q,即假设二面角 PQ 等于半平面 P 和延展半平面 Q 所形成的邻二面角 PQ'.垂直于棱 xy 作一平面,截半平面 P 于 OA,截平面 Q 于 $B'OB$.这两直线垂直,因为它们形成的相邻二角 $\angle AOB$ 和 $\angle AOB'$ 是相等的两个二面角的线性角,因而是相等的.

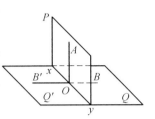

图 4.5

(2)反之,设二面角(图 4.5)P-xy-Q 的平面角 $\angle AOB$ 为直角,将半平面 Q 延展得 Q',则所形成的第二个二面角 PQ' 等于 PQ,因为它的平面角 $\angle AOB'$ 和 $\angle AOB$ 同为直角.

推论 设一平面垂直于第二平面,那么反过来第二平面也垂直于第一平面.

36.

定理 若两平面垂直,则在一平面上所引它们交线的垂线必垂直于另一平面.

和上节一样,设 P-xy-Q(图 4.5)为一直二面角,并设 OA 是在平面 P 上所引垂直于 xy 的直线.这直线 OA 可视为二面角 PQ 的平面角的一边,因之垂直于这角的第二边.它既已垂直于 xy,就垂直于平面 Q 了.证毕.

37.

上面定理的假设可看做由两部分构成,即(1)两平面 P 和 Q 互相垂直;(2)交线的垂线 OA 位于平面 P 上.

因此这定理有两个逆定理.

第一逆定理 一平面若含第二平面的一条垂线,则垂直于第二平面.

若平面 P 含平面 Q 的垂线 OA,它就与平面 Q 垂直,因为二面角 PQ 的平面角 $\angle AOB$ 是直角.

第二逆定理 若两平面垂直,则由一平面上一点引另一平面的垂线,必整个含在第一平面上.

设平面 P 和 Q 垂直,从平面 P 上一点 A 所引平面 Q 的垂线,其实就是(上节)由点 A 所引两平面交线的垂线.

推论 1 推广言之,若一平面平行于另一平面的一条垂线,则必垂直于此平面.

若平面 P 平行于平面 Q 的一条垂线 D,则必含 D 的一条平行线(第 11 节),于是垂直于 Q(第一逆定理).

垂直于同一平面的直线和平面彼此平行,因为其中一个含(第二逆定理)另一个的一条平行线.

推论 2 若两相交平面垂直于第三平面,则其交线垂直于这第三平面.

设两平面 Q 和 R(图 4.6)都垂直于 P,而 A 为其公共点之一,则由点 A 所引 P 的垂线含于 Q 及 R 上(第二逆定理),因此这垂线就是它们的交线.

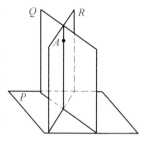

图 4.6

38.定理 通过不垂直于已知平面的一条直线,可作一个也只一个平面垂直于这已知平面.

这平面是由已知直线上各点向已知平面所作垂线的轨迹.

设直线 AB 不垂直于平面 P(图 4.7),但可以在平面上或在平面外.由点 A 向 P 作垂线 Ax,由假设这直线与直线 AB 互异.这两直线所决定的平面 xAB 与 P 垂直(第 37 节,第一逆定理).

反之,凡通过 AB 且垂直于 P 的平面必含 Ax(第 37 节,第二逆定理),这样的平面只能与 xAB 重合.另一方面,它含有从 AB 上任一点向 P 所作的垂线,而且反过来,通过这平面上任一点有一条垂直于 P 的直线,这直线与 AB 相交(由于与 AB 共面而不相平行).这就证明了命题的后半.

图 4.7

39.凡直二面角都相等,因为有同样的线性角.

我们把小(大)于直二面角的二面角称为**锐(钝)二面角**;两个二面角之和等于一或两直二面角的,称为**余**或**补二面角**.显然,锐、钝、余、补的二面角对应于锐、钝、余、补的线性角,反过来也对.

于是,一个半平面和与它相交的无限平面形成两个补二面角;反之,若两个相邻的二面角互补,它们的外侧两面互相延展.

一平面同侧的若干半平面,若沿同一直线截此平面,则所成各二面角之和等于两直二面角;沿一直线的若干半平面所形成的各二面角之和等于四直二面角.

40.如果两个二面角 PQ 和 $P'Q'$ 中,一个的面是由另一个的面延展得来的,就称为**对棱二面角**(图 4.8).

两个对棱二面角是相等的,因为它们的平面角是对顶角.

我们注意,两个对棱二面角有同向,如果在公共棱上选取同一指向,并且把一个的第一面,取为另一个的第一面的延展面的话.这来源于两个对顶角有相同的转向.

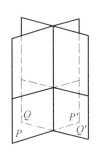

图 4.8

41.设两二面角的面分别平行,则此两二面角相等或相补.

这可以这样得出:用一个垂直于它们棱的公共方向的平面一截,就决定出它们的线性角,而这是相等或相补的.

备注 同时可看出,若相平行的面有同向①,这两二面角也就有同向(只要在棱上所选的指向相同).

42.通过二面角的棱将它分为两个相等部分的平面,称为二面角的**平分面**.容易看出,这平面可以看做由棱和一个平面角的平分线所决定.两个相交的无限平面形成四个二面角,它们的平分面形成两个彼此垂直的无限平面.

距两相交平面等远的点的轨迹,是这两平面形成的二面角的平分面.事实上,由一点 M(图 4.9)向平面 P,Q 作垂线 MA,MB,则平面 MAB 垂直于 P(由于含有 MA)和 Q(由于含有 MB),从而垂直于它们的交线,并且决定了二面角的一个平面角 $\angle AOB$.于是,垂线 MA 和 MB 是相等或不等,就看点 M 属于或不属于这平面角的平分线;因此,也就看它属于或不属于

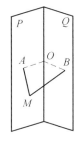

图 4.9

---

① 两平行面同被第三平面所截,使每一个被分为两个半平面,如是所得半平面中的两个称为有同向或有反向,就看它们在截面的同侧或异侧.

二面角的平分面.

43.由本章和前章所得结果有：

通过一已知点,有一也只一条直线垂直于一已知平面；

通过一已知点,有一也只一个平面垂直于一已知直线.

相反地,有

通过一已知点,有无穷多条直线垂直于一已知直线,即在由这点所引垂直于这直线的平面上的一切直线；

通过一已知点,有无穷多个平面垂直于一已知平面,即通过由已知点引向已知平面的垂线的一切平面.

垂直于同一平面的两直线必相平行,但垂直于同一直线的两直线并不如此.

垂直于同一直线的两平面必相平行,但垂直于同一平面的两平面并不如此.

我们看出,这些结论和 19 节为平行直线和平面所做的类似结论正好相反.

习　　题

(33)证明：和两已知相交平面成等倾的平面,必与两定直线之一平行.

(34)求平行于一定方向的直线介于两定平面间的部分的中点的轨迹.

(35)三角形的边保持与定直线平行,而且两个顶点假定各保持在一定平面上,求第三顶点的轨迹.

(36)解同样的问题,当前两顶点分别在一定直线和一定平面上滑动.

(37)求距两已知平面的距离之和或差为常数的点的轨迹.

(38)求由一已知点发出的直线段的端点的轨迹,这些线段在两条已知直线上的射影之和为已知.

(39)从二面角的棱 xy 上一点,所引在二面角内部的半直线 D 具有这样的性质：若在 D 上一点 P 与这直线垂直的平面,分别与这二面角的两面相交于 OA 和 OB,则点 P 在 $\angle AOB$ 的平分线上(假设 P 不在棱 xy 上).证明直线 D 属于二面角的平分面.

(39a)给定一二面角以及和棱相交的一直线 D,通过这直线求作一平面,使其被二面角的两面所截而得的角以 D 为平分线.研究不能与不定的情况.

(40)通过两定直线 D, D' 各作一动平面使其保持互相垂直,求如是所得直二面角的棱和垂直于两已知直线之一的定平面的交点的轨迹.

第5章　直线在平面上的射影、直线和平面的交角、两直线间的最短距离、平面面积的射影

44. 从一点向一平面所引垂线的足, 称为这点在这平面上的**正(交)射影**(或简称**射影**).

任意一个图形的射影, 是由原图形各点的射影所构成的图形.

一直线在一平面上的射影仍然是直线, 除非已知直线垂直于平面(在这种情况下, 射影化为一点).

事实上, 我们已经知道(第 38 节), 从已知直线上各点向已知平面所作垂线的轨迹是一个平面, 这平面(称为该线的**投射平面**)确与已知平面交于另一直线(图 5.1). 当已知直线与已知平面平行时, 显然该直线也平行于它的射影.

平行直线在同一平面上的射影是平行线, 因为是平行平面(即两平行面, 其中每一个含另一个的两条平行线)被第三平面所截的交线(图 5.2).

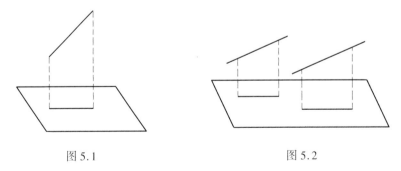

图 5.1　　　　　　　　　图 5.2

用完全相仿的推理, 可知同一直线(或两平行线)在两平行面上的射影是平行的(图 5.3).

同一线段在两平行面上的射影是相等的, 这只要看图 5.3 就知道了①.

44a. 推广言之, 同一个图形在两个平行面上的射影是全等图形.

---

① 对于在两个平行面上的两条平行而相等的线段, 这命题也照样正确(参看 48 节).

事实上,根据上面所说容易看出,这性质对于任意的一个三角形成立(图 5.3a),这三角形在两个平行平面上的射影是两个三角形①,它们相等且(第 31 节)有同向.

于是,这性质可推广(平,50)于任意图形,不论它是不是平面图形.

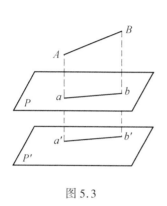

图 5.3

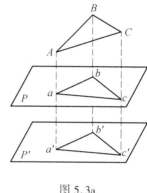

图 5.3a

45. 直角射影定理 一个直角投影为直角的充要条件是:它至少有一边平行于射影平面.

(1)设∠AOB(图 5.4)为直角,它的边 OB 平行一平面 P,而它在这平面上的射影是∠aob. 平行于 OB 的直线 ob 和两条相交线 OA, Oo 垂直,因此它垂直于平面 OAao,因而也垂直于 oa.

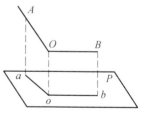

图 5.4

(2)设直角∠AOB 投射在平面 P 上成直角∠aob. 因直线 ob 垂直于 oa 和 Oo,故它垂直于平面 OAao,因而垂直于 OA. 由于 OA 也垂直于 OB,若设 OB 和 ob 不相平行,OA 就垂直于平面 OBbo,因而(第 37 节,推论 1)平行于平面 P. 在相反的情况下,与平面 P 平行的是 OB.

45a. 当直角的一边在射影平面上时,上述命题的第一部分可以叙述为:

设由空间一点 A 引平面 P 的垂线 Aa 和这平面上的直线 OB 的垂线 AO,那么这两垂线足的连线 Oa 也垂直于 OB(图 5.4a).

---

① 当被投射的三角形所在平面垂直于射影平面时,这一点应加修正,但是我们的命题依然成立.

这命题称为**三垂线定理**.它有以下两个逆命题:

第一逆命题 设由一平面上一点 a 引这平面上任一直线 OB 的垂线 aO,那么,点 O 和这平面在 a 的垂线上任一点 A 的连线,也垂直于 OB.

因为直线 OB 既垂直于两相交直线 aO 和 aA,就垂直于它们的平面.

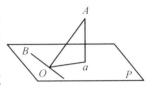

第二逆命题 设由平面 P 外一点 A,引这平面上的直线 OB 的垂线,并在平面 P 上由点 O 作 OB 的垂线 Oa,那么,由 A 向 Oa 所引的垂线垂直于 P.

图 5.4a

应用 36 节定理,这是由于平面 OAa 垂直于 P(因其垂直于 OB)的缘故.

46. 直线和平面的交角

定理 设由直线和平面的交点在这平面上引各直线,其中和已知直线夹最小角的那一条,是已知直线在平面上的射影.

设 OA(图5.5)是由平面 P 上点 O 引出的半直线,由点 A 引平面 P 的垂线 Aa,以定出 OA 的射影 Oa.那么$\angle AOa$(必为锐角)小于 OA 和平面 P 上其他任何直线 Ob 的夹角.

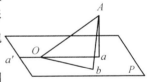

为了看出这一点,截取 $Ob = Oa$,并联结 Ab,则(第 26 节) Ab 大于 Aa.于是由两边相等而第三边不等的三角形 AOa 和 AOb 可得所要的证明.

图 5.5

备注 若直线 Ob 在平面 P 上绕点 O 离开 Oa 而转动,则距离 ab 增大,因而距离 Ab 也增大,$\angle AOb$ 因此也增大,直到极大值 $\angle AOa'$,它是对应于 Ob 落在 Oa 的延长线上的(图5.5).

直线 OA 和它在平面 P 上的射影所夹的锐角 $\angle AOa$ 称为**直线和平面的交角**.

46a. 直线和平面的交角,是这直线和平面的一条垂线所成锐角的余角. 这由图5.5直角三角形 OAa 可看出,其中两锐角互为余角.

显见直线和平面的交角,不因直线代以其平行线、平面代以其平行面而有所改变.

线段在平面上的射影,等于这线段的长度乘以它和射影平面交角的余弦.

利用上面直线与平面交角的定义,由三角学上所证明的关于射影的基本定理即可得出.

由此特别可以得出:两平行线段的比,等于它们在同一平面或两平行平面上的正射影之比.

我们指出,此地的计算只涉及绝对值,而不可能是另外的样子,因为所考虑的线段的射影,我们没有指出它的正向.

47. 最大倾斜线

定理 当两平面相交时,第一平面上的直线和第二平面形成可能的最大角的,必垂直于交线.

设两平面 P 和 Q 相交于直线 xy(图 5.5a). 由上节所论,平面 P 上的直线和平面 Q 形成可能的最大角的,将和 Q 的一条垂线 AB 形成最小的角. 但在平面 P 上和 AB 成最小角的直线是(第46节)AB 在平面 P 上的射影 AB', 而这条射影确是垂直于 xy 的,因为投射 AB 的平面是垂直于 Q(因为它通过 AB)和 P 的,因而垂直于它们的交线.

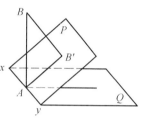

图 5.5a

我们看出,最大角就是平面 P 和 Q 的交角(我们用这个名词表示锐二面角 PQ 的线性角).

图 5.5a 也表明,两平面的交角,是其中一平面和另一个的一条垂线的交角的余角.

若 Q 为水平面,则直线 AB' 称为**平面 P 的最大倾斜线**.

48. 当平面 P 和 Q 相交时,平面 Q 上任一点到平面 P 的距离,和由这一点到两平面所成二面角的棱的距离之比是常数,和这点到棱的距离在平面 P 上的射影之比也是常数. 事实上,设 M, M' 为平面 Q 上两点(图 5.6),$Mm, M'm'$ 是它们到平面 P 的距离,$MN, M'N'$ 是它们到二面角 PQ 的棱的距离,则直角三角形 MmN 和 $M'm'N'$ 因一锐角相等而相似.

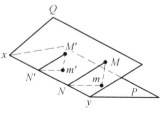

图 5.6

锐角 $\angle MNm = \angle M'N'm'$ 就是两平面 P 和 Q 的交角,若以 α 表之,则所要

考虑的比值 $\dfrac{Mm}{MN}$ 和 $\dfrac{Mm}{mN}$ 分别等于 $\sin \alpha$ 和 $\tan \alpha$.

到两已知平面距离之比为一已知数的点的轨迹,是通过已知平面交线的两个平面(比较平,157).

49. 两直线间的最短距离

定理 给定两条不平行的直线,有一也只一条直线和它们都相交成直角. 我们把它叫做两条给定直线的**公垂线**.

这公垂线的长度是两直线间的最短距离.

设有彼此不相平行的两条直线 AB, $A'B'$(图 5.7). 通过这两直线可以作两平行平面 P 和 P', 而且只能唯一地作出(第 14 节). 凡既垂直于 AB 又垂直于 $A'B'$ 的直线, 必与 P 垂直(第 23 节, 推论). 反之, 垂直于 P 的一条直线同时与 AB, $A'B'$ 垂直.

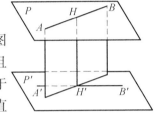

图 5.7

垂直于平面 P 而与 AB 相交的直线的轨迹是一个平面 Q; 垂直于平面 P 而与 $A'B'$ 相交的直线的轨迹是一个平面 Q'. 这两个垂直于 P 的平面, 既不重合又不平行(因为不可能存在既平行 AB 和 $A'B'$ 而同时又垂直于 P 的平面), 它们相交于唯一的一条与 P 垂直的直线 HH', 这就是所求的直线, 而且是仅有的一条.

在直线 HH' 上介于 AB 和 $A'B'$ 之间的距离, 是两平行平面 P, P' 间的距离, 因此比在直线 AB 和 $A'B'$ 上各任取一点所得到的距离 MM' 为短. 证毕.

若两直线相交, 则公垂线通过它们的交点, 而最短距离为零.

最后, 两平行线有无穷多条公垂线, 彼此相等.

50. 平面面积的射影

定理 平面面积在一平面上的射影, 等于被投影的面积乘以两平面交角的余弦.

以 P 表示所考虑面积的所在平面, P' 表示射影平面. 我们区分几种情况来证明这定理.

(1)所考虑的是一个三角形 ABC 的面积, 有一边 BC 平行于射影平面 P'. 由于(第 44a 节)可将这图形平行于自身移动而不致影响结果, 故我们可假设 BC 在两平面 P, P' 的交线上(图 5.8). 设 $A'BC$ 是 ABC 在平面 P' 上的射影, AH

是三角形 ABC 的高,$A'H$ 是三角形 $A'BC$ 的高(三垂线定理).并且直角三角形 $AA'H$ 在点 H 的角等于两平面 P, P' 的交角,因之比值 $\dfrac{A'H}{AH}$ 等于这角的余弦(参看 48 节).这个比等于两三角形 $A'BC$ 和 ABC 的比,因为它们有公共底边.

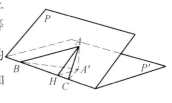

图 5.8

(2)所考虑的是一个三角形的面积,没有任何一边与射影平面平行.适当选定一顶点(图 5.8a),引 AD 平行于平面 P, P' 的交线 xy,把这三角形分解为两个三角形 ABD 和 ACD,它们适合第一种情况的条件.由于每一部分和它的射影之比相同,对于整个三角形,按照关于比例的一个已知定理,情况也就一样了(比较平,257).

(3)如果所考虑的是一个任意多边形,我们将它分解为三角形.对于这些三角形,所说的比是相同的,于是整个多边形也是如此.

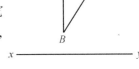

图 5.8a

(4)最后,这定理适用于平面 P 上任意曲线所围成的面积和它的射影.

事实上,由定义(平,260,注),面积 S(图 5.8b)是内接多边形面积 s 的极限.若 S', s' 为 S, s 在平面 P' 上的射影,当多边形 s 的边数无限增加且每一边趋于零时,多边形 s' 也发生同样的情况.

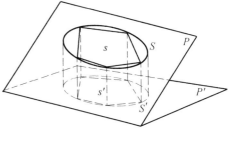

图 5.8b

但由上面所说,我们有
$$s' = s\cos\alpha$$
其中 α 表示两平面的交角.所以当 s 趋于 S 时,s' 趋于一极限 $S' = S\cos\alpha$.证毕.

习 题

(41)证明:若一曲线在两相交平面上的射影是直线,则在一般情况下它是一条直线.在什么情况下这命题不成立?

(42)两直线在两相交平面上的射影各是平行线,证明:它们自身相平行.考查类似于上题的例外情况.

(43)在已知平面上,通过这平面的一已知点求作一直线,使与一已知直线形成已知角①.

通过已知平面上的一已知点求作一直线,使与另一已知平面成已知角①.

(43a)通过一已知直线求作一平面,使与已知平面成已知角①.考查不可能的情况.

(44)证明:与二面角的两面成等倾的直线,和这两面相交于距棱等远的两点,反之也对.

(45)求通过一已知点并与两已知平面成等角的直线的轨迹.

(45a)求一平面上的点的轨迹,使其与两已知点 A,B 的连线和这平面成等倾.

(46)证明:当 $\angle AOB$ 投射于和它的平分线 OC 平行的一个平面上时,射影是一个角,它的平分线与 OC 平行.

(47)如果将一个直角投射于一平面,这平面和角的两边相交,或者和两边的延长线相交,证明:射影是钝角;但如果射影平面和角的一边以及另一边的延长线相交,则将是锐角.

(47a)证明:一个角和它在平行于其一边的平面上的射影,同为锐角或同为钝角.

(48)证明:两直线 D,D' 的公垂线足,对于 D' 上任一点 M 讲,和 D 的这样一部分在同侧:即和由 M 向 D 所引垂线形成锐角的部分.

(48a)证明:定直线 D 上一点到另一定直线 D' 的距离,当这点离开 D,D' 的公垂线足越远时越大.

(49)由一已知点发出的直线,若与一已知直线 D 有等于已知长度的公垂线,证明:其轨迹由两个平面组成.

(50)给定一直线 D 和空间一点 O,D 在一平面 P 上的射影为 d,证明平面 P 上有一点 O' 存在,使点 O 到 D 上任一点的距离,和点 O' 到 M 在 P 上的射影 m 的距离之比为一常数.

(50a)在一已知直线 D 上求一点,使它到另一已知直线 D' 的距离和到一已知点 O 的距离之比为一已知数(应用上题)①.

---

① 参看第一编习题末的附注.

(51)证明:对于任意平面多边形可用一直线段和它对应,使它在空间任一直线上的射影,和多边形在垂直于这直线的平面上的射影的面积,有相同的度量数(这线段垂直于多边形所在平面,而它的长度和多边形的面积有相同的度量数).

第6章 球面几何初步概念

51. 定义 到一已知点(称为**球心**)的距离为已知长的空间点的轨迹,称为**球**(图6.1).

从球心到球面上一点的连线称为**半径**.联结球面上两点且通过球心的直线段称为**直径**.由定义可知,半径彼此相等,且直径等于半径的两倍.

通过球心的平面称为**径面**.球将空间分为两个区域:一个区域含距球心小于半径的点,称为球[①]的**内部**;与此相反,距球心大于半径的点,称为在**球外**.由一条连续路线从一区到另一区必须通过球面.

图6.1

球的定义连同圆周的定义(平,7)显然表明,球被径面所截的截线是一个和球有相同中心和半径的圆周.这样的圆周称为球的**大圆**.

直线和球的交点 为了研究一直线 xy 和一个球 S(图6.1a)的交点,我们通过直线 xy 和球心 O 作一平面.凡直线和球的公共点,必然属于这平面截球的大圆,于是类似于58节(平,第二编)的结论,有下列命题:

(1)若球心到直线的距离大于半径,则直线与球不相交.

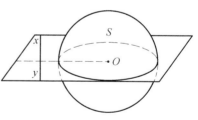

图6.1a

(2)若此距离小于半径,则直线与球相交于两点.当直线和球心的距离越大时,这直线被截的弦越小;球心投射为这弦的中点.

(3)最后,在中间的情况下,即直线到球心的距离等于半径时,直线和球只有一个公共点.

这时,直线称为球的**切线**.

我们看出,球的切线垂直于通过切点的半径,并且反过来,一条半径在其端

---

① 也有把球这个名词指球面内的部分的,这种叙述也不会在推理时引起任何误解.

点的垂线是切线.

从以上推出下面的定理：

定理 在球上一点的切线的轨迹，是与这点的半径相垂直的平面.

这平面称为球在该点的**切平面**.

52. 球和平面的交点

定理 若一平面到球心的距离大于球半径，这两个面没有任何公共点.

若一平面到球心的距离小于半径，这两个面相交于一圆，圆心是球心在平面上的射影.

最后，在相等的情况时，球面和平面只有一个公共点，平面切于球面（上节）.

事实上，设球心 O 在所论平面 P 上的射影为 C（图 6.1b），由 C 在这平面上引一系列的直线，则由球心到其中任一线的距离就是球心到这平面的距离.

因此，若此距离大于半径，则所引的直线没有一条和球相交（上节）.

若此距离等于半径，则所说的直线是切线.

如果此距离小于半径，则所有这些直线与球相交. 公共点 M 的轨迹是以 C 为中心的一个圆周. 这事实和 26 节推论中所说的没有区别.

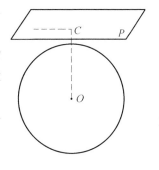

图 6.1b

推论 1 半径为 R 的球和距球心为 d 的平面相交于一圆，圆半径 r 是
$$r = \sqrt{R^2 - d^2}$$

由图 6.2 可看出，在直角三角形 OCM 中，斜边为 R 而两腰为 r, d.

这公式表明，为什么上面将球被通过它中心的平面所截的截线（这截线的半径为 R）称为**大圆**. 我们还可看出，球的所有其他截线（称为**小圆**）的半径都小于 R.

推论 2 同一球的两圆至多相交于两点，即这两圆所在平面的交线和球的交点（如果存在的话，上节）.

定理 通过球上两点有一大圆，而且只有一个，除非这两点是对径点.

因为通过两点 A, B 和球心 O 有一个平面，而且当 A, B 与球心不共线时，这平面是唯一的.

相反地，显见同一球上两大圆恒相交于两个对径点.

备注 (1) 以上证明的性质,使平面几何里的直线和球的大圆之间建立了一种类似的关系,但这种类似是不完全的,因为对于对径点有例外.

(2) A,B 两点将联结它们的大圆分为两个弧,其中小于半圆周的称为**劣弧**,另一条称为**优弧**(当 A 和 B 是对径点时,便无须区别了).如不特别声明,当我们说联结 A,B 两点的**大圆弧**时,总理解为劣弧.

一条劣弧和任何(不是它所属的)大圆 C 不能相交于两点,因为这样的点应该是对径点.如果弧的两端 A,B 对于大圆 C 说在同一半球上,那么整条弧就在这半球上.

52a. 垂直于一个圆所在平面的球的直径,和球面相交于两点,称为这圆的**极**(图 6.2).极距离这圆上各点等远.如果这圆是一个大圆,那么它上面每一点到极的距离,由图 6.2a 立刻知道等于一象限的弦.

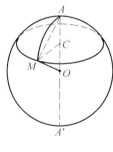
图 6.2

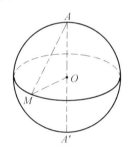
图 6.2a

反过来,球面上的点到这球面上一点若有定距离(小于直径),则其轨迹为一圆,以该点为其一极.

事实上,在联结已知点 A 及其对径点 A' 的任一半大圆上,有轨迹的一点也只有一点(根据平面几何).以 M 表示这一点.由 M 作平面与 AA' 垂直,截球于一圆,这圆全部属于轨迹(第 26 节).这轨迹不能再含其他任何一点.因为如有这样的一点,通过这点而垂直于 AA' 的平面,或者不与球相交,或者截半大圆 AMA' 于 M 以外的一点,由以上可知,这是不可能的.

由是可知,在球面上可像在平面上一样地画圆,只要把圆规的一脚放在这圆的一个极上.但是,如果开度稍大,就要用弯脚的而不是直脚的圆规(称为**球面圆规**).

联结球上一圆的一个极到这圆上任一点的大圆弧,长度都相同,称为这圆的**球面半径**. 大圆的球面半径等于一个象限的弧长, 反过来, 球上一圆的球面半径如果等于一个象限的弧, 它就是大圆.

(球上)任意一圆将球分为两个部分, 处于这圆的两侧, 称为**球冠**. 每一球冠各含这圆的一个极, 并且是由(球上)这样一些点形成的: 它们到这极的距离, 小于从这圆上的点到极的距离.

对于一个小圆来说, 通常把两个球冠中较小的一个, 即球面半径小于一象限的一个, 称之为这小圆的**内部**. 显然这内部和球心处于小圆平面的两侧.

53. 两大圆的交角

定理 具有公共直径的两半大圆的交角(平, 60a), 等于包含它们的半平面的交角, 并以这两半大圆的公共点为极而介于其间的大圆弧为度量.

设两半大圆 AMA' 和 ANA' (图 6.3)相交于 A, A'. 又设 Ax, Ay 为这两曲线在点 A 的切线. 由于这两切线都垂直于 AA', 它们决定了二面角 $M \cdot AA' \cdot N$ 的平面角.

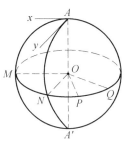

图 6.3

另一方面, 以 AA' 为极的大圆的平面和 AA' 垂直, 这平面截半平面 $AA'M$ 和 $AA'N$ 于射线 OM 和 ON, 它们也形成二面角 $M \cdot AA' \cdot N$ 的平面角, 而这个角就是大圆弧 MN 所对应的圆心角. 这就证明了命题的第二部分.

53a. 两大圆交角, 由下面的定理可用另一种方式得出:

定理 两半大圆的交角, 以联结它们的极的大圆弧为度量, 或等于它的补角.

像上节一样, 设 AMA' 和 ANA' (图 6.3)为两半大圆, 它们的所在平面截与 AA' 垂直的大圆于 M, N. 后面这一大圆含有前面两大圆的极 P, P', Q, Q', 因为分别和平面 AMA', ANA' 垂直的直径 PP', QQ' 都和 AA' 垂直. 并且, PP', QQ' 分别垂直于球的半径 OM, ON, 所以它们的交角等于 $\angle MON$ 或是其补角.

备注 所考虑的两个大圆各有两极, 所以联结两个大圆的各一个极, 有四种不同的方式.

设 P, Q (图 6.3)是使得弧 MP, NQ 有同向的两个极. 于是弧 PQ 可以看为由弧 MN 在它的平面内绕 O 旋转一直角而得, 因之等于弧 MN.

两弧有反向的情况,显然可以自上面的情况导出,只须将两极 P,Q 中的一个也仅仅一个代以其对径点,例如 P 用它的对径点 P' 来代替.圆心角 $\angle POQ$ 于是用它的补角代替,成为 $\angle MON$ 的补角.因此,联结两极 P 和 Q 的大圆弧,和半大圆 AMA' 与 ANA' 的夹角的度量是相等还是相补,就看在大圆 PQ 上分别介于两已知半大圆弧和相应的极之间的两个象限弧,是同向还是反向.

54.定理 球面上距这球上两已知点等远的点的轨迹是一大圆,即是在联结两已知点的大圆弧的中点和该圆弧垂直的大圆.

设 A,B 为两已知点(图6.4).在弧 AB 的中点与 AB 垂直的平面通过球心 O(因 $OA=OB$),因之截球面于一大圆,就是所求的轨迹(第22节).这大圆也通过大圆弧 AB 的中点(这点距 A,B 等远);并且,由上节,它垂直于这弧 AB,因为它们两个的平面互相垂直.

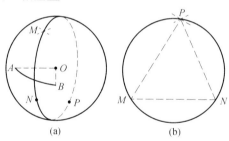

图 6.4

备注 上面的轨迹分球面为两个半球,其中一个含(第22节,备注)距 A 较距 B 为近的点,另一个含距 B 较距 A 为近的点.

问题 利用球面作图和平面作图,求一实球的半径.

第一解法 在球上任取两点 A 和 B(图6.4),以同样开度作两圆,分别以这两点为极.这两圆的一个公共点 M 由于距 A,B 等远,便在上节所得的大圆上.利用圆规不同的开度重复同样的作图,得出同一大圆上另外两点 N,P.用圆规取距离 MN,NP,PM,在一个平面上作一三角形与三角形 MNP 全等,于是这三角形的外接圆半径,就是所求的半径.

第二解法 以球上任一点 C 为极,取圆规的一个确定的开度作一圆,在其上取三点 M,N,P.如上所述,作一个三角形与三角形 MNP 全等,就可以定出这圆的半径.

知道了这圆的半径和距离 CM(等于圆规的开度),就可以定出球的半径.事实上,若 I 为圆 MNP(图6.4a)的圆心,则三角形 CIM 为直角三角形,且可在平面上作出(因其斜边 CM 和一腰 MI 为已知). 于是在 M 引 CM 的垂线,与 CI 的延长线相交于 C',则 CC' 就是球的直径.

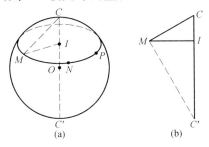

图 6.4a

问题 作大圆弧以联结实球上两已知点.

分别以两已知点为极各作一大圆(上题). 这两大圆相交的两点,就是所求大圆的极.

备注 这问题和上题第一解法结合起来,就可以画一大圆使垂直平分两已知点所连的大圆弧.

第7章 多面角、球面多边形

55. 所谓**多面角**是指这样一个图形:由通过同一点(多面角的**顶点**)的若干平面,顺次以其交线(这些是半直线,称为多面角的**棱**)为界而形成的;它围成在一个方向为无限的空间部分(图7.1).

在一个多面角中,一方面要考虑连续两棱间的夹角,称之为**面角**;另一方面要考虑以多面角的棱为棱而界于连续两面间的二面角.

最简单的多面角是有三个面三条棱的**三面角**.

如果一个多面角整个在它的任何一面无限延展的平面的同一侧,便叫做**凸**的,如各棱通过同一个凸多边形各顶点的多面角(图7.1a);在相反的情况下,便称为**凹**的.三面角必然是凸的.

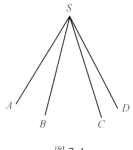

图7.1

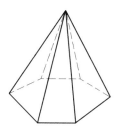

图7.1a

对称三面角 任意给定了一个三面角 $S-ABC$ (图7.2),将各棱过顶点 S 延长,成为 SA', SB', SC',于是得到一个新的三面角 $S-A'B'C'$,它的各个元素和原先三面角的元素分别相等.事实上,各面角由于是对顶角(例如 $\angle A'SB' = \angle ASB$)而分别相等,各二面角(例如 $\angle SA = \angle SA'$)则是对棱二面角.

但虽然它们的元素相等,这两个三面角却不全等.我们就要来证明,无法移置使它们迭合.

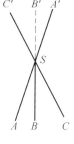

图7.2

首先要指出,一般说来,如果要迭合这两个三面角,只有当置 SA' 于 SA 上,SB' 于 SB 上,SC' 于 SC 上时才有可能.事实上,每当已知三面角的面角不相等时,情况就是这样的,因为这时三面角 $S-A'B'C'$ 可能和 BSC 重合的面角只有 $\angle B'SC'$,因此,如果两个三面角重合的话,$B'SC'$ 将在 $\angle BSC$ 上,从而 SA' 在 SA 上.并且在任何条件下,当我们在这一节说起两个三面角迭合时,总是按刚才的意义来理解的,即对应元素相重合.正是这种迭合我们来证明其为不可能.

其次让我们注意,用随便什么方式移动第二个三面角使 SA' 重合于 SA 而 SC' 重合于 SC,这三面角最后的位置总是一样的.于是我们可以将面角 $\angle A'SC'$ 在它自身的平面上移动以置于 $\angle ASC$ 上(因为在它们公共的平面上,这两角有相同的转向),来完成上述的重合.

我们取平面 ASC 作为台面,而为固定思路计,假定棱 SB 出现在平面之前,于是棱 SB' 将在同一平面之后(图 7.2);在我们用于三面角 $S-A'B'C'$ 的运动中,它将保持在这平面之后,因为面 $A'SC'$ 在台面上移动而不离开这平面,因而棱 SB' 在任何时刻不能穿过台面.所以无法将 SB' 与 SB 迭合.

55a. 上面两个三面角的元素虽然对应相等,但仍不能迭合,这是由于它们的转向不相同的缘故.下面指出转向的意义.

定义 所谓三面角 $S-ABC$ 的**转向**,指的是二面角 SA 的转向(第 31 节).我们取 SAB 作为这二面角的第一面,并且在棱上选定指向 SA(图 7.2).如果一个观察者沿 SA 站着,脚在 S 面向三面角内部,看见面 SAB 在面 SAC 之右,三面角 $S-ABC$ 的转向称为**正的**;在相反的情况下,就称**为逆的**.

由这定义可看出,三面角的转向决定于读三棱的顺序.

确切地说,每当互换两条棱时,三面角的转向就改变了.例如互换两棱 SB 和 SC,这是显然的(因为这就是互换了二面角 SA 的两个面);又例如两个转向 $S-ABC$ 和 $S-BAC$(由互换棱 SA,SB 而得)也确是相反的,因为在 $\angle ASB$,$\angle BSA$ 的公共平面上,它们有反向,因此(平,20)两个观察者,一个沿 SA,另一个沿 SB,都面向角 ASB 内部,将见到三面角的内部在一个的右方,而在另一个的左方.

由于转向 $S-ABC$ 和 $S-BAC$ 相反,转向 $S-ABC$ 和 $S-BCA$ 就相同,所以三面角的转向不因轮换三棱而变(我们用轮换这个名词表示这样一种运算:即将顺序 SA,SB,SC 变为 SB,SC,SA 或 SC,SA,SB).

转向的概念适用于任意的多面角.一个多面角 $S-ABCDE$ 将称为**正的**,如果一个观察者沿 SA 站着,脚在 S 面向多面角内部,看见面 SAB 在 SAE 之右;在相反的情况下,称为**逆的**.按照三面角同样的推理,转向 $S-ABCDE$ 和转向 $S-BCDEA$,$S-CDEAB$,…相同,但和转向 $S-EDCBA$,$S-DCBAE$ 等相反.

在上节的证明中,显见三面角 $S-A'B'C'$ 的转向和 $S-ABC$ 的相反,换言之,二面角 SA,SA' 的转向相反,因当棱 SA' 来到 SA 上而面 $A'SC'$ 来到 ASC 上时,另两面 $A'SB'$,ASB 在平面 ASC 的异侧.

这是可以直接看出的.因为由二面角 SA 到二面角 SA',必须:(1)将二面角 SA 代以其对棱二面角——这是不改变转向的(第40节);(2)在棱上,将指向 SA 代以相反的指向 SA'——这变更了二面角的转向.

因此,这两个三面角确有反向,我们不能把它们迭合.

这两个三面角 $S-ABC$,$S-A'B'C'$,或推广言之,任意两个三面角,它们的元素对应相等而转向相反,称为**对称三面角**.

56.定理 在任意三面角中,任一个面角小于其他两个面角之和而大于其差.

这命题只须证明第二部分,因为在三面角 $S-ABC$ 中(图7.3),如果有 $\angle ASC < \angle ASB$,那么显然不等式

$$\angle ASC < \angle ASB + \angle BSC$$

成立,而在相反的情况下,则由不等式 $\angle ASC - \angle ASB < \angle BSC$ 导出.

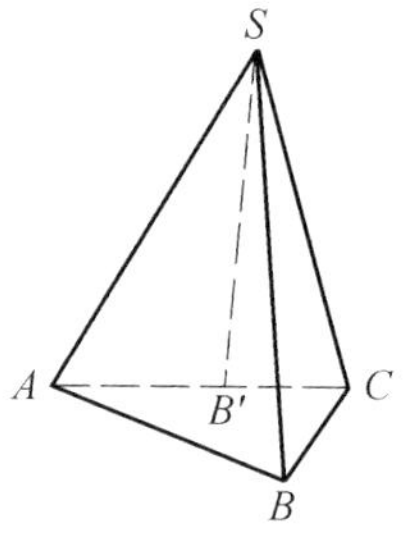

为了证明后面这个不等式,在面 ASC 的平面上作 $\angle ASB' = \angle ASB$,从而

$$\angle B'SC = \angle ASC - \angle ASB$$

我们来证明 $\angle B'SC < \angle BSC$.

图7.3

取两线段 $SB = SB'$,然后通过点 B 和 B' 作一平面使与两射线 SA 和 SC(不是它们的延长线)相交于 A 和 C.

在两个三角形 SAB 和 SAB' 中,在点 S 的角相等,夹边依次相等(SA 公用,由作图 $SB = SB'$),于是这两个三角形全等,所以 $AB' = AB$.从而 $B'C$ 等于 $AC-AB$,便小于 BC.于是由两边相等而第三边不等的两个三角形 SBC 和 $SB'C$,得出

$$\angle BSC > \angle B'SC$$

推论 在任何多面角中,任一面角小于其他各面角之和.

证法和类似的定理(平,26)完全相仿.对于有四面的多面角 $S-ABCD$(图

7.1),有
$$\angle ASD < \angle ASB + \angle BSD < \angle ASB + \angle BSC + \angle CSD$$
同样的推理适用于有五、六……面的多面角.

57. 球面多边形　一个**球面多边形**是由若干大圆弧围成的球面部分,这些大圆弧(称为该多边形的边)小于半圆周,并顺次以它们的交点为界.

一个球面多边形如果位于每一边所在大圆的一侧,就称为**凸的**(图 7.4);否则称为**凹的**(图 7.4a).

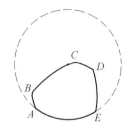

图 7.4

图 7.4a

在第一种情况下(凸多边形),含一条边的每一个大圆将球分为两半球,其中之一包含整个多边形;这多边形的内部是一个区域 R,即如上与每一边对应的各半球的公共部分①.

联结多边形内和周界上两点 M 和 N(但两点不在同一边上)的大圆劣弧,位于 R 内(第 52 节,备注),即在多边形内.

球面多边形像平面多边形一样,按边数分类,最简单的②是球面三角形.

备注　球面三角形总是凸的.事实上,如果在三角形 ABC 中,大圆弧 AC 不是整个在大圆 AB 的同侧,那么它将与大圆 AB 有不同于 A 的一个交点.这个交点在 A 和 C 之间,因之将大于半圆,而这是与定义矛盾的.

球面多边形与多面角之间的关系　任一球面多边形有一个多面角和它对应,以球心为顶点,球心到这多边形各顶点的连线为棱.

多面角的面角 $\angle AOB$,$\angle BOC$,…(图 7.5)是多边形各边 AB,BC,…所对应

---

① 含于多边形的任一点 M,按照它的定义,属于上文定义的每一个半球,因此属于它们的公共部分 R.反过来,含于 R 的一点 N,可用劣弧与 M 相连,这劣弧不能(第 52 节,备注)穿过任何一边,因此不能走出多边形.
② 止于同一直径两端的两半大圆围成一个图形($ABFEA$,图 7.9),称为**月形**(补充材料,第 360 节),它显然可以看为一个**二面形**.只不过这种多边形的边,是等于而非小于半圆周.

的中心角.

由 53 节定理,多面角的二面角以多边形的角为其线性角.

反过来,以一个球的中心为顶点的多面角,和球相交于一球面多边形,它们之间具有以上所述的关系.

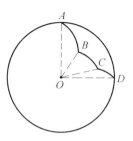

图 7.5

57a. 由是可知,由关于多面角的面角和二面角的性质,可推导关于相应球面多边形的边和角的性质,反过来也如此.

特别地,由 56 节定理可得出下述命题:球面多边形任一边小于其他各边之和(由此推出:球面三角形任一边大于其他两边之差).

从这里我们看出,像在平面几何一样(平,26),联结两点的大圆劣弧(第 52 节,备注(2))短于有同样端点的球面多边线(图 7.6)①.

这大圆劣弧称为两已知点的**球面距离**.

像对于三面角或多面角一样,我们必须考查球面三角形或球面多边形的**转向**.这就是指(当明确地规定了多边形周界行进的方向以后)从球的外部看它的一个角的转向.显然这转向和对应多面角的转向是相同的.

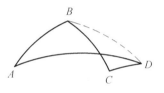

图 7.6

各元素对应相等但转向不同的两个球面三角形,称为**对称的**.

特别地,各顶点互为对径点的两个球面三角形,就是这种情况.

58.我们将利用关于多面角所得到的结果来推求球面多边形相应的性质.从现在起,我们将对于前者或后者同样地进行推理,对其中之一所得出的任何定理,立刻可得出另一个的相应定理.

一般说来,我们将限于在球上进行推理,因为在球上,图形比较明显.按照57 节,读者想象关于多面角的相应图形应无困难.因此我们所采用的步骤,将和上一节的相反,而在上节中是由多面角得出球面多边形的结论的.

我们从下面的问题出发,这是平面几何 27 节的推广.

定理 当一凸多面角位于有相同顶点的任一多面角之内时(一或若干棱或面可能公有),被围多面角的各面角之和小于包围的多面角的各面角之和.

---

① 图 7.6 完全与平面几何图 2.12 相类似,它表示了作图过程.

定理 凸多面角各面角之和小于四直角.

这定理是上面一个的特殊情况,包围的多面角化为(例如说)含它的一个二面角的面的两个半平面:在这些条件下,证明依然有效.

例如说,$S-ABC$(图 7.7)是一个三面角.延长棱 SA 为 SA'(于是两个半平面 SAB 和 SAC 补足到它们的交线 SA'),形成了一个新三面角 $S-A'BC$.在这新三面角中有

$$\angle BSC < \angle BSA' + \angle A'SC$$

或

$$\angle BSC < 4d - \angle ASB - \angle ASC$$

由此式得

$$\angle BSC + \angle ASB + \angle ASC < 4d$$

图 7.7

这证明相当于在球面上比较三角形 ABG(图 7.9)的周长以及(必然较长的)两个半大圆 ABF,AGF 之和.

任意面数的多面角,可以逐步化为三面角,只要延展两个邻面直至与同一个第三面相交,这样便可以逐次减少一个面.所有的步骤刚好对应于图 7.9 所表示的一系列球面作图.

定理 当一凸球面多边形位于任一球面多边形之内时(一或若干顶点或边可能公有,图 7.8,7.8a),被围多边形的周长小于包围的多边形的周长.

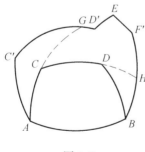

图 7.8

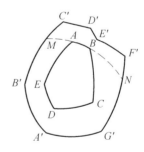

图 7.8a

证明和平面几何完全一样,有如图 7.8,7.8a 所示.在这些图形上,为方便计,采取了和平面几何(平,27)一致的记号.

证明一直进行到包围的多边形被两个半大圆如 ABF,AEF(图 7.9)所替代为止.

因此有

定理 凸球面多边形的周长小于大圆周.

58a. 由上所论,要(小于半大圆的)三个大圆弧能成为一个球面三角形的边,必须

(1) 其中每一条小于其他两条的和;

(2) 它们的和小于整个大圆周.

我们来证明,反过来,满足这些条件的三条弧 a, b, c 是一个球面三角形的边.

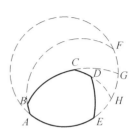

图 7.9

为固定思路计,设 $BC = a$ 是这三条弧中最大的一条.

在任一大圆上(图 7.10)取这样一条弧 BC. 球面距离 BA 等于 c 的点 A 的轨迹是一个圆 G(通常是小圆),以 B 为其极. 这圆分球为两个球冠,其中一个包含点 B;它的两点 m', m'' 在大圆 BC 上,其中之一 m' 在 B 和 C 之间(或者充其量在 C,因为 $a \geqslant c$). 仿此,到 C 的球面距离等于 b 的点的轨迹,是一个以 C 为极的圆 H,它有两点 n', n'' 在大圆 BC 上,其中之一 n' 在 B 和 C 之间(或充其量在 B). 这样的两圆如果相交

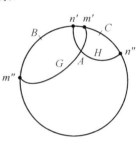

图 7.10

(于不在大圆 BC 上的一点),那么它们的交点 A 就是所求球面三角形的第三个顶点. 我们来证明,如果弧 a, b, c 满足 57a 和 58 节的条件,那么情况就是这样的.

按照其中第一个,由 B 沿 BC 至 C,在 m' 之前碰到 n'.

按照第二个,由 B 沿优弧 BC 至 C,在 n'' 之前碰到 m''(否则两弧 Bm'', Cn'' 以及劣弧 BC 之和将等于或大于整个大圆周).

就圆 G 说,点 n' 既与 B 在同一球冠上,而 n'' 在另一球冠上,那么联结这两点 n', n'' 的圆 H 应与 G 相交. 证毕.

推论 56 和 58 节的条件,是用三个给定的面角作出一个三面角的充分条件.

59. 补三面角

引理 1 设由平面上的一点引一条垂线和一条倾斜的射线,则此两射线形成锐角或钝角,就看它们是在平面的同侧(图 7.11)与否(图 7.11a).

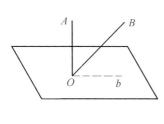 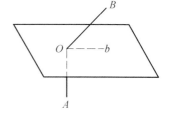

图 7.11　　　　　　　　　　　图 7.11a

因为已知倾斜线 OB 在已知平面上的射影 Ob,和 OB 以及垂直射线 OA 同在一个平面上,如果 OB 和 OA 在 Ob 的同侧(图 7.11),那么 $\angle AOB$ 小于 $\angle AOb$,在相反的情况下就大于 $\angle AOb$(图 7.11a).

定义　给定三面角 $S-ABC$,通过顶点 S 作一射线 SA' 垂直于平面 SBC,使与棱 SA 在这平面的同侧;作一射线 SB' 垂直于平面 SCA,使与棱 SB 在这平面的同侧;作一射线 SC' 垂直于平面 SAB,使与棱 SC 在这平面的同侧.

以这样作成的三射线为棱的三面角,称为给定三面角的**补三面角**.

球面极三角形

引理 1　联结球上一点 B 到已知大圆的一个极 A 的大圆劣弧是小或大于一个象限,就看这极 A 和点 B 对已知大圆讲是否在同一个半球上.

因为半大圆 AB 和已知大圆相交于一点 I(图 7.12,7.12a),从而 AI 等于一个象限.这弧 AI 大或小于 AB,显然就看两点 A,B 是在点 I 的同侧(图 7.12)或异侧(图 7.12a).

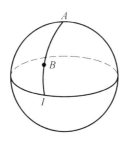 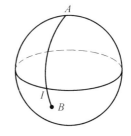

图 7.12　　　　　　　　　　　图 7.12a

定义　设 ABC 为一球面三角形(图 7.13).假设 A' 是大圆 BC 的两极之一,它和 A(对于这大圆说)在同一半球上;而 B' 是大圆 CA 的两极之一,它和 B(对于大圆 CA 说)在同一半球上;C' 是大圆 AB 的两极之一,它和 C 在同一半球上.

球面三角形 $A'B'C'$ 称为 ABC 的**极三角形**.

明显地,两个三面角若有公共顶点在球心,且其中一个是另一个的补三面角,则在球面上截成两个球面三角形,其中一个是另一个的极三角形(反过来也成立).

定理 如果第二个三面角是第一个的补三面角,那么反过来,第一个也是第二个的补三面角.

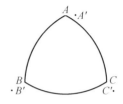

图 7.13

定理 如果第二个三角形是第一个的极三角形,那么反过来,第一个也是第二个的极三角形.

事实上,设 ABC 为一球面三角形(图 7.13),它的极三角形是 $A'B'C'$.由于 C' 是 AB 的一个极,大圆弧 AC' 等于一个象限,仿此,AB' 也等于一象限.由是得出 A' 是大圆 $B'C'$ 的一个极(第 52a 节).

并且这个极对于大圆 $B'C'$ 讲是和点 A 在同一半球上.因为按照引理 1,这个结论和假设的一个部分(即对于大圆 BC 说,点 A' 和 A 在同一侧)表达了同一事实,即球面距离 AA' 小于一象限.

引理 2 已知止于一个公共直径的两半大圆 AMA' 和 ANA'(图 7.14);设 P 为第一半大圆的一个极,而且对于这半大圆说,P 和第二半大圆在同一半球上;设 Q 为第二半大圆的一个极,而且对于它说,Q 和第一半大圆在同一半球上;那么大圆弧 PQ 和两已知半大圆的夹角相补.

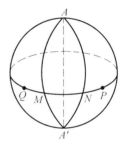

图 7.14

按照 53a,要得到这结论,只要证明,若两半大圆交以 A 为极的大圆于 M,N,则弧 MP 和 NQ 有反向.而这是显然的,因为由假设,弧 MP 具有 MN 的指向,而弧 NQ 则具有 NM 的指向.

于是立刻得出

定理 设两个三面角互补,则第一个的面角和另一个的(相应)二面角互补.

定理 设两个球面三角形互为极三角形,则一个的每一边和另一个的相应的角互补.

事实上,第二个三角形的顶点 B',C',也就是第一个三角形的边 AC,AB 的极,对于这些边说,具有上面引理中所述的相关位置.

60. 上面的定理使我们能从关于三面角的面角的性质,得出关于二面角的性质,反过来也如此.例如从 56~58 节定理可得出下面的结果:

定理 在任一三面角中:

(1)每一二面角加上两直角,大于其他两二面角之和;

(2)三个二面角之和大于两直角.

由一个球面三角形转入它的极三角形的过程,使我们能从前一个的边的性质,推出第二个的角的性质,反过来也如此.因此有下面的定理:

定理 (1)球面三角形的每一个角加上两直角,大于其他两角之和;

(2)球面三角形三角之和大于两直角而小于六直角.

(1)设 A,B,C 为所说的三角形的角.这三角形的极三角形的边为
$$a = 2d - A, \quad b = 2d - B, \quad c = 2d - C$$
由于(第 57a 节)$a < b + c$,于是得
$$2d - A < 2d - B + 2d - C$$
此式等价于
$$A + 2d > B + C$$

(2)我们又有
$$a + b + c < 4d$$
即
$$2d - A + 2d - B + 2d - C < 4d$$
它等价于
$$A + B + C > 2d$$

证毕.

备注 和 $A + B + C$ 显然小于 $6d$,因为它的每一部分小于 $2d$.

反过来,如果二面角 A,B,C 满足上面的条件,那么它们属于同一个三面角.事实上,如果 a,b,c 表示 A,B,C 的补角,那么不等式

$$A + 2d > B + C, \quad B + 2d > C + A, \quad C + 2d > A + B, \quad A + B + C > 2d$$

分别等价于

$$a < b + c, \quad b < c + a, \quad c < a + b, \quad a + b + c < 4d$$

因此有一个三面角存在,以 a,b,c 为面角,于是它的补三面角就是所求的.

同理,我们可作一球面三角形使有已知大小的三角 A,B,C,只要其中每一个加上 $2d$ 大于其他两角之和,且它们的总和大于 $2d$.

61. 三面角的相等定律

第一律 若两个三面角有两个二面角及所夹面角分别相等,则必全等或对称.

球面三角形的相等定律

第一律 在同球或等球上,若两球面三角形有两角及其夹边分别相等,则必全等或对称.

设在两个球面三角形 ABC,$A'B'C'$ 中有两角及夹边分别相等:$\angle B = \angle B'$,$\angle C = \angle C'$,$BC = B'C'$.首先假设这两三角形的转向相同.

移置第二个于第一个之上,使 $B'C'$ 在它的等量 BC 上,B' 在 B 而 C' 在 C,由于 $\angle B$,$\angle B'$ 相等且有同向,边 $A'B'$ 取 AB 的方向,同理边 $A'C'$ 取 AC 的方向,于是完全重合.

如果两三角形的转向不同,则其中一个与另一个的对称三角形有相同转向,因而与这对称三角形重合.

备注 上面的推理表明:在两个全等的球面三角形中,若一个的一边重合于另一个的对应边(相重合的顶点是对应顶点),则此两三角形重合.同理,两全等三面角若有一对对应面相重(假设相重合的棱是相对应的),则必重合.

第二律 若两个三面角有两个面角及所夹二面角分别相等,则必全等或对称.

第二律 若两球面三角形有两边及其夹角分别相等,则必全等或对称.

设在两个球面三角形 ABC,$A'B'C'$ 中有两边及其夹角分别相等:$AB = A'B'$,$AC = A'C'$,$\angle A = \angle A'$,先假设它们有同向.我们先迭合相等且同向的角 $\angle A$ 和 $\angle A'$.边 $A'B'$ 将取 AB 的方向,而由于这两边相等,点 B' 将重合于 B.同理,C' 重合于 C.

若两三角形转向不同,它们便不是全等而是对称的.

两个全等的球面三角形若一个的一角和另一个的对应角重合,则必重合.同理,两个全等的三面角若一个的一个二面角和另一个的对应二面角重合,则必重合.

第三律 若两个三面角的三个面角分别相等,是必全等或对称.

第三律 若两球面三角形的三边分别相等,则必全等或对称.

设两球面三角形 ABC,$A'B'C'$ 中 $BC = B'C'$,$CA = C'A'$,$AB = A'B'$(图 7.15).假设这两三角形同向.若使等边 BC 与 $B'C'$ 相重(B' 在 B 而 C' 在 C),则点 A' 和 A 对于大圆 BC 说将在同一半球上.

若两点 A 和 A' 不重合,则两点 B 和 C(由假设 $AB = A'B'$,$AC = A'C'$)将在

垂直平分 AA' 的大圆上(第 54 节),从而这大圆将是边 BC 所在的大圆了.但大圆 BC 不能通过 AA' 的中点,因为上面说过,它使得 A 和 A' 在同一半球上.

如果转向不同,这里的两个三角形也将成对称.

备注 根据 58a 节的作法,我们能够在球面上作出球面三角形,使有三条已知边(在那一节中提出的可能条件下).这是第二编第二基本作图(平,86)在球面上的类似情况.至于在球面上进行第一作图(平,85),在 54 节已学会了.因此,可以将第二编第 13 章的所有作图(除开作图 10,14,16)搬到球面上来(参看习题(67)).

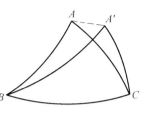

图 7.15

最后,我们有相等的第四律,它在平面三角形中是没有类似情况的.

第四律 若两三面角的三个二面角分别相等,则必全等或对称.

第四律 若两球面三角形的三个角分别相等,则必全等或对称.

事实上,由第三律,这两三角形的极三角形(第 59 节)是全等或对称的.

备注 在前两个相等定律中,我们都可以区别其假设为相等的角的转向,在第三律则不然,而在第四律则又可以区别.

61a. 两三面角的棱若分别同向平行,则必全等.

因为它们的元素相等,且(第 41 节,备注)转向相同.

由是显然得出:两三面角的棱若分别反向平行,则必对称.

61b.定理 说两三面角有两个面角分别相等而所夹二面角不等,则第三面角也不等,大二面角所对的面角较大.

定理 设两球面三角形有两边分别相等而夹角不等,则第三边也不等,大角所对的边较大.

假设两个球面三角形 ABC,$A'B'C'$ 同向,且 $A'B' = AB$,$A'C' = AC$,$\angle A' < \angle A$.移置第二三角形于第一个上,使等边 $A'B'$ 和 AB 相重(A' 在 A,B' 在 B)(图 7.16).C' 的新位置 C_1 对于 AB 说,将和 C 在同一半球上,而由 A 发出的边的顺序为 AB, AC_1, AC.垂直 CC_1 于其中点 I 的大圆 G 将通过点 A,而且对于 G 说,AB 是在 AC_1 所在的一侧.所以(第 54 节)

$$BC_1 < BC$$

62. 等腰三面角

有两个面角相等的三面角称为**等腰三面角**.

凡能和它的对称形迭合的三面角是等腰的.

等腰球面三角形

有两边相等的球面三角形称为**等腰球面三角形**.

凡能和它的对称形迭合的球面三角形是等腰的.

因为我们知道,使每一顶点和它的对应点相重合
(即与其对径点相重合)的迭合方式(由于转向相反)

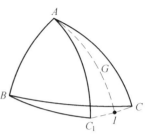

图 7.16

是不可能的,而又没有其他的方式来迭合,如果三边都不相等的话.

逆定理 凡等腰三面角能与它的对称形迭合.

逆定理 凡等腰球面三角形能与其对称形迭合.

设 $A'B'C'$ 是 ABC 的对称形,且 $AB=AC$.两球面三角形 ABC,$A'C'B'$(注意每一三角形顶点所采取的顺序)有相同的转向,因此是全等的(第二律).

定理 在等腰三面角中,等面角所对的二面角相等.

定理 在等腰球面三角形中,等边所对的角相等.

因为在球面三角形 ABC($AB=AC$)和它的对称形 $A'C'B'$ 迭合时,和 $\angle B$ 重合的是 $\angle C'$,这两角因此相等,因之 $\angle B$ 和 $\angle C$ 也相等.

逆定理 三面角中若有两个二面角相等,则为等腰的.

逆定理 球面三角形中若有两角相等,则为等腰的.

事实上,设 ABC 为一球面三角形,$\angle B=\angle C$;而 $A'B'C'$ 为其对称形.则三角形 ABC 和 $A'C'B'$ 转向相同,从而按第一律全等.于是得
$$AB = A'C' = AC$$

63.定理 在三面角中,不等的二面角所对的面角也不等,大二面角所对的面角较大.

定理 在球面三角形中,不等的角所对的边也不等,大角的对边较大(图 7.17).

证明和在平面上一样(平,25).

设在球面三角形 ABC 中,$\angle B$ 小于 $\angle C$.我们可以在 $\angle C$ 内作一大圆弧 CD,使与 CB 的夹角等于 $\angle B$,而由于圆弧 CD 在 $\angle C$ 内部,它必然交边 AB 于一点 D.

于是可知

$$AC < AD + DC = AD + DB = AB$$

推论 这定理还可叙述为:在一球面三角形中,两边的大小顺序,和它们对角的大小顺序相同.因此,不相等的边对应着不相等的角,大边对应的角较大.仿此,在一三面角中,不相等的面角对应着不相等的二面角,大的面角所对应的二面角较大.

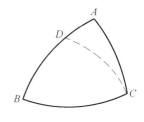

图 7.17

64.三面角或球面三角形的理论,和直边三角形的理论有很大的类似之处.一些命题,例如 56 节的定理,等腰三面角的性质,三面角前三个相等定律等等,显然和关于三角形的基本定理完全相仿①,只不过以二面角代替了角,以面角代替了边.

但这两种理论只是部分相似,它们的分歧①主要是由于:平面三角形的边——这是直线段——被代替为三面角的面角——这却是角;或被代替为球面三角形的边——这是圆弧,它们也是以度、分、秒或百分度或弧度来量的.

因此,球面三角形三边之和小于大圆周,而直线三角形三边之和则无任何限制;相似三角形的理论在球面上失去类比(对于三面角也如此);如果将球面三角形的各边加倍,所得三角形和原先的那个没有任何简单的关系;它甚至不能存在(如果各边之和大于大圆周):在任何情况下,它不能和原先的三角形有相同的角,因为(第四律)两个有对应相等的角的球面三角形是全等或对称的,等等.

65.**定理** 一个大圆和任意一圆正交的充要条件是前者含后者的极.

设 I 为两圆的交点之一(图 7.18);IT 及 It 为大圆及小圆在这点的切线;P 和 P' 为小圆的极;O 为球心.

命题指出的条件是充分的.事实上,如果大圆通过 P 和 P',它的平面就包含两条不相平行而又都和 It 垂直的直线:即直径 PP' 和半径 OI.这平面,因之切线 IT 便和 It 垂直.

这条件也是必要的.事实上,若此两圆相交于一直角,则大圆平面包含与 It 垂直的两直线 IT 和 IO.所以它自身与这直线 It 垂直,因之垂直于小圆平面.从此可知,大圆平面包含由点 O 所引小圆平面的垂直,即直径 PP'.

---

① 由于对称三面角的存在产生了若干分歧;对称三面角可以和相等但转向相反的图形类比,后面这种图形如果没有离开所在平面的运动,是不能迭合的.但是,对顶角的转向是相同的,而棱互为反向延长线的两个三面角则是对称的.

推论 从球上一点可作一大圆垂直于这球上已知的一圆,如果这点不是已知圆的极,那么只能作一个大圆.

所要作的大圆,将由已知点 A 和已知圆的极 P, P' 所决定.

注意,由点 A 所引垂直于已知圆的大圆弧却有两个,即止于两点 I, I' 的两弧,这两点就是上面证明其存在的大圆和已知圆的交点①.

66. 定理 设由球上一点向一已知圆作两垂直大圆弧和各斜交大圆弧②,则此两垂直弧中一个小于而另一个大于所有这些斜交弧.

斜交弧中其末端离垂直弧的末端越远的则越长.

设 A 为已知点,P 为已知圆的一个极,和 A 在这已知圆的同侧;AI, AI' 为两垂直大圆弧,其中第二个包含 P;AK, AK', AK'' 为斜交弧(圆 7.19).

(1) 弧 AK 大于 AI 但小于 AI'. 因若引大圆弧 PK,则由球面三角形 APK 得
$$AK > PK - PA, \quad AK < PK + PA$$
于是有
$$AK > PK - PA = PI - PA = AI$$
$$AK < PK + PA = PI' + PA = AI'$$

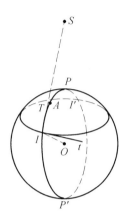

图 7.18

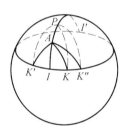

图 7.19

(2) 设 K, K' 是已知圆上使弧 IK 等于 IK' 的两点. 于是这两弧的弦也相等,而点 I 距两点 K, K' 等远. 由于点 P 也具有这个性质,球面上距 K, K' 等远的点的轨迹就是大圆 PI. 这大圆含点 A,弦 AK 和 AK' 于是相等,从而对应的大圆弧也就相等了.

(3) 现设已知圆上有一点 K'' 满足 $IK'' > IK$. 利用上面的结果(2),我们可以假设③两点 K, K'' 在点 I 的同侧. 引大圆弧 PK, PK''. 由于点 K 在 $\angle K''PI$ 的内部,便有 $\angle KPI < \angle K''PI$. 三角形 APK 和 APK'' 有一角(在 P)不等,但夹边分别

---

① 此地只考虑这样的弧:即自点 A 出发而止于它们和已知圆的第一个交点的弧. 如果不注意这个限制,垂直弧的数目将超过2,例如弧 $AP'I'$(图 7.18)也回答这个问题.
② 注意上面的脚注.
③ 比较(平,29).

相等,于是导得 $AK < AK''$.证毕.

AI 称为由点 A 到圆 $KIK'I'$ 的**球面距离**.

备注 上面的结果(3)当 A 与 I 重合时依然有效,从而(比较平,64)在所考虑的圆上,点 I' 是距 I 最远的点.

大圆的情况 如果已知圆是一个大圆,那么由 A 到这圆的球面距离小于(或至多等于)一象限,而最大距离 AI' 大于(或至少等于)一象限,因为 $AI \leq IP \leq AI'$,而 IP 等于一象限(第 52a 节).

推论 1 在一个球面直角三角形中,一腰和它的对角同为锐、直或钝角.

因为在图 7.19 中,我们可以假设圆 $KK'K''$ 是一个大圆,而另一方面我们看出,在点 K 的角,在三角形 AKI 中为锐角,而在三角形 AKI' 中则为钝角.

推论 2 若直角的两边都小于一象限,则斜边亦然.

因为由上段(3),这时有 $KA < KP$.

67. 球面坐标 在平面上,一点的位置由两个坐标决定,仿此,在球面上可得出同样的结果(但在这种情况下,坐标不再是直线距离而是角或大圆弧).

为此,选定一直径 PP',它的两端称为**极**.在以 P,P' 为极的大圆或**赤道**上(图 7.20),选一原点 A 和一个正向,这是沿 $P'P$ 站着,而头在 P 的一个观察者所见到的三角学上的正向(反时针方向).

于是一个给定的,正或负的,称为**经度**的大圆弧 l,可看做是在赤道上由点 A 起,按相应的指向截取的,并有确定的另一端 m.通过 m 有一条止于 P' 和 P 的确定的半大圆 $P'mP$,称为**子午线**.设又给定一个大圆弧 L(正或负的,但小或等于一象限),它称为**纬度**,这是由 m 起在子午线上截取的,若为正则指朝 P,若为负则指朝 P'.于是得出球面上一个确定的点 M.

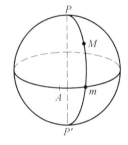

图 7.20

反过来,通过球面上(除两极外)任一点,有一条确定的子午线,它在赤道上定出一点 m;于是像在三角学里那样,得出确定的纬度 L 和经度 l(不计 2π 的倍数),并且特别地可以假设经度小于半大圆,以弧度为单位即小于 π(这时它代表球面距离 Am).只有两极,其纬度的绝对值等于一象限,而经度是完全不确定的.

这两个坐标,经度和纬度,既可用来决定点在球面上的位置,自然可以用来决定自原点发出的射线的方向.这原则在天文学上是最基本的.

习 题

(52)直接证明56节命题的第一部分(不取第二部分为中间过程)(可模仿书中的步骤,并注意可以假设两面角的和小于两直角,否则定理就是显然的).

(53)证明:由三面角顶点发出且在三面角内部的一条射线,和三条棱所夹三角之和,小于三面角的三个面角之和,而大于这和的一半;由 n 面多面角顶点发出的任意射线,和各棱所夹各角之和,大于各面角的半和,而小于这半和的 $n-1$ 倍.

证明:球面上的相应命题.

(53a)证明:空间 n 边形(习题(5))各角之和小于 $2n-4$ 直角(仿平,44a节步骤).

(54)证明:n 面凸多面角各二面角之和,或 n 边凸球面多边形各角之和,大于 $2n-4$ 直角.

(55)有两互垂平面,证明:不与它们的交线垂直的任一直线和这两平面的交角之和小于直角.

(56)证明:一动直线(通过一定点)不可能同时趋于两个不同的极限位置①.

设两动直线各趋于一极限位置,则其交角趋于一值:即等于这两极限位置的交角.

设三动直线(通过同一定点)各趋于一极限位置,且恒共面,则其极限位置共面.

(57)证明:三面角各二面角的平分面相交于一直线.

将其中两个二面角代以它们的补角②,证明同一结论.

这样得到的线有四条,它们形成距三面角的三面等远的点的轨迹.

证明:球面上相应的命题.有八个小圆与一已知球面三角形内切或旁切,即切于这三角形的边或其延长线.

(57a)证明:在三面角每一二面角的补角②的平分面上,通过顶点且垂直于这二面角的棱引直线,则此三直线共面,这平面与三面成等角.

其他还有什么平面也与三面成等角?证明:球面上相应的命题.

---

① 极限一词的定义见平,59节.
② 为简略计,此地所称一角(或一二面角)的**补角**,系指由这角的两边之一和另一边的延长线所形成的角(或二面角的两面之一和另一面的延展面所形成的二面角).

第一编　平面与直线

(58) 证明：三面角各面角的补角①的平分线共面；仿此，两个面角的平分线和第三面角补角的平分线也共面．这样得到的每个平面和三棱成等角．

通过三面角各面角的平分线作垂直于各该面的平面，这三平面相交于一直线，垂直于上面习题中所考查的平面．(在球面上，这样就找到三角形的外接圆的两极．)

距三面角三棱等远的点的轨迹是什么？

(59) 证明：球面三角形的各中线共点．

通过三面角的每一棱和所对面角的平分线所作的三平面相交于一直线．

三面角各二面角的补角的平分面分别与对面相交，这三直线在同一平面上．

(60) 通过三面角的每一棱作平面垂直于对面，证明：这三平面相交于一直线．(用垂直于一条棱的平面截三面角，便划归为平面上相应的定理．)

证明：球面三角形的高线(通过每一顶点所引垂直于对边的大圆)共点．

证明：三面角中，通过顶点在每一面上引直线垂直于对棱，这样的三直线共面．

从一个三面角到它的补三面角，或从一个球面三角形到它的极三角形，习题(57)~(60)所研究的直线和平面如何变化？

(61) 以三面角的棱 SA, SB, SC 在对面上的射影 Sa, Sb, Sc 为棱作一新三面角，证明：它的二面角的平分面是 SAa, SBb, SCc (应用习题(39)和平，习题(71))．

(62) 证明：两互补三面角的转向相同．

(63) 证明：在等腰三面角中，相等二面所夹二面角的平分面垂直于第三面，并将它分为两个相等的部分．

反之，一个三面角是等腰的：

①如果一个二面角的平分面垂直于其对面；

②如果通过一棱和所对面角平分线的平面垂直于这个面．

从三面角一个面角的平分线看其他两面，较大的面的视角为钝二面角，较小的面的视角为锐二面角．

(64) 证明：平面几何习题(5)③，(7)，(11)，(12)，(17)的命题在球面几何不正确．

设三面角中，一个二面角的平分面通过所对面角的平分线，不能从此推出

---

①　看前面脚注②．

它必然是等腰三面角.

设球面三角形的中线(联结一顶点到对边中点的大圆劣弧)等于一象限,那么它同时是含它的角的平分线(不论三角形等腰与否),且等于这角两边的半和.

如果这中线小于一象限,那么它和含它的角的两边 AB,AC 中较大边的夹角小于和另一边的夹角;它(除开等腰三角形的情况)较角 BAC 的平分线(止于第三边)为大①;它较两边 AB,AC 的半和为小,这半和本身小于一象限.但当中线大于一象限时,相反的不等式成立.

(当将中线发出的顶点 A 换为它的对径点时,这第二部分便划归为第一部分.)

逆命题.其中一个是:设一球面三角形的一条中线同时又是角平分线,那么或者它等于一象限,或者这三角形等腰.三面角中相应的命题为何?

在三面角 $S-ABC$ 中,引两棱 SB,SC 之一和另一棱的延长线所夹角的平分线.这直线和棱 SA 所成的角和直角之差,介于面角 $\angle ASB$ 和 $\angle ASC$ 的半和与半差之间.球面上相应的图形为何?

(64a)证明:设球面直角三角形夹直角的两边属于同一类(即同小于或同大于一象限),则斜边小于一象限,而当它们不同类时,斜边大于一象限.

习题(16)(平,第一编)能推广于球面三角形吗?

(65)证明:设在凸球面四边形中,两双对边相等,则对角线互相平分.它们的交点是通过对边交点的大圆的极.相邻两顶点和另两顶点的对径点在同一圆上.

四边相等的四边形(**球面菱形**)中,两对角线互相垂直.

设对边相等,对角线相等,则对角线交点和对边交点,形成三直角三角形的顶点.这时四边形的四角相等.

(66)证明:设一大圆保持切于一小圆 C 而变动,在大圆的两极中取其与 C 在同一半球上的一个,则此极画一小圆 C',称为 C 的**极圆**. C 和 C' 的关系是相互的,即是说, C' 的极圆正好是 C.

(67)利用球面作图,必要时利用平面作图,具体解下列作图题:

①求一已知点的对径点.

②通过两已知点求作大圆.

---

① 为了证明后面这一点,首先必须肯定,如果中线小于一象限,这中线所落的边 BC,不含从 A 引向大圆 BC 的较长垂直弧(第 66 节)的垂足 H.为此,我们注意,在这大圆上距 A 为一象限的点,正就是大圆 AH 的两极.

③求作一圆通过球上三已知点.求作一已知圆的两极.

④由一已知点向一已知圆作垂直大圆.

⑤平分两大圆的交角.平分任一圆弧.

⑥通过球上一已知点求作一大圆,使与一已知大圆成已知角.求这角的极小值.

求作一球面三角形:

⑦已知两边及其夹角;

⑧已知两边及其中一边的对角;

⑨已知一边及两角①(讨论);

⑩已知三角;

⑪求作一球面直角三角形,已知斜边及一邻角或邻边;

⑫求作一圆切一已知圆于已知点且通过另一已知点;

⑬求作一大圆切一已知圆于其上一已知点;

⑭通过球上任一点求作一大圆切于一已知小圆(为了解这个和下一个作图,利用习题(66)).讨论;

⑮求作一大圆切于两小圆.讨论;

⑯以一已知点为极求作一圆使与一已知圆正交;

⑰求作一小圆切于三已知大圆;

⑱求作一圆切一已知圆于一已知点,且切另一已知圆.

(68)求作一大圆,使两已知小圆在其上所截的弧等于两已知弧.

(69)在一实球上,设已标出它的两极(第67节)和赤道上取作经度原点的点 A.(具体地)作出球面上任一给定点 M 的经度和纬度.反过来,在球面上作出具有已知经度和纬度的点.

(70)在球面上给定了三圆,证明:有一个也只一个圆存在将其中每一个分为两等份.此圆所在平面为何?

(71)给定两大圆切于一小圆 C,证明:切于 C 的任意第三大圆和前两个构成的球面三角形的周长为常量.

(72)(具体地)作出一球面三角形,已知一边,一邻角及其余两边之和(由等于这个和的大圆弧得出).

(73)(具体地)作出一球面三角形,已知一角、一高(习题(60))和周长(利用

---

① 注意,若两已知角不都是已知边的邻角,就不能像平面几何(86,作图8)那样进行,必须考虑到极三角形(第59节),像下面那个作图一样.

习题(71);区别两种情况).

(74)求一球面四边形可外切于一圆的条件.

(75)从球面上一点向一已知小圆作两个和它相切的大圆(习题(67),14);这点的位置在何处这两大圆的交角最小?

(76)证明:通过球面三角形两边 AB, AC 的中点 M, N 的大圆截大圆 BC 于两点,这两点是以 B 和 C 的对径点为端点的两弧的中点.大圆 MN 的极距 B, C 等远,且联结此点到 B 和到 C 的大圆的交角等于大圆弧 MN 所对圆心角的两倍.

第一编习题

(77)求作一直线使与两已知直线相交所成的角等于两已知角①.

(78)求截一四面角使截口为平行四边形.这平行四边形何时为菱形或矩形?

(79)给定一点及一直线,求这点在通过这直线的各平面上的射影的轨迹.

(80)有两条垂直但不共面的直线,有一定长的线段两端在这两线上移动,求其中点的轨迹.

(81)由习题(3)推导类似于平面上的定理(平,195).

设 ABC, $A'B'C'$ 为两三角形,直线 AA', BB', CC' 相交于一点 O,证明:BC 和 $B'C'$,CA 和 $C'A'$,AB 和 $A'B'$ 的交点在一直线上.

(可注意,这样形成的平面图形,可看做是习题(3)中所述图形的射影.)

(82) A, B, C, D, A', B', C', D'(前四点不共面,后四点也不共面)是这样的八点:直线 AA', BB', CC', DD' 通过同一点 O.证明平面 $B'C'D'$ 和 BCD, $C'D'A'$ 和 CDA, $D'A'B'$ 和 DAB, $A'B'C'$ 和 ABC 的交线在同一平面上.

由是推出上题中谈到的定理(平,195)(为此,我们假设直线 OAA', OBB', OCC' 共面).

(83)证明:任一平面分空间多边形各边所得比值之积等于1.逆命题对于四边形成立,但对于四边以上的多边形不成立.

(84)给定一平面上一点 O 及其同侧两射线 OA, OB,在这平面上求作一直线使与 OA 和 OB 的夹角之和为极小.

(85)给定一平面上一点 O 及其异侧两射线 OA, OB,在这平面上求作一直线使与 OA 和 OB 的夹角之差为极大.

---

① 参看第一编习题末的附注.

(86)通过二面角棱上一点 O 在两面上引直线 OA，OB，使与棱成同一定角．证明当这角不是直角时，$\angle AOB$ 和二面角变化时并不成比例．当二面角增大时，$\angle AOB$ 和二面角的平面角之比是增大还是减小？

(87)证明：一直线和两平面的交角之差，小于这两平面的交角．

(88)证明：一平面和两直线的交角之差，小于这两直线间的角．

(89)设一直线及一平面各趋于一极限位置，证明：它们的交角趋于直线和平面的极限位置的交角．

(90)给定两平面及一直线，通过这直线求作一平面使与两个给定平面形成等腰三面角．(区别两种情况，相等的两面应该在给定的两平面上，或其中一个应该在所求平面上．)

(91)设以任一平面截一**三直三面角** $S-ABC$（即是说，它的三个面角都是直角因而各二面角都是直二面角），证明：

①截口三角形 ABC 的高线的交点是点 S 在平面 ABC 上的射影 M；

②三角形 SBC，SCA，SAB 中的每一个，是它在截面上的射线和截面 ABC 的比例中项；

③这三个三角形面积的平方和等于三角形 ABC 面积的平方．

(92)给定一三角形 ABC，求作一三直三面角使其三棱通过这三角形的顶点．研究作图可能的条件．

(92a)求作一平面，使截一三直三面角的截口等于一已知三角形．

(93)求作一三直三面角，使其三棱在通过顶点的一平面上的射影是三条已知直线．研究作图可能的条件．

(94)如果四点 A，B，C，D 是这样的：直线 AB 垂直于 CD，且 AC 垂直于 BD，证明：直线 AD 也垂直于 BC．

证明：三个和 AB^2+CD^2，AC^2+BD^2，AD^2+BC^2 彼此相等．

(95)给定通过同一直线的三平面和(不平行于公共交线的)一条在三平面之一上的射线，证明：有一三面角存在，使这三平面中每一个通过它的一条棱并且垂直于其对面，而三棱之一就是给定的射线．

(96)给定同一平面上的三直线和通过其中之一的平面 P，证明：有一个三面角存在，使这三直线中每一条垂直于它的一条棱，且位于其对面上，而三棱之一就在平面 P 上．

(参看习题(203)~(204)，这些是习题(57)~(59)的类似逆命题．)

(97)(习题(32)的推广)给定不共面两直线 D，D'，在 D 上取一点 A，在 D' 上取一点 A'，又分别在 D 和 D' 上取点 M 和 M' 使 $AM=A'M'$．

当点 M, M' 变动时(使 AM 保持等于 $A'M'$),证明:与 M, M' 的距离的平方差等于定量 k^2 的点的轨迹平面(习题(24))通过两定直线 H_1, H_2 之一. H_1 或 H_2 上各点具有这样的性质:它们到 D 和 D' 的距离的平方差等于 k^2. 当 k 变化时(A 和 A' 保持固定),求 H_1 和 H_2 的轨迹.

当(k 取已知值)A 和 A' 移动时,直线 H_1 和 H_2 保持平行于两定平面;每一直线 H_1 与任一直线 H_2 相交.

通过到 D 和 D' 的距离的平方差等于 k^2 的任一点,有一直线 H_1 和一直线 H_2.

附注 在所有的作图题中(习题(2),(4),(4a)等),除非有相反的声明(看下面),我们假设已经会:

作一平面通过三已知点;

作两平面的交线,直线和平面的交点;

在空间任一平面上,实行平面几何上所已知的作图.

这些假设仅仅是个规定,因为实际上不存在实现这些作图的方法.但是,在画法几何中就是研究如何用平面图形来代表空间图形,因此在那里,以上所列举的作图可用直尺和圆规作出.

我们所称为具体作图的,是指那些不须利用上面的规定而可以实现的作图.

第二编

多面体

第8章 一般概念

68. 定义 一个体积包围它的曲面全都是平面的①,称为**多面体**(图 8.1).包围多面体于其间的各个平面部分称为**面**.每一面是多边形,由它和邻面的交线所围成.这些多边形的边(例如 AB)称为多面体的**棱**,我们看出,每一条棱是两个面所公有的②.这些多边形的顶点(例如 A)是多面体的**顶点**,每一顶点是几个面(至少三个)所公有的,而且是一个多面角(由多面体的面所形成的)的顶点②.

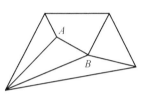

图 8.1

不在同一面上的两顶点的连线,称为多面体的**对角线**;通过三个顶点而又不是面的平面,称为**对角面**.

一个多面体称为**凸的**(图 8.4),如果对于每一面讲,将这面无限延展以后,多面体总是在这平面的同一侧;否则就称为**凹的**.

凸多面体的面是凸多边形.事实上,如果一面 F(图 8.2)不是整个在它某一边 AB 的一侧,那么多面体就不能整个在沿 AB 与 F 相邻接的面 F' 的同侧.

同理,以凸多面体同一顶点所邻接的面构成的多面角总是凸的.

一直线不能截一凸多面体(的围面)于两个以上的点;要是不然的话(图 8.3),靠外边的两个交点,就不可能在通过中间交点的面的同侧了.

平面多边形按边数分类,这样的分类法对多面体并不方便,因为两个面数相同的多面体,可能是以很不同的方式集合在一起的,图 8.1,8.4,8.5 所表示的多面体就属于这种情况,它们的面数都是六.

---

① 但是,受与平面几何类似的一个限制(平,21),作为多面体考虑的,只是围面是连通的,换言之,围面不是由完全互相分隔的几个部分组成的.
② 在某些特殊的情况下,一条棱是两个以上的面所公有的,或者一个顶点是几个多面角(由多面体的面所形成的)所公有的;这些例外的情况是由于几条棱或几个顶点趋于重合而产生,这在凸多面体中不会出现,在以下也不会遇到.

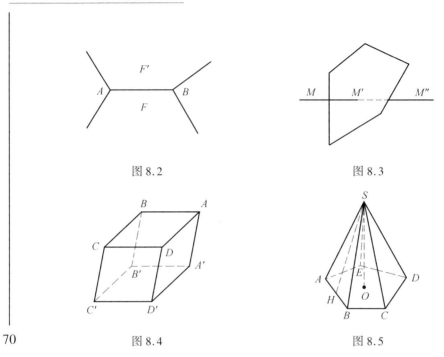

图 8.2　　　　　　　　　图 8.3

图 8.4　　　　　　　　　图 8.5

69.我们叫做**棱柱面**的(图 8.6),是由平行于同一直线的若干平面的部分所确定的图形(这些平面以它们连续的[①]交线为界,这些交线相互平行,称为柱面的**棱**).

定理　一个棱柱面被两个相互平行(但不与棱平行)的平面所截,则截线是全等的多边形.

设一棱柱面被两平行平面所截,截线是 $ABCDE$, $A'B'C'D'E'$(图 8.6).为了证明这两多边形全等,只要证明(平,50)三角形 ABC 和 $A'B'C'$ 全等且转向相同,三角形 ABD 和 $A'B'D'$,ABE 和 $A'B'E'$ 仿此.但这些三角形的对应边是平行的(例如 AC 与 $A'C'$ 平行),因为它们是两平行平面被一平面所截的截线;由此首先推出这些边是相等的(例如 $AC = A'C'$),因为它们是平行四边形的对边;其次推出它们形成的角相等且有同向(第 15 节).证毕.

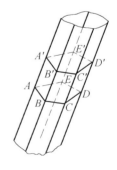

图 8.6

棱柱面被垂直于棱的平面所截,所得截面称为**直截面**.按照上述定理,一个

---

① 我们默认连续的两平面相交,并且最后一个和第一个相交.

棱柱面的各直截面是全等的多边形.

由一个棱柱面和两个平行平面(但不平行于棱柱面的棱)所围成的多面体,称为**棱柱**(图 8.7). 在后两平面上所范围的面,称为棱柱的**底**,属于棱柱面的面称为**侧面**,棱柱面的棱称为**侧棱**. 按照上面的定理,棱柱的底是全等的多边形. 侧面都是平行四边形,侧棱彼此相等.

我们看到,如果给了棱柱的底 $ABCDE$(图 8.7)以及侧棱 AA' 的大小和方向,要作出这多面体,便只须引棱 BB', CC', $\cdots$ 与 AA' 平行且相等.

两底平面间的距离(第 27 节)(HH',图 8.7)称为棱柱的**高**.

如果底是棱柱的直截面,则棱柱称为**直的**(图 8.8).

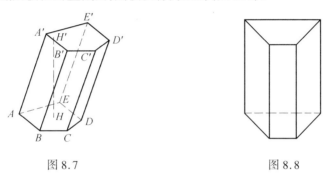

图 8.7　　　　　　　　　图 8.8

注意,在这种情况下,侧棱就是高,侧面是矩形.

棱柱可按侧面数分类,即底面多边形的边数. 因此一个棱柱可能是三棱柱,四棱柱,五棱柱(图 8.7),等等.

70. 定理　棱柱的侧面积等于侧棱和直截面周长的乘积.

设棱柱为 $ABCDE - A'B'C'D'E'$(图 8.9),$abcde$ 是它的直截面,因而 ab, bc, $\cdots$ 都垂直于侧棱的方向. 面 $ABB'A'$(这是一个平行四边形)的面积等于它的底 AA' 和高的乘积,而这高正好是 ab;而 $BCC'B'$ 的面积等于它的底 BB' 和高 bc 的乘积;等等. 因此,侧面积(即各侧面面积之和)确是等于侧棱(AA', BB', $\cdots$ 的共同值)和 $ab + bc + cd + de + ea$ 的乘积. 证毕.

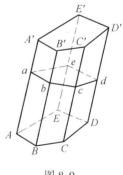

图 8.9

71. 以平行四边形为底的棱柱(图 8.4)称为**平行六面体**. 平行六面体各面

都是平行四边形.一个平行六面体可用三种不同方式视为棱柱,在图 8.4 中,任意一双对面 $ABCD$ 和 $A'B'C'D'$,或 $ABB'A'$ 和 $DCC'D'$,或 $BCC'B'$ 和 $ADD'A'$ 都可选为底.

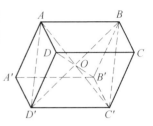

图 8.10

这立体有 12 条棱,每四条平行且相等.

定理 平行六面体中,各对角线相交于同一点,位于每一条的中点.

一个平行六面体 $ABCD - A'B'C'D'$(图 8.10)有四条对角线 AC',BD',CA',DB'.我们只须证明其中任意两条(例如 AC' 和 BD')的中点相重合.图形 $ABC'D'$ 有两边 AB 和 $D'C'$ 平行且相等,因而是平行四边形,所以定理得证.

72.直平行六面体是一个平行六面体而同时又是一个直棱柱,即是说它的侧棱和底面垂直.

如果一个直平行六面体的底是矩形,便称为**长方体**.这时各面都是矩形.

长方体不论把哪一面当做底,总是一个直棱柱,因为每一条棱和相邻两棱垂直,因而垂直于它们所决定的平面.

相反地,一个直平行六面体如果不是长方体,就只能以一种方式看做是直棱柱.

72a. 长方体中,不相平行的三条棱(例如从同一点发出的三棱)的长度,称为这长方体的**三维**.

两个长方体的维如果分别相等,就显然是全等的.

三维相等的长方体称为**立方体**,因之各面都是正方形.

棱相等的两个立方体全等.

一个斜平行六面体,如果各棱相等,且各个面的角彼此相等或相补,便称为**菱面体**.在菱面体(某些重要的晶体,例如方解石,便是这种形状)中,各面是全等的菱形.显然我们可以选一个顶点(甚至是两个对顶),使得这一点的各角相等.

73.定理 长方体的对角线相等.一条对角线的平方等于三维的平方和.

在长方体 $ABCD - A'B'C'D'$(图 8.11)中,对角线 AC' 和 BD' 是相等的,因为四边形 $ABC'D'$ 是矩形(直线 AB 垂直于平面 $BCC'B'$,它上面包含 BC').

并且按勾股定理有
$$AC'^2 = BD'^2 = AB^2 + AD'^2$$
而由同一定理
$$AD'^2 = AA'^2 + A'D'^2$$
所以确有
$$AC'^2 = AB^2 + AA'^2 + A'D'^2 = AB^2 + AA'^2 + AD^2$$

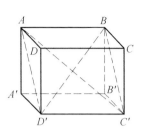

图 8.11

74.多面体的各个面除一个以外有一个公共顶点的,称为**棱锥**(图 8.5,图 8.12),这公共顶点称为棱锥的**顶点**.显然这定义可以化为下面一个:棱锥是一个立体,用一个与多面角各棱相交的平面来截便可得.在这截平面上的面称为棱锥的**底面**,其他的面称为**侧面**,从顶点发出的棱称为**侧棱**.

图 8.12

明显地,棱锥由它的底面和顶点所决定.侧面是一些三角形,以顶点为公共顶点,而以底面的各边为其底边.

从顶点向底平面所作的垂线(图 8.12,SH)称为棱锥的**高**.

75.**定理** 棱锥被一个平行于底面的平面所截,则截面与底面相似.(换句话说,一个多面角被一组平行平面所截,各截口彼此相似.)

这两个多边形的相似比,等于从顶点分别到它们所在平面的距离之比(或等于任意一条棱被这两平面所截得线段(从顶点算起)之比).

设棱锥 $S-ABCDE$(图 8.13)被平行于底的平面 $A'B'C'D'E'$ 所截,为固定思路计,设这截面和底面在顶点的同一侧,考查三个顶点,例如 A,B,D 和截面上三个对应的顶点 A',B',D'.三边 AB,BD,DA 和三角形 $A'B'D'$ 中的对应边分别平行且有同向①:它们的相似比等于(在相似三角形 SAB 和 $SA'B'$ 中)比值 $\dfrac{SA}{SA'}$,这比值也等于(第 18 节,推论)类似的比 $\dfrac{SB}{SB'},\dfrac{SC}{SC'}$,等

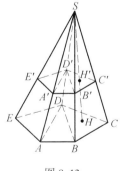

图 8.13

---

① 如果截面 $A'B'C'D'E'$ 和底面在 S 的异侧,那么三角形 ABD 和 $A'B'D'$ 的边将平行且反向:这两三角形自身将相似且有同向,于是最终的结论仍适用.

等,以及比值 $\frac{SH}{SH'}$,其中 SH 和 SH' 是从顶点 S 到两平行平面 $ABCDE$ 和 $A'B'C'D'E'$ 的距离.

现在如果取多边形 $A'B'C'D'E'$ 的一个位似形(取这平面上任一点作位似心),取 $\frac{SH}{SH'}$ 为位似比,那么所得到的多边形 $A_1B_1C_1D_1E_1$ 将具有这样的性质:三角形 $A_1B_1C_1$, $A_1B_1D_1$, $\cdots$ 依次与 ABC, ABD, $\cdots$ 全等且有同向,所以它和 $ABCDE$ 全等(平,50).

备注 推广言之,以上的推理表明,将一定点和一平面图形上各点以直线相连,并以一个平行于这图形所在平面的平面截之,则所得图形和原先的相似.

推论 底面和上面定理中所考虑的截面的面积之比,等于从顶点分别到它们所在平面的距离平方之比.

这只须将 257 节(平,第四编)的定理应用于所考虑的两个多边形.

76.所谓**正棱锥**($S-ABCDE$,图 8.5)是指一个棱锥,它的底是正多边形,并且它的高(SO)通过底面的中心.

正棱锥的各侧棱相等(因为它们是距垂线 SO 的足等远的斜线);各侧面是全等的等腰三角形(因为有三边分别相等).在这些三角形的任一个中,由顶点所引的高(SH)称为正棱锥的**斜高**.

定理 正棱锥的侧面积等于底面周长和斜高乘积的一半.

在正棱锥 $S-ABCDE$(图 8.5)中,三角形 SAB 的面积等于斜高 SH 和边 AB 乘积的一半;三角形 SBC 的面积等于斜高和边 BC 乘积的一半;其余类推.因此侧面积,即是说三角形 SAB, SBC, SCD, SDE, SEA 面积的和,以斜高和 $AB+BC+CD+DE+EA$ 乘积的一半作为度量.

76a.棱锥按侧面数(等于底面的边数)分类,有三棱锥,四棱锥,五棱锥,等等.

三棱锥也称**四面体**(图 8.12),它共有四个面(一个多面体所能具有的最小面数),全都是三角形.四面体可用四种不同方式视为棱锥,任何一面都可取为底.

77.凡多面体都可分解成棱锥.

事实上:

(1)如果多面体是凸的,可以把它分解成棱锥.取多面体的一个顶点作为公共顶点,而取不含这顶点的各面分别作为棱锥的底;或者取多面体的各个面逐次作为底,而取一内点作为公共顶点;

(2)一个凹多面体可以分解成凸多面体(这些凸多面体又可分解成棱锥,如上面所说的).为了这个目的(比较平,148),只要无限延展各面所在的平面;这样把空间分为若干区域,其中某些个(这些显然是凸多面体)的集体构成给定的多面体.

由于任意的棱锥显然可以分解成三棱锥(只须将底面的多边形分解成三角形),可见凡多面体都可分解成四面体.

习 题

(98)证明:通过平行六面体的对角线交点所引的任何直线,被这点以及多面体的表面分成相等的两部分.

(99)给定三直线,其中任两线不共面,求作一平行六面体,使它有一条棱在其中每一条直线上①.

(99a)在上题中,设两直线固定,而第三直线在一已知平面内保持平行于其自身而移动,求平行六面体中心的轨迹.

(100)设一平行六面体的各对角线都相等,证明:这平行六面体是长方体.

(101)求作一立方体,已知它的一条对角线.

(102)设在平行六面体 $ABCDA'B'C'D'$ 中,A 和 C' 是一双对顶;B,D,A' 是 A 的相邻顶点;D',B',C 是 C' 的相邻顶点.证明:

①对角线 AC' 通过三角形 BDA' 和 $D'B'C$ 的重心;

②它被这两点分成三等份;

③如果所考虑的平行六面体是立方体,则三角形 BDA',$D'B'C$ 为等边三角形,且直线 AC' 和它们的平面垂直.

(103)以垂直于立方体一条对角线的平面截立方体,研究截面的形状,并假设平面取一切可能的位置只须保持和这对角线垂直.

研究截面垂直对角线于其中点的情况.

(104)所谓**正四面体**,是指各棱相等从而各面是等边三角形的四面体.

证明立方体的顶点可以分为两组,使每一组顶点是一个正四面体的顶点.

---

① 在作图问题中,要注意到第一编习题末的附注,因此我们利用那里的规定,除非所考虑的是具体作图.

(105)设一点在正四棱锥底面上移动,且在这底的内部,证明:它到各侧面的距离之和为常量.

由这点作底面的垂线,各侧面在这垂线上所截的线段之和,也是一个常量.

当这点变成底面多边形的外部点,但依然在它的平面上时,上面这些性质怎样变化?

(106)证明:在四面体中,联结一个顶点和对面重心的四条线段相交于同一点,它将其中每一线段分成1与3之比.

联结一双对棱中点的线段也通过这一点,它将每一条平分.

(107)设不在同一平面上的三线段通过同一点,而且每一条被这点所平分,证明:可以找到(而且有许多方式)一个四面体,使其各棱的中点即是这些线段的端点.

(108)设通过四面体一双对棱中点的连线,作一平面和另一双对棱相交,证明:联结两交点的线段被第一条直线所平分.

(109)证明:四面体各棱的中垂面相交于一点.

(110)证明:四面体各二面角的平分面相交于一点.

(111)通过四面体每一棱作一平面,这条棱和空间一定点 O 所决定的平面与所作平面形成的二面角,如果和四面体中以这条棱为棱的二面角有同一平分面,则这样所作的六个平面通过同一点 O'.

(112)通过四面体每一棱中点作对棱的垂直平面,证明:这六个平面相交于同一点,这点和习题(106)以及习题(109)所考虑的点,在同一直线上.

(113)在四面体的每一三面角中,引习题(60)第一命题考虑其存在性的直线.在什么条件下这四直线共点?证明这时四面体的四条高线也交于一点.

(这时四面体的顶点的相关位置,有如习题(94)所说.这样的四面体称为**具有正交棱的**.)

(114)对于习题(58)第二段考虑其存在性的直线,解决类似的问题(答:对棱之和应彼此相等.)

(115)对于习题(59)第二命题考虑其存在性的直线,解决同样的问题.

(116)给定四面体各棱长度,具体①作出四条高线.

---

① 参看第一编习题末的附注.

第 9 章　棱柱的体积

78. 两多面体若公有一面或若干面(或面的部分),并且一个完全在另一个之外,那么它们就称为**相邻的**.

给定两相邻多面体 P,P',若取消它们的公共面,形成第三个多面体 P'',它就是前两个的集合,称为它们的**和**.

79. 所谓多面体的体积,就是使每一个多面体和具有下列性质的量(称为这多面体的**体积**)相对应:

(1)两个全等的多面体有相同的体积,不论它们在空间的位置如何;

(2)相邻两多面体 P,P' 之和 P'' 的体积,等于 P,P' 的体积之和.

我们承认这样的对应存在①.

并且显然和平面几何里的面积一样,一经这样的对应存在,便以无穷多的方式存在.因为所考虑的量显然可用成比例的量来代替,而不致改变性质(1)和(2).我们将仔细地研究体积的相互之比,或者体积的度量数.

为此,首先应当指定某一多面体,把它的体积取作单位;任意体积的度量数,将是这体积和单位的比.

我们规定,取边长等于长度单位的立方体的体积作为体积的单位.

这个规定,以及 244 节的规定(平,第四编),在有关体积的定理中总是默认的.

有相同体积的两个多面体(一般并不全等)称为**等积的**.

备注　由性质(2)可知,一个多面体 P' 如果完全在另一多面体 P 之内,它的体积便小于 P 的.

80. **长方体**

定理　有等底的两长方体体积之比,等于它们的高之比.

---

① 关于这事实的证明,参看书末附录 B.

按照我们多次使用过的方法,只须证明:

(1)有同底同高的两长方体的体积相同.这仅仅是性质(1)的一个应用,因为这两平行六面体全等;

(2)设三平行六面体 P,P',P'' 有同底,且 P'' 的高是 P,P' 的高之和,那么 P'' 的体积是 P,P' 的体积之和.

这可由性质(2)得出.因为如果将 P'' 的高(图 9.1)分为两部分,使其分别等于 P 和 P' 的高,通过分点作平行于 P'' 的底的平面,我们就将 P'' 分成了两部分 P_1 和 P_1',分别与 P 和 P' 全等.

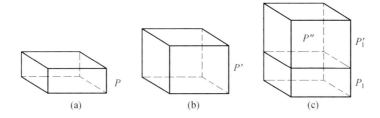

图 9.1

定理于是得证.希望读者用这个例子重复算术上一般定理的证明,如同我们在平面几何里几次所做过的那样.

由于长方体不论哪一面都可取为底,我们可以把上面的定理叙述成如下的形式:

公有两维的两长方体体积之比,等于第三维的比.

81. 定理 两长方体体积之比等于它们三维的乘积之比.

上面我们看到,当长方体的两维保持常量,而仅仅第三维变化时,体积和这第三维成比例.现在这个命题,只不过是算术上的这样一个命题的应用而已[①]:如果一个量和其余若干量成比例,那么就和这些量的乘积成比例.

但是,由于这命题的重要性,我们将重新根据算术上的步骤,应用于目前的情况,正如对矩形面积所做的那样.

设第一个长方体 P 的三维为 a,b,c,第二个长方体 P' 的三维为 a',b',c'. 上面所说的步骤在于考查两个辅助长方体 P_1 和 P_2,依次以 a',b,c 和 a',b',c 为其三维.

在长方体 P 和 P_1 中,只有第一维不同,因此有(上节)

[①] 见唐乃尔(Tannery),《理论和实用算术》第 11 章.

$$\frac{P}{P_1} = \frac{a}{a'}$$

同理,长方体 P_1 之不同于 P_2,只在第二维 b 换成了 b',因此有

$$\frac{P_1}{P_2} = \frac{b}{b'}$$

最后,长方体 P_2 和 P' 只有第三维不同,所以

$$\frac{P_2}{P'} = \frac{c}{c'}$$

在以上的等式中,左端代表体积的比(长方体 P, P_1, P_2, P' 相互的比),而右端代表长度的比.但我们已知道(平,106),如果将每一类的量换成度量它们的数(对于同一单位而言),这些比的值不变.依照(平,18)的规定,我们因此认定,已选定了某一个体积单位,某一个长度单位,文字 P, P_1, P_2, P' 和 a, b, c, a', b', c' 不再表示体积和长度,而依次表示它们的度量数.在这样的前提下,将上面的各等式两端相乘,得

$$\frac{P}{P_1} \cdot \frac{P_1}{P_2} \cdot \frac{P_2}{P'} = \frac{a}{a'} \cdot \frac{b}{b'} \cdot \frac{c}{c'}$$

左端是一些分数的乘积,可以写作 $\frac{PP_1P_2}{P_1P_2P'}$.我们可以用 P_1P_2 去除分子和分母,于是得

$$\frac{P}{P'} = \frac{abc}{a'b'c'}$$

证毕.

82. 现在引进开始所作的假设,即取棱等于长度单位的立方体作为体积单位,于是上面的定理得出长方体体积的度量.

定理 长方体的体积等于它三维的乘积.

只有利用以前的规定(平,18),这命题才有意义.它的含义是:

度量长方体体积的数,等于度量它的三维的数之积.

这可由上面的定理推出,只要取棱等于长度单位的立方体作为第二个长方体 P',于是依照假设,它的体积便取为体积单位了.这时各数 a', b', c', P' 都等于1,由上述定理简易地得出

$$P = abc$$

证毕.

由上述证明本身明显地看出,这定理的正确性,以前面的规定作为前提,按

照这规定,我们把作在单位长度上的立方体取作体积单位.

因此,要这个(以及下面的一些)定理为真,我们可以任意地选取长度单位,但一经选定,体积单位就像面积单位一样,也已被决定了.为此,我们常常说,体积单位和面积单位一样,是诱导单位.

83. 学会了度量长方体的体积以后,我们可由此推出直平行六面体体积的度量,又由此再推出斜平行六面体体积的度量.这些推导,运用下面的定理:

定理 凡斜棱柱都等积于以它的直截面为底,以侧棱为高的直棱柱.

设 $ABCD - A'B'C'D'$ 为斜棱柱(图9.2).向同一指向延长各侧棱,例如为固定思路计,从点 A 延长棱 $A'A$,从点 B 延长棱 $B'B$,等等;然后作两个直截面 $abcd$ 和 $a'b'c'd'$ 以截各棱的延长线,如图9.2所示,并使这两截面的距离等于已知棱柱的侧棱.我们要证明已知棱柱和直棱柱 $abcd - a'b'c'd'$ 等积.

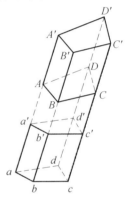

图 9.2

为此,将同一个多面体 $a'b'c'd' - ABCD$ 加于两个棱柱.我们只要证明如此得到的两个多面体 $abcd - ABCD$ 和 $a'b'c'd' - A'B'C'D'$ 是等积的.

现在来证明最后两个多面体是全等的.

事实上,移置其中第二个多面体于第一个之上,使全等的底面 $a'b'c'd'$ 和 $abcd$ 重合.在 a' 垂直于平面 $a'b'c'd'$ 的棱 $a'A'$,将沿平面 $abcd$ 在点 a 的垂线落下,因此它的方向和 aA 的一致,指向也相同,因为两个三面角 $a' - A'b'd'$ 和 $a - Abd$ 有相同的转向(由于以 $a'A'$ 和 aA 为棱的二面角有同向).但另一方面,$a'A'$ 和 aA 又是相等的,因为它们是由等线段 aa',AA' 加上一个公共部分组成的.所以点 A' 将与 A 重合.

同样的推理适用于所有的顶点,因此迭合完成了.两个多面体 $abcd - ABCD$ 和 $a'b'c'd' - A'B'C'D'$ 确是全等,从而两个棱柱 $ABCD - A'B'C'D'$ 和 $abcd - a'b'c'd'$ 等积.

证毕.

84. **直平行六面体**

定理 直平行六面体的体积等于它的底和高的乘积.

设 $ABCD - A'B'C'D'$(图9.3)为直平行六面体,取 $ABCD$ 为底,因此棱 AA',

BB',CC',DD' 垂直于平面 $ABCD$,但这底面并非矩形,因为面 $ABCD$ 的角一般不是直角.相反地,如果把它看为一个棱柱,以 $ABB'A'$,$CDD'C'$ 为底,而以 AD,BC,$A'D'$,$B'C'$ 为侧棱,这同一平行六面体则为斜棱柱,对于它我们将应用上节定理.

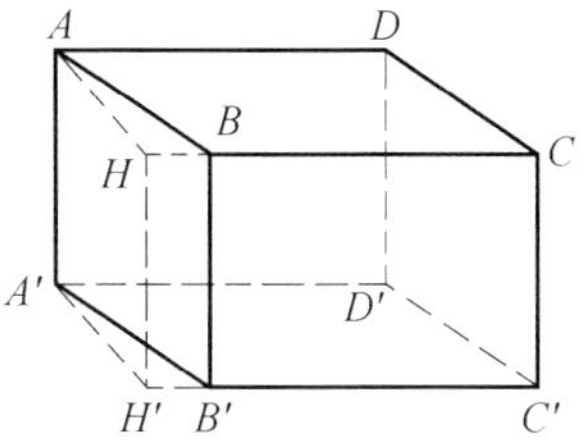

因此我们作直截面,并可使它通过 AA'(因这棱垂直于 AD).这直截面 $AA'H'H$ 是一个矩形,因为 AA' 垂直于平面 $ABCD$.因此,以 $AA'H'H$ 为底,以 AD 为高的直平行六面体是一个长方体.我们已经知道,它的体积是 $AA' \cdot AH \cdot AD$.

图 9.3

由于 $AH \cdot AD$ 是已知平行六面体底面 $ABCD$ 的面积,于是这六面体的体积确是以这底和高 AA' 的乘积为度量.

85.直棱柱 由直平行六面体的体积可推出直棱柱的体积.

定理 直棱柱的体积等于它的底面和高的乘积.

(1)首先设有直三棱柱 $ABC-A'B'C'$(图 9.4).完成平行四边形 $ABDC$ 和 $A'B'D'C'$,这两平行四边形是直平行六面体 $ABDC-A'B'D'C'$ 的底,而这平行六面体是由已知三棱柱和三棱柱 $BCD-B'C'D'$ 合成的.但这第二个棱柱和第一个全等.

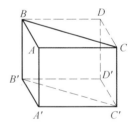

事实上,作为同一个平行四边形的两半的三角形 ABC 和 DCB 是全等的,而且有相同的转向.如果这两

图 9.4

三角形中的第二个在它的平面上移动,使与第一个重合,棱柱 $BCD-B'C'D'$ 跟着移动,棱 DD' 原先在 D 垂直于底面,便取 AA' 的方向和指向(因为对底平面讲,指朝哪一侧没有改变);由于它和 AA' 相等,点 D' 便落在 A'.同理,顶点 B' 和 C' 分别落在 C' 和 B',于是第二棱柱和第一个重合.

这两棱柱既全等,它们的和,也就是平行六面体,是其中一个的两倍.因此,棱柱 $ABCA'B'C'$ 体积的度量确是等于平行四边形 $ABCD$ 的一半(即三角形 ABC)和高的乘积.

(2)设有直棱柱 $ABCDE-A'B'C'D'E'$(图 9.5).将它分解为三棱柱,它们的底各是由底 $ABCDE$ 分解所成的三角形.由于这些三棱柱的高相同,它们体积的和等于这高乘以它们底面的和,即乘以整个底面

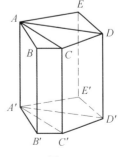

图 9.5

$ABCDE$. 证毕.

推论 斜棱柱的体积等于它的直截面和侧棱的乘积.

应用 83 节定理,由上面的定理得出:

直截面相等且侧棱相等的两个棱柱是等积的.

86. 任意的平行六面体

定理 任意平行六面体的体积等于它的底和高的乘积.

设有平行六面体 $ABCD - A'B'C'D'$(图 9.6). 我们来证明它的体积等于底 $ABCD$ 和对应高的乘积.

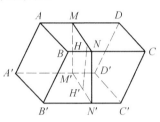

为此,首先将这立体看为一个棱柱,以面 $ABB'A'$ 为底,通常这是一个斜棱柱,对于它可引用 83 节的定理.

这定理告诉我们,如果 $MNN'M'$ 表示这棱柱的直截面,它便等积于以 $MNN'M'$ 为底以 AD 为高的直平行六面体;所以按照上面的定理,它的体积的度量等于 $AD \cdot$ 面积 $MNN'M'$,或 $AD \cdot MN \cdot HH'$,其中 HH' 表示平行四边形 $MNN'M'$ 的高. 由于 MN 是平行四边形 $ABCD$ 的高,所以 $AD \cdot MN$ 代表已知平行六面体的底面积.

图 9.6

另一方面,HH' 代表同一平行六面体的高. 事实上,它是画在平面 $MNN'M'$ 上且垂直于直二面角 $M' \cdot MN \cdot A$ 的棱,所以垂直于平面 $ABCD$(第 36 节).

由于找到了所考虑的体积的表达式:面积 $ABCD \cdot HH'$,定理得证.

87. 任意的棱柱

引理 通过平行六面体两条对棱的平面,将这立体分成两个等积的三棱柱.

设平行六面体为 $ABCD - A'B'C'D'$,平面 $ACC'A'$ 分它成两个三棱柱 $ABC - A'B'C'$ 和 $ACD - A'C'D'$(图 9.7).

设以垂直于 AA' 的一平面截此图形,这平面将定出这两个三棱柱的直截面 abc 和 acd,由于 $abcd$ 是平行四边形,这两截面是相等的. 这两棱柱既有相同的直截面和相同的侧棱,所以是等积的(第 85 节,推论).

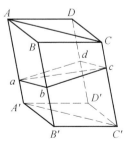

图 9.7

定理 棱柱的体积等于它的底和高的乘积.

(1)首先考查三棱柱 $ABCA'B'C'$(图9.8).与三角形 AC 公有三顶点的平行四边形 $ABCD$ 是一个平行六面体的底,这平行六面体是已知棱柱的两倍(引理).所以已知棱柱体积的度量等于它的高和平行四边形 $ABCD$ 的一半(即三角形 ABC)的乘积.

(2)若已知棱柱是任意的,先将它分解成三棱柱(图9.9),然后仿第85节,(2)进行推理.

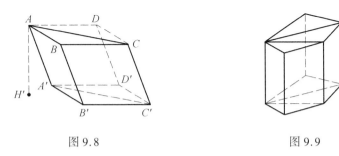

图 9.8 　　　　　　图 9.9

习　题

(117)证明:三棱柱的体积,等于任一侧面和这一面到对棱距离的乘积的一半.

(118)在三条已知平行线上取等长 AA',BB',CC'.证明这样所形成棱柱的体积,只与已知平行线的位置以及棱 AA',BB',CC' 的公共长度有关,而与这些线段在直线上的位置无关.

(119)取四面体的三个面 SBC,SCA,SAB 作为下底,在四面体的外方任意作三个棱柱.I 是上底平面的交点,取第四个面 ABC 为底作一棱柱,使侧棱与 SI 平行且相等.证明最后的棱柱和前三个的和等积.

(120)给定了一个矩形 $ABCD$,它的平面是 P,边是 a 和 b,又给定了距平面 P 为 h 的一点 S,考查以 S 为顶点以 $ABCD$ 为底的棱锥;以平行于 P 的一平面截这棱锥,在矩形的截面中作一内接四边形 q,使其三边平行于这矩形的对角线.最后,考查以这个平行四边形作为一个底而另一个底在平面 P 上的直棱柱 R.

①试决定从点 S 到平面 Q 的距离,使棱柱 R 的12条棱的和有已知值 $4m$.(并研究)不可能的情况.

②对应于平面 Q 同一位置的所有棱柱 R,哪一个的体积最大?研究当平面 Q 变动时,这最大面积如何变化.

第 10 章 棱锥的体积

88. 引理 在底面积相等、高相等的两个棱锥中,以平行于底面且距顶点等远的平面截之,则截面等积.

设 H 为两棱锥的公共高度,h 为每一截面到对应顶点的距离.这截面和相应底面的比(第 75 节,推论)是 $\dfrac{h^2}{H^2}$,因之对于两个棱锥是相同的.截面既和底面成比例,而底面等积,所以截面也等积.

定理 底面等积且高相等的两个三棱锥是等积的.

设三棱锥 $S-ABC$ 和 $S'-A'B'C'$(图 10.1)的底 ABC 和 $A'B'C'$ 是等积的,对应的高有相同的长度 H;它们的体积为 V,V'.

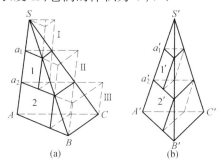

图 10.1

将棱 SA 分成若干等份,例如三等份:$Sa_1 = a_1a_2 = a_2A$.通过分点 a_1,a_2 作平行于底面的截面 $a_1b_1c_1,a_2b_2c_2$,这些截面的所在平面将高分为三等份.如果对于第二个棱锥重复同样的作图(换句话说,如果将 $S'A'$ 分为三等份,并通过分点作截面 $a_1'b_1'c_1',a_2'b_2'c_2'$ 平行于底面 $A'B'C'$),那么按照引理,所得各截面分别等积.

作两个棱柱,一个以三角形 $a_1b_1c_1$ 为底而以 a_1a_2 为其一侧棱(因之它的另一底面在平面 $a_2b_2c_2$ 上,而它的两个侧面在平面 SAB,SAC 上);另一个以三角形 $a_2b_2c_2$ 为底而以 a_2A 为其一侧棱(因之它的另一底面在平面 ABC 上,而它的两个侧面仍然在平面 SAB,SAC 上).以符号 1 和 2 表示所作的棱柱,它们

是在棱锥 $S-ABC$ 内部的,而它们合在一起形成一个内接于这棱锥的立体.

如果同样地处理第二个棱锥,分别以 $a_1'b_1'c_1'$, $a_2'b_2'c_2'$ 为底,以 $a_1'a_2'$, $a_2'A'$ 为侧棱作棱柱 $1'$, $2'$,则此两棱柱分别和上面所作的两个等积,因为底等积(这在上面已指出了)而高相同(即公共高 H 的三分之一).

因此,内部的棱柱体积之和 s_3 在双方有相同的值,并且比这两个棱锥都小.

第二步,作三个在外部的棱柱,分别以 $a_1b_1c_1$, $a_2b_2c_2$, ABC 为底,而以 a_1S, a_2a_1, Aa_2 为侧棱,图上以符号Ⅰ,Ⅱ,Ⅲ表之.这三个棱柱合在一起形成一个外接于这棱锥的立体,即是说将棱锥全部包含在内,因此有较大的体积.如果同样地处理棱锥 $S'-A'B'C'$[①],我们得出一个外接的立体,而仿照上面的理由,它和第一个等积,并且这两个立体的公共体积 S_3 大于两个棱锥的每一个.

体积 V, V' 既都介于 S_3 和 s_3 之间,它们的差便小于 $S_3 - s_3$.

但棱柱Ⅰ,Ⅱ分别等积于[②]棱柱 $1,2$,因为它们有相同的底 $a_1b_1c_1$, $a_2b_2c_2$ 和相同的高 $\dfrac{H}{3}$;差 $S_3 - s_3$ 于是等于棱柱Ⅲ的体积,即等于(第 87 节)面积 $ABC \cdot \dfrac{H}{3}$.

如果 SA 不是分为三等份,而是分为 n 等份,我们将在每个棱锥中作 $n-1$ 个内部棱柱和 n 个外部棱柱,并且上面的推理告诉我们,V 和 V' 的差小于面积 $ABC \cdot \dfrac{H}{n}$,即以 ABC 为底以 H 为高的棱柱的 n 分之一.

但取 n 充分大时,这个量可随意地小.如果 V 和 V' 不相等,上面得到的结论便不能成立.证毕.

推论 以上的推理表明,棱锥 $S-ABC$ 的体积是当 n 无限增大时,体积 S_n 和 s_n 的公共极限.

因为这体积 V 和量 S_n, s_n 中每一个的差,小于它们自身间的差,而这差数 $S_n - s_n$ 是趋于零的.

89. 定理 棱锥的体积等于它的底和高乘积的三分之一.

(1)首先对于一个三棱锥 $S-ABC$(图 10.2)证明这定理.为此,引线段 BD, CE 平行且等于 AS,以形成一个以 ABC 为底,且以 AS 为侧棱的棱柱 $ABCSDE$.

---

① 为了简化图形,只在第一个锥上作出了外部的棱柱.
② 容易证明,棱柱Ⅰ,Ⅱ分别与棱柱 $1,2$ 全等,证明从略.

这棱柱和棱锥有同底及同高.我们来证明后者是前者的三分之一.

如果从这棱柱舍去已知四面体 $S-ABC$,就剩下四棱锥 $S-BCED$,它的底是平行四边形 $BCED$ 而顶点是 S.以对角线 BE 分平行四边形为两个三角形,这棱锥便分解为两个四面体 $S-BCE$,$S-BDE$.

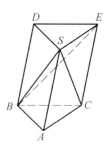

图 10.2

后面这两个是等积的,因为它们有等底(平行四边形 $BCED$ 的两半)和同高(由点 S 到平面 $BCED$ 的垂线).

但四面体 $S-BDE$ 可以看做以 B 为顶点而以 SDE 为底,于是可以看出它和 $S-ABC$ 等积,因为它们的底 ABC 和 SDE 是相等的,而高则同等于棱柱的高.

组成这棱柱的三个四面体既彼此等积,四面体 $S-ABC$ 的体积便等于棱柱的体积的三分之一,从而等于底 ABC 和高的乘积的三分之一.

(2)为了推广这定理于多棱锥,只须将多棱锥分解成三棱锥.这时重复第 85 节,(2)的推理即得.证毕.

推论 有等底的两个棱锥之比等于它们高的比.有等高的两个棱锥之比等于它们底的比.

90.学习求棱锥体积的方法,是本章所论多面体体积的主要目的.

事实上,这就使我们能得出一切多面体的体积(这就是为什么知道了棱柱的体积还不够的道理).因为要求任意多面体的体积,只要将它分解成棱锥就可以了.

下面指出这方法的两个应用.

棱台

定义 介于一个棱锥的底面和这底面的一个平行截面之间的部分称为**平截棱锥**或简称**棱台**(图 10.3).这截面是棱台的**上底**,而原先的底是**下底**.

高是两底之间的距离.

定理 棱台等积于三个棱锥的和,这些棱锥有共同的高(即棱台的高),它们的底分别是棱台的下底、上底以及两底的比例中项.

(1)首先假设对象是三棱台(图 10.4)$ABC-A'B'C'$.平面 $A'BC$ 把这立体分为两个棱锥,其中之一 $A'-ABC$ 确以棱台的底 ABC 为底且以它的高为高:这是命题中谈到的第一个棱锥.另一个是四棱锥 $A'BCC'B'$,它又可用对角面 $A'B'C$

分解为两个四面体 $A'B'C'C$ 和 $A'B'BC$.

$A'B'C'C$ 是命题中的第二个棱锥,因为我们可以把它看做是以 $A'B'C'$ 为底而以 C 为顶点的棱锥.

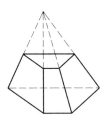

图 10.3

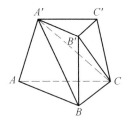

图 10.4

为了计算剩下来的四面体 $A'B'BC$ 的体积,先把它和第一步得出的四面体 $A'ABC$ 来比较.这两个立体可以看做以 C 为公共顶点,而各以 $A'B'B$ 和 $A'AB$ 为底,于是它们的高相同.但两个三角形 $A'B'B$ 和 $A'AB$ 如果看做以 $A'B'$ 和 AB 为底,便有同高(梯形 $A'B'BA$ 的高).这两个三角形之比,因之两个四面体之比,便等于边 $A'B'$ 和 AB 之比.

现在将已经得出的第二个棱锥 $A'B'C'C$ 和 $A'B'BC$ 相比较,并取 A' 为公共顶点.采取与上面类似的推理,我们看出,这两个四面体的比等于两个三角形 $B'CC'$,$B'BC$ 之比,而由于这两个三角形有同高(梯形 $B'C'CB$ 的高),所以它们的比等于 $\dfrac{B'C'}{BC}$.

但比 $\dfrac{B'C'}{BC}$ 等于(第 75 节)上面得出的比 $\dfrac{A'B'}{AB}$.所以我们也有

$$\dfrac{A'B'BC}{A'ABC} = \dfrac{A'B'C'C}{A'B'BC}$$

换言之,第三个棱锥 $A'B'BC$ 是前两个的比例中项.所以(上节推论)它等积于以起先两个的高为高,以它们底的比例中项为底的一个棱锥,即命题中的第三个棱锥.证毕.

(2) 现在假设有一个多棱台,把它的下底分解为三角形(图 10.4a),面积分别为 B_1,B_2,$\cdots$.以棱台为其一部分的棱锥,它的顶点 S 和这些三角形的边所决定的各平面,将上底分解为三角形 B_1',B_2',$\cdots$,依次和上面的那些相似,并且已知棱台被分解成一些三棱台.

将(1)证明过的定理应用于这些三棱台,我们看出,已知棱台等积于一些棱锥的和,它们以棱台的高作为公共高,而底则分别为:

(1) 三角形 $B_1, B_2, \cdots$——这些棱锥的和是一个有同高的棱锥,而底则是这些三角形的和,即已知棱台的下底 B;

(2) 三角形 $B_1', B_2', \cdots$——这些棱锥的和是一个有同高的棱锥,而底则是这些三角形的和,即棱台的上底 B';

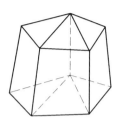

图 10.4a

(3) 三角形 $b_1, b_2, \cdots$,它们分别是 B_1 和 B_1',B_2 和 $B_2'\cdots\cdots$的比例中项——这些棱锥的和仍然是有同高(棱台的高)的棱锥,而底则为 $b_1 + b_2 + \cdots$.

还须证明和 $b_1 + b_2 + \cdots$ 是 B 和 B' 的比例中项. 而这由(第75节,推论)$B_1, B_2, \cdots$ 和 $B_1', B_2', \cdots$ 相互成比例即得.

事实上,比 $\dfrac{B_1}{b_1} = \dfrac{b_1}{B_1'}$ 是比 $\dfrac{B_1}{B_1'}$ 的平方根(因为我们有 $\dfrac{B_1}{B_1'} = \dfrac{B_1}{b_1} \cdot \dfrac{b_1}{B_1'}$);由于比 $\dfrac{B_1}{B_1'}, \dfrac{B_2}{B_2'}, \cdots$ 彼此相等,所以比 $\dfrac{B_1}{b_1}, \dfrac{B_2}{b_2}, \cdots$ 相等,比 $\dfrac{b_1}{B_1'}, \dfrac{b_2}{B_2'}, \cdots$ 亦复如此. 因此我们可写

$$\frac{B_1}{b_1} = \frac{B_2}{b_2} = \cdots = \frac{B_1 + B_2 + \cdots}{b_1 + b_2 + \cdots} = \frac{b_1}{B_1'} = \frac{b_2}{B_2'} = \cdots = \frac{b_1 + b_2 + \cdots}{B_1' + B_2' + \cdots}$$

所以 $b_1 + b_2 + \cdots$ 确是 B 和 B' 的比例中项. 证毕.

B 和 B' 的比例中项是 $\sqrt{BB'}$. 设一棱台的高为 h,底面积的度量为 B, B',则体积为

$$V = \frac{Bh}{3} + \frac{B'h}{3} + \frac{\sqrt{BB'}h}{3} = \frac{h}{3}(B + B' + \sqrt{BB'})$$

91. 截棱柱

定义 所谓**截棱柱**是指一个多面体,它的界面是一个柱面和两个平面(依然称为**底面**),这两底的平面不是(像棱柱的情况那样)互相平行的.

定理 一个截三棱柱等积于三个棱锥的和,这三个棱锥以截三棱柱的一个底面作为公共的底面,以另一个底面上的三顶点分别作为顶点.

设截棱柱 $ABC - DEF$(图 10.5)的底是 ABC, DEF,侧棱是 AD, BE, CF.

平面 BCD 将这截棱柱分离出第一个棱锥 $DABC$,它是命题中所述的一个.

剩下的四棱锥 $D - BCFE$ 中,对角面 DCE 又将它分为两个四面体 $D - BCE$ 和 $D - CEF$.

考查四面体 $D-BCE$. 如果顶点 D 以 A 来代替,体积不会改变,因为这样没有改变底 BCE,而且高也没有改变:两点 A,D 同在这底面的一条平行线上,因而距这平面等远. 而四面体 $ABCE$ 可以看做以 ABC 为底而以 E 为顶点的棱锥,即是命题中的第二个棱锥.

对于第三个四面体作同样的变换,以 $ACEF$ 代替 $DCEF$: 按照上面的理由,这并不改变体积. 但如果把四面体 $ACEF$ 看做以 ACF 为底而以 E 为顶点,就可以看出后者又可用点 B 来替代,因为直线 BE 与平面 ACF 是平行的. 于是得出四面体 $ABCF$,这是命题中的第三个棱锥. 证毕.

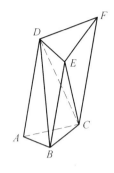

图 10.5

推论 截三棱柱的体积等于它的直截面和侧棱的算术中项(等差中项)的乘积.

事实上,在上面的图形中,棱锥 $DABC$ 等于以 ABC 为底,以 AD 为侧棱的棱柱的三分之一,因此它的体积等于 AD 和柱面的直截面 abc 的乘积的三分之一. 同理,其余两棱锥的体积是

$$\frac{BE}{3}\cdot abc \quad 和 \quad \frac{CF}{3}\cdot abc$$

所以截棱柱的体积等于

$$\frac{AD+BE+CF}{3}\cdot abc^{①}$$

习　题

(121) 直接证明三棱锥体积的公式,把它看做内接棱柱的和的极限(第 88 节,推论). [应用起初 n 个整数的平方和的公式,布尔勒(Bourlet)《代数》402 页. (中译本第 403 页,上海科学技术出版社出版. ——译者注)]

(122) 求棱为 a 的正四面体(习题(104))的体积.

(123) 两个四面体有一个三面角全等或对称,证明:它们体积的比等于这三面角的三棱乘积之比.

(124) 两个四面体公有一条棱以及沿这棱的二面角,证明:它们体积的比等于夹这二面角的两面的乘积之比.

(125) 求一点,使与已知四面体各顶点连线,将它分为四个等积的四面体.

---

① 以后(补充材料,第 275 节)将找到截棱柱体积的其他表达式.

(126)给定不在同一平面上的三平行直线,在一条上取一线段 AB 使有定长,在其余两条上各取一点 C,D.证明这样得出的四面体的体积,与点 A,C,D 的位置无关,也不因 A 和 B 选在这三直线的哪一条上而变,只要 AB 总是定长.

(127)通过四面体每一顶点作一平面平行于对面,新得的四面体和原先的四面体之比为何?

(128)通过四面体每一棱作一平面与对棱平行,这样形成的平行六面体和四面体之比为何?

(129)证明:四面体的体积等于一双对棱间的最短距离和一个平行四边形乘积的六分之一,这平行四边形的边和这双对棱平行且相等.

(130)在两已知直线 D,D' 上,截取线段分别等于 a,a',这样得出四点形成一个四面体,证明:当这两线段保持其长度各在所在直线上移动时,四面体的体积不变.

(131)给定两线段 AB,CD,考查一些直线 L,使两四面体有一公共棱在 L 上,这条棱的对棱,在一个四面体是 AB,在另一个是 CD,设这两四面体成已知比,求这些直线中通过一定点的直线的轨迹.

研究 AB 和 CD 共面的情况.证明这时直线 L 恒与两定直线之一相交.

(132)AD 是一个平行四边形的对角线,它的两邻边是 AB,AC.设 EF 为任一线段,证明四面体 $ADEF$ 和四面体 $ABEF$,$ACEF$ 之和或差为等积.

(133)将一棱锥各棱通过顶点延长,并以底面的一平行面截这些延长线.试表出两个棱锥的和,设已知两底 B,B' 以及它们间的距离 h.

第二编习题

(134)求以一平面截一四面体使截面为一平行四边形.有三个方向的平面回答这个问题.对于每一个方向,求最大的平行四边形.

求作截面,使其为菱形.以四面体的棱长表达这菱形的边长.

(135)将正四面体的三个顶点连线到第四顶点的高线的中点,证明:得出的三线两两垂直.

(136)设四面体中一双对棱的和等于另一双对棱的和,证明:相应的二面角之间也有这个关系.

(137)有两个四面体,设由第一个四面体的顶点向第二个的面所引的垂线相交于一点,证明:由第二个四面体的顶点向第一个的面所引的垂线也如此.

(138)设一四面体是具有正交棱的(习题(113)),证明:习题(128)所导出的平行六面体的各棱相等.

(139)设由四面体 $S-ABC$ 底面 ABC 上一点 O 作直线 Oa,Ob,Oc 分别平行于棱 SA,SB,SC,直至与面 SBC,SCA,SAB 相交,证明:有
$$\frac{Oa}{SA}+\frac{Ob}{SB}+\frac{Oc}{SC}=1$$

(140)证明:四面体一个二面角的平分面分对棱所成的比,等于夹这二面角的两面面积之比.

(141)四面体的一个面被其他三面所构成二面角的平分面所截,求所截成的各三角形相互之比.

(142)棱锥 $S-ABC$ 被底 ABC 的一个平行平面所截,设 D,E,F 为此平面与棱 SA,SB,SC 的交点.当这截平面平行于自身而移动时,求

① 平面 AEF,BFD,CDE 的交点的轨迹;

② 平面 BCD,CAE,ABF 的交点的轨迹.

(143)证明:凡多面体可以分解成一些截棱柱,使它们的侧棱同平行于一任意给定的方向.

(144)在一棱柱中求作与底平行的一截面,使以上底上一点为顶点,而底在下底所在平面上,且各棱通过截面各顶点的棱锥,与这棱柱等积.

(145)以一棱柱各侧面为底,以任一内点为公共顶点的各棱锥,证明:其和为常量.它和棱柱的体积之比为何?

(146)证明:通过四面体一双对棱中点的任意平面,将这立体分成等积的两部分.

(147)将四面体的六棱分成一些已知的比,求以各分点为顶点的凸多面体(八面体)和四面体的比.

(148)考查两个等边三角形 ABC,DEF,它们的平面相平行,并且点 A,B,C 以及点 D,E,F 在平面 ABC 上的射影是正六边形的顶点.将每一三角形的中心和另一三角形的三顶点相连,这样形成的两个棱锥公共部分的立体是什么形状?求它的体积.

(149)通过一平行六面体 P 每一顶点作一平面,使平行于三个邻近顶点的所在平面.研究这样形成的立体 S.求作 P,设已知 S.求这两个多面体的体积之比.

当 P 为一长方体时,S 有何特点?当 P 为菱面体(第72a节)或立方体呢?

(150)通过正方形 $ABCD$ 两对顶 A,C 作它所在平面的垂线,并且在第一条线上选一点 A' 使其距正方形中心等于一边 $a=AB$,在第二条上选一点 C' 使其距 A' 等于 $2a$.

①证明平面 $A'BD$ 与 $A'C'$ 垂直;

②以 a 表达四面体 $A'ABD$, $C'CBD$, $C'A'BD$ 的体积.

(151)有一个棱为 a 的立方体,通过与每一顶点相连的棱的中点作平面截之;取掉这样定出的八个棱锥,于是得出一个多面体 P'.求它的面积和体积,并问它的面、多面角和棱的个数及性质.

(152)我们知道一个平面将三棱柱各侧面分成一些已知的比,这些比要满足什么条件,才能使这平面将这棱柱分为两个截棱柱?求这两个截棱柱体积的比.作这平面.

(153)两个位于平行平面上的任意多边形 B, B',以及这两多边形的顶点所形成的三角形或梯形围成一个立体①,证明:它的体积是

$$V = \frac{1}{6}h(B + B' + 4B'')$$

其中 h 是 B, B' 的平面间的距离,而 B'' 是距这两平面等远的截面面积.

(取 B'' 的一点作为公共顶点,将这多面体分成棱锥.)

由是推导出棱台的体积.

(154)计算介于两个矩形(它们的边分别平行)和四个梯形(每一个梯形的两底是一个矩形的一条边)间的体积.

这两矩形的二维记为 a, b; a', b';它们所在平面间的距离记为 h.

---

① 这种立体叫做**拟柱**.——译者注

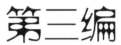

运动、对称、相似

第11章 运 动

92. F,F' 为两图形,如果能在其中一个上找到不共线的三点 A,B,C,对应于另一个上的三点 A',B',C',使当 M 为图形 F 上任一而 M' 为其在 F' 上的对应点时,便有图形 $ABCM$ 全等于图形 $A'B'C'M'$,那么 F 和 F' 是全等的.

假设情况就如上所述那样,我们移置图形 F' 使三角形 $A'B'C'$ 重合于三角形 ABC(在假设的条件下,这两个三角形显然全等).

设 M,M' 为此两图形的两个对应点. 通常,点 M' 不在平面 $A'B'C'$ 上,于是直线 $A'B',A'C',A'M'$ 形成一个三面角,根据假设这三面角和 $ABCM$ 全等. 当三角形 $A'B'C'$ 与 ABC 迭合后,这两个三面角便重合了(第61节,备注),于是 $A'M'$ 取 AM 的方向. 由于 $A'M'=AM$,点 M' 便重合在 M 上.

根据平面全等图形的性质(平,50,备注(2)),当 M' 在平面 $A'B'C'$ 上时,结论也成立.

所以两图形 F 和 F' 完全迭合了.

这推理也表明:两个全等图形如果公有不共线的三个对应点,便相重合.

从此得出,两个运动作用于不共线的三点 A,B,C,如果产生相同的效果,那么这两运动便是全同的. 因为一个任意的图形 F 经过这两个运动以后所得出的图形 F' 和 F'',由于公有了三个对应点,便相重合.

93. 旋转 考查公有两个对应点 A,B 的两个全等图形.

由直线的定义(平,4),直线 AB 在两个图形中的位置相同,因而这直线上任一点 m 也是如此,因为线段 Am 在这两图形中应有相同的长度和指向.

因此,这两图形公有一直线上的所有点.

我们来考查这个图形在与 AB 垂直的任一平面上的部分,例如在点 m 与 AB 垂直的平面 P 上的部分(图11.1),因之是由一些点 M 构成的,其中 Mm 垂直于 AB. 这些点在第

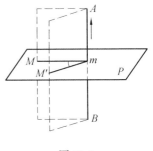

图 11.1

二个已知图形中所对应的点,具有同样的性质(点 m 保持不变),因此仍在这平面 P 上.

所以在这平面上,有两个全等且有同向①的图形,它们公有一点 m,因之可利用绕这点的一个旋转互相导得(平,100).这旋转的辐角等于一个二面角的平面角,这二面角是由第一图形中通过 AB 的任一平面和它在第二图形中的对应平面形成的.因此这辐角在所有的平面 P 上是同一个.

定义 在立体几何,我们将像上面所说的,由两个图形的一个得出另一个的过程称为**旋转**;换言之,旋转是这样一种运算:给定一直线 AB(称为**旋转轴**)及一角(称为**转幅**),将原始图形的每一点,在通过这点且垂直于轴的平面上,绕这平面和轴的交点旋转一个角度使其等于转幅(图 11.1).

我们应当在轴上选定一个指向,用以表示所作的各旋转是正向的还是逆向的(第 31 节).

如果轴上的指向可以自由选取,那么显然总可以选取得使旋转成为正的.

反过来,可由旋转互相导出的两个图形是全等的.

事实上,设 M 和 M' 是两个对应点,m 是它们在轴 AB 上的射影(由假设,这射影是公共的).我们总可以移置第一个图形使直角 $\angle MmA$ 落在它的等角 $\angle M'mA$ 上.这个运动既没有变动着 AB 上的点,由上面所说便是一个旋转,它的轴是 AB 而转幅显然等于 $\angle MmM'$.依照假设,这旋转将第一图形变为一全等图形,所以和已知旋转相符合,因为轴和辐角是同样的.

94. 轴反射(轴对称,半周旋转) 旋转的角可能是 180°,于是第一图形上任意一点 M 的对应点,将是 M 对于它在轴上的射影 m 的对称点 M'(平,99)(图 11.2).

绕一直线作 180° 的旋转,叫做对于这直线的**反射**或**轴反射**(或**轴对称**,或**半周旋转**).

这时,不需指出轴的指向.轴反射是自逆的,就是说,用同样的作法于求得的点 M',便重新回到点 M.

由上面所说可知:可由轴反射互得的两个图形是全等的.

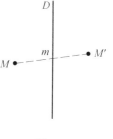

图 11.2

---

① 因为由 m 发出的两条直线和这轴形成一个三面角,它的转向在两个已知图形中应该是相同的.

95. 平移

定义 设由一图形 F 上各点 $A,B,C,\cdots$ 引彼此同向平行且相等的线段 $AA',BB',CC',\cdots$，则点 A', $B',C',\cdots$ 形成一个图形 F'，称为(平,51)由第一图形通过**平移** AA' 而得(图 11.3).

图 11.3

这新图形和 F 全等.

事实上，设 A 及 B 为 F 上两点，它们在图形 F' 上有两个对应点 A' 及 B'，使 $A'B'$ 和 AB 同向平行且相等.

对于 F 的三点 A,B,C，对应着三点 A',B',C'，使三角形 $A'B'C'$ 全等于 ABC. 特别有(例如说)$\angle B'A'C'$ 等于 $\angle BAC$. 并且平面 $A'B'C'$ 平行于 ABC.

于是设 A,B,C,M 为 F 的四点. 此四点若共面，则图形 $ABCM$ 全等于(平,50)对应点 A',B',C',M' 所成的图形.

相反地，若四点 A,B,C,M 不共面，则三面角 $A-BCM$ 与对应的三面角 $A'-B'C'M'$ 全等(第 61a 节). 当我们迭合这两个三面角时，由于 $A'B'$, $A'C'$, $A'M'$ 分别等于 AB,AC,AM，那么两个图形 $ABCM$, $A'B'C'M'$ 相重合. 由是得图形 F, F' 全等(第 92 节).

举例说，同一图形在两个平行平面上的射影(第 44a 节)可利用平移而互得，这平移的距离等于两平面间垂线的距离，平移的方向即此垂线的方向.

96*①. 螺旋运动

定义 所谓**螺旋运动**②，是指一个旋转 R 和一个平移 T 的合成运动③，平移沿着旋转的轴.

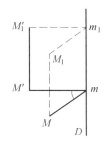

图 11.4

这两个过程的顺序无关重要(如果平移不是沿着旋转的轴，情况就不同了④)，换言之，设 M 为一点(图 11.4)，沿轴 D 旋转一个给定的角度至 M'(这旋转记作 R)，再将 M' 平行于 D 作一确定的平移 T 到达新位置 M_1'；如果先将 M 用平移 T 到达 M_1，再将 M_1 绕轴 D 作旋转 R，那么依然来到同样的位置 M_1'.

---

① 带 * 的章节为比较难的内容.
② 这命名的理由见后(第 214 节).
③ 这名词的意义见平,103, 第二编.
④ 参看习题(400).

事实上，设 m 为两点 M,M' 在轴上的公共射影，而 m_1 为 M_1 的射影，则图形 $M_1m_1M_1'$ 显然可由图形 MmM' 利用平移 MM_1 得出. 那么前者就和后者一样是一个等腰三角形，它的平面垂直于 D 而顶角等于 R 的转幅. 这就证明了断言的正确性.

螺旋运动显然包括旋转(当平移 T 为零时)和平移(当旋转 R 为零时)作为特殊情况.

备注 当我们已知一个螺旋运动时，在轴上就确定了一个正向，即平移的指向. 因此，我们说一个螺旋运动是**正的**(或**右手的**)，或者反过来说是**逆的**(或**左手的**)，就看沿着平移的正向所作的旋转是正的还是逆的.

97*. 我们已经见到，两个全等图形如果有两个公共点①，就可利用一个旋转使相迭合.

两个全等图形如果有一个公共点，就可利用连续两个旋转使相迭合.

事实上，设 A 为公共点，B 和 B' 为对应的两点. 于是有 $AB=AB'$，因此作一个旋转，取平面 BAB' 在点 A 的垂线为轴，使第二图形绕它旋转一个角等于 $\angle B'AB$，那么点 B' 就和 B 重合了. 这两图形于是有了两个公共点，再用一个旋转便可使它们完全迭合.

任意两个全等图形可利用一个平移继之以两个旋转使相迭合.

事实上，设 A 和 A' 为任一对对应点，将平移 $A'A$ 作用于第二图形，便把点 A' 带到 A 处，然后就归于上面的情况.

但这些平移和旋转的结合，可以简化而用单一的螺旋运动来代替.

为此，我们像在平面几何那样(平，102，103)进行，首先研究轴反射的合成.

98*. 关于同一直线的两次反射互相抵消. 我们知道(第 94 节)，如果 M' 是点 M 对于一直线 D 的反射点，M'' 是 M' 对于同一直线的反射点，那么 M'' 与 M 重合.

定理 对于不同的两直线继续做两个反射，那么

(1)当这两轴平行时，便等效于一个平移，这平移平行于两轴的公垂线，且等于将第一条轴带到第二条的平移的两倍;

(2)当这两轴相交时，便等效于一个旋转，这旋转以两轴的公垂线为轴，且等于将第一条轴带到第二条的旋转的两倍;

---

① 即是说，和它们的对应点重合的两点.

(3) 当这两轴不共面时,便等效于一个螺旋运动,这螺旋运动以两轴的公垂线为轴,且等于将第一条轴带到第二条的螺旋运动的两倍.

(1) 设两轴 D_1, D_2 平行(图 11.5);M 为原始图形上任一点,在 D_1 上射影为 m_1;M' 是它对于 D_1 的反射点($m_1M' = Mm_1$),这点在 D_2 上的射影为 m_2;M'' 为 M' 对于 D_2 的反射点($m_2M'' = M'm_2$).通过 M 所引垂直于 D_1, D_2 的平面含有 MM'(它垂直于 D_1)和 $M'M''$(它垂直于 D_2).因此,m_1m_2 是两轴的一条公垂线,并且显然(平,55)M'' 可由 M 通过一个平移得出,这平移平行于这公垂线,并且等于这公垂线的两倍.

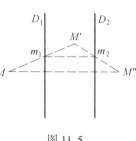

图 11.5

(2) 设两轴 D_1, D_2 相交于一点 O(图 11.6);P 为它们所在的平面;Ox 为通过 O 所作这平面的垂线;并且像刚才一样,M, M', M'' 是三个点,其中前两点对于 D_1 互为反射点(它们的连线交 D_1 于 m_1),后两点对于 D_2 互为反射点(它们的连线交 D_2 于 m_2).

平面 P 对于 D_1 以及 D_2 都反射为其自身.设将三点 M, M', M'' 在这平面上投射为 N, N', N'',则点 N 及 N'' 为 N' 分别对于 D_1 及 D_2 的反射点.因此,N'' 可由 N(平,102)通过以 Ox 为轴的一个旋转而得,转幅等于两轴夹角的两倍.

但线段 NM 和 $N''M''$ 彼此相等,都与 Ox 平行,且有同向(和 $N'M'$ 的指向相反).于是容易看出,以 Ox 为轴将 N 带到 N'' 的旋转,便也将 M 带到 M''.

(3) 设两轴 D_1, D_2 不共面(图 11.7);O_1O_2 为其公垂线.通过 O_2 作直线 D_1' 平行于 D_1.在我们所要合成的两个轴反射之间,插入对于 D_1' 的两次轴反射;这与结果无关,因为这两次反射互相抵消.

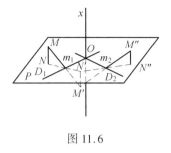

图 11.6

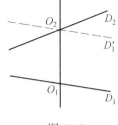

图 11.7

对于 D_1, D_1' 继续做的两次轴反射,合成为一平移,平行于 O_1O_2 且等于 O_1O_2 的两倍.对于 D_1', D_2 的两个轴反射合成为一旋转,绕 O_1O_2 为轴且等于将 D_1' 带到 D_2 的旋转的两倍.所以定理证明了.

逆定理 每一螺旋运动可以分解为两个具有不同反射轴的反射.

这两直线应当如下:

如果是一个平移,应当垂直于这平移;

如果是一个旋转或螺旋运动,应当和轴垂直而且和它相交.

在满足这样的条件下,我们可以任意选取一条轴,另一条便随之而定了.

例如说,在指出的条件下,任意选择的是第一条反射轴,那么第二条轴便可由第一条利用一个平移和旋转(各等于已知的平移和旋转的一半)而导得.这样决定了第二条轴,按照上面的定理,对于这两轴的反射,确实产生一个等于已知运动的合成运动.

99*.定理 若干螺旋运动的合成运动是一个单一的螺旋运动.

如果是绕共点轴线的旋转,那么合成运动是一个旋转,它的轴和已知的轴共点.

如果是平移,那么合成运动是一个平移.

显然①只须对于两个运动证明这定理.因为要合成三个,我们先合成前两个,然后再与第三个合成;其他类推.

设有两个螺旋运动②,以 A_1, A_2 为轴(图 11.8).其中第一个,我们可用对于轴 D_1, D_1' 的两个轴反射来代替,并且第二条直线 D_1',可以在和 A_1 相交成直角的直线中任选一条.同理,第二个运动用对于轴 D_2, D_2' 的两个轴反射来代替,并且可在和 A_2 垂直相交的直线中任选一条作为第一条轴 D_2.

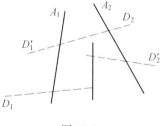

图 11.8

然后我们使 D_1' 和 D_2 重合.为此,只须取它们都和 A_1, A_2 的公垂线重合.于是对于这两条轴的反射互相抵消,只剩下对于 D_1, D_2' 的对称变换,这确实给出单一的一个螺旋运动.

设已知运动是旋转而且它们的轴 A_1, A_2 相交于点 O,那么直线 D_1' 通过同一点,并且 D_1 和 D_2' 也通过这点.合成运动将是一个旋转,它的轴通过点 O.

设已知运动为平移,则直线 D_1', D_1, D_2' 彼此平行,于是合成运动是一个

---

① 比较平,103.
② 如果已知运动中有一个,例如说第一个,是平移,那么在下文推理中,作为轴 A_1 可以取平行于这平移的任一直线.

平移.

后面这一事实是显然的,而且容易看出合成的平移是平行四边形的一条对角线,它的边即是两个被合成的平移(图 11.8a).

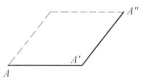

图 11.8a

100*. 结合上面的定理和 97 节所说,便得出命题:

定理 两个全等图形总可以使相重合:如果有一个公共点,只要通过一个旋转;在一般情况下,通过一个螺旋运动.

习 题

(155)将一不变形 S 绕一定轴 D 旋转,转幅是任意的;然后将图形 S 的一个部分 S' 绕属于 S 的一条轴 D' 旋转(图形 S 的其他部分保持固定),转幅也是任意的.

证明在一般情况下,我们可以处置这两个转幅,使 S' 的一条已知直线平行于空间任意给定的一直线(或者也可以这样说,S' 的任意一个平面平行于空间任意给定的一个平面). 例外的情况是什么?

(156)将一不变形 S 绕一定轴 D 旋转,转幅是任意的;然后将图形 S 的一个部分 S' 绕属于 S 的一条轴 D' 旋转,再将 S' 的一个部分 S'' 属于 S' 的一条轴 D'' 旋转,这两个转幅也是任意的.

证明我们可以处置这三个转幅,使图形 S'' 的各直线,和给定的与 S'' 全等的图形 S_0'' 中的对应线成为平行的.

(157)求一旋转,使将两个已知点分别变换为另外两个已知点(前两点的距离假设等于后两点的距离).

在什么情况下这问题成为不定的?

(158)求作一旋转的轴,使这旋转变换相交的两已知射线 OA, OB 成为与它们共点的两射线 OA', OB'(设$\angle A'OB'$ 等于 $\angle AOB$).

(159)设已知有一公共点的两个全等图形 F 和 F',其中的一个可通过一个旋转由另一个导得. 由是推证任意的两个全等图形中的一个,可通过一个螺旋运动由另一个导得.

(证明 F 中有一些直线和 F' 中的对应线平行. 设 P 为 F 中垂直于所论直线的平面,P' 是 P 的对应图形;f 是 F 位于 P 上的部分;f' 是 F' 的对应部分. 应用 102 节(平,第二编)定理于 f 以及 f' 在 P 上的射影.)

(160)哪些不同的运动使一条已知直线保持不变?

(161)证明:有无穷多个旋转变换两已知直线 D,D' 的一条为另一条.这些旋转的轴就是习题(32)中的 G_1,G_2.

在这些旋转中有两个,它们的辐角等于180°.

(162)证明:变换两条已知直线 D,D' 中的一条为另一条的任何螺旋运动,必以上题中考虑的一个旋转的轴 A 为轴.

设已知轴 A 的方向,它的轨迹是什么?

求这轨迹:(1)直接求;(2)利用运动的分解和上两题.证明轴 A 总是和两条定直线中的一条相交成直角(就看它是平行于一条直线 G_1 还是一条直线 G_2).

(163)求一个螺旋运动的轴的轨迹,已知这轴的方向和两个对应点.

(164)求作一个螺旋运动的轴,已知这轴上一点,平移的大小和两个对应点.

(165)证明:任意给定的一个运动,一般可分解成两个旋转,其中一个沿着任意给定的一条直线.例外的情况是什么?

(166)我们合成一个给定的螺旋运动和与一已知方向平行的平移 T 中的一个.当平移 T 的大小变动时,求如此得出的新运动的轴的轨迹.证明在这些运动中,一般有一个也只有一个化为一个旋转.

(167)我们合成一个给定的旋转和另一旋转,它的轴是固定的并且和第一个的轴相交,但它的转幅是变动的.求合成旋转的轴的轨迹.

(168)试合成一已知旋转和另一旋转,它的轴是给定的并且和第一个的轴相交,但辐角是未知的,使合成运动成为一个轴反射(或广泛言之,一个有已知辐角的旋转).

(169)试合成一个已知的螺旋运动和一个未知的、但轴是已知的运动,使合成运动为一轴反射.

(170)证明:轴不共面的两个旋转(转幅不等于零)决不会合成为一旋转.

(171)当一个螺旋运动既不化为平移又不化为旋转时,证明:没有任何平面通过这运动能保持不变.

(172)通过一已知点求作两直线,使一已知运动将其中一条变换为另一条.

(173)给定一运动,求作两条对应直线使在同一已知平面上.

(174)求作一多面角,已知各面角的平分线.

这问题可能成为不定吗?

已知所有的角平分线,除了两条,求后面这两条的轨迹,使发生不定的情况.

(175)由旋转的合成推求一已知点对于在一定平面上通过一定点的各直线的反射点的轨迹.

(176)分解一旋转 R 成为两个旋转 S 和 S',它们的转幅是相等的,另一方面,旋转 S 的轴是给定的并且和 R 的轴相交.当旋转 S 的轴描画一个平面时,旋转 S' 的轴描画什么图形?

(176a)将一螺旋运动分解为两个螺旋运动 S 和 S',使这两个由彼此相等的平移和相等的旋转所组成,两个螺旋运动或者是右手的,或者都是左手的,而且运动 S 的轴是已知的.

(177)求两个螺旋运动,使有已知的轴而且它们的合成运动也有已知的轴.

第12章 对　　称

101.定义　当点 O 是线段 MM' 的中点时(图 12.1),就(像在平面里一样)说,两点 M,M' **对称于点** O(或**对称于中心** O).

两点 M,M' 称为**关于一平面** P **成对称**(图 12.2),如果联结它们的线段垂直于这平面,并且被平面所平分.

一图形 F 关于一点或一平面的**对称形**,是由 F 上各点的对称点所构成的.

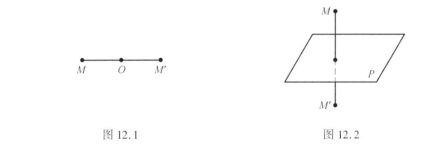

图 12.1　　　　　　　　　　图 12.2

101a. 在关于一点的对称中,和对称形重合的有:

(1)对称中心;

(2)通过这点的直线,也只有这些直线.因为如果一条直线和它的对称形重合,应当含有两个互相对称的点,这就要求它通过对称中心;

(3)通过中心的平面(仿照上面的推理,也只有这些平面).

在对于一平面的对称中,和对称形重合的有:

(1)对称平面上的点,也只有这些点;

(2)对称平面上的直线以及垂直于对称平面的直线;

(3)对称平面以及垂直于它的平面.

102.定理　同一图形对于两个不同中心的对称图形是全等的.

事实上,设 M_1 和 M_2 是 M 对于两个中心 O_1 和 O_2 的对称点(图 12.3),那么线段 M_1M_2 与 O_1O_2 平行且等于 O_1O_2 的两倍(平,55).

因此,同一图形对于 O_1 和 O_2 的两个对称图形可以通过平移互相导得,这

平移平行于 O_1O_2 且等于 O_1O_2 的两倍.

定理 同一图形对于一点和对于一平面的两个对称图形是全等的.

按照上述定理,如果对于对称中心的一个特定的位置证明了这个命题,那么对于这中心的任意位置也就证明了这命题.因此可以假设对称中心 O 在对称平面 P 上.在这样的条件下,我们来证明同一图形 F 对于点 O 和对于平面 P 的两个对称图形,可以通过绕一条直线旋转 $180°$ 互相导得,这直线便是通过点 O 所引垂直于平面 P 的直线 Ox.

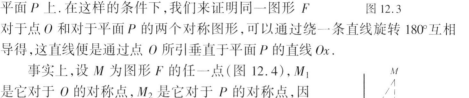

图 12.3

事实上,设 M 为图形 F 的任一点(图 12.4),M_1 是它对于 O 的对称点,M_2 是它对于 P 的对称点,因此 P 是线段 MM_2 中点 m 的垂直平面.直线 Ox 是通过 MM_1 的中点并且平行于 MM_2 的,所以必通过三角形 MM_1M_2 的第三边 M_1M_2 的中点.

并且,M_1M_2 平行于 Om(MM_1 和 MM_2 的中点的连线),因而垂直于 Ox.所以 M_1 和 M_2 确是对于 Ox 互为轴反射.

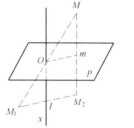

图 12.4

推论 同一图形 F 对于两个不同平面的对称图形是相等的.

因为它们都和 F 对于空间任一点的对称图形全等.

并且可以直接证明(习题(178)),这两个图形可以通过一个适当的旋转或平移互相导得.

103.定理 一个平面图形和它对于一点或一平面的对称图形全等.

当图形所在的平面和对称平面重合时,命题是显然的,因为这图形和它的对称图形相重合.于是按上述定理,这命题在各种情况下都成立.

特别有:平面的对称形还是平面;

直线的对称形是直线;线段的对称形是和它相等的线段;

互相对称的两角相等;

圆周的对称形是圆周;等等.

103a.推论 1 一直线和一个与它垂直的平面,以一直线和一个垂直的平面作为对称图形.

这由直线垂直于平面的定义得出,因为直角的对称形是直角.

推论2　一条直线和一个平面的夹角等于它的对称形的夹角.

这由定义以及上面的推论得出.仿此:

推论3　对称的两个二面角是相等的.

104.**定理**　对于一点或一平面互相对称的两个二面角的转向相反(设棱上所选的指向互相对应).

事实上,设取一个面作为对称平面(图12.5),那么两条棱相重合(包括方向和指向),至于非公共的两面则在这公共面的两侧.

推论　在两个对称图形中,对应三面角的转向相反.

这也就是在55a节所见到的.因为如果取所考查的一个三面角的顶点作为对称中心,我们重新得到在55节所指出的对称三面角的作法.

因此那里所考查的"对称三面角",就是目前意义下的对称图形.

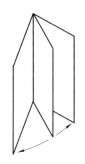

图12.5

由上所言可知——不像两个轴反射图形那样是可迭合的——对于一点或一平面的两个对称图形,尽管有各边、各角、各二面角分别相等,一般却是不能迭合的,因为它们的转向相反.

105.**定理**　两个对称多面体是等积的.

我们区分两种情况:

(1)所考查的多面体是棱锥.这些棱锥的底相等(第103节);它们的高又是互相对称的(第103a节,推论1),因而是相等的,所以它们等积.

(2)一般情况.把两个多面体的一个分解成棱锥,于是另一个将分解成与这些棱锥分别对称的棱锥.由于这些棱锥对应等积,所以整个多面体亦然.

106.如果一个图形重合于它对于一条直线 D 的反射图形,就说这图形具**有直线** D **作为反射轴**(简称为**轴**).

仿此,如果一个图形重合于它对于一点或一平面的对称形,就说它**具有一个对称中心**或**对称平面**.

一图形 F 若有一对称面 P 或对称心 C[①],那么就和它对于任一点 C' 或任一平面 P' 的对称形 F' 相重合,因为 F 和 F' 可以看做同一图形(即 F 自身)的(一个关于 P 或 C,另一个关于 P' 或 C')对称图形.

但须指出:在 F 和 F' 的迭合中,它们相重合的,一般不是对应点(即关于 P' 或 C' 的对称点).例如在等腰三面角(第 62 节)的情况就是这样的,一个等腰三面角确是具有对称面的图形(习题(58)).

习　题

(178)两个图形是同一图形关于两个不同平面的对称形,用什么运动使第一个与第二个重合?(区别两平面是相交或平行两种情况).

(179)同上题,设两个图形是同一图形对于一平面以及不在这平面上一点的对称形.

(180)一个各方面包围起来的图形能有两个对称中心吗?

(181)证明:凡通过平行六面体对角线交点的平面,把它分成两个等积部分.

(182)**斜对称**　有任意一点 M,设 M' 是这样一点:线段 MM' 和一定直线 D 平行,并且被一定平面 P(与 D 相交)所平分,那么点 M' 称为由 M 通过斜对称得出.证明:

一条直线的斜对称图形是一条直线;

一个平面的斜对称图形是一个平面.

互为斜对称的两图形等积(可应用习题(143)).

(183)同上题,设点 M' 是由点 M 利用这样的条件决定的:线段 MM' 平行于一定平面 P,且被一定直线 D(与 P 相交)所平分.

证明这变换可化为如上题定义的两个斜对称,或一个斜对称和一个对于一点的对称.

(184)应用上题结论于习题(146).

(185)证明:若图形 F 与图形 F' 对于一平面的对称形全等,那么这两图形可使其迭合,利用一个旋转先行或后继以一个对称变换,这对称或是对于与旋转轴垂直的一个平面的,或是对于在这轴上的一点的.

(186)在给定的凸多面体内作一内接多面角,使其各面角之和为极小.研究三面角的情况.

[①] 如果图形 F 不是具有对称心或对称面,而是具有对称轴(即反射轴),那么显见同样的结论并不适用.

第 13 章 位似与相似

107. 定义 和在平面几何里一样,设有一定点 O(称为**位似中心**)及一定数 k(称为**位似比**或**相似比**或**相似系数**),设 M 为任一点,联结 OM 并在这直线上取一点 M',使由点 O 算起的线段满足关系

$$\frac{OM'}{OM} = k$$

那么点 M' 称为 M 对于 O 的**位似点**.

为了使位似的定义完备,还应当指明,线段 OM' 应取成与 OM 同向呢(**正位似**),还是取成与 OM 反向(**反位似**).

对于一点的对称,像我们所指出的那样(平,140,备注),是反位似的特殊情况,这时位似比等于 -1.

108. 在平面几何(141)里的定理:

定理 在两个位似图形中,联结一图形两点的线段,同联结另一图形中对应两点的线段恒相平行,其比值等于位似比;它们是同向或反向,就看位似是正的或反的.

连同证明,在空间依然有效.下面的推论也是如此.

推论 1 直线的位似形是直线,平行于原先的直线.

从这里应用 12 节推出:

推论 2 平面的位似形是平面,平行于原先的平面.

推论 3 互相位似的两个角相等.

三角形的位似形是三角形,和已知三角形相似.

并且(应用推论 2 和 75 节定理)

推论 4 平面多边形的位似形是一个相似的平面多边形.

更一般地说,平面图形的位似形是与它相似的平面图形①.

---

① 可能以为这命题就是相似形的定义(平,146),实则不然.两个相似形实际上是这样的,一个是另一个关于它所在平面(在平面几何里所考虑的唯一平面)上一点的位似形的全等图形;最后这个限制,在这里的命题中没有了.

推论 5 圆周的位似形是圆周,而且它们的圆心是位似点,半径的比等于位似比.

最后,由推论 1 和推论 2 得出:

推论 6 直线和一个垂直平面的位似形是直线和一个垂直平面.

利用 41 节,55a 节,又有:

推论 7 在两个位似形中:

对应的二面角相等;

如果位似是正的,对应的多面角相等;如果位似是反的,对应的多面角对称.

109. 上述命题的逆命题:

逆定理 给定两个图形,如果有这样两点 O, O' 存在:点 O 和第一图形中任一点 M 的连线段,恒平行于点 O' 和第二图形中的对应点 M' 的连线段,且其比值等于一定数 k(并且两线段或恒同向,或恒反向),那么这两图形是位似的.

连同它的证明,像在平面几何里一样,也依然成立.这里要应用一个规定:将由平移互得的两图形,看做是两个位似形的极限情况.

由是得出,像在平面几何里(144)一样:

定理 同和第三图形位似的两图形,彼此互相位似,位似比是原先两个比的商,并且这位似是正的或反的,就看原先两个位似是同名的或异名的.三个位似中心在同一直线(称为**位似轴**)上.

命题中最后的事实:三个位似中心在同一直线上的证明,当引进空间的位似时,便可简化.

事实上,设 O 为第一图形上一点(图 13.1),O', O'' 为第二、三图形的对应点;M 为第一图形上一点,位于平面 $OO'O''$ 之外,M', M'' 为其对应点.前两个图形的

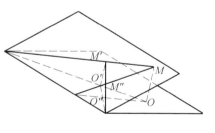

图 13.1

位似心是 OO' 和 MM' 的交点,第一、三图形的位似心是 OO'' 和 MM'' 的交点,后两图形的位似心是 $O'O''$ 和 $M'M''$ 的交点.这三个中心显然在同一直线上,即平面 $OO'O''$ 和 $MM'M''$ 的交线.

备注 如果两个位似是同名的,而且位似比相同,那么同一图形的两个位似形可以通过平移而互得.这便是上面提示过的所谓极限情况.

反之，设两图形 F,F' 成位似，那么由 F' 通过平移得到的任何图形和 F 成位似.

110. 定理 设四图形彼此成位似，则六个位似心共面(称为**位似面**)，而且构成一个完全四线形，它的边便是每次取三个图形所得的位似轴.

以 F_1,F_2,F_3,F_4 表示这四个图形，以 S_{12},S_{13} 等等表示图形 F_1 和 F_2，F_1 和 F_3 等等的位似心. 三点 S_{12},S_{13},S_{23} 在同一直线上，即图形 F_1,F_2,F_3 的位似轴上. 并且点 S_{12} 又和点 S_{14},S_{24} 在另一直线上，即图形 F_1,F_2,F_4 的位似轴上. 通过这两直线的一个平面(这平面恒存在①，因为这两直线有一个公共点)将含有其余两条位似轴：F_1,F_3,F_4 的位似轴(其上有点 S_{13},S_{14})和 F_2,F_3,F_4 的位似轴(其上有点 S_{23},S_{24})，因此它上面含有六个中心，它们的相关位置有如命题所示.

111. 定义 两个图形中的一个如果和另一个的一个正位似形全等，则称此两图形**相似**.

这定义在两个平面图形的情况下(第 108 节，推论 6)和平面几何所得的一致.

从 108 节各个推论得出：

定理 两个相似多面体的各对应面相似，且有同一相似比，各对应的多面角两两相等.

我们来证明逆命题：

逆定理 设两多面体的面两两相似，且有同一相似比，它们的多面角两两相等，且这些元素同样安置着②，那么它们是相似的.

我们首先证明：设两多面体的面和多面角两两全等，而且同样安置着，则此两多面体全等.

为此，移置一个多面体于另一个之上，使它的一面——例如设以 A,B,C,D,E 为顶点的面 F(图 13.2)——重合于它的对应(因而是全等的)面 F'(顶点为 A',B',C',D',E').

于是以 A 为顶点的多面角和以 A' 为顶点的多面角相重合，因为它们是全

---

① 当决定这平面的两条位似轴重合时，它就不唯一了. 这时位似心 $S_{12},S_{13},\cdots$ 全都在一条直线上.
② 即是说，在两个多面体中，这些元素是这样对应着的：第一形中沿一条棱相接着的两面，在第二形中对应于两个面，依次和前面的两面相似，并且也是沿一条棱相邻接着的；形成一个多面角的各面，对应着形成一个全等的多面角的(和前面的成相似的)各面，等等.

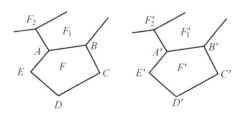

图 13.2

等图形而且公有了不共线的三点(由于面 F 和 F' 已完全迭合了);由于对于 F 的各顶点可以进行类似的推理,我们看出,第一多面体中与 F 相邻接的任一面 F_1 重合于它的对应面.

但是我们可以从 F_1 出发重复上面的推理,因而对于与 F_1 邻接的任一面 F_2 得出同样的结论;这样一步一步下去,显然可以证明各个面相重合.于是两多面体确实全等.

按照命题,现取两多面体 P,P',它们的各面相似,相似比同等于 k,它们的多面角全等,而且这些元素同样安置着.以 k 为位似比,考查 P 的一个正位似形 P_1.这多面体 P_1 和多面体 P' 中的对应的面和多面角分别全等,因而它们全等.所以多面体 P 和 P' 相似.证毕.

112. 定理　两个相似多面体可以分解成一些相似而且同样安置的棱锥.

为此,将两个多面体置于成位似的位置,于是将其中一个分解成棱锥(第 77 节),将另一个分解成位似的棱锥.

采取类似于平面上(平,149)和上节的步骤,还可以证明:

逆定理　两个多面体如果可以分解成一些相似而且同样安置的棱锥,就彼此相似.

113. 定理　两个相似多面体体积的比等于相似比的立方.

和以往一样(第 105 节),区分两种情况:

(1)设多面体为棱锥.以 B 和 H 表示第一棱锥的底和高,以 B' 和 H' 表示第二棱锥的底和高,以 k 表示位似比.于是有(平,257)
$$B' = k^2 B, \quad H' = kH$$
因而体积的比是

$$\frac{\frac{1}{3}B'\cdot H'}{\frac{1}{3}B\cdot H}=\frac{B'}{B}\cdot\frac{H'}{H}=k^3$$

(2)一般情况.将两个多面体分解成相似且同样安置的一些棱锥,任意两个对应棱锥体积的比是 k^3,于是应用比例中的一个命题,它们的和也成这个比.证毕.

习　题

(187)设两图形点点对应,其一图形上任两点的连线恒平行于另一图形上对应两点的连线,证明:它们是位似形.

(188)设两图形点点对应,A,B,C 为其中一个图形上任意三点,A',B',C' 为另一图形上的对应点,$\angle B'A'C'$ 恒与 $\angle BAC$ 相等,证明:它们是相似形,或者其中一个与另一个的对称形相似.

(189)证明:两个相似(但不全等)的图形,可利用一个旋转继以对于旋转轴上一点的正位似,使相重合.

设两图形之一与另一图形的对称形相似,那么这命题的类似命题为何?

(190)证明:各方都封闭的两个图形,不能以多于两种不同的方式相位似.

(191)设在一位似变换中,三已知点的对应点分别在三已知平面上,求位似心的轨迹.

(192)在一位似变换中,给定了位似比,设一已知直线 D 的对应线总与一定直线 D' 相交,求位似心的轨迹.

(193)求通过一已知点所引直线的轨迹,使这些直线被这点和两个已知平面分成已知比;使被给定的三个共点平面分成已知比.

(194)证明有无穷多方式找到两个多面体 P 和 Q,使其体积之比等于面积之比.试决定 Q,设已知 P 以及相似于 Q 的一个多面体.

第三编习题

(195)证明:两个四面体若满足下列条件之一,便全等或对称:

①设它们有两面及所夹二面角分别相等;
②设它们有一三面角全等或对称,夹这三面角的棱分别相等;
③设它们有一面全等,相邻的三个二面角分别相等;
④设它们有一棱相等,相邻的两个三面角分别全等或对称;

⑤设它们有六棱分别相等.

在这些命题中,默认全等或对称的元素以同一方式集合在一起.

(196)从上题的相等律,推导出四面体的相似律.

(197)给定一直线 D 及两点 A,B,在 D 上求一点 M 使 $MA+MB$ 为极小,并求一点 N 使 $NA-NB$ 为极大.

(198)在一已知直线上求一点,使其至两已知平行线距离之和为极小.

(199)设在习题(182)和(183)中,线段 MM' 被平面 P((182)题)或直线 D((183)题)分成任意给定的比而非平分,命题怎样变化?

(200)证明:互相倾斜的一个旋转和一个平移合成一个螺旋运动,它的轴平行于旋转的轴.如果交换这两个运算的顺序,便得出两个运动,它们的轴关于一个平面成对称,这平面通过旋转轴并通过后者和平移的公垂线.

(201)推广言之,设按一定的顺序合成两个已知运动,又按相反的顺序来合成,得出两个运动,证明:这两个运动的轴对于原先两轴的公垂线成轴反射(合成的旋转以及平移的大小,在两种情况下还是相同的).

(202)证明:只有当被合成的两个运动满足下列条件之一时,合成运动才与它们的顺序无关(这样的两个运动称为**可换位的**):

①有同轴的两个运动;②两个平移;③对于相交成直角的两条轴线的两个反射.

(203)给定通过同一直线 D 的三平面 P,Q,R,以及其中一个面上和 D 相交于 S 的一条直线 SA,证明:在一般情况下存在:

①一个三面角,使以 SA 为一棱,且以 P,Q,R 作为它的各二面角或其补角的平分面((57)题).讨论这两种情况之一各在什么情况下发生.当 P,Q,R,S 保持固定而 SA 变动时,证明:SA 的对面所在的平面通过一条定直线;

②一个三面角,使 P,Q,R 中每一个垂直于两面之一,并通过这面角或其补角的平分线,这些平分线之一假设便是 SA.作类似于(1)的讨论.当 P,Q,R,S 保持固定,SA 变动时,求这三面角的棱的轨迹;

③一个三面角,使 P,Q,R 中每一个通过它的一条棱,以及这棱所对面角或其补角的平分线,这些平分线之一假设便是 SA.

(204)给定同一平面上三条共点直线 Sa,Sb,Sc,证明:在一般情况下存在:

①一个三面角,使 Sa,Sb,Sc 便是(58)题第一段所考虑的直线,三面之一假设在通过 Sa 的一个已知平面 P 上.当 P 绕 PA 旋转时,求这三面角各棱的轨迹;

②一个三面角,使 Sa,Sb,Sc 便是(57a)题所考虑的直线,那里所提到的平

分面之一,假设是通过 Sa 的一个给定平面 P.

③一个三面角,使 Sa, Sb, Sc 便是(59)题第三命题所考虑的直线,那里所提到的平分面之一,假设是通过 Sa 的一个给定平面 P.

(205)(上题第一部分的推广)求作一多面角,已知它各面角的补角的平分线——当面数为偶数时,这问题一般是可能的,在相反的情况下,问题是不可能或不定的.在最后的情况下,所求多面角的一条棱的轨迹是什么?

假设所有角平分线除了一条之外都已给定,要问题成为可能,这最后一条应该在什么轨迹上?

(206)给定通过同一直线 D 的三平面 P, Q, R,以及其中一个上面与 D 相交于 S 的直线 SA.求一三面角,使 P, Q, R 中每一个通过它的一条棱及其所对面角的平分线,假设三棱之一即 SA.(应用习题(175))

第四编

圆 体

第14章 一般定义、柱

114. 在曲面中,除平面外,最简单的便是柱面、锥面和旋转曲面.

所谓柱面(图 14.1)(也称为**柱**)是指由一条称为**母线**的直线,保持平行于一定直线而运动时所产生的曲面.

显见当给定了(1)母线的公共方向;(2)每条母线上一点,就决定了一个柱面.我们一般这样取这些点,使当母线连续变动时,它们也连续变动而形成一条曲线(C,图 14.1).这条曲线称为**准线**.

显然,画在曲面上并与每一条母线相交的任何曲线,都可看做是准线.通常取一条平面曲线作为准线.

平面是一种柱面,即取一条直线(第 14 节)作为准线所得的柱面.

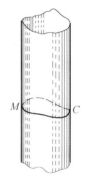

图 14.1

115. 定义　一条直线称为**在一点 A 切于一个曲面**,如果它在 A 切于曲面上的一条曲线.

定理　在柱面上一点所引切于这曲面的所有直线,在同一平面上.

这平面称为柱面在这点的**切面**.

柱在一点的切面含有通过这点的母线,并且沿这整条母线,切面是同一个.

设 A 为已知点(图 14.2);G 是通过这点的母线;C 是画在这曲面上通过点 A 的一条曲线,它具有一条异于①G 的切线 AT;C' 是另一条画在曲面上通过 A 的曲线,并有一切线 AT'.现设 M' 为 C' 上邻近 A 的一点,M 为点 M' 的母线与曲线 C 的交点②,两直线 AM,AM' 和 G 在同一平面上(即两母线 G,G' 所在的平面).

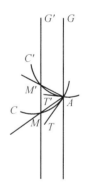

图 14.2

---

① 我们不考虑这种情况:即通过点 A 根本不存在异于 G 的切线的曲线.这种情况在理论并非不可能,但习惯上所考虑的柱,不会发生这种情况.
② 可以证明,当切线 AT 异于 G 时,这点必然存在.

因此,它们的极限位置也[①]和 G 在同一平面上. 换言之,所有像 AT' 这样的直线都在同一平面 GAT 上.

这平面的确含有直线 G,并且在 G 上各点确是同一个(因为是平面 GG' 的极限位置).

116. 柱面可视为准线沿母线方向连续平移时所占各位置的轨迹. 因为在这些平移中,准线上每一点显然在相应的母线上移动,并且描画这整条母线.

柱面被互相平行(但不与母线平行)的平面所截时,截面是全等的(图 14.3). 因为它们可通过平移互相得出(第 17 节).

特别地,垂直于母线的平面截得的截面,称为柱的**直截面**. 我们看出,同一柱面的各直截面彼此全等.

当截面平行于母线的公共方向时,截口显然由一条或若干条母线组成.

117. 柱面被两平行平面所截得的立体,特称为**柱**(图 14.4),因之它是由柱面的一部分和两个平行且相等的面积(称为**底面**)围成的.

图 14.3

两底面间的距离称为柱的**高**.

柱面的母线垂直于柱的底面时,称之为**直柱**,这时底面是直截面.

118. 通过一定点的直线(称为**母线**)移动时所产生的曲面称为**锥面**,简称为**锥**,定点称为锥的**顶点**(图 14.5).

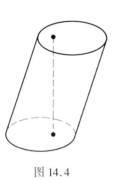

图 14.4

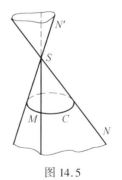

图 14.5

---

① 此处我们承认下面的一些命题(参看平,104,脚注):当由一点所引三动直线共面时,它们的极限位置(如果存在)也如此. 当一动直线和含它的一个动平面各趋于一极限位置时,则平面的极限位置含直线的极限位置. 这些命题是容易证明的(第一编,习题(64)和(65)).

显见,当给定了(1)顶点;(2)每条母线上一点,就决定了一个锥面.一般,我们这样取这些点,使当母线连续变动时,它们也连续变动而形成一条曲线(C,图 14.5),这条曲线称为锥的**准线**或**底**.画在锥面上并与每一条母线相交的任何曲线,都可看做准线.

平面是一种锥面,即取一条直线(第 5 节)作为准线得到的.

定理 在一个锥面上除了顶点以外的一点,所引切于这曲面的所有直线在同一平面上.

这平面称为锥在这点的**切面**.

锥的切面含通过切点的母线,并且沿一条母线切面是同一个.

证明和柱的情况一样(第 115 节).

锥面可视为以顶点为位似心,准线的各个位似形所占位置的轨迹.

设准线是封闭的,它的正位似形构成锥的第一个部分或**叶**,而反位似形则构成第二叶.

这两叶被顶点所隔开(图 14.5).

锥面被互相平行的平面所截时,截面是相似形(第 75 节,备注).

一个锥被通过顶点的平面所截时,截口显然由一条或若干条母线组成.

119.锥面的一叶被一平面所截得的立体,换句话说,即由一平面面积(称为**底面**)和锥面的一部分所围成的,特称为**锥**(图 14.6).

由锥顶点到底面的距离称为锥的**高**.

以一平面平行于锥底所截得的立体(图 14.7)称为**锥台**(或**平截锥**),换言之,它是由锥面的一部分和两个相似的平面面积(称为**底面**)所围成的.两底平面间的距离是锥台的**高**.

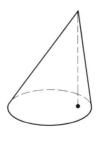

图 14.6

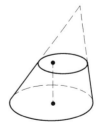

图 14.7

120.一曲线 C 绕一定轴旋转,转幅顺次取所有可能的值,所产生的曲面称为**旋转曲面**.

在这样的条件下,我们知道,C 上任一点 M 在通过这点所引垂直于轴的平面上运动,它在这平面上画一个圆,圆心在轴上.

这圆称为曲面的一个**平行圆**.

由于通过曲面上任一点有一平行圆,我们看出,旋转面可以看做是这样一个动圆(半径一般是变化的)的轨迹:它的中心描绘一条直线,它的平面保持与这直线垂直.

为了使曲面确定,还须给动圆恒与给定曲线 C 相交的条件.由于轴线一经给定,要完全决定一个平行圆,只要知道它上面的一点,可见曲线 C 可代以画在曲面上与一切平行圆相交的任何一条曲线.

通常我们取通过轴的一个平面和曲面的截线作为曲线 C,这截线 MM'(图 14.8)称为曲面的**子午线**,它显然以曲面的轴作为反射轴,因为它含有每一平行圆的两个对径点.正因为如此,我们可以只考虑它的一半,例如位于轴的同一侧的部分.

当子午线的平面绕轴旋转时,这子午线所占各个不同的位置,称为**子午线族**.显然通过曲面上每一点有一条子午线.

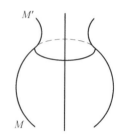

图 14.8

一个旋转面有无穷多对称平面:它对于通过轴的每一平面成对称,因为由 101a 节和 61(平,第二编),任意一个平行圆具有这个性质.

可以证明,在旋转面上一般有切面,即是说,在曲面上通过这点的各曲线的切线位于同一平面上.由上所说,这平面和它对于通过所考查的这一点的子午面的对称面应相重合,因之切面应垂直于子午面.

121.除平面外,柱面中最简单的就是以圆为准线的柱面.

而在这些之中,我们特别考查以圆为直截面的柱面,这就是**旋转柱面**.这实际上就是一条直线 D 绕和它平行的一条轴 A 旋转而得的曲面,因为在这个运动中,这直线保持与 A 平行,同时在它上面任一点画一个圆,圆的平面与 A 垂直;反之,以圆为直截面的任何圆柱可用这种方法得出,轴 A 即通过圆心而与母线方向平行的直线.

用两个直截面截旋转柱面,得到**直圆柱**或称**旋转柱**,它可以看做由矩形 $AA'D'D$(图 14.9)绕其一边旋转而产生.

给定作为底的圆和高(以及高所应取的方向),一个旋转柱显然就确定了.有相同底半径和高的两个旋转柱是全等的.

122. 柱的侧面积 设有一柱(图 14.10),作第一个底面曲线的任一内接多边形:这多边形将成为一个棱柱 $ABCDE - A'B'C'D'E'$ 的底,它的侧棱是已知柱的母线,而第二个底内接于柱的第二个底.这棱柱称为**内接**于已知柱.

当底面上内接多边形的边数无限增大,并使每一边趋于零时,内接棱柱侧面积的极限,定义为柱的**侧面积**.

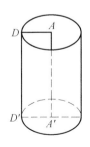

图 14.9

在直圆柱的情况下,我们来证明这极限存在,并求其值.

定理 直圆柱的侧面积等于底面周长和高的乘积.

事实上,内接棱柱(图 14.11)的侧面积等于(第 70 节)直截面(此处它与底重合)的周长和侧棱的乘积.

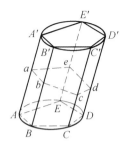

图 14.10

设无限增加底面多边形的边数,并使各边趋于零,则此多边形的周长已证明了(平,176,177)趋于一个极限,即柱底的圆周长.由于棱柱的棱长总是等于柱的高,定理便得证①.

推论 设 R 为柱的底半径,h 为高,则柱的侧面积为 $2\pi Rh$,因为底的周长是 $2\pi R$.

要得到柱的**全面积**,当然还要加上两个底圆的面积.所以全面积是

$$2\pi Rh + 2\pi R^2 = 2\pi R(h + R)$$

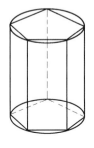

图 14.11

123. 柱的体积 一个柱的体积,定义为它的内接棱柱的体积,当底的内接多边形边数无限增大且各趋于零时的极限.

当柱的底为圆时,不论柱是或不是直的,我们来证明这极限存在,并求其值.

定理 圆底柱的体积等于底面积和高的乘积.

---

① 这推理适用于任意的柱,只要我们能定义(平,179,脚注)这柱的直截面的曲线长度,即是说,只要这曲线的内接多边形当边数无限增大而且各边趋于零时,它的周长趋于一个极限(图 14.10).结论显然是:任意的柱的侧面积等于直截面的周长和棱的乘积.

内接棱柱的体积,事实上等于它的底面积和高的乘积,这高是柱和棱柱所公有的,至于棱柱的底面积则趋于柱的底面积为极限①.

推论 和上面一样,设柱的半径为 R,高为 h.则柱的体积是 $\pi R^2 h$.

备注 我们把柱的侧面积和体积,定义为内接棱柱的侧面积和体积的极限,如果考虑外切棱柱的侧面积和体积,显然得到同样的极限(外切棱柱指的是一个棱柱,它的底是柱底曲线的外切多边形,而它的棱则与柱的母线平行且相等).

习　　题

(207)设一直线与一圆底柱面有两个以上的公共点,证明:它是这柱面的一条母线.

(208)通过一定点引直线,被一个圆底柱面所截,求弦的中点的轨迹.

(209)通过空间一已知点,求作一旋转柱的切面.

(210)给定位似比,求位似心的轨迹,使一已知直线的位似形与一定圆相交.

(211)空间一点在已知三角形三边上的射影共线,求这样的点的轨迹.

(212)证明旋转曲面同时又是柱面的,只有 121 节所定义的旋转柱面.

(213)试计算量谷物用的公升和量液体用的公升的尺寸,已知这两种量具都是圆柱形的,在前一种中高等于底面的直径,在后一种中高等于底面直径的两倍.

(214)一个矩形逐次绕连续两边旋转,求所产生体积的比.

(215)给定一圆及两条互相垂直的直径,求一个矩形使其两边沿着这两直径,一顶点在圆周上,且当其绕一边旋转时所产生的柱有已知的全面积.并求这全面积的极大值.

(216)设给定了一个直圆柱,试计算它的侧面上一部分的面积,这是介于底、通过底面一条直径的一个平面 P 和任意两条母线间的部分(图 14.12).证明这样决定了的面积可化为方,即是说,可作一个和它等积的矩形(我们假设已经画下了底面的圆,两条母线在这圆上的足,给定了其中一条被平面 P 所截的

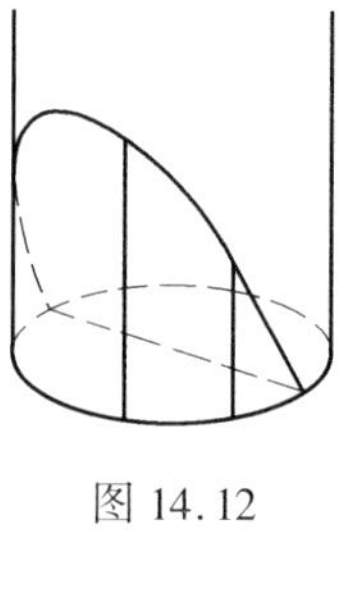

图 14.12

---

① 这推理显然适用于底是任意的柱,但须承认闭曲线的面积的定义(平,260,脚注)适用于柱底的曲线.应用这个条件便得定理:任意柱的体积等于它的底和高的乘积.

长度,以及两个平面相交的直径的方向).

(仿照 122 节方法,首先用一个内接棱柱面替代柱面.)

(217)有一圆底柱面,和两个不相平行(但在这曲面内部不相交)的平面相截,得到一个立体(可称之为**截柱**).另外一种截法是通过底的中心作母线的平行线,交两已知平面于两点,通过这两点作两个与柱底平行的截面.证明所截得的两个立体的侧面积和体积分别相等.

第 15 章　锥、锥台

124. 在锥之中,我们区别出以圆为底的锥.

特别地,若锥底为一圆,且顶点在底面通过圆心的垂线上,则称为**直圆锥**和**旋转锥**.

这种锥(图 15.1)看做无限锥面时,实则是一个旋转面,以与轴相交的一条直线作为子午线;看做有限立体时,乃是一个直角三角形绕其一腰旋转而产生的.

显见,一个直圆锥,当给定了作为底的圆和它的高,以及这高的指向,便被确定了.底半径相等高也相等的两个直圆锥是全等的.

直圆锥母线的公共长度称为这锥的**侧棱**或**斜高**.这锥中同一子午面上两条母线的交角,称为锥的**顶角**,这个角显然等于一条母线和轴所成角的两倍.

易见圆(锥)台可以将一直角梯形 $ABba$(图 15.2)绕其垂直于两底的一边旋转而产生的.

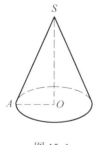

图 15.1

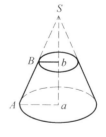

图 15.2

备注　如果母线和轴垂直,所产生的曲面是平面.

125. 直圆锥的侧面积　设在任意一个锥的底上任作一内接多边形,以这多边形为底以锥顶为顶的棱锥,称为**内接于**已知的锥.

当底面上的多边形边数无限增大,且每一边的长趋于零时,内接棱锥侧面积的极限称为该锥的**侧面积**.

对于旋转锥,我们来证明这极限值存在,并求其值.

定理 旋转锥的侧面积等于底面周长和侧棱乘积的一半.

在以 S 为顶点的已知锥内(图 15.3)作内接棱锥 $S-ABCDE$. 这棱锥的侧面积是三角形 SAB, SBC, SCD, ⋯ 的面积之和,换言之,等于这些三角形的底 AB, BC, CD, ⋯ 和相应高乘积之半的和. 即等于①
$\frac{1}{2}(AB+BC+\cdots)$ 和一个量 a 的乘积,这个量 a 介于最大和最小的高之间.

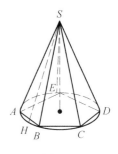

图 15.3

当底面多边形的边数无限增大,并使各边趋于零时,和数 $AB+BC+\cdots$ 趋于底面的周长. 至于各个高,不妨考查三角形 ABC 的高 SH 为例. SH 交底边 AB 于中点 H, 于是看出,它介于 SA 和 $SA-AH$ 即 $SA-\frac{1}{2}AB$ 之间. 当 AB 趋于零时,它趋于 SA. 因此,当各边 AB, BC, ⋯ 中最大的一条趋于零时,上面所考虑的最大和最小的高同时趋于锥的侧棱,因之 a 也如此. 所以定理得证②.

推论 现以 a 表示锥的侧棱, R 表示底半径. 旋转锥的侧面积将是
$$\frac{1}{2} \cdot 2\pi R \cdot a = \pi R a$$

要得出锥的全面积,还须将底面积加于侧面积,于是得
$$\pi R a + \pi R^2 = \pi R(a+R)$$

备注 如果代替锥的内接棱锥,我们考查外切棱锥,即以锥底的外切多边形为底(顶点照旧),可以证明这些棱锥的侧面积,和内接棱锥的侧面积趋于相同的极限. 事实上,上面的推理可以重复,但有一点要修正,即在一个外切棱锥 $S-A'B'C'D'\cdots$ 中(图 15.4),三角形 $SA'B'$, $SB'C'$, ⋯ 的高总是等于锥的斜高,因为它们和底边的交点,是底面上的圆和各边 $A'B'$, $B'C'$, ⋯ 的切点(第 45a 节).

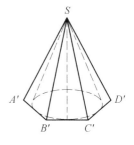

图 15.4

---

① 唐乃尔《理论和实用算术》,188 节,212 页.
② 和我们已知道的,关于柱以及下面将见到的关于锥的体积的情况相反,关于旋转锥的面积的这个证法,离开这个特殊情况便无能为用. 对于其他类型的锥(特别地对于圆底斜锥),我们可以证明这极限存在,但不能由初等方法来求值,至少在一般情况下不能求得.

126. 锥的体积　所谓任意一个锥的**体积**,指的是它的内接棱锥的体积,当底面多边形的边数无限增大且各边趋于零时的极限.

对于圆底锥,我们来证明这极限存在,并求其值.

定理　圆底锥的体积等于底面积乘高的三分之一.

这定理可以从关于棱锥体积的定理立即导得,只要注意到一点,即按照定义,在所指出的条件下,作为棱锥的底的面积趋于锥底的面积为极限①.

推论　设 R 为底半径,h 为高.则圆底锥的体积为 $\frac{1}{3}\pi R^2 h$.

备注　如果用外切棱锥替代内接棱锥,易见可推出相同的结果.

127. 圆(锥)台(旋转锥台)的侧面积　设在以一个锥台(即平截锥)为其一部分的已知锥中,作一个内接棱锥,则锥台的上底平面从这棱锥分离出一个棱台(即平截棱锥),称为该锥台的**内接棱台**.

所谓锥台的**侧面积**,指的是它的内接棱台的侧面积,当底面多边形的边数无限增大且每一边趋于零时的极限.

这定义显然和下面的等效:锥台的侧面积,是两个锥的侧面积之差,这两个锥的侧面即锥台所在的锥的锥面,而其底则分别为锥台的两底之一.

定理　旋转锥台的侧面积等于两底周长的和与侧棱乘积的一半.

设这棱台 $ABA'B'$(图 15.5)的侧棱为 AA',它是以 S 为顶点的锥 SAB 的一个部分.这锥台的侧面积,等于锥 SAB 的侧面积减去以锥台上底为底的锥 $SA'B'$ 的侧面积.

由 A 引 SA 的垂线 Ab 等于底 AB 的圆周长,联结 Sb.设由点 A' 引 Ab 的平行线 $A'b'$ 交 Sb 于 b',则线段 $A'b'$ 等于第二底 $A'B'$ 的圆周长.事实上,两底 $A'B'$,AB 的周长之比(即是说它们的半径之比)等于 $\frac{SA'}{SA}$ 或等于 $\frac{A'b'}{Ab}$,而另一方面有圆周 $AB = Ab$.

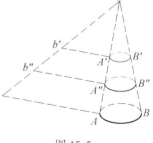

图 15.5

于是(第 125 节)锥 SAB 的侧面积等于三角形 SAb 的面积,而锥 $SA'B'$ 的侧面积等于三角形 $SA'b'$ 的面积.所以已知锥台的侧面积等于直角梯形 $AA'b'b$ 的面积,它的表达式正如命题所说.

---

① 这推理和结论显然可推广于任意的锥,只要可以定义它的底面积.

推论 1 设 R, R' 为底半径，a 为棱长，则旋转锥台的侧面积为 $\pi(R+R')a$．

推论 2 设一锥台以平行于两底并距两底等远的平面截之，则锥台的侧面积等于这截面的周长和侧棱的乘积．

因为这截面通过 AA' 的中点 A''（图 15.5），截面的周长（按照类于上面的推理）等于平行于 Ab 且以 Sb 为界的线段 $A''b''$．这周长和棱 AA' 的乘积因此等于（平,252a）梯形 $AA'b'b$ 的面积．证毕．

备注 柱和锥可看做锥台[①]的极限情况：前者相当于假设产生锥台的梯形成为矩形（它的两底相等），后者相当于假设这梯形化为三角形（一底为零）．

由以上所述，上面的推论依然有效，并且当 $R' = R$ 时，得出柱的面积（第 122 节），当 $R' = 0$ 时得出锥的面积（第 125 节）．

128. 锥台的体积 锥台的体积是它的内接棱台的体积当底面上的多边形各边都趋于零时的极限．显然它等于上节求侧面积时所考虑的两个锥的体积之差．

定理 圆底锥台的体积等于三个锥的体积之和，它们以锥台的高作为共同的高，而分别以这锥台的两底以及它们的比例中项为底．

由 90 节定理知，内接棱台的体积等于三个棱锥的体积之和，它们分别趋于命题中所说的三个锥为极限．

推论 设 R 及 R' 为（圆底锥台）底半径，h 为高，则圆底锥台的体积为

$$\frac{1}{3}\pi h(R^2 + R'^2 + RR')$$

因为锥台两底分别以 πR^2 及 $\pi R'^2$ 为度量，它们的比例中项是

$$\sqrt{\pi R^2 \cdot \pi R'^2} = \pi RR'$$

习 题

(218) 设一直线和一圆底锥面有两个以上的公共点，证明：它是锥面的一条母线．

(219) 证明旋转面同时又是锥面的，只有 124 节所定义的旋转锥面．

(220) 通过一已知点求作一圆底锥面的切面．

(221) 设一旋转锥切于一二面角的两面，证明：两条相切母线和（二面角的）

---

① 此处所说的实际上是旋转柱、旋转锥和旋转台．——译者注

棱成等角.通过锥轴和二面角的棱的平面,和两面成等角,也和两条相切母线的两个子午面成等角.

(222)切于两已知平面的旋转锥的轴的轨迹是什么?

(223)通过两条已知相交线的旋转锥的轴的轨迹是什么?

(224)给定一点和通过这点的一平面,求和它们的距离之比为常数的点的轨迹.

(225)证明一个圆底锥(但此外是任意的,即是说,一般不是旋转锥)总具有一个对称平面,并且以它为部分的锥面总具有一条对称轴.

(226)通过共点但不共面的三直线求作一旋转锥.有几解?

证明通过三已知直线的任意两个旋转锥必有第四条公共直线(这直线可能与前三条之一重合).作出这第四条直线的位置.

(227)证明:一个凸四面角可内接于一个旋转锥的条件是,两个相对的二面角之和等于另外两个相对的二面角之和,或者当一条或几条棱以延长线替代时便得出这样的情况.

(228)一个四面角可内接于两个旋转锥的条件是什么?内接于三个旋转锥呢?证明:在后面一种情况下,三个锥的轴构成三直三面角.

(229)求作一旋转锥(或旋转柱)使切于三已知平面.有几解?

证明:切于三已知平面的任意两个锥必有第四个公共切面.作出这平面.

(230)四面角的面角要适合什么条件才能使这四面角外切于一旋转锥?这四面角在什么情况下可外切于一个以上的旋转锥?

将解答和(74)题所得的相比较.

(231)在旋转锥的母线中,哪一条和一已知射线成最小或最大的角?

(232)证明:旋转锥的顶角大于不在同一子午面上的两条母线的交角.

(233)一个圆底锥以平行于底但在顶点另一侧的平面截之,因而和锥面的另一叶形成一个和原先成位似的新锥.计算这两个锥的集合(**第二型截锥**)的体积,设已知两底半径及其间的距离.

(234)在一个已知旋转锥内,作一个有给定侧面积的内接柱.并求这侧面积的极大值.

(235)给了两个全等的旋转锥 SAB 和 $S'A'B'$,它们是这样放置着:两底 AB 和 $A'B'$ 的平面平行,并且每一个的顶点在另一个底圆的平面上.以一个平行于两底并介于其间的平面 P 截两锥,这平面 P 截第一锥于一圆 CD,截第二锥于一圆 $C'D'$.以 r, l, h 表示每一锥的底半径、棱长、高,以 x 表示从顶点 S 到平面 P 与棱 SA 的交点的距离,以 y 表示从顶点 S 到平面 P 的距离.

①决定 x,使两锥台 $ABCD$,$A'B'C'D'$ 侧面积的和与锥 SAB 的侧面积之比等于一已知数 λ. 并讨论之;

②决定 y,使两锥台 $ABCD$,$A'B'C'D'$ 体积的和与锥 SAB 的体积之比等于一已知数 μ. 并讨论之.

第16章 球的性质

129. 球看做旋转面

定理 半圆周绕其直径旋转所产生的曲面是球.

逆定理 凡球都可以看做是如上定理所述产生的. 旋转轴则是这曲面的任何一条直径.

(1) 设以 O 为圆心的半圆周(图 16.1)绕其直径 AB 旋转.

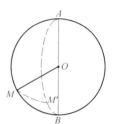

在这个运动中, 半圆周上任一点 M 和圆心 O 的距离不会改变, 因此 M 总保持在以半圆的圆心为中心、以半圆的半径为半径的一个球上.

(2) 反之, 这样得出的球上任一点 M' 使得距离 OM' 等于 OA, 因此这点在一个圆周上, 即球被平面 $AM'B$ 所截的截线, 这也是已知圆周在绕轴旋转时所取的一个位置.

图 16.1

(3) 设 AB 为已知球 O 的一条直径, 通过 AB 作一平面, 这平面截球于一个以 O 为圆心的圆周.

把这圆周的一半绕 AB 旋转所产生的球显然和已知球重合.

备注 (1) 我们看出, 球是绕它的任一直径的旋转面.

因此(第 120 节)球以其所有径面为对称面.

(2) 特别地, 一平面 P 截球所得的圆(第 52 节)是这曲面的一个平行圆, 垂直于 P 的直径则视为旋转轴.

129a. 上节定理包含下列推论:

推论 1 空间视一已知线段 AB 成直角点的轨迹为球, 以 AB 为直径.

与此相反, 视 AB 成一已知角但非直角的点的轨迹(这是一个曲面, 由一圆弧绕一条不是直径的弦旋转而产生)不是一个球.

这个推论本身又包含着下面一个:

推论 2 空间的点距两定点 A, B 的距离之比为已知数 k, 其轨迹为球(除非已知比为 1, 那时球变成一个平面).

事实上, 从平面几何里所证明的(平, 116), 可知轨迹上的点视某一线段 CD 成直角.

130. 在 120 节中关于旋转曲面述而未证的命题, 即:

画在曲面上通过确定的点 A 的各曲线在这点的各切线的轨迹是一个平面, 在球这个特殊情况下, 是容易证明的.

通过球上已知点 A(图 16.2), 设画了任意一条曲线 (C), 并设它有切线 AT. 我们来证明这直线 AT 垂直于半径 OA.

切线 AT 是割线 AB 当点 B 趋于点 A 时的极限位置. 球心在 AB 上的射影 M 是 AB 的中点, 在上面所说的条件下, 它趋于点 A. 于是必然得出所求的结果. 直线 AT, 正如我们所见到的, 是在 51 节意义下球的一条切线.

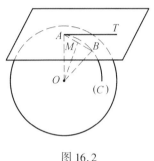

图 16.2

反之, 在球的一条半径端点垂直于这半径的直线 AT, 至少切于画在曲面上的一条曲线, 即平面 OAT 上的大圆.

所以在现在的意义下, 像在 51 节一样有:

定理 在球上一点所能引切于球的直线的轨迹, 是与这点的半径垂直的平面.

因此这平面应称为**切平面**.

显然这就是类似于柱(第 115 节)和锥(第 118 节)所曾建立过的定理.

但有一个重要的区别: 球的切面显然只有一个切点, 至于柱和锥则具有这样的特点, 切面在无数个点(即沿一条母线上的所有点)同是一个.

并且前面一种情况(关于球的)当进入任意曲面时(参看习题 850)是一般性的, 第二种情况应当看做是例外的.

131. **定理** 凡球若含一圆的三点, 则必含整个圆.

因为这圆的平面截球于一圆, 此圆必与起先的圆重合(平, 57).

定理 通过已知圆的球的中心的轨迹是一条直线, 在圆心垂直于圆的平面(称为这圆的**轴**).

这由 52 节以及下面的这个事实推出:通过已知圆的球,球心都在所说的直线上,而且反过来,以这直线上任一点为中心且通过这已知圆上一点的球,必含这整个圆.

132. 定理 有两个公共点但不共面的两圆决定一球.

设平面 P,P' 上两圆 C,C'(图 16.3)有两个公共点 A,B.

凡通过圆 C 的球,球心必在由这圆心所作平面 P 的垂线 Cx 上;并且反过来,凡球心在这直线上且通过点 A 的球必含整个圆 C. 特别地,从这里以及 22 节,首先得出直线 Cx 在 AB 的中垂面上.

同理,凡通过圆 C' 的球,球心必在由它的圆心所作平面 P' 的垂线 $C'x'$ 上;并且反过来,凡球心在这直线上且通过点 A 的球必含整个圆 C'. 特别地,这直线 $C'x'$ 在 AB 的中垂面上.

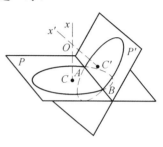

图 16.3

两直线 Cx 和 $C'x'$ 在同一平面上,它们既不平行又不重合(否则分别和它们垂直的平面 P,P' 将平行或重合了). 所以它们相交于唯一的点 O.

以 O 为中心以 OA 为半径的球,也只有这个球,解答了问题.

备注 (1)仿此可知,相切但不共面的两圆(图 16.4)决定一个球.

在上面的证明中,只须将 AB 的中垂面代替以通过切点且垂直于公切线的平面.

(2)若两已知圆在同一平面上,那么这个平面将替代球. 平面是球的极限情况,犹如直线是圆的极限情况一样(平,90,备注).

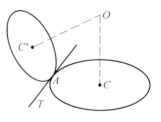

图 16.4

定理 一圆以及它所在平面外的一点决定一球. 不共面的四点决定一球.

(1)所求球的条件:通过一圆以及它平面外一点,可代替以条件:通过有两个公共点的两圆,即已知圆以及通过这圆上两点和已知点的一个圆;

(2)仿此,求一球使其通过四个已知点 A,B,C,D 的条件,可代替以含有两个公共点的两圆的条件:即圆 ABC 和圆 ABD.

推论 一个球不能有两个中心,因之也不可能有两个不等的半径.

133. 外切于球的锥和柱

定理 从球外一点向这球所作切线的轨迹是一个旋转锥.

这些切线都等长.

切点的轨迹是一个小圆.

作为切线的轨迹的锥,它的切面也切于球,这些切面是通过已知点可能作的具有以上性质的仅有的平面.

设 O 为已知球的球心(图 16.5),S 为已知点.通过 OS 的任一平面截球于一大圆,以 T 表示从 S 向这大圆所作的一条切线的切点.设将直线 ST 绕轴 OS 旋转,它将保持与球相切,因为后者是以 OS 为旋转轴的.

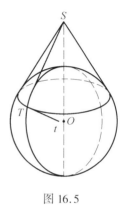

图 16.5

这样得到的切线(即 ST 逐次的位置)显然满足命题中的要求,并且是从 S 向球可能作的仅有的切线,因为按照 131 节的证明,这样一条切线必切于一个大圆,即位于通过切点和两点 O,S 的平面上的大圆.

在点 T 的每一个位置,锥和球有相同的切面,即由直线 ST 和 T 的轨迹圆的切线 Tt 所决定的平面.

这样,我们得到由点 S 向球所作的一系列的切面,并且这些切面是仅有的,因为所有点 T 的切面如果通过点 S,那么 ST 必是一条切线.

备注 我们说,上面谈到的锥面**外切**于球,而球**内切**于锥.

反之,沿任一小圆可作一锥外切于球,这锥的顶点就是小圆上任一点的切面和这球垂直于小圆平面的直径的交点.

定理 平行于一已知直线所作球的切线的轨迹是一个旋转柱.这柱的切面也切于球.平行于已知直线的平面中,只有这些平面具有这种性质.

它们切点的轨迹是一个大圆,这圆的平面垂直于已知直线.

设 Ox(图 16.6)是通过球心所作与已知直线平行的直线.设 Ty 是平行于这直线且切于一个大圆的一条切线,这大圆的平面通过 Ox.像上面一样,我们可以将这直线 Ty 绕 Ox 旋转,这时它依然保持与球相切.在这样的条件下,直线 Ty 描画一个旋转柱面,而点 T 描画一个大圆,因为垂直于切线的半径 OT,保持在通过点 O 而垂直于已知方向的平面上.

我们看出,像上面一样,平行于 Ox 而切于球的直线,只有以上谈到的柱的母线，而这个柱**外切**于球，即是说，在点 T 所描画的圆上各点切于①这个曲面.

反过来，沿任一大圆可作一柱外切于球，这柱以该大圆为直截口.

134. 通过全部在球外的一直线，可作这球的两个切面.

设 D 为给定直线(图 16.7). 以 D 上一点 P 为顶点且外切于球的锥面，和球相切于一圆 C. 圆 C 的平面截 D 于一点 I，这一点在 C 之外(因为它在球外). 由点 I 可作圆 C 的两条切线 IT 及 IT'. 球在点 T 的切面正好是(上节)平面 TIP.

反过来，凡切于球面而通过 P 的平面应(上节)切于所说的锥，如果它又通过 I，便和以上得到的两平面之一重合.

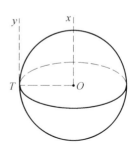

图 16.6

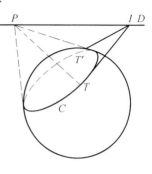

图 16.7

平行于一已知平面可作两平面切于一球. 它们的切点是这球垂直于已知平面的直径的两端.

134a. 65 节定理是下面定理的特殊情况：

定理 同一球上两圆正交的条件是：其中一个圆的平面通过沿另一个与球外切的圆锥的顶点(或平行于沿另一个与球外切的圆柱的轴).

首先，当第一圆是大圆时，这命题由 65 节(图 7.18)的证明推出，因为在这个证明中，切于大圆 IPP' 的直线 IT 必通过(第 133 节)沿所考查的小圆与球外切的圆锥的顶点 S.

但凡在 I 与小圆正交的圆应切于 IT，因为在 I 切于球而又垂直于 It 的直线只有 IT. 因此这样一个圆的平面必通过点 S.

反之，凡通过 I 而所在平面通过 S 的圆，必切于 IT，因之条件也是充分的.

35. **两球的交点**

定理 设互异两球有一个不在连心线上的公共点，则其交线为一圆，圆心

---

① 仿照平面几何所给的定义，如果两曲面在一个公共点有相同的切面，我们就说这两曲面在这一点**相切**.

在连心线上,且其所在平面与连心线垂直.

事实上,设两球 O, O' 有一公共点 A 不在连心线 OO' 上.当绕 OO' 旋转时,点 A 产生一圆,这圆同时属于两球.由 132 节,这两球在这圆之外没有其他公共点.

135a.两球的相互位置决定于连心线长度 OO' 及半径和 $R + R'$ 与半径差 $R - R'$ 的大小顺序.这个依赖关系有如下述定理所示:

定理 两球是

(1)**外离的**(图 16.8),如果中心间的距离大于半径之和;

(2)**外切的**(图 16.9),如果中心间的距离等于半径之和;

(3)**沿一圆相交的**(图 16.10),如果中心间的距离介于半径和及差之间;

(4)**内切的**(图 16.11),如果中心间的距离等于半径之差;

(5)**内含的**(图 16.12),如果中心间的距离小于半径之差.

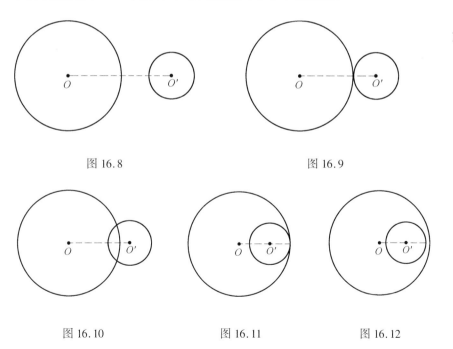

图 16.8　　　　　　　　图 16.9

图 16.10　　　　图 16.11　　　　图 16.12

证明和平面几何里一样,但须除开(3).在(3)的情况下应注意:如果以通过连心线的任一平面截此图形,就在两个球上得出两个相交的圆,从而这两曲面有一个公共点不在连心线上,于是化归于上节.

136. 三球的交点　设三球有一公共点在含三球心的平面以外,则必还有一个公共点,和前面那个点对称于这平面,因为后者是三球的公共对称平面.

由是,三球有下列各种可能:

或者没有任何公共点;

或者只有一个公共点,在球心所在的平面上(三切面相交于一直线,这直线垂直于球心所在的平面)[①];

或者有两个公共点;

或者有三个公共点,因此有整个公共圆.

137. 点对于球的幂

定理　设由空间一点向球作各割线,则对于每一割线,由该点到割线与球的两个交点的两线段之积皆相同.

设 A 为已知点(图 16.13), $AA B'$ 和 ACC' 为任两割线. 这两直线决定的平面截球于一圆,由这圆确实得出
$$AB \cdot AB' = AC \cdot AC'$$

由此可知,命题中所考虑的乘积只依赖于该球及已知点 A 的位置.

这乘积当 A 在球外时给以"+"号,当 A 在球内时给以"−"号,称为该点对于该球的**幂**.

以上证明表明:设通过一定点引各平面,各截定球于一圆,则该点对于所有这些圆有相同的幂,即这点对于球的幂.

特别地,我们来考查通过已知点并截球于一大圆的一个平面. 立刻看出(图 16.14),就像在平面几何里的圆一样,一点对于一球的幂是 $d^2 - R^2$,其中 R 为球半径,d 为点到球心的距离[②].

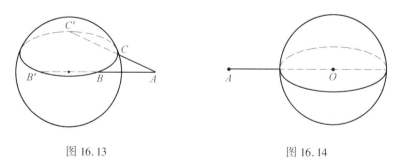

图 16.13　　　　　图 16.14

[①]　当只有一个公共点时,三球或有一公切面(三球心共线),或有一公切线(即在这公共点垂直于三球心所在平面的直线),参看拙著《初等数学复习及研究(立体几何)》2.3 节. 著者漏列了前面一种情况. ——译者注

[②]　比较平,134.

当点在球外时,幂等于切线的平方.

138. 两曲面在一公共点的切面所成的二面角,称为**两曲面**在该点的**交角**.

由是,两球交角等于在一个公共点的两条半径的交角或其补角.如果两球正交,这两条半径就互相垂直.

当两球正交时,每一球半径的平方等于它的中心对于另一球的幂[1],因为第一球在一个公共点的半径是切于第二球的(图 16.15).反之,若一球半径的平方等于它的中心对于另一球的幂,则此两球正交.

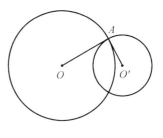

图 16.15

139. 两球的等幂面(或根面)

定理 对于两球有等幂的点的轨迹,是垂直于连心线的一个平面.

这平面称为该两球的**等幂面**或**根面**.

证明 通过两已知球连心线的任一平面 P 截两球于两大圆 C,C'(图 16.16).所求轨迹位于平面 P 上的部分,由这两圆的等幂轴(根轴)构成.

当平面 P 绕连心线旋转时,上面考虑的等幂轴产生一个平面,即所求的轨迹.

当两球相交时,等幂面即交线圆 c 所在平面,因为位于这平面的任一点对于每一个球的幂,等于这点对于圆 c 的幂.以上的推理表明,这平面上的点是仅有的对于两球有等幂的点;这事实也可直接推知(比较平,137).

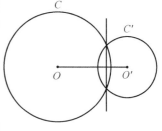

图 16.16

等幂面,或至少这平面在两球外的部分(当两球相交时),是[2]同时和这两球成正交的球心的轨迹.

若两球同心,则等幂面在无穷远处[3].

140.定理 三球两两的等幂面沿同一直线相交(除三球心共线的情况,这

---

[1] 比较平,135.
[2] 比较平,138.
[3] 比较平,136,备注(2).

时三个等幂面互相平行或重合).

事实上,设 S, S', S'' 为所考虑的三球,其中心不在一直线上. S 和 S' 的等幂面交 S 和 S'' 的等幂面于一直线,这就是对于三球有等幂的点的轨迹,因此也在 S' 和 S'' 的等幂面上.

以上证明其存在的直线,称为三球的**等幂轴**或**根轴**. 三球中心所在的平面截三球于三个大圆,通过它们的等幂心或根心所引这平面的垂线,即此等幂轴.

等幂轴(或至少它在三球外的部分)是和三球成正交的球的中心的轨迹.

若三球心共线,三平面都垂直于这直线.

如果 S 和 S' 的等幂面与 S 和 S'' 的等幂面重合,那么 S' 和 S'' 的等幂面也与它们重合,因为这平面上各点对于三球有等幂.

定理 四球两两的六个等幂面(或这些球每三个的等幂轴)相交于同一点(称为四球的**等幂心**或**根心**);但除四球心共面的情况,这时各等幂面平行于同一直线.

事实上,设 S 和 S', S 和 S'', S 和 S''' 的等幂面相交于一点 I,那么这点对于四球 S, S', S'', S''' 有等幂,因之也在其他的等幂面上.

这点(当在四球外时)是同时与四球成正交的球的中心.

141. **位似球** 球的位似形是一个球,位似比等于两球半径之比,而且两个球心相对应.

事实上,设 O 为已知球心, O' 为其位似点, M 为所说的球上任一点, M' 为其对应点,那么线段 $O'M'$ 与 OM 之比等于位似比(第 108 节):于是这线段 $O'M'$ 是常量.

142. 反之,任意两球是位似形,并且有两种方式位似①:一是正位似,另一是反位似.

事实上,设 O, O' 为两球中心, $OM, O'M'$ 为两条同向平行的半径,但为任意的(点 M 在第一球上连续取各种可能的位置). OM 和 $O'M'$ 满足 109 节举出的条件.

如果 OM 和 $O'M'$ 反向平行,同样的结论成立. 所以定理得证.

这定理也可由下述事实推出:以通过连心线的一个平面截两球,得出的两大圆彼此位似,且位似心与位似比不因截面的选取而变.

备注 两球不能以两种以上的方式成位似. 因由上节,在任何将第一球变

---

① 但两等球不能看做(正)位似,除非按照 103 节推广这一名词的意义.

为第二球的位似变换中,球心相对应并且位似比等于半径的比.但只有两点将连心线分成一个比等于两半径之比①.

像在平面几何里一样,刚才证明其存在的两点称为(两球的)**外相似心**和**内相似心**.

143. 两球以两种不同方式成位似的这个性质,是任何具有对称中心的图形及其位似形的共同性质.

事实上,设 F 为任一图形,F_1 为其对于一点 O 的对称形.F 的位似形 F' 也是(第 109 节)F_1 的位似形,位似心一般不同于第一个且两个位似是不同名的.

现设图形 F 以 O 为对称中心,于是它与 F_1 重合.因此它以两种不同的方式和 F' 成位似.

F' 上同一点 M' 的两个对应点 M,M_1(图 16.17)总是对于点 O 互相对称.要选择两个位似之一,只要指出这两点中哪一点与 M' 对应.

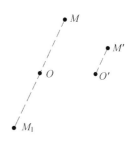

图 16.17

144. 三个球有四条位似轴,像平面几何里三个圆一样.

事实上,这四条相似轴就是三球心的平面截三球所得三个大圆的四条相似轴.

四个球有八个位似面(第 110 节).事实上,在第一球 O 上取一点 M,并在其他三球 O',O'',O''' 中作半径 OM 的平行直径 $M'M_1',M''M_1'',M'''M_1'''$,那么在每一条直径的端点中,我们可以选择一点作为 M 在相应的位似变换中的对应点.这样选定了 M 的对应点,就有了一个确定的平面.这三个选择一共得出八种不同的方式:因为首先可在两点 M',M_1' 中进行选择,然后在 M'',M_1'' 两点中进行选择,于是有四种不同的组合,而再在 M''',M_1''' 中进行选择,对于每一种组合又对应着两种方式.

前三球的每一条位似轴(得自一方面在 M',M_1' 间另一方面在 M'',M_1'' 间的选择)在两个位似面上,每一个位似心在四个位似面上.

145.两球的公切面 凡两球的一个公切面必通过一个位似心.若公切面

---

① 参看习题(190).

为外公切面(即两球在此平面同侧),则所通过的是外相似心;若在内公切面(即两球在此平面异侧),则所通过的是内相似心.

这是由于通过切点的半径 OA, $O'A'$(图 16.18)是平行的,因为它们都是公切面的垂线.

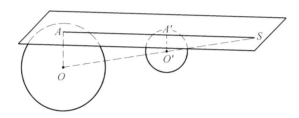

图 16.18

反之,通过位似心之一引一球的切面必切于另一球,因为两图形对于这一点是位似形.

因此,两球的公切面,就是以相似心为顶点,外切于每一个球的两个锥面(假设其存在)的切面.

如果回到 134 节的推理,立刻看出,设通过连心线的一个平面截两球于大圆 C, C',则由两球相似心之一所引这两圆的一条公切线,便是相应的外切锥面的子午线.因此两球外离时,两锥存在;两球相交时,只有一个存在;两球内离时,一个也不存在.

146.三球的公切面 凡三球的公切面必通过它们的相似轴之一.事实上(上节)它应该通过第一、二两已知球的一个位似心,又应该通过第二、三两球的一个位似心.

反之,通过它们的一条相似轴的任何平面若切于一球,则必切于其他两球.

由是,对于三球的每一条相似轴(只要它和这些球没有公共点),对应着通过这条轴的两个公切面.若四条相似轴不与此三球相交,则有八个公切面.若此条件不满足,则公切面数减少.三球也可能没有公切面(例如两球在第三球之内).

习 题

(236)有这样一个曲面,一个圆通过它上面任意三点便整个位在曲面上.证明:这曲面是一个球(或一平面).

(237)设有数目不拘的一些圆,其中任意两个都相交于两点.证明:或者这些圆有两个公共点,或者它们属于同一球.

(238)设一直线在一圆的平面上的射影沿着它的一条直径.问这圆周绕该直线为轴旋转,产生什么曲面?

(239)给定一点,求它在通过一定点的平面上的射影的轨迹.

(240)通过一定点或一定直线引平面,求其截一球所得圆心的轨迹.

(241)有一个中心固定但半径变化的球,以一已知点为顶点作这球的外切锥,求相切圆中心的轨迹.

(242)从一点向一球可作三条切线构成三直三面角,求这点的轨迹.

(243)从一点向一球可作三个切面构成三直三面角,求这点的轨迹.

(244)一点到三已知点的距离和三个已知数成比例,证明:这点的轨迹为一圆,这圆和通过三已知点的所有各球正交.

(245)设以一点为顶点所作两已知球的外切锥面全等,求这点的轨迹.

有三已知球,解同一问题.

(246)一点到两已知点距离的平方分别乘以给定的系数,相加得一常量,求这点的轨迹.

(247)求一点的轨迹,它对于两已知球的幂与两已知数成比例.

设有三已知球及三已知数,解同一问题.

(248)求一线段两端的轨迹,使其平行且等于一定线段,已知这些端点分别在两已知球上.

(250)①求作一三角形,它是由一已知三角形通过平移得到的,并且它的顶点在三已知球上.

(251)证明:通过同一圆的一群球截任一定平面所得各圆有同一等幂轴.

(252)求作一球,已知(其上)一圆及在这圆上一点的切面.

(253)推广言之,求作一球,使其通过一已知圆,并切于一定平面或定球.

(254)通过一已知圆求作一球,使与一已知球正交.

(255)求作一球,使其中心在一已知直线上,切于一已知直线并通过一已知点.

(256)求作一球,使其中心在一已知直线上,切于一已知直线及一平面.

(257)求作一球,使通过一已知圆并切于另一已知圆,并讨论之.

(258)一个变动的球通过一定圆 C.求以圆 C 平面上一已知点为顶点外切于球的锥上相切圆的轨迹.求通过圆 C 平面上一已知直线所作切面上的切点

---

① 原书缺一题.译者注

的轨迹.求这圆上两点的切面的相交线的轨迹.

(259)一个变动的球通过两定点 A,B,并保持切于与 AB 的延长线相交的一定直线,发生什么情况?

(260)一个变动的球通过两定点,且切于一定平面或定球,求切点的轨迹.

(261)求作一球,使通过两已知点并切于两已知平面.

(262)一个变动的球切于两定直线,并且球心在与这两直线平行且距这两直线等远的平面上.求这球心的轨迹.

(263)求切于三已知平面的球中心的轨迹(四条直线,除非已知平面中有两个平行).切于三已知平面有多少旋转锥或柱?

(264)证明:一般有八个球切于一个空间四边形的各边.但若两边之和等于另两边之和,则有无穷多个球切于四边.在这样的条件下,求球心的轨迹.其中哪一个球的半径最小?

由此推出习题(136)的解答.

(265)求有一球切于一个四面体的六条棱的条件.

(266)求作一四面体的内切或旁切球.参看以后习题(789a).

(267)一个变动的球保持切一定平面于一定点,求平行于一已知平面的切面上切点的轨迹.

(268)求作一球,使与两已知圆相交成直角①.研究不可能的情况,不定的情况.

(269)如果一个变动的圆和两个定圆中每一个交于两点,证明:它所在的平面通常通过一定点.(考查例外的情况.)

(270)求作一圆,使分两已知圆成两等份.

(271)求作一圆,使被两已知圆分成两等份.研究可能的条件.

(272)求作一圆,使切于两已知圆.研究本题和上两题不定的情况.

(273)一球截两已知球于大圆,求其中心的轨迹;一球被两已知球截于大圆,求其中心的轨迹;一球截一已知球于大圆,且被另一已知球截于大圆,求其中心的轨迹.

设已知的球有三个,解类似的问题(共四题).

(274)设两球无公共点,证明有两点(**极限点**)存在,使缩为这两点的球和这两已知球有同一等幂面.凡与起初两球正交的球必通过这两个极限点.

(275)设没有同一等幂面的三球没有任何公共点,证明:和它们正交的球必

---

① 一个球和一个圆相交成直角指的是:在球和圆的一个公共点所作圆的切线和球的切面成垂直.

通过一定圆.这圆是这样的点的轨迹:缩成这些点的球和三已知球有同一等幂轴.

(276)证明:和四已知球正交的球(如果存在)是这样的点的轨迹:缩成这些点的球和已知球有同一等幂心.

(277)求两球 S_1,S_2 的极限点的轨迹,这两球每一个都在变动但通过一定圆.求上题所考虑的球 Σ,但须肯定作出相应的球 S_1,S_2 时,这球上每一点属于轨迹.(我们作它们和 Σ 的相交圆.)当习题(268)所设的问题不定时,发生什么情况?

(278)绕一定点作为顶点将一三直三面角(它的棱和一已知球相交)旋转.证明:

①这球在三条棱上所截的弦的平方和保持为常量;

②从顶点到球与三棱交点的六条线段的平方和也保持为常量;

③三个面和球相交的三个圆的面积之和也是常量.

(279)在同样的条件下,设作一平面通过上题所考虑的各交点中的三个,证明:三面角顶点在这平面上的射影的轨迹是一个球(习题(91),①及乎,习题(70)).

设三面角顶点在球上,那么所说的平面通过一定点,这点是三棱和球的交点所成三角形的重心.

(280)证明:可以选择三个球,它们存在八个公切面(第 146 节).(只要在选择不共面四点作为中心后,取半径充分小.)

第17章 球的面积和体积

147.定理 一线段绕在同一平面内但不与它相交的一条轴旋转时,所产生的曲面的度量,等于它在轴上的射影乘以一个圆周的长度,这圆的圆心在轴上并切于这线段的中点①.

将一线段 AB(图 17.2)绕在同一平面上但和它不相交的一条轴 xy 旋转,所产生的曲面通常是锥台的侧面,它的底圆的半径是由点 A 和 B 引向轴的垂线 Aa 和 Bb.

例外地,当线段一端在轴上时(图 17.1),锥台化为锥;当线段平行于轴时(图 17.1a),则化为柱②.

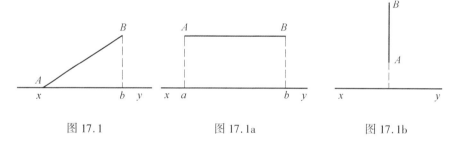

图 17.1   图 17.1a   图 17.1b

设 M 为 AB 中点,Mm 为由此点引向轴的垂线.锥台侧面积的度量(第 127 节)为 $2\pi AB \cdot Mm$,这个表达式不论锥台以锥或柱代替时,都正确(第 127 节,备注).

由点 M 引 AB 的垂线直至交轴于点 O(图 17.2),由点 A 引轴的平行线 AH 交 Bb 于 H.线段 AH 等于 ab,即等于 AB 在轴上的射影.另一方面,三角形 ABH 和 MOm 相似(因为它们的边相互垂直),从而得

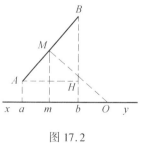

图 17.2

---

① 当线段垂直于轴时(图 17.1b),所得的表达式失去意义.这情况以下的推理中不发生.
② 当在上面注中的情况,即已知线段垂直于轴时,我们有一个圆环或圆.

$$\frac{AB}{OM} = \frac{AH}{Mm}$$

这式可写作 $AB \cdot Mm = OM \cdot AH$. 所以

$$面积\ AB = 2\pi AB \cdot Mm = 2\pi OM \cdot AH = 2\pi OM \cdot ab$$

证毕.

148. 球带的面积

定义 球面介于两个平行平面间的部分称为**球带**(图 17.3). 位于这两平面上的从而范围了带的圆,称为球带的**两底**. 两底面间的距离称为球带的**高**.

用一个平面截一球面,所定出两个部分的任何一个,称为**球冠**. 显然球冠可以看做为一个球带,它的一个底面切于球.

球带(或球冠)还可以定义为:将一圆弧 AB(图 17.4, 17.4a),绕和它没有公共点或通过它的一个端点(在球冠的情况)的直径旋转而成的曲面. 这时高就是弧 AB 在轴上的射影.

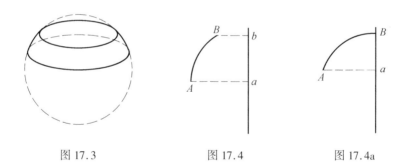

图 17.3　　　　图 17.4　　　　图 17.4a

149. 为了定义球带的**面积**,首先将弧 AB 代替以内接折线($ACDEB$,图 17.5). 当折线的边数无限增加且使其各边趋于零时,这折线绕轴旋转所产生的面积的极限,定义为球带的面积.

这极限的存在及其表达式由下两定理得出:

定理 内接于一圆弧的折线绕一条不和它相交的直径旋转时所产生的面积,等于折线在直径上的射影乘以一个圆周的长度,这圆的半径介于从圆心到各边的最小和最大距离之间.

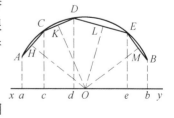

图 17.5

设折线 $ACDEB$ 内接于以 O 为圆心的圆,并绕直径 xy 旋转,这直径不穿过折线,但折线的一端甚至两端可以在 xy 上. 设 a,c,d,e,b 为各顶点在 xy 上的射影.

折线各边中点 H,K,L,M 的垂线交于点 O,由 147 节定理得出①:

面积 $AC = 2\pi ac \cdot OH$, 面积 $CD = 2\pi cd \cdot OK$
面积 $DE = 2\pi de \cdot OL$, 面积 $EB = 2\pi eb \cdot OM$

所以折线 $ACDEB$ 所产生的曲面面积的度量是
$$2\pi(ac \cdot OH + cd \cdot OK + de \cdot OL + eb \cdot OM)$$

按照算术上一个已知定理②,括弧内的式子等于和数 $ac+cd+de+eb=ab$ 乘以一个量,这个量介于各量 OH,OK,OL,OM 中最大的和最小的之间.因而定理得证.

当折线是正折线时,距离 OH,OK,OL,OM 都等于这折线的边心距.因此,

推论 一条正折线绕在它平面上、通过它的中心但不穿过它的一条轴旋转时,所产生的面积等于这折线在轴上的射影乘以内切圆周的长度.

150. 定理 一个圆弧绕一条不穿过它的直径旋转时,所产生的面积等于弧在直径上的射影乘以整个圆周的长度.

换言之,球带的面积等于高和大圆周的乘积.

事实上,设中心为 O 的弧 AB 绕直径 xy 旋转,ab 为 AB 在 xy 上的射影.设在弧 AB 内作内接折线 $ACDEB$,后者绕 xy 旋转时产生的面积等于 $2\pi ab$ 和一个长度的乘积,这长度介于从圆心到折线各边的最大和最小距离之间.

现在令边数无限增加且使各边趋于零,所考虑的各距离都趋于圆的半径 $OA = R$.

因此,所产生的面积确有一个极限,这极限不依赖于增加折线边数的方式(但须各边趋于零),且其值为
$$2\pi R \cdot ab$$

证毕.

备注 上面的推理和结论,都适用于球冠.

推论 由上述定理可知:同球的两个带之比等于它们的高之比.

---

① 147 节注①所指出的例外情况在目前的推理中不会发生,圆的一条弦不可能垂直于一条直径而不被直径穿越.

② 唐乃尔《理论和实用算术》,188 节.

151. 球面积

定理 半径为 R 的球的面积等于 $4\pi R^2$.

事实上,上节推理当弧 AB 成为半圆周时依然适用,这时射影 ab 即直径 $2R$;所生成的球带正好就是整个球面.因此这球的面积的度量等于
$$2\pi R \cdot 2R = 4\pi R^2$$
证毕.

推论 球面积等于大圆面积的四倍.

备注 我们看出:两球的面积和它们半径的平方成正比.

152. 定理
三角形绕在它平面上且通过它一个顶点而又不穿过它的轴旋转时,所产生体积的度量,等于在轴上的顶点的对边所产生的面积乘以对应高的三分之一.

我们区分三种情况:

(1) 三角形一边在轴上.

设三角形 ABC(图 17.6, 17.6a)的边 AB 位于轴 xy 上. 由顶点 C 向轴作垂线 Cc. 两个三角形 ACc 和 BCc 绕 xy 旋转时产生两个锥,它们的底是公共的,即以 Cc 为半径的圆,而高则各为 Ac 及 Bc,体积各等于 $\frac{\pi}{3}Cc^2 \cdot Ac$ 及 $\frac{\pi}{3}Cc^2 \cdot Bc$. 三角形 ABC 旋转所产生的体积等于这两个锥的和或差,就看点 c 在线段 AB 上(图 17.6)或是在它的一条延长线上,例如在过点 B 的延长线上(图 17.6a). 在前一情况下,有

$$\text{体积 } ABC = \frac{\pi}{3}Cc^2 \cdot Ac + \frac{\pi}{3}Cc^2 \cdot Bc = \frac{\pi}{3}Cc^2(Ac + Bc)$$

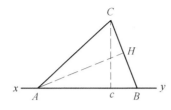

图 17.6

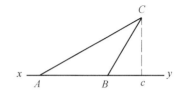

图 17.6a

在后一情况下,有

$$\text{体积 } ABC = \frac{\pi}{3}Cc^2 \cdot Ac - \frac{\pi}{3}Cc^2 \cdot Bc = \frac{\pi}{3}Cc^2(Ac - Bc)$$

但在前一情况, $AB = Ac + Bc$, 而在后一情况, $AB = Ac - Bc$. 所以在任何条件下, 都有

$$\text{体积 } ABC = \frac{\pi}{3} Cc^2 \cdot AB$$

另一方面, 设 AH 为三角形由点 A 所引的高, 则有

$$Cc \cdot AB = BC \cdot AH$$

因为这两个乘积都表示三角形 ABC 面积的两倍. 因此前式可以写成

$$\text{体积 } ABC = \frac{\pi}{3} Cc \cdot BC \cdot AH$$

又边 BC 所描画的曲面是一个锥面, 它的度量是(第 125 节)$\pi BC \cdot Cc$. 这就得出

$$\text{体积 } ABC = \frac{1}{3} AH \cdot \text{面积 } BC$$

(2) 在轴上的顶点的对边平行于轴.

设三角形 ABC(图 17.7, 17.7a) 中, 点 A 在轴 xy 上, 边 BC 平行于轴. 仍作高 AH 并将 B, C 投射在轴上 b, c 处. 当图形绕轴旋转时, 矩形 $BbAH$ 产生一柱, 而三角形 ABb 产生一锥; 由于这两个立体有同底(以 bB 为半径的圆)及同高 (Ab), 所以锥是柱的三分之一. 它们的差, 即是说三角形 ABH 绕轴旋转所产生的体积, 等于矩形 $BbAH$ 所产生的柱体积的三分之二.

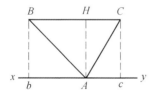

图 17.7

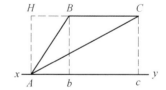

图 17.7a

仿此, 三角形 ACH 绕轴旋转所产生的体积, 等于矩形 $CcAH$ 所产生的柱体积的三分之二.

因此, 三角形 ABC 绕轴旋转所产生的体积, 是上面两个三角形所产生体积的和(图 17.7) 或差(17.7a), 便等于矩形 $BbcC$ 绕轴旋转所产生的柱体积的三分之二, 因为这柱是以上所说两个柱的和或差. 换句话说, 我们有

$$\text{体积 } ABC = \frac{2}{3} \text{体积 } BbcC = \frac{2}{3} \pi \cdot Bb^2 \cdot BC =$$
$$\frac{1}{3} AH \cdot (2\pi \cdot Bb \cdot BC) = \frac{1}{3} AH \cdot \text{面积 } BC$$

(3)一般情况.

设三角形 ABC(图 17.8)顶点 A 在轴 xy 上,对边 BC 不与轴平行.设轴与 BC 的延长线相交于 D,仍以 AH 表示由 A 所引的高,我们有(1):

$$体积\ ABD = 面积\ BD \cdot \frac{1}{3}AH$$

$$体积\ ACD = 面积\ CD \cdot \frac{1}{3}AH$$

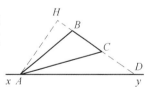

图 17.8

相减得

$$体积\ ABC = 面积\ BC \cdot \frac{1}{3}AH$$

证毕.

153. 球扇形的体积

定义 一个圆扇形绕不穿过它的一条直径旋转时,所产生的图形称为**球扇形**.在这运动中,作为圆扇形的底的弧产生一个球带,称为球扇形的**底**.

为了定义球扇形的体积,我们将球扇形代替以它的一个内接多边扇形(平,253a).当作为多边形的底的折线边数无限增加以使每一边趋于零时,这多边扇形绕轴旋转所产生的体积的极限,便定义为**球扇形的体积**.

以下几个定理表明这极限存在,并得出表达式,其值与构作内接折线的方式无关.

定理 一个多边扇形绕在它平面上通过它的中心但不穿过它的一条轴旋转时,所产生的体积,等于作为这扇形的底的折线所产生的面积和一个量的乘积,这个量介于折线各边到中心的最大和最小距离之间.

设多边形 $OACDEB$(图 17.9)绕在它平面上通过其中心 O 但不穿过它的一条轴 xy 旋转.三角形 OAC, OCD, ODE, OEB 各产生一个体积,这些体积可由上述定理得出.以 OH, OK, OL, OM 表示中心到各边 AC, CD, DE, EB 的距离,则有

$$体积\ OAC = \frac{1}{3}面积\ AC \cdot OH$$

$$体积\ OCD = \frac{1}{3}面积\ CD \cdot OK$$

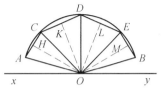

图 17.9

$$体积\ ODE = \frac{1}{3} 面积\ DE \cdot OL$$

$$体积\ OEB = \frac{1}{3} 面积\ EB \cdot OM$$

相加,并应用算术上的一个定理(在149节曾用过),可以看出,多边扇形所产生的体积确实等于下面和量的三分之一:面积 AC + 面积 CD + 面积 DE + 面积 EB——即是说,折线 $ACDEB$ 所产生的面积的三分之一——乘以介于 OH, OK, OL, OM 各量最大及最小值之间的一个量.证毕.

若多边扇形为正的,则线段 OH, OK, OL, OM 都等于正折线 $ACDEB$ 的边长距.所以

推论 一个正多边扇形绕在它平面上通过其中心但不穿过它的一条轴旋转时,所产生的体积,等于作为这扇形的底的折线所产生的面积乘以边心距的三分之一.

定理 球扇形的体积等于作为它的底的球带乘以半径的三分之一.

事实上,将产生球扇形的底即球带的圆弧 AB(图 17.9)的内接折线边数无限增加,且使每一边趋于零,这内接折线所产生的面积趋于球带的面积,同时各边到中心的距离 OH, OK 等趋于半径.因此相应的多边扇形所产生的体积确实趋于命题中所指出的极限.

推论 设球半径为 R,作为球扇形的底的球带高为 h,则球扇形的体积等于 $\frac{2}{3}\pi R^2 h$.

事实上,这表达式确实等于 150 节中求得的球带的面积和 $\frac{1}{3}R$ 的乘积.

154. 球的体积

定理 半径为 R 的球的体积等于 $\frac{4}{3}\pi R^3$.

事实上,上面的推理适用于半圆绕其直径旋转所产生的图形,即适用于球的体积.这时上面推论中的高 h 应以 $2R$ 代替,于是得到所说的结果.

推论 直径为 D 的球的体积等于 $\frac{1}{6}\pi D^3$.

这只须在 $\frac{4}{3}\pi R^3$ 中以 $\frac{D}{2}$ 代 R 即得.

备注 我们看出:两球体积之比等于它们半径(或直径)的立方之比.

155.球环的体积 将一弓形(平,263)绕不穿过它的一条直径旋转,所产生的立体称为**球环**.

弓形绕不穿过它的直径旋转时,所产生的体积(球环的体积)是一个柱的体积的六分之一,这柱的底是以弓形的弦为半径的圆,高则为这弦在轴上的射影.

设一圆 O(图 17.10)的弧 AB 及其弦所围的弓形绕通过 O 的轴 xy 旋转,仍设 ab 为 AB 在 xy 上的射影.

当图形绕 xy 旋转时,圆扇形 OAB 产生的体积等于(第 153 节)$\frac{2}{3}\pi \cdot OA^2 \cdot ab$.

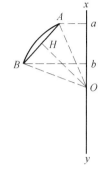

图 17.10

另一方面,三角形 OAB 旋转时产生的体积等于(第 152 节)面积 $AB \cdot \frac{1}{3} OH$(以 OH 表示圆心到弦 AB 的距离),即等于(第 147 节)

$$2\pi \cdot ab \cdot OH \cdot \frac{1}{3} \cdot OH = \frac{2}{3}\pi \cdot OH^2 \cdot ab$$

上面两个体积的差显然由球环的体积构成,因此它等于

$$\frac{2}{3}\pi \cdot OA^2 \cdot ab - \frac{2}{3}\pi \cdot OH^2 \cdot ab = \frac{2}{3}\pi \cdot ab(OA^2 - OH^2)$$

但在三角形 OAH 中有

$$OA^2 - OH^2 = AH^2 = \frac{1}{4}AB^2$$

所以

$$球环\ AB\ 的体积 = \frac{2}{3}\pi \cdot ab \cdot \frac{1}{4}AB^2 = \frac{1}{6}\pi \cdot AB^2 \cdot ab$$

证毕.

156.球台的体积 球介于两个平行平面间的部分称为**球台**,通常是由一个球带和两个圆所围成的立体,这两个圆的平面互相平行(图 17.11),两圆称为球台的**底**.球台也可能只有一个底①,即由一圆和一个球冠所围成的(图

---

① 单底球台一般称为球缺.——译者注

17.11a);为了运用推理,这时另一底面应视为切于球.

球台的**高**是两底平面间的距离.

图 17.11   图 17.11a

球台的体积等于两个柱的半和加上一个球的体积,这两个柱以球台的高为共同的高而分别以球台的两底为底,这个球以球台的高为直径.

设球台是由混合梯形 $aABb$(图 17.12)绕轴 ab 旋转产生的,因之是由以 aA,bB 为半径的两圆以及弧 AB 所产生的球带所围成的.这立体显然是直边梯形 $AabB$ 所产生的锥台与球环 AB 的和.

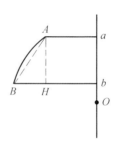

图 17.12

锥台的体积是

$$\frac{1}{3}\pi \cdot ab(Aa^2 + Bb^2 + Aa \cdot Bb)$$

球环的体积是

$$\frac{1}{6}\pi \cdot ab \cdot AB^2$$

因此求得和为

$$\frac{1}{6}\pi \cdot ab(AB^2 + 2Aa^2 + 2Bb^2 + 2Aa \cdot Bb)$$

但 AB^2 可用 Aa,Bb 和 ab 来表示.事实上,设由点 A 引 AH 平行于轴,且与 Bb 交于 H,则由直角三角形 ABH 得出

$$AB^2 = AH^2 + BH^2$$

但另一方面,由于①

$$AH = ab, \quad BH = Bb - Hb = Bb - Aa$$

便有

---

① 为了固定思路,我们假设了 Bb 大于 Aa,即是说以 B 表示已知弧距轴较远的一端.

$$AB^2 = ab^2 + (Bb - Aa)^2$$

球台的体积因此等于

$$\frac{1}{6}\pi \cdot ab[ab^2 + (Bb - Aa)^2 + 2Aa^2 + 2Bb^2 + 2Aa \cdot Bb] =$$

$$\frac{1}{6}\pi \cdot ab(ab^2 + Aa^2 - 2Aa \cdot Bb + Bb^2 + 2Aa^2 + 2Bb^2 + 2Aa \cdot Bb)$$

化简得

$$\frac{1}{6}\pi \cdot ab^3 + \frac{1}{2}\pi \cdot ab(Aa^2 + Bb^2)$$

这确如命题中指出的球与两个半柱之和.

习 题

(290)[1]通过球外一已知直线求作若干平面,将球面分成等积的部分.

(291)一球变动时恒通过一定球中心,证明定球在动球上所截球冠的面积为常量.

(292)一柱外切于球,两个平面垂直于柱的轴,证明球面介于这两平面间的球带和柱面介于这两平面间的部分,面积相等.

(293)一柱外切于球,垂直于柱的轴引球的一个切面 P,取这样定出的柱的直截面作为一个锥的底,并取球心为顶点.证明:

①若以平行于 P 的一个平面截这三个立体,则柱的圆截面的面积等于锥和球的两个圆截面的面积之和;

②若以平行于 P 的两个平面截这三个立体,则柱被这两平面所截的体积等于锥和球被截的体积之和.

(294)证明柱、锥、锥台和球台的体积都满足关系:

$$V = \frac{h}{6}(B + B' + 4B'')$$

其中 h, B, B', B'' 像在习题(153)中一样,表示立体的高,两底的面积(锥的上底为零)以及平行于两底并相距等远的截面的面积.

(295)证明:两个互为极圆的小圆(习题(66))是这样的,设取大圆长度为长度单位,取半球面积为面积单位,那么度量一个圆的长度之数,等于1减去度量在另一圆内的球冠之数.

(296)证明:对于外切于一球的一切多面体,体积与面体之比是相同的.

(297)证明:上题结论对于外切于一个球的柱、锥或锥台依然成立(我们设

---

[1] 此处编号与上一章的不连续,缺9题.因本书习题经常相互引用,故未改.——译者注

一个柱、锥或锥台外切于球,如果①柱面或锥面外切于球;②底所在的平面也切于这球);或者更推广说,对于由外切的柱或锥面的部分以及切面所围成的任何立体依然成立.

(298) 平行四边形递次绕它的两邻边旋转,所产生的体积之比为何?

(299)(具体地)作出一个三角形,已知当这三角形递次绕其一边旋转时所产生体积的等积球的半径.

(300) 在半径为 R 的球上画了一个圆,已知这圆的面积是它所决定的两个球冠的差,计算这圆的半径.

沿这圆的外切锥的高为何?

(301) 在已知球上求作一球冠,使其面积与它的底圆面积成已知比.

(302) 求以一平面截一球,使所得的一个球缺和以同一球冠所围成的球扇形成已知比.

(303) 取球的一圆作为锥的底,取这圆的两极之一作为锥顶.求这圆使这锥与有同底并包含这锥的球缺成已知比.

当公共高趋于零时,锥和球缺比值的极限为何?

(304) 求作属于一已知球的球台,设已知其体积(等于一已知半径的球的体积)以及包围它的球带的面积(等于一个已知圆的面积).

当球带的面积已给定时,球台的最大体积为何?

(305) 在一个球上画两两相切的三圆,使它们的平面平行于同一直线,这三圆中前两个相等,并将第三圆所确定的球冠之一分成四个等积的部分.

(306) 设 A 为两圆周 O, O' 的外切点, T 和 T' 为这两圆与一条外公切线的切点.证明(在绕连心线的旋转中)介于 TT' 所产生的锥台和通过这锥台两底圆的球之间的体积,二倍于这锥台的两已知圆所产生的球 S, S' 外的部分的体积,并且这部分等积于两个球环的和,这两个球环分别位于球 S, S' 内而在弦 AT, AT' 所产生的锥外.以两已知圆的半径表示这些体积.

第四编习题

(307) 一球截两已知球于大圆,求这球中心的轨迹.设有三已知球时,解同样的问题.

(308) 一球被两(或三)已知球截于大圆,求这球中心的轨迹.

(309) 设四球的等幂心在它们内部,证明:这是一个球的中心,这球被原先的每一个球截于大圆.

(310) 一个旋转锥通过已知角的两边,通过空间一已知点引这锥的切面,求相切母线的轨迹(考虑内切于这些锥的球,便可划归为(259)题).

通过一球上两已知点 A,B 作一变动的小圆,又通过大圆 AB 上一点 C 作一大圆与此小圆相切.切点 T 的轨迹是什么?证明 $CT^2 = \dfrac{CA \cdot CB \cdot R}{d}$,其中 R 表示球半径,d 表示球心到弦 AB 的距离.

(311)有两条互垂但不位于同一平面上的直线,以平行于一个定平面的动平面截它们,证明以两交点为对径点的球通过一定圆.

(312)在两已知直线 D,D' 上分别由两定点 A,A' 起取两线段 $AM,A'M'$,使比值 $\dfrac{A'M'}{AM}$ 等于一已知数 k,并考查合于条件 $\dfrac{PM'}{PM} = k$ 的点 P 的轨迹球(第 129a 节).

证明当两点 M,M' 分别在两知线上变动时(使比值 $\dfrac{A'M'}{AM}$ 总等于 k),所得到的球属于两个系列之一(这两个系列因线段 $AM,A'M'$ 截取的方向而确定),第一系所有各球①通过同一圆 C_1,第二系所有各球通过同一圆 C_2.

当直线 D,D' 及比值 k 已给定时,圆 C_1 所在平面的方向以及圆 C_2 所在平面的方向,不因点 A,A' 的选择而变.当 k 变化时,这些平面保持平等于一定直线.

圆 C_1 或 C_2 上任何点到两已知直线的距离之比等于比值 k.反之,通过到 D,D' 的距离之比等于 k 的任一点,有一个圆 C_1 和一个圆 C_2.

(313)给定两球及一点 P,通过点 P 的直线是这两球上各取一点的连线,设这直线被这两点和点 P 分成已知比,证明:这直线的轨迹是一个圆底锥.

这锥可能化为一平面.当成为这种情况时求点 P 的轨迹.

(314)直二面角的两面各通过两条已知相交线之一,证明:这二面角的棱的轨迹是一个圆底锥(习题(40)).

(315)一点到两已知相交线的距离之比为常数,证明:这点的轨迹是一个斜圆锥(习题(312)).

(316)一角的一边固定,另一边描画一个定平面(恒通过这平面与第一边的交点),证明:这角的平分线的轨迹是一个圆底锥(通常是斜的).

(317)求一多面角顶点的轨迹,已知这多面角的四面各通过一已知平面四边形的四边之一,并且这多面角可以被截成一个矩形(习题(78)).

同上题,设已知截面非矩形而为菱形.

同上题,设已知这多面角可以被截为一正方形.求正方形中心的轨迹(圆底斜锥).

---

① 首先必须证明同一系的两球相交.利用(311)题这一点容易解决.

(318)有一锥台,它的高是两底的直径的比例中项.证明这立体可作一内切球(习题(297);平,习题(135)).

证明这锥台的侧面积等于以侧棱为半径的圆的面积.

设已知高及侧棱,求作两底的半径.

(319)作三球分别通过一已知三角形的顶点,使其与三角形的平面在这些顶点相切,且两两互相切.设已知三角形各边的长度,计算它们的半径.

(320)在天体仪上,考查赤经等于赤纬的点 M.

①求点 M 在赤道平面上的射影的轨迹;

②求直线 AM 的轨迹,其中 A 是赤道上赤经的原点.

(321)给定共线三点 A,B,C(B 在 A,C 之间),以 BC 为直径作半圆,作它的切线 AD;设 M 为弧 BD 上一点.试确定点 M,联结 MC 及 MA,并将这图形绕 AC 旋转,使三角形 MAC 所产生的体积被弧 MB 所产生的球带分成已知比 k.求 k 作为 h 的函数的界限,其中 h 代表 OA 对 OB 的比值,O 是 BC 的中点.

(322)给定正方形 $ABCD$,它的边长为 $2a$,并考查正方形平面上一点 M.

①将三角形 MAB,MBC,MCD,MDA 分别绕 AB,BC,CD,DA 旋转,计算所产生的体积之和 S.

②证明和 S 只依赖于量 a 及 d,其中 d 表示点 M 到正方形中心的距离.并求点 M 的轨迹,使当其移动时这和 S 保持等积于以 a 为高以已知长 r 为半径的锥.

③在上面的轨迹上决定点 M 的位置,使三角形 MAB 依次绕 MA 及 MB 旋转时所产生的体积之比等于一已知数 m.

(323)设在梯形 $OAMB$(如图)中,边 OB 垂直于底 OA 及 BM.设顶点 O 和 A 是固定的,而顶点 B 在垂直于 OA 的定直线 Oy 上移动.将图形绕 Oy 旋转.

①假设两个三角形 OAB 和 ABM 所产生的体积相等,在平面 AOy 上求点 M 以及对角线 OM,AB 的交点 P 的轨迹.

②设 $ODMC$ 为与 OA 切于 O 且通过 M 的半圆周,将这图形绕 Oy 旋转,设三角形 OAB 和面积 $ODMA$(由直线 OA,AM 及圆弧 ODM 所围成)所产生的体积相等.在这第二个假设下,求点 M 在平面 AOy 上的轨迹.

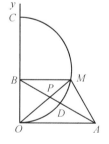

题(323)图

③决定点 M,已知三角形 OAB 和 ABM 以及面积 $ODMA$ 所产生的体积相等.(以 a 表示已知长 OA)

常用曲线

第 18 章 椭　　圆

157. 定义　平面上一点 M 到这平面上两定点 F, F'（称为**焦点**）的距离之和等于已知长，这点 M 的轨迹曲线①（图 18.1）称为**椭圆**.

三角形 MFF' 表明，这长度 $MF + MF'$ 显然应该大于②距离 FF'.

线段 MF, MF' 称为点 M 的**矢径**.

当两点 F, F' 重合时，距离 MF 和 MF' 必然相等，上面的定义显然导致以已知长的一半为半径的圆周. 因此，圆是椭圆的一种极限形态.

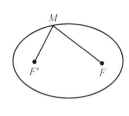

图 18.1

备注　椭圆的任一位似曲线仍为椭圆. 事实上，设在一个确定的位似中，f, f', m 为 F, F', M 的对应点（以 k 为位似比），则有（平, 140）$fm + f'm = k(FM + F'M)$，因此若 $FM + F'M$ 为常量，则 $fm + f'm$ 亦然.

于是，椭圆的任一相似曲线仍为椭圆.

157a. 用描点法画椭圆　由上面椭圆的定义，我们看出，用下述作法可以画椭圆上的点：

以 $2a$ 表示两矢径的已知和，将这长度 $2a$ 任意分成两段，取这两段为半径，分别以 F, F' 为圆心作两圆（图 18.2）. 若此两圆相交，则其交点 M, M' 属于椭圆；明显地，椭圆上各点都可用此法得出.

交换两半径，即是说，以 F' 为圆心以 MF 为半径作一圆，又以 F 为圆心以 MF' 为半径作一圆，又得曲线上两点 M_1, M_1'.

要两圆相交，由于它们半径之和的长度 $2a$ 已假设大于 FF'（否则曲线不存在），因此只要这两半径之差小于 FF'.

特别地，当半径之差等于 FF' 时，两圆相内切. 如果我们假设以 F 为圆心

---

① 下面（第 165 节）将见到，这轨迹通常不是直线.
② 使和 $MF + MF'$ 等于 FF' 的点 M 的轨迹，显然即是直线段 FF'，后者因此是以 F, F' 为焦点的椭圆的一种极限形态.

的圆半径较小,这时将有曲线上一点 A 位于 FF' 通过 F 的延长线上;在相反的假设下,得到 FF' 通过 F' 的延长线上一点 A'.

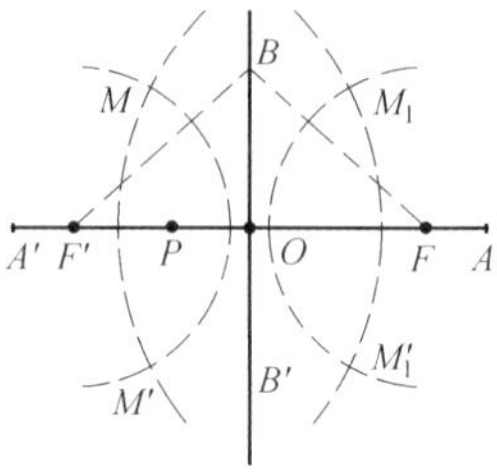

设距离 FF' 为 $2c$,则有
$$FA + F'A = FA' + F'A' = 2a$$
$$F'A - FA = FA' - F'A' = 2c$$

由此得出
$$FA = F'A' = a - c, \quad F'A = FA' = a + c$$

图 18.2

注意距离 AA' 等于 $FA + FA' = FA + F'A$,因此代表已知长度 $2a$.

由于距离 AA' 等于矢径的已知和,上面所说的两圆半径可分别以 PA, PA' 来表示,其中 P 是线段 AA' 上一点.

容易看出,两圆相交或不相交,决定于 P 在或不在线段 FF' 上.

用连续运动画椭圆 显然看出,若将长为 $2a$ 的线两端固定于 F, F',以一尖端将线拉紧(图 18.2a),则此尖端连续移动时画出椭圆,或者更确切地说,画出椭圆在 FF' 确定一侧的部分.

在纸上作图时,一般都不用以上两个方法;实际上使用的各种方法是奠基于椭圆的各种性质的(参看补充材料,第 407 节).

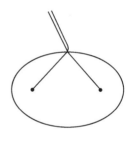

图 18.2a

158. 对称轴和对称中心 如果回到 157a 节的描点法,便看出两点 M 和 M' 对于 FF' 成对称.因之曲线上每一点有其对称点,椭圆以直线 FF' 作为对称轴.

另一方面,两点 F 和 F' 又对于一条直线成对称,即 FF' 在其中点 O 的垂线.于是,对于椭圆上一点 M,又有对于这直线的一个对称点 M_1 也在椭圆上,因为 $FM_1 = F'M, F'M_1 = FM$(显见这两点 M, M_1 就是图 18.2 上以这两个字母表示的点).因此,FF' 的中垂线也是椭圆的对称轴.

最后,两点 F, F' 对于一点成对称,即是点 O.完全仿照上面进行推理,显见点 O 是椭圆的对称中心.(图 18.2 上,两点 M 和 M_1' 对于 O 互相对称)

158a. 从上述我们已经知道,轴 FF' 截椭圆于两点 A, A',其间距离等于给定的长度 $2a$(图 18.2);并且显然这两点对于点 O 成对称,因而有 $OA = OA' = a$.

为了找出曲线被 FF' 的中垂线所截的点,只要注意这些点距 F,F' 等远,因之如果 B 是其中之一,将有 $BF = BF' = \dfrac{2a}{2} = a$.

显然有两点 B,B' 适合这双重条件.以 b 表示距离 OB,OB' 的公共值.这长度 b 小于 a:在直角三角形 OBF 中有
$$OB^2 = b^2 = BF^2 - OF^2 = a^2 - c^2$$
其中 c 和上面一样表示 FF' 的一半,即距离 OF.

由于有不等式 $b < a$,所以轴 AA' 称为椭圆的 **长轴**,轴 BB' 称为 **短轴**.

四点 A,A',B,B' 称为曲线的 **顶点**.

备注 给定了两半轴的长度和位置,椭圆便被决定了,即是说,给定了两条互垂直线 OA,OB 以及分别在这两直线上由点 O 起截取的两个长度 $OA = a$ 和 $OB = b$(其中 a 较大),那么有一个也只有一个椭圆,它的长轴在直线 OA 上且等于 $2a$,短轴在直线 OB 上且等于 $2b$.这椭圆的焦点位于 OA 上,在 O 的两侧,距这点等于 $c = \sqrt{a^2 - b^2}$.

159. 定义 设在一平面上给定了两条相交直线 Ox,Oy(图 18.3),我们称之为 **坐标轴**,它们的公共点 O 称为坐标 **原点**.在这平面上任取一点 M,通过这点引轴 Oy 的平行线 $M\mu$.这直线在轴 Ox 上所截的线段 $O\mu$ 称为点 M 的 **横坐标**,而线段 μM 称为 M 的 **纵坐标**.

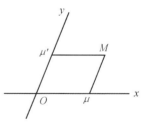

图 18.3

如果交换轴 Ox 和 Oy 的地位,即是说,如果通过点 M 作轴 Ox 的平行线 $M\mu'$ 与 Oy 相交于 μ',那就交换了横坐标和纵坐标,有如平行四边形 $O\mu M\mu'$ 所示.

一点的横坐标和纵坐标合称为它的 **坐标**.知道了一点的坐标,就完全确定了这点的位置,但须指出每一个坐标所取的指向,即是说,指出线段 $O\mu$ 应该取在点 O 的哪一侧,线段 μM 应该取在点 μ 的哪一侧.与平面几何(平,185,186)和代数里相一致,我们规定坐标的指向由给它的符号来指明:横坐标 $O\mu$ 沿 Ox 的指向为正,沿相反的方向为负,纵坐标 μM 沿射线 Oy 的方向为正,沿相反的方向为负.

160. 椭圆对于它的轴的方程 在给了这些定义以后,我们取椭圆的长轴

(第 158 节)为 x 轴,短轴为 y 轴,原点在中心①.

假设像刚才一样,μ 表示曲线上一点 M 在 Ox 上的射影(图 18.3a),其余的记号与上节相同,便有
$$MF^2 = \mu F^2 + \mu M^2, \quad MF'^2 = \mu F'^2 + \mu M^2$$

等式右端出现的量依照上节所说包含了大小和符号,并设 Ox 上的正向由 F 指朝 F'(从而 $OF = -c, OF' = c$).

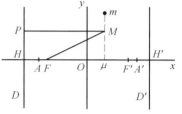

图 18.3a

μM 就是点 M 的纵坐标.至于 μF 和 $\mu F'$,我们用下面的关系(平,187)来表达
$$\mu F = OF - O\mu, \quad \mu F' = OF' - O\mu$$
或(由于 $O\mu$ 代表 x)
$$\mu F = -c - x, \quad \mu F' = c - x$$

于是 MF^2 和 MF'^2 作为 x, y 的函数表达式就是
$$MF^2 = (x+c)^2 + y^2, \quad MF'^2 = (x-c)^2 + y^2 \tag{1}$$

其中 $x = O\mu, y = \mu M$ 是点 M 的坐标.

另一方面,可将 128a(平,第三编)的命题应用三角形 MFF',得出②
$$MF^2 - MF'^2 = 2FF' \cdot O\mu = 4cx$$

因此,一经有③ $MF + MF' = 2a$,由除法便有
$$MF - MF' = \frac{2cx}{a}$$

由上面两式得 MF 和 MF' 的下列表达式
$$MF = a + \frac{cx}{a} \tag{2}$$

$$MF' = a - \frac{cx}{a} \tag{2'}$$

使所求的两值相等[对于 MF^2,应用(1)及(2);对于 MF'^2,应用(1)及(2′)],便有
$$\left(a + \frac{cx}{a}\right)^2 = (x+c)^2 + y^2 \tag{3}$$

---

① 从而,这里所说的 x 轴和 y 轴是互相垂直的.——译者注

② 所说的等式,在 128a 是仅就绝对值而建立的.但我们知道,两端是(平,32)同为正(当 M 和 F' 在短轴的同侧时)或同为负(当 M 和 F 在短轴的同侧时).并且等式可直接将(1)中的两个关系相减而得.

③ 和在 Ox 上截取的线段相反,距离 MF, MF' 是按绝对值计算的.

$$\left(a - \frac{cx}{a}\right)^2 = (x-c)^2 + y^2 \tag{3'}$$

这两个方向是等效的. 它们中每一个可化为(两端消去恒等的项 $\pm 2cx$, 然后将常数项移在一端, 将含 x^2 和 y^2 的项移在另一端)

$$a^2 - c^2 = b^2 = x^2\left(1 - \frac{c^2}{a^2}\right) + y^2 = \frac{b^2}{a^2}x^2 + y^2$$

或

$$\frac{x^2}{a^2} + \frac{y^2}{b^2} = 1 \tag{4}$$

所以椭圆上各点适合这个方程.

反之, 凡坐标满足方程(4)的点在椭圆上. 事实上, 这方程(4)等效于方程(3), 也等效于方程(3'). 由于后面两式右端(不论 M 为何)分别代表 MF^2 和 MF'^2, 当方程(4)适合时, 必然有

$$\begin{cases} MF = \pm\left(a + \dfrac{cx}{a}\right) \\ MF' = \pm\left(a - \dfrac{cx}{a}\right) \end{cases} \tag{2a}$$

但是容易看出, 在这两个关系中, 应该取正号. 这就是说①, $a + \dfrac{c}{a}x$ 和 $a - \dfrac{c}{a}x$ 是正的. 也可以这样得出: 由于有关系(4), x 的绝对值必小于或等于 a, 而由于 c 小于 a, 可以断定 $\dfrac{c}{a}x$ 的绝对值小于 a.

因此, 这个关系包含着(2)和(2'). 将后面两个关系两端相加, 便得

$$MF + MF' = 2a$$

所以方程(4)表达了以 x, y 为坐标的点 M 在椭圆上的充要条件. 它是椭圆对于它两轴的方程.

161. 对这个方程我们可以作一个非常简单的双重解释.

(1)仍以 M 表示椭圆上一点, 以 μ 表示它在轴 Ox 上的射影. 按比值 $\dfrac{a}{b}$ 扩大纵坐标 μM, 即是说, 在这条纵线上, 由点 μ 起, 沿 μM(图 18.3a)的方向或沿相反的方向取一线段 $\mu m = y'$, 使

---
① 参看上页脚注③.

$$\mu m = \pm \frac{a}{b} \cdot \mu M$$

即

$$y' = \pm \frac{a}{b} y \tag{5}$$

从这方程解出 y,并代入方程(4),得出

$$x^2 + y'^2 = a^2 \tag{6}$$

但 $x^2 + y'^2$ 就是 $O\mu^2 + \mu m^2$,它代表距离 Om 的平方,所以方程(6)表明,当点 M 描画椭圆时,点 m 描画一个圆.这圆以 O 为圆心,以 a 为半径,即是说,它是以长轴为直径画成的.这圆称为**主圆**,而方程(6)(它表达以 x, y' 为坐标的点 m 在所说的圆上的充要条件)是这个圆在我们两条坐标轴下的方程.

反过来,由于凡和主圆上的点 m 有上述关系的点 M 必在椭圆上——这就是说,从方程(5)和(6)消去 y' 便得出方程(4),——所以我们看出,不改变圆上任一点的横坐标,而将纵坐标按比值 $\frac{b}{a}$ 缩小,所得的点的轨迹是椭圆.

凡从以两条互垂直径为坐标轴的一个圆出发,将纵坐标按定比 k 缩小 ($k<1$)则不改变横坐标,就得出一个椭圆,这椭圆的轴沿着两条给定直径,两半轴之一等于圆的半径 a,而另一半轴 b 则可由 $\frac{b}{a} = k$ 得出.

(2)仿此,设 μ' 为椭圆上一点 M 在短轴(Oy)上的射影,m' 为按比值 $\frac{b}{a}$ 缩小点 M 的横坐标所得的点,即是说,取在 $\mu'M$ 上满足(除符号外) $x' = \frac{b}{a} x$ (x' 表示线段 $\mu'm'$)的两点之一.我们有

$$x'^2 + y^2 = b^2$$

和(1)一样,这表明点 m' 描画一个圆,以短轴为其直径①.

于是椭圆又是按比值 $\frac{a}{b}$ 扩大这圆上一点的横坐标,而不改变其纵坐标所得的点的轨迹;而凡从以两条互垂直径为坐标轴的一个圆出发,将横坐标按一定比 k 扩大($k>1$),而不改变纵坐标,这样所得到的点的轨迹将是一个椭圆,它的短半轴等于这圆的半径,而长半轴和它的比等于 k.

由于我们可以(第159节)互换横坐标和纵坐标的地位,而这只不过是互换两条轴的地位而已,所以可以叙述

---

① 以后将(第399节)指出,m' 是 m 对于 O 的位似点.

定理 一个圆以两条互垂直径为坐标轴,将这圆上动点 m 的一个坐标用任一常数 k 乘而不改变另一坐标,所得的点 M 的轨迹是一个椭圆.

更广泛地说,同理可知,将描画一定圆周的动点 m 的两个坐标 x', y' 用两个不同的常数来乘,就得出两个量 x, y,它们之间有形如式(4)的一个关系,从而以 x 和 y 为坐标的点描画一个椭圆.

从以上还可得出:每个椭圆可以看做是由一个圆用两种不同的方式利用这过程得出.

161a. 圆的正(交)射影

定理 圆在一个平面上的正(交)射影是椭圆.

由 44a 节,我们总可以假设射影平面通过圆心(图 18.4).位于这平面上的直径 OA,同时作为圆和它的射影图形的横坐标轴.若设 m_0 为圆上一点,M 为其射影,则两点 m_0 及 M 投射为 OA 上同一点 μ(第 45a 节),而相应于同一横坐标 $O\mu$ 的比值 $\dfrac{\mu M}{\mu m_0}$ 为小于 1 的常数 k,即两平面夹角的余弦.因此(上述定理),射影图形确是一个椭圆,它的主圆全等于已知圆.主圆上位于纵线 μM 延长线上的点 m,是将已知圆上以 M 为射影的点 m_0 放倒而得到的,也就是将它绕 AO 旋转一个角等于两平面的夹角.

我们还可以用两种不同的方式来放倒,即使两线段 μM 和 μm 或恒同向(图 18.4),或恒反向(图 18.4a).

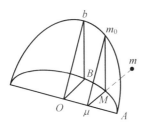

图 18.4

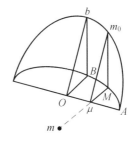

图 18.4a

备注 数 $k = \cos \alpha$ 等于比值 $\dfrac{b}{a}$(以 $2a$ 和 $2b$ 表示椭圆的轴长).因为当 μ 在 O 时,显然有(图 18.4) $\mu m_0 = Ob = a$,$\mu M = OB = b$.

逆定理 凡椭圆都可以看做是一个圆的射影.

这圆位于通过椭圆长轴的一个平面上,这平面和椭圆平面的夹角 α 满足

$\cos\alpha = \dfrac{b}{a}$，并以长轴为其直径．

我们看出，由这双重命题可得椭圆的新定义：

一个圆的正(交)射影称为**椭圆**，这定义和前面的完全等效，因而可以代替它．因为凡椭圆(按 157 节意义)是一个圆的射影，且反之亦然．

椭圆的两种极限形态：圆(第 157 节)和直线段(第 157 节脚注)，可令 α 等于零或直角而得．

由上述证明可知，椭圆中心是圆心的射影．

备注 任何圆又可用无穷多方式看做是椭圆的射影．为此，只须(上节，(2))椭圆有一条短轴等于圆的直径，并且(仍与图 18.4，18.4a 比较)两曲线的平面沿这短轴相交，其交角 α 同上决定．

在 398 节及以后，我们还将回到这一点，并用新方法重证上述结果．

162．准线 460 节方程(2)和(2′)可以简单地加以解释．

第一式可写作 $MF = \dfrac{c}{a}\left(x + \dfrac{a^2}{c}\right)$．设 H 为取在轴 Ox 上横坐标等于 $-\dfrac{a^2}{c}$ 的点(图 18.3a)．那么，对于椭圆上各点(就绝对值而言)有 $MF = \dfrac{c}{a}\cdot\mu H$，即

$$MF = \dfrac{c}{a}\cdot MP \tag{7}$$

其中 MP 表示由点 M 到在点 H 与长轴垂直的直线 D 的距离．

这样得出的直线 D 称为对应于焦点 F 的**准线**；仿此，相应于焦点 F' 的准线 D' 是通过横坐标为 $\dfrac{a^2}{c}$ 的点所引长轴的垂线．

方程(7)证明了下述定理：

定理 椭圆上各点到一个焦点的距离和到相应准线的距离之比等于常数 $\dfrac{c}{a}$．

反之，满足这条件的任何点在椭圆上．

事实上，由方程(7)显然得出方程(2a)，从而得出方程(3)，这与椭圆的方程等效．

总之，椭圆是平面上这样的点的轨迹：它们到焦点 F 和准线 D 的距离之比等于常数 $e = \dfrac{c}{a}$．

这数 $\dfrac{c}{a}$ 称为椭圆的**离心率**．当椭圆成为圆时，离心率为零．

这样得到的定理具有下述逆定理：

设平面上一点到这平面上一定点 F 及一定直线 D[F 假设不在 D 上①] 的距离之比等于一常数 $e(e<1)$，则此点之轨迹为一椭圆.

事实上，由 F 向定直线引垂线 FH，在这垂线(过 F)的延长线上有一点(也只一点) O 满足

$$\frac{OF}{OH} = e^2$$

以 c 表示距离 OF，以 a 表示满足 $\frac{c}{a} = e$ 的长度(a 显然大于 c)，此式与上式给出 $OH = \frac{a^2}{c}$. 以 $2c$ 为焦距，以 $2a$ 为长轴(这长轴取在直线 OFH 上)，以 O 为中心的椭圆(因此，焦点是 F 以及 F 对于 O 的对称点)将以 D 为准线，从而与所求的轨迹重合.

163. 由 161a 的定理，易见作为圆的射影的椭圆，和圆一样，在它的平面上定出两个区域，即外部和内部.

另一方向，平面上不属于椭圆的点 P 可分为两类，即 $PF + PF'$ 大于 $2a$ 的一类，以及小于 $2a$ 的一类.

前面的点在椭圆外，后面的在椭圆内.

事实上，从点 O 联结所考虑的点 P 的半直线交曲线于一点 M. 如 27 节定理(平，第一编)和图 18.5 所示，和 $PF + PF'$ 是小于或大于 $MF + MF' = 2a$，就看 P 是介于 O 和 M 之间，或在 OM 的延长线上，即是说，就看 P 是在椭圆之内或在其外.

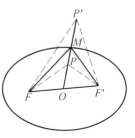

图 18.5

164. 准圆

定理 切于一已知圆并通过其内一定点的圆，圆心的轨迹为一椭圆.

设 F' 为已知圆心(图 18.6)，R 为其半径，F 为定点. 若以 M 为圆心以 MF 为半径的圆切于已知圆，则必为内切，于是(平，70)

$$R - MF = MF' \quad \text{或} \quad MF + MF' = R$$

反之，这条件包含两圆相切. 证毕.

并且，任何一个椭圆都可以看做是一个圆心的轨迹，这圆切于一定圆且

---

① 若 F 取在 D 上，适合条件的点不存在.

通过其内一定点.为此,只须取一个焦点作为已知圆心并取长轴为圆半径.

这样的圆称为椭圆的**准圆**.由于椭圆有两个焦点,显见它有两个准圆.不难看出(比较以后 170 节)以(椭圆的)一个外点为圆心,作通过一个焦点的圆,必与以另一焦点为圆心的准圆相交;而以一个内点为圆心,作通过一个焦点的圆,则与以另一焦点为圆心的准圆没有公共点.

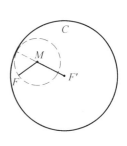

图 18.6

现在由 157 节的定义出发,来处理(第 165,168,170 节)有关椭圆的一系列的问题.

以后(第 401 节)将会见到,由 160 ~ 161a 的定义出发,将很简单地解决同样的这些问题.

165. 直线和椭圆的交点

问题 求一条直线和一个椭圆的交点(后者没有画出,但由它的两个焦点和长轴给定).

设 F, F' 为已知焦点,C 为以 F' 为圆心的准圆,D 为已知直线(图 18.7).于是所设问题划归为(上节)下面的一个:

求作一圆使其切于 C,通过 F,且圆心在 D 上.

但当直线 D 不通过焦点 F 时,这第三个条件可用另一个来替代:即要求通过 F 对于 D 的对称点 f.因为凡通过 F 而圆心在 D 上的圆必通过 f;而且反过来,凡通过 F 和 f 的圆,圆心①必在 D 上.问题于是变成:

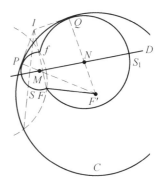

图 18.7

通过两点 F 及 f,求作一圆使切于圆 C.

这问题过去已解过了(平,159,作图 15).按照那里所示,我们应该(图 18.7):

通过两点 F, f 作一圆使与 C 相交;

---

① 当圆化为直线时,圆心便不存在了.这种情况这里显然不会发生,但在研究双曲线时,情况就不同了.

作两圆的公弦,与直线 Ff 相交于 I;

由点 I 向圆 C 作切线.

把这两切线(如其存在)的切点和 F' 相连,得出两条直线,它们和直线 D 的交点就是两个所求的圆心,即直线 D 和椭圆的两个交点①.

当直线 D 通过点 F 时,点 f 将与 F 重合,于是加于所求圆的条件:圆心在 D 上,不能用通过 F 和 f 的条件来替代,而应代以在点 F 切于直线 Fx(图 18.7a),其中 Fx 表示通过 F 而垂直于 D 的直线.于是划归为下述问题:

求作一圆使切于 C,通过 F 并在这点切于直线 Fx.

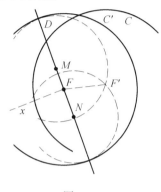

图 18.7a

这问题有一个完全类似于上面的解.事实上,如果将"通过 F 和 f 的圆周"等字眼换为"切 Fx 于 F 的圆周",则推理依然有效.

但此处比较简单的是互换两焦点,并求一圆使其圆心在 D 上,通过 F' 并切于以 F 为圆心的准圆 C'(图 18.7a).于是立刻知道,切点就是在 D 上的直径的一端;然后问题划归为第二编作图 13(平,90).

165a. 讨论 按照平,159 节所得结果,问题可能的充要条件是两点 F,f 在圆 C 的同侧.

由假设,点 F 在 C 内,因此:

如果一个焦点对于直线 D 的对称点 f,在以另一焦点为圆心的准圆 C 内,那么这直线与椭圆相交于两点.

如果点 f 在准圆 C 外,直线 D 和椭圆便没有公共点.

最后,如果点 f 在圆 C 上,则有唯一的公共点,这点应该看做有两个重合的公共点.因为这时由点 I(图 18.7)向圆 C 所引的两条切线是重合的.

在最后的情况下,我们说直线 D 是椭圆的**切线**.

备注 由于椭圆可以看做一个圆的射影,我们立刻看出:

如果一条直线和椭圆没有公共点,直线便整个位于它的外部;

如果直线和椭圆相交于两点,那么这两点间的线段在椭圆内部,它的延长

---

① 当直线 D 通过点 F' 时,作图的最后部分发生问题;这时作图应按下面的指示来完成(D 通过 F 的情况).

线则在外部.

为了表明这些事实,我们说椭圆的内部区域是**凸的**①.

最后,如果直线 D 切于椭圆,那么它上面的所有点(切点除外)都在曲线之外.

椭圆和它的内部区域整个在它的一条切线的一侧.

166. 现在来阐明,上面(上节)所得椭圆切线的定义,和切线的一般定义(平,59)是一致的,即是说,若 M 为椭圆上一点,N 为在曲线上移动且无限地趋近于 M 的一点,则直线 MN 趋于一极限位置,即按上节所了解的椭圆的切线.

这可由上述推理得出.事实上,假设和前面一样,C(图 18.7)是以焦点 F' 为圆心的准圆;P,Q 是这圆和圆 S,S_1 的切点,其中 S,S_1 通过 F 并分别以 M,N 为圆心;f 是这两圆的第二个交点(即 F 对于 MN 的对称点);I 是在 P,Q 两点的切线的交点.

当点 N 趋近于 M 时,点 Q 趋于 P,而且点 I 也如此;但由于有
$$IP^2 = IF \cdot If$$
而 IF 趋于一个异于零的极限,那么距离 If 趋于零而点 f 无限地趋于点 P.

所以直线 MN 趋于 IP 的中垂线,按照上节的意义,这确是一条切线.

166a. 现在直接来建立这个事实,为此,我们将所要证明的结果写成下面的形式:

定理 椭圆的切线是止于切点的一条矢径和另一条矢径的延长线所夹角的平分线.

设 M 为以 F,F' 为焦点的椭圆上一点(图 18.8),N 为曲线上邻近 M 的一点.为固定思路计,设矢径 FN 比矢径 FM 长,而矢径 $F'N$ 短于 $F'M$.于是,若以 F 为圆心以 FN 为半径作圆至与 FM 的延长线相交于 P,又以 F' 为圆心以 $F'N$ 为半径作圆至与 $F'M$ 相交于 P',则有 $MP = MP'$.

在 MP 的延长线上任取一点 p,通过这点作直线 pn 平行于 PN,并与 MN 的延长线相交于 n;然后通过

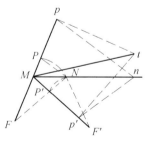

图 18.8

---

① 如果一个多边形具有这样的性质:它内部任意两点的连线段整个位于它内部,那么这多边形是凸的;反之,凡凸多边形都具有此性质.

点 n 作直线 np' 平行于 NP'，与 MF' 交于 p'．线段 Mp，Mn，Mp' 显然和 MP，MN，MP' 成比例，于是有 $Mp = Mp'$．

现在假设点 N 在曲线上移动而无限地趋近于 M，点 P 和 P' 也趋于 M．相反地，令 p 在 FM 的延长线上保留一个固定的位置，于是 p' 也固定下来．另一方面，平行于 PN 的直线 pn 是垂直于 $\angle PFN$ 的平分线的（因为 FPN 是等腰三角形），因之，当 N 趋于 M 时，将趋而为 FM 的一条垂线．将类似的推理运用于 $p'n$，我们看出点 n 趋于一个极限位置 t，这点 t 是 FM 在 p 的垂线和 $F'M$ 在 p' 的垂线相交而得的．所以 Mn 趋于 Mt．

但直线 Mt 的确是 $\angle p'Mp$ 的平分线．事实上，两个三角形 pMt 和 $p'Mt$ 是全等的，因为它们有公共的斜边和一条相等的直角边（$Mp = Mp'$）．证毕．

以上证明的命题确是和上面所得椭圆切线的定义是等效的．事实上，由椭圆上一点 M 所引的直线 Mt，是矢径 $F'M$ 和矢径 FM 的延长线所成角的平分线，点 F 对于这直线的对称点 f，可以在 $F'M$ 的延长线上截取长度 $Mf = MF$ 而得，因之属于以 F' 为圆心的准圆；另一方面，反过来，如果这焦点对于一直线 D 的对称点 f 属于这准圆，这直线和椭圆便只有一个公共点（第 165a 节），要得到这点可用直线 $F'M$ 来截它：于是 $\angle fMF$ 的平分线确是直线 D，即三角形 fMF 的对称轴．

推论 1 从上面显然得出：椭圆一焦点对于它的切线的对称点的轨迹，是以另一焦点为圆心的准圆．

上面的定理得出下述问题的解：

问题 求作椭圆上一点的切线．

推论 2 椭圆上一点的法线（平，60）是止于这点的两条矢径夹角的平分线．

因为两个邻补角的平分线是垂直的．

167．定理 椭圆两焦点在它的切线上的射影的轨迹，是以长轴为直径的圆，即是（第 161 节）主圆．

设焦点 F 在一条切线上的射影为 H（图 18.9），F 对于这切线的对称点为 f，那么 H 可以看做是线段 Ff 的中点．所以当切线变动时，点 H 的轨迹可以看做点 f 的轨迹（即以 F' 为圆心的准圆）的位似曲线，位似心即 F，位似比为 $1/2$．

所以这轨迹是一个圆，以 FF' 的中点（即椭圆中心）为圆心，半径等于长半轴（准圆半径的一半）．

证毕．

备注 我们看出,不论把哪一个焦点投射到所有切线上,轨迹是相同的.

逆定理 设一直角顶点描画一圆,而角的一边通过这圆内一定点,则另一边保持切于一定椭圆.

因为总有一个(也只有一个)椭圆存在,以已知圆作为主圆且以已知点作为焦点.(另一焦点是这点对于已知圆心的对称点,长轴等于这圆的直径.)

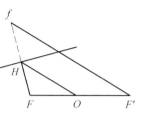

图 18.9

168. 问题 求作椭圆的一条切线使平行于一给定方向.

解法在于找到两个焦点之一 F 对于所求切线的对称点 f,或找到这焦点在该切线上的射影 H.

例如我们采取第二种方法①. 我们已经知道了点 H 的两个轨迹,即主圆(上节)以及由点 F 向已知方向所引的垂线(图 18.10). 这两轨迹的交点就是 F 在所求切线上的射影,因此所求的切线有两条.

这两条切线总是存在的,因为点 F 位于主圆之内,通过 F 所引的一条直线总要和这个圆相交.

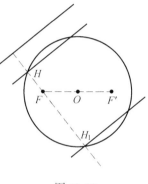

图 18.10

备注 两条平行切线对于椭圆的中心成对称.

因为这曲线对于这点是对称的,如果一条直线切于椭圆,那么它的对称线也如此.

169. 定理 从已知椭圆的一个焦点到任意两条平行切线的距离之积等于常量,且等于短半轴的平方.

事实上,如果 FH 和 FH_1(图 18.10)是这两距离,我们立刻看出,乘积 $FH \cdot FH_1$ 便等于点 F 对于主圆的幂.

主圆的半径 OA 等于 a,而距离 OF 等于 c,所说的幂便等于 $c^2 - a^2 = -b^2$. 证毕.

定理 从椭圆的两个焦点到任一切线的距离之积等于短半轴的平方.

① 只要和后面 170 节所讲的,或者和双曲线的类似作图(第 184 节)相比较,读者不难求得利用第一种方法的作法.

这命题划归为上面的一个.事实上,两点 F,F' 对于中心 O 成对称(图 18.11),从其中一点到任一切线的距离 $F'H'$ 因而等于从另一点到平行切线的距离 FH_1.

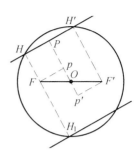

图 18.11

推论 引椭圆的一条切线,并通过一焦点引这切线的平行线,那么从椭圆中心到这两直线的距离的平方差,等于短半轴的平方.

事实上,设中心在切线上的射影为 P(图 18.11),在由两焦点所引切线的平行线上的射影为 p,p'. 由两焦点到切线的距离分别为 $pP,p'P$,即等于距离 OP,Op 的差与和. 它们的乘积因之等于 $(OP-Op)(OP+Op)=OP^2-Op^2$,于是推出了命题.

逆定理 设一直线到椭圆两焦点距离的乘积等于短半轴的平方,并且两焦点在这直线的同侧,那么这直线切于椭圆.

事实上,从中心到这直线 D 以及到通过焦点所作它的平行线的距离的平方差,等于短半轴的平方(为证明上面的推论所作的推理依然合用).

这个关系揭示了直线 D 到中心的距离,并且表明这距离等于椭圆在同一方向的切线到中心的距离,因此直线 D 重合于这样的切线之一.

由是可知,当平面上一直线变动时总使得它到两定点(在直线同侧)的距离之积为常量,那么它总切于一定椭圆.

170.问题 由椭圆平面上一点求作它的切线.

设欲由已知点 P 作一直线,切于以 F,F' 为焦点的椭圆.

像上面一样,我们来求焦点 F 对于所求切线的对称点 f,或者求 F 在这切线上的射影 H.

例如采取第一法①:点 f 的第一个轨迹是以 F' 为圆心的准圆(图 18.12).

另一方面,由于所求直线应通过点 P,便应有 $Pf=PF$. 这就得出点 f 的另一轨迹,即以 P 圆心以 PF 为半径的圆周. 于是可以定出这点 f.

反过来,如果 f 是上面两圆周的一个公共点,那么 Ff 的中垂线将通过 P(由于 $Pf=PF$),并切于椭圆(由于 f 在以 F' 为圆心的准圆上).

讨论 两圆周可相交于两点,问题可能有两解.

产生这种情况的条件是:可以作一个三角形,以这两圆心间的距离以及这

---

① 设欲求点 H,那么作为这点的轨迹,有主圆以及以 PF 为直径的圆.

两圆的半径(即长度 PF',PF 及椭圆长轴 $2a$)为边.

为此,必要和充分条件是:

(1) PF 与 PF' 之差小于 $2a$. 这条件总是满足的,因为我们知道,在三角形 PFF' 中,PF 与 PF' 之差至大等于 FF',而这是小于 $2a$ 的;

(2) 和 $PF + PF'$ 大于 $2a$.

这个条件表明点 P 在椭圆之外. 在这种也只有在这种情况下,以 P 为圆心以 PF 为半长的圆,和以 F' 为圆心的准圆相交.

因此,由椭圆外一点可以作这曲线的两条切线,而由椭圆内部一点不能作切线.

最后,通过这曲线上一点只能作一条切线(在 166a 问题中,我们已学会如何作它),并且我们应该把它看做是两条重合的切线(因为以 PF 为半径的圆和准圆有两个重合的交点).

备注 设 PM,PM_1 为由点 P 引向椭圆的切线 (图 18.12a),则后者整个位于角 MPM_1. 事实上,它整个位于 PM 的一侧(第 165a 节),即点 M_1 所在的一侧;也整个位于 PM_1 的一侧,即点 M 所在的一侧.

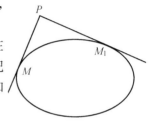

图 18.12a

171. 庞斯列(Poncelet)定理 设由椭圆外一点向它作两条切线,那么

(1) 这两条切线在两焦点中任一点的视角相等;

(2) 这两切线的夹角,和这点到两焦点连线的夹角,有相同的角平分线.

仍设椭圆的焦点为 F,F',长轴为 $2a$,设 P 为已知点.

(1) 假设要由点 P 向这曲线作两条切线,而运用上面所示的作法,那么就得到两点 f,f_1(图 18.12),它们是 F 对于这两条切线的对称点,并且对于直线 PF'(用以得出它们的两圆周的连心线)成对称. 因此,两角 $fF'P$ 和 $PF'f_1$ 相等. 但直线 $F'f$ 和 $F'f_1$ 通过所考查两切线的切点 M 和 M_1.

注意 M 和 M_1 分别在线段 $F'f$ 和 $F'f_1$ 上,而不是在它们的延长线上,所以两角 $PF'M$ 和 $PF'M_1$ 确是相等,而非相补.

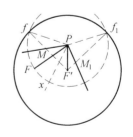

图 18.12

(2) 由于两点 f,f_1 对于 PF' 成对称,两角 fPF' 和 $F'Pf_1$ 也相等.

令 $\angle FPF'$ 的平分线为 Px，且为固定思路计①，设由点 P 所引椭圆的两切线 PM, PM_1 中，与 PF 在这条角平分线同侧的是 PM.

于是 $\angle MPx$ 等于 $\angle MPF$（$\angle fPF$ 的一半）加上 $\angle FPx$（$\angle FPF'$ 的一半），所以它等于和 $\angle fPF + \angle FPF'$，即 $\angle fPF'$ 的一半.

仿此，$\angle xPM_1$ 是 $\angle FPM_1$（$\angle FPf_1$ 的一半）和 $\angle FPx$（$\angle FPF'$ 的一半）的差，所以它等于 $\angle FPf_1$ 与 $\angle FPF'$ 之差 $\angle F'Pf_1$ 的一半.

由于两角 $\angle fPF'$ 和 $\angle F'Pf_1$ 相等，所以 $\angle MPx$ 和 $\angle xPM_1$ 也相等.

并且直线 Px 在 $\angle MPM_1$ 内部：事实上，半直线 PF 和 PF' 具有这样的性质，因为它们穿过椭圆内部（上节备注）. 所以直线 Px 是 $\angle MPM_1$ 的平分线.

推论 1　一条切线和直线 PF 的夹角，等于另一条切线和直线 PF' 的夹角.

因为这两个角对称于角平分线 Px.

推论 2　当椭圆上一点 M_1 沿这曲线移动以趋于一个确定的点 M 时，在点 M 和 M_1 的切线的交点 P 也就趋于点 M.

事实上，这个点可以看做是由点 M 的切线和 $\angle MFM_1$ 的平分线决定的，而在所设条件下，这条角平分线趋于 FM.

172. 定理　外切于椭圆的直角，它的顶点的轨迹是和椭圆同心的一个圆周，圆半径等于以两半轴为腰的直角三角形的斜边.

事实上，仍取上图并设（图 18.13）两切线 PM，PM_1 相交成直角. 于是 $\angle fPF'$ 也将是直角：因为它是 $\angle MPx$ 的两倍，总是等于 $\angle MPM_1$. 于是从三角形 fPF' 得

$$Pf^2 + PF'^2 = fF'^2$$

但 fF' 等于 $2a$，而 Pf 等于 PF. 所以点 P 到两焦点的距离的平方和等于 $4a^2$.

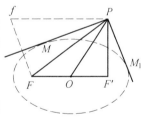

图 18.13

反之，若点 P 具有这个性质，三角形 fPF' 将是直角三角形，而 $\angle MPM_1$ 就是直角了.

但有上述性质的点的轨迹，可由关于三角形中线的定理（平，128）得到. 在此，这定理得出（仍设 O 为椭圆中心，而 c 为距离 OF）：

$$PF^2 + PF'^2 = 4a^2 = 2c^2 + 2OP^2$$

---

① 这个假设不是主要的，用类似于课文的推理足以表明：无论这些直线的相关位置为何，$\angle MPx$ 是 $\angle fPF'$ 的一半，而 $\angle xPM_1$ 是 $\angle F'Pf_1$ 的一半（比较平，102a）.

或
$$OP^2 = 2a^2 - c^2$$

这样,所求轨迹是以 O 为圆心,以 $\sqrt{2a^2 - c^2}$ 为半径的圆周.

但量 $2a^2 - c^2$ 等于 $a^2 + b^2$(其中 $2b$ 表示椭圆的短轴),因为(第 158a 节) $b^2 = a^2 - c^2$. 所以回答问题的圆半径是 $\sqrt{a^2 + b^2}$.

这圆称为椭圆的**切距圆**.

习　题

(324)设一直线 D 与一椭圆相交,将一个焦点 F 对于 D 的对称点 f 和另一焦点 F' 相连,证明:直线 fF' 和 D 的交点必在椭圆内.由是推证 166a 节关于椭圆的切线的定理.

(325)给定了梯形一条底边的长度和位置,另一条底边的长度以及两腰之和.求顶点的轨迹,对角线交点的轨迹以及两腰交点的轨迹.设所给的是两对角线的和,解同样的问题.

(325a)在哈特反演器中(平,241a),短边 AB 的长度和位置固定后,求对角线交点的轨迹.证明:轨迹的切线就是梯形的对称轴.

(326)一圆保持切一定直线于一定点 A 而变动,在这定切线上且位于点 A 的同侧,取两点 B 和 C,求由这两点向圆所引切线的交点的轨迹.

(327)将 161 节定理推广于这样一种情况:其中圆的两条坐标轴是任意的两条互垂直线,而不是两条互垂直径.

(328)将一直角顶点固定于一圆内一点,证明:它所截的弦是一个固定椭圆的切线(平,习题(201)).

(329)由椭圆切线的作法推导平面几何习题(363)的解法,我们假定有一个位置对应于极小值,并且这位置是在三角形内.

(330)求椭圆上一点的两条矢径和由中心向切线所引线的交点的轨迹.

(331)证明:椭圆上任一点 M 和两焦点所成三角形的内切圆心,将法线介于 M 与长轴间的部分分成定比.

(332)证明:上题所考查的法线的部分,在点 M 的一条矢径上的射影是常量.

(333)通过椭圆焦轴上一点求作法线.这点要在这轴上什么部位,问题才有解(解中除了这轴本身)?

当椭圆变动而其两焦点不变时,求法线足的轨迹.

第五编　常用曲线

(334)求作一椭圆 E 及一圆 C 的公切线,这圆的圆心在椭圆的焦轴上.(将 E 的焦点 F,F' 射影于所求的公切线上,这样形成一个梯形,它的一条对角线,将圆 C 的止于相应切点的那条半径内分或外分成两部分,我们知道了这两部分的和或差以及其乘积.)

求作这两曲线的交点 M [这圆可以看做像习题 141(平,第三编)那样,是利用矢径 MF,MF' 的平方之间的一个关系得出.然后,如果假设后者是用长轴 AA' 上的 PA,PA'(参看 157a 节,图 18.2)表达的,那么 P 可以作为 AA' 和一个也是由习题(141)导出的圆的交点得出].

(335)证明:椭圆的焦点到这曲线上两点 M,M' 所连的四条矢径切于同一个圆,这圆的圆心是两点 M,M' 的切线的交点.

(336)由 169 节定理推出 171 节庞斯列第二个定理.

(337)通过一点 A 求作一直线,使两已知点 B,C 在其同侧,且 B,C 到这直线的距离之积为极小.

(338)证明:在椭圆中,一条动切线介于两条定切线间的部分,在一个焦点的视角为常量.

考查两条切线是长轴端点 A,A' 的切线的情况.

(339)证明:设 TT' 是(椭圆的)任一切线介于长轴两端的切线 $AT,A'T'$ 间的部分,则以 TT' 为直径的圆周通过两个焦点.线段 $AT,A'T'$ 的乘积为常量.

(340)椭圆的两条定切线对称于短轴,证明:它们被一动切线所截的两点,和两焦点在同一圆上.

(341)一个全等于一已知椭圆的椭圆保持切于两条互垂的定直线,求其中心的轨迹.

(342)在平面上什么区域,椭圆的视角为锐角?

(343)证明:有无穷多个三角形存在,外切于椭圆并内接于以一个焦点为圆心的准圆.其中每一个三角形中以这曲线的第二个焦点作为三高线的交点(平,习题(69),(70)).所有这些三角形也有同一重心.

(344)不利用 160~161a 节证明:设由椭圆长轴上一点向这曲线作一条切线,并向主圆作一条切线,那么这两直线和这条轴夹角的正切之比为常数,且等于 $\frac{a}{b}$ (利用 169 节第二定理).

从这里并从 171(推论 2)重新导出 160~161a 节的定理.

(345)证明:椭圆中相应于一个焦点 F 的准线(第 162 节),是这点 F 和以另一焦点 F' 为圆心的准圆的根轴.从准线的这个定义,直接证明 162 节的定理.

(利用平,136,备注(3))

(346)通过椭圆一焦点求作一直线,使交此曲线于一已知角.并求这角的极小值.

(347)从椭圆的一个焦点,我们作和每一条切线成已知角 α 的直线.证明:交点的轨迹是一个圆.这圆在它和椭圆的每一个公共点与之相切,这些公共点(如果存在)是对称于短轴的.

(348)反之,由一圆上任一点作一直线,使与该点至圆内一定点的连线交成定角,证明:这样的直线切于一定椭圆.

(349)设 M, M' 为椭圆上的点,使得 FM 平行于 $F'M'$ (F, F' 为焦点),求在 M, M' 的切线相交之点的轨迹.

推广言之,设 M, M' 为已知椭圆上两点(椭圆焦点为 F, F'),使得 FM 与 $F'M'$ 相交成已知角,求这曲线在 M, M' 的切线相交之点的轨迹.

第19章 双 曲 线

173. **定义** 平面上一点 M 到这平面上两定点(称为**焦点**)的距离之差等于已知长,这点 M 的轨迹称为**双曲线**.

我们并没有区别在这个差中哪一个是被减数,而是把已知差是得自矢径 MF' 减去 MF,或得自矢径 MF 减去 MF' 的所有各点 M 都看做属于同一个双曲线.

由是可知,双曲线由两部分或两支组成,这两支是完全分开的,因为从一支上的一点(对于这些点, $MF < MF'$)到达另一支上的点(对于这些点, $MF > MF'$),不可能不通过一系列这样的点:它们到 F 和 F' 的距离之差小于已知长,而这样的点是不属于双曲线的.特别地,我们看出,双曲线的两支被 FF' 的中垂线互相隔开(图 19.1),这中垂线是距离 F 和 F' 等远的点的轨迹.

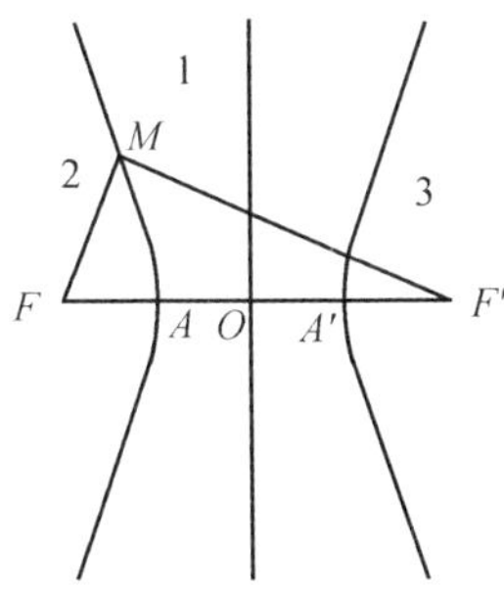

要这曲线存在,已知差必须小于 FF'.如果这个差变成等于 FF',显然轨迹由这线段的两条延长线组成,于是双曲线的两支分别化为这两条延长线(图 19.2)①.

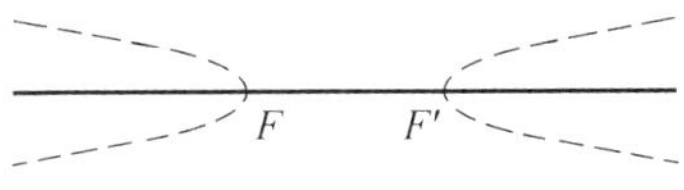

相反地,如果已知差变成零,轨迹便化为② FF' 的中垂线.

图 19.1

图 19.2

备注 双曲线的任何位似曲线,还是双曲线.

为了用描点法作出这曲线,只要以两点 F, F' 为中心作两圆,使其半径之差等于已知长 $2a$,这两圆的交点就是曲线一支上的两点,互换两条半径,又得出另一支上两点.

要交点存在(差 $2a$ 假设其小于焦点间的距离 $2c$),必须也只须两半径之和

---

① 这图形还表明了当已知差非常接近于 FF' 时,双曲线所取的形状.
② 两支都与所说的中垂线重合.

大于 $2c$. 我们看出,这两半径可以取得任意大,因此双曲线的两支是无限地远离的(图 19.1).

半径之和的极小值对应于相外切的两圆. 这样得出位于线段 FF' 上的两点 A, A', 它们到焦点的距离分别等于 $c + a$ 及 $c - a$. 我们见到, 正像椭圆一样, 距离 AA' 等于已知长 $2a$.

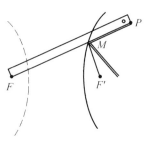

我们可以设想用一个连续运动画出这曲线(正确地说,曲线的一部分). 为此, 用一根直尺(图 19.1a), 将它的一端固定在点 F, 并用一根线, 一端固定在点 F', 而另一端固定在直尺边缘上一点 P. 若将直尺绕点 F 而旋转, 用一笔尖将线绷紧于一点 M, 使 MP 这一部分贴紧直尺, 那么点 M 就画出双曲线的一部分 (MF 和 MF' 的差等于长度 FP 和线长之差).

图 19.1a

173a. 对称轴和对称中心　我们看出, 正像椭圆一样, 双曲线有一个对称中心(FF' 的中点)和两条对称轴(直线 FF' 以及 FF' 的中垂线). 第一条轴截双曲线于两点, 这从上面已经知道了, 我们把它叫做**贯轴**, 而把两个交点称为**顶点**. 第二条轴和曲线没有公共点. 但为了和椭圆类比(第 158a 节), 我们把一个长度称为**非贯轴长度**, 而它的一半 b 由如下关系得出[①]:
$$b^2 = c^2 - a^2$$

但不应疏忽, 这个类比是不完全的. 由椭圆得出的关系式 $b^2 = a^2 - c^2$ 可得
$$a^2 = c^2 + b^2$$
而现在的关系则得出
$$a^2 = c^2 - b^2$$
它和前面一个的差别在于 b^2 变换为 $-b^2$.

b 等于 a (即 c^2 等于 $2a^2$) 的双曲线称为**等轴双曲线**.

两个双曲线, 其中一个以另一个的贯轴(包括长度和方向)作为非贯轴, 并以非贯轴作为贯轴, 则它们称为**共轭的**(图 19.3).

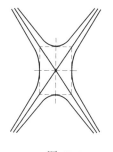

图 19.3

174[*]. 用完全类似于 160 节的计算, 可得出双曲线关于它的两轴的方程.

---

① 注意, 在双曲线中, c 必然大于 a.

我们只要逐次地(利用相同的标号)重新写出 160 节各方程,并作必要的修正.

我们仍然有(沿用 159,160 节记号)
$$MF^2 - MF'^2 = 4cx$$

定义双曲线的方程是
$$MF - MF' = \pm 2a \tag{1}$$

由是得
$$MF + MF' = \pm \frac{2cx}{a}$$

所以
$$MF = \pm \left(a + \frac{cx}{a}\right) \tag{2}$$

$$MF' = \pm \left(\frac{cx}{a} - a\right) \tag{2'}$$

在以上写的各方程中,符号是彼此对应着的.

于是和过去一样,得出:
$$MF^2 = (x+c)^2 + y^2 = \left(a + \frac{cx}{a}\right)^2 \tag{3}$$

$$MF'^2 = (x-c)^2 + y^2 = \left(\frac{cx}{a} - a\right)^2 \tag{3'}$$

现在我们有 $c^2 - a^2 = b^2$. 于是方程(3)或(3')得出
$$\frac{x^2}{a^2} - \frac{y^2}{b^2} = 1 \tag{4}$$

反之,对于坐标满足方程(4)的任一点,方程(3)和(3')成立,因之(2)和(2')成立.另一方面,方程(4)包含 $\frac{x^2}{a^2} \geqslant 1$,所以 $x \geqslant a$ 或者 $x \leqslant -a$.在前一情况,$\frac{cx}{a} + a$ 和 $\frac{cx}{a} - a$ 为正(因为由 $\frac{c}{a} > 1$,第一项的绝对值总大于第二项),于是在方程(2),(2')右端应取 + 号;在后一情况,它们两者都是负的,所以每一个都应取 - 号.

不论在哪一种情况,只要将这两方程的两端分别相减,便得
$$MF - MF' = \pm 2a$$

所以方程(4)就是双曲线关于它的两轴的方程.

显然任一双曲线的方程都形如(4)(坐标轴设为正交的),它的贯轴沿着横轴并且长度是 $2a$,它的焦点也在这条轴上,各在坐标原点的一侧,并且距原点

是 $c = \sqrt{a^2+b^2}$.

174a*. **准线** 若由横坐标为 $-\dfrac{a^2}{c}$ 及 $\dfrac{a^2}{c}$ 的两点 H 及 H'(这两点如图 19.4 所示,都在 A 和 A' 之间,因为 $\dfrac{a^2}{c}$ 是小于 a 的)作贯轴的垂线 D, D',则将有(比较 162 节)(就绝对值而论)

$$MF = \dfrac{c}{a} \cdot MP$$

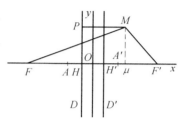

图 19.4

其中 MP 是由点 M 到直线 D 的距离,这直线 D 称为对应于焦点 F 的**准线**. 反之,由满足这关系的任一点必满足关系(2),由是得出(3)因而得出(4).

所以,双曲线是平面上的点的轨迹,这样的点到焦点和到对应准线的距离之比等于 $\dfrac{c}{a}$.

数 $e = \dfrac{c}{a}$ 仍称为这曲线的**离心率**. 这里,它是大于 1 的.

并且,在一个平面上,设一点到一定点 F 的距离和到不通过这点的一定直线 D 的距离之比,等于比 1 大的一个定数 e,那么这点的轨迹是一个双曲线:这双曲线(比较 162 节)以 F 为一个焦点,中心 O 在由 F 向 D 所引的线 FH 上(通过点 H 延长),并且 $\dfrac{OF}{OH} = e^2$,并且它的半贯轴 a 由 $\dfrac{c}{a} = \dfrac{OF}{a} = e$ 得出.

备注 设一点到一定点 F 的距离和到通过这点的一定直线 D 的距离之比等于比 1 大的一个定数 e(都在一平面上),那么这点的轨迹显然由两条直线组成,这两直线通过 F,各在 D 的一侧,并且和 D 夹一角 α 满足 $\sin \alpha = \dfrac{1}{e}$.

这样两直线的集合,是双曲线的一个新的极限形态.

这时,中心以及两个焦点重合于 F,这只要照上述方法求中心,就可以看出.

175*. **内点和外点** 设一点到两焦点的距离之差小于贯轴,则称为在双曲线**外**.

反之,设一点到两焦点的距离之差大于贯轴,则称为在这曲线**内**.

明显地,有两种内点:即距 F 较近于 F' 的内点(称为曲线邻近 F 的一支的内点)以及距 F' 较近于 F 的内点(曲线邻近 F' 的一支的内点). 这两种点显然形成两个区域(图 19.1 上标为 2 和 3),而且是完全互相隔开的.要想在它们之间画一条连续的路线而不穿过:(1)曲线的两支;(2)这两支间的外部区域;那是不可能的.

上节方程(4)也表明这个事实.将这方程对于 x 解出,得

$$x = \pm a\sqrt{1 + \frac{y^2}{b^2}}$$

即是说,x 的两个值总是实的,符号相反且不等于零.因此有互异的两支(对应于 x 的正值和负值)和三个区域:一个(外部区域)是由这样的点形成的,即其中 x 介于 $-a\sqrt{1+\frac{y^2}{b^2}}$ 和 $+a\sqrt{1+\frac{y^2}{a^2}}$ 之间;两个内部区域,是由这样的点形成的,即其中 x 小于 $-a\sqrt{1+\frac{y^2}{b^2}}$ 或大于 $+a\sqrt{1+\frac{y^2}{b^2}}$.

并且我们看出——在这以前是不明显的,只有两支曲线以及由这两支曲线分开的三个区域,这两支以及三个区域每个都是连通的(因为 x 的两值都随 y 连续地变易).(关于这一点参看 181 节).

176. 准圆

定理 切于一已知圆并通过此圆外一已知点的各圆,其圆心的轨迹为一双曲线.

设 F 为已知点,F' 为已知圆心,R 为其半径.有两种圆通过 F 而切于这已知圆,因为两圆可能外切或内切.

设 M_1 为通过 F 且与已知圆外切的一个圆的圆心(图 19.5).由于和 $R + M_1F$ 等于 M_1F',所以差 $M_1F' - M_1F$ 将等于 R,而且反过来这条件足以保证外切.

设 M_2 是通过 F 且与已知圆内切的一个圆的圆心,这时差 $M_2F - M_2F'$ 等于 R,而且反过来这条件足以保证内切.

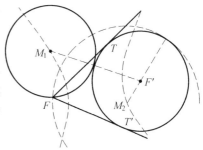

图 19.5

正如我们所要证明的,点 M_1, M_2 属于以 F, F' 为焦点的一个双曲线.我们看到,点 M_1 的轨迹是曲线邻近点 F 的一支,而点 M_2 的轨迹是曲线邻近 F' 的一支.

由圆的外切转变为内切的过程,由两直线 FT, FT' 来完成,这两直线是由

点 F 向已知圆所作的切线①,我们应该把它们看做圆,它们的圆心沿双曲线趋于无穷远处(平,90).

反之,双曲线上一点可以看做是一个圆的圆心,这圆切于一定圆并通过这圆外一定点.这定点就是焦点之一,而定圆是以另一焦点为圆心以贯轴为半径的圆.

证毕.

这样的一个定圆称为双曲线的**准圆**.所以一个双曲线有两个准圆.

177. 设 P 为平面上一点(图 19.6). 要以 P 为中心以 PF 为半径的圆,和以 F' 为圆心的准圆相交,充要条件是:以 PF',PF,$2a$ 为三边可以构成三角形,换言之,即

(1) 和 $PF + PF'$ 大于 $2a$. 这条件总是满足的,因为和 $PF + PF'$ 至少等于 FF',而这是大于 $2a$ 的;

(2) PF 与 PF' 之差小于 $2a$. 这表明点 P 在双曲线外.

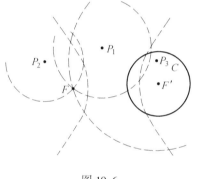

图 19.6

因此,曲线外的点是一些圆的圆心,这些圆通过 F 并和以 F' 为圆心的准圆相交. 以内点为圆心而通过 F 的圆,和以 F' 为圆心的准圆则无公共点.

若点 P 在曲线邻近 F 的一支内部,则有 $PF' - PF > 2a$ 或 $PF' > PF + 2a$:以 P 为圆心以 PF 为半径的圆,和准圆外离.

若点 P 在邻近 F' 的一支内部,则有 $PF - PF' > 2a$ 或 $PF' < PF - 2a$:以 P 为圆心以 PF 为半径的圆内含准圆.

---

① 设 t_1, t_2 为已知圆上邻近于点 T 的两点,但一点到 FF' 的距离较近而另一点较远(图 19.5a),那么容易知道,$\angle Ft_1F'$ 为钝角,而 $\angle Ft_2F'$ 为锐角;因此,Ft_1 的中垂线和半径 $F't_1$ 通过 t_1 的延长线相交,至于 Ft_2 的中垂线则和半径 $F't_2$ 通过 F' 的延长线相交.所以点 t_1, t_2 是通过 F 且与已知圆相切的圆上的切点,但一个是外切,另一个是内切.这两圆的中心位于双曲线不同的两支上,而且在这两支上非常远的地方(因为直线 $F't_1$, $F't_2$ 几乎垂直于 Ft_1, Ft_2).

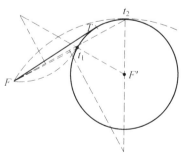

图 19.5a

178. 直线和双曲线的交点

问题 求作一直线和一双曲线的交点（后者并未画出，只是由它的两个焦点和贯轴给定）.

解法和椭圆的情况（第 165 节）相同，问题也归结到作一个圆，使其通过焦点 F 和 F 对于已知直线 D 的对称点 f，并切于以 F' 为圆心的准圆（图 19.7）.

讨论 这里点 F 在准圆外，点 f 也应如此.

因此，若焦点 F 对于一直线 D 的对称点 f 在以 F' 为圆心的准圆内，则此直线与双曲线没有任何公共点.

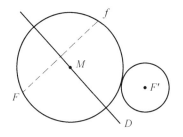

图 19.7

反之，若点 f 在准圆外，则有两圆周 C, C' 切于准圆而通过 F 及 f.

设这些圆周不变为直线，它们的圆心就是直线和双曲线的两个交点.

最后，若点 f 位于准圆上，则只有一个相切圆周，因此（当这圆不变为直线时）有一个公共点（代表两个重合的公共点）.

这时我们说 D 是双曲线的**切线**.

上面讨论的另一种方式，可参看后面（183 节，备注）.

179. 由 F 向以 F' 为圆心的准圆引切线 FT, FT'

（图 19.8），当点 f 在这两切线之一上时，即是说，当直线 D（垂直于 Ff）平行于半径 $F'T, F'T'$ 之一时，圆周 C, C' 之一变为一直线. 在这种情况下，直线和双曲线的公共点不会多于一个，另一个公共点（按照我们所见到的）应当看做在无穷远（而不像直线是切线时那样，看做重合于第一点）①.

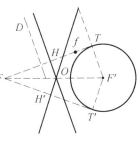

图 19.8

$F'T$ 和 $F'T'$ 的方向称为双曲线的**渐近方向**.

当点 f 重合于 T 时，两圆周 C, C' 变成直线 FT，也只有这个时候才如此（因为 C 和 C' 只当点 f 在准圆上时才能重合）. 这时，直线 D 和双曲线的两个公共

---

① 注意，平行于一个渐近方向的直线并不叫做切线，虽说它和曲线只有一个公共点.

点都在无穷远①.

这样的一条直线 D 在 FT 的中点 H 垂直于 FT 或在 FT' 的中点 H' 垂直于 FT',显然是要通过双曲线的中心的.

我们将通过双曲线中心而垂直于 FT,FT' 的直线,称为**渐近线**,因之就是这样两条直线,其中每一条和双曲线的两个公共点在无穷远.

180. 在直角三角形 FOH 中,斜边等于 c,一腰 OH 等于 a,所以另一腰就等于 174 节所定义的非贯轴长度的一半 b.

因此,如果由贯轴一端 A 作这轴的垂线(图 19.9),并在其上截取 AC 等于另一半轴 b(也可以说,如果在这垂线上这样决定一点 C:设线段 OB 有非贯轴的方向并等于它一半的长度,在端点 B 作垂线,和上面所作的垂线相交于一点 C),那么三角形 OAC 将与 OHF 全等,从而 $\angle COA$ 等于 $\angle HOF$,于是直线 OC 将有渐近线 OH 的方向.

所以,渐近线是作在轴上的矩形 $CC'C_1C_1'$ 的对角线.

由是可知,两个共轭双曲线(第 174 节)有相同的渐近线(图 19.3).

当双曲线是等轴的,并且也只有在这一情况下,矩形 $CC'C_1C_1'$ 是正方形,于是渐近线互相垂直.

备注 容易看出,点 C 还可以作为垂线 AC 和以 O 为圆心以 OF 为半径的圆周的交点而作出(图 19.9).

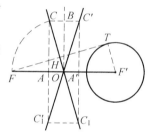

图 19.9

181. 椭圆的中心在曲线内,因此通过中心的每一条直线是割线.这里情况则不同.事实上,当直线 D 绕中心 O 旋转时(图 19.9a),F 对于这直线的对称点 f 描画以 FF' 为直径的圆周(因恒有 $Of = OF$).但这一圆被点 T 和 T' 分为两段弧,其中之一(含焦点 F 的一段)在以 F' 为圆心的准圆外,另一段在其内.

要直线 D 和双曲线相交,必须 f 在外部弧上,即必须该直线通过 $\angle HOH'$ 及其对顶角内部.

因此,在渐近线所形成四个角的两个(互为对顶角)内部,包含着全部双曲

---

① 我们可能认为这结论在点 f 重合于 F,即 FT 和 FT' 的交点时也成立.容易看出,这种推理方式是不正确的,因为当直线 D 通过 F 时(第 164 节),一般的推理必须适当修正.

线,这是含焦点的两角.

当直线 D 绕点 O 旋转以画出这两角时,它(与双曲线)的两个交点 M,M'(只要 D 不与一条渐近线重合,这两点是连续地变动的)分别画出曲线的两支;线段 MM' 的延长线分别画出两个内区.至于外部区域,当 D 在所说的两角内变动时,它被线段 MM' 描画(当 D 重合于一条渐近线时,这线段变为无限长的);在另外两角内,则被整条直线 D 所描画.

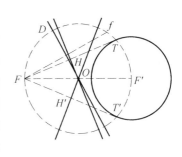

图 19.9a

所以又重新得到 175 节所讲的三个区域,其中每一个是连通的.

182. 像对于椭圆一样(第 166a 节),可以证明上面(第 178 节)的双曲线切线的定义,和切线的一般定义是符合的,并且有下述定理:

定理 双曲线的切线,是止于切点的两条矢径夹角的平分线①.

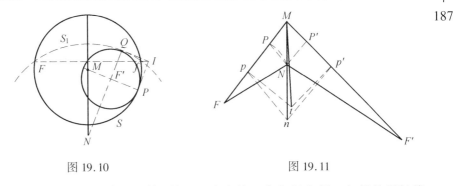

图 19.10　　　　　　图 19.11

推论 双曲线上一点的法线,是止于这点的一条矢径和另一矢径的延长线夹角的平分线.

定理 双曲线一个焦点对于它的切线的对称点的轨迹,是以另一焦点为圆心的准圆.

为了最后这一命题的全部正确性,必须把曲线的渐近线看做切线(因为焦点 F 对于这两直线的对称点,是位于以 F' 为圆心的准圆上的两点 T,T'(图 19.11a));并且事实上一条渐近线是一条切线当切点沿曲线无限远离时的极限.这是因为:双曲线上很远的一点 N 是一个圆的圆心,这圆通过点 F 并与以

---

① 图 19.10,19.11 中所用的符号,和在 166,166a 节所用的一致,这两图表示了为证明这定理所作的图.

F' 为圆心的准圆相切于或者很靠近 T 或者很靠近 T' 的一点 P. FP 的中垂线是曲线在点 N 的切线,而当点 P 趋于 T 时,这切线趋于 FT 的中垂线,即趋于渐近线.

很多关于切线的推理适用于渐近线.例如 166 节关于椭圆的切线的推理便是如此.

换言之[①],仍设 P 为以 F' 为圆心的准圆和以双曲线上非常远的一点 N 为圆心的圆 S 的相切之点(图 19.11a).切线 FT 与两圆在 P 的公切线的交点 I,和 P 同时趋于 T;并且完全和 166 节一样,圆周 S 和 FT 的交点 f(F 以外的一个)也是如此.但 Ff 在其中点 h 的垂线通过 N,因之距离 hH(H 和过去一样表示 FT 的中点)代表点 N 到渐近线的距离,这距离趋于零,因为点 f 趋于 T,因而点 h 趋于 H.

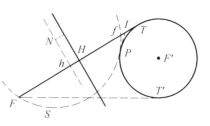

图 19.11a

这即是说,通过点 N 所引平行于渐近方向的直线,当 N 趋向无穷远时趋于渐近线.这便是相当于 166 节的结论,这里所考虑的平行线是那里所考虑的割线 MN 当 M 沿渐近线的方向趋向无穷远时所变成的.

182a. 下面两个定理可完全像对于椭圆那样证明:

定理 双曲线两焦点在它切线上的射影的轨迹,是以贯轴为直径的圆(称为**主圆**).

逆定理 设一直角顶点描画一圆,而角的一边通过这圆外的一定点,则另一边保持切于一定双曲线.

183.**问题** 求作双曲线的切线,使平行于一给定方向.

正像椭圆的情况一样(第 168 节),我们或者去找焦点 F 对于所求切线的对称点 f,或者去找这焦点在该切线上的射影.

例如采取第一种方法.点 f(图 19.12)将由以 F' 为圆心的准圆,和由 F 所引垂直于给定方向的直线相交而决定.

讨论 和椭圆的情况相反,问题并非总是可能的.可能的条件是:由 F 所引垂直于给定方向的直线,和以 F' 为圆心的准圆相交;或者也可以这样说:这垂线和以 FF' 为直径的圆的交点 f_1(也就是 F' 在这垂线上的射影)在准圆内部.

但(第 181 节)点 f_1 是 F 对于一直线 D 的对称点,这直线通过中心并且平

---

① 我们可以看出,这里介绍的推理确实是对应于 166 节的,只不过那里所考虑的圆 S 和 S_1 中的一个变成直线 FT 而已.

行于给定的方向;于是若此点在准圆内,那就是直线 D 不与双曲线相交.

所以,要能作双曲线的切线使与给定的方向平行,就必须通过中心所引这方向的平行线,位于两条渐近线所成的不含曲线的角内.

备注 由以上所说,178 节结果可叙述如下:

当双曲线不具有平行于某一直线 D 的切线时,那么所有这个方向的直线都和曲线相交.

否则,如果一些直线平行于 D 而不与曲线相交,那么它们是介于与 D 平行的两条切线之间的直线.

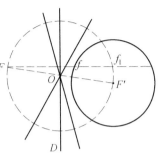

图 19.12

事实上容易知道,F 对于一直线的对称点 f,是在以 F' 为圆心的准圆内或在其外,就看它是否介于这圆和直线 Ff(由 F 所引该直线的垂线)的两个交点(如果存在)之间.

上面的双重断言只除开一种情况,即该直线与一条渐近线平行的情况,这时该直线和双曲线相交于一点(除非它是渐近线本身).

183a. 定理 从已知双曲线的一焦点到两条平行切线的距离之积为常量,且等于非贯轴一半的平方.

定理 从双曲线的两焦点到任一切线的距离之积,等于非贯轴一半的平方.

推论 引双曲线的一条切线,并通过一焦点引这切线的平行线,那么从中心到这两直线距离的平方差,等于非贯轴一半的平方.

证明(图 19.13)和椭圆的情况一样(第 169 节).但和椭圆相反的有:

双曲线的焦点在任两平行切线之外(图 19.13).

两焦点在任一切线的异侧.

从中心到一条切线的距离小于从同一点到由焦点所引这切线的平行线的距离.

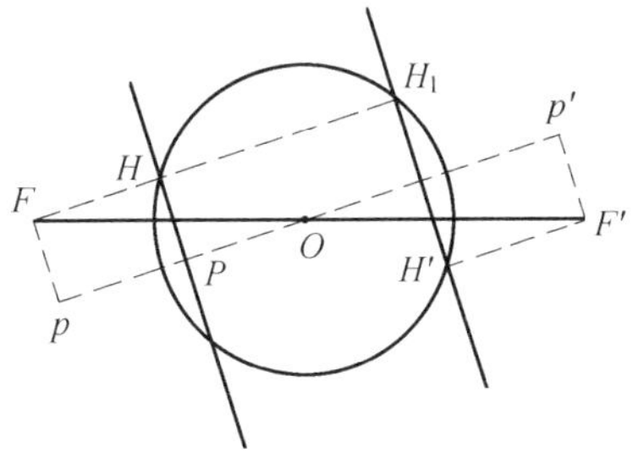

这些差异显然对应于这个事实:(只就第三命题而言)从中心到切线和到由焦点所引的平行线的距离,表示它们平方差的 b^2 被代以(第 173a 节)$-b^2$ 了.这个差改变了方向,是因为代表它的量改变了符号.

图 19.13

逆命题 设一直线变动时使其到两定点的距离之积为常量,并且使两点在其异侧,那么它切于以这两点为焦点的一个双曲线.

184. 问题 通过平面上一已知点求作双曲线的切线.

解法和椭圆的(第 170 节)相同.

问题有解的充要条件是:以已知点为圆心且通过 F 的圆,和以 F' 为圆心的准圆相交,即是说(第 177 节),已知点在双曲线外.

若已知点 P 在一条渐近线上,两圆交点之一将为点 T 或 T'(图 19.8, 19.9a).另一交点不可能与第一点相重(否则两圆之一只能是直线 FT 或 FT',而不能以一有限点 P 为圆心了),它给出一条常规切线(另一条是通过 P 的渐近线).只当 P 在曲线的中心时,两条切线才退化为两条渐近线.

庞斯列定理 设由双曲线外一点引它的两条切线,则
(1)这两切线从任一焦点的视角相等或相补;
(2)它们夹角的平分线,就是这点与两焦点连线的夹角的平分线或其垂线.

两切线之一和已知点到一焦点的连线的夹角,等于另一切线和止于另一焦点的直线的夹角,或等于这角的补角.

这些命题的证明和关于椭圆的(第 171 节)相同.只不过,例如就第一个命题说,证法在于证明(参看所引的一节)两角 $\angle PF'f$ 和 $\angle PF'f_1$ 相等,这里 f 和 f_1 表示 F 对于由 P 所引的切线 PM 和 PM_1 的对称点;但点 f 是由点 M 算起的一条线段的端点,这线段取在 MF' 上(沿 MF' 的指向)而长度等于 MF,点 f 有时在线段 MF' 上(若 M 在邻近 F 的一支上),有时在它的通过 F' 的延长线上(若 M 在邻近 F' 的一支上):因此 $\angle PF'f$ 有时代表 $\angle PF'M$(切线 PM 从 F' 的视角),有时则代表它的补角.

由是可知:如果两切点在同一支上,那么两切线从一焦点的视角相等,如果这两点在不同的两支上,则为相补.

在第一种情况下,$F'P$ 是 $\angle MF'M_1$ 的平分线;在第二种情况下,是 $F'M$ 和 $F'M_1$ 的延长线构成的角的平分线①.

并且容易看出,如果注意到角的转向,就可以得出完全一般的命题(例如比较平,82).

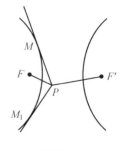

图 19.14

---

① 同理,在双曲线中,(一点)到两焦点的直线所成角的平分线,虽说和两条切线成等角,可能(图 19.14)不含在它们(指切线)所成角的内部,而在其中一线和另一线的延长线所成的角的内部.

推论 设一点 M_1 沿双曲线趋向这曲线上一定点 M 移动,则在两点 M,M_1 的切线的交点也趋于 M.

备注 如果切线之一用一条渐近线来代替,这些定理和它们的证明仍然有效,因为一焦点对于一条渐近线的对称点,具有一焦点对于一条切线的对称点的特征性质.

例如说 P 为双曲线上一点 M 的切线和一条渐近线的交点,则直线 FP 平分 FM 和通过 F 而与该渐近线平行(沿 OP 的方向)的直线所成的角.

185. 问题 求外切于双曲线的直角的顶点的轨迹.

仿照椭圆的情况(第 172 节)可以证明,从一点 P 向双曲线所引两切线互垂的充要条件是:
$$OP^2 = 2a^2 - c^2$$
量 $2a^2 - c^2$ 在此等于 $a^2 - b^2$,因为我们有 $b^2 = c^2 - a^2$.

设 a 大于 b,则所求轨迹为一圆(**切距圆**),与双曲线同心且半径等于 $\sqrt{a^2 - b^2}$;否则,便没有具备所要求性质的点.

在 180 节图 19.9 上,条件 $a > b$ 表明直角三角形 OAC 在点 O 的角小于 45°.所以只有当两条渐近线所形成的包含着曲线的角是锐角的时候,轨迹才存在:这是显然的(第 184 节).

若 $a = b$,则中心是视曲线成直角的唯一点:这角是渐近线的夹角(第 180 节).

186. 定理 双曲线的任一切线在两条渐近线上的截距(从中心算起)之积为常量,且等于半焦距的平方.

设切双曲线于点 M 的直线分别截两渐近线于 P_1, P_2(图 19.15).为固定思路计,设 M 在邻近 F' 的一支上.联结 FM, FP_1, FP_2,并通过 F 作半直线 Fx_1 及 Fx_2 分别在 OP_1 及 OP_2 的方向平行于两渐近线.

那么两个三角形 OFP_1 和 OFP_2 的角分别相等.

事实上,首先直线 FP_1 是(第 184 节,备注)$\angle MFx_1$ 的平分线,而直线 FP_2 是 $\angle MFx_2$ 的平分线.从而有
$$\angle MFP_1 = \frac{1}{2} \angle MFx_1$$
$$\angle MFP_2 = \frac{1}{2} \angle MFx_2$$

由是，两端相加①得

$$\angle P_1FP_2 = \frac{1}{2}\angle x_1Fx_2 = \angle x_1FO = \angle OFx_2$$

但从等角 $\angle P_1FP_2$，$\angle x_1FO$ 减去公共部分②$\angle P_1FO$，可见 $\angle OFP_2$ 等于 $\angle x_1FP_1$，因之也就等于它的内错角 $\angle FP_1O$.

仿此，$\angle P_1FO$ 等于 $\angle P_2Fx_2$，因之等于 $\angle FP_2O$.

所以这两个三角形是互等角的，而从它们相似，得

$$\frac{OP_1}{OF} = \frac{OF}{OP_2} \quad \text{或} \quad OP_1 \cdot OP_2 = OF^2$$

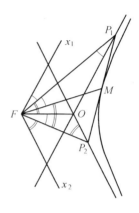

图 19.15

证毕.

推论　(双曲线的)一动切线和两渐近线所形成的三角形的面积为常量.

这由 256 节(平,第四编)立即推出.

这面积等于 ab 当动切线重合于顶点的切线时便可看出.

逆定理　设一直线截两渐近线于非贯轴同侧的两点 P_1 及 P_2，并与它们形成一个面积等于 ab 的三角形，则此直线切于双曲线.

事实上，由两支之一的 P_1 可引(第184节)曲线的一条(异于渐近线 OP_1 的)切线.这切线截第二条渐近线于一点，此点与 P_2 在点 O 的同侧，并且形成一个三角形与 OP_1P_2 等积，因之这直线只能就是 P_1P_2.

一条直线截一角的两边或其延长线(但不是截其一边和另一边的延长线)，并和它们形成一个常面积的三角形，则此直线切于一定双曲线.

这双曲线的两个焦点在已知角的平分线及其过顶点的延长线上，距这顶点等于一个等腰三角形的腰长，这等腰三角形以已知角为顶角，且面积等于已知面积.

186a. 定理　双曲线一条切线上的切点，平分这切线被渐近线所截的线段.

事实上，与上面所考查的切线 P_1P_2 同时，又取这同一双曲线的与 P_1P_2 相邻的另一切线 $P_1'P_2'$.设 I 为其交点.由于三角形 OP_1P_2 和 $OP_1'P_2'$ 等积，从这

---

① 在我们所限制的情况下，FM 当然在 $\angle x_1Fx_2$ 内部，因而 $\angle MFx_1$ 和 $\angle MFx_2$ 相邻，于是 $\angle MFP_1$ 和 $\angle MFP_2$ 也一样.

② 这里两直线 FP_1，FP_2 总是在 FO 的两边，课文中指出的两个角总有一部分是公共的.

两个三角形减去公共部分(图 19.15a)OP_2IP_1',所得的三角形 IP_1P_1' 和 IP_2P_2' 也就等积了. 因最后这两三角形在点 I 的角相等,便有
$$IP_1 \cdot IP_1' = IP_2 \cdot IP_2'$$

现在令第二条切线 $P_1'P_2'$ 趋于第一条,点 I 便趋于切点 M(第 184 节,推论),从而有(因 P_1' 趋于 P_1 而 P_2' 趋于 P_2)
$$MP_1^2 = MP_2^2$$

证毕.

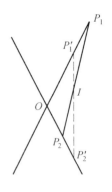

图 19.15a

187. 定理 设一平行四边形以双曲线上任一点为一顶点,而两边沿着渐近线,则面积为常量.

这定理是前两个的结果,因为切点 M 是常面积的三角形 OP_1P_2 中 P_1P_2 边的中点,所以命题中提到的平行四边形 Om_1Mm_2(图 19.16)的面积,是这三角形面积的一半(这可由面积度量的基本定理立即得出). 它的面积是 $\dfrac{ab}{2}$.

反之,在双曲线的渐近线所形成的包含焦点的角内,且满足上述条件的任一点,必在双曲线上.

事实上,若延长线段 Om_1 一个长度 m_1P_1 使等于 Om_1,并联结 P_1M,交 Om_2 于 P_2,则三角形 OP_1P_2 的面积等于 ab,从而 P_1P_2 切于双曲线(第 186 节),切点在 P_1P_2 的中点,即在 M.

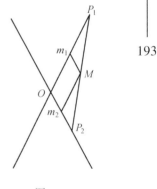

图 19.16

总之:双曲线是面积等于 $\dfrac{ab}{2}$ 的平行四边形第四个顶点的轨迹,这些平行四边形有两边沿着渐近线,并且位于这两直线所成的包含焦点的两角之一内.

又有:设平行四边形的面积为常量,有两边沿着由同一点发出的两条半直线 D_1, D_2,或沿着它们的延长线,则其第四顶点的轨迹为一双曲线,它的作法见 186 节.

187a. 同一定理还可以按照下列形式叙述:

定理 双曲线以其渐近线为坐标轴时,曲线上一点的两个坐标之积为

常数.

双曲线上一点到两渐近线的距离之积为常量.

这些断言和前面的等效. 因为上面考虑的平行四边形 Mm_1Om_2(图 19.16), 以点 M 的坐标 Om_1, m_1M 为其两边; 而另一方面, 这些坐标和由同一点到直线 Om_1, Om_2 的距离 MH_1, MH_2 (图 18.16a)成定比, 即①

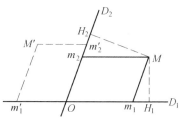

图 19.16a

$$\frac{H_1M}{m_1M} = \frac{H_2M}{m_2M} = \sin(\angle m_1Om_2)$$

完全类似地有:

逆定理 双曲线是平面上满足上述条件的点的轨迹; 且反之, 平面上的点若到这平面上两相交直线的距离之积为常量, 或对于这两直线的坐标之积为常量, 则其轨迹为一双曲线, 以此两直线为其渐近线.

我们看出(比较 161a 节), 由 187 节的定理, 或者上面用来代替它的那些定理, 得到了双曲线的一个新定义, 足以代替 173 节的定义.

在以后的一章(补充材料, 411 节)里, 将见到从这新定义所推出的一些性质的研究, 使得在 182 节建立的事实成为显然的:

当一点沿双曲线无限地远离时, 它到一条渐近线的距离趋于零.

事实上, 距离 MH_1, MH_2 之中, 当一个变得很大时, 另一个必然变得很小, 因为它们的乘积保持为常量.

备注 在上面的一些推论中, 我们并未提到这个限制: 即动点只能在渐近线所成的两个角内, 而不能在另外两个角内.

这个限制实包含在这些断言之中.

事实上我们说过(第 159 节), 点 M 的坐标是具有符号的, 这样定义了的乘积, 当 M 由两轴形成的一个角转到一个邻角时是要变号的. 要这乘积保持为常量, M 就只能在这些角之一或其对顶角内.

和坐标一样, 我们应该承认, 在上面的一些断言中, 点 M 到两渐近线的距离也是带着符号的, 在每一条渐近线的垂直方向上选好了一个正向.

---

① 将点 M 放在曲线的顶点, 便可看出坐标之积(就绝对值言)是 $\frac{c^2}{4}$, 而距离之积是 $\frac{a^2b^2}{c^2}$. 由此可得正弦值 $\sin(\angle m_1Om_2) = \frac{2ab}{c^2}$; 由三角学也不难得出这结果.

最后，如果采用类似的规定，187 节定理中的这个限制同样可以撤销.

如果代替平行四边形 Mm_1Om_2（图 19.16a），我们考虑一个平行四边形 $M'm_1'Om_2'$，也有一边 Om_1' 在 D_1 上，一边 Om_2' 在 D_2 上，并且和第一个等积，但对于直线 D_1, D_2 而言，位于含点 M 的角的一个补角内，那么点 M' 的轨迹就不再是点 M 的轨迹双曲线了．但必须说明：平行四边形 $M'm_1'Om_2'$ 和 Mm_1Om_2 的转向是不相同的（如果我们从点 O 出发，首先沿着 D_1 上的边而环行它们每一个的话），因之如果按大小和符号来计算这两平行四边形的面积（平，附录 D 及习题(324)），它们就不应该看做相等，而是等值而异号的．

而第二个双曲线正好就是第一个的共轭双曲线．因为首先两个共轭双曲线有相同的渐近线（第 180 节），其次乘积 ab（这代表平行四边形面积的两倍）对于两者是一样的，因为这两个双曲线的半轴不计次序是一样的．

习　题

(350) 怎样的直线截双曲线的一支于两点？怎样的直线截双曲线于两点位于不同的两支上？（试求在两种情况下，一个焦点对于这直线的对称点应该在平面上什么区域．）

证明：若一直线截双曲线的两支，则该直线上被截于两个交点之间的线段在曲线的外部，而它的两个延长线在其内部．若直线截同一支于两点，则情况相反．

(351) 证明：双曲线的两个内部区域是凸的．

(352) 一点应该位于平面上什么区域，由它向双曲线引切线，切点才在不同的两支上？

(353) 在已知双曲线外什么区域选取一点，才能使由此点所引两切线夹角的平分线，同时也是（184 节）这点到两焦点连线的夹角的平分线？这点应该选在什么区域才能使这两条平分线垂直？在后一情况下，这点应放在何处才能使这样形成的直角有给定的转向？

(354) 将习题(332)~(336),(341),(342),(346),(347),(349)的解推及于双曲线．如何修正习题(324)使其能推及于双曲线？

(355) 下列各题怎样变化：习题(325)，如果是常数的是梯形的两腰或两对角线之差，而非其和；——习题(326)，如果 B, C 两点是在切线上点 A 的异侧；——习题(328),(348)，如果定点在定圆外？

(356) 在一个等腰梯形中，相对的两顶点和两腰的公共长度保持固定，求这两腰交点的轨迹．对于这轨迹，证明习题(325a)所断言的性质．

(357)求与两已知圆相切的圆中心的轨迹.

(358)椭圆有一个焦点固定,并通过两已知点,求其中心及另一焦点的轨迹.

以双曲线代替椭圆求同样的轨迹.

(359)求椭圆或双曲线第二个焦点(以及中心)的轨迹,已知其一焦点及两切线.并区别轨迹上与一椭圆对应以及与一双曲线对应的部分.

(360)同上题,设已知一焦点、一点及一切线.

(361)设一椭圆以 F,F' 为焦点,并分别切直线 OG,OG' 于 G,G',证明:有一个双曲线存在以 G,G' 为焦点,并分别切直线 OF,OF' 于 F,F'.逆定理为何?

(362)双曲线上一点 M 的两条矢径和贯轴形成一个三角形,求其内切圆和这两矢径的切点的轨迹.椭圆的类似问题为何?

(363)证明:一椭圆及一**共焦**(即有共同的两焦点)双曲线相交于直角.

(364)给定三点 A,B,C,在平面 ABC 上通过 A 求作一直线使 B,C 各在其一侧,且后两点到这直线的距离之积为极小.

(365)把习题(338)~(340)的解推及于双曲线.

证明:双曲线一条切线和两渐近线的交点以及两个焦点在同一圆上.这样得到的四点调和分割这圆(平,213).它们形成的四边形中,一双对边之积等于另一双对边之积.

反之,设四点 A,A',B,B' 在同一圆上并调和分割这圆,则有一双曲线存在,以 A,A' 为焦点且其渐近线分别通过 B,B'.

设在以 O 为中心以 F,F' 为焦点的一个双曲线中,引一切线交两渐近线于 P_1,P_2,则有一双曲线存在,以 P_1,P_2 为焦点而其渐近线通过 F,F';并且这双曲线切 FF' 于 O.

(365a)设以 F,F' 为焦点的双曲线上一点 M 的切线,交两渐近线于 P_1,P_2,则 MP_1 为 MF 及 MF' 的比例中项.证明这命题:①利用上题;②直接证(比较习题(369)).

(366)在双曲线两轴之一上一点 m 的垂线,被该曲线和一条渐近线所截的两段 mM,mN 的平方差为常量.利用曲线的方程(第 174 节),或利用 187a 节证明之.

(367)证明:双曲线的两条渐近线(像在 179 节所得到的)是仅有的直线,使得该曲线上一点到其中一条的距离,随着该点的无限远离而趋于零.(这即是说,当一直线 D 的一条平行线趋于 D 时,它和曲线的交点之一只有 D 是一条渐近线时才能无限远离.)

(368)设两个双曲线的渐近线所夹的包含着曲线的角相等,则必相似.

(368a)求作一双曲线,设已知两渐近线及一点;——设已知两渐近线及一切线.

(369)从以 F,F' 为焦点的一个椭圆或双曲线的平面上一点 P,向曲线作切线 PM,PM_1,证明:

① 比 $\dfrac{PM^2}{MF \cdot MF'}$ 等于类似的比 $\dfrac{PM_1^2}{M_1F \cdot M_1F'}$,且等于 $\dfrac{R^2}{b^2}$,其中 R 表示习题(335)证明其存在的圆的半径;

② 我们又有 $\dfrac{PF^2}{FM \cdot FM_1} = \dfrac{PF'^2}{F'M \cdot F'M_1}$.

(370)一个直角的两边切于两个给定的共焦椭圆(或两个双曲线,或一椭圆及一双曲线),证明:它的顶点的轨迹是一个圆周.

反之,若一直角顶点描画一圆周,一边保持切于与此圆同心的一个固定的椭圆或双曲线,证明:另一边也如此.

第 20 章 抛 物 线

188. 定义 平面上一点 M 距这平面上一定点 F(称为**焦点**)和一直线 D(称为**准线**)等远,则点 M 的轨迹曲线称为**抛物线**(图 20.1).

如果点 F 位于直线 D 上,则轨迹显然由垂直于 D 的一直线 Fx(图 20.2)组成(并且只有这一直线,因为由 Fx 外一点 M 向 D 所作的垂线,比到 D 的斜线 MF 为短).这直线因此是抛物线的极限情况.以下我们默认焦点总是取在准线之外.由焦点到准线的距离 FL(图 20.1)称为抛物线的**参数**.

凡和一抛物线相似的曲线必为一抛物线.

为了用描点法作出曲线,由定义显见只要画(图 20.3):(1)以 F 为圆心以任意长为半径的一圆;(2)准线的一条平行线,使其距准线等于圆半径,换言之,就是在由上面所说的垂线 FL 上一点 m 画的,其中 Lm 等于这半径.

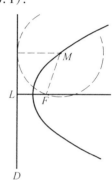

图 20.1

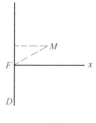

图 20.2

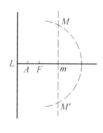

图 20.3

这样得到的圆和直线的公共点,便是抛物线上的点,并且抛物线上任意一点可以这样得到.

要这样的公共点存在,必须也只须半径(即 Lm)大于 Fm.因之即点 m 和 F 在 FL 中点 A 的同侧.

因此,抛物线在准线的一侧,即不含焦点的一侧没有任何点.

抛物线上最接近准线的点就是点 A,这点称为抛物线的**顶点**.相反地,点 m

可以在 F 所在的一侧任意地远离,因而抛物线无限地伸展出去.

我们也可以用一个连续运动画出抛物线(或者至少抛物线的一部分).将一根直尺沿着准线固定下来,取直角三角形一腰贴紧这直尺(图 20.4),将长度等于另一腰的一条线的一端系于这一腰的自由端点 P,另一端固定于焦点.将三角板沿直尺滑动,用一笔尖 M 将线绷紧,使 PM 这一部分贴在三角形的腰上,点 M 显然画出抛物线.

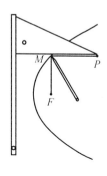

图 20.4

准线的一条平行线和以 F 为圆心的一个圆周的两个交点,对称于由焦点向准线所引的垂线 FL.因此这曲线以这直线作为对称**轴**.

189.抛物线的定义显然和下面的等效:

抛物线是通过焦点且切于准线的圆中心的轨迹(图 20.1).

抛物线将平面分成两个区域:一个区域是由距焦点较近于准线的点所组成,这样的点称为**内部点**,它们是通过 F 而与准线没有公共点的圆的中心;另一区域包含着**外部点**,这些点距准线近于焦点,因此是通过焦点而与准线相交的圆的中心.从一个区域转到另一区域必须穿越曲线.

189a.**抛物线对于它的轴和顶点的切线的方程**

在图 20.4a 上保留了以前的符号,以 F, A, L 表示抛物线的焦点、顶点、由焦点向准线所引的垂线足,以 M 表示抛物线上任一点.取顶点 A 作为坐标原点,取对称轴作为 x 轴,并取由 A 指朝 F 的方向作为正向;取顶点的切线作为 y 轴.对于这最后一条轴说,抛物线上各点和焦点在同一侧;换言之,横坐标 x 在顶点为零,在其他各点为正.我们以 p 表示参数 $LF = 2LA = 2AF$.

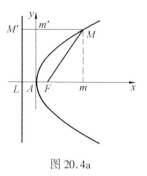

图 20.4a

设 m, m', M' 为点 M 在 x 轴、y 轴、准线上的射影.点 M 距焦点及准线等远,即 $FM = M'M$,写出它们以 x, y 的坐标,便得出抛物线的方程.

我们有

$$M'M = M'm' + m'M = LA + Am = \frac{p}{2} + x$$

(在这些等式中出现的各量皆为正)在直角三角形 FmM 中有 $FM^2 = Fm^2 + mM^2$. 又因不论大小及符号, $mM = y$, 而
$$Fm = Am - AF = x - \frac{p}{2}$$
(此式两端为正或负,就看点 m 是超出了 F 或在 A 与 F 之间)由是 FM^2 等于 $y^2 + (x - \frac{p}{2})^2$. 所以以 x, y 为坐标的点 M 属于抛物线的充要条件是
$$(\frac{p}{2} + x)^2 = (x - \frac{p}{2})^2 + y^2$$
这就是**抛物线的方程**,化简即成
$$y^2 = 2px$$

抛物线上任一点的纵坐标是横坐标和参数的二倍的比例中项. 反之, 把上面运算的顺序倒过来, 不难看出, 凡和焦点在 y 轴同一侧的点, 如果纵坐标是横坐标和参数的二倍的比例中项, 则必属于抛物线.

备注 如果参数和长度单位成一个简单的比, 那么(利用曲线的方程)容易得出坐标也是简单的数的一些点. 实用上常用此来作出曲线.

曲线的方程再度表明曲线将平面分为两个区域:一个由 $x > \frac{y^2}{2p}$ 的点所形成,另一个由 $x < \frac{y^2}{2p}$ 的点所形成;并且也只决定出两个区域,每一个都是连通的.

同时显见, 后面这个区域就是外部区域(因为它含有一切 $x < 0$ 的点), 而前面一个(它含有焦点)是内部区域.

190. 直线和抛物线的交点

问题 求作一直线和一抛物线的交点.

设 f 是焦点 F 对于已知直线的对称点. 问题在于求作一圆使通过两点 F, f 且切于准线.

我们(平, 159)将 Ff 延长直至与准线相交于 I, 并在准线上点 I 的两侧截取一个长度等于 IF 和 If 的比例中项(图 20.5). 这样就得所求圆的切点; 在这切点作准线的垂线并与已知直线相交, 就得到所要求的一个交点.

当已知直线 D 通过焦点时, 这解法应加修正. 原来的所求圆周使其通过点 f 的条件, 这时将代以在 F 切于 D 的垂线的条件. 延长这垂线使与准线相交于 I, 并在准线上点 I 的两侧截取一个长度等于 IF. 显然, 这解法只不过是上面的极限情况而已.

若直线 Ff 与准线平行(即若直线 D 与轴平行),则点 I 趋向无穷远,两个切点之一也如此,另一个明显地是准线和 D 的交点(图 20.5a).

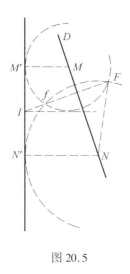

图 20.5

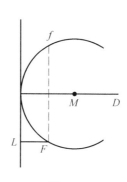

图 20.5a

这样,轴便是抛物线的一个渐近方向,并且这是仅有的.另一方面,由于不会有两个交点在无穷远,所以抛物线没有渐近线.(当一条渐近线定义为一直线使得曲线上一点到这直线的距离因这点的无限远离而趋于零时,这个命题依然成立.如果模仿习题(367)所指出的步骤,就可以看出这一点了.)

若两点 F 及 f 在准线的两侧,则问题为不可能的;并且仅有这种不可能的情况(平,159,作图 14).因此,一条直线截或不截抛物线,就看焦点和它对于这直线的对称点,在或不在准线的同侧.

最后,如果焦点对于已知直线的对称点 f 在准线上,则两个交点重合.这时,该直线称为**切线**.

191. 设直线 D 不与轴平行,则在这直线上非常远的地方(无论沿哪一指向)所取的一点 M,必然在抛物线外.事实上,设 i 为 D 与准线的交点,M' 为 M 在准线上的射影(图 20.6),则 Mi 大于 MM',且差 $Mi - MM'$ 当 M 远离时无限地增大(它和 Mi 成比例,因为三角形 $MM'i$ 保持相似于其自身的),至于差 $Mi - MF$(如果 Mi 大于 MF)则小于定量 iF.所以当 M 沿任一指向充分远离点 i 时,MF 将大于 MM'.

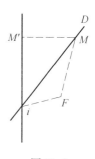

图 20.6

若 D 截曲线于两点 M,N，则 D 必含一些内部点(因为通过在准线同侧的两点 f,F，总可以作一些与它不相截的圆①);这些只能(按照上面所说)是线段 MN 上的点.

由是可知：

如果一条直线和抛物线没有公共点，便整个在它的外部.

如果直线截抛物线于两点，那么介于这两点间的线段在抛物线内，它的两条延长线则在其外.

如果直线是切线，那么除切点外，其余各点都在抛物线外. 抛物线和它的内部区域整个在这直线的一侧.

抛物线的内部区域是凸的.

最后，我们知道(第 187a 节)，当直线与轴平行，因之(上节)和曲线相交于一点时，那么直线被这公共点分为两条半直线，其中之一(包含该直线和准线的交点的)整个在抛物线外，另一条全部在其内.

192. 像过去一样，我们还要证明，上面所说抛物线切线的定义，和由一般的切线定义推导出来的相一致.

这可完全仿照对于椭圆(第 166～166a 节)和双曲线所用的推理来完成. 设 M 为抛物线上一点，即是一个通过 F 且切准线于一点 M' 的圆的圆心，设 N 为曲线上邻近于 M 的一点，以 N 为圆心以 NF 为半径的圆与准线切于 N'. 这两圆还有第二个交点 f，即 F 对于直线 MN 的对称点，且直线 Ff 交准线于 $M'N'$ 的中点 I(图 20.5).

当点 N' 趋于 M' 时，点 I 也如此. 另一方面，由于有 $IM'^2 = IF \cdot If$，而 IF 趋于一个不等于零的极限，所以 If 趋于零. 可见点 f 也趋于 M'，而直线 MN 趋于 $M'F$ 的中垂线，因此这就是所求的切线.

由等腰三角形 $M'MF$ 可知这结果和下面的等效:

定理 抛物线的切线平分切点的矢径和自切点向准线所引垂线的夹角.

我们可以模仿 166a 节的推理来证明这命题. 为固定思路计，设 FN 较 FM 为小(图 20.7)，那么由点 N 到准线的距离 NN' 应该小于类似的距离 MM'，并且这两个所小的量是相同的. 换言之，若由点 N 引 NP 垂直于 MM'(使得 $M'P = N'N$)，且以 F 为圆心以 FN 为半径作圆弧，与矢径 FM 相交于 Q，则有 $MP = MQ$.

然后在 MP 的延长线上取一个确定的点，例如点 M'，由这点所引 PN 的平

---

① 例如通过这两点中距准线较近的一点引准线的平行线，那么和这直线相切的圆便是一例.

行线的交点 t，引一直线平行于 NQ，那么这平行线将在 MF 上截下一条线段等于 MM'，因为它和直线 MM'，$M't$，MF 形成一个相似于 $MPNQ$ 的图形①；换言之，它将通过点 F.

另一方面，当 N 趋向 M 时，NQ 和 MF 的夹角趋向一直角①；所以直线 Ft 趋向 FM 在 F 的垂线 FT，而直线 Mt 趋向 MT，这 MT 就是联结 M 和所考虑的垂线与准线交点 T 的.

这直线 MT 确定是 $\angle M'MF$ 的平分线，这是因为两个直角三角形① $MM'T$ 和 MFT 是全等的.

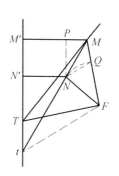

图 20.7

推论 抛物线的法线平分由切点的矢径和自这点向准线所引垂线的延长线所成的角①.

193. 由上述得：

定理 抛物线焦点对于它的切线的对称点的轨迹是准线.

因此也有：

定理 抛物线的焦点在它的切线上的射影的轨迹，是该曲线在顶点的切线.

事实上，这轨迹是（比较 167 节）上面定理的轨迹对于焦点 F 的位似形，位似比是 1/2.

因此，若以 FL 表示焦点到准线的距离，则所求轨迹为 FL 的中垂线（图 20.8），换言之，即顶点的切线. 证毕.

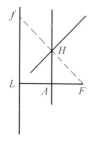

图 20.8

逆定理 设一直角顶点描画一直线，而其一边通过一定点，则其另一边保持切于一定抛物线. 这抛物线以已知点为焦点，以已知直线为其顶点的切线.

194. 问题 求作抛物线的切线使平行于给定的方向.

焦点对于所求切线的对称点，在准线和由焦点向给定方向所引垂线的相交之处.

当给定的方向不与轴平行时，有一解（也只一解）.（当给定方向与轴平行时，垂线与准线平行，于是切线在无穷远.）

---

① 比较 166a 节.

195. 问题 通过抛物线平面上一点求作其切线.

设通过已知点 P 欲作以 F 为焦点的抛物线的切线(图 20.9). 焦点 F 对于这切线的对称点 f 位于: (1)准线上; (2)以 P 为圆心以 PF 为半径的圆周上.

反之, 凡这两线的公共点是焦点对于所求切线的对称点.

当以 P 为圆心以 PF 为半径的圆周与准线相交(即点 P 在曲线外)时, 问题是可能的.

若 P 为一内部点, 问题无解; 若 P 在曲线上, 有唯一解, 这点的切线代表着两条重合的切线.

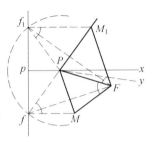

图 20.9

备注 和椭圆一样, 抛物线整个位于两条切线所形成的角内.

196. 定理 设由一点向抛物线引两切线, 则

(1) 这两切线在焦点的视角相等;

(2) 它们在准线上的射影相等;

(3) 它们所形成的角和下面的角有相同的平分线; 已知点到焦点的连线, 和平行于轴引向内部的半直线所夹的角.

(1) 仍取上节的图(图 20.9), 设 f, f_1 为焦点对于两切线的对称点; 设 M, M_1 为切点, 这两点可以用准线的垂线与切线相交而得. 我们要证明 $\angle MFP = \angle M_1 FP$.

$\angle MFP$ 等于 $\angle MfP$, 因为它们对于 PM 成对称形; 仿此, $\angle M_1 FP$ 等于 $\angle M_1 f_1 P$.

但 $\angle MfP = \angle M_1 f_1 P$, 因为它们显然(平, 62)互相对称于由点 P 向准线所引的垂线 Pp; 所以命题证明了.

(2) 两切线在准线上的射影是线段 pf, pf_1, 显然是彼此相等的.

(3) 设 Px 是轴的平行线, 并且是引向抛物线内部的(即是说, 或者是半直线 Pp, 或者是它的延长线, 看情况而定); 设 Py 为 $\angle FPx$ 的平分线.

像在 171 节一样可以证明, $\angle yPM$ 是 $\angle xPf$ 的一半, 而 $\angle yPM_1$ 是 $\angle xPf_1$ 的一半.

但 $\angle xPf$ 和 $\angle xPf_1$ 是相等的, 因此直线 Py 和两条切线形成等角. 它又在角的内部, 因为两直线 PF, Px 在这角内部(上节备注). 所以 Py 是两切线夹角的平分线.

证毕.

197. **定理** 外切于抛物线的直角,角顶的轨迹是准线.

事实上,在上图中,若 $\angle MPM_1 = \angle MPF + \angle FPM_1$ 为直角,则由于 $\angle fPF$, $\angle FPf_1$ 分别是 $\angle MPF$, $\angle FPM_1$ 的两倍,其和等于两直角,因而点 P 在直线 ff_1 上.反之亦然.

198. 最初所述的抛物线定义,和椭圆以及双曲线的定义,差别很大,但 189 节中所给的定义,显然类似于在 164,176 节中椭圆和双曲线的定义.这个类似性归源于下面要证明的一些定理.它可以由下述定理来表达.

定理 抛物线是一个椭圆(或双曲线)当一个焦点和邻近的顶点保持固定,而另一个焦点沿轴无限远离的极限情况.

设 F 为一抛物线的焦点,A 为顶点,于是由 F 对于 A 的对称点 L 作 FA 的垂线,便得出准线(图 20.10).考查一个椭圆 E,以 F 及 AF 过点 F 的延长线上一点 F' 为焦点.以 F' 为圆心的准圆 C 通过点 L(因为后者在 $F'A$ 的延长线上且有 $AL = AF$),且在此点切于抛物线的准线.

抛物线上(除开顶点以外的)任一点 M 是在任何一个像 E 这样的椭圆以外的.因为它是一个通过 F 而切于准线的圆 c 的圆心,由于这圆通过 F 和准线之间,就必然和 C 相交.

易见同样的推理适用于抛物线外一点.

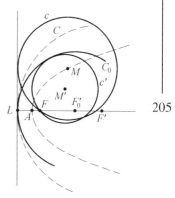

图 20.10

反之,设 M' 为抛物线内一点,但可以随意接近曲线.那么可以在轴上找到一点 F_0' 满足这样的条件:只要 F' 是超过 F_0' 的任何一点,椭圆 E 便含 M' 在其内部.

事实上,以 M' 为圆心,以 $M'F$ 为半径的圆 c',和准线是没有公共点的,于是我们可以找到一个圆 C_0,以和 F 在 L 的同侧的一点 F_0' 为中心,使其和准线切于 L 并使 c' 内切于它①.以位于轴上且超过 F_0' 的一点 F' 为中心,并且和 C_0 相切的一个圆 C,将含圆 C_0 于其内,因之含圆 c' 于其内.因此,点 M' 确实在以 F, F' 为焦点以 C 为准圆的椭圆 E 内部.

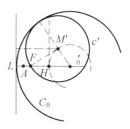

图 20.10a

---

① 画一条平行于准线且和曲线在这准线同侧的直线,使其距准线等于 c' 的半径(图 20.10a),这平行线隔开了点 M' 和准线(因为点 M' 到准线的距离大于 $M'F$).因此通过 M' 切这平行线于其与轴相交之点 H 的圆,它的中心 F_0' 超过了 H.与此圆同心并通过 L 的圆满足所指出的各条件.

由上可以看出，若 M 为抛物线上一点，M' 为该曲线内一点，但可以随意接近点 M，则当椭圆 E 的第二个焦点 F' 充分远离时，椭圆将穿越线段 MM'．简言之，总是在抛物线内部的椭圆 E，当点 F' 在轴上无限远离时便无限地趋近于抛物线．

同理，设 H 为一双曲线，以 F 为一个焦点，另一焦点 F' 在轴上，但和 F 位于准线的异侧，以 F' 为圆心的准圆 C 切准线于 L（图 20.11）．我们来特别考查一下这双曲线邻近 F 的一支，这一支的顶点正就是抛物线的顶点 A①．

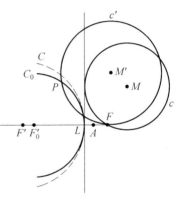

图 20.11

凡在抛物线上或在其内的点 M 都在双曲线的该支内部．因为以 M 为圆心以 MF 为半径的圆 c，和 C 是没有公共点的，它们是在准线的异侧．

相反地，凡抛物线外的点 M' 变成在双曲线外部，只要点 F' 充分地远离．事实上，以 M' 为圆心以 $M'F$ 为半径的圆 c'，含有一些与点 F 不在准线同一侧的点 P．所以可以选取点 F'，使以这点为圆心并通过 L 的圆 C_0 和 c' 相截（只要利用第二编，90 节，作图 13 作通过一点 P 的圆 C）．设 F_0' 是这样求到的点 F' 的位置，那么凡圆心超过了 F_0' 的一切圆 C 也要和 c' 相截，因为它们通过 C_0 和准线之间．以这些圆作为准圆，并以 F 为焦点的一切双曲线，因此就以点 M' 作为外部点．

于是和前面一样，当点 F' 逐渐远离时，这些双曲线 H 保持着整个在抛物线外，但无限地趋近于它．证毕．

我们考查了三种具有类似性的曲线（椭圆，双曲线，抛物线），它们可统称为**圆锥曲线**．这个命名的由来以后（第 387 节）再讲．

199*．抛物线的直径

定理 抛物线中同一方向的平行弦中点的轨迹，是一条平行于轴的直线（或者说得准确一些，是这平行线位于曲线内的部分）．

仍取 190 节的图．当直线 D 保持平行一定方向而移动时，焦点 F 对于 D 的对称点 f，画一条通过 F 而垂直于这方向的直线，而 Ff 和准线的交点 I 保持固定．

---

① 双曲线的第二支随着点 F' 远离而整个无限地远离．

现设 M,N 为 D 与抛物线的两交点,而 M',N' 表示它们在准线上的射影(图 20.5),则 I 为 $M'N'$ 的中点.从上见到 I 是定点,MN 的中点便在通过 I 所引平行于轴的直线上.

反之,通过 I 而平行于轴的直线上位于抛物线内的任一点,是通过这一点而平行于 D 的直线被曲线所截的弦的中点.

平行于同一方向的直线被抛物线所截各弦中点的轨迹直线,称为共轭于这方向的**直径**.

备注 (1)容易看出,共轭于一个方向的直径与抛物线的交点,是平行于这方向的切线的切点.这只须应用上述推理于两点 M,N 相重合的情况.

(2)有一个(也只有一个)方向没有相应的直径,即抛物线的轴的方向,因为轴的平行线只与曲线交于一个有限点.

199a[*].**定理** 抛物线在任一弦两端的切线的交点,在与这弦的方向共轭的直径上.

我们知道(第 196 节),如果从平面上一点 P 向抛物线引切线 PM,PM_1(图 20.9),那么这两切线在准线上的射影 pf,pf_1 是相等的,因之 p 是 ff_1 的中点.于是可知,通过点 P 引轴的平行线,必通过 MM_1 的中点.

200.**定义** 设(比较 159 节)Ox,Oy 为两坐标轴,M 为平面上一点,其坐标为 $Om=x,mM=y$.

通过点 M 作一条曲线,设它在这点有一条切线,设 T 为这切线和轴 Ox 的交点(图 20.12),则线段 Tm 称为曲线在 M 的**次切线**.

仿此,在 Ox 上被曲线的法线所截的线段(由点 m 算起)称为**次法线**.

定理 设以抛物线的轴和顶点的切线为坐标轴,则任一点的次切线是切点的横坐标的两倍.

设 M 为抛物线上任一点,M' 为其在准线上的射影,T 为点 M 的切线和轴的交点(图 20.13);焦点、顶点、焦点在准线上的射影,仍以 F,A,L 表示.我们要证明点 A 是 Tm 的中点.

三角形 MFT 是等腰的,因为 $\angle MTF=\angle TMM'$ 和 $\angle TMF$ 是相等的;所以有 $FT=FM=MM'=mL$.因此,线段 $AT=FT-FA$ 等于 $Lm-AL=Am$.

证毕.

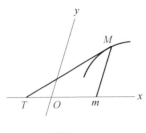

图 20.12

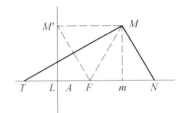

图 20.13

201. 定理 设抛物线以轴和顶点的切线为坐标轴,则次法线为常量且等于其参数.

仍取上图并作法线 MN,它是和 FM' 平行的,因为后者是垂直于切线的.平行四边形 $M'MNF$ 表明 $FN = MM' = mL$,因此,作为 LN 和 Lm 的差的线段 mN,是等于 LN 和 FN 的差,即等于参数 LF 的.证毕.

202*. 备注 如果注意到在直角三角形 TMN 中,mM 是高,而我们有
$$mM^2 = Tm \cdot mN = 2Am \cdot LF$$
就很容易重新得出抛物线对于它的轴和顶点的切线的方程(第 189a 节):$y^2 = 2px$. 反之,坐标 x', y' 满足这方程的任一点必在抛物线上. 事实上,在这曲线上有一点且只一点其纵坐标为 y',因为凡平行于轴的直线,和抛物线相交于一点且只一点;这一点的横坐标应该满足方程 $y'^2 = 2px$,因此就等于 x'.

因此又有:给定两条正交轴,则凡横坐标(皆同号)乘以定长 $2p$ 等于纵坐标的平方的点,其轨迹为抛物线.

这由以上所说即可得出(比较 167 节,逆定理),因为有一抛物线存在,以给定的两轴作为轴和顶点的切线,并以 p 为其参数(即这样的抛物线,以位于轴上而横坐标等于 $\frac{p}{2}$ 的一点为焦点,而准线则是由焦点对于顶点的切线的对称点所引这切线的平行线).这抛物线便是所求的轨迹.

203*. 推广言之,设取抛物线的一条直径以及这直径端点的切线作为坐标轴,有

定理 设以抛物线的一条直径以及这直径端点的切线作为坐标轴,则次切线等于切点的横坐标的两倍.

设 Ox 为直径,Oy 为其端点的切线(图 20.14);设 M 为曲线上一点,其横坐标为 Om,纵坐标为 mM. 点 M 的切线截 Oy 于 P,截 Ox 于 T.

通过 P 的直径,也就是说通过这点所引 Ox 的平行线,必通过 OM 的中点(第 189a 节),于是在三角形 MOT 中 P 是 MT 的中点,因而在三角形 TmM 中得出 O 为 Tm 的中点.

定理 设以抛物线的一条直径以及这直径端点的切线为坐标轴,则纵坐标的平方与横坐标成比例.

设 Ox 和 Oy 的意义仍同上图,设 M 为曲线上一点,其横坐标为 Om,纵坐标为 mM,它在准线上的射影为 M'(图 20.15).

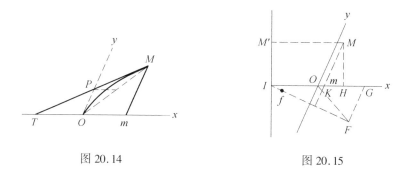

图 20.14　　　　　图 20.15

设 f 为焦点 F 对于 Mm 的对称点,则直线 Ff 通过(第 190 节)Ox 交准线于点 I,且有

$$IM'^2 = IF \cdot If$$

但由于 F 对于 Mm 的对称点是 f,而对于 Oy 的对称点是 I(第 193 节),所以距离 If 是(平,102a)两平行线 Oy,Mm 间距离 OK 的两倍,至于 IM' 则等于两平行线 Ox,MM' 间的距离 MH. 所以上面的等式可写作

$$MH^2 = 2OK \cdot IF$$

最后,若由点 F 引 Oy 的平行线,与 Ox 相交于 G,则三个三角形 MHm,OKm,IFG 相似,因而得

$$\frac{MH}{Mm} = \frac{OK}{Om} = \frac{IF}{IG}$$

由于等式 $MH^2 = 2OK \cdot IF$ 关于 MH,OK,IF 是齐次的,我们可将这些量换成与它们成比例的量,因而得出

$$Mm^2 = 2Om \cdot IG$$

定理因而得证:因为 IG 是与点 M 在曲线上的位置无关的.

由于与 FG 平行的直线 Oy 将三角形 IFG 的边 IF 分成两等份,O 便是 IG 的中点. IG 的长度是 IO(或者矢径 OF)的两倍.

反之,若一点纵坐标的平方等于该点横坐标的两倍乘以 IG,则该点在抛物线上(只要这点和曲线在 Oy 的同侧).

这是由于(比较上节,169 节)这样的事实:在 Ox 的一条平行线上,只有一点满足上述条件.

因此也有:设给了任意两条轴 Ox,Oy,一些点和半直线 Ox 在 Oy 的同侧,并且它们纵坐标的平方等于横坐标乘以定长 $2p'$,那么这些点的轨迹为一抛物线.要看出这一点,只要证明有一条抛物线存在切 Oy 于 O,它的轴平行于 Ox,并且上面推理中以 IG 表示的长度等于 p'. 但我们可以如下得出这样一条抛物线:在 Ox 过点 O 的延长线上取一长度 OI 等于 $\dfrac{p'}{2}$,取在点 I 与 Ox 垂直的直线作为准线,并取 I 对于 Oy 的对称点作为焦点.

习　　题

(371)证明:所有的抛物线彼此相似.

(372)求到已知点和已知直线的距离之和或差为已知长的点的轨迹.

(373)通过抛物线轴上一点 A 求作它的法线.这点应该位于轴上什么区域才能使问题有(不是轴的)解?

设固定点 A,抛物线大小固定而沿着轴平行移动,求法线足的轨迹.

(374)设抛物线变动,但焦点和轴的方向保持不变,求同一点(上题)的轨迹.

(375)证明:**两条共焦抛物线**(即焦点和轴的方向都相同)只能相交成直角.

(376)设 M 为平面上任一点,A 为一定点,以 MA 为直径作一圆周,作这圆周的一条切线 D' 使与一定直线 D 平行.求点 M 的轨迹使它到直线 D' 的距离为常量.

(377)以 F,F' 为焦点的双曲线上一点 G 的切线,截一条渐近线于 O.证明有一抛物线存在,以 G 为焦点并切 OF 及 OF' 于 F 及 F'.

逆命题为何?证明这逆命题只是习题(361)的特例.

(378)将习题(338)推及于抛物线.

证明:抛物线的一条动切线介于两定切线间的部分,在准线上的射影有定长.

(379)设一点在抛物线的一定切线上移动,证明:联这点到焦点的矢径,和由这点向抛物线所引第二条切线的夹角是常角.

(380)设以 F 为焦点的抛物线上两点 M 及 M_1 的切线相交于点 P,证明:

① 距离 PF 是 FM 和 FM_1 的比例中项;

② 比 $\dfrac{FM}{FM_1}$ 等于 $\left(\dfrac{PM}{PM_1}\right)^2$.

(381)求作一抛物线,已知:

① 焦点及其上两点;

② 准线及其上两点.求问题可能的条件.(设首先给定了两点,则准线必须不截某一圆.当它切于这圆时,有两个重合的解.证明那时由两已知点所引抛物线的切线是正交的.

如果首先给的是准线和两点之一,则另一点应在某一抛物线内,即所谓**安全抛物线**①.)

③ 焦点和两条切线;

④ 准线和两条切线;

⑤ 焦点,一点及一切线.求问题可能的条件;

⑥ 准线,一点及一切线.设首先给定了准线和切线,该点应在何区域问题才可能?

⑦ 两切线及其切点(应用 199a 节);

⑧ 轴的方向和三点.

(382)证明:切于三已知直线的抛物线,焦点的轨迹是这三直线所形成三角形的外接圆(习题(379)或平,习题(72)).

证明这些抛物线的准线通过该三角形高线的交点.

(383)求作切于四已知直线的抛物线.

(384)求直角顶点的轨迹,它的两边分别切于两条已知的共焦抛物线(习题(375)).

(385)设由一点 P 向以 F 为焦点的抛物线引切线 PM, PM_1,证明:圆 PMM_1 的圆心 O 在圆 FMM_1 上,且线段 OP 在 F 的视角为直角.

(386)证明:抛物线的两条切线被其他任意三条切线分成成比例的线段.考查起先两切线相等的情况.

(387)反之,设五直线中的两条被其他三条所相似地分割,则在一般情况下它们切于同一条抛物线(习题(383)).例外的情况为何?

---

① 这名词是从射击理论中借用来的,这种理论引导出文中所设的问题.

由是推出平面几何习题(356).

(388)证明:在平面几何习题(214)中,变动图形的每一直线保持切于一定抛物线.

(389)给定了抛物线的两条切线,设由相切弦上一点 I 引它们的平行线,证明:这样形成的平行四边形中不通过点 I 的对角线切于曲线.

(390)设由三角形底边上一点向其他两边引垂线,证明:联结这两垂线足的直线切于一定抛物线(习题(387)),这抛物线的焦点是三角形的高线足,准线是另两高线足的连线(应用 197 节).

(391)在一个直角三角形中,直角顶点是固定的,另一顶点画一定直线,至于斜边则保持垂直于这定直线.求第三个顶点的轨迹.

推广言之,一直角的两边分别绕两定点而旋转,在一定直线和这角一边的交点引这定直线的垂线,求其与另一边的交点的轨迹.

(392)求抛物线焦点在各法线上的射影的轨迹.

(392a)求抛物线互垂的法线相交之点的轨迹.

(393)将一抛物线每一点的坐标以两常数乘之,证明:所得的点的轨迹是一条新抛物线.

(393a)通过以 p 为参数的抛物线的顶点作一个圆,其圆心取为轴上任一点但和焦点在顶点的同侧;在这圆上取一点使其在轴上的射影的横坐标为 $2p$,过此点引轴的平行线;证明:将圆心变动时,这平行线和圆的第二交点 M 描画这抛物线.

(394)证明:具有平行轴的两条抛物线是位似的(化简问题,首先假设这两抛物线有一个公共的顶点或公共的焦点).

第 21 章 螺 旋 线

204. 定义 设有这样一条平面曲线(C)(图 21.1),对于它我们可以定义任意一段弧的长度(平,179,注).特别地,当 C 为一圆时,就是这种情况.并且在这种情况下我们可以证明下述定理:

定理 当弧趋于零时,弧与其弦之比值趋于 1.

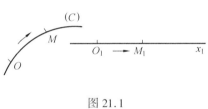

图 21.1

事实上,由平,179 节得知,(小于半圆周的)圆弧是介于它的弦以及在它两端所引的切线(止于其交点)的和之间,于是弦与弧之比便小于 1,但较弦与端点的切线之和的比要大;但由平,177 节,当弧趋于零时,后面这个比趋于 1.

以上是对于一条圆弧进行推理的,但(由平,179 节注所提醒的事实)这结论对于可定义长度的任一曲线弧都是成立的.

我们取一无限直线 O_1x_1(图 21.1),并在其上选一正向.可以令(C)上每一点对应于 O_1x_1 上一点,使得(C)上任两点间的弧等于这直线上两个对应点间的距离.

为此,我们在(C)上取一点 O,并在 O_1x_1 上取一点 O_1 使其相互对应.

弧长 OM 称为曲线上一点 M 对于**原点** O 的**曲线坐标**,在一个指向(例如图 21.1 上以箭头表示的)取作为正的,在相反的指向取为负的.

(C)上每一点 M 令直线 O_1x_1 上一点 M_1 与之对应,它的直线坐标 O_1M_1 就大小和符号而论等于点 M 的曲线坐标.

如果曲线(C)在两个指向都是无限的,那么这曲线上每一点就和直线 O_1x_1 上一个确定的点相联系,反之亦然.

相反地,设曲线(C)是闭合的(图 21.2),并设其长为 l.介于 0 与 l 之间的坐标——换言之,直线上介于点 O_1 和沿正向截取的线段 $O_1O_1' = l$ 的末端之间的点——对应于曲线上的点,坐标 l 则和坐标 0 一样对应于点 O 自身.

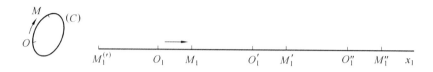

图 21.2

对于比 l 大的坐标,我们采用三角学上的规定①,即

设所考查的坐标介于 l 和 $2l$ 之间,例如说等于 $l+h$(h 表示 0 与 l 间的一个长度),我们就把它看做是等于 l 的一条弧(这弧在 (C) 上的末端是点 O,上面已见到了)和一条 $OM=h$ 的弧之和。于是坐标 $l+h$ 和坐标 h 对应于 (C) 上同一点 M;因此 $O_1 x_1$ 上满足 $M_1 M_1'=l$ 的点 M_1' 和 M_1 在 (C) 上对应于同一点。坐标 $2l$ 仍旧对应于点 O。

设所考虑的坐标介于 $2l$ 和 $3l$ 之间,等于 $2l+h$(h 介于 0 和 l 间),那么我们把它看做是一条等于 $2l$ 的弧(这弧的末端是点 O)和一条等于 h 的弧之和。所以 (C) 上所对应的点和坐标 h 所对应的一样。以下类推。

完全类似的推理适用于负坐标。

按照这样的规定我们看出:直线 $O_1 x_1$ 上一点对应于 (C) 上完全确定的一点,但对于 (C) 上一点则在直线 $O_1 x_1$ 上有无穷多点 $M_1, M_1', M_1'', \cdots, M_1^{(')}$,$M_1^{('')},\cdots$ 与之对应,彼此相距等于 l。

205. 设有一直柱面(图 21.3)以任一曲线 (C) 为底,它的一条母线 Oy 截曲线 (C) 于一点 O,我们称 O 为曲线坐标的**原点**。

为了确定这柱面上一点 M,只要给定:

(1) 通过点 M 的母线截曲线 (C) 的点 m,为此,只须给定对于原点 O 的曲线坐标 Om;

(2) 母线上的线段 mM,称为点 M 的**纵坐标**。这纵坐标为正或负,就看它的指向,我们假设在柱的母线上已预先标出了正向。

柱面上一点的曲线坐标和纵坐标,合称为这点的**坐标**。

另一方面,设在一平面上有两条正交轴 $O_1 x_1$ 和 $O_1 y_1$(图 21.3a)。对于柱面上一点 M 我们以平面上一点 M_1 与之对应,这点对于轴 $O_1 x_1, O_1 y_1$ 的坐标,和点 M 在柱面上的坐标相同。

---

① 参看布尔勒(Bourlet)《平面三角》第一章 13 节和以后的。(有中译本,上海科学技术出版社出版,以后凡牵涉到三角,总是参考布尔勒的这本书,译文中不再一一指出。——译者注)

第五编　常用曲线

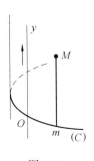

图 21.3

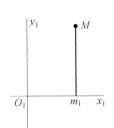

图 21.3a

按上节所述，曲线 (C) 如果是无限的，这样定义的点 M_1 就将是唯一的；相反地，如果 (C) 是闭合的且长度为 l，那么柱面上的一点 M 对应于平面上无穷多点 $M_1, M_1', \cdots$，它们在平行于 O_1x_1 的同一直线上，相距为 l（图 21.4）.

设在柱面上给定了一图形 F，则按以上所说，F 上各点 M 的对应点 M_1 所构成的图形 F_1，称为 F 的**展开图形**.

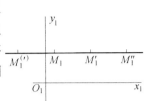

图 21.4

相反地，所谓将一平面图形 F_1 **卷曲**于柱面上，就意味着它的对应图形 F.

206*. 设以一棱柱代替柱，那么就可明显地看出这些术语的理由. 设给定了一棱柱 $ABCD\cdots A'B'C'D'\cdots$（图 21.5）. 在一平面上作

一平行四边形 $A_1B_1B_1'A_1'$ 与面 $ABB'A'$ 全等；

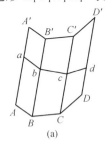
(a)

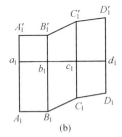
(b)

图 21.5

一平行四边形 $B_1C_1C_1'B_1'$ 与面 $BCC'B'$ 全等①，且沿公共边 B_1B_1' 与

---

① 在这两全等四边形中，对应于点 B 的是 B_1，对应于点 C 的是 C_1.

$A_1B_1B_1'A_1'$ 相邻；

一平行四边形 $C_1D_1D_1'C_1'$ 与 $CDD'C'$ 全等，且沿公共边 C_1C_1' 与 $B_1C_1C_1'B_1'$ 相邻；

以下类推.

这样，棱柱的侧面就铺在平面上了.但这样作法按照上节所说，归结为展开这个侧面，作为底的曲线 (C) 的地位，此处由任一直截口 $abcd\cdots$ 所承担.这是很显然的，只要注意一下这截线的各边 $ab,bc,cd,\cdots$ 转换成互为延长线的线段 $a_1b_1,b_1c_1,c_1d_1,\cdots$.

要定义一个柱面的展开图形，就可以用它的一个内接棱柱来代替这柱面，将这棱柱面照上述展开，然后转到极限情况，即假设作为底的多边形边数无限增加以使其每一边趋于零.明显地，按此我们将重新回到上节的展开图形.

207.为了定出一个柱面图形 F 的展开图形 F_1，在这柱面上应该定出：(1) 一条母线 Oy；(2) 一条底线 (C).但须注意，若另一以母线 $O'y'$（图 21.6）代替母线 Oy，或以这柱的另一直截口 (C') 代替底线 (C)，图形 F_1 的形状不变.

第一变换实际上归结为将所有的横坐标同加上一个量，即弧 $O'O$，因之意味着使图形 F_1 沿 O_1x_1 平移这个量 $O'O$.

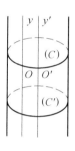

图 21.6

仿此，第二变换归结为将所有纵坐标同加上一个量，即含曲线 (C) 及 (C') 的两平行平面间的距离，换言之，使图形 F_1 平行于 O_1y_1 作一个平移.

以上提到的事实，如果将展开图形看做是按上节所示的过程得出的，那就变成显然的了.

208.将一直线卷曲于一柱面上，便得一曲线，称为**螺旋线**.

若此直线与柱面的母线所对应的方向 O_1y_1（图 21.4）平行，则在卷曲时将转换为这些母线中的一条.

相反地，若给定的直线平行于横坐标轴 O_1x_1，则转换为一直截口 (C).

因此，直截口和母线是螺旋线的特例.但在以后谈到螺旋线时，通常是排除这两种极限情况的.

209. 由于(第207节)一图形的展开图的形状与底线和坐标原点的选择无关,所以我们总可以假设这原点是在螺旋线上. 今后就这样办.

在这前提下,有下述定理.

定理 螺旋线上一点的纵坐标和它的曲线坐标成比例.

按照螺旋线的定义,这定理归结为下面的命题：

在一平面 $O_1x_1y_1$ 上, 通过原点 O_1 的直线上一点的纵坐标和横坐标成比例.

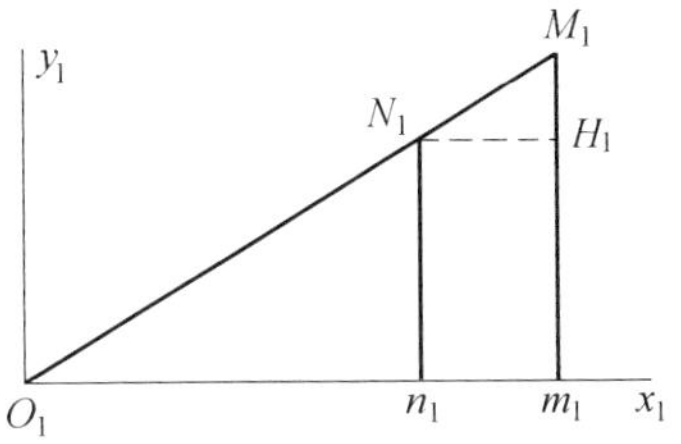

现设 M_1, N_1 (图21.7)为这直线上两点, 以 O_1m_1, O_1n_1 为横坐标, 而以 m_1M_1, n_1N_1 为纵坐标, 则由相似三角形 $O_1m_1M_1$ 和 $O_1n_1N_1$, 确有

$$\frac{m_1M_1}{O_1m_1} = \frac{n_1N_1}{O_1n_1}$$

证毕.

图 21.7

210. 螺旋线的切线 设在底线(C)上每一点有切线, 我们来证明螺旋线便也如此, 并找出这切线的位置.

定理 螺旋线的切线和柱面的母线成定角.

设 O(图21.8)为原点, M 为螺旋线上一点, 这螺旋线是将直线 O_1M_1(图21.7)卷曲于柱面上的, 且 M 是直线上点 M_1 的对应点. 又设 N 为螺旋线上邻近于 M 的一点, 对应于直线 O_1M_1 上一点 N_1; 设 m, n 为点 M, N 在底面上的射影; m_1, n_1 为 M_1, N_1 在轴 O_1x_1 上的射影; I 为 MN 截底面处. 在 N 引 mn 的平行线 NH 直至与 mM 相交于 H, 在 N_1 引 m_1n_1 的平行线 N_1H_1 直至与 m_1M_1 相交于 H_1. 显然有 $NH = mn$, $N_1H_1 = m_1n_1$. 并且纵坐标 mM, nN 的差 MH 等于纵坐标 m_1M_1, n_1N_1 的差 M_1H_1.

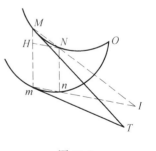

图 21.8

由相似三角形 IMm, NMH 得：

$$\frac{mI}{Mm} = \frac{NH}{HM} = \frac{mn}{HM}$$

而由相似三角形 $O_1M_1m_1, N_1M_1H_1$ 得

$$\frac{O_1 m_1}{M_1 m_1} = \frac{N_1 H_1}{H_1 M_1} = \frac{m_1 n_1}{H_1 M_1}$$

由是两端相除得（因 $Mm = M_1 m_1$, $HM = H_1 M_1$）

$$\frac{mI}{O_1 m_1} = \frac{mn}{m_1 n_1}$$

但 $m_1 n_1$ 就是曲线 (C) 的弧 mn,当点 n 无限趋近于 m 时,它和线段 mn 的比趋于 1. 所以比 $\dfrac{mI}{O_1 m_1}$ 也趋于 1,而线 mI 趋于 $O_1 m_1$.

方向 mI 在同样的假设下以曲线 (C) 在点 m 的切线 mT 为极限,点 I 趋于点 T 为极限,这点 T 是在这切线上截取一个长度 $mT = O_1 m_1$ 得到的.

当点 N 趋于 M 时,割线 MI 既趋于 MT 的位置,直线 MT 就是螺旋线在点 M 的切线.

这切线和母线 Mm 的夹角等于 $\angle O_1 M_1 m_1$,因为由 $Mm = M_1 m_1$, $mT = O_1 m_1$,两个直角三角形 MmT 和 $M_1 m_1 O_1$ 就全等. 所以这角是定角而且等于 $\angle M_1 O_1 y_1$. 证毕.

推论 1 螺旋线和各直截面形成定角,等于它和母线的夹角的余角.

螺旋线的切线被截于底面和切点间的部分 MT 在底面上的射影称为**次切线**. 我们看出

推论 2 螺旋线的次切线等于切点的曲线坐标.

因为有 $mT = O_1 m_1 =$ 弧 Om.

211. 推广言之,设有画在柱面上的任一曲线 MN,它的展开图形是一条曲线 $M_1 N_1$ 而不是直线(图 21.9). 令字母 m, n, m_1, n_1, I 如上节所代表的意义,并以 I_1 表示直线 $M_1 N_1$ 和 $O_1 x_1$ 的交点.

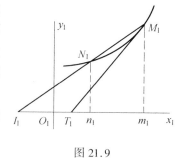

图 21.9

像上面一样地推理,可知当点 N 无限地趋近于 M 时,比 $\dfrac{mI}{m_1 I_1}$ 趋于 1.

但若曲线 $M_1 N_1$ 在 M_1 有切线,则点 I_1 趋于这切线和 $O_1 x_1$ 的交点 T_1,而 $m_1 I_1$ 趋于 $m_1 T_1$. 线段 mI 因此也趋于 $m_1 T_1$,而直线 MI 趋于一极限位置,这极限位置是这样得出的:在 (C) 于点 m 的切线上截一线段 $mT = m_1 T_1$,并联结 MT. 这极限位置 MT 于是就是曲线 MN 的切线,它

(像上节那样可以看出)和 Mm 夹一个角等于 $\angle T_1M_1m_1$.

所以有下述定理:

定理 画在柱面上的一条曲线和通过其上一点的母线的交角,等于这曲线的展开图形和相应纵坐标线的交角.

推论 画在柱面上的两条曲线的交角等于它们的展开图形的交角.

事实上,柱面上两曲线的交角,等于它们与通过交点的母线的交角之和或差(因为它们的切线和这母线在同一平面上)(图 21.10),因之等于它们的展开图与这母线的对应纵坐标线的交角之和或差.证毕.

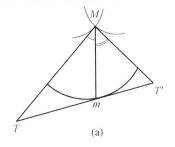 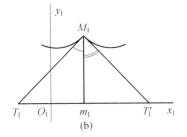

图 21.10

212. 所谓一条曲线(C)的**切展线**或**渐伸线**,是如下得出的一些点 T 的轨迹(图 21.11):在(C)上任一点 M 的切线上,截取一线段 MT 使等于(以曲线上一点 O 为原点的)曲线坐标 OM,这线段的截取假设和 OM 的指向相反.

设有一条线起初卷曲于曲线上,一端固定于这曲线上一点,将这线伸直并注意总是使它绷紧,那么自由的一端就画出这轨迹.

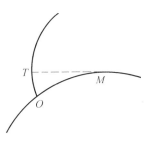

图 21.11

由 210 节推论 2 可知,螺旋线的切线和底面的交点的轨迹,是底曲线的一条切展线.

213. 不论底曲线(C)为何,以上的条件总适用.

现设它是闭合的,其长为 l.于是设在轴 O_1x_1 上截一长度 $O_1o_1' = l$,并通过点 o_1' 引 O_1y_1 的平行线 $o_1'y_1'$,那么我们知道(第 204,205 节),介于平行线 O_1y_1 和 $o_1'y_1'$ 间的平面带,卷曲以后覆盖着整个柱面,直线 $o_1'y_1'$ 和直线 O_1y_1

一样将落于母线 Oy 上.

由点 O_1 发出并交 $o_1'y_1'$ 于一点 O_1'（图 21.12）的一条直线,将沿由点 O 发出的一条螺旋线而卷曲,并将截母线 Oy 于一点 O' 满足 $OO' = o_1'O_1'$.

设平行于 O_1y_1 引平行线 $o_1''y_1''$, $o_1'''y_1'''$ 等等,使其间距为 l,且其中第一条距 $o_1'y_1'$ 为 l,这样就将平面分为一些带,卷曲以后这些带都覆盖了第一个.平行于 O_1y_1 而相距为 l 的两直线 m_1M_1, $m_1'M_1'$ 将沿柱面同一母线落下.

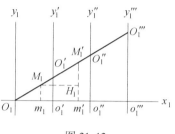

图 21.12

设 M_1, M_1' 为这两平行线截直线 O_1O_1' 之点,则差 $m_1'M_1' - m_1M_1$ 为常量且等于 $o_1'O_1'$,这可以这样看出：由 M_1 平行于 O_1x_1 引 M_1H_1 交 $m_1'M_1'$ 于 H_1,两个三角形 $M_1H_1M_1'$ 和 $O_1o_1'O_1'$ 是全等的,因为它们角相等且有一边相等：$M_1H_1 = l = O_1o_1'$.

所以两点 M_1, M_1' 卷曲后,将落于同一母线上两点 M, M_1 且相距 $MM_1 = o_1'O_1'$.

以上所画的平行线 $o_1'y_1'$, $o_1''y_1''$, $o_1'''y_1'''$ … 在直线 O_1O_1' 上所决定的线段 $O_1'O_1''$, $O_1'O_1'''$, $O_1''O_1'''$ … 卷曲于螺旋线上的各个部分,称为**螺圈**.

所有各螺圈是相等的；它们可利用平移互相导得,平移的方向平行于母线而长度等于 $o_1'O_1'$.因为对于一圈上每一点 M（由卷曲直线上一点 M_1 得到）,对应着下一圈的一点 M'（由卷曲直线上一点 M_1' 得到）使得线段 MM' 位于一条母线上且等于 $o_1'O_1'$.

长度 $o_1'O_1'$ 称为**螺距**.

214. 圆螺旋线 最后,假设曲线(C)是一个圆,因此给定的柱面是一个旋转柱面.

于是螺旋线上任一点 M 可以看做这样得出：将点 O 绕柱的轴旋转任一角度,得出底圆上一点 m,然后将这点平行于轴平移一个长度使与弧 Om 成比例,即与点 O 所旋转的角成比例.

换言之,螺旋线上任一点可由点 O 通过一螺旋运动导得,在这个螺旋运动中,平移的距离和旋转的幅角成定比[①].

进一步还可说:这螺旋运动不仅转换点 O 为这螺旋线上另一点 M,并且也转换其上任一点 P 为依然在这曲线上的一点 Q;只须将螺旋线沿其自身而滑动.

事实上,组成螺旋运动的两个运算中的第一个,也就是说旋转,其效果在于将点 P 的曲线坐标 Op 增大一个等于 Om 的量 pq(图 21.13),于是 P 来到 R,至于纵坐标则未变更;第二个——平移——在于将纵坐标增大一个量 $RQ = qQ - pP$ 等于 mM(横坐标未变).

但由于两点 M 和 P 都在螺旋线上,我们有

$$\frac{pP}{\text{横坐标 } Op} = \frac{mM}{\text{横坐标 } Om}$$

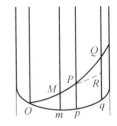

图 21.13

这两个比的公共值等于 $\dfrac{pP + mM}{Op + Om}$,即等于 $\dfrac{qQ}{Oq}$. 因此点 Q 确实在螺旋线上.

以上的说明告诉我们螺旋运动这一名词的来源:我们见到,这样一种运动具有使螺旋线沿其自身滑动的性质.

备注 (1) 如果设想螺旋线有切线,210 节的定理对于画在旋转柱面上的螺旋线就将是显然的. 事实上,若 M 及 P 为此螺旋线上两点(图 21.14),则以柱的轴为轴并将 M 带到 P 上的螺旋运动,使这螺旋线沿其自身而滑动,因此将点 M 的切线带到点 P 的切线上. 这两条切线因此和柱的母线方向作成等角,因为后者在所考虑的螺旋运动中是不改变的.

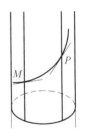

图 21.14

(2) 螺旋线是空间曲线,即不是平面曲线:这曲线上没有一段弧 MN(不论如何小)是含在一个平面上的. 要证明这个,在螺旋线画在旋转柱面上的情况下,我们在弧 MN 上取四点 R, R', R'', S(这四点总是可以假设位于同一螺圈上),并提请注意:①如果有一个平面 P 包含整个弧 MN,它就可以看做是由三点 R, R', R'' 所决定,因为这三点是不共线的(习题 (207));②若点 R', R'' 被取为充分接近于 R,则将 R 带到 S 上的螺旋运动,将这两点 R', R'' 带到依然在弧 MN 上的位置 S', S'',因此平面 $SS'S''$ 必然要重合于平

---

① 螺距显然是旋转整个一周时所取的平移长度.

面 P 了(如果 P 存在的话). 所以问题划归为习题(171)①.

215. 螺旋线的转向 设一点 M 在螺旋线上移动, 使得它在柱轴上的射影沿正向而动(图 21.15). 于是, 由于这点的曲线坐标 Om 总是按一个方向变化, 点 m 将按一个确定的方向描画底面上的圆. 一个观察者沿柱轴站着, 使得正方向是从脚到头的方向(图 21.15 上用箭头表示的方向), 如果在他看来, 点 m 沿正向移动, 那么这螺旋线称为**右螺旋线(正螺旋线)**(图 21.15); 在相反的情况下称为**左螺旋线(逆螺旋线)**.

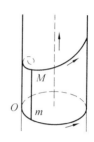

图 21.15

一条螺旋线的转向不因柱轴上所选的正向而变. 事实上, 如果改变这正向, 也就应当改变点 M 在螺旋线上运动的方向, 因此也改变了点 m 在圆上移动的方向. 但同时应该改变观察者沿轴站立的方向, 因此这个观察者依然看见点 m 向同一方向移动.

由是可知, 画在相等柱面上螺距相等的两条螺旋线, 如果转向不同, 就不能迭合. 对于一平面或一点成对称的两条螺旋线, 显然就是这种情况.

216. 问题 求作螺旋线在平行于柱面母线的一个平面上的射影.

我们要以画法几何中的下述原理为基础:

空间一点的铅垂射影, 位于由该点的水平射影向射影轴所引的垂线上, 距射影轴等于它的高度.

我们运用这个原理, 取给定的平面作为铅垂面, 并取底面作为水平面. 这是可能的, 因为这两平面互相垂直.

(1) 任意螺旋线. 这螺旋线的水平射影是底曲线 (C). 这曲线上任一点 m 是螺旋线上一点的水平射影, 我们还能够找到(按上述原理) 这一点的铅垂射影, 只要知道它的高度. 但这高度(到水平面的距离) 就是我们称为点的纵坐标的. 如果在平面 $O_1x_1y_1$ (图 21.16) 上, 给定了通过卷曲便产生螺旋线的直线 O_1M_1, 我们在轴 O_1x_1 上截取一个长度 O_1m_1 等于弧 Om (点 m 的曲线坐标), 那么点 m_1 的纵坐标(止于给定直线上的 M_1) 便是所求的高度了. 于是, 要求铅

---

① 这证法只适用于画在旋转柱面上的螺旋线. 但若借用微积分学上的概念, 可以证明, 要螺旋线是平面曲线, 那就只能是: (1) 它归为两种极限形式(第 208 节) 之一, 或 (2) 柱面化为一平面.

垂射影 m'，只须由点 m 向射影轴引垂线 $m\mu$，并在这直线上截取一线段 $\mu m'$ 使等于 $m_1 M_1$．

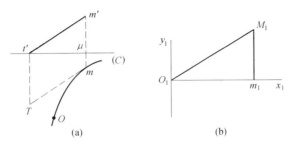

图 21.16

为了找出这射影在点 m' 的切线，只须说明：螺旋线的切线和水平面的交点是可求的，要得到它，只要在曲线 (C) 在点 m 的切线上截取一线段 mT 等于曲线坐标 Om．这点 T 的高度为零，铅垂投射为射影轴上一点 t'，于是 $m't'$ 就是所求的切线．

(2) 圆螺旋线的情况．在一般情况下，上面的作图只能近似地完成，因为作一线段使等于给定的曲线弧的问题，不是用圆规和直尺可解的．我们知道，当曲线 (C) 为一圆时，就属于这种情况．

但在后一情况下，我们可以解除这个困难，只要假设所给的不再是卷曲成螺旋线的那条直线而是螺距．于是利用圆规和直尺我们虽不能作出螺旋线射影图上的任意点，但（实用上就是如此）可以作出这曲线上一系列彼此随意接近的点．

为此，在底圆 (C) 内作内接正多边形，例如一个正八边形（图 21.17），其一顶点位于原点 O．如果已知了螺距，我们就能找出投射于这些顶点的点的纵坐标．例如说，m 是由 O 起第三边的末端，那么弧 Om 是圆周的 $3/8$，点 m 的纵坐标于是便是螺距（这是对应于曲线坐标等于全圆周的纵坐标）的 $3/8$．

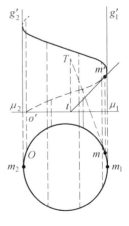

由于我们会作圆周的一些内接正多边形使其边数随意地增大，所以我们能得到（像上面所断言的那样）螺旋线上一些点的射影使其彼此随意地接近．

但必须提出一点，如果要找卷曲成螺旋线的那条直线，或者要想找（像上面指出的那样）射影曲线上一

图 21.17

点的切线,那又有困难了.这两个作图必须知道取在底圆上的弧长,因此就不能准确地完成,至少就理论上来讲是这样.

实用上,问题并不这样提.我们已经指出过(平,习题(188),(189))两个关于圆周长的近似作图,其中第二个对于半径为 10 厘米的圆周讲,其误差大约是 1/100 毫米,这个误差比用圆规和直尺来作所引进的误差要小得多.

217.圆螺旋线在平行于轴的一个平面上的射影,叫做**正弦曲线**.容易看出(参看习题(395)),轴的射影和这曲线的每一个交点 p' 是它的对称中心.由是可知这样一个点是**拐点**,即是说,在这里曲线穿越切线.事实上,这曲线上取在点 p' 邻近的每一点 q'(图 21.17a)对应于一点 r',即 q' 对于 p' 的对称点,并且容易看出:(1)点 r' 和 q' 同时无限地趋近于 p';(2)这两点是在点 p' 的切线的异侧.

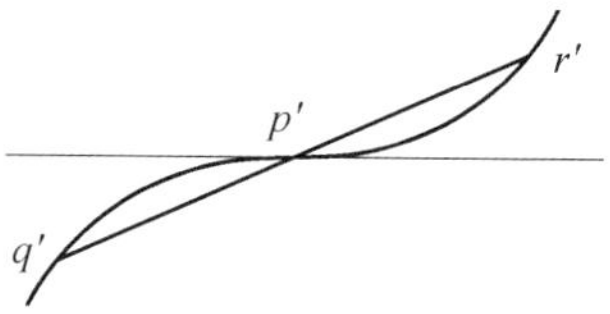

图 21.17a

上节谈到的点 μ 不能无限地远离.垂直于射影轴引(C)的切线 $\mu_1 m_1$ 和 $\mu_2 m_2$,交射影轴于 μ_1 和 μ_2,则显然 μ 介于 μ_1 和 μ_2 之间.螺旋线的铅垂射影——正像画在柱面上的任一曲线的铅垂射影一样——是介于两平行线 $\mu_1 g_1'$ 和 $\mu_2 g_2'$ 之间的,这两条线是构成柱面外表边缘的两条母线的射影.

螺旋线的铅垂射影也有一些点在外表边缘上:在其中任何一点,它是切于外表边缘的,这只要应用上节所指出的切线作法就可以立刻看出了①.

习　题

(395)证明:画在旋转柱面上的螺旋线,以它上面任一点向柱轴所引的垂线作为对称轴.

由是推证,这曲线在平行于轴的一个平面上的射影,以射影曲线和轴的射影的每一个交点作为对称中心.

(396)从画在旋转柱面上的螺旋线上的每一点引柱轴的垂线,求空间一已知点对于这些直线的对称点的轨迹(或求一已知点在这些直线上的射影的轨迹).

(397)在螺旋线每一点的切线上取一定长 l.证明这些长度末端的轨迹是

---

① 推广言之,画在柱面上并且和外表边缘的一条母线相截的任一曲线(L),铅垂地投射为一条曲线,切于该母线的射影,除非是(L)的切线平行于底面(从而垂直于铅垂射影平面).

两个螺旋线之一(视长度 l 所截取的方向而定).决定 l 使这样得到的螺旋线的切线和柱轴形成一个已知角;或使它和原先的螺旋线在对应点的切线形成一个已知角.

这两个 l 值之间该有什么关系,如果我们知道由这两值所得到的两条螺旋线在对应点的切线互垂?

(398)给定了画在同一柱面上的两条螺旋线,这柱面的底曲线是闭合的.证明:在这柱面上有无穷多条其他的螺旋线通过前两条的公共点.

如果在一个公共点引所有这些螺旋线的切线,那么其中连续的三条切线和柱的直截口的切线,构成调和线束.

(398a)通过螺旋线上一点 M 的切线作一平面,使平行于这曲线上另一点 M' 的切线.当点 M' 无限地趋近于 M 时(M 保持固定),求这样所作的平面的极限位置(**密切面**).

(399)任以一平面截一旋转柱面,将这柱面展开,设这样得出的截口变成 C_1.

证明有一条画在一个适当选择的旋转柱面上的螺旋线存在,使它在平行于这柱轴的一个平面上的射影(第 216 节,(2))与 C_1 全等.

反之,一条圆螺旋线在平行于它所在旋转柱面的轴的一个平面上的射影,被变换为一条平面曲线,如果我们把它卷曲于一个直截口长度等于螺旋线的螺距的一个旋转柱面上.

(400)证明:画在一个旋转柱面上的图形的面积,等于它的展开图形的面积.

第五编习题

(401)求作一圆锥曲线,已知一焦点,两切线及一点.考查已知点是两切线之一上的切点的情况.

(402)求作一圆锥曲线,已知一焦点、两点及一切线.

求作一圆锥曲线,已知一焦点及三点(化归切圆问题,下题亦同).

(403)两圆锥曲线有一个公共焦点,求其交点.

(404)两圆锥曲线有一个公共焦点,求其公切线.

(405)证明:被两定圆所调和分割(和同一圆的两交点互相共轭)的各直线,是一个椭圆或双曲线的切线(依两已知圆周止于一个公共点的两条半径的交角如何而定).这样得出的圆锥曲线只决定于两圆中心及其半径之平方和.

(405a)证明:在一平面上变动的直线,如果到这平面上两定点距离的平方和为常量,则必切于一椭圆或双曲线(利用平,习题(222)).

(406)设一直线被两定圆所截的弦成已知比,证明:它切于一定圆锥曲线.考查两弦相等的情况.(利用平,习题(149)证明至少有一定点存在,它在所考虑的直线上的射影画一圆或直线.)

(407)一点到两已知点的距离乘以两已知数后,其和或差为常量,考查这样的点的轨迹,并求这轨迹上任一点的切线.(仿166a节的方法)

(408)一椭圆在一全等的椭圆上滚动①,这两曲线的长轴起初互为延长线(在一个顶点相切).动椭圆的两个焦点画出什么轨迹?

对于一双曲线或一抛物线解同样的问题.

(409)平面上有一点 F 及一角,在角的两边上各取一点 A,B,若 F 与角顶的连线和 F 到 A,B 的连线成等倾,证明:有一条圆锥曲线存在,分别切两边于 A,B,且以 F 为一焦点.

(410)设平面上一常角绕一定点而旋转,两边各截两定直线于一点,证明:这两点的连线切于一定圆锥曲线.这圆锥曲线的性质(椭圆,抛物线或双曲线)和这角固定顶点的位置无关.它和这角的大小有何关系?

(411)取在三角形 ABC 平面上的两点 O 及 O' 的相互位置有如习题(197)(平,第三编)所述,证明:这两点是内切于三角形(即切于其三边)的一个圆锥曲线的两个焦点.

由是推出习题(382).

(412)求作一圆锥曲线,已知一焦点及三切线.设给定了这三直线,要这个圆锥曲线是双曲线,那么焦点应该在平面上什么区域?

证明:平面几何里习题(397)所考虑的动直线 PP' 切于一定椭圆.设在有同一等幂轴的一系列的圆中,我们引各圆的直径使其两端在两定直线上,这两线与连心线平行并和它有等距离,那么这些直径是同一圆锥曲线的切线.

(413)推广言之,有同一等幂轴的一系列的圆,以对于连心线成对称的两定直线截之,证明:不相对称的交点所联结的直线是一定圆锥曲线的切线,这圆锥曲线的焦点或者是这些圆的公共点,或者是它们的极限点,就看是哪一种点存在.(利用习题(470),当极限点存在时,利用平,习题(278).)

当所考虑的圆彼此都相切时,情况怎样?

(414)设四边形 $PQRS$ 内接于一椭圆,它的一条对角线 PR 通过一个焦点

---

① 我们说,一条不变的曲线 C 在一条定曲线上滚动,如果(1)这两曲线总是互相切的;(2)从一个位置到另一个位置,切点在两曲线上画出等弧,并且转向(这名词的意义见212节)对应于这点的公切线上同一个方向.

F,而另一对角线 QS 通过另一焦点 F',证明:PR 是 $\angle QFS$ 的平分线,而 QS 是 $\angle PF'R$ 的平分线.

两条对边的乘积等于另外两条对边的乘积.

这四边形不一定还满足其他在习题(365)中所考虑的判别四边形 $ABA'B'$ 的一些性质.但如果这四边形同时又内接于圆(也只有在这情况),这些条件便满足了.

(415)设一圆锥曲线切于一三角形的三边,证明:每一顶点到对边上切点的连线是共点的.(对于椭圆和双曲线,利用习题(369);对于抛物线,利用习题(380))

(416)采用 170 节及其后的符号,并设 O 为这圆锥曲线的中心,证明:三角形 POM 和 POM_1 是等积的.其中每一个等于以 PF,PF' 及焦轴为边的三角形之半.

(证明三角形 POM 的面积是三角形 PMF 和 PMF' 面积的平均数.)

直线 OP 平分 MM_1.

(417)M 是一抛物线 P 上任一点,在点 M 引法线直至与曲线的轴相交于 N.在点 N 引法线的垂线直至与通过 M 且平行于轴的直线相交于 I.最后,通过点 I 引轴的垂线直至与法线相交于 m.求点 m 的轨迹:

①设点 M 固定,而取 P 为通过 M 且以一已知点作为焦点的一切抛物线;

②设点 M 固定,而取 P 为通过 M 且以一已知直线作为准线的一切抛物线;

③设 M 画一直线 Δ,而取 P 为与 Δ 相切于 M 且有一已知焦点的一切抛物线;

④设 M 画一直线 Δ,而取 P 为与 Δ 相切于 M 且有一已知准线的一切抛物线.

(418)(162,174a 节推广)给定了一个椭圆或双曲线,证明:可以找到(而且以无穷多方式找到)一个圆心在焦轴上的圆和一条垂直于这轴的直线,使得从这圆锥曲线上任一点 M 到圆的切线,和该点到直线的距离成常比.

如果所得的圆和给定的圆锥曲线有公共点,那么圆和它的这些点相切,这些点的数目一般是二.

[把圆锥曲线看做切于两已知圆周的圆心的轨迹(习题(357));所求直线是两圆周的等幂轴,而所求的圆是被所有的圆 C 截于直角(平,228)的圆.]

(419)给定了一椭圆或双曲线,证明:可以找到(而且以无穷多方式找到)一个圆心在非焦轴上的圆和一条垂直于这轴的直线,使得这圆锥曲线上任一点

M 对于这圆的幂,和该点到直线的距离的平方成常比.

[考虑具有同一性质的一圆及一直线 H,但两者都截焦轴于直角(上题);然后设 K 为一直线垂直于 H,且截后者于 P,将点 M 到 H 的距离的平方代替为从同一点到 KP 的距离的平方减去从这点到 K 的距离的平方.]

(420)反之,证明:设点 M 对于一定圆的幂和它到一定直线的距离的平方成常比,则其轨迹为一椭圆或双曲线,这椭圆或双曲线的两轴之一是从定圆心向定直线所引的垂线.在哪种情况下这条轴是焦轴?哪种情况下是非焦轴?

若点 M 对于定圆的幂应为正,试如习题(418)所示来产生轨迹,其中点 M 是看做与两定圆相切的圆的中心.这两定圆可以看做由下面三条件确定:①使与我们可以作出的一圆正交;②使它们的中心 ω 在一条通过已知圆心 O 的已知直线上;③使它们的半径和相应的距离 ωO 成已知比.

若点 M 对于定圆的幂应为负,或若(这幂应为正)寻求点 ω 的问题无解,我们就照上题所示来变换这问题.我们证明施行这变换后,轨迹确实可以归之于习题(418).

寻求点 ω 的问题,只有当已知圆和已知直线相截时才没有解,已知比是假设大于某一限的.若已知比等于此限,则轨迹化为切于已知圆的两直线.

(421)给定一抛物线及垂直于其轴的一直线 D.在轴上求一点 V,使曲线上任一点 M 到这点和到这直线 D 的距离的平方差,与点 M 的位置无关.

反之,到一点和到一直线的距离的平方差为常量的点的轨迹为何?

(比较习题(418)).

(422)给定一椭圆 E,在这椭圆平面上取一直线 H 垂直于椭圆的一条轴.设 (H) 为圆,它和直线 H 具有习题(418),(419)所指出的一些关系.因此,椭圆上一点 M 对于圆的幂,和这点 M 到直线的距离的平方之比,是不因 M 在椭圆上的位置而变的.

①当直线 H 给定时,求作圆 (H).

求出问题可能的条件.又当这些条件满足时,按照直线 H 的位置,找出与它对应的圆 (H) 对于椭圆 E 以及对于直线 H 的相关位置为何.

特别地,指出在什么情况下,圆 (H) 或者没有一点在椭圆外,或者没有一点在椭圆内.

②设 H,K 为两直线,各垂直于椭圆的一条轴.设 P 为这两直线的交点,并设 $(H),(K)$ 为对应于这两直线的圆.证明两圆 (H) 和 (K) 的连心线通过点 P.

③证明:只当两圆相切时,这两圆的等幂轴才通过点 P.

为此,证明点 P 是这两圆的一个极限点.

求点 P 所应占有的位置的轨迹,使圆(H)和(K)相切.

④设 H,H' 为垂直于椭圆长轴的两直线,并设$(H),(H')$为对应于这两直线的两圆.

证明当一点 M 沿椭圆 E 移动时,由点 M 向两圆所引切线长度的和或是差为常量,就看点 M 所画的椭圆弧是介于或不介于直线 H 和 H' 之间. 对于这个性质的断言作必要的修正,使适用于两直线 H,H' 垂直于短轴而非长轴的情况.

(422a)考查关于双曲线的同样问题.

反之,设由一点 M 到两已知圆所引切线的和或差有已知值,证明:点 M 的轨迹为一椭圆、双曲线或抛物线. 讨论(按照 M 在曲线上的位置)等于给定长度的是所考虑的切线之和还是差.

考查这长度是两圆公切线长度的情况.

(423)求上两题中的直线 H 使圆(H)通过平面上一已知点. 对于抛物线解同样的问题.

(424)当两圆锥曲线的轴互相平行或垂直时,证明:它们的交点都在一个圆周上(第 162,174a 节;习题(418)).

当牵涉到轴互垂的两条抛物线时,证明:这圆的中心是一个平行四边形的第四个顶点,这平行四边形以两个焦点作为两顶点,第三顶点是两条准线的交点. 只有当这第三顶点的角为锐角时,两条抛物线的公共点才存在.

(425)设一圆切一椭圆或双曲线于两点 M,M',其中 M,M' 是对于焦轴成对称的两点.

①证明:这圆的圆心 O,两点 M,M',这两点的切线的交点,以及这圆锥曲线的焦点 F,F' 在同一圆周上;

②证明:当给定圆锥曲线后,比 $\dfrac{OF}{OM}$ 不因点 M 的位置而变(应用平,237);

③反之,设一圆的圆心 O 在一定直线上移动,半径则与圆心到一定点 F 的距离成常比,证明:这圆(至少当点 O 在一定的界限以内变动时)切一定圆锥曲线于两点;

④证明:到切点 M,M' 之一的半径以及直线 OF,和定直线的垂线的两个夹角的正弦之比为常数.

(换言之,若取通过定直线且垂直于图形所在平面的平面作为折射面,则通过定点 F 且位于图形所在平面上的入射光线,其对应的折射光线就是射线 OM ——定圆锥曲线的法线.)

(426)有一变动的椭圆或双曲线,两焦点保持不变.证明:由非焦轴上一定点 O 所引的切线或法线的切点,其轨迹为一圆.

这圆和点 O 在焦轴上时的类似圆(习题(333))相正交.

(427)求与两定圆成双切的圆锥曲线的焦点的轨迹.

应该区分四种情况:

①两定圆的圆心都在所考虑的圆锥曲线的焦轴上;

②两定圆的圆心都在所考虑的圆锥曲线的非焦轴上(利用习题(425),②);

③,④两圆中第一个的圆心在焦轴上,第二个的在非焦轴上,或者反过来(利用习题(422),③).

(428)求切一已知圆于两已知点的圆锥曲线的焦点的轨迹.

(429)通过圆周上每一点 m 引一直线平行于这圆平面上的固定方向,并在这平行线上截取一个长度 mp 和点 m 的曲线坐标成比例.

证明点 p 的轨迹曲线(伸长或缩短了的摆线)可以看做:(1)固定于一个圆上的一点的轨迹,这圆是在一条定直线上滚动的((408)题注);(2)一条圆螺旋线沿一固定方向在柱的底面上的平行射影①.

在什么情况下,投射方向是螺旋线一条切线的方向?

---

① 这句话的意义见283节.

第六编

测量概念

第22章 一般概念、平面测量

218. **测量**是用来决定地区外形的技术.此外只谈测量的几何原理,实用上的细节,只有留之专书.而且对实用细节的讲述,如果不去实际操作,也将得不到什么收益.

我们只限于介绍通常实用上足够应用的近似方法,对高度准确性的一些操作,基本原理是一样的,在细节上则需要一系列的审慎工作.关于这些,我们只在适当的场合加以指点.

219. 所谓一点的**铅垂线**,是指这点的重力方向.

实用上决定这个方向作为锤球线(即悬挂重物的线)的平衡位置.例如要肯定树干是否是铅垂的,就必须检查它是否平行于铅垂方向.

这个方向在地球表面上各点并不相同,因为地球大体上是球形的,各地的铅垂线会合于球心.但它的变化非常慢①,所以在通常的测量中(注意,不是要求高度准确的!),对所要研究的地面上各点所引的铅垂线,一般认为是平行的.

一个平面如果平行于铅垂线,便称为**铅垂的**.

220. **水平面**是与铅垂线垂直的平面.

一条直线也称为水平的,如果它垂直于铅垂线.

当液体在平衡状态时,它的自由表面(展布于这样一个范围:在其中可以假设铅垂线是平行的)呈水平面状②.

我们利用这个性质可以确定一个方向是不是水平的.为此常使用所谓**水准器**,这是一个微凸的玻璃管,嵌在一个金属架 AB 上(图 22.1),管中装有液体,但不完全装满以留下一个气泡.如果自由液面玻璃上预先刻下的线痕 C,D 之间成水平,我们就知道管子的轴是水平的.

---

① 由得出米尺的方式可知,当地球上两点相距约 10 000 千米时,两地的铅垂线构成 90°角.于是,要铅垂线变化一度,就要移动 $\frac{10\ 000}{90}$ = 111 千米.变化一分,大致相当于移动两千米.

② 在表面的边缘部分,情况就不是这样了.由于器壁的所谓毛细管作用(看 241 节),液面的方向有所改变.

可见水准器可用来判定一条直线是否水平.

要检查一个平面是否水平,我们检查这平面上两条直线是否水平.

但这两条直线不应当平行,而且应当把它们选成差不多是相互垂直的①.

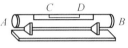

图 22.1

221. 为了将一个物质平面(例如一块木板或金属板)放在水平位置,可摸索变更这平面的方向,直到用水准器确定出完全水平为止.

为了能移动平面以随意变更其方向,可以用几种装置.

(1)用三个螺旋支持所说的平面(图 22.3),其作用在于可随意升高或降低这平面上三点.

这种装置可以作微小的移动,所以除了其他的情况外,凡需要有一定的准确度时,就采用这种装置.

(2)利用球臼接头也可得到同样的结果(图 22.4),但比较粗糙一些.在这种悬式装置下,动平面带着一个实球,这实球刚好填满一个空球,空球固定在支柱上,实球可在空球内部任意转动.

图 22.3

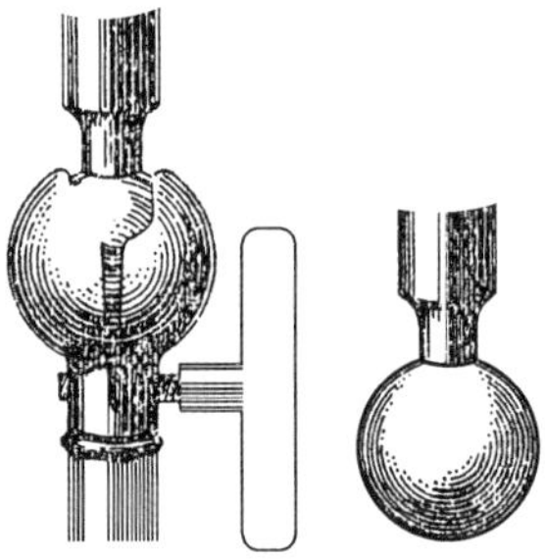

图 22.4

---

① 在某些仪器中使用圆形水准器(图 22.2):当确是水平时,气泡便位于刻在仪器上表面的一个圆内;于是为了确定平面是否水平,便只须一个过程.

侧剖面　　　　　　　平剖面

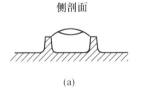

(a)　　　　　　　　(b)

图 22.2

(3)在另外一种变向器中,动平面不是直接连接于支柱的,而是利用一个中间圆柱 C(图 22.5),使动平面可以绕柱的轴 AA' 旋转,而圆柱又可以绕一条与 AA' 垂直且固定于支柱的轴 B 转动.这种装置确实可以给平面一个任意方向(习题(155),(156)).

在上面两种仪器中都备有螺旋,使一经达到水平后,便可施行制动.

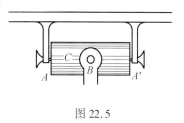

图 22.5

222. 假设已选定了一个确定的水平面 H(图 22.6),称之为**水准基面**,如果给定了一点 M 的**水平射影** m(在平面 H 上的射影)和它的**高程** mM,那么这点就决定了.但是一般还需要指明这高程所取的正向;不过一般在测量上,水准基面总位于所研究的图形各点的下方①,这就没有必要了.

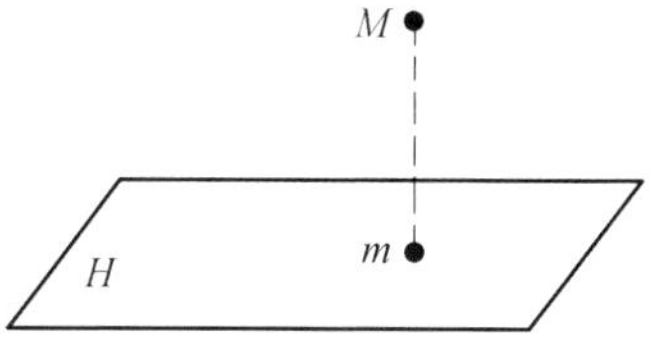

图 22.6

由是可知,我们将完全掌握一处地面外形的一张图,如果确定了:

(1)它的水平射影,这水平射影也叫做**平面图**;

(2)各点的高程.

因此在测量上有两个过程:**平面测量和水准测量**.

223. 平面测量 所谓对一个地区的平面测量,是指测出足以决定平面图的外形和大小的一切元素.

在一个地区进行了平面测量后,还须在纸上按一定的相似比作出这地区水平射影的近似图.这就叫做把平面图缩在纸上,这个相似比称为这样绘出的平面图的比例尺.

平面测量的基本过程是:(1)定直线;(2)长度的测量;(3)角度的测量.

224. 测线的决定 从平面测量的观点讲,如果我们知道了地区上一点的**投射线**,即通过这点的铅垂线,那么这点可以认为是确定了.在地区上投射线用

---

① 显见若有必要,可以给高程一个符号,以指明长度 mM 的指向.

标杆来表示,即是带着标志的一根杆子,以便远处可以识别,把它垂直地插在地上(必要时利用锤球).

仿此,在平面测量上,一条直线的方向只有用包含它的铅垂面或**测线**来识别.

测线是由直线的两端确定的,如果两端距离相当远,表示它们的标杆可以比拟为几何上的直线,由于它们的粗细带来的不准确性,不会超出容许的误差限度.

由于各种理由,我们有必要用标杆来定测线,即是在中间用标杆插在这条线上,或者通过一端而延长.

我们知道,如果用眼睛来看,第一根标杆同时遮住另外两根,那么这三根标杆就在同一测线上.

用标杆定线,一般需要两个人,一个是校线的,另外一个在他的指挥下,把标杆移动到测线上.

225. 以后将见到,我们能用两条铅垂线来定线,但这两铅垂线的距离,不能超过后面(第 227~228 节)将要介绍的一些仪器所容许的范围.

要达到这结果,一般使用**照准器**.

舰板是一块长长的板(图 22.7),在它的一半上有一条直缝 ab,在另一半上有一个矩形切口,其中穿着一条线 cd. 这条线是在直缝的延长部分,这样就决定了一条直线.

照准器是一根底尺两端装着两块垂于其平面的舰板(图 22.11). 两块舰板这样安置着:一块上的细线对准着另一块上的缝. 如果用眼睛去望,第一条线遮住第二条缝,而从第一条缝中可以看见第二条线,这就定出了一个平面,具有所要求的精确度.

高度的准确性可以用望远镜得到. 如果望远镜可以绕垂直于其轴的直线 AB 而动(图 22.8),当 AB 成水平时,轴线便在一个铅垂面内移动.

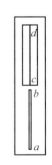

图 22.7

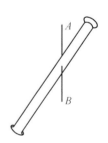

图 22.8

226. **长度的直接丈量**　在地面上丈量长度,我们使用**测链**,这是长 20 米,分成每段长 20 厘米的链段.

如果要测的直线是完全水平的,就将测链在这直线上放置足够的次数,通常最后总是剩下比 20 米短的一段,只要数一数这一段含有多少链段或链段的几分之几,便能求出长度了.我们应当注意下列三点:

(1)每次安放,链子要接紧;

(2)它确定是在给定测线上的(上节);

(3)在每一位置,链的末端应该正好在上一位置的前端.为此,我们利用一个称为**测针**的小铁签,于链的前端所到之处,在卷起测链之前将测针插入泥中.

但在实际上,要丈量的直线决不是水平的.因此(由前所说)所要丈量的乃是它的水平射影.为此,只要每次将链拉成水平,在链的前端处插一测针(利用锤球使成铅垂)①.例如在图 22.9 所示的线 AB 上,测链在 AB_1, A_2B_2, A_3B_3 摆下三次,最后一段 A_4B_4 小于链长.如果所有

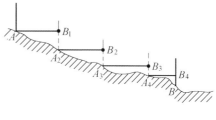

图 22.9

这些线段在一平面内并且是水平的,而各点 A_2, A_3, A_4, B_4 又分别在通过 B_1, B_2, B_3, B 所引的铅垂线上,那么四线段 AB_1, A_2B_2, A_3B_3, A_4B_4 之和(即链长的三倍加上线段 A_4B_4)就代表 AB 的水平射影.

链的水平程度,它的完全伸直等等,在实际上只能近似地做到.但是,对于有经验的测量员,误差不会超过 1/1 000.在精确度要求非常高的测量过程中,为了免除这些误差,以及其他一些我们不预备细述的原因,就不得不采取一系列细致而复杂的措施.对这些丈量乃至在普通的丈量中,一般总是把长度的直接丈量减少到最低限度,其他的长度则采取间接丈量,这在下面(第 230 节)将讲到.

227.角度的直接测量 两直线 AB, AC 水平射影的夹角,就是包含它们的两铅垂面所成二面角的平面角(图 22.10).

在地面上测角最通用的仪器是**测角器**(图 22.11).它是一个金属的半圆或转盘装在一个变向器(第 221 节)上而成,转盘可以在它的平面上转动.转盘上刻着百分度(平,18a)以及更小的分划,或刻着度与分的分划,并装上两个照准器,其中一个是固定的,并且一边沿着刻划 0°~180°的线,另一个照准器则可沿转盘中心而转动.

---

① 假设要测的直线是下降的,也就是说,从这直线较高的一端出发,一般就是这样进行的.

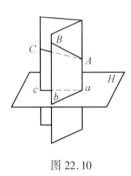

图 22.10   图 22.11 测角器

要测两条测线的夹角,安放测角器使其中心位于角顶的铅垂线上.转动变向器使转盘成水平,然后将转盘在它的平面上旋转,使固定的照准器指向两条测线之一,安置第二个照准器于第二条测线上,于是可以读出所求的角.

在比较精确的仪器中,用活动望远望代替照准器,在经纬仪中就是这样装置的,它是在精确测量角度时代替测角器的仪器.

所谓一个方向的**方位角**,就是包含这个方向的铅垂面和取作起点的一定铅垂面的夹角,两条测线的夹角显然可以看做是它们方位角的差.

通常取南北方向(该处的子午面)作为起点方向.为了便于算出这样确定的方位角,测角器上备有指南针.

228. 平板仪是可以用来测定平面图,且同时把它缩在纸上的一种仪器.

平板仪正如它的名称所示,是由一块很平的板装在一个变向器上构成的.平板既可以转动,又可以在它的平面上滑动,板上放一张纸以便绘图(图 22.12).

一个活动照准器可以任意地放在平板仪上.这照准器边缘上穿一个小孔,以使其绕着插在纸上的一个针尖 o 而转动.

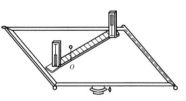

图 22.12 平板仪

现在假设要在平板仪上测量一个角.

通常,角顶 o 和角的一边 oa 是在纸上预先标志着的.于是需要:

(1)利用变向器把仪器安放成水平;

(2)利用仪器在自身平面上的运动,安置纸上所标志的点 o 在地面已知角顶的铅垂线上①,并沿 oa 安置测角器,使这测角器在第一条给定的测线上.

所有这些工作称为**整平**.

然后绕插在点 o 的针尖转动照准器,直到看见第二条测线,用铅笔沿这新位置的边缘画一条细纹 ob.显然$\angle boa$ 代表所求的角.

这种过程,初看好像比测角器准确,因为就理论上讲,$\angle boa$ 准确地等于要测的角,而且测角器所读出的角要差一二分.

事实上,情况正好相反.由于平板仪上画图的范围不大,以及铅笔细纹和照准器的微小偏离等等所造成的误差,远远超过用测角器所产生的误差;但是,虽然精确度比较差,使用起来却比较迅速.

229. 三角形测量 平面测量可化为(见下)一系列的三角形测量.后面这过程总可以用以上三节所叙述的方法来完成.要测量一个三角形,必须测出:

(1)一边及两角;或

(2)两边及其夹角;或

(3)三边.

特别地,我们总可以按一定的比例把三角形缩在纸上.例如如果已测得一边 AB 及两邻角$\angle A, \angle B$,便可在纸上画一线段 ab 使其与测得的长度之比等于已知比例②.然后,如果使用的是测角器,还须用缩小仪③作两直线 ac, bc,使其与 ab 所构成的角等于在地面上测出的角.

相反地,如果使用的是平板仪,那么在测量地区时,就已经画出直线 ac, bc 了(第 228 节).

230. 长度和角度的间接测量 由上所说可知,不经过直接测量,也可以知道长度或角度,只要测量一个含该长度或角度作为元素之一的三角形就行了,这元素于是可以视为已确定了.

如果要得出实际上的度量(长度以米计,角度以度和分计或以百分度及其

---

① 点 o 离开已知角顶的铅垂线三四厘米所产生的误差,不会超过要求于平板仪的(一般的)容许误差限度.

② 像上面对于角度的读法一样,一些特殊的设计可以确定线段 ab 使误差不超过 1/10 毫米,尽管用来测量的尺上只刻到毫米.

③ 缩小仪由于范围很小,在量角的过程中只能得出粗略的近似值.如果要求一定的准确度,应该用三边来作出三角形,这些边中未直接知道的,就须间接算出(看下节).

部分计),我们可以把三角形缩在纸上,比例是任意取的.所求的度量这样得出:

如果是一个角,就等于所绘图形的对应角;

如果是长度,就等于对应的长度乘以所选取的相似比的倒数.

如果所绘出的相应长度不是太短,那么在纸上量它所产生的误差乘以相似比的倒数,所得到的乘积可能不超出容许的误差,特别地,不致超过在地面上直接测量所得出的误差.

如若不然,就必须或者在地面上画一个全等或相似于所测的三角形,——这方法显然非常不方便,这里只提一提——或者求助于三角学,由三角学上得出的结果不引进新的误差①.

231. 以上所述在测量上是常用的.我们立刻引述两个结果:

(1)不用别的仪器,只用测链可以测角.

只要测量以该角作为元素之一的一个三角形的三边就行了.

因此,只利用测链我们可以测量任意一个平面图,因为这平面图的所有测量可以划归为长度和角度的测量.

(2)我们可以测量两点 A,B(图 22.13)的(水平)距离,其中第二点是望得见而达不到的.这时显然只要丈量一个距离 AC,并测量两个角 $\angle BAC$ 和 $\angle BCA$.

但是我们看出,要正确地决定点 B 的位置,就不仅要从点 A 来观察该点,还要从另一点 C 来观察.在点 A 的观测只足以示明直线 AB 的方向,而仅仅利用它不足以决定这线段的长度.

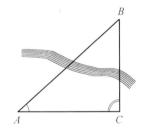

图 22.13

还须指明,当点 C 在直线 AB 上时,上面的进程行不通.如果在 B 处的角太小,也是行不通的,因为直线 AB 和 CB 不能很好地定出点 B.

232. 三角测量 容易理解,为什么任意的测量都可以化为测量三角形.

假设我们已经测量了包含某些点 $A,B,C,\cdots,K,L$ 的一个平面(图 22.14),而要在这个测量上联系一个新点 M,即测量由点 $A,B,C,\cdots,K,L,M$ 所构成的图形.

---

① 参看布尔勒《三角教程》第三编.三角计算得出的量只能是近似的,但它所产生的误差和地面测量所产生的误差相比,完全可以忽略不计.

为此,只须测量由点 M 和原先图形上两点(例如 K,L)所构成的三角形(在这三角形中,边 KL 应视为已知的,因为它属于已测图形).如果我们还注意到这三角形的转向,即是说,如果观察了点 M 在直线 KL 的哪一侧,那么这问题就全部解决了.因为在已知道了点 $A,B,C,\cdots,K,L$ 的基础上,又求出三角形 KLM 的元素和转向,就足以确定点 M 的位置了.

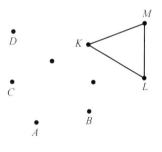

图 22.14

所以要测量由 $A,B,C,\cdots$ 构成的图形的平面图,我们首先测量其中两点 A,B 的距离,然后将一点 C 联系于前两点,一点 D 联系于 ABC,以下仿此.

这方法显然具有一定的灵活性.特别地,我们可以用几种方法计算 CD,CE,$\cdots$ 等长度的任一个.这样就有了一个方法来校验各个运算.

用测量一系列三角形以得出一个地区的平面图,称为**三角测量**.

233.在通常遇到的简单测量中,要将测角器或平板仪安置的次数减少到可能的最低限度,由此得出两种方法,称为**交会法**和**射线法**.

在交会法中,我们用测链丈量一条测线 AB,使图形其他各点联系于它.为此,设 M 为任一点,在 A 和 B 测出三角形 ABM 的两角.我们看出,这方法只要求两次安置,即在 A 和 B.我们假设这样选取了底边 AB:使得一切像 $\angle AMB$ 的角不要太小(第 231 节).

在射线法中,我们给所有的三角形一个共同的顶点 A,并测量:(1)在点 A 的各角;(2)由 A 发出的各边.这时只有一次安置,即在点 A.

234.**用导线法测量多边形** 我们可以用类似于测量三角形的方法来测量多边形,即测出各边及各角.

从理论上讲,不须测出多边形所有的边和所有的角,只要知道它的所有元素少三个就够了.例如如果定出了 $\angle B$,$\angle C$,$\angle D$ 和边 AB,BC,CD,DE(图 22.15),也就测量出了五边形 $ABCDE$.因为利用中间三角形 ABC,BCD,CDE(其中每一个,已知两边及其夹角),各顶点就彼此联系起来了,剩下来的只须联结 EA.

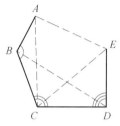

图 22.15

从此也可看出,导线法只不过是三角测量的一个特殊形式.

在实践中,若 n 为边数,一般测出 n 边和 n 角以便校验.

第一个校验得自角的测量.这就在于肯定这些角的和确实等于 $(2n-4)$ 直角.

第二个校验(如果不用三角)须将平面缩在纸上才能完成,如果测量工作做得好,多边形应该刚好是闭合的①.

235. 直角仪的使用 直角仪是用来在地面上引垂线的,由一个八棱柱构成(图 22.16),四面②上备有觇板.这棱柱安在一根桩上,桩铅垂地插入土中.设 $p, p'; q, q'$(图 22.17)是分别装在对面的四觇板,这样就定下了两条测线 pp', qq'.如果两线垂直,直角仪就安妥了.

利用安妥了的直角仪可解决下面两个基本问题:

(1)通过选在测线 AB(图 22.18)上一点 C 引这线的垂线.

把直角仪放在点 C,使一个观测面在这测线上,垂直的观测面就给出所求的测线.

(2)通过测线 AB 外一点 C 引这线的垂线.

这个过程在通常的测量中是最细致的,事实上,必须摸索进行,移动直角仪直到放在测线上这样一个位置 O:在 O 所引 AB 的垂线(上题)通过 C.

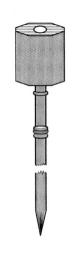

图 22.16

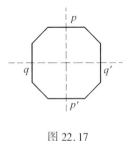

图 22.17

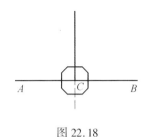

图 22.18

---

① 在实践中,一般不会发生刚好闭合的情况,但其误差不应该超过一定的限度,例如整个周长的千分之一.如不然,就应该认为,除了任何外界的测量无法避免的误差外,还有**过失误差**,即是说没有正确地使用各种方法.必须找出并纠正这种过失误差(参看习题中一例).

② 事实上,八面都有觇板,此地为简单计只描述发挥仪器作用的必要部分.

236. 设在地面上用标杆定出一条测线,水平投射为 Ox(图 22.19),又有和第一条垂直的测线水平投射为 Oy,这条线只在理论上占一个地位.利用测链和直角仪,可以确定出任意一点 M 的水平射影对于轴 Ox,Oy 的坐标.为此,只须从点 M 引 Ox 的垂线 MM'(上节)并丈量 OM',$M'M$.

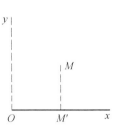

图 22.19

知道了这两个坐标,就完全决定了 M 对于轴 Ox,Oy 的位置.所以给定了任意若干点,要用测链和直角仪测定这些点所成图形的平面图,只须重复上述过程.

并且图形的各个部分不妨用不同的坐标轴分区测量,只要这些坐标轴是互相联系的.

237. 要测量一个地区的平面图,通常把这过程分为两部分.

首先,选取若干比较重要的,相互间的距离足够远的点,以形成一个多边形(**测量多边形**或**导线**),并尽量小心地丈测这个多边形.为此,我们可以运用上述任一方法,并操作如下:

(1)用导线法,利用测链和测角器,或者只用测链(应用 231 节说明).但后面的方法冗长而精确度不高,只能在较小的地区使用;

(2)用交会法,只要能找到一条底边,使从多边形其他各顶点对它的视角不是太小;

(3)用射线法;

(4)一般,任用一个三角测量;

(5)利用直角仪(上节).

但须注意,如果地面上障碍物太多,第二、第三法(有时最后一法)是不适用的.

在导线的测定方面,一般不用平板仪,由于它准确性差.

238. 导线一经测定,联系一些点所用的原理总是相同的,但要采取比较迅捷的方法.在工作的这一部分,使用平板仪为便.

在上述各法之外,将一点 M 联系于导线,还有一个简单的方法,即在该点观测已经测定的三点 A,B,C,记下角度 $\angle AMB$,$\angle BMC$(图 22.20).知道了这两角,便得点 M 的两个轨迹,即以 AB 和 BC 为弦的两弧.于是只须在纸上取这

两弧除 B 以外的一个公共点. 并且利用三角学可以定出三角形 ABM, BCM 的一系列元素.

当(知道了导线上的情况)仪器只能安置在点 M 时,就采用此法,便如在航海时,邻近海岸要决定自身的位置,就是这种情况. 三角形 ABC(它的顶点在陆地上)的元素是预先精确测定了的, 并且结果在海员手中.

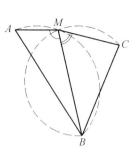

图 22.20

239. 230 节所说, 显然可推广如下: 要知道一个长度或一个角, 可将这长度的两端或角的顶点以及两边上两点联系于我们所做的测量.

例如在下例中就是这样办的: 求可望而不可达的两点 A, B 间的距离(图 22.21). 我们测量一条基线 CD, 并将两个给定的点与之联系, 使用交会法.

240. 当要测的平面含有一条曲线(例如一条路或河岸, 图 22.22)时, 我们可以测量这线上的一些点 M, M', M'', $\cdots$, 使其彼此相距足够近以便识别其外形.

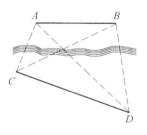

图 22.21

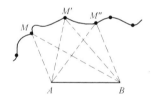

图 22.22

第23章 水准测量

241.直接水准测量 我们利用**水准仪**测量两点的高程差.

这仪器(图 23.1)由两个玻璃瓶 CD, $C'D'$ 和连通它们底部并垂直于它们的一根管子 CC' 所组成,其中装着有色的水(不装满).这些支在一根垂直的轴 AB 上.根据流体力学所建立的连通器原理,两个玻璃瓶中的自由液面属于同一水平面.

由于毛细管的作用,连通器原理不加修正不能永远适用,这毛细管作用是:(1)升高每一个瓶中的自由水面,所升高的程度,决定于瓶的直径;(2)升高液面的边缘部分,使在器壁附近不再成为水平的,而呈图 23.2 所示形状.

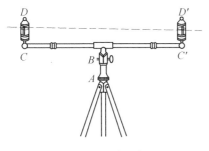

图 23.1 水准仪

图 23.2

但若两瓶口径完全一样,那么两方面的毛细管作用也相同.由于仪器是经过小心制造的,这个条件能得到满足.在这样的情况下,这两个自由液面的边缘 ab, $a'b'$ 属于同一水平面.

如果眼睛沿着两圆周 ab, $a'b'$ 的一条内公切线望去,这两条曲线好像互为延长的两条短短的直线(图 23.3),那么就照准了一条确定的水平线.

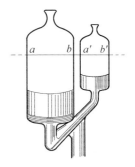

图 23.3

242. 为了能够依次照准同一水平面上各个方向,显然应该将仪器绕轴 AB 旋转,如果后者是铅垂的.两瓶中水的高度保持不变,而上面所说的那条直线就产生一个水平面,称为这仪器的**照准面**.

当水准仪绕着旋转的轴 AB 不是铅垂的,上面的结论一般不适用.但即使在这样的情况下,我们还可以认为液体的水平面在旋转中保持未变,如果我们查出:(1)两瓶的内径相等(这是假设了的);(2)轴位于管的中点.

事实上,在任何假设下,仪器中所含液体的容积为常量.但这容积包括:(1)水平管的容积,这总是一样的;(2)包含在两个瓶里的容积.由于两瓶呈柱状而且口径相等,后面的容积和液体在它们每一个中所占的高① PQ,$P'Q'$(图 23.4)成比例,因此它们的和成比例于和 $PQ + P'Q'$.

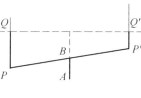

图 23.4

由于总的容积是常量,我们看出,当绕一条不成铅垂的轴旋转时,一个瓶中液体所占的高度增加,而在另一瓶中则减小,但两个高度之和则不变.

但由梯形② $PQQ'P'$ 表明,这个和等于从管的中点以液体上表面的铅垂距离的两倍,因此后面的距离应该保持不变,只要管的中点位于轴上.也容易看出(习题(433)),如果管的中点到轴的距离很小,同时轴和铅垂线的夹角也很小,那么照准面的变化可以忽略不计.因此,在实践中总可以把这照准面看做是固定的.

243.用水平仪可作如下的基本操作:

给定比仪器照准面低的一点 M(图 23.5),试定这点在照准面下的高程.

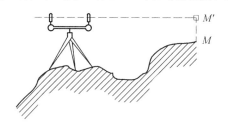

图 23.5

为此,只须在点 M 的铅垂线上找出一点 M',使其位于仪器的照准面上,并记录距离 MM'.

---

① 我们推理时把两个瓶子看做是铅垂的,实际上并非正好如此.但当倾斜不大时,由此所产生的误差完全可以忽略不计.

② 为简单计,把管和瓶化为直线.

这是利用**水准标尺**来实现的,即是一根刻度尺带着一块称为视板的方板,板分为四个部分,依次涂上白色和彩色(图 23.6),以便使其中心在远处就可明显地看见.

把这根尺铅垂置于点 M,然后按照测量员的指示,升降视板使其中心位于一点 M',恰好在水平仪的照准面上.最后只须从尺上的刻度读出距离 MM'.

但须假设:(1)点 M,或者至少点 M',可从放置水准仪的地方望见;(2)两仪器间的水平距离不能太大,因为测量员在照准方向上的微小误差所产生的影响,随着这个距离而增大;(3)如果水准标尺是简单的,所求高程差不超过两米,如果水准标尺是带槽的,则不超过四米,这时水准尺是由两根尺组成的,一根可以在另一根上滑动,使能将长度伸为原长的两倍.后者不能超过两米,以便第一根尺的末端无困难地达到.

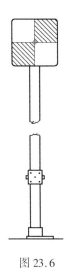

图 23.6

244.**简单水准测量**　设欲求两点 M, N 的高程差.

安置水准仪使其照准面高于两已知点,并测出(上节)在这照准面下两点的高程.然后只须将所测得的两个高程相减.

如果水准仪在测线 MN 上,我们可以得到两个读数而无须挪动水准仪.否则就将这仪器绕轴转动,安置水准仪,我们可以从同一观测点定出一系列望得见的点的高程差.

要上法能奏效,必须(上节):(1)我们能安置水准仪使同时能望见给定的各点;(2)这些点到水准仪的水平距离不太大;(3)所求高程差是相当小的.

245.**复合水准测量**　如果不能满足上面所列举的任一条件,就必须运用**复合水准测量**,即是说选择一些辅助点 $P, Q, \cdots, S$,使得利用简单水准测量可以测出 M 与 P,P 与 Q……S 与 N 的高程差.这样得出各量的代数和就得所求的结果①.

246.就像角和水平距离的测量一样,水准测量可以间接进行.

---

① 情况至少是这样的,如果我们可以把各铅垂线看做是平行的,甚至看做是共点的(即把大地看做球).但鉴于今天测地学所要达到的精确度,我们必须考虑到比较复杂的一些措施,如果不加修正,文中所述的原理是不正确的.

设欲求放置眼睛的一点 m 和任一点 N 的高程差.设 H(图 23.7)为 m 在点 N 铅垂线上的射影,如果测出了直角三角形 mNH 的:

(1)边 mH;

(2)点 m 的角,这角正就是方向 mN 和水平面的夹角,或这方向的高度(或竖直角);

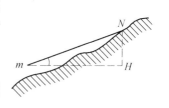

图 23.7

这直角三角形就完全确定了,从而就知道了所求高程差 NH.

第一个测量利用平板仪,应用前章所述的方法完成——直接或间接地进行,看具体情况而定.

要测方向 mN 的高度,可用测角器,把转盘铅垂地安置.

但正如以上见到的,间接水准测量需要操作一次平板仪,因此在多数情况下,当应用这个方法时,要同时进行丈量和水准测量.如果利用一个仪器能同时并在同一地点测出一个方向的方位角和高度,那就方便了,经纬仪就是这样的仪器.

247. 为了实际上测出 NH,我们可以:

(1)或者利用三角学.如果要求高度的准确性,总是这样办的;

(2)或者在纸上作一个三角形相似于 mNH;

(3)或者在地区上作出如下一个三角形(这里导致一个非常简单的测量方法,无须应用测角的仪器):在测线 mN 上铅垂地插一根测签 $H'N'$(图 23.8),在它上面标志下和 m 在同一水平面上的点 H',以及在视线 mN 上的点 N'.于是得出相似于 mHN 的一个三角形 $mH'N'$,量出水平距 mH 和长度 mH',$H'N'$,用一个简单的比例式便得出所求的高程.

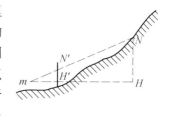

图 23.8

这个测法的近似程度较差,测倾仪就是应用这个原理制成的,但精确度较高,它是利用觇板(225 节)来确定点 m 和 N 的.

248. 设欲求地面上两点 M, N 之间的高程差,可根据具体情况这样进行:或者把眼睛放在点 M 之上一点 m,而将直接计算得到的 m, M 两点间的铅

第六编 测量概念

垂距离加于高程差 NH. 例如当我们应用上节(3)中所指示的方法时, 就是这样进行的;

或者利用求差来操作, 完全像水准仪一样.

间接水准测量因此可以看做是完全类似于直接水准测量的一种操作, 通过点 m 所引的水平面代替了水准仪的照准面.

唯一不同的是: 水准仪的照准面总是应该在被观测点的上方, 而且高程差不超过 4 米, 而用间接水准测量可以观测任意的方向和量. 因此, 在直接水准测量只能用复合法时, 用间接水准测量则可能是简单法. 并且在不少情况下(例如测量不可到达的钟楼或山脉等的高), 无法直接用水准测量, 而间接水准测量, 则凡可望见的点都可适用.

249. 决定了各点的相互高程差以后, 为了要知道这些高程本身, 只须求出其中的一个. 并且这最后的未知数显然倚赖于基准水平面的选取, 因而可以看做是任意的. 例如, 可以取一个给定地区最低点的水平作为基准水平面, 而把这点的高程定为零.

要变更基准平面, 只须将各个高程同加上或同减去一个量, 即旧基准面对于新基准面的距离. 例如在两个相邻地区独立地做了水准测量, 并且使用了不同的基准平面, 要把两者结合成一个, 就应当这样处理.

最后, 如果要比较对差别较大的一些地区所进行的水准测量, 那么有一个对于所有测量为公共的基准水准测量[①], 就显得很重要. 这时我们相对于海平面计算高程; 这样估计的高程称为各该点的**海拔**.

250. **高程表示法, 水准曲线** 在纸上绘出平面图以后, 还须有一个清晰的概念, 以表达这个地区的起伏情况. 利用水准曲线[②]可达到这结果.

所谓**水准曲线**(图 23.9, 24.4)是指有同一给定高程的点的轨迹, 即地面被一个水平面所截的截线.

决定这样一条曲线的方法是: 在彼此相距不远且有给定高程的一些点上设桩(利用水准仪), 然后利用交会法或平面测量中的任何其他方法, 记录这些桩的位置.

我们画出一些水准曲线以表示地区的起伏情况, 这些水准曲线的高程彼此

---

① 我们说的是基准的水准测量而非基准平面, 因为对于相距很远的地区, 就不能认为水平面是平行的.

② 或称**等高线**.——译者注

相差同一个量或等高距(这等高距决定于地区的性质以及平面图的比例尺).

如果已经适当地选择了等高距,那么这些水准曲线的形状和分布就足以显示出该地区起伏的一切特点.特别地,对于同一等高距,这些曲线相距越近,就表明这地区倾斜越甚.

在许多测量图上,起伏情况用线条表示,这些线条画在连续的水准曲线之间,并垂直于这些曲线,因此水准曲线相距越近或者说倾斜越大,线条便越短,并且这些线条越短时就画得越密越粗.但这种表示法既增加了图的复杂性,又不能看出水准曲线所不能提供的情况.

地图上除了地区的一般情况外,还有一些重要地点的高程指示.

251. 设地区上有一条线,它的射影在平面上以 L 表示(图 23.9),要知道地区沿这线的波状起伏,必得求助于**侧面图**.

所谓侧面图,是指展开(第 205 节)该曲线水平地投射的柱面所得到的图形.容易看出,若 L 为直线,则侧面图就是这地区被投射该直线的铅垂面所截的截面.

由于水准曲线的绘出本身给出了地区的外貌,我们应该沿任意线 L 作出侧面图.

为此,我们指出,我们知道曲线 L 上一些点(即这曲线截各水准曲线的点)$m, n, p, \cdots$(图 23.9)的纵坐标和高程.在平面上定出这些点的曲线坐标,并以 $O_1m_1, O_1n_1, O_1p_1, \cdots$(图 23.9a)表之,于是在纵坐标 $m_1M_1, n_1N_1, p_1P_1, \cdots$ 的末端得到所求侧面图一系列的点.

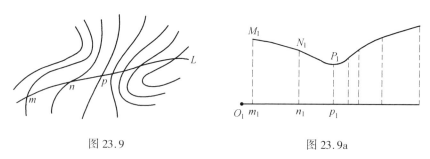

图 23.9

图 23.9a

252. 为了结束有关平面测量和水准测量的事项,对于这两种过程的简化略赘一言.

在测量方面经常采用照相法,它的重要优点在于将地面操作节约在最短的时限内.一个目的物的像在照片上所占的位置,事实上决定于这点和物镜光心所连的光线.因此,可以推导出这方向的方位角和高度.所以只要在相互隔开而预先知道其间距离的两点照两次相,就可以利用交会法,在两次照相的基础上来完成地区的丈量和水准测量工作.

这方法近年来逐日取得进展,利用它(取飞机作为观测中心)对广阔的田野、海底的礁石等等进行了新的校正工作.

253. 另一方面我们已经见到,关于两点 A, B 的相对位置,仅仅从点 A 来观测点 B 是得不出来的,而必须或者丈量 AB,或者从一个第三点观测来完成这个测量.

但也有一种方法可以避免这样做,那就是利用从天文学上借来的一条原则①:

(相当小的)同一目标从不同距离观测,则视直径和这些距离成反比.

按照这原则,如果在点 B 放一个支架,上面装有大小已知的一块视板,那么从点 A 观测这视板的视直径,就足以知道 AB 的距离②;或者我们从一根特殊镌刻的标尺上读到的,那就不再是观测一个已知长度的视直径,而就是对应于已知视直径的长度.

和测链丈量相比,这个方法可以立刻测出一些长度(并且具有同等的精确度),而如果用测链丈量就比较琐细.利用通常的标尺,每次观测可达到 200 至 300 米;如果标尺制作完善,距离还可以加倍.

这样测出的就是距离 AB,不像用测链测出的是它的水平射影 AH(图 23.10).但后者可由计算得出,只要再读出视线 AB 的高度.

任意一点 M 到一个选定了便不改变的点 O 的连线,我们同时记录下方位角、高度和距离,于是用射线法得出丈量和水准测量,这对于每一点只作一次观测.

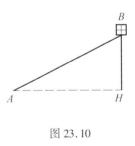

图 23.10

---

① Tisserand 和 Andoyer 著,Leçcons de Cosmographie,88 页.
② 此处(就像所引的原则本身一样)假设所观测的面积与视线成垂直(因此假设视线是水平的,因为视板是保持铅垂的).假如不是这种情况,那就需要再行(也是容易的)校正.

253a. 一点的海拔可以用**气压计**决定,就是利用这点的大气压力来决定,只要同时知道了在一个海拔为已知的点的气压(这两地的水平距离不能太大). 这方法能立刻得出高程,在许多情况下确是这样计算的.

关于这方面的问题,留给物理学去讲.

第24章 面积测量

254. **面积测量**的目的在于求出一个地区的面积,或者说得正确一些,它的水平射影的面积.在一般情况下,需要知道的乃是后者.事实上,所以要测量一个地区的面积,通常是为了耕种或建筑房屋,但由于植物是铅垂地生长的,房屋是铅垂地盖的,所以一个地区可以盖多少房屋,可以种多少植物,只取决于这地区的水平射影.

255. 凡可用来测量一个地区的平面图的任何方法,都能用于面积测量.事实上,要测量多边形地区的面积,可以把它看做是一些三角形的和,一经已知了足以决定每个三角形的元素(这些元素由测量供给),用三角公式便可算出面积.

如果测定了每个三角形的三边,则面积由下面公式(平,251)算出:
$$S = \sqrt{p(p-a)(p-b)(p-c)}$$

256. 面积测量最常见的是用一些不能归属于三角学的仪器来完成的,这时所使用的是直角器.

要测一个多边形,可以把它分解成一些三角形,量出它们的底和(利用直角器)高.

但一般用另外一种方法来进行.首先选一条直线 xy(图 24.1)或基线,例如选多边形最长的对角线 AE,然后从各顶点向它引垂线 Bb, Cc, Dd, Ff, Gg.这样把多边形分解成一些三角形(ABb, AGg, DdE, FfE)和一些直角梯形($BbcC, CcdD, GgfF$),计算它们面积的公式是我们已知的.

在图 24.1 中,所有的三角形和梯形都是相加的,但也可能不是这种情况,例如在图 24.1a 中,多边形的面积是从和
$$ABb + BbcC + CcdD + DdeE + FGg + GghH + KkA$$
减去和 $FEe + HhkK$ 而得到的.

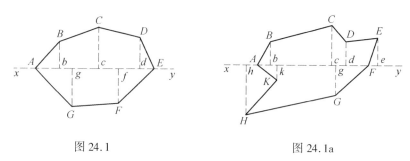

图 24.1　　　　　　　　图 24.1a

容易看出,在这种测量方式下,处理的方法就和用直角器测量一样,基线取了横坐标轴的地位.

257. 如果地区的围线是曲线,则可将曲线代以边数足够大的多边形,便划归为上述情况.

我们首先作一内接多边形 $ABCD\cdots$(图 24.2),边数相当大,它的面积照上节所述测量,然后计算曲线和每一边间的部分,取该边作基线①.

258. 如果测量一块不能穿过的地区(图 24.3),我们用一个易测的多边形,例如矩形围住它,并测量在这多边形之内且在所设地区外的部分,于是将两个结果相减即可.

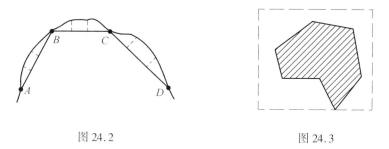

图 24.2　　　　　　　　图 24.3

259. 体积测量　　我们来计算一个地区包含在一个柱内的体积,假设这个柱在该地一个水平面上的射影有确定的面积 S(图 24.4).

首先假设区域 S 介于连续的两条水准曲线 C,C' 之间,这时可以充分近似

---

① 对于这些混合图线的面积,有一些近似公式,所得结果比单纯用梯形求和得到的准确.

地把它的所有点看做在已知水平面上方具有同一高程,例如 C 和 C' 高程的平均数.于是要计算的体积就是一个柱的体积,它以这高程作为高,并以水平射影 S 作为底.

如果区域 S 是任意的,我们总可以把它分解成介于连续的水准曲线间的一些部分(图 24.4),然后照上述处理各个部分.

图 24.4

259a. 一般的情况是:区域 S 是沿着某一曲线 L 的邻近所画的狭长带状(图 24.5).为了修一条路而作的体积测量就属于这种情况.

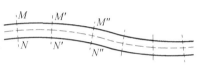

图 24.5

这时,上面的方法不太方便,比较方便的倒反是定出一系列横断侧面,即是说,沿着垂直于 L 的直线 MN, $M'N'$, $\cdots$ 的侧面(第 251 节),并将包含于一个侧面和下一侧面间的体积看做一个柱,以这两侧面间的距离为其高,而以这两侧面之一为其底.

习 题

(430)校验一个直角仪是否准确.

(431)从已知测线外一点作它的垂线,除测链外不用其他仪器,并且不准摸索(应用平,126).

(432)只利用测角器平分一条测线.

(432a)在一条已知测线上从一已知点起截一个长度,使等于另一已知测线的长度,只利用测角器.

(433)通过阻挡视线的障碍物延长一条测线.

(433a)假设在导线法(第 234 节)中,角的测量没有误差,但在一边的丈量中有过失误差.如何利用闭合性误差重新找出这一边(假设指出了错误出在哪一边)?

(434)水准仪的横管长 1 米,被一根轴支住在距管中心 1 厘米处.把仪器装置以后,轴和铅垂线形成一个角,它的正切是 1/10.当仪器绕轴转动时,试近似地计算照准面的最大偏离.所得结果与管长有关吗?

(435)证明水准仪可用一个平面镜代替,镜面保持铅垂但可以变更它的方向.

(436) 平面上的点 M(图 22.20,第 238 节)到三已知点 A,B,C 的连线彼此间的夹角是已知的,证明这点 M 可以如下得到:以 BC,CA,AB 为底作三角形 BCa,CAb,ABc 都和一个三角形 T 相似,这三角形的三个角等于已知角或其补角(每次适当地选取对应顶点). 直线 Aa,Bb,Cc 交于一点,就是解决问题的点. 点 a,b,c 就是直线 MA,MB,MC 分别和弓形弧 MBC,MCA,MAB 的交点.

(436a) 利用截线(平,192)的定理,只用测链,试计算一个可到达的点和一个可望见但不可到达的点间的距离.

立体几何补充材料

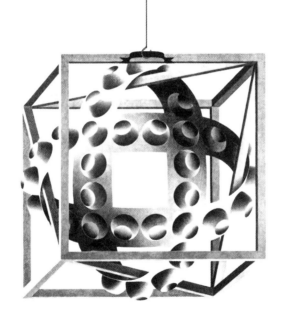

第 25 章　比例距离中心

260. 问题　设给定了一直线上两点 A,B 对于这直线上一点 I 的坐标(带有大小和符号)，一点 M 分线段 AB 成已知比(带有大小和符号) $\dfrac{MA}{MB} = -\dfrac{q}{p}$，求点 M 的坐标.

我们有
$$MA = IA - IM, \quad MB = IB - IM$$
因此有
$$\frac{IA - IM}{IB - IM} = -\frac{q}{p}$$

这方程中除了 IM 都是已知的，而且对于 IM 是一次式，于是得出所求点的坐标：
$$IM = \frac{p \cdot IA + q \cdot IB}{p + q}$$

正如我们所预期的，这个式子当也只当 $q = -p$ 时成为无穷(平，110).

推论　通过点 I 任引一直线或平面(图 25.1)，并设 $AA_1 = a, BB_1 = b, MM_1 = m$ 为点 A, B, M 到这直线或平面的距离，这些距离是假设计算大小以及符号的，在它们的公共方向上假设先选好了一个正向. 于是有

$$m = \frac{pa + qb}{p + q}$$

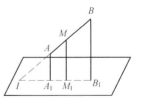

图 25.1

事实上，就大小和符号而言，数量 a, b, m 和 IA, IB, IM 成比例(平，190). 前面的方程关于后面这三个量是齐次的，所以可用 a, b, m 代替它们，从而得到所述的结果.

备注　(1)如果距离 a, b, m 不是算在平面的垂线上，而是算在任一方向的平行线上(但与平面不平行)，这结果依然成立.

(2)我们知道(平，113)比值 $\dfrac{M_1 A_1}{M_1 B_1}$ 也等于 $-\dfrac{q}{p}$.

261. 设已知一些点 $A, B, C, D, \cdots$（图 25.2），以及分别和它们对应的、为正或负但不都为零的一些数 $p, q, r, s, \cdots$. 设 M 为一点分 AB 成比

$$-\frac{q}{p}\left(\frac{MA}{MB}=-\frac{q}{p}\right)$$

M' 为一点分 MC 成比

$$-\frac{r}{p+q}\left(\frac{M'M}{M'C}=-\frac{r}{p+q}\right)$$

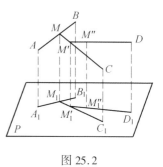

图 25.2

M'' 为一点分 $M'D$ 成比

$$-\frac{s}{p+q+r}\left(\frac{M''M'}{M''D}=-\frac{s}{p+q+r}\right)$$

等.

设 $a, b, c, d, \cdots$ 为点 $A, B, C, D, \cdots$ 到任一平面 P 的距离，则点 M 到同一平面的距离 m 将是（上节）

$$m = \frac{pa+qb}{p+q}$$

点 M' 到这平面的距离 m' 将是

$$m' = \frac{(p+q)m+rc}{(p+q)+r} = \frac{pa+qb+rc}{p+q+r}$$

仿此，点 M'' 的距离将是

$$m'' = \frac{(p+q+r)m'+sd}{(p+q+r)+s} = \frac{pa+qb+rc+sd}{p+q+r+s}$$

这样继续下去直到用完这些已知点，并且每一点只用一次；最后得出一点 O，称为各点 $A, B, C, D, \cdots$ 在系数 $p, q, r, s, \cdots$ 影响下的**比例距离中心**.

这点到平面 P 的距离是

$$o = \frac{pa+qb+rc+sd+\cdots}{p+q+r+s+\cdots}$$

我们说过每个已知点只用一次，但并未指出它们的顺序，乍一看来，好像最后的点 O 应该与所说的顺序有关，但上面的结果表明并非如此. 事实是：计算点 O 到平面 P 的距离与这顺序无关（但要注意，这些点中每一个所对应的系数总是相同的）；如果变更所说的顺序，能找到不同于 O 的一点 O'，那么直线 OO' 应该平行于平面 P，而且不论 P 是什么平面都应该如此，这显然是荒谬的.

备注 设 $A_1, B_1, C_1, M_1, M_1', \cdots, O_1$ 为点 $A, B, C, M, M', \cdots, O$ 在平面 P

上的射影(图 25.2). 点 M_1 分 A_1B_1 成比 $-\dfrac{q}{p}$；点 M_1' 分 M_1C_1 成比 $-\dfrac{r}{p+q}$ 等. 简言之，点 O_1 是各点 $A_1, B_1, C_1, \cdots$ 的比例距离中心，所取的影响系数则与各点 $A, B, C, \cdots$ 的相同，而且即使直线 $AA_1, BB_1, \cdots$ 不是平面 P 的垂线而是平行于任一方向，这个事实依然成立.

262. 比例距离中心和静力学上的**平行力中心**显然是一回事，各力的作用点即是各已知点，而力的强度则由系数 $p, q, r, \cdots$ 表达，其为正或负便视对应的指向而定.

263. 有一种情况使上面所述的一系列运算发生问题，那就是要把一条线段分成比 $+1$，例如前两个系数等值而异号的情况. 这时只要颠倒各已知点的顺序就容易解决，但除开一种情况：即所有各已知系数之和为零. 这种情况对应于静力学上的已知各力和一个力偶等效①.

264. 当各系数都等于 $+1$ 时，比例距离中心称为**平均距离中心**. 因此一个点组的平均距离中心，可以看做由如下性质来决定的：它到任一平面的距离是各已知点的距离的平均值.

265. 我们来特别考查一下已知点数 2, 3 或 4 的情况.

首先假设有两点 A, B(图 25.3)，以 p, q 为影响系数. 比例距离中心这时是直线 AB 上一点. 若设 A, B 是给定了的，适当地选择 p 和 q，则此中心可以重合于直线 AB 上任一点 O. 为此，显然只须取

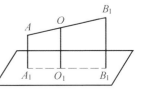

图 25.3

$$\frac{q}{p} = -\frac{OA}{OB}$$

引进由关系 $p + q + t = 0$ 得出的数 t，那么前面关于点 A, B, O 的距离所得到的关系

$$o = \frac{pa + qb}{p + q}$$

---

① 在已知各力成平衡的情况，比例距离中心并非在无穷远，而是(平，附 13)不定的. 在正文所述的一系列运算中，最后仍旧得到两点，相应于它们的系数是等值而异号的，但这两点彼此重合.

就变为
$$pa + qb + to = 0$$

这样,给定了共线的任意三点,我们可以找到不都为零但其和为零的三数,使这三点到任一平面的距离之间有上述关系.

上述条件如果不是把数 p,q,t 决定了,至少也把它们相互间的比完全决定了. 我们有 (由于 $\dfrac{p}{q} = -\dfrac{OB}{OA}$ 以及 $p + q + t = 0$)

$$\frac{p}{BO} = \frac{q}{OA} = \frac{p+q}{BO+OA} = \frac{-t}{BA} = \frac{t}{AB}$$

266. 现设 A,B,C(图 25.4) 为三点,构成一个三角形;仍设相应的系数为 p,q,r.

若将 BC 分成比 $\dfrac{MB}{MC} = -\dfrac{r}{q}$,则所求比例距离中心 O 在直线 AM 上. 我们看出这点必然在平面 ABC 上.

同理分 CA 成比 $\dfrac{NC}{NA} = -\dfrac{p}{r}$,并分 AB 成比 $\dfrac{PA}{PB} = -\dfrac{q}{p}$,则直线 BN 及 CP 得出点 O 的两个新轨迹.

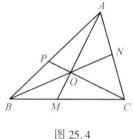

图 25.4

从此得出 197 节(平,第三编补充材料)定理的一个新证明.

事实上,若三角形 ABC 的三边被点 M,N,P(图 25.4) 所分,使

$$\frac{MB}{MC} \cdot \frac{NC}{NA} \cdot \frac{PA}{PB} = -1$$

则显然可令

$$\frac{MB}{MC} = -\frac{r}{q}, \quad \frac{NC}{NA} = -\frac{p}{r}$$

于是,由于有前一关系,便必然有

$$\frac{PA}{PB} = -\frac{q}{p}$$

以上结果表明,三直线 AM,BN,CP 交于同一点,即三点 A,B,C 的比例距离中心.

266a. 如果所谈的是三点 A,B,C 的平均距离中心,则直线 AM,BN,CP 是三点所成三角形的中线. 平均距离中心于是和以前所称为三角形 ABC 的**重心一致**.

267. 平面上的重心坐标 反过来,设给定三角形 ABC 及其平面上一点 O. 联结 OA,并设 M 为这直线截 BC 的点. 若取两数 q,r 使满足关系 $\dfrac{MB}{MC} = -\dfrac{r}{q}$,然后取一数 p 由比例

$$\frac{OM}{OA} = -\frac{p}{q+r}$$

所决定,则点 O 为三点 A,B,C 在系数 p,q,r 影响下的比例距离中心.

这样,设给定四点①,其中前三点不共线,则可用系数影响它们,使它们的比例距离中心便在第四个给定的点上.

当直线 OA 平行于 BC 时,推理似乎发生了问题:但是我们可以重新开始,即考虑直线 OB 和边 CA,或考虑直线 OC 和边 AB②.

并且当点 O 给定以后,三数 p,q,r 相互的比值便决定了(因为这即是直线 OA,OB,OC 顺次分边 BC,CA,AB 的比值).

我们把这样选取的系数 p,q,r 称为点 O 关于坐标三角形 ABC 的**重心坐标**. 一个确定的点关于一个确定的三角形的重心坐标,除了一个公因子外是确定了的.

反之,对于任意一组坐标 p,q,r,如果 $p+q+r \neq 0$,便有三角形平面上一个确定的点与之对应.

备注 设由点 A,B,C,O 引任意一个方向的平行线,直至与一平面相交于 A_1,B_1,C_1,O_1,则由上述定义和 261 节(备注),点 O_1 关于三角形 $A_1B_1C_1$ 的重心坐标和点 O 关于三角形 ABC 的是相同的.

268. 如果考虑面积,可以给平面上的重心坐标一个简单的解释.

我们来考虑两个三角形 ABM,ACM. 由于这两个三角形显然有相同的高,它们(面积)的比等于底边 MB,MC 之比. 由同样理由,这比值 $\dfrac{MB}{MC}$ 等于两个三角形 OMB,OMC 之比. 应用比例的一个已知定理,得

$$\frac{MB}{MC} = \frac{AMB}{AMC} = \frac{OMB}{OMC} = \frac{AOB}{AOC}$$

这是因为三角形 AOB 和两个三角形 AMB,OMB 之和或差等积,而三角形 AOC 同时也和两个三角形 AMC,OMC 之和或差等积.

---

① 共平面的四点. ——译者注
② 点 O 到三角形三顶点的连线显然不可能同时平行于三边,因为通过三角形一顶点引对边的平行线,所得三直线是不通过同一点的.

因此,比 $\dfrac{AOB}{AOC}$ 和比 $\dfrac{r}{q}$ 就绝对值而言是相等的.但另一方面,可以注意,若直线 AO 截 BC 边自身(即若比 $\dfrac{r}{q}$ 为正),则两个三角形 AOB, AOC 或者都是正的(参看平,附录 D,附 49,图 D.5,D.6)或者都是负的(同上,图 D.7);相反地,若直线 AO 截 BC 边的延长线之一,则此两三角形为一正一负,而同时比 $\dfrac{r}{q}$ 是负的.因此,视三角形 BOC, COA, AOB 为正或为负,在它们每一个之前冠以 + 或 – 号,那么比 $\dfrac{r}{q}$ 就大小以及符号而言等于两个三角形 AOB, AOC 之比.

关于三角形 ABC 的其他两边作类似的推理,显然得到下述结论:

一点的重心坐标,就大小以及符号而言(利用以上建立的规定),和以这点为公共顶点并以坐标三角形的边为底的三个三角形的面积成比例.

269. 我们引进由下述关系确定的数 t:
$$p + q + r + t = 0$$
于是前面找到的点 A, B, C, O 到平面 ABC 上任一直线或到任一平面的距离 a, b, c, o 之间的关系:
$$o = \frac{pa + qb + rc}{p + q + r}$$
可以写作
$$pa + qb + rc + to = 0$$

这样,设给定一平面上四点,那么我们可以找到这样四个数 p, q, r, t 使其和为零,而且使这四点到任一平面的距离分别以这四数相乘其和为零.

当三点 A, B, C 共线时,上面的推理不合用.但我们知道(第 265 节)这时可以找到三个数 p, q, r,使用
$$pa + qb + rc = 0$$
这就是上面的关系,其中 t 取为零.

270. 空间重心坐标 现在来考查另一种情况,我们从不共面的四点 A, B, C, D(图 25.5)出发.设 p, q, r, s 是影响这四点的系数,我们开始可以取三点 A, B, C 在系数 p, q, r 影响下的比例距离中心——换言之,取平面 ABC 上一点 M,它对于这三角形以数 p, q, r 为重心坐标——然后在 DM 上取点 O,使
$$\frac{OM}{OD} = -\frac{s}{p + q + r}$$

举例来说,如果系数 p, q, r, s 都等于 $+1$,那么点 O 将在点 D 和三角形

ABC 重心的连线上,因此这直线和点 A 到三角形 BCD 重心的连线,点 B 到三角形 CDA 重心的连线,以及点 C 到三角形 DAB 重心的连线相交于同一点.

271. 反之,设 O 为空间任一点(图 25.5),我们总可以定出系数 p,q,r,s,使所得到的比例距离中心即点 O.这只须取 p,q,r 为点 M 关于三角形 ABC 的重心坐标,其中 M 为直线 DO 和平面 ABC 的交点,并取 s 为上面写出的关系式所确定的数.

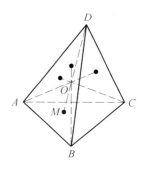

图 25.5

这样所定的系数 p,q,r,s 除了一个公因子外是确定的,称为点 O 关于坐标四面体 $ABCD$ 的**重心坐标**.

请读者自己去证明这些重心坐标和四个四面体(的体积)成比例,这四个四面体以所考虑的点作为公共顶点,并各以坐标四面体的一面作为底面,并且这比例论大小和符号都成立,只要我们按照这些四面体是正的或负的而冠以 + 或 − 号①.

272. 我们引进由下述关系确定的数 t:
$$p + q + r + s + t = 0$$
五点 A, B, C, D, O 到任一平面的距离之间所存在的关系
$$o = \frac{pa + qb + rc + sd}{p + q + r + s}$$
于是可写成
$$pa + qb + rc + sd + to = 0$$

因此,给定空间五点,我们可以找到五个系数 p,q,r,s,t 使上述关系成立.还可以证明[证法像刚才(第 269 节)一样],即使点 A, B, C, D 不构成四面体,这结论也成立.

273. 力学上曾定义任意一个图形的重心,在均匀的(这个极端重要的条件在以下是默认了的)多边形或多面体的场合,这定义导出下述结论:

三角形的重心是它三中线的交点,和平,56 节所采用的命名一致.

任一平面多边形的重心是这样得到的:把它分解为一些三角形,取它们的重心,并取这些重心点的比例距离中心,影响系数则取为各该对应三角形的

---

① 参看附录 B.

面积.

四面体的重心是每一顶点到对面重心所连各直线的交点(第270节).

任一多面体的重心是这样得到的:先将它分解为一些四面体,然后像平面多边形一样处理("面积"则以"体积"代替).

274.定理 设以各个不同的平面截一棱柱,则所得各截面的重心位于与棱平行的同一直线上.

要证这定理,以50节的定理为基础.

我们来证明:若引一棱柱面的一个直截面和一个斜截面,则斜截面的重心在直截面上的射影就是后者的重心.

首先设棱柱是三棱柱(图25.6),由266a,这事实由261节备注得出.

现设棱柱是任意的,我们可以把它分解为一些三棱柱(图25.7),它们在斜截面上分解为三角形 $T_1, T_2, T_3, \cdots$,而在直截面上分解为三角形 $t_1, t_2, t_3, \cdots$. 设 $G_1, G_2, G_3, \cdots$ 是 $T_1, T_2, T_3, \cdots$ 的重心,而 $g_1, g_2, g_3, \cdots$ 是 $t_1, t_2, t_3, \cdots$ 的重心,它们是(正如以上见到的) $G_1, G_2, G_3, \cdots$ 在直截面上的射影.斜截面的重心 G 是点 $G_1, G_2, G_3, \cdots$ 在与 $T_1, T_2, T_3, \cdots$ 的面积成比例的系数影响下的比例距离中心,直截面的重心 g 是点 $g_1, g_2, g_3, \cdots$ 在系数 $t_1, t_2, t_3, \cdots$ 影响下的比例距离中心,而后面这些系数是(第50节)和前面的成比例的.因此点 g 是(第261节,备注) G 的射影.

因此,当斜截面变动时,点 G 描画一条直线,这直线通过 g 而与棱平行.

证毕.

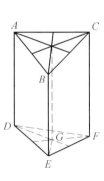

图25.6

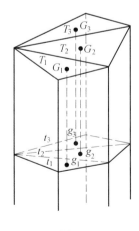

图25.7

275. 截棱柱的体积

定理 任意截棱柱的体积,等于一个底面和另一底面的重心到第一底平面的距离之积.

我们区分两种情况:

(1)截柱体是三棱的.设 ABC,DEF(图 25.6)为两底,G 为三角形 DEF 的重心;d,e,f,g 为点 D,E,F,G 到平面 ABC 的距离.

截三棱柱的体积是(第 91 节):$ABC \cdot \frac{1}{3}(d+e+f)$.

但(第 266a 节)$\frac{1}{3}(d+e+f)$ 是等于 g 的.所以体积的确以乘积 $ABC \cdot g$ 为度量.

(2)截柱体是多棱的.我们把它分解为一些截三棱柱,它们在下底面 P 上的底是 $T_1,T_2,T_3,\cdots$,在上底面 P' 上的底是 $T_1',T_2',T_3',\cdots$.设 $g_1,g_2,g_3,\cdots$ 为点① $G_1',G_2',G_3',\cdots$ 到平面 P 的距离,由(1),截棱柱的体积是

$$V = g_1 T_1 + g_2 T_2 + g_3 T_3 + \cdots$$

但若 g 为上底的重心到平面 P 的距离,则有

$$g = \frac{g_1 T_1' + g_2 T_2' + g_3 T_3' + \cdots}{T_1' + T_2' + T_3' + \cdots} = \frac{g_1 T_1 + g_2 T_2 + g_3 T_3 + \cdots}{T_1 + T_2 + T_3 + \cdots}$$

因为三角形 $T_1',T_2',T_3',\cdots$ 是和 $T_1,T_2,T_3,\cdots$ 成比例的(由于在一个直截面上有相同的射影).从此式解出 $g_1 T_1 + g_2 T_2 + g_3 T_3 + \cdots$,得出命题中的结论:

$$V = g(T_1 + T_2 + T_3 + \cdots)$$

推论 1 将一个截棱柱的上底改换为通过上底重心并平行于下底的截面,所得的棱柱与截棱柱等积.

因此也有

推论 2 截棱柱的体积以直截面与两底重心间的距离之积为度量.

推论 3 上面的定理表明:用 272 节方法求得的多边形重心的位置,与多边形分解成三角形的方式无关.

事实上,首先,274~275 两节的推理,并没有假设已经建立了这个无关性(它们是正确的,只要假设以一种确定的方式将棱柱分解成三棱柱).然后,设给定了任意一个平面多边形,我们把它看做是一个截棱柱的一个底,另一个底假设在任一平面 P 上.设 S 为这第二个底的面积,g 为给定多边形的重心到平面

---

① 此处 $G_1',G_2',G_3',\cdots$ 是三角形 $T_1',T_2',T_3',\cdots$ 的重心.——译者注

P 的距离,V 为截棱柱的体积,则有(上述定理)
$$g = \frac{V}{S}$$

这公式表明,多边形的重心 G 到平面 P 的距离 g,与分解多边形成三角形以求点 G 的方式无关.由于平面 P 的方向是任意的,于是得出(比较 261 节)点 G 的位置与这分解的方法无关.

276. 问题 求一点的轨迹,它与一些已知点的距离的平方分别乘以给定的系数(正或负)所得的代数和等于已知量.

设已知点为 $A,B,C,D,\cdots$,而相应的系数(正或负)为 $p,q,r,s,\cdots$,我们求点 M 的轨迹,使有
$$p \cdot MA^2 + q \cdot MB^2 + r \cdot MC^2 + \cdots = k$$
其中 k 为一已知数.

设和 $p+q+r+\cdots$ 不等于零,并设已知各点在系数 $p,q,r,s,\cdots$ 影响下的比例距离中心为 O.

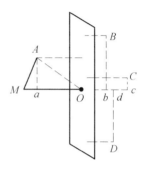

图 25.8

联结 OM,并设 Oa(图 25.8)为 OA 在这直线上的射影,线段 Oa 计算大小以及符号,设 OM 取作正向.

不论点 a 的位置如何,我们有
$$MA^2 = OM^2 + OA^2 - 2OM \cdot Oa$$
因为如果点 a 和 M 在 O 的同侧,则线段 Oa 为正,$\angle AOM$ 为锐角,于是由 126 节(1)(平,第三编)的命题得出;相反地,如果 a 在 OM 通过 O 的延长线上,则线段 Oa 为负,$\angle AOM$ 为钝角,上面的等式由同一定理第二部分得出.

仿此,设 $Ob,Oc,Od,\cdots$ 为 $OB,OC,OD,\cdots$ 在 OM 上的射影,并在相同的假设下计算大小和符号,则有
$$MB^2 = OM^2 + OB^2 - 2OM \cdot Ob$$
$$MC^2 = OM^2 + OC^2 - 2OM \cdot Oc$$
$$\vdots$$

把上面得出的等式分别以 $p,q,r,\cdots$ 相乘,并相加得
$$p \cdot MA^2 + q \cdot MB^2 + r \cdot MC^2 + \cdots = (p+q+r+\cdots)OM^2 + p \cdot OA^2 + q \cdot OB^2$$
$$r \cdot OC^2 + \cdots - 2OM(p \cdot Oa + q \cdot Ob +$$
$$r \cdot Oc + \cdots)$$

但由点 O 的选择,右端末项括弧中 $p \cdot Oa + q \cdot Ob + r \cdot Oc + \cdots$ 为零,因为各

量 $Oa, Ob, Oc, \cdots$ 要看做是点 $A, B, C, \cdots$ 到通过 O 且垂直于 OM 的同一个平面的距离(计算大小以及符号).

所以上面的等式化简为
$$p \cdot MA^2 + q \cdot MB^2 + r \cdot MC^2 + \cdots = (p + q + r + \cdots)OM^2 + l$$
其中 l 表示与点 M 的位置无关的量 $p \cdot OA^2 + q \cdot OB^2 + r \cdot OC^2 + \cdots$.

此式表明,代数和 $p \cdot MA^2 + q \cdot MB^2 + r \cdot MC^2 + \cdots$ 为常数的充要条件是 OM 为常数.

故所求轨迹是以 O 为中心的一个球.

277. 当和 $p + q + r + \cdots$ 为零时,上面的推理有了问题. 事实是,在这种情况下,轨迹不是球而是一个平面.

为了看出这一点,将已知点分成两组,使在每一组内系数之和不等于零(由于各系数不都是零①,这显然是可能的),设第一组点的比例距离中心为 O,第二组的为 O'. 为固定思路计,例如假设有四点,其中两点 A, B 属于第一组,另两点 C, D 属于第二组. 这时系数 p, q, r, s 是这样的:两个和 $p + q$ 以及 $r + s$ 都不等于零,且等值而异号.

和上面一样,我们将有
$$p \cdot MA^2 + q \cdot MB^2 = (p + q) \cdot OM^2 + l$$
$$r \cdot MC^2 + s \cdot MD^2 = (r + s) \cdot O'M^2 + l' = -(p + q) \cdot O'M^2 + l'$$
其中 l 及 l' 分别代表和 $p \cdot OA^2 + q \cdot OB^2$ 及 $r \cdot O'C^2 + s \cdot O'D^2$. 将两式相加,得
$$p \cdot MA^2 + q \cdot MB^2 + r \cdot MC^2 + s \cdot MD^2 = (p + q)(OM^2 - O'M^2) + l + l'$$
所以条件
$$p \cdot MA^2 + q \cdot MB^2 + r \cdot MC^2 + s \cdot MD^2 = 常数$$
等效于 $OM^2 - O'M^2 = $ 常数,即是说得出点 M 的轨迹为一平面②.

278. 在 276 节最后的方程
$$p \cdot MA^2 + q \cdot MB^2 + r \cdot MC^2 + \cdots = (p + q + r + \cdots)OM^2 + l$$
中,我们(像在 272 节一样)引进量 t,它满足关系
$$p + q + r + \cdots + t = 0$$
于是得

---

① 明显地,如果系数都是零,问题就不提出来了.
② 当点 O' 重合于点 O 时(263 节,注),容易看出,量 $p \cdot MA^2 + q \cdot MB^2 + \cdots$ 将为常数,不论 M 为何点.

$$p \cdot MA^2 + q \cdot MB^2 + r \cdot MC^2 + \cdots + t \cdot MO^2 = l$$

假设有三点 A, B, C，又 O 为它们平面上的一点。我们已经知道，可以定出系数 p, q, r 使 O 为 A, B, C 的比例距离中心。

这样，给定了一平面上①四点 A, B, C, O，总有四个不都为零但其和为零的数 p, q, r, t，使 $p \cdot MA^2 + q \cdot MB^2 + r \cdot MC^2 + t \cdot MO^2$ 与点 M 的位置无关。

用完全类似的推理可以看出：给定了空间任意五点 A, B, C, D, O，总有不都为零但其和为零的五个数 p, q, r, s, t，使量 $p \cdot MA^2 + q \cdot MB^2 + r \cdot MC^2 + s \cdot MD^2 + t \cdot MO^2$ 与点 M 的位置无关。

279. 平面上四点间距离的关系 设 A, B, C, O 为平面上四点。以 x, y, z, a, b, c 分别代表距离 OA, OB, OC, BC, CA, AB。

在六个量 x, y, z, a, b, c 间存在一个关系。事实上，知道了 a, b, c，我们可以作三角形 ABC（图 25.9），然后以 B, C 为圆心，分别以 y, z 为半径所作的两圆周得出点 O 的两个轨迹。这两圆周交于点 O, O'，因之当给定了 a, b, c, y, z 以后，量 x 只能有两值。

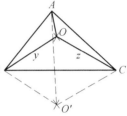

图 25.9

为了求出上面已知其必存在的关系，我们利用上节所得到的结果。设 p, q, r, t 为四数，其和为零且有
$$p \cdot MA^2 + q \cdot MB^2 + r \cdot MC^2 + t \cdot MO^2 = l$$
其中 l 与点 M 的位置无关。

逐次令点 M 与 A, B, C, O 重合，并注意上面关于四点间的距离所采用的符号，便有

$$\begin{cases} qc^2 + rb^2 + tx^2 = l \\ pc^2 + ra^2 + ty^2 = l \\ pb^2 + qa^2 + tz^2 = l \\ px^2 + qy^2 + rz^2 = l \end{cases} \quad (1)$$

若注意到条件
$$p + q + r + t = 0 \quad (2)$$
我们便有五个一次齐次方程，在它们之间可以消去不全为零的五个未知数 p, q, r, t, l。

---

① 当三点 A, B, C 共线时，推理发生问题；但我们看出，这时像在 259 节一样处理，结果依然成立。这样得出的公式，即斯特瓦尔特公式（平，127）。

为了消去它们①,将(例如说)前三个方程写成下面的形式:

$$\frac{q}{b^2} + \frac{r}{c^2} = \frac{a^2(l - tx^2)}{a^2 b^2 c^2}$$

$$\frac{r}{c^2} + \frac{p}{a^2} = \frac{b^2(l - ty^2)}{a^2 b^2 c^2}$$

$$\frac{p}{a^2} + \frac{q}{b^2} = \frac{c^2(l - tz^2)}{a^2 b^2 c^2}$$

从此得出

$$p = \frac{a^2}{2a^2 b^2 c^2}[b^2(l - ty^2) + c^2(l - tz^2) - a^2(l - tx^2)] =$$

$$\frac{a^2}{2a^2 b^2 c^2}[l(b^2 + c^2 - a^2) - t(b^2 y^2 + c^2 z^2 - a^2 x^2)]$$

$$q = \frac{b^2}{2a^2 b^2 c^2}[l(c^2 + a^2 - b^2) - t(c^2 z^2 + a^2 x^2 - b^2 y^2)]$$

$$r = \frac{c^2}{2a^2 b^2 c^2}[l(a^2 + b^2 - c^2) - t(a^2 x^2 + b^2 y^2 - c^2 z^2)]$$

如果将这些数值代入方程(1)中的最后一式和方程(2)中,那么这两个方程一个变为

$$l\sum a^2(b^2 + c^2 - a^2)x^2 - t\sum a^2 x^2(b^2 y^2 + c^2 z^2 - a^2 x^2) = 2ta^2 b^2 c^2 \quad (3)$$

[其中以 $\sum a^2(b^2 + c^2 - a^2)x^2$ 表示和

$$a^2(b^2 + c^2 - a^2)x^2 + b^2(c^2 + a^2 - b^2)y^2 + c^2(a^2 + b^2 - c^2)z^2$$

仿此,以 $\sum a^2 x^2(b^2 y^2 + c^2 z^2 - a^2 x^2)$ 表示量 $a^2 x^2(b^2 y^2 + c^2 z^2 - a^2 x^2)$ 以及另外两个类似量之和];另一个变为

$$l\sum a^2(b^2 + c^2 - a^2) - t\sum a^2(b^2 y^2 + c^2 z^2 - a^2 x^2) + 2ta^2 b^2 c^2 = 0 \quad (4)$$

量

$$\sum a^2(b^2 + c^2 - a^2) = a^2(b^2 + c^2 - a^2) + b^2(c^2 + a^2 - b^2) +$$

$$c^2(a^2 + b^2 - c^2) =$$

$$2b^2 c^2 + 2c^2 a^2 + 2a^2 b^2 - a^4 - b^4 - c^4$$

---

① 熟悉行列式理论的读者,可以立刻将消去的结果写作下面的形式:

$$\begin{vmatrix} 0 & c^2 & b^2 & x^2 & 1 \\ c^2 & 0 & a^2 & y^2 & 1 \\ b^2 & a^2 & 0 & z^2 & 1 \\ x^2 & y^2 & z^2 & 0 & 1 \\ 1 & 1 & 1 & 1 & 0 \end{vmatrix} = 0$$

代表(平,251)三角形 ABC 面积 S 的平方的 16 倍. 仿此, 量 $\sum a^2x^2(b^2y^2+c^2z^2-a^2x^2)$ 表示以 ax,by,cz 为三边的三角形面积平方的 16 倍.

最后必须注意和
$$\sum a^2(b^2y^2+c^2z^2-a^2x^2) = a^2(b^2y^2+c^2z^2-a^2x^2)+$$
$$b^2(c^2z^2+a^2x^2-b^2y^2)+$$
$$c^2(a^2x^2+b^2y^2-c^2z^2)$$
恒等于 $\sum a^2(b^2+c^2-a^2)x^2$. 所以(3),(4) 两方程可以写作
$$l[\sum a^2(b^2+c^2-a^2)x^2 - 2a^2b^2c^2] = t\sum a^2x^2(b^2y^2+c^2z^2-a^2x^2)$$
(3′)
$$16S^2 l = t[\sum a^2(b^2+c^2-a^2)x^2 - 2a^2b^2c^2] \qquad (4')$$

立刻可以消去 l 和 t, 并得
$$[\sum a^2(b^2+c^2-a^2)x^2 - 2a^2b^2c^2]^2 = 16S^2 \cdot \sum a^2x^2(b^2y^2+c^2z^2-a^2x^2)$$
(5)

这方程可以关于 x,y,z 排成顺序, 这样容易得到(以 $4a^2b^2c^2$ 除之)
$$\sum a^2(x^2-y^2)(x^2-z^2) - \sum a^2(b^2+c^2-a^2)x^2 + a^2b^2c^2 = 0 \quad (5')$$

容易看出, 用类似的计算, 可以找出一直线上三点间的距离 a,b,c 之间的一个关系. 如果用 p,q,r 表示适当选择的三个数, 这时将有方程(2)以及(1)的前三个方程, 但其中 $t=0$.

如果在这样写出的方程之间消去 p,q,r(像上面一样进行运算), 便得
$$16S^2 = 0$$
如果 A,B,C 在一直线上, $16S^2$ 确是等于零的.

280. 我们还要问, 反过来, 六个量 x,y,z,a,b,c 之间存在的这个关系, 是否就是使得这些量度量同一平面上四点间的距离的充分条件? 这就是我们即将证明的, 但假设可以作一个三角形, 使其三边为 a,b,c.

为此, 我们指出, 如果 a,b,c,x,y,z 是满足方程(5)的, 那么我们可以找到各量 p,q,r,t,l 以适合方程(1)及(2)(将前面的计算倒推之, 便容易知道).

于是作出以 a,b,c 为边的三角形 ABC, 并设对于这三角形, O 是以量 p,q,r 为重心坐标的点. 若以 x',y',z' 表示距离 OA,OB,OC, 那么如我们已经知道的, 必有一数 l' 存在, 使

$$\begin{cases} qc^2 + rb^2 + tx'^2 = l' \\ pc^2 + ra^2 + ty'^2 = l' \\ pb^2 + qa^2 + tz'^2 = l' \\ px'^2 + qy'^2 + rz'^2 = l' \end{cases} \quad (1')$$

把这些方程和方程(1)及(2)比较,容易得出①

$$x'^2 = x^2, \quad y'^2 = y^2, \quad z'^2 = z^2, \quad l' = l$$

从此得出所需要的结论.

上面已经提到,我们的推理中假设了可以作一个三角形以 a,b,c 为三边. 但只要能作出以 $a,y,z;b,z,x;c,x,y$ 为边的三角形之一,推理依然有效②. 事实上,这时只须变更符号重新开始,点 O 和点 A,B,C 之一交换了.

但引进上面一些假设中的任一个是绝对必要的. 我们可以找出六个量 a, b,c,x,y,z 以满足关系(5),但它们却不代表平面上四点间的距离,因为以 a, $b,c;a,y,z;b,z,x;c,x,y$ 为边的三角形一个也作不出来(看习题(454), (454a)).

281. 四面体体积表为各棱的函数   设四面体 $ABCD$(图 25.10)的六棱为 $a = BC, b = CA, c = AB, \alpha = DA, \beta = DB, \gamma = DC$. 知道了这六个长度便决定了这四面体,因而决定了它的体积. 我们来表明,在这些条件下如何计算体积.

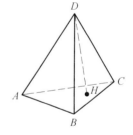

图 25.10

设由点 D 引高 $DH = h$,并以 x, y, z 表示距离 HA, HB, HC,于是在直角三角形 DHA, DHB, DHC 中,将有

$$HA^2 = x^2 = \alpha^2 - h^2, \quad y^2 = \beta^2 - h^2, \quad z^2 = \gamma^2 - h^2$$

把这些值代入关系(5)′中,这关系在长度 a,b,c,x,y,z 之间是成立的,因为点 H, A, B, C 位于一个平面上. 于是得出

$$\sum a^2(\alpha^2 - \beta^2)(\alpha^2 - \gamma^2) - $$
$$\sum a^2(b^2 + c^2 - a^2)(\alpha^2 - h^2) + a^2b^2c^2 = 0$$

---

① 至少当 $p + q + r = -t$ 不为零时,情况是这样. 但相反的情况是不能发生的,如果三角形 ABC 不化为一直线;因为那时方程(1),(2)要求量(4′)为零.

② 这是这样得出:当量 a,b,c,x,y,z 满足方程(5)时,如果可以作出以 $a,b,c;a,y,z;b,z,x;c,x,y$ 分别为边的一个三角形,那么其他三个也一样.

或者将所有含 h^2 的项移于右端,便有
$$\sum a^2(\alpha^2 - \beta^2)(\alpha^2 - \gamma^2) - \sum a^2(b^2 + c^2 - a^2)\alpha^2 + a^2b^2c^2 =$$
$$- h^2 \sum a^2(b^2 + c^2 - a^2) = - 16S^2h^2$$

其中 S 仍表示三角形 ABC 的面积. 但 Sh 表示所求体积 V 的三倍. 故当 $a, b, c, \alpha, \beta, \gamma$ 为平面上四点间的距离时
$$\sum a^2(\alpha^2 - \beta^2)(\alpha^2 - \gamma^2) - \sum a^2(b^2 + c^2 - a^2)\alpha^2 + a^2b^2c^2$$
之值为零,而在一般情况下则等于 $-16(3^2V^2)$,其中 V 表示以 $a, b, c, \alpha, \beta, \gamma$ 为棱的四面体的体积.

282*. 空间五点间距离的关系 设 A, B, C, D, O 为空间五点;$a = BC$, $b = CA, c = AB, \alpha = DA, \beta = DB, \gamma = DC, x = OA, y = OB, z = OC, u = OD$ 为其相互距离. 这十个量之间有一个关系存在,可以用如下方法求出(按类似于前面的步骤):知道了长度 $a, b, c, \alpha, \beta, \gamma$,便决定了四面体 $ABCD$,知道了 a, b, c, x, y, z 的长度,便决定了四面体 $ABCO$,于是量 u 只能有两值了.

为了要求出所说的关系,我们依赖于数 p, q, r, s, t 的存在性,其和为零,且使量
$$p \cdot MA^2 + q \cdot MB^2 + r \cdot MC^2 + s \cdot MD^2 + t \cdot MO^2$$
等于一个与点 M 的选择无关的量 l;然后依次令点 M 与 A, B, C, D, O 重合,写出方程:
$$qc^2 + rb^2 + s\alpha^2 + tx^2 = l$$
$$pc^2 \quad\quad + ra^2 + s\beta^2 + ty^2 = l$$
$$pb^2 + qa^2 \quad\quad + s\gamma^2 + tz^2 = l$$
$$p\alpha^2 + q\beta^2 + r\gamma^2 \quad\quad + tu^2 = l$$
$$px^2 + qy^2 + rz^2 + su^2 \quad\quad = l$$
$$p \;\;\; + q \;\;\; + r \;\;\; + s \;\;\; + t \;\;\; = 0$$
在这些方程之间消去 p, q, r, s, t, l①,便得出所要求的关系.

---

① 利用行列式,结果写作
$$\begin{vmatrix} 0 & c^2 & b^2 & \alpha^2 & x^2 & 1 \\ c^2 & 0 & a^2 & \beta^2 & y^2 & 1 \\ b^2 & a^2 & 0 & \gamma^2 & z^2 & 1 \\ \alpha^2 & \beta^2 & \gamma^2 & 0 & u^2 & 1 \\ x^2 & y^2 & z^2 & u^2 & 0 & 1 \\ 1 & 1 & 1 & 1 & 1 & 0 \end{vmatrix} = 0$$

习　题

(437) 证明：若干点在系数之和为零的影响下的比例距离中心如果不在无穷远，那么一般是不定的．如果用 261 节方法来求，所得结果不是与已知点所取的顺序无关的．

(438) 如果令一点 M 的重心坐标趋于一组不都为零但其和为零的定数，证明：该点沿一个确定方向趋于无穷远．

(439) 当一个三角形平面上一点描画一直线时，证明：它的重心坐标 p, q, r 以关系 $ap + bq + cr = 0$ 相联系，其中 a, b, c 为常数．

（只须取 a, b, c 为三角形顶点到所考虑的直线的距离．）

反之，重心坐标满足上述形式的一个关系的点的轨迹为一直线，除非 a, b, c 彼此相等，在这种情况下轨迹上所有各点都在无穷远[①]．

空间类似的性质是什么？

(440) 设 $ap + bq + cr = 0, a'p + b'q + c'r = 0$ 为两直线的方程，即是说判别它们重心坐标之间的关系，要这两直线平行，a, b, c, a', b', c' 应满足什么条件？

空间的类似问题是什么？

(441) 应用习题 (439) 以求点的轨迹，使其到（平面上）三直线或（空间）四平面的距离之和为常量．

(442) 在四面体四面上各取一点，依次由其重心坐标表出．证明以这四点为顶点的四面体体积与原先四面体体积之比，与原先四面体的形状无关，只与所考虑各点的重心坐标有关．

推广于这些点不取在各面上，而是取在内部或外部的情况．

(443) 更特别一些，假设四点取在一个四面体的四条棱 AB, BC, CD, DA 上（形成一个空间四边形），并将这四棱分成已知的一些比．计算这样得出的四面体 t 对原四面体 T 的体积之比作为这些分割比的函数．(t 的体积可以作为一些四面体的代数和而得到，这些四面体和 T 有一个公共顶点．）从此推出习题 (83)．

(444) 证明：对于每一个空间多边形我们可用一条线段和它对应，使这线段在任一直线上的射影，和多边形在垂直于该直线的平面上的射影所围成的面

[①] 这事实还可以看做在一般情况下也成立（参看以下 288 节）．

积,有相同的度量数(这射影假设不在任何一点自相交截)①.

这定理对于一个三角形是正确的(习题(51)).注意,如果对于有一个公共部分的两个多边形给出了所求的线段,那么取消两多边形的公共部分,对于新形成的围线就可以得出一个类似的线段——前两线段的合成线段②.

(利用极限过程,这定理可推广于曲线围线.)

(444a)有一围线,由一螺旋弧线 AB,在端点 A 及 B 所作柱轴的垂线以及这轴上介于两个垂足之间的部分所形成,求作上题所说的线段.

(一开始把弧线 AB 用这样一条内接多边线来代替:使这多边线的顶点在一个直截面上的射影成为正折线的顶点.)

(445)通过一已知点求作一平面,截一已知棱柱成两个截棱柱,使其比等于一已知数.

(446)求切于四已知平面的所有的球,注意关于每个这样的球,它的中心的重心坐标除了符号以外是已知了的.

证明这样的球一般有八个.要其中一个或几个不存在,各面的面积之间应存在什么关系?

(447)直接证明多边形的重心(第 273 节)与它被分解成三角形的方式无关.

证明(比较平,附录 D)不论分解的方式为何,这重心总是和用下面的方式得出的一致:以各边分别为底、以平面上任一点 O 为公共顶点的一些三角形,取影响系数与这些三角形的面积成比例,并视其为正的或负的三角形而冠以 + 或 − 号,然后在这样的条件下取这些三角形重心的比例距离中心.

关于多面体的重心证明类似的命题(比较附录 B).

(448)证明:在一些正系数的影响下,平面上一个点组的比例距离中心,或一个平面多边形的重心,总是在包含这些点或这多边形的任何凸多边形内部.

在正系数的影响下,空间一个点组的比例距离中心(或一个多面体的重心),总是在包含这些点或这多面体的任何凸多面体的内部.

(449)我们知道所谓**折线**(假设是均匀的)**的重心**,是这折线各边中点在与各该边成比例的系数影响下的比例距离中心.

证明一个截棱柱的侧面积等于直截口的周长乘以如下一个长度:即通过这周界的重心所引棱的平行线被两底所截的长度.

---

① 这定理可以推广于围线的射影自相交截的情况,但这时这射影所围成的不是单一的而是几块面积;于是,要这定理依然正确,必须应用这些面积的代数和,把这些面积乘以适当的正或负的系数.

② 参看力学教程或平移的合成(第 99 节).

(450)六个长度要满足什么条件,才能成为同一个四面体的各棱?

(451)直接证明,如果六个长度 a,b,c,x,y,z 满足 279 节关系(5),那么以 a,b,c 以及以 a,y,z 为边的三角形,或者都能作,或者一个也作不出.

把关系(5)看做 x^2 的方程.要这方程有两实根,必须为正的那个量是 $(a+b+c)(b+c-a)(c+a-b)(a+b-c)$ (平,130)和 $(a+y+z)(y+z-a)(z+a-y)(a+y-z)$ 的乘积.

(452)一个四面体 $ABCD$ 的棱 $a,b,c,\alpha,\beta,\gamma$ (第 281 节)之间应有何关系,才能使外接球球心在面 ABC 的平面上?

答:$a^2\alpha^2(b^2+c^2-a^2)+b^2\beta^2(c^2+a^2-b^2)+c^2\gamma^2(a^2+b^2-c^2)=2a^2b^2c^2$.

(453)设 A,B,C,D 为平面上四点,M 为空间任一点,证明:有
$$MA^2\cdot(DBC)+MB^2\cdot(DCA)+MC^2\cdot(DAB)+MD^2\cdot(CBA)=\pm\Sigma$$
其中 $(DBC),(DCA),\cdots$ 表示三角形 $DBC,DCA,\cdots$ 的面积,视其转向冠以 + 或 − 号,注意其中顶点所取的顺序就和写出它们的顺序一样,而 Σ 则表示以乘积 $AB\cdot CD,AC\cdot BD,AD\cdot BC$ 为三边度量的三角形面积.

若四点 A,B,C,D 在同一圆周上,即有
$$MA^2\cdot(DBC)+MB^2\cdot(DCA)+MC^2\cdot(DAB)+MD^2\cdot(CBA)=0$$

(应用 278 节第一个定理,并注意四点 A,B,C,D 之一关于其他三点所成三角形的重心坐标,是以三角形 $DBC,\cdots$ 的面积相联系的,有如 268 节所述.然后取 D 为反演的极,考虑点 A,B,C 的反点,以变换所求常数的数值.)

(453a)证明:位于同一圆周上的四点相互间距离的关系可以这样得出:表出 279 节方程(1)和(2)有一解,其中未知数 l 为零.

位于同一球面上的空间五点,其相互间距离的关系可以这样得出:表出 282 节的方程有一解,其中未知数 l 为零.

(454)平面上给定了一个角,设 A,B 为平面上任意两点,作以 A,B 为两对顶且边与该角两边平行的平行四边形,则与此平行四边形等积的正方形的边长,称为两点 A,B 的**双曲距离**.这距离称为**第一类**或**第二类**的,就看从已知角顶所引与 AB 平行的直线位于这角内,或位于其补角内.

又一条直线的**双曲垂线**是指的任意一条直线,只要它和第一条直线,以及由它们的交点所引与已知角两边平行的直线构成调和线束.一点到一直线的**双曲距离**,是指由这点向这直线所引双曲垂线的双曲长度.证明:

①若三点 A,B,C 共线,则双曲线长度 BC,CA,AB 之一等于其他两个的和;

②三角形的面积,等于一边的双曲长度与这边到对顶的双曲距离之积;

③若一三角形 ABC 有两边 AB, BC 双曲垂直,且双曲长度 AC 和 AB 是同类的,则双曲垂线长度 AB 比双曲长度 AC 为大,且后者的平方等于双曲长度 AB 和 BC 的平方差;

④设 A, B, C 是这样的三点:即双曲长度 BC, CA, AB 属于同一类,则第一个的平方等于另两个的平方和,减去双曲长度 AB 与 AH 之积的二倍,其中 H 表示直线 AB 和由 C 向它所引双曲垂线的交点,并且按大小以及符号计算所说乘积的二倍(看线段 AB 和 AH 的指向相同或相反);(模仿平,126 节)

⑤在上述条件下,双曲距离 BC, CA, AB 之一,大于其余两个的和(除三点共线的情况);

⑥若平面上四点 A, B, C, D 相互的双曲距离属于同一类,则此等距离适合 279 节关系 $(5')$.

如果所考虑的点两两的双曲距离不都属于一类,命题④和⑥应如何修正?

计算三角形的面积作为三边双曲长度的函数(比较平,130,251).

(454a)(上题⑥的逆命题)若六个长度 a, b, c, x, y, z 适合 279 节关系 $(5')$,那么:

或者有平面上四点存在,其相互距离为 a, b, c, x, y, z;

或者有平面上四点存在,其相互双曲距离(都属于一类)为 a, b, c, x, y, z.

这两种假设是互相排斥的,除非四点共线.

(455)设给定了 n 点 P_1, P_2, $\cdots$, P_n 和 n 个正系数 α_1, α_2, $\cdots$, α_n,证明:可以用无穷多的方式找到两点 Q', Q'',使得总有

$$\alpha_1 d_1^2 + \alpha_2 d_2^2 + \cdots + \alpha_n d_n^2 = \beta(d'^2 + d''^2)$$

其中 d_1, d_2, $\cdots$, d_n, d', d'' 表示 P_1, P_2, $\cdots$, P_n, Q', Q'' 到任意一点 M 的距离,β 表示各系数 α 的半和.若各点 P 都共线,我们可以取 Q' 和 Q'' 在同一直线上.这时,将各距离 d 不是对于一点 M 而是对于任一直线或平面计算,则关系依然正确.

由是推导习题(405a)的下述推广:设平面上一直线变动时,它到两定点的距离 d_1, d_2 之间以关系:$\alpha_1 d_1^2 + \alpha_2 d_2^2 = $ 常数相联系,其中 α_1 及 α_2 是两个给定的正系数,那么它切于一定圆锥曲线,这曲线的焦点对称于两定点的连线.

设给定的系数为一正一负,解同一问题.这时圆锥曲线的两焦点在给定两点的连线上,并将它分成比 $\pm\sqrt{\dfrac{-\alpha_2}{\alpha_1}}$.

第26章　透视的性质

283. 设给定了一个称为**台面**的平面 P，和一个称为**视点**或**透视中心**的点 O（任意的，但位于平面 P 外）. 所谓空间任一点 M 的**透视点**或**中心射影**，是指直线 OM 穿过平面 P 的点 M'（图 26.1）.

仿此，设 D 为一给定的方向，不与平面 P 平行，则通过一点 M 所引平行于 D 的直线穿过平面 P 的点 M'（图 26.2），称为点 M 沿方向 D 的平面 P 上的**平行射影**.

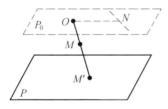

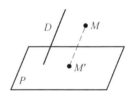

图 26.1　　　　　　　　图 26.2

沿一个方向的平行射影显然是中心射影的极限情况；只要我们设想点 O 沿平行于 D 的一条直线无限远离，前者就变成为后者.

若方向 D 垂直于台面 P，显然重新得到**正射影**（第 44 节）. 在相反的情况下，平行射影也叫做**斜的**①.

284. 我们看出，给定了一个中心的或平行的射影系统，空间任意一点②就有一个确定的射影.

但在中心射影的情况下，有一些点的射影在无穷远处：对于一切点 N（图 26.1），使得直线 ON 平行于台面的，便是这种情况.

显见，若一点的透视点在无穷远，则其轨迹为由视点所引台面的平行平面

---

① 斜射影也叫做卡瓦列里（Cavalière）透视.
② 除开透视中心. ——译者注

P_0(图 26.1).

相反地,平面 P 上任一点是空间无穷多点的公共射影,即所有在同一条投射线上的点(即是说,如果所讨论的是透视,则位于通过视点的一条直线上;如果所讨论的是斜或正射影,则位于给定方向的一条平行线上).

285. 空间一直线[①]的射影是一条直线.事实上,不论是中心或平行射影,和已知直线相交的投射线的轨迹是一个平面,并且这平面不与台面相重合;在台面上我们知道是不含投射线的,所以这平面一般和台面相交于一直线.但是一条直线的射影可能在无穷远处:前面所考虑的平面 P_0(即通过视点而与台面平行的平面)上各直线,便产生这种情况(图 26.1).

容易知道,通过同一点 M 的三直线的射影,是通过同一点 M'(即点 M 的射影)的三条直线.如果点 M 的投射线与台面平行,则三条射影都平行于这直线(第 11 节,推论 3).在这一情况下,我们还是有理由说射影通过无穷远处的同一点.

286. **平行线的透视.没影点** 在平行射影下,两条平行线射影成两条平行线;过去对正射影所作的推理(第 44 节),对于斜射影完全适用而不须修改.

并且两平行线段 AB,CD 的比,等于它们在同一平面上的射影 $A'B',C'D'$ 的比.

事实上,对于正射影已经知道(第 46a 节)情况正是这样.但互为斜射影的两线段 $AB,A'B'$ 在垂直于投射方向的一个平面 P 上显然有同一射影 ab.这个说法对于 $CD,C'D'$ 以及它们的公共正射影 cd(这些分别与 $AB,A'B',ab$ 平行)也适用,于是表明了比 $\dfrac{AB}{CD}$ 和 $\dfrac{A'B'}{C'D'}$ 是相等的,因为都等于 $\dfrac{ab}{cd}$.

所说两个比的相等,按大小和符号都成立.我们可清楚地看出,$C'D'$ 和 $A'B'$ 的指向相同或相反,就看 CD 和 AB 的指向是相同或相反.

设 CD 的代数量为 $+1$,即是说,假设它是被取为 AB 和 CD 公共方向上的准矢(单位矢量).由以上的命题得

$$A'B' = AB \cdot C'D'$$

换言之,线段 AB 的平行射影,等于 AB 的代数量,乘以在 AB 所在的直线

---

① 在中心射影的情况下,假设这直线不通过透视中心,在平行射影的情况下,假设这直线不平行于投射方向 D.——译者注

上或与其平行且同向的直线上所取准矢的射影.

这等式按大小和符号成立,只要我们假设在 AB,CD 的公共方向上取了一个正向,并且在它们射影的公共方向上也取了一个正向.

这还可以用布尔勒在《平面三角》①中所采用的方法建立起来,只要重复(并略作修正)这书中所用的推理,便可一方面当准矢取在直线 AB 本身上时证明上述命题,另一方面证明两条相等的线段(平行且同向)沿一个给定方向的平行射影也是相等的(平行且同向).

286a. 至于中心射影则不如此.

定理 假设视点取在有限空间,则一组平行线以会于一点的一组直线作为透视形.

只有当平行线的方向平行于台面时,透视直线才也互相平行.

这是 285 节末所说命题的逆命题.

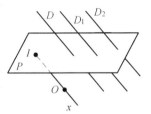

图 26.3

设平行线 D, D_1, D_2(图 26.3)以 O 为视点投射于平面 P 上,它们的射影是平面 OD, OD_1, OD_2 在平面 P 上的迹线.但这些平面通过同一直线 Ox,即通过 O 所引已知直线的平行线.

若直线 Ox,因之三已知直线,平行于平面 P,那么它们的射影都平行于 Ox.

如果情况不是这样,所有的射影都将通过直线 Ox 和平面 P 的交点 I,这一点可以看做是平行线的公共方向上无穷远点的透视点.

这点 I 在透视中不论是在理论上或实用上都很重要,我们称之为对应于方向 D 的**没影点**.

287.**平面图形的透视形**.**没影线** 现在假设要作其透视图形的是一个平面图形 F,它所在的平面是 P,并以 P' 表示台面(图 26.4),所得的透视形记为 F'.

显然,若仍以 O 为视点,取图形 F' 在平面 P 上的透视形,便回到 F.

如果平面 P 和 P' 平行,那么 F 和 F' 是两个相似形.

除开这种情况,那么在平面 P 上有无穷多点,它们在平面 P' 上的透视点在

---

① 参看布尔勒《平面三角》第 9 节.

无穷远:这些点的轨迹是平面 P 和通过视点所引平行于 P' 的平面 P_0' 的交线.这直线的透视形全部在无穷远,而平面 P 上的直线只有这一条是这种情形的.

反过来,平面 P' 上有无穷多点对应于平面 P 上的无穷远点,这些点的轨迹是平面 P' 和通过视点所引平行于 P 的平面 P_0 的交线 f'.

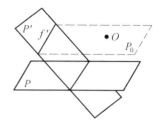

图 26.4

这直线称为平面 P 在平面 P' 上的**没影线**①.由定义本身,它是位于平面 P 上的各种方向的没影点的轨迹;并且这是可以直接观察而知的.因为对应于平面 P 上一个方向的没影点,是平面 P' 和通过视点所引这方向的平行线的交点.

288.在一个平面图形 F 所具有的许多性质中,对那些在透视中保持不变的性质,我们保留**射影性质**这一名词,即是说,图形 F 和它的射影 F' 所必然公有的性质,不论视点和台面为何.

这些性质中最简单的一个是有三点共线.按照前面所说,这性质的确是射影.我们知道,对于图形 F 中三个共线点,对应着图形 F' 中三个共线点,反之亦然.

但是如果不作特别规定,这命题便不能无限制地叙述.事实上,如果我们考虑平面 P' 位于平面 P 的没影线上的三点,那么这些点将不复为共线三点的透视点,而是都在无穷远的三点的透视点.为了除去这种例外情况,有理由②在射影性质的研究中,把一个平面上的无穷远点看做位于同一直线上,称为这平面的**无穷远线**.在透视中就是这一条直线投射成没影线的.

289.上述性质是纯射影的,即是说,其中没有牵涉到任何度量.相反地,我们知道有一个**度量的性质**(就是在它的定义中牵涉到一些数量的元素),而它又是射影的.我们要谈一谈**交比**.

共线四点的交比是射影的.换言之,平面 P 上共线四点的交比等于它们透视点的交比.

只要看一看图 26.5,便知道这就是 200 节(平,第三编补充材料)的命题.

---

① 在透视的应用方面,有一条没影线占重要的地位,即水平面的没影线,叫做水平线.
② 我们了解这里的意思是:将一个平面上的无穷远点和一条直线上的点比拟,便可以把许多命题加以简化(比较,例如说,平,66,76[备注],等等).

290. 四平面的交比 从上述命题立刻推出：

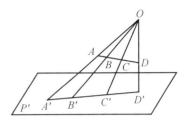

图 26.5

定理 一平面上共点四直线的交比，等于它们透视形的交比．

事实上，由定义，平面 P 上共点四直线的交比，等于用任意一条直线截它们所得四点的交比，而我们已知道后者是射影的．

上面的定理还可叙述为：

定理 给定了沿一直线相交的四个平面，以任意的第五平面或以任一直线截这些平面，所得四直线或四点的交比为常数．

沿一直线 xy 相交的四平面 p_1, p_2, p_3, p_4（图 26.6），截任两平面 P, P' 于两束直线，它们有相同的交比，因为位于平面 P' 上的线束是位于平面 P 上的线束关于 xy 上一点的透视形．并且这交比显然等于用任一直线截平面 p_1, p_2, p_3, p_4 所得四点的交比．

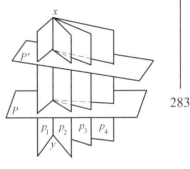

图 26.6

这样决定的交比称为**四平面的交比**．

四平面的交比，等于从空间任一点向这些平面所引四垂线的交比．因为我们可以得出这样的垂线，只要取垂直于 xy 的一个平面作截面 P，并将所得交线绕 xy 旋转一个直角．

291. 以上所说可用另外一种方式陈述，现说明如下．

设 D_1, D_2 为平面 P 上两直线，并假设选定了便不再变更，设 M 为平面 P 上一动点．从点 M 到直线 D_1 的距离是（第 48 节）和这点到平面 OD_1 的距离成常比①的．同理，从点 M 到 D_2 的距离是和它到平面 OD_2 的距离成常比的．

因此，从点 M 到两平面 OD_1, OD_2 的距离之比，和从这点到两直线 D_1, D_2 的距离之比成比例．

为简便计，以 (M, D) 表示从点 M 到直线 D 的距离，以 (M, P) 表示从点 M 到平面 P 的距离，于是可以写

---

① 在 48 节我们只注意了所说的这个比的绝对值．但点 M 到直线 D_1 和平面 OD_1 的距离，可以看这点在这直线或平面的哪一侧而给予一个符号．于是立刻看出，所考虑的距离的比是常数，不仅就大小而且也是就符号而论的．

$$\frac{(M, D_1)}{(M, D_2)} = k \frac{(M, OD_1)}{(M, OD_2)}$$

其中 k 因直线 D_1, D_2 及点 O 而定,但不因点 M 在平面 P 上的位置而变.

现设 D_1', D_2', M' 为直线 D_1, D_2 及 M 在平面 P' 上的透视形,我们也有

$$\frac{(M', D_1')}{(M', D_2')} = k' \frac{(M', OD_1')}{(M', OD_2')} = k' \frac{(M', OD_1)}{(M', OD_2)}$$

其中 k' 也不因点 M, M' 的位置而变.

但比 $\dfrac{(M, OD_1)}{(M, OD_2)}$ 等于 $\dfrac{(M', OD_1)}{(M', OD_2)}$(第 48 节),因为点 M, M' 和两平面 OD_1, OD_2 的交线在同一平面上.

所以,当点 M 在平面 P 上变动时,这点到两直线 D_1, D_2 的距离之比,和它的透视点 M' 到透视线 D_1', D_2' 的距离之比成比例.

292. 上面得到的结果又可归结为透视中交比的不变性.

事实上,设 M, N(图 26.7)为平面上两点,它们到直线 D_1 的距离是 Mm_1, Nn_1,到直线 D_2 的距离是 Mm_2, Nn_2.

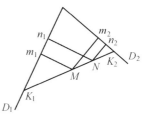

图 26.7

上节的命题表明,比

$$\frac{(M, D_1)}{(M, D_2)} : \frac{(N, D_1)}{(N, D_2)} = \frac{Mm_1}{Mm_2} : \frac{Nn_1}{Nn_2}$$

是等于在最初图形的透视形中所计算的类似的比 $\dfrac{(M', D_1')}{(M', D_2')} : \dfrac{(N', D_1')}{(N', D_2')}$ 的.

但比 $\dfrac{Mm_1}{Mm_2} : \dfrac{Nn_1}{Nn_2}$ 等于两点 M, N 和两点 K_1, K_2 所成的交比,其中 K_1, K_2 是直线 MN 和 D_1, D_2 的交点.因为我们可以写

$$\frac{Mm_1}{Mm_2} : \frac{Nn_1}{Nn_2} = \frac{Mm_1}{Nn_1} : \frac{Mm_2}{Nn_2}$$

而由相似三角形 $Mm_1 K_1, Nn_1 K_1$ 得 $\dfrac{Mm_1}{Nn_1} = \dfrac{K_1 M}{K_1 N}$,同理比 $\dfrac{Mm_2}{Nn_2}$ 等于 $\dfrac{K_2 M}{K_2 N}$.

293. 以上我们假设了直线 D_1, D_2, D_1', D_2' 都在有限距离内.现在假设 D_2 在无穷远,因而 D_2' 是平面 P 的没影线(图 26.8).

从点 M' 到直线 D_1', D_2' 的距离之比,仍然和点 M 到平面 OD_1, OD_2' 的距离

之比成比例,在这一方面,上几节推理没有任何变更.

从点 M 到平面 OD_1 的距离依然和这点到直线 D_1 的距离成比例. 至于从点 M 到平面 OD_2' 的距离则为常数,因为平面 OD_2' 与平面 P 平行.

所以从点 M' 到直线 D_1', D_2' 的距离之比,和点 M 到直线 D_1 的距离成比例.

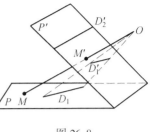

图 26.8

294. 最后,假设直线 D_2 仍然在无穷远,而直线 D_1 趋于平面 P' 所对应的没影线,因而 D_1' 位于无穷远.

这时点 M' 到平面 OD_1', OD_2' 的距离之比 $\dfrac{(M', OD_1)}{(M', OD_2)}$,像以上所见一样,依然和点 M 到直线 D_1 的距离成比例.

但由完全类似的推理,这个比和点 M' 和 D_2' 的距离成反比,因为点 M' 到平面 OD_1 的距离是常数.

因此在这一情况,点 M 到 D_1 的距离和点 M' 到 D_2' 的距离成反比.

总之,设两点各在一平面上变动,且保持互为透视点,则其中每一点到它所在平面上的没影线的距离之积为常数.

295. 在平行射影的情况下,同一直线上所取两线段 AB, CD 之比,等于(平,113)它们的射影 $A'B'$, $C'D'$ 之比.

在中心射影的情况下,如果直线 $ABCD$ 平行于它的射影,那么这关系也成立(平,121);这发生在它平行于没影线的情况,也仅限于这情况(第 11 节).

相反地,在一般情况下,透视并不保留线段的比. 但是前面的一些命题给出了一个方法,以寻求这个比在射影后的图形上变成了什么. 设 A, B, C 为共线三点,则比 $\dfrac{CA}{CB}$ 实际上等于(平,199)四点 A, B, C, ∞ 的交比. 所以在透视形上,它将被表示为点 A', B', C' (A, B, C 的对应点)以及在直线 $A'B'C'$ 上的没影点的交比.

296. 利用透视,可以把平面几何上的某些命题化为一些比较简单的命题,举例来说,它立刻给出下述定理(平,202)的证明:

完全四线形的每条对顶线,被其他两条对顶线所调和分割.

事实上,设完全四线形 ABCDEF(图 26.9).为了证明(例如)对顶线 AB 被另外两条对顶线 CD,EF 所调和分割,只须投射这图形使 EF 成为没影线.于是点 E,F 的透视点在无穷远,投影后的图形 A'B'C'D'(图 26.9a)是平行四边形,它的对角线相交于一点 I',位于 A'B' 的中点.

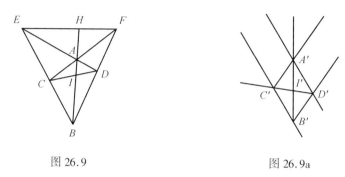

图 26.9　　　　　　　图 26.9a

因此,以 I' 为透视点的点 I 是(上节),关于 AB 说,这直线交没影线 EF 的点 H 的调和共轭点.

证毕.

297. 射影对应图形　具有下述性质的两图形称为**射影对应图形**:

(1)一个图形上每一点对应着另一图形一个确定的点;

(2)共线三点对应着共线三点;

(3)共线四点的交比等于其对应点的交比.

于是共点四直线的交比便等于其对应线的交比.这条件是前三个的必然结果,只要用 289 节推理就足以表明了.

明显地,同一图形的两个射影对应图形,彼此是射影对应的.

换言之,用 291 节(平,附录 A)的语言说,所有的射影变换构成群.

两个相似图形显然是射影对应的.

298. 从以上所说可得:两个平面图形,如果一个全等于另一个的透视形,它们便是射影对应的.

以后(第 303 节)将证明逆命题成立,即是说(除开我们将来要证明的一种情况),两个射影对应的平面图形总可以放置得使一个是另一个的透视形.

首先我们来建立下述定理:

定理　一经知道了已知平面图形 F 中四点(其中任意三点不共线)的对应

点,就可以作出它的射影对应图形 F'.

事实上,设所说四点为 A,B,C,D,而 A',B',C',D' 是它们给定的对应点;M 为 F 的任意一点,我们来求它的对应点 M'.

首先假设点 M 在直线 BC 上,并设 E 为 BC 和 AD 的交点.点 E 的对应点是知道的:就是 $B'C'$ 和 $A'D'$ 的交点 E'(图 26.10).另一方面,交比 $\dfrac{M'B'}{M'C'}:\dfrac{E'B'}{E'C'}$ 也是知道的,因为它等于交比 $(BCME)$.这个关系使我们知道比 $\dfrac{M'B'}{M'C'}$ 的大小和符号,因之定点 M'.

若点 M 不在 BC 上,也不在类似的直线 AB 或 AC 上,我们就联结 MA.直线 MA 将交 BC 于一点 N(图 26.11),它的对应点 N' 可按上述方法定出.于是有了点 M' 的一个轨迹,即直线 $A'N'$.由类似于 $(BCNE)$ 的交比 $(CAPG)$ 又可得出一个轨迹.

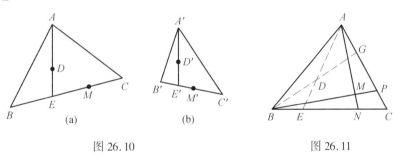

图 26.10 　　　　　　　　　图 26.11

如果存在 F 的一个射影对应图形,在其中 A',B',C',D' 是 A,B,C,D 的对应点,那么 M 的对应点由上述作法得出.

推论 两个成射影对应的图形如果有四点(其中任意三点不共线)各与其对应点重合,则此两图形完全重合.

因为如果点 A',B',C',D' 与 A,B,C,D 重合,那么上面的推理表明,任一点 M 和它的对应点必重合.

备注 (1)如果所考虑的点中有三点共线,上面的结论未必正确(看习题(467)).

(2)如果给了一个已知(平面)图形 F 上四直线(其中无三线共点)的对应线,它的射影对应图形便被确定了.

因为这等于给了四直线构成的四边形的顶点 A,B,C,D 的对应点.

(3)两交比 $(BCNE)$ 和 $(CAPG)$ 可以作为点 M 关于图形 $ABCD$ 的"坐标",因为知道了它们,便确定了这点.

299. 特别地,若给定一平面图形的四点及其射影,则上述过程足以定出没影线.因为 BC 上无穷远点的对应点是 $B'C'$ 上这样一点 I':使交比 $(B'C'E'I')$ 等于 $(BCE\infty) = \dfrac{EB}{EC}$;然后用完全类似的作法,可以定出 AB 上无穷远点的对应点,因而知道没影线上的两点.

这条直线也可能位于无穷远处,因此,射影是平行的:如果有 $\dfrac{E'B'}{E'C'} = \dfrac{EB}{EC}$ 以及类似的比例 $\dfrac{G'A'}{G'B'} = \dfrac{GA}{GB}$($G$ 表示 AB 和 CD 的交点,G' 表示 $A'B'$ 和 $C'D'$ 的交点),就发生这种情况.

300. 如果知道射影是平行的,要定出图形 F',只须知道三点 A, B, C 的对应点 A', B', C'(不共线,并且没有一点在无穷远).因为我们有了图形 F 上四条直线(即三角形 ABC 的三边和无穷远线)的对应图形.

任意一点 M 的对应点 M' 显然将由这个条件决定:它和三角形 $A'B'C'$ 一个顶点的连线,以及点 M 和三角形 ABC 对应顶点的连线,分两个三角形的对应边成相同的比.

但利用前章(第 267 节)的定义,可以很简单地表达这事实:显见点 M' 关于三角形 $A'B'C'$ 的重心坐标和点 M 关于三角形 ABC 的相同.

我们看出(第 50,268 节),从平面到平面的平行射影,保留面积之间的相互比值,换言之,即将所有的面积乘以一个常数因子,并且这常数因子等于(由于第 50,286 节)所考虑的两平面和垂直于投影方向的平面这样两个夹角的余弦之比.

在两个任意的射影对应图形的情况,298 节的作法也可以用重心坐标来表达(参看习题(474)).

但 298 节的坐标有其优点,即是射影的,换言之,如果将四点 A, B, C, D 和点 M 所组成的图形,任意作一个透视变换,那么这些坐标是不变的.

301. 给定四组对应点,我们得出了(第 298 节)两个平面图形间的射影变换的作图法,假设这个射影变换存在.

在同一节里我们又曾指出,两个图形是射影对应的,如果其中一个全等于另一个的透视形.

这里提出了两个问题:明确一下 298 节的作法是否确实给出两个射影对应

图形,以及明确一下是否两个射影对应的图形总可以归结为透视.

在处理之前,先来看一个定义.

定义 同一平面上四点 A,B,C,D 形成的图形f称为**完全四点形**,其中假设(除非另有声明)任何三点不共线.四边形 $ABCD$ 的四边和对角线称为完全四点形的六边(两两相对).

设 $ABCD, A'B'C'D'$ 为两个完全四点形.我们已经知道,如果有一个射影变换存在,使 A,B,C,D 分别以 A',B',C',D' 为对应点,则直线 BC 上一点 M 将以 $B'C'$ 上由关系①

$$(B'C'E'M') = (BCEM)$$

确定的点 M' 为对应点,其中 E 和 E' 有如图 26.10 所示.有必要指出,反之,如果有一个射影变换存在,使 A,B,D,M 分别以 A',B',D',M' 为对应点(设点 M 不与 B,C,E 中任何一点重合),则 C 的对应点将是 C'.事实上,由于上面交比的相等,由图形 $ABDM, A'B'D'M'$ 出发的作法,显然得出这个结果.

这样,寻求两个射影对应图形使 A,B,C,D 以 A',B',C',D' 为对应点的问题,被完全等效的另一问题所代替,在这问题中点 C 是放在联结它到点 B 的直线上移动,它的对应点则相应地移动.

当 M 重合于 E 时,这里发生问题;但我们可回到一般情况,只要同时(运用同一指示)在直线 BD 上移动点 D.

302.现在我们来证明下面的定理:

定理 设给定两个完全四点形 f, f';f 以 A,B,C,D 为顶点,f' 以 A',B',C',D' 为顶点,则有一完全四点形 f_1 存在,它和 f' 相似且和 f 成透视(中心的或平行的).

推论1 有一个射影变换存在,使四点 A,B,C,D 以 A',B',C',D' 为对应点.

因为在以 f 为其部分的平面图形,和以 f_1 为其部分的平面图形之间,存在着一个射影变换(因为有透视关系),而另一方面,后者相似于以 f' 为其部分的平面图形.

推论2 设给定了两个平面射影对应图形 F, F',那么可以找到第三个图形 F_1 使与 F' 相似而与 F 成透视.

---

① 按照这关系,一经 M 不与 A,B,E 中任何一点重合,M' 也就不同于 A',B',E',因此和 A',B',D' 形成一个真正的四角形.

事实上，设 A,B,C,D 为 F 上四点，形成一四点形 f，而 A',B',C',D' 为其对应点，形成四点形 f'. 根据上面所叙述且将要在下面证明的定理，我们可以找出一个四点形 f_1 和 f 成透视且相似于 f'. 在这个透视中，F 将投射为一个图形 F_1. 如果 (F') (和 F' 相异或否) 是相似于 F_1 的图形，并且在其中 f_1 各顶点的对应点是 f' 的顶点，那么 (F') 将和 F 成射影对应，并且这样决定了的射影变换不可能和给定的那个有所不同，因为它们已经有四个公共的对应点（其中任意三点不共线）.

推论 3　如果使 F 变为 F' 的透视是中心的（换言之，如果 F 和 F' 不是仿射的），我们可以取图形 F_1 全等于 F'.

为此，不须更换视点，只须取台面为一个适当的平行平面.

303. **证明**　我们区分三种情况.

第一种情况. 点 C,D 和它们的对应点 C',D' 在无穷远.

C 和 D 应该保持为不同的，使得它们所对应的方向不相平行；并且 C',D' 也同样.

于是作四点形 f_1，使 A' 的对应点 A_1 重合于 A，而 B' 的重合于 B，f_1 的平面则与 f 的不相同. 两平面 ACC_1 和 BDD_1 必然要相交，因为 AC 和 BD 是不平行的. 设 Δ 是它们的交线，那么平行于 Δ 的射影将 f 变换为 f_1.

第二种情况. 点 D 和它的对应点在无穷远.

在 f 余的点 A,B,C 中，至多有一点在无穷远（否则 f 将有三点在无穷远，因而共线了），同样的说法适用于 f'. 我们可以假设四点形 f 的一个顶点例如 A 以及它的对应顶点 A' 在有限距离内. 并且，直线 AB,AC,BC（根据假设）没有一条可以通过 D，即没有一条是平行于方向 D 的. 因此，如果通过 A 引方向 D 的平行线 AE，那么这条平行线将与直线 BC 交于一点 E，这点是有限点且不同于 B,C.

仿此，方向 D' 的平行线 $A'E'$ 将与 $B'C'$ 交于一（有限）点 E'，不同于 B' 及 C'. 在不同于 ABC 的一个平面上，以 AE 为底作一图形 AEB_1C_1 相似于 $A'E'B'C'$. 两直线 BB_1,CC_1 位于同一平面上，所以或相交或相平行，因而它们的交点（在有限距离内或在无穷远）给出所求的透视中心.

一般情况. 一般情况可以划归为上面两种情况之一，只要重复利用 298，301 节的指示并遵循 299 节的步骤（没影线的决定）. 在一般情况下，四点形 $ABCD$

没有任何顶点在无穷远. 它必然有一双对边不相平行①, 例如是 AD 和 BC. 在这些条件下, 设 I 是 BC 上的无穷远点, I' 是用 299 节的作法在 $B'C'$ 上所推求的点, 点 A, B, D, I 将构成一个四点形 g, 而点 A', B', D', I' 构成一个四点形 g', 它们可代替原先给定的四点形而加以考虑. 如果我们作出了一个四点形 g_1, 以 A_1, B_1, D_1, I_1 为顶点, 与 g 成透视且与 g' 相似, 那么这个相似中 C' 的对应点 C_1 将与 A_1, B_1, D_1 构成一个四点形 f_1, 它与 f 成透视且与 f' 相似 (由 301 节), 于是便解决了所设的问题.

新四点形 g 有一个顶点 I 在无穷远.

其余顶点如果都在有限距离内, 将形成一个真正的三角形, 它没有一边和方向 I 平行, 因而 BD 上的无穷远点 J 将和 A, B, I 构成一个四点形 h, 这 h 又可用来代替 g 只要将 D' 用一点 J' (又一次应用 299 节方法定出来的) 来代替, 因而构成对应的四点形 h'.

四点形 h 有两点在无穷远②. 如果它们的对应点 I', J' 或其中之一在无穷远, 就得到前面第一或第二种情况.

如其不然, 设 L' 为 $I'J'$ 上的无穷远点, 对于它用 299 节方法, 将得出一个对应点 L 并且也在无穷远. 通常, 直线 $I'J'$ 不与 $A'B'$ 平行, 因而 A', B', I', L' 构成一个四点形 k', 而 A, B, I, L 构成一个四点形 k.

但四点形 k, k' 有两个对应点 L, L' 在无穷远, 因而 (至少当 J 在有限距离内) 这是第二种情况. 因此有一个四点形 k_1 存在, 以 A_1, B_1, I_1, L_1 为其顶点, 与 k 成透视且与 k' 相似. 如果在这个相似中 J_1 是 J' 的对应点, 和 A_1, B_1, I_1 构成一个四点形 h_1; 而 D_1 是 D' 的对应点, 和 A_1, B_1, I_1 构成一个四点形 g_1, 那么将 k 投射成 k_1 的透视, 将 h_1 投射 (仍由 301 节) 成 h, 因而投射 g_1 成 g, 因而 f_1 成 f. 证毕.

如果直线 $I'J'$ 平行于 $A'B'$, 它就不平行于 $A'D'$. 这时取四点形 $ADIJ, A'D'I'J'$ 作为 h, h', 取四点形 $ADIL, A'D'I'L'$ 作为 k, k'.

备注 这种作法还可用无穷多方式来完成, 并且, 例如可将上面的直线 $AE, A'E'$ 代替以任意的和前面两条平行且彼此相对应的直线③. 但在第二种情况下 (或者如果可划归为这种情况), 所说的这些直线的方向是确定了的, 即是没影线的方向.

---

① 如果 AB 平行于 CD, 且 AC 平行于 BD, 于是有一个平行四边形 (不退化为一线段), 它的对角线必然相交.
② 换言之, $I'J'$ 是最后要到达的透视的没影线.
③ 并且, 假设 AE 选定了, 我们还可以绕这直线处置平面 AEB_1C_1 的转向.

相反地，在第一种情况，可以任意地在平面 f 上取一条 f_1 的平面所通过的直线．

因此，第一种情况的不确定性比之第二种情况为大．以后（第 409 节）将见到，我们可以利用这一点来放置两个仿射图形 f, f_1，使得它们不仅是置于平行射影下，而且是在正交射影下．

304. 上面的射影对应图形的定义包含：

同一图形 F（关于不同两圆）的两个配极图形 F_1 和 F_2 是射影对应的．事实上，F_1 的每一点对应着 F_2 的一点，即图形 F 中同一直线的对应点；

F_1 的共线三点对应着 F_2 的共线三点，因为这两个三点对应于 F 的共点三线；

F_1 共线四点的交比等于它们在 F_2 中对应点的交比，由于都等于（平，210）F 中对应直线的交比．

305. 射影对应的点列和线束 两个图形（点列）各由共线的点构成，根据上面所说它们是成射影对应的，如果一线上任意四点的交比等于另一线上对应点的交比．

两个平面图形（约束）各由共点的直线（所共的点在有限距离内或在无穷远）构成，它们是成射影对应的，如果一线束任意四直线的交比等于其对应线的交比．

成透视的两个点列或约束是成射影对应的．

我们也说，各由通过一直线的平面所构成的两个平面束是成射影对应的，如果第一束四平面的交比总等于第二束对应平面的交比．

更广泛一些，我们可以把一个点列和平面上共点的直线束，或通过一直线的平面束，看做成射影对应，只要点列中任意四点的交比等于约束中对应的四直线的交比，或面束中对应的四平面的交比．于是看出：

(1) 两个约束（或点列）同和第三个成射影对应时，则彼此是成射影对应的；

(2) 一个约束或面束和它在任一直线上所决定的点列成射影对应，一个面束和它在任一截面上所决定的约束成射影对应．

306. 从一定点发出的动直线截任意两条定直线成射影对应的点列．

两条直线各绕一定点而旋转且夹一常角，则产生两个射影对应的约束．因此,这两动直线分别在两定直线上所截的点列是射影对应的.

若一点描画一定直线,则联结此点至两固定中心的直线描画两个射影约束[①].

设一定长的线段在一定直线上移动,则其两端在这直线上描画两个射影点列.将这两端分别向两定点所联结的直线描画两个射影约束,等等.

307. 如果给定了三点及其对应点,那么就决定了两个射影点列.任意第四点的对应点由这一条件决定:在两个点列中形成的对应交比相等.

同理,如果给定了三条射线及其对应射线,那么就决定了两个射影约束.

308. 反之,在两条任意给定的直线上,我们总可以找到两个射影点列,使第一线上(不同的)三点 a, b, c 以第二线上(不同的)三点 a', b', c' 为对应点.

事实上,如果有必要,我们移动两直线之一,那么总可以假设点 a 和 a' 重合,并且两直线是不同的(图 26.12).这时两直线在同一平面上,所以两直线 bb' 和 cc' 将有一个公共点 O(在有限距离内或在无穷远).

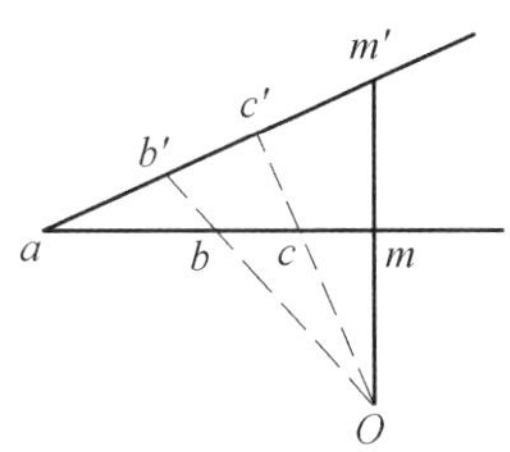

若两直线上的点位于由 O 发出的同一射线上的,使其相互对应,那么就实现了所求的射影对应.

由以上所说,这样得到的两个射影点列,是使 a, b, c 与 a', b', c' 相对应的仅有的射影点列,于是可知:当两个射影点列有一个对应点公共时,那么任意一对对应点的连线通过一定点.

换言之,有一个公共的对应点的两个射影点列是成透视的.

图 26.12

309. 同理,我们总可以找到两个射影线束,使其中一个的三条给定射线 Oa, Ob, Oc 以另一个的三条给定射影 $O'a', O'b', O'c'$ 作为对应线.

这命题和第一个命题没有什么不同,因为我们作所求射影线束的方法,是先作出它们分别在任意两条截线上的点列.并且它只不过是 301 节所建立的事实的特殊情况,因为要构成所求的两个线束,只要找到一个射影对应使图形 $O'a'b'c'$ 对应于 $Oabc$.最后,我们可以直接得出它,只要证明下述定理:

定理 在同一平面上不同中心的两个射影线束中,如果联结两个中心的直

---

① 射影线束或以下谈到的射影点列,即成射影对应的两个约束或点列.——译者注

线是一条公共的对应射线,那么任意两条对应射线交于一定直线上.

设 OO'(图 26.13)是公共的对应射线,Oa 和 $O'a$,Ob 和 $O'b$ 是另外两对对应射线.将直线 ab 上同一点分别与 O 和 O' 相连的直线产生两个射影线束,其中射线 OO',Oa,Ob 分别以 $O'O$,$O'a$,$O'b$ 为对应线,因此这两个线束就是所设的线束.

上面的推理确实能使我们找出两个射影线束,只要知道了三条射线和它们的对应线:我们假设移置这两线束,使其中一条射线和它的对应线重合,两个中心不同而两个线束在同一平面上.

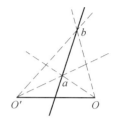

图 26.13

310. 备注 以上所得到的结果,和由前一节的命题用反演所推出的结果是一样的:射影线束对应于射影点列,公共的对应射线对应于两个点列公共的对应点,等等.

在这一节所用的推理,只不过是前一节所得出的一个翻译;我们说,它们是**对射的**,或者说,它们之间有**对偶性**.

这种对偶性在图形的一切射影性质中都可遇到,关于圆锥曲线的对偶性将来还要讲.

完全四线形的对射图形是完全四点形(第 301 节). 和 296 节对偶的是:完全四点形的一双对边,调和分割它们的交点到另外两双对边交点的连线所形成的角.

在球面几何上我们也觉察一种对偶性,在那里是用配极图形的概念引出的. 球面上两个配极图形是这样的:一个图形上的点对应于另一图形上的大圆,反之亦然. 对于同一大圆 C 上的三点,对应着通过同一点(即 C 的极)的三大圆,反之亦然;并且容易知道(第 290 节),一个大圆上四点的交比,等于它们所对应的大圆的交比.

这个对偶性也推广到非射影性质,因为两大圆的交角是等于它们的极之间的球面距离. 如果把它化为射影性质,它和用配极变换所得结果没有区别(参看习题(566)).

311. 要两个点列(或两个约束)成为射影对应的,只要任意一点和三个被选定后便不变的点所成的交比,等于这些点的对应点所成的交比,因为这个性质已足以作出被这三对对应元素所决定的射影对应.

312. 在前两节的作法中,我们可以不去移动两个点列或两个约束,而将其中一个图形(点列或线束)代替以另外一个和它成透视的图形,因为在推理中占重要地位的只不过是交比保留不变.

必须指出,用这种方法,只用直尺①便可以完成所求的作图.

我们从 308 节的作法出发.仍设② $a, a'; b, b'; c, c'$(图 26.14)为三对给定的对应点,m 是要求作对应点的点.分别由点 a, b, c, m 至平面上任一点 S 连线,同样联结点 a', b', c' 至一点 S'. 设 α 为 Sa 和 $S'a'$ 的交点,通过 α 作第一条截线 $\alpha\beta\gamma\mu$,线束 $S(abcm)$ 在这线上截下一个与 $abcm$ 成射影对应的点列 $\alpha\beta\gamma\mu$;作第二条截线 $\alpha\beta'\gamma'$,由 S' 发出的各直线在这线上截下一个点列,这点列和这些直线在 $a'b'c'$ 上所截的点列成透视.在点 α, β, γ 分别以 α, β', γ' 为对应点的射影对应中,点 μ 的对应点 μ' 可以只用直尺得出(第 308 节),于是只要联结 $S'\mu'$ 便可以在直线 $a'b'c'$ 上得到 m 的对应点 m'.

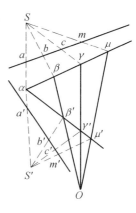

图 26.14

313. 射影对应的各种表示式 考查两个射影点列,设 A, B 是第一点列两个确定的点,而 M, N 是它的任意两点;设 A', B', M', N' 是 A, B, M, N 的对应点.射影对应的基本关系可写作

$$\frac{MA}{MB} : \frac{NA}{NB} = \frac{M'A'}{M'B'} : \frac{N'A'}{N'B'} \tag{1}$$

或者交换两内项的位置,写作

$$\frac{MA}{MB} : \frac{M'A'}{M'B'} = \frac{NA}{NB} : \frac{N'A'}{N'B'} \tag{1'}$$

因此,不论点 M 的位置为何,比 $\frac{MA}{MB} : \frac{M'A'}{M'B'}$ 有同一值;以 $1/k$ 表此值,得出

$$\frac{M'A'}{M'B'} = k \frac{MA}{MB} \tag{2}$$

---

① 参看卷末附录 A.
② 我们假设两个点列在同一平面上.在相反情况下的作法,正规地讲属于画法几何的范围(参看第一编习题末的附注).

当点 M 给定了,由这方程可定出点 M'.

反之,若两点 M,M' 各位于一定直线上(这两线互异或否),彼此间以上述关系联系,那么它们描画两个射影点列:因为关系(2)包含着关系(1'),因之包含关系(1).

对于两个射影线束可以指出一个类似的结果.事实上,设第一约束中 OA, OB 是两条确定的射线,而 OM,ON 是两条任意的射线;设 $O'A',O'B',O'M'$, $O'N'$ 是它们的对应射线.交比 $O(ABMN)$ 和 $O'(A'B'M'N')$ 的相等写作(第292 节)

$$\frac{(M,OA)}{(M,OB)}:\frac{(N,OA)}{(N,OB)} = \frac{(M',O'A')}{(M',O'B')}:\frac{(N',O'A')}{(N',O'B')}$$

像以上一样,从这里推出

$$\frac{(M',O'A')}{(M',O'B')} = k\frac{(M,OA)}{(M,OB)}$$

k 表示一常数.

注意,对于射影面束,成立完全类似的关系.

同样的推理也可用于成射影对应的一个点列和一个线束.设 a,b,m 为点列的三点,而 OA,OB,OM 为线束中的对应线,则有

$$\frac{(M,OA)}{(M,OB)} = k \cdot \frac{ma}{mb}$$

其中 k 与点 m 的位置无关.

314. 设 I 为第一点列上的点,对应于第二点列的无穷远点;J' 为第二点列的点,对应于第一点列的无穷远点.假定这两点列的无穷远点不相对应,因而点 I 及 J' 为有限点.设 M 及 M' 为任两对应点,则有

$$IM \cdot J'M' = h \tag{3}$$

其中 h 为常数.

事实上,设这两点置于成透视的位置(并且看做是分别位于两平面 P,P' 上的两个平面图形的一部分,其中 P 和 P' 垂直于包含这两点列的平面),那么上面的关系从 294 节命题得出(图 26.15).

反之,设有两点 M,M' 在两直线(互异或否)上移动,由关系(3)所联系,其中

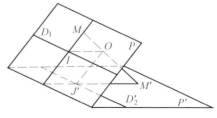

图 26.15

h 为常数(异于零或否),那么它们描画两个射影点列.因为若以 A,A' 表示一对确定的对应点,则被三对点

$$I,\infty;\infty,J';A,A'$$

所确定的射影对应(由上面的结果),由关系

$$IM\cdot J'M'=IA\cdot J'A'$$

所表达,即由关系(3)所表达,因为有 $IA\cdot J'A'=h$.

若 h 为零,则线段 $IM,J'M'$ 之一为零,以致所有 I 以外的点 M 有同一对应点 J';现在我们排除这种假设,但在下面有几次还要遇到.

315. 在两个无穷远点相对应,因而点 I 和 J' 在无穷远的情况,这两个点列是**相似的**,即是说,三对对应点分割它们的直线成比例线段.事实上,若这三对点为 $A,A';B,B';C,C'$,那么这三对和在无穷远的一对对应点之间所存在的关系 $(ABC\infty)=(A'B'C'\infty)$ 可以写作(平,199)

$$\frac{CA}{CB}=\frac{C'A'}{C'B'}$$

316. 同一直线上的射影变换,二重点 假设两个成射影对应的点列在同一直线上,我们来求是否有一点 m 重合于它的对应点.为此,只要利用关系(3),这时它可以写作

$$Im\cdot J'm=h \qquad (3')$$

线段 Im 和 $J'm$ 是同号或异号,就看 h 是正或负.在第一种情况下,距离 IJ' 是它们绝对值的差,而在第二种情况下则为绝对值之和.所以问题归结到作图 7 或 8(平,155)之一.因此应该通过点 I 和 J'(图 26.16)引已知直线的垂线 Ii 和 $J'j'$,使其乘积按大小和符号等于 $-h$,于是所求的点在以 ij' 为直径的圆周上.

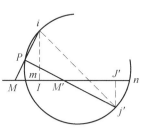

图 26.16

可以直接看出,如果 P 是这圆周上任一点,则直线 Pi 和 Pj' 截已知直线的点 M 和 M' 是互相对应的.事实上,三角形 IiM 和 $J'M'j$ 因三边互垂①而相似,于是得(比较平,155)

---

① 关系 $IM\cdot J'M'=h$ 确定了一个射影变换这一事实,此处得出一个新的证明,因为直线 iM 和 $j'M'$ 总是互垂的,因而(第 306 节)描画两个射影约束.

$$IM \cdot J'M' = Ii \cdot J'j'$$

上面的作法于是从这个事实得到证明:当点 P 在已知直线上时,点 M 和 M' 趋于重合.凡和对应点重合的点称为**二重点**.

讨论 若 h 为正,则两线段 Im, $J'm'$ 应有同向.当其中一个的绝对值减小时,另一个的却增大,我们看出两个对应点总是作反向移动,只要它们在有限距离内(应该注意,当点 m 通过 I 时,线段 $J'm'$ 从 $-\infty$ 变到 $+\infty$ 或者倒过来).

在这一情况,以 ij' 为直径的圆周必然和已知线相交(因为 i 和 j' 在这直线的异侧),因此确有两个二重点(**实的**二重点).

相反,若 h 为负,则两线段反向.关于绝对值的说明表明,当 m 和 m' 保持在有限距离内时,它们作同向移动.直线对于以 ij' 为直径的圆周,可能是相交、相切或完全在它的外部.二重点可能是互异的实点、重合的实点或不存在.在最后一种情况,我们也说它们是**虚的**.

317.如果二重点 m 和 n 是实的且互异,我们便可以取这两个二重点作为关系(2)中出现的点 A 和 B,这个关系于是变为

$$\frac{M'm}{M'n} : \frac{Mm}{Mn} = k \tag{4}$$

它表明两个二重点和任意两个对应点所成的交比是常数.

反之,两点若与两定点形成常数交比,则必描画两个射影点列,因为关系(4)是(2)的一个特例.

两个共心的射影线束的二重线 两个射影线束有两条互异或重合的实的二重线,或者没有二重线(**虚的**二重线).例如一个常角绕它的顶点而旋转时,两边所描画的射影变换就属于最后一种情况.

318.两个射影点列或射影线束的二重元素的作图,给出许多几何问题的解.首先我们指出,下述问题立即化归这个问题:

求两个射影变换的公共配对元素.

(所考虑的两个射影变换的每一个是两个点列、或一个点列和一个线束、或两个线束之间的变换,两个点所在的两条直线、或点列所在的直线以及线束的中心、或两线束的两个中心,对于两个射影变换是相同的.)

例如我们考虑两个射影变换,它们都是点列与点列之间的变换,点列所在的直线一为 D 而一为 D'.设 M 为 D 上任一点,M' 为其在第一射影变换下的对应点,M_1' 为其在第二射影变换下的对应点(图 26.17).我们来求两个射影变换

的一对公共点,即是说求一点 M,使两个对应点 M' 和 M_1' 重合.

但 M' 和 M_1' 所描画的点列,都和 M 所画的成射影对应,所以相互间也成射影对应.我们只须求这个射影变换的二重点就是了.

例 设欲在一已知直线 D 上求一线段 MM' 使有已知长,且从一已知点的视角为已知角(图 26.18).

当一点 M 在直线 D 上移动时,这直线上使 MM' 为已知长的点 M' 所描画的点列,和 M 所描画的成射影对应;同样,在 D 上取一点 M_1' 使角 MOM_1' 等于已知角(O 表示已知点),则点 M_1' 也具有这性质.所以化归上述问题,因为我们要找对于什么位置的点 M,两点 M' 和 M_1' 重合.

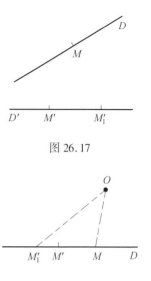

图 26.17

图 26.18

在一已知直线上求一线段,使从两已知点的视角各为已知角的问题,显然与上述属于同一类型.并且,如果线段的两端不是在同一直线 D 上,而是各在一直线 D, D' 上(图 26.19),情况也还是这样.

又设欲通过一已知点作一截线,使在两已知直线上截下两线段(分别从这两直线上给定的原点算起)成已知比.

设 O 为第一个已知点,A 和 A' 分别为直线 D 和 D' 上的已知原点(图 26.20).通过 O 的任意截线将截这两直线于 M 及 M',它们在这两直线上描画射影点列.分别从 A 和 A' 起且成已知比的两线段端点,也成射影对应.我们要求这两个射影变换的一对公共点.

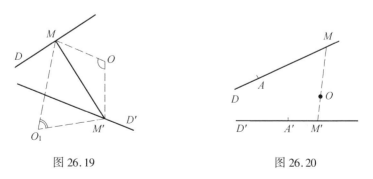

图 26.19

图 26.20

还可以代替 $\dfrac{AM}{A'M'}$ 给出乘积 $AM \cdot A'M'$,因为方程 $AM \cdot A'M' = $ 常数确定一个射影变换.

仿此,还可以作已知 n 边多边形的一个内接多边形,使其 n 边通过平面上任意给定的 n 个点.

设 $ABCDE$(图 26.21)为已知多边形,而 P,Q,R,S,T 为所求多边形 $abcde$ 各边所应通过的点.在 AB 上任取一点 a,由 ab 通过点 P 的条件推出点 b,然后由 bc 通过 Q 的条件得出 c,等等.

最后在 AB 上重新得出一点 a',此点通常不与 a 重合.

但点 a' 描画一个点列,与 a 所描画的成射影对应,因为 a 射影地联系于 b,而 b 射影地联系于 c,等等.因此,我们只须求联系 a 与 a' 的射影变换的二重点,这个射影变换可作为三对对应点来确定它.

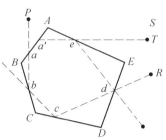

图 26.21

我们看出,适用于这类问题的方法是假位置法则.

为了应用 316 节的作法,常常取这样的两对对应点比较方便,其中有一点在无穷远.

319. 对合

定理 在同一直线上的两个射影点列中,如果一点(非二重点)不论看做属于哪一点列,它的对应点是同一点,那么这直线上所有的点都是这样.

假设点 A 以 A' 为对应点,而点 A' 以 A 为对应点;且设 B 为这直线上其他的任一点,把它看做属于第一点列,则在第二点列中的对应点为 B'.这个射影变换可以看做由三对对应元素 $A,A';A',A;B,B'$ 所决定.因此,如果把 B 看做属于第二点列,那么它在第一点列的对应点 B_1' 将由下面的关系决定:
$$(AA'BB_1') = (A'AB'B)$$

但这关系表明点 B_1' 和 B' 重合,因为右端的交比等于(平,199)$(AA'BB')$.

备注 当二重点 m 和 n 是实的且互异时,上面的定理就成为 317 节的直接结果.事实上,如果 A 是 A' 的对应点,而 A' 是 A 的对应点,则由关系(9)得出
$$\frac{A'm}{A'n} : \frac{Am}{An} = k \quad \text{和} \quad \frac{Am}{An} : \frac{A'm}{A'n} = k$$

两端相乘得出 $k^2 = 1$.

但 k 不能等于 1(否则点 A' 将重合于 A),所以有 $k = -1$,因此,任意两个对应点和两个二重点成调和分割,当我们交换两个对应点时,这关系显然是不改变的.

这样的两个射影点列,使得一个已知点不论看做属于哪一个点列,(依照上述定理)总有同一个对应点,就称为成**对合**.

仿此,两个同心的射影线束称为成**对合**,如果两条对应线间的关系不因交换它们而有所改变.

320. 两对对应点(或射线)决定一个对合.因为知道了一个对合中的两对对应点 $A,A';B,B'$,便等于知道了一个射影变换中的四对对应点 $A,A';A', A;B,B';B',B$.

321. **定理** 如果三对点成对合,那么一对中的两点和另两对中各一点所成的交比,等于它们对应点的交比.

反之,如其是这样,那么六点成对合.

设 $A,A';B,B';C,C'$ 是对合中的三对点,那么两个分割 A,A',B,C 和 A', A,B',C' 是射影对应的,于是有
$$(AA'BC) = (A'AB'C')$$

反之,这等式表明,四点 A', A, B', C' 在一个射影变换中分别对应于 A, A', B, C.这射影变换必然是一个对合,因为 A, A' 和 A', A 是两对对应点.

证毕.

322. 在对合的情况,关系(3)变为
$$OM \cdot OM' = h \tag{5}$$
其中点 O 是无穷远点的对应点(唯一的).这一点称为对合的**中心**.

若常数 h 为正,可以看出有两个实而互异的二重点.

这两个二重点和任意两个对应点所成的交比等于 -1(第 319 节,备注).

反之,调和分割一定线段的两点成对合对应.

同理,在成对合的两个线束中,两条对应线和两条二重线(如果存在)形成调和约束;而且反过来,这个关系包含着一个对合.

如果点 O 在无穷远,那么两个二重点之一也就在无穷远了,这时对合是由有一个公共中点(即另一个二重点)的一些线段形成的.

323. 若常数 h 为负,则二重点为虚的.在这一情况,如前所述,I 和 J' 重合于 O,于是我们可以给图 26.16 中两线段 Ii 及 $J'j'$ 以公共值 $Oo = \sqrt{-h}$.于是我

们看出,有一点(即点 o)存在,使任意两个对应点所组成的线段,在这点 o 的视角为直角,因为具有点 i 和点 j' 的地位的,正是这点 o.

反之,显见当一直角绕它的顶点旋转时,它的两边产生两个成对合的射影线束,并且两条二重线是虚的.

两个约束的任何对合,如果对应线互垂,就(第 320 节)和上面的这个对合一致.因此,在对合中,如果两对对应线互垂,那么任意一对对应线也互垂.

323a.最后,对合的两个二重点不可能重合,除非 h 为零,即是说,除非我们所考虑的已不再是按正常意义讲的一个对应,而是第 314 节所指出的变态对合.

324.由前(第 322 节)所述,可知欲得一线段使调和分割两个给定的线段,只须决定出由这两线段所决定的对合的二重点(如果存在的话);并且这样得出的线段是所要求的唯一线段.

并且如果给定的两条线段部分重叠,那么所求线段是虚的(平,112);相反地,如果这两线段的一条全部在另一条之内,或全部在另一条之外,则是实的. 因为容易看出,在由公式(5)所确定的一个对合中,如果 h 是负的(即是说在一切有虚二重点的对合中),那么两对对应点总是部分重叠的(图 26.22).

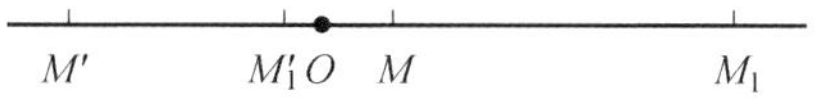

图 26.22

显然将共线的点换为共点的直线,还可以得出完全类似的一些命题.

325.位于已知直线上并且对于一个圆成共轭的一些点,构成一个对合.因为一点 M 的共轭点,是被这点的极线在已知直线上决定的,这极线产生(平,210)一个线束,和 M 所描画的点列成射影对应;而另一方面,两个共轭点间的关系是(平,205)不因交换这两点而改变的.

这样得到的对合的二重点,显然就是(如果存在)这已知直线和圆的交点①.

仿此,通过一已知点的共轭直线构成一个对合,它的二重线是由这点向圆所引的切线.

---

① 已知直线切于圆时,这对合具有第 314,323a 节所指出的变态,任意一点的共轭点,总是直线和圆的交点.

326. 有同一根轴的圆系,在任一截线上决定出成对合的线段,对合中心 O 是截线和根轴的交点.

事实上,设 M, M'(图 26.23)为圆系中一圆与截线的交点,则乘积 $OM \cdot OM'$ 是这点 O 对于这圆的幂,当圆改变时,这幂是不改变的.

反之,容易看出,一个对合总可以看做是由通过两定点的圆系在对合所在直线上决定的:只须选取这两点对于对合中心互为反点,反演幂则为等式(5)所确定的常数 h.

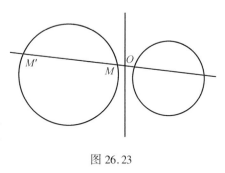

图 26.23

以同一对合中的线段为直径的一群圆有同一根轴,即通过对合中心所引与对合所在直线成垂直的直线.

327. 定理 假设在任意两个成射影对应的点列[①]中,考查两对对应点,那么各由一点和另一点的对应点组成的两线段,以及两个二重点所组成的线段,属于同一对合.

设 $M, M'; N, N'$ 为两对对应点,A 和 B 为二重点. 如果 317 节所证明的关系

$$(ABMM') = (ABNN')$$

中,在右端的交比中交换 A 和 B 并交换 N 和 N',便可写作

$$(ABMM') = (BAN'N)$$

此式表明(第 321 节)三对点 $A, B; M, N'; N, M'$ 属于同一对合.

备注 当两个二重点重合时,上述命题变成:唯一的二重点是两对点 $M, N'; N, M'$ 所决定的对合的二重点. 但上述推理不再有效.

在习题(497)可以找到对于各种情况都适用的证明.

仿此,一个射影变换的两条二重线和任意对对应射线构成一个对合.

328. 定理 完全四点形的三对对边,在任一截线上定出成对合的三条

---

① 这两点列共线. ——译者注

线段.

设四点形为 $ABCD$(图 26.24),它的对边 AB,CD;AD,BC;AC,BD 在同一截线上定出线段 mm';pp';qq'.

联结 A 及 B 至 CD 上一动点的两直线在截线上决定出两个射影点列. q,p' 和 p,q' 是两对对应点,依次对应于动点在位置 C 和 D. 至于二重点则为 m 和 m',一个对应于动点在 AB 和 CD 的交点,另一个对应于这点在 m' 本身.

因此(上述定理)m,m';p,p';q,q' 确定构成对合.
证毕.

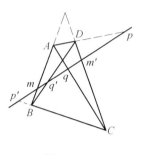

图 26.24

329. 和上面的定理成对偶的有:

定理 平面上任一点到完全四线形三对对顶的连线,构成对合的三对射线.

证明和上面的成对射. 设 a,b,c,d 为四线形的四边,而 M,M',P,P',Q,Q' 各为 a,b;c,d;a,d;b,c;a,c;b,d 的交点(图 26.25). 设 O 为平面上任一点,则直线 OM,OM';OP,OP';OQ,OQ' 成对合. 为了证明,我们注意,如果一条截线绕点 M' 旋转,那么它分别与 a,b 相交的两点,在这两直线上描画两个射影点列,因而把这些点和点 O 相连所得的线束本身是射影的. 但在这个射影变换中,两对对应射线由

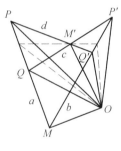

图 26.25

OP,OQ';OQ,OP' 得出,而二重射线由 OM,OM' 得出(第一条对应于动截线在 $M'M$ 的位置,第二条对应于动截线在 $M'O$ 的位置). 由此可知命题的正确性.

330. 推论 假设图形上某些元素在无穷远(这并不妨碍上述推理的合理性),可从上两定理推出一些命题.

例如说,如果在最后证明的定理中,假设完全四线形的一边在无穷远,命题就变为:

设联结三角形平面上一点到每一顶点,并由此点引对边的平行线,便得到对合中的三对射线.

假设所考虑的点在三角形两条高线上(图 26.26),那么以上所说的三对射线有两对是互垂的,因而第三对也应该如此,所以所考虑的点也在第三条高线上.因之三角形三高线交于一点的定理,是上述定理的特殊情况.

如果四线形整个在有限距离内,但点 O 在无穷远(图 26.27),则所连直线都相平行,用一条与它们的公共方向垂直的直线一截,便看出我们的定理变为:完全四线形的三双对顶在任一直线上的射影,是对合中的点.

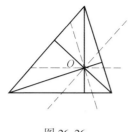

图 26.26

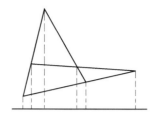

图 26.27

同理,在 328 节定理中,我们可以假设完全四点形顶点之一在无穷远,命题于是变为:三角形顶点在任一直线上的射影,和这直线分别与对边的交点,构成对合中的三对点.

331. 在一圆上的射影变换和对合 我们说,两动点在同一圆或不同两圆上画出两个**射影点列**,如果第一点四个位置的交比(平,212)等于第二点四个对应位置的交比.

推广言之,我们用对应交比的相等,来定义圆上的点列和直线上的点列、或直线束、或平面束之间的射影对应.

特别地,圆上的点列按定义和点列中各点到圆上一定点的连线所构成的线束成射影对应.

同一圆上两个射影点列称为成**对合**,如果像在直线上的情况一样,两个对应点之间的关系是相互的.

定理 由同一点发出一系列的割线,在一圆上决定出对合中的各对点.

首先可注意,如果该点在圆外,定理是显然的,因为这点的极线和所考虑的任一割线调和分割这个圆(平,213).

为了在一切情况下证明这命题,设 S(图 26.28)为已知点,并在圆上考虑和 S 共线的两点 O,O',这两点一经选定,便不变更.设 MM' 为割线任一位置,M,M' 是它和圆的交点,那么直线 OM 和 $O'M'$ 交点的轨迹是一条直线(平,211),即

点 S 的极线.因此,直线 OM 和 $O'M'$ 描画两个射影线束,因而点 M 和 M' 描出两个射影点列.

这两点列显然满足对合的条件.圆上一点不论看做属于哪一个点列,它的对应点是以这点为一端且通过 S 的弦的另一端.

逆定理 动弦两端描画成对合的两个点列,则此弦必通过一定点.

事实上,设 S 为这弦两个位置的交点(在有限距离内或在无穷远),则通过 S 的动割线和圆的交点,在这圆上描画一个对合,这对合和起先的一个重合,因为它们有两对对应点是公共的.证毕.

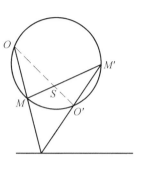

图 26.28

这定理可用来很简单地实现大部分有关成对合的线束(因之点列)的作图.

假设成对合的两个线束是由两对对应线给定的.通过公共中心 O 作一圆周,截这四条射线于 A, A', B, B'(图 26.29).直线 AA' 和 BB' 相交于一点 S,于是所考虑的对合,和将通过 S 的任一割线与圆的交点连线到 O 所得到的对合,是一致的.

要得到任一射线 OC 的对应射线,可将这射线和圆的交点与 S 相连;二重射线则通过由 S 所引的切线的切点,它们是实的还是虚的,就看这点和圆的相关位置.

由是得出和过去所说(第 324 节)相一致的结果:二重射线将是虚的,如果点对 $A, A'; B, B'$ 互相分隔(因之射线对 OA, OA', OB, OB' 也如此),这时点 S 在圆内(图 26.29);二重射线将是实的,如果两角 AOA' 和 BOB' 之一全部在另一角之内或全部在其外(图 26.29a).

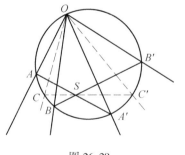

图 26.29

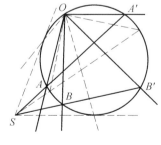

图 26.29a

要得到两个对合的一对公共元素,按照上述定理可作出(注意,圆周一经选定,便不变更)这两个对合的点 S 和 S',于是这一对公共元素由直线 SS' 在圆上得出.

特别地,由于由互垂射线所产生的对合所对应的点 S,显然就是圆心,那么要得到一个对合中的互垂射线,便可将产生这个对合的点与圆心相连(图 26.29a).由于这联结的直径总是和圆相交的,我们看出:一个对合总有一对互垂的射线.

推广言之,两个对合总存在一个公共线段,只要这两个对合之一有虚的二重点,因为这时在点 S,S' 中,至少有一点在圆内.

如果相反地,两个对合有实的二重点,那么公共线段显然可以看做由这样的条件决定:它和每一个对合的二重点形成调和点列.因此它是虚的还是实的,就看这些二重点互相分隔与否.

习　题

(456)设一对合是由两对对应点给定的,只用直尺试作一已知点的对应点.

(457)求透视中心的轨迹,使给定的共线三点在一已知平面上的射影相互间的距离成已知比.

(458)将平,201 节推论 2 的逆定理,推广于四平面所构成的束.

(458a)两个射影平面束公有一个对应平面,这两束中对应平面交线的轨迹为何?

(459)考查有同一顶点相邻且互等的三个角.已知这样形成的线束的交比,试求这些角的公共值(利用 292 节或平,习题(274)).

(460)通过一已知点求作两截线,使在已知角的两边上被截于它们之间的线段有已知的长度.

(461)求作一圆的内接多边形,使其各边分别通过一定点(这是基于 331 节定理上的新解答).

(462)给定有同一顶点的两个角,通过平面上一点求作一截线,使这两角在它上面所截的线段等长.

推广言之,求作一截线,使这两角在它上面所截的线段成已知比.

(463)在两条不同的直线上给了两个成射影对应的点列,求这样一些点的轨迹:从其中每一点视这两点列成对合线束.

由是推导:设 $A,A';B,B'$ 为任意两对对应点,则 AB' 和 BA' 的交点在一定直线上(即两已知直线的交点依次看做属于两直线之一的两个对应点的)连线.

给定了不同中心 o,o' 的两个射影线束,证明:如果它们在一条直线上决定出成对合的两个点列,那么这样的直线都通过一个定点.

在一直线上给定了任意三点 A,B,C,在另一直线上给定了任意三点 A', B',C',证明:BC' 和 CB' 的交点,CA' 和 AC' 的交点,AB' 和 BA' 的交点在一直线上.

(464)在一圆 C 上一个对合是用这样的条件确定的:两个对应点和这圆上一定点 O 的连线被一已知直线 D 所截的两点,对于 C 成共轭点.证明:联结这些对应点的弦所交会的点 S 就是 D 的极,而且不论 O 为何点都是这样.

(465)求出习题(461)对于一个三角形成为(平,附 13)不定的所有各种情况.

(466)利用透视,将透射三角形(平,195)的定理划归为位似三角形的性质(将两双对应边的交点变到无穷远去).

(467)我们说两个图形是**透射的**,如果第一图形上一点 M 对应于第二图形上一点 M',使得直线 MM' 通过一定点 O(称为**透射中心**)并被(这点和)一定直线(称为**透射轴**)分成常数交比.

证明两个透射图形是射影的.透射中心以及透射轴上每一点都对应于其自身.

反之,如果同一平面内成射影对应的两个图形是这样的:一条直线上所有各点是它们自身的对应点,那么它们是透射的.

两个位似图形是两个透射图形,透射轴在无穷远.两个透射图形总可以投射为两个位似图形.

(468)证明:两个透射三角形(平,195)可以看做上述意义下的两个透射图形.

两个非同心圆可以(与它们是位似图形这一事实无关)看做是透射的,而且有两种方式,透射轴即根轴,而透射中心即这个或那个相似中心.

(469)证明:一个平面图形 F 在一平面 P' 上的透视形,和这个图形压贴在同一平面上的图形(将图形 F 所在平面 P 绕着它和平面 P' 的交线旋转,直至与 P' 重合所得到的图形)是两个透射图形.

(470)证明:反之,给定两个透射图形,设固定其中一个,而将另外一个绕透射轴旋转,那么这两图形总保持成透视.

视点的轨迹是什么?

(471)同一平面上两个射影图形是这样的:任意一点不论看做属于哪一个图形,对应点是同一个.证明:这两图形是透射的,以 −1 为透射比.

(472)在两个不同平面上,给定了两图形 F 和 F',在怎样的条件下可以找

到两点 O 和 O'，使得将点 O 和 F 上任一点 M 相连，将点 O' 和 F' 上的对应点 M' 相连，得出两条相交直线？点 O 和 O' 的轨迹为何？一经 O 和 O' 选定了，OM 和 $O'M'$ 交点的轨迹为何？

(473) 一截线 D 截平行四边形的对边于 $a,a';b,b'$，截一条对角线于 c；将 a,a' 和平面上任一点 p 相连. 证明：一个四边形一双对边交点的轨迹是通过 p 所作平行于 D 的直线，如果在这样的四边形中，这两边必须分别通过 b 和 b'，一条对角线通过 c，而另外一双对边沿着 ap 和 $a'p$（证明这四边形和平行四边形是两个透射图形）.

(474) 证明：两个图形间的射影对应可以这样得到：第一图形任一点 M 对应于一点 M'，使其关于一定三角形 T' 的重心坐标，等于点 M 关于一定三角形 T 重心坐标乘以一些常数. 反之，这样实现的对应，总是射影的.

(475) **空间射影对应**. 空间两图形称为**射影对应的**，如果一个上的一点对应于另一个的一点，使得共面的点对应于共面的点，而且对应的点在它们各自的平面上形成两个射影图形. 证明可以找到（而且只有一种方式）一个射影对应，使得给定的五点（其中任意四点不共面）对应于另外给定的五点（满足同样的条件）.

如果无穷远点的对应点本身也在无穷远，这两图形就称为**仿射的**. 在相反的情况下，一图形上在无穷远的各点的对应点，是属于另一图形的某平面上的各点. 因此，在**射影性质**（即是在射影对应下被保留的性质）的研究中，我们把在无穷远的一些点看做位于同一平面上，称为**无穷远平面**. 两条直线应该看做有同一无穷远点与否，就看它们是否平行.

(476) 将习题(474)推广于空间.

(477) 空间两图形称为**透射的**，如果第一图形上一点 M 对应着第二图形上一点 M'，使得直线 MM' 通过一定点 O（称为**透射中心**），将被这点和一定平面（**透射平面**）分成常数交比. 证明：两个透射图形是射影的①.

(478) 通过空间任一点 M 作直线与两定直线相交于 P 及 P'，并在这直线上取一点 M' 使 $(MM'PP')=$ 常数. 证明点 M 和 M' 是两个射影图形的对应点.

(479) 在同一平面上给定两个射影图形，使得无穷远直线是自身的对应线. 证明：一般有一点是自身的对应点.

(480) 推广言之，在一平面上给定了两个射影图形，假设已知道了一条直线

---

① 空间两个射影图形，和平面图形的情况(303节，习题(469))相反，一般不能通过运动将它们变为透射图形.

重合于其对应线.求出其他具有这个性质的直线和点.

(一般,我们求出 O 或已知线上两点,以及其外一点)

(481)给定两个平面射影图形,使得两条无穷远线相对应,试在第一图形中求出一个方向,使平行于这方向的直线上的线段,和它们的对应线段成已知比.

(利用相似变换划归为这样的情况:其中两点重合于其对应点,并应用平,116.)

求这比值的极大和极小值.证明在这两图形的每一个中,它们对应于两个互垂的方向,并且这样得到了对应于一个直角的仅有的直角.我们能将第一图形投射为全等于第二图形的一个图形的充要条件是:所求到的这极大值和极小值包含单位在它们之间.若极小值等于 1,则射影为正交的.

(482)从上题推出下面问题的解答:以一平面截三棱柱,使截口相似于一已知三角形.

(483)证明:以同一对合中的线段为直径的各圆有同一根轴.

(484)在一直线上给定了成对合的三对点 $A, A'; B, B'; C, C'$. 证明:有
$$\frac{A'B}{A'C} \cdot \frac{B'C}{B'A} \cdot \frac{C'A}{C'B} = 1.$$
(可划归为平,192)

(485)在同一直线上给定了两个射影点列,求其上的第三点列使与前两个成对合.

(设 M, M' 为两个对应点;N 为任一点,把它看做属于第一点列,则在第二点列有对应点 N';把它看做属于第二点列,则在第一点列有对应点 N''.前两个射影点列以及这新点列中三点 N, M, M' 分别对应于第一个给定点列的点 M, N, N'',所以解决了问题.)

这问题有无穷多解.已知射影变换的二重点在所得到的两个对合中都是对应点.

(486)给定两个射影点列,证明:可以有无穷多方式求出两点 O, O', 使 O 和第一点列一点 M 的连线,交点 O' 和第二点列对应点 M' 的连线成常角.两点 O, O' 之一可任意选择.

若两点列取在同一直线 D 上,则点 O' 可由点 O 通过一个反演继以一个对称得到,反演极是无穷远点的对应点 I, J' 之一,而对称轴则为 IJ' 的中垂线.并且,射线 OM 和 OM' 交点的轨迹是一个圆.这样所得的各圆(当我们用各种可能方式选点 O, O' 时)以给定的直线 D 作为公共根轴.这些圆以二重点(如果它们存在)为公共点;不然的话,所说的这些圆有两个极限点,从这两点之一对两个对应点间的线段的视角为常量.

第七编 立体几何补充材料

(487)对同一直线上两已知线段的视角为相等或相补的点的轨迹为一圆(这命题在平,习题(257)已得).这圆和已知线的交点为何?在什么条件下轨迹存在?

(488)考查两个射影点列中的两对对应点,并作(上题)这样点的轨迹圆:以每一对对应点为端点的线段从这些点的视角相等.证明:如此得出的所有各圆有同一根轴.

(489)一直线给定了六点 a,b,c,d,e,f,取由线段 ab,de 所决定对合的二重点 m,m',由线段 bc,ef 所决定对合的二重点 n,n',由线段 cd,fa 所决定对合的二重点 p,p'.证明六点 $m,m';n,n';p,p'$ 自身形成一对合.

(考查点 a,c,e 分别和点 d,f,b 对应的射影变换)

由是推导帕斯卡定理(至少当六角形各双对边交点在圆外时).

(490)投射同一平面上两个射影线束成为两个线束,使其各对应线相交成一常角.

(491)在同一直线上给定了两个射影点列,试将它们投射在另一直线上成为两个相似点列.

(492)设两个射影点列的二重点重合在 O,证明:任意两个对应点 M,M' 间的关系可写作 $\dfrac{1}{OM} - \dfrac{1}{OM'} =$ 常数.

(利用一个辅助射影变换,将点 O 变换到无穷远.)

(493)设同一直线上两个射影点列有虚二重点,证明:有两点存在(习题(486)),从其中每一点对两个对应点所形成的线段的视角为常数.

证明当我们把这两个点列同时投射在其他任一直线上时,这角的大小不变(习题(459)).

(493a)直角 ASB 在它平面上绕顶点 S 旋转,转成 $\angle CSD$.求作转幅 $\alpha = \angle ASC$,设已知这样画出的四条直线的交比(必然是负的) $-\lambda = S(ABCD)$(由作图的角度讲,我们给定两个线段使其比为 λ.在这样的条件下,只要把 λ 写作通常的比的形式,有如在平,200 证明中所做的那样).

设两个射影线束是这样的:一线束的两条互垂射线,仍然对应于另一线束的两条互垂射线,证明:一线束任两射线的交角和它们对应射线的交角相同.

(494)设由有同一顶点的两个射影线束出发,对应射线交成常角,证明:327节的对合有互垂的二重线.反之,如果后面这条件满足,而不论在给定的射影变换中所取的是哪一对对应线(或者至少对于其中的三对),那么这射影变换中对应线交成常角.

(494a)设在同一直线上给定了两个射影点列,我们取任一点 M(看做属于第一点列)的对应点 M',然后取 M' 的对应点 M'',M'' 的对应点 M''',等等. 证明:

①如果二重点是实的且互异,那么点 M',M'',M''',…在一般情况下趋于两个二重点之一(一种情况例外);

②如果二重点是重合的(习题(492)),那么点 M',M'',M''',…趋于这唯一的二重点;

③如果它们是虚的,那么点 M',M'',M''',…没有极限,但可能周期地出现,即对于某一 h 值,第 h 次对应点 $M^{(h)}$ 与 M 重合,不论 M 为何点.

(495)设以一直线截完全四线形的三条对顶线,证明:这三交点关于三条对顶线的三个调和共轭点在同一直线上(第 329 节). 由是推导平,194 节定理.

(496)应用 327 节定理以作两个射影点列的二重点(把后者看做属于两个对合的公共线段,并应用 331 节作法).

(497)在一圆上给定了两个射影点列. 设 a,a' 为一对确定的对应点,m,m' 为第二对任意的对应点. 证明当后者变动时,am' 和 $a'm$ 的交点 i 描画一条直线 δ. 这直线 δ 保持不变,如果和 m,m' 同时也变动 a,a'. 它通过这射影变换的二重点,如果它们存在的话. 在各种情况下,证明将 a,a' 改换为另外一对对应点 b,b',并不改变轨迹,一个轨迹上任一点属于另一轨迹. 由是推导 327 节定理. 这样得到的证明适用于有重合二重点的情况.

并对于顶点互异的六角形推导帕斯卡定理(两个点列中的每一个是由六角形顶点中每隔一点取来的,对应的顶点是对顶).

(498)应用上题于下述情况. 联系点 m,m' 的射影变换是由这样的条件决定的:这两点分别和两定点 O,O' 的连线相交于圆上. 这时直线 δ 为何?由是推导帕斯卡定理.

(499)**虚点** 两个点可以由相交于这两点的两圆或一圆及一直线得出,与此相仿,我们规定:确定了**一对共轭虚点**,如果给了两圆或一圆及一直线①,它们一个在另一个的外面,并且用这语句表明,我们确定了同一对点,如果将这两圆改换为与它们的有相同根轴的圆 C 中的任两圆. 特别地,我们总可以将这两圆替代以一直线(它们的根轴)和这直线外一点(它们的极限点之一).

所有这些圆 C 设成(也按照规定)通过两个虚点,并且联结这两个共轭虚点的直线称为这些圆的公共根轴 D. 把 D 和这些圆 C 的连心线的交点,称为这

---

① 如果给了中心的坐标和半径,那么这圆和轴 Ox 的交点的横坐标由一个二次方程得出,如果直线在圆外,这二次方程有虚根.

两虚点的**中点**,把 D 上一点对于圆 C 中任一圆的幂,称为该点以这两虚点的**距离之积**(如果这两点是实的,这定义显然正确).我们还说:D 上两点 a,b 和这两共轭虚点形成**调和点列**,如果它们关于这些圆 C 中任一圆成共轭点;同一直线上一些线段(不论虚实)成**对合**,如果它们可看做是有同一根轴的圆周被这直线所截而得.

所有用相等的关系表达并且在实点的情况证明了性质,对于共轭虚点依然是正确的,只要它们在这新定义下有意义.例如核验下述结果:

直线上一点 m 到这直线上两点 a,a' 的距离之积,与同一点到 aa' 中点距离的平方,其差与点 m 的位置无关(不论点 a,a' 是实点还是共轭虚点,只不过这个差的符号在两种情况不相同).从两个固定共轭虚点的中点,到和这两点成调和点列的任意其他两点 a,b 的距离之积为常量.从 ab 的中点到两个共轭虚点的距离之积等于 $\left(\dfrac{ab}{2}\right)^2$.

两个射影点列的二重点(设这些二重点是虚的),将被看做由这些点列的所在直线 D 和以 ij'(图 26.16)为直径的圆所决定的.证明这些点与由点 I(图 26.16)所引垂直于 D 的直线上的点 i 的选择(在 316 节,已知其为任意的)无关.(由上所言,这命题的意义如下:以类似于线段 ij' 为直径的各个圆周,以直线 D 作为公共根轴.)

习题(486)所考虑的各圆通过两个射影点列的二重点,不论这两点是实的或是虚的.一个对合的二重点调和分割属于这对合的各对点,纵使二重点是虚的或者这一对点是虚的.

(500)证明:一个为常量的角绕它的已知顶点旋转,在一条直线上所决定的射影变换的二重点(虚的),与这角的大小无关.

第27章 对于球的极与极面、空间反演、球面几何补充材料

332.对于球的极与极面

定理 由一已知点引已知球的各割线,该点关于被截各弦的调和共轭点的轨迹为一平面.

设 P 为轨迹上一点, a 为已知点,像在平面上一样(平,204),可证 aP 的中点在点 a 和球的根面(等幂面)上,因之,点 P 在这根面关于点 a 的一个位似平面上.

这轨迹可以看做由旋转而产生:通过点 a 作任一平面截球于大圆,将该点关于这圆的极线绕通过点 a 的直径旋转即得.

这平面称为点 a 关于这球的**极面**①.

我们有下面一些命题,这些都是平面几何上所讲的直接推论.

一点 a 关于以 O 为中心以 R 为半径的球的极面,在一点 a' 垂直于直线 Oa,这点 a' 与 a 在 O 的同侧,由下述关系确定:
$$Oa \cdot Oa' = R^2 \tag{1}$$

这平面截球与否,就看极点在球外或球内.在前一情况,一点 a 的极面就是以该点为顶点的外切锥面的相切圆所在平面.

若 a 位于球上,它的极面重合于球在这点的切面.

反之,任一平面关于已知球有一个极;但在平面通过球心时,极沿法线方向趋于无穷远.

333. 容易看出,若由点 a 引球的一个截面,则点 a 关于这截口圆的极线,位于该点关于球的极面上.

若由点 a 任引球的两条割线,并将其与球面的交点两两相连(图27.1),则连线的交点 H, K 位于点 a 的极面上,因为 H 和 K 是在(平,211) a 关于平面 aHK 上的圆的极线上.

---

① a 称为这平面的极.——译者注

334. 定理 如果一点 a 在一点 b 的极面上,那么反过来,b 也在 a 的极面上.

因为,如果用含 a 和 b 的平面一截,点 a 关于截口圆的极线将通过点 b,因而 b 的极线也通过点 a.

这命题还可以直接证明.事实上,若直线 ab 与球相交,事实就是明显的(平,205,备注).相反地,若直线 ab 在球外,则 a 和 b 中每一点的极面,是以这点为顶点的外切锥面的底平面.但我们已知(第 134a 节),球上一圆的平面通过沿另一圆的外切锥面的顶点的充要条件是:这两曲线相交成直角.这个条件不因互换这两圆而变,因之不因互换这两个极而变①.

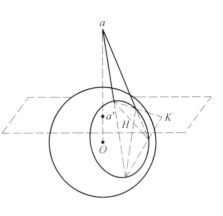

图 27.1

这样的两点,其中一点的极面通过另外一点,称为关于球的**共轭点**.两平面称为关于球为**共轭的**,如果其中之一通过另一个的极.我们看出,若两平面都与球相交,则此两平面成共轭的充要条件是两个截口圆相交成直角.

335. 配极直线 由上所言立即得出:当一点描画一直线时,它的极面绕另一条定直线旋转,并且反过来,如果一平面绕第一直线旋转,那么它的极描画第二条直线.

事实上,设在第一给定直线 D 上取两点 a 和 b,并设 D_1 是它们极面的交线,那么 D_1 任一点 a' 将既是 a 又是 b 的共轭点.a' 的极面因此将含有直线 D,因此,点 a' 便是 D 上其他任一点的共轭点.反之,通过 D 的任意平面的极,将同时和 a,b 共轭,因而在 D_1 上.

像 D 和 D_1 那样互相导出的两条直线(也就是这样的两条直线:凡通过其中一条的平面,它的极总在另一条上),称为关于球成**配极直线**.

给定了直线 D,那么它的配极直线是由这样的双重条件决定的:既垂直于包含 D 的径面,又通过 D 关于这平面上的大圆的极(图 27.2).换句话说,两条配极直线是互垂的,它们的公垂线 aa' 通过球心,而且两点 a 和 a' 由关系(1)

---

① 若直线 ab 切于球,很容易看出,两点 a 和 b 成为共轭点的充要条件是:其中至少有一点与切点重合.

联系.

普遍言之,D 的配极直线,是 D 关于通过 D 的各平面所截各圆的极的轨迹.

当 D 切于球时,我们看出,配极直线 D_1 是通过同一切点的切线,并且和 D 垂直.

除这种情况外,两条配极直线中必定是一条在球外而另一条是割线,因为由球心到这两直线的距离满足关系(1).其中是割线的一条,通过由另一条所引两切面的切点.

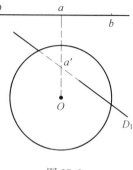

图 27.2

336. 以上的一些考虑,可以使我们从(比较平,206)由点、直线和平面所组成的任何图形 F,转到另一个图形 F',称为第一个图形关于球的**配极图形**,它是这样构成的:凡 F 上的点,对应于它的极面;凡 F 的平面,对应于它的极;凡 F 的直线,对应于它的配极直线.

于是,F 中同一平面上的点,对应于 F' 中通过同一点的平面,并且反过来也是如此①;

F 中位于同一直线上的点,对应于 F' 中通过同一直线的平面,并且反过来也是如此;

F 中位于同一平面上或通过同一点的直线,对应于 F' 中通过同一点或位于同一平面上的直线.

由于同一平面上的两直线总是要相交的(交在有限距离内或在无穷远),我们看出,如果两条直线在同一平面内,它们的配极直线也是如此.

关于方向的性质(参看平,209)是:

两个平面的夹角,等于它们的极和导球心所连二直线的夹角或其补角,因为其中每一直线垂直于相应的平面.

同理,两直线的夹角,等于包含它们配极直线的两个径面的夹角或其补角.

同一直线上四点的变化,等于它们极面的交比,这些极面分别垂直于球心和相应的极的连线;这定理使我们(比较平,210)可以变换同一直线上有同一公共端点②的两线段之比.

同一平面上共点四直线的交比,等于它们配极直线的交比,因为后者垂直

---

① 特别地,凡在无穷远的点应该看做位于同一平面上,这平面的极是球心.
② 同一直线上没有公共端点的两线段 d_1d_2 和 d_3d_4 之比,等于两个有公共端点的线段之比的乘积.

于包含前者的各径面.

337. 反演 一点 M 关于反演极 O 和反演幂 k 的**反点**,像在平面几何里一样,是取在直线 OM 上的一点 M',这点按大小和符号满足

$$OM \cdot OM' = k \tag{2}$$

反演的主要性质就是我们在平面几何里所指出的,或者可以从它们立刻推导出来的,因此在一般情况下,我们只将它们叙述出来.

同一图形关于同一极点的两个反形,关于这点互为位似形.

当反演幂 k 为正时,我们可以借助于**反演球**定义这变换,即反演极为中心以 $\sqrt{k}$ 为半径的球.由 138 节,凡通过两个互反点的球和反演球正交,因之也有,凡通过两个互反点的圆和反演球正交.事实上,交点必然存在,因为两个互反点的圆和反演球正交.事实上,交点必然存在,因为两个互反点一个在反演球内部而另一个在外部,并且在一个交点,球的切面是垂直于圆的切线的,因为它是垂直于通过这圆的一切球面的切面的.

反之,设有两点 M 和 M',凡通过这两点的球(或者也可以说,凡通过这两点的圆)都和反演球正交,那么它们是互反点.因为直线 MM',也就是通过 M 和 M' 的一切球的根轴,应该通过点 O(它对于各球有相同的幂),并且关系(2)应该成立.

关于一个平面的对称变换,是反演的极限情况.

338. 任意两点和它们的反点总在同一圆周上.

反之,设两图形(它们的点不在单一的一个圆上)点点对应,使得任意两点和它们的对应点在同一圆上,那么它们互为反形.

事实上,设取两点 A,B(一经取定便不变更),它们的对应点是 A',B'(图 27.3).由假设,这四点在同一圆周上,这首先表明直线 AA' 和 BB' 在同一平面上.以 O 表示它们的交点①,则有 $OA \cdot OA' = OB \cdot OB'$.

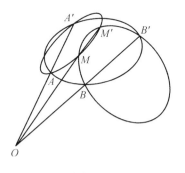

图 27.3

---

① 若 O 在无穷远,同样的推理表明,这两个图形关于一平面成对称.

现设 M 为空间任一点,则由假设,它的对应点是圆 MAA' 和 MBB' 的另一个公共点.于是这两圆都通过在 OM 上所取的一点 M',且满足
$$OM \cdot OM' = OA \cdot OA' = OB \cdot OB'$$

339.两点 A,B 的反点 A',B' 间的距离,和距离 AB 以及矢径 OA,OB 由下述关系联系:
$$A'B' = BA \cdot \frac{k}{OA \cdot OB}$$

备注 关于反演球 S 的两个互反点(由平,189),调和分割 S 中包含这两点的直径.

到两已知点 A,A' 的距离之比为常数的点 M 的轨迹为一球(第 129 节,推论 2),A 和 A' 关于这球是互反点(应用平面几何上同样的指示).$\frac{MA'}{MA}$ 在这样一个球上是常数这一事实,可以从上面的公式重新得出(因为如果将 B 取在这球上的点 M,那么它就和 B' 重合).

340.下面的定理对应于 219 节(平,补充材料)中的定理:

定理 两条互反曲线在两个对应点的切线,关于它们切点连线的中垂面成对称.

设 A,A' 为两互反曲线 C,C' 上一对对应点,M,M' 是取在这两曲线上与前两点邻近的两个反点.由假设,当点 M 沿曲线 C 无限趋近于 A 时,直线 AM 趋于一极限位置(平,219,图 25.3)AT.圆 $AMM'A'$ 的切线 AX,由于和 AM 形成一个趋于零的角(平,219),它本身也趋于极限位置 AT.由是,同一圆在 A' 所引的切线 $A'X'$(这是 AX 关于 AA' 的中垂面 P 的对称线)趋于一个极限位置 $A'T'$,即 AT 关于这平面的对称.因此,$A'T'$ 也是 $A'M'$ 的极限位置,因为角 $A'M'X'$ 是趋于零的.

推论 两条相交曲线的交角,等于它们反形的交角.

设一曲面在一点具有切面,则其反形在对应点也具有切面,即前一切面关于两切点连线的中垂面的对称平面.这由上述定理和切面的定义得出.

因此,两个曲面在它们交线上每一点所成的角,等于它们的反形在对应点所成的角.

备注 上述定理中,把 C 和 C' 的切线看做是整条直线.但是我们也可以在 C 上选一个前进方向(并给 C' 一个相应的方向),即是说,C 上的点 M 趋于 A

时,总保持在 A 的某一侧.这样我们显然得出两条对应的半线,一条切于 C,另一条切于 C'(即半线 AM, $A'M'$ 的极限位置).

若反演幂 k 为正,则此两半线在矢径 OAA' 的同侧;若 k 为负,则在异侧.在前一情况,并且也只有在这一情况,它们对称于 P.

推论 在一点相交的三条曲线,在这点的三条半切线所构成的三线形,和它们反形的切线所构成的类似图形是对称的,只要反演幂是正的.如果反演幂是负的,那么它们是全等的.

事实上,一个幂为 $-k$ 的反演 I',可以(第 337 节)从幂为 $+k$ 的反演 I 利用对于极 O 的对称变换推导而得,因此,如果所说的三线形的转向由于 I 而转反了,那么它将被 I' 重新建立(第 104 节).

341. 一个平面的反形是通过反演极的一个球面(除非给定的平面通过反演极,这时它是自身的反形).这反形事实上可由旋转而得,由极向给定平面作垂线 D,通过 D 的一个平面截给定平面的直线的反形是圆(平,220),将它绕 D 旋转即得.给定的平面平行于所得到的球的反演极的切面;这球的直径等于反演幂和极到给定平面的距离两者所除的商.

通过极的一个球的反形是一个平面.

342*. 应用 已知四面体的六条棱长,计算它的外接球半径.

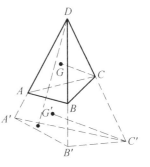

图 27.4

在四面体 $ABCD$(图 27.4)中,像在 281 节一样设六棱为 a, b, c, α, β, γ.以 D 为反演极,以任意的幂 k 取 A, B, C 的反点 A', B', C'.在这样的条件下,四面体的外接球是平面 $A'B'C'$ 的反形,它的直径 $2R$ 等于 $\dfrac{k}{DH}$,其中 DH 表示由极到这平面的距离.

但 DH 是四面体 $A'B'C'D$ 的高,所以这四面体的体积等于乘积 $DH \times$ 面积 $A'B'C'$ 的三分之一.另一方面,已知四面体 $DABC$ 和四面体 $DA'B'C'$ 可以看做分别以三角形 DAB 和 $DA'B'$ 为底,它们的高于是就是 CG, $C'G'$.这两个四面体的比等于它们底的比,即(平,256) $\dfrac{DA' \cdot DB'}{DA \cdot DB}$ 乘以它们高的比(显然等于 $\dfrac{DC'}{DC}$).因此,若 V 表示已知四面体的体积,便得

$$\frac{DH \times \text{面积 } A'B'C'}{3V} = \frac{DA' \cdot DB' \cdot DC'}{DA \cdot DB \cdot DC} \tag{3}$$

但右端所出现的线段长依次为 $DA = \alpha, DB = \beta, DC = \gamma, DA' = \dfrac{k}{\alpha}, DB' = \dfrac{k}{\beta}, DC' = \dfrac{k}{\gamma}$. 另一方面,又有 $B'C' = \dfrac{k \cdot BC}{DB \cdot DC} = \dfrac{ka}{\beta\gamma} = \dfrac{ka\alpha}{\alpha\beta\gamma}, C'A' = \dfrac{kb\beta}{\alpha\beta\gamma}, A'B' = \dfrac{kc\gamma}{\alpha\beta\gamma}$. 这表明三角形 $A'B'C'$ 和一个以乘积 $a\alpha, b\beta, c\gamma$ 为三边度量的三角形相似,相似比为 $\dfrac{k}{\alpha\beta\gamma}$. 设后一三角形的面积为 Σ, 则面积 $A'B'C' = \dfrac{k^2\Sigma}{\alpha^2\beta^2\gamma^2}$.

将这些值代入(3),并以 $\dfrac{k}{2R}$ 代 DH, 那么化简以后得出 $6VR = \Sigma$.

所以外接球半径和体积之积,等于一个三角形面积的六分之一,这三角形三边的度量等于四面体三双对棱之积.

这关系确实使我们知道了所求的半径,因为 V 的值在 281 节,而 Σ 的值在平面几何(平,251)里已经求得.

343. 不通过反演极的球,其反形仍为一球,并且这两球面以极作为位似中心(平,221).

反过来,两个球可以用两种方式(也只有两种方式)看做反形.

互反点依然称为**逆对应点**.

两对逆对应点在同一圆上.

两条逆对应弦相交在根面(等幂面)上.

并且,当把两球看做位似形时,相似中心关于两球的极面,分别和两条逆对应弦相交于两个对应点(平,224).

一平面和一球可以用两种方式看做反形,反演极是垂直于平面的直径的两端. 在两个平面的情况,这两个反演退化为两个对称变换(平,226).

344. 圆的反形 一圆或一直线的反形是一条直线,如果给定的圆或直线通过反演极;在相反的情况下则为一圆.

事实上,一直线或一圆是两平面或球面的交线.

若一圆的反形为直线,则此直线平行于这圆通过反演极所引的切线.

互为反形的两圆位于同一球面或平面上.

设 A, B 为第一圆上两点(图 27.5), A', B' 为第二圆上的对应点. 四点 A,

B,A',B' 在同一圆上,这圆和所考虑的第一圆决定一个球(第 132 节).后者和它的反形重合,因为极关于它的幂 $OA \cdot OA'$ 等于反演幂(看平,221);它既通过第一圆,所以也就通过它的反形.

344a. 所谓图形的**自反性质**,是指这图形经受任何反演仍保持不变的性质.由上所说,相交的两圆、一圆和一球、两球等等之间的角,是自反性质.

备注 在自反性质的研究中,必须有唯一的无穷远点,因为在任何反演中,一点也只有一点(反演极)的对应点在无穷远.直线是通过无穷远点的圆周,平

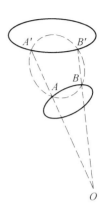

图 27.5

面是通过无穷远点的球面.与此相反,在射影几何里,我们考虑过,如果是平面的情况,那么有某一直线(第 288 节),如果在空间,那么有某一平面(习题(475)),它们所有的点都在无穷远.对这种不协调的情况,纯粹是一个规定.我们知道,用来简化叙述(参看 288 节,注),特别是用来综合可能是有限点和无穷远点的共通性质的规定本身,就是因研究的范畴而有所不同的.

345. 斜锥的逆平行截口 如果注意到为反形的两圆属于以反演极为顶点的同一锥面(因为和其中一圆相交的每一矢径,也和另一圆相交),那么由以上所述得出下面的定理:

定理 一个圆底斜锥具有一系列与这底不平行的圆截口.

取任意的反演幂,底圆关于锥顶点的反形便得出这样一个截口.

新得的这种圆截口称为原先截口的**逆平行截口**.其中一个圆的平面是通过锥顶 S 和底圆的球面 Σ 的反形,因此和在点 S 所引 Σ 的切面 π 平行.

如果锥是直的,两平面系重合,逆平行截口同时也平行于底.但如果锥是斜的,情况决不如此.不然的话,平面 π 将平行于底圆的平面,而 S 将是这圆的一个极,要发生这种情况只有锥是旋转锥.

通过锥顶和底面中心作平面 P 垂直于底面(P 实际上是图形的对称平面),一个逆平行截口的平面应该垂直于平面 P.并且平面 P 截锥面于两条母线 SA,SB(图 27.6),而所求截面以及底面和 P 的两条交线,应该关于角 ASB 成逆平行(平,217).

推论 1 除对称平面 P 外,锥面还具有两个对称平面 P',P'',这两平面垂

直于 P,并分别通过平面 P 上两母线 SA,SB 所成两角的平分线 Sx 和 Sy.

设底圆 C 在平面 P 上的直径为 AB,关于 P' 讲,AB 的对称形是一条线段 $A'B'$,它的两端分别在 SB 和 SA 上,并且它的方向是(平,217)AB 关于角 ASB 的逆平行方向.锥的逆平行截口之一,就是以 $A'B'$ 为直径画在垂直于 P 的一个平面上的圆,也就是 C 关于 P' 的对称图形.

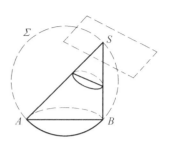

图 27.6

推论 2 由是得出(第 102 节)直线 Sx,Sy 以及由 S 所引 P 的垂线,是曲面的对称轴,因为 S 显然是它的对称中心.

346. 一个平行截口和一个逆平行截口属于同一个球面,因为它们互为反形.

反之,以一个球的一圆为底的锥,沿另一圆截这球面,即第一个圆关于锥顶点的反形.

推论 一个圆底锥除平行截口和逆平行截口外,没有其他的圆截口.

设有不平行于底的圆截口 C,那么我们可以(必要时将一平行于 C 的平面代替 C 的平面)假设 C 的平面和底平面相交于一直线,即锥的一条割线(图 27.7).于是,由于这两圆相交于两点因而属于同一球面,可见它们互为反形.证毕.

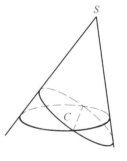

图 27.7

347. 球极射影 我们知道,所谓**球极射影**,是球在它的一个大圆平面上的中心射影,射影中心即此大圆的两极之一.

但由上所述,这样选择了的台面,是球关于射影中心的反形,反演幂是适当地选取的.两个互反点由于是和射影中心共线的(图 27.8),所以球极射影是反演的一个特例.由是得出这种射影方式的两个基本性质:

球极射影保留角的大小;

球上一圆的球极射影仍为一圆.

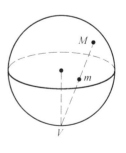

图 27.8

348. 我们来求球的一圆 C 的射影圆 c(图 27.9) 的圆心. 为此我们注意, 这圆心是和 c 相交成直角的直线的交点. 台面上的直线, 是通过射影中心 V 的圆的射影, 于是, 如果这些直线和 c 正交, 那么这些圆就和 C 正交. 它们的平面因此将通过沿 C 的外切锥面的顶点 I, 而它们自身将通过球位于直线 VI 上的点. 所以 c 的圆心就是这直线穿过台面的点.

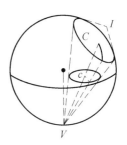

图 27.9

这作法本身给出了斜锥的各个逆平行截口的中心, 因为这样一个截口显然是底圆(看做球上的一圆, 即我们在 345 节称为 Σ 的)的球极射影.

349. 当两球互为反形时, 凡通过两个逆对应点的球是它自身的反形, 因之它和前两球相交成相等的角(平, 227).

反之, 凡截两已知球 S, S' 成等角的球 Σ(特别地, 凡切于 S 和 S' 的球), 必截它们于两圆, 这两圆在将 S 变换成 S' 的两个反演中互相对应.

事实上, 用含三球中心的平面截这图形, 便得出三个大圆截口, 它们之间的交角和球的交角一样①. 因此, 其中第三个大圆, 在将前两大圆之一变为另一个的两反演之下(即是说, 在交换两已知球的两反演之下), 重合于其变换后的图形(平, 227, 图 25.6).

若球 Σ 切于 S 和 S', 则切点互为反点. 若 Σ 截 S 和 S', 则相交两圆互为反形.

若所考虑的反演有正幂因而具有反演球时, 则后者截 Σ 成直角.

350. 从这里可以推导出下面的定理, 这是在 344 节所证定理的逆定理:

定理 通过同一球的任意两圆, 可以作两个锥(或柱)面.

事实上, 作两球使与第一个球正交并分别通过两已知圆, 那么在交换这样得出的两球的任一反演中, 这两圆互为对应图形(比较平, 227a).

备注 两个锥的顶点 H, K 是在含两圆的轴的平面上, 因为这平面是两曲线的公共对称平面.

关于球, H 和 K 互为共轭点. 直线 HK 是两圆平面的交线 Δ 的配极直线. 这

---

① 三球心的平面垂直于三球, 因此这个平面和其中两个球在一个公共点的切面所构成的二面角相交成这二面角的平面角.

可以这样看出:通过 HK 任作一平面以截球,由平,211 表明(图 27.10), HK 关于截口圆的极,是这平面截 △ 的点 a.

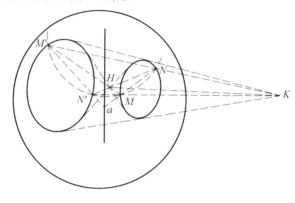

图 27.10

351. 相切的球　在平面几何里关于切圆问题的两个解答,可以毫无困难地适用于切球问题.问题是:

求作一球使切于四个给定的球.

第一解法.我们从下面的一些问题开始:

通过一已知圆求作一球,使切于一个给定的球.

我们通过这已知圆任一球使与第一球相交,通过相交圆的平面以及已知圆平面的交线,作原先球面的切面,则由 140 节定理,该切点也是所求球面上一点.

通过一点求作一球,使切于给定的三球①.

以 A,B,C 表示已知三球,我们来确定已知点在变 A 为 B 的两个反演之一下的对应点,在变 A 为 C 的两个反演之一下的对应点.这三点决定了一个属于所求球面的圆.

也可以取给定三球的反形,以已知点作为反演极(比较平,230).问题化为求作三球的公切面.

我们把求作一球使切于给定的四球划归为上面的问题,引进(平,231)所求球面的一个同心球面使通过一个已知球心.

第二解法(约尔刚解法).这解法我们将采取如同在平面几何附录 C

---
① 显然,可以完全类似地处理如下问题:通过两点求作一球,使切于给定的两球.

(附 42~45 节)里的形式,这是庞斯列所作的,后来又被富谢(Fouché)得出.

我们考查截四已知球 A,B,C,D 成等角的一些球 Σ.这些球中的每一个,在变 A 为 B 的两反演之一下,在变 A 为 C 的两反演之一下,在变 A 为 D 的两反演之一下,都被变换为其本身.于是得出(参看平,附42)这些球 Σ 构成八个系列,同一系列各球以已知球的八个位似面之一(第144节)作为公共根面(等幂面).我们将作所考虑的那个系列的一个球 Σ(这球由 A 的任一点和它的三个逆对应点所确定),而划归为下述问题:

求作一球,使与一已知球 Σ 有给定的根面,并切于一已知球 A.这问题和平面几何中附44节所处理的没有什么不同,只要用通过已知两球中心并垂直于根面的平面来截我们的图形,就可以看出了.

按照平,附44节指出的解法,我们见到应该定出一个球 Σ 和球 A 的根面,这根面交位似面于一直线 $\alpha\beta$(这直线不因系列中球 Σ 的选择而变).所求的一个球和 A 的切点,将是通过直线 $\alpha\beta$ 所引 A 的一个切面上的切点.

可能有16个解,即对于球 Σ 的每个系列有两解.

如果和四个已知球正交的球不变成一个平面,可以把它取为球 Σ.最后这球的中心(它是已知各球的根心 I)将是沿着它和 A 的相交圆外切于 A 的锥顶点,因而所求两切点 a,a' 的连线,即 $\alpha\beta$ 的配极直线,应该通过点 I.并且我们可以直接看出①(参考平,232),直线 aa' 应该通过点 I,因为所求各球关于这一点两两互为反形.因此作法如下,完全类似于平,232节:

定出各已知球的根心 I 和一个位似面.联结根心到这位似面关于四个球的极.这样得出的各直线依次交相应的球于所求的切点.

351a*.回到球 Σ 是系列中任一球的情况.我们依然可以把它看做由下述庞斯列的作法所确定.设 a 为球 A 上任一点(我们要通过这点作球 Σ),我们确定出在变 A 为 B 的反演中, a 所变成的点 b;在变 B 为 C 的反演中, b 所变成的点 c;在变 C 为 A 的反演中, c 所变成的点 a':所有这些点像第一点一样属于球 Σ.以球 D 替代球 C,仿此得出点 a''.因此圆 $aa'a''$ 是 Σ 和 A 的相交圆②,而平面 $aa'a''$ 与位似面相交将定出直线 $\alpha\beta$.

---

① 推理的最后这一部分是必要的,基于已知四球的正交球上的推理,当这球不存在,即当 I 在已知球内时,是成问题的.

② 通常,点 a,a',a'' 是互异的.事实上,设 P 为含球 A,B,C 的相似轴和点 a 的平面,以 P 截 A,B,C,那么点 a,b,c,a' 都在这平面上,并且关于三个截口圆两两互为逆对应点.于是,圆 $abca'$ 和球 A 被平面 P 所截的截口圆在 a 和 a' 的相等交角,转向是相反的(因为一个是另一个经过三次反演的结果),这就证明通常 a 和 a' 是互异的.

352.定理 当一球保持切于三定球而变时,则其在每一定球上的切点的轨迹由圆所组成.

事实上,在上述作法中,如果没有第四球 D,则在一个确定的系列中的各球 Σ 总有一条公共的根轴,即球 A,B,C 的相似轴之一(因为在这条轴上的每一个相似心,关于所有各球 Σ 都有等幂).因之,每一球 Σ 和 A 的根面将截这相似轴于一定点,所以切点 a 在球 A 上描画一圆,即以此点为顶点的外切锥面上的相切圆.

353*.反演在球面几何上的应用.

由于球用反演(球极射影)可以变换为平面,所以我们可以将平面图形不因反演而变的性质,应用于球面图形.

我们知道,例如在平面上,凡和两已知圆正交的圆,还和与这两已知圆有同一根轴的无穷多个定圆正交.

因此,这性质在球面上也成立.

若两已知圆相交,则同一圆系——即按照上面所说,其中所有各圆和两已知圆有公共的各正交圆——的各圆通过它们的交点.若两已知圆相切,则同一圆系的各圆都和它们相切.在这两种情况下,同一圆系中各圆的平面因此都通过同一直线.

容易看出,在所有情况下都是这样.事实上,无论起初两圆位置如何,以 D 表示它们所在平面的交线(图 27.11).凡和起初两圆正交的圆 C,将是顶点在 D 上的外切锥面上的相切曲线(第 134a 节),并且反过来,凡以 D 上一点为顶点的外切锥面上的相切圆,是

图 27.11

和两已知圆正交的;但进一步讲,它也和所在平面通过 D 的一切圆正交,这正是所要证明的.

同时看出,和系中各圆正交的各圆,它们的平面相交于同一直线 D_1,即 D 的配极直线.简言之,通过两条配极直线的平面,在球上决定出两个正交系.

由于两条配极直线一条在外部而一条和球相交,所以两个正交系中一系是由有两个公共点的圆构成的,另一系是由没有公共点的圆构成的,除非是在极限情况下,那时两个系都由相切的圆构成.没有公共点的圆所构成的系中,有两

个圆化为点,即通过两条配极直线中在球外的那一条所引切面的切点.

在一个圆系中,总有一个大圆,并且通常只有一个,它的平面通过系中各圆平面的公共交线 D(图 27.11).这大圆是正交系各圆的极的轨迹(第 134 节).

我们称它为两已知圆的**根大圆(等幂大圆)**.

354[*].三个圆两两的三个根大圆有一条公共直径,这直径通过它们平面的公共点.

如果后面这点在球外,三个根大圆公共直径的两端,是与三已知圆正交的一圆的极.

355[*].**定理** 一圆上四点的交比在反演下不变.

因若联结所考虑的四点 A,B,C,D 到它们所属的圆上同一点 P,并仿此联结它们的反点到 P 的反点 P',那么这样得出的两束直线中的对应线——PA 和 $P'A'$,PB 和 $P'B'$,等等——由于是通过第一圆所引的一球 S 和它的反形 S' 的逆对应弦,所以个个相交,而且(第 343 节)相交于一直线上[①],即两圆之一的平面和 S,S' 的根面的交线[②].

即使这两圆位于同一平面上,只要其中没有一个化为直线,这证明依然有效:由平,224 备注,当两圆重合时,这证明仍适用.若两圆之一 $ABCD$ 化为一直线,另一圆通过反演极 O,结论就成为显然的,所要比较的两个交比,都被线束 $O(ABCD)$ 的交比所表达(图 27.12).

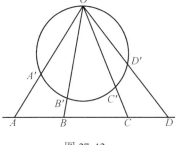

图 27.12

最后,若所有各点都和 O 共线,那么定理就由 $OA \cdot OA' = k$ 确定一个射影变换这一事实而得出.

这一定理使我们可以将在平面上叙述过的一些定理搬到球上来.

例如,若两圆正交,则凡与其中一个正交的圆必被它们调和分割.事实上,如果进行反演变换,把极取在这第三圆上,就被引到平面几何的已知定理:当两圆正交时,其中一个的任一直径被它们调和分割.

---

① 我们还可以注意,两束 $P(ABCD)$ 和 $P'(A'B'C'D')$ 是成透视的,当两圆在同一平面上时,就不再给予证明了.

② 如果两圆不在同一平面上,显然至少这两交线之一总是确定的,那时它与它们平面的交线重合.在相反的情况下,所说的直线按照平,224 就是这两圆的根轴.

同理,当一定圆被通过两定点的动圆所截时,这两定点之一关于所截的弧的调和共轭点,描画一个通过另一点的圆周.这可以从极线的定义(平,204)得出,利用关于两定点之一的反演,等等.

356*. **球上的反演**. 我们称两个图形为**球面反形**,如果它们的球极射影互为平面反形.

这定义看来依赖于球极射影中心的选择,但 338 节定理表明,情况完全不是这样,根据这定理,我们可以把球面反形的定义叙述如下:

两个球面反形是两个图形,它们点点对应使得任意两点和它们的对应点位于同一圆上.

事实上,显而易见,如果两个球面图形出现了这种关系,那么它们的球极射影也将出现这种关系,因之互为反形;并且反过来也对.

定义的这种形式也表明,在球上互为反形的两个图形,在空间也互为反形(或为对称图形).事实上,重取 338 节推理,我们可看出它适用于目前的情况.因此,球上的两个互反点和空间的一个定点共线(图27.13).

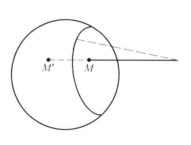

图 27.13

有一些点存在,它们重合于各自的对应点,它们的轨迹是反演圆(图27.13),如果所说的定点在球外,反演圆于是便是以这点为顶点的外切锥面的相切圆,因为两个反点将是重合的,如果它们的连线和球相切,并且也只有在这种情况下.这时,凡通过两个互反点的圆必与反演圆正交.

备注 联结两个互反点的大圆必通过两个定点.

357*. 作为应用,考查球上任两圆,这两圆以平面上两圆作为球极射影,而后两圆以两种不同的方式互为反形.

因此,球上任意两圆可用两种不同的方式看做互为反形(或对称形).

以上的推理与 349~350 节的定理无关,因此它给出 350 节定理的一个新证明,这定理即:通过一球上任意两圆,可以作两个锥面.

从它还容易推出 349 节的定理.因若一球 Σ 截两球 S,S' 成等角,交线为两圆 C,C',则有两个反演将 C 变换为 C'. 在其中每一个反演之下, S 将被变换为一球 S_1',这球通过 C',并且截 Σ 所成的角如同 S 截它的角,即是说,除转向外,

如同 S' 截它的角;并且在两个反演的每一个之下,S' 和 S_1' 与 Σ 所形成的两个角将有同向①,因之 S_1' 重合于 S'.

358[*].凡截同一球上两已知圆成等角的圆,在交换这两圆的两个反演之一下,必对应于其自身;反之亦然.

这圆的平面通过含两已知圆的这个或那个的锥面的顶点.

这定理是平面几何里相应定理的直接推论,也可以用同样的方法证明.

截一球上三已知圆 A,B,C 成等角的圆构成四个束:它们的平面通过四条定直线的一条,即通过 A 和 B 的锥面之一的顶点,和通过 A 和 C 的锥面之一的顶点的连线.

由同样的推理,这些直线应该含有通过 B 和 C 的两个锥面的顶点,因而这六个锥面的顶点是一个完全四线形的顶点.

球上切圆问题的解法,是以上所述的直接推论:同时切于 A,B,C 的一圆,必然属于以上所说的一个束;因此问题化为在一个已知束中求一圆使切于一给定的圆.所求和 A 相切的圆的切点,可以看做(比较平,附 44)由一个圆所决定,这圆和束中各圆正交,同时又和 A 正交.

习　题

(501)证明:两点到球心的距离之比,等于从这两点中每一点到另一点的极面的距离之比.

(502)一球被一个三面形的各面所截的三圆两两正交,证明:它的中心的轨迹是习题(60)第二命题所考虑的直线.

(503)证明:四面体中两个面的外接圆交角,等于另两面的外接圆交角.

(504)取四面体三个顶点的反点,反演极是第四个顶点.证明不论取哪个顶点作为反演极,所得到的一个三角形的三个角总是一样的.

证明这个三角形的外形不变,如果将这四个顶点改换为在任意一个反演下各自的对应点.

(505)求从一已知点发出的直线的轨迹,使两个已知平面在它上面所截两线段(从这点算起)之积为常量.

(506)两条已知线段在通过一已知点的直线上的射影之积为常量,证明:这

---

① 只要用通过两个反演极的任一平面一截,就会知道这个事实.截口图形就是平,227 节的图形(图 25.6),并且在那里我们知道,两个反演中有一个,对于这一个说,S' 和 S_1' 的截口圆相重合.

样的直线的轨迹是一个圆底锥面.

(507)求螺旋运动的轴的轨迹,知道了这轴上一点以及空间一已知点的对应点(化归上题).

(508)求一已知点关于有同一根面或同根轴的各球的反点的轨迹.

(509)给定两球 S,S',求两个变动的球的切点的轨迹,它们保持相切并且都切于 S 和 S'(比较平,习题(266)).

解同一问题,设给定的是三个球 S,S',S''.

(510)给定两球及一点 A,求一个反演,使 A 的对应点成为两已知球变换以后的图形的相似中心.

(511)证明:截两已知球 S,S' 于常角 α,α' 的一切球,必截与这两球有同一根面的任一球 S'' 于常角 α''.证明这角 α'' 可以看做由这样的条件决定:所有的切面截 S 于角 α 的那个球,所有的切面截 S' 于角 α' 的那个球,和所有的切面截 S'' 于角 α'' 的那个球,这三球有一个公共的相似心.

当给定的不是两球而是三球时,类似的命题为何?

(512)求作一球截五个已知球于等角;求作一球截四已知球于一些给定的角(比较平,习题(403));求作一球使与四已知球的公切线有给定的长度.

(513)对于球,解平面几何习题(237),(241)(①,②),(242),(245),(247),(248)的类似问题.

(513a)解平面几何中习题(401)的类似问题,三已知圆以四球代替.

(514)在一个反演 S 下互相变换的两个图形,受同一反演 T 的作用,证明这样得到的两个新图形也互为反形(利用 338 节).在 S 的反演幂为正的情况,求新反演的极(比较平,习题(250)).

(515)任一图形 F 顺次受两个反演所作用(比较平,习题(251)),这样得出一个图形 F''.证明:

①或者有一个反演存在,将 F 和 F'' 变成两个位似图形,或者有一个反演存在,将 F 和 F'' 变成两个全等图形;

②有无穷多两个反演的组存在,把 F 像上面两个反演那样变换成 F''.特别地,可以假定这两个反演之一化为一个对称变换,只要 F 和 F'' 不相似.

如果给定的反演球是相交的,把 F 和 F'' 的过程可以称为绕相交圆的**圆旋转**.

(516)将一图形 F 顺次受若干个反演作用.证明得到一个图形,和 F 的反形之一或这反形的对称形全等,并且可以从 F 利用一个反演继之以 1~4 个对称得出来(例外的情况和上题同).

(517)对于两球解平面几何中习题(396)所设的问题.

(518)设关于反演极 O 和反演幂 μ,求 S 和点 M 的反形为 S',M';p 为点 M 对于球 S 的幂;p' 为点 M' 对于球 S' 的幂;证明:有
$$\frac{p'}{p} = \frac{\mu^2}{P \cdot OM^2}$$
P 表示点 O 对于 S 的幂.

(若两球与直线 OMM' 相交,我们沿这直线来计算幂.否则应用上题于球 S 以及以 M 为中心的一个很小的球.)

所谓点 M 对于球 S 的**简化幂**,是指幂 p 被球直径 $2R$ 所除的商.证明 M' 对于 S' 的简化幂和 M 对于 S 的简化幂之比,与这两球无关,而只与给定的反演(即点 O 及幂 μ)以及 M 的位置有关.

一点对于球的简化幂,当球以一个平面 P 替代时,变成什么?(令球半径无限增加但始终保持切平面 P 于一定点,求简化幂的极限)

(519)什么样的一些反演将一确定的球 S 的内部区域,变换成它的对应球 S' 的内部区域?

(520)证明:有无穷多个圆存在,截一已知球成直角并截一已知圆于两点成直角.在这些圆的每一个上,四个点的交比是相同的.

(521)证明:任意一圆和一球,或者可以变换为一直线及一平面,或者可以变换为一圆及平行于这圆的平面的一个平面.

(522)给定了两个图形,每一个都由一个球和一个圆组成.证明:可将其中一个利用反演变换成与第二个全等的图形的充要条件是:若球与圆相交,则两方面的交角相等.在所有情况下,条件是:习题(520)中所说的交比,对于两个图形相同.

(523)求反演极的轨迹,这些反演变换给定的二或三个球成等球.

(524)求反演极的轨迹,这些反演将同一球上两个给定的圆变换成等圆.

(525)一球上给定了一圆,求反演极的轨迹,使变换后的圆成为变换后的球的大圆;或者广泛一些,使以变换后的圆为底、以变换后的球心为顶点的旋转锥有已知的开度.

求以一球上一已知圆为底的锥面顶点的轨迹,这锥和球相交的第二个圆的大小为已知.

(526)求反演极的轨迹,这些反演将一球上两点变换为变换后的球上两个对径点.

(527)求反演极的轨迹,这些反演将一球上给定的一圆及一点分别变换为

对应球上的一圆及其两极之一.

(528)给定了位于同一球上的两圆,将这两圆反演成的图形平面相平行,反演极的轨迹是什么?

(529)通过球上给定两圆的锥面,何时其中之一变成柱面?何时两个锥面都变成柱面?

(530)依次用两个(球面)反演来变换一个球面图形.求一个球极射影,使原先的图形和变换后的图形投射成两个位似图形,或成两个全等图形.

(531)给定了两个球面互反形,一个球极射影的射影中心的轨迹是什么,才能使这两个图形投射成对称于一直线的两个平面图形?

(532)一个球用球极射影投射成一平面,在空间的一些反演的极的轨迹是什么,才能使关于这些点的两个球面反形射影为对于一直线成对称的两个平面图形?

(533)在上题条件下,反演极的轨迹是什么,才能使对于这些点的两个球面反形射影为关于一已知极(幂则是变的)的两个平面反形?

(534)试用反演以变换下述定理:从一点向一球所引的一切切线,和通过这点的直径形成等角.

(535)证明并用反演以变换下述定理:两球的任一公切线被根面分成两等份.

(536)考查(以同一方式)切于给定的两个相交球的一切球,我们作一圆周通过其中每一个上的两个切点和相交圆上一定点 A. 证明这一切圆周彼此相切.

(537)三球两两相交于三圆 C, C', C''. 证明有无穷多个球 S 存在切于 C, C', C'',并且这些球切于三个定球.

如果通过每一球 S 和 C, C', C'' 的切点以及这三圆的一个公共点作一球,那么所有这些球彼此相切.

(538)用反演以变换习题(57)~(60).

由习题(57a),(58),(59)导出的命题给以这样一种形式:当三面形的面所变换成的球,被代替以两两相交但没有一个公共点的三球时,使它们仍有意义而且是正确的;而由习题(57),(59)第三命题,(60)第一命题导出的命题给以这样一种形式:即使当所说的球被代替以两两不相交的球时,它们仍有意义而且是正确的.

从习题(560)推导对应于习题(57)的命题.

并变换习题(61).

第七编 立体几何补充材料

(539)一个球面图形 F 用球极射影投射在两个不同的径面上.证明若将两射影的第一个 F' 绕这两平面的公共直径(按一适当的转向)旋转,以放置于另一个 F'' 的平面上,则 F' 的新位置是 F'' 的反形.反演极为何?

(540)在一球面上给定了两小圆,证明:联结第一圆上任意两点的大圆和联结第二圆上它们的两个逆对应点的大圆,相交于根大圆上.

(541)将平面几何中习题(260),(261),(262)推广于球面几何.

证明对于通过点 A 及 B 的各圆被一已知圆所截的弧讲,点 B 的调和共轭点的轨迹(第 355 节),就是和平面几何中习题(262)中所说的相类似的圆 APQ;同理,点 A 对于这些弧的调和共轭点的轨迹,是类似的圆 BPQ.

证明这些圆的交角,等于通过点 A 和 B 所引和已知圆相切的圆的交角.

在 A 与 B 重合的情况,圆 APQ 和第一个正交.

(542)用球极射影以变换平,211 节定理.由是推导和球上一已知圆相切并通过两已知点的圆的作法.

(543)仿此变换(比较 355 节)下述定理:

两条平行线在由一点发出的两条割线上截下成比例的线段.两条平行线被发自一点的各割线截下成比例的线段.

(543a)在同一圆或同一平面上给定两点 A,B 及一圆,通过 A 及 B 求作第二个圆使第一圆在它上面截一已知交比;或者使第一圆在它上面截极大或极小的交比.

(544)设通过两定点 A,B 作一动圆截一定圆 C 于 P,Q,证明:商 $\dfrac{AP \cdot AQ}{BP \cdot BQ}$ 为常数.设已知点 A 和圆 C,点 B 的轨迹是什么才能使此商有已知值?

(544a)用(空间的)反演以变换下述定理:设 pq 为圆的一弦,θ 是它和圆的交角,那么对于所有的弦,量 $\dfrac{pq}{\sin\theta}$ 是一样的.

(上题是本题结果的特例)

(545)(355 节命题之一的逆命题)设一球上的圆 C 被另外的两圆 A,B 所调和分割,证明:通过 A 和 C 的交点有一个圆存在与 B 和 C 正交.

(546)设球上六点 A,B,C,a,b,c 满足这样的条件:圆 Abc,Bca,Cab 通过同一点.证明:圆 aBC,bCA,cAB 也相交于一点(化归平面几何习题(344)).

(547)两圆相交,第三圆与它们都交成直角.证明:这两圆在第三圆上所截的交比与第三圆的位置无关,也与前两圆的位置无关,只要它们之间的角保持不变(比较平,习题(396)).

(若前两圆交角为 V，则所说的交比为 $-\tan^2 \dfrac{V}{2}$.)推广于两球或一球及一圆.

(548)利用球极射影,平面几何习题(65)给出什么?

(548a)一球上给定了三圆,两两相交于 $A, A'; B, B'; C, C'$. 利用上题证明:若通过 B' 及 C' 任作一圆 Γ 截 $ACA'C'$ 于 q_1,截 $ABA'B'$ 于 r_1,则圆 $A'B'q_1$ 及 $A'C'r_1$ 截 $BCB'C'$ 于两个新点 p', p'',使得圆 $A'q_1 r_1, A'p'p''$ 在 A' 有同一固定的公切线而不论 Γ 为何.

通过 $B', C'; C', A'; A', B'$ 顺次求作三圆 $B'C'qr, C'A'rp, A'B'pq$,使后两圆的公共点 p 在圆 $BCB'C'$ 上,(首尾两圆的公共)点 q 在 $CAC'A'$ 上,(前两圆的公共)点 r 在 $ABA'B'$ 上(问题在于求 Γ 使 p' 重合于 p'').

证明:圆 $B'C'rq$ 和两圆 $B'C'BC, B'C'A$ 交成等角.

三圆 $AA'p, BB'q, CC'r$ 相交于两个公共点.

(我们可以,例如取球极射影以 A' 为射影中心.)

(549)在球上解平面几何习题(266),(402),(403).

(550)当习题(266)所设问题为不定时,证明:所求圆的各种位置在同一球上.求沿这些圆外切于这球的锥顶点的轨迹.

对于习题(266a)解同样的问题.

(551)在一个平面 P 上给了一个圆 c,我们假设以 c 为大圆的球用球极投射于平面 P 上(射影中心是与 P 垂直的直径的任一端).在这样情况下,画在平面 P 上的一圆是这球上一个大圆的射影的条件为何?

两点是两个对径点的射影的条件为何?

(551a)已知条件同上题,试在球极射影下[①]实现下述作图:

①求作一大圆使通过两已知点;

②求两已知点的球面距离;

③画出一个以已知点为极且通过另一已知点的圆;或一个已知点为极而且球面半径等于圆 c 上一已知弧的圆;

④画出距两已知点等远的轨迹大圆.

并在球极射影下实现习题(280)所指出的各种作图.

(552)在一个立体球上给定一点 V 和以 V 为极的大圆 C 上一点 A,在一个

[①] "在球极射影下作一大圆使通过两已知点"代表的意义是:"已知两点的球极射影,并且圆位于台面上,试作出通过这两点的大圆的球极射影."以下的问题意义仿此.所有这些问题应该利用平面几何作图具体解出.

平面上给定了半径与球半径相等的一圆 c 以及这圆上一点 a,我们考查一个平面图形,它等于球以 V 为射影中心的球极射影,假设圆 c 对应于大圆 C,点 a 对应于点 A,而 c 上一个给定的指向对应于圆 C 上的正向(从点 V 看).(利用平面上和球面上的作图)将对应于平面上一点 m 的点 M 置于球上,并且倒过来.

(553)具体求出(利用平面和球面作图)将一球上两已知圆的一个变换为另一个的那两个反演.我们定出每一个反演的两对对应点,以及反演圆(如果它们存在的话),沿这两圆可以作两个外切锥面,定出它们顶点的连线和这球的交点.并且也在球极射影下实现这最后的作图.

(554)给定了一球上三圆,具体作出(利用球面作图和平面作图)习题(70)所说的那圆.

(555)在球极射影下实现同一个作图.

(556)在球上解习题(12)(平,第二编)(求两动圆相切点的轨迹,这两圆保持相切并且其中每一圆切一定圆于一定点).

(557)各切一定平面于一定点的两球保持恒相切.求相切点的轨迹(化归上题,这点是在一个定球上的).

(557a)一动球切一定直线于一定点,并与一已知球相切.求切点的轨迹.

(558)各切空间一定直线于一定点的两圆保持相切而变动,求切点的轨迹.

(559)设一直线和另一直线关于一球的配极直线相交,证明:反过来,后一直线也和前一条的配极直线相交(第336节).

证明这种相互的情况就是直线 AB 和 AC 的情况,如果球以 A,B,C 为顶点的外切锥面上的相切圆中,第一个被后两个所调和分割的话.

(560)当点 a 在球 A 上变动时,证明:351a 节所考虑的点 a' 在同一球上所描画的图形,是 a 所描画的图形的反形(考查点 b 和 c 在球 A 上的位似点,并应用习题(514a 和 356 节).

(561)有两圆 C,C',若通过 C 可作一球与 C' 正交,那么反之,通过 C' 可作一球与 C 正交.

考查这样的情况:通过两圆之一,我们可作无穷多个球与另一个正交.

证明这时有两个对顶在 C 上而另两个在 C' 上的空间四边形,两条对边的乘积等于另两条对边的乘积.

(562)通过绕一已知圆 c 的**圆反射**,即是(比较习题(515))通过关于沿 c 而正交的一些球作两次反演的集合,证明:被保留的球只有:①通过 c 的球;②和 c 正交的球.(把 c 变换成一直线来证明.)

(562a)定出(用同一方法)绕一已知圆 c 的圆反射中不变的圆.它们是:①

圆 c 本身；②与通过 c 的任一球成正交的各圆(习题(561))；③与 c 在两点交成直角的各圆.

(563)空间每一点 P 对应着一点 P'，使得有无穷多个圆周存在和一已知圆 C 在两点正交.证明：点 P' 可以通过绕 C 的圆反射由 P 得出.

(563a)求作一圆使切于一已知圆，并与另一已知圆在两点交成直角.

(564)证明：外切于同一球的两个旋转锥面沿两个平面曲线相交(可由 350 节利用配极图形导出).

(564a)利用 358 节证明同一定理(考查以所求交线上的点为顶点，而外切于球的锥面的底圆).

(565) **虚圆** 我们说(比较习题(499))确定了一个虚圆，如果给了没有实公共点①的两球(或一球及一平面)，并且，如果将两球改换为与它们有同一根面 P 的各球 S 中任两球，不影响这虚圆，P 称为这圆的**平面**，而它与各球 S 的连心线的交点称为这圆的**中心**.特别地，这还使我们可以用平面 P 和一点 s(即球系 S 的极限点之一)，或者用两点(两个极限点)来确定这圆.球 S 中任何一个称为**通过这虚圆**.

平面 P 上一点 m 对于这圆的**幂**，是指这点对于一个球 S 的幂，换言之即 ms^2.同一平面上两圆(实或虚的)的**根轴**(**等幂轴**)将是对于这两圆有等幂的点的轨迹.平面 P 上一个实圆称为与这虚圆**正交**，如果它是一个与所有的球 S 正交的球的大圆.普遍地说，位于一个球 S 上的一个圆称为和这虚圆正交，如果我们可以通过它作一球使与一切 S 正交.和一切 S 正交的一个球并称为与这虚圆正交.平面 P 上一点 m 关于这圆的**极线**，是以 m 为位似心、以 2 为位似比时，点 m 和这圆的根轴的位似形.两点关于一个虚圆是**共轭的**，如果第一点的极线通过第二点，平面 P 上两点关于这虚圆称为互为**反点**，如果通过这两点的任何圆周和这圆正交.对于任意给定的幂和极讲，**一个虚圆的反形**是当我们把各球 S 换为它们关于这极和幂的反形时所得到的虚圆.

在这些条件下，我们把实圆的某些性质推广于虚圆，有如下述：证明：

一平面上一点关于这平面上一虚圆的幂，和这点到圆心的距离的平方之差为常数.

关于一虚圆成共轭的两点 a,b，对于直线 ab 交这圆的两个共轭虚点(习题(500))讲，是成调和共轭的.

关于一虚圆的两个反点，可以在以这圆心为极的一个反演下互相导得.

---

① 还存在更普遍的虚圆的范畴，此处从略，这里的定义只是它的特殊情况.

三圆两两的根轴交于一点.

在一平面上,与两定圆正交的各圆有相同的公共点(极限点).

通过反演,同一球上两个正交圆①对应于两个正交圆.

若一球上两圆正交,则其平面关于球成共轭.

一球上与两定圆成正交的任一圆,必与另外无穷多个定圆正交.

(566)设一虚圆被它的平面 P 和其外一点 s(看做半径为零的球)所确定,证明关于这个圆,如果平面 P 的一点是另一点的共轭点,那么反之,后者也是前者的共轭点.证明平面 P 上两点 a,b 关于这圆成共轭的条件是 sa 与 sb 垂直.

证明:点 a 关于这圆的极线,就是通过 s 所引垂直于 sa 的平面和平面 P 的交线.

---

① 将所叙述的命题推广于两个正交圆,其中一个是实的而另一个是虚的.两个正交圆不可能同时是虚的.

第28章 球面多边形的面积

359. 我们假设在本章中以弧度作为角的单位,取球半径为长度单位.

于是球的面积是(第151节)4π.

如果这球半径或长度单位没有经过特别的方式选定,那么这假设和平,244节所叙述(在79节又提到的)一般规定便不一致.

因此,为了使单位的取法和这些一般规定相一致(习题(567)),必须运用习知的单位变换.

360. 选择了单位后,我们首先来计算球面月形的面积.

介于相交的两个半大圆之间的球面部分,称为**球面月形**,换言之,即球面被以一直径为棱的二面角所截的部分.

这两半大圆的交角,即这二面角的度量,称为月形的**角**(图28.1).于是有

定理 同球两月形之比等于它们的角之比.

这定理可以用以往(80节以及平,13,113等)类似定理的同样过程加以证明.

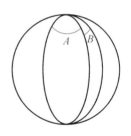

图 28.1

可以注意:

(1)角相等的两个月形是全等的.因为迭合了它们相应的二面角,它们便迭合了.

(2)以两月形 A,B 的角之和为角的月形 C,其面积为 A,B 面积之和.只要使两月形成为相邻的①,就显然了(图28.1),而由(1),我们是可以这样办的.

从上面所指出的两点,可以推出我们想要证明的命题.

推论 月形的面积是它的角的两倍(在所设的单位制下).

因为角为直角的月形显然是球面的四分之一,因此它的面积是数 π,至于它的角则为 $\pi/2$.

由于这个月形面积的度量与角的度量之比等于2,所以对于一切其他月形

---

① 两个相邻的二面角所确定的月形,称为**相邻的**.

也如此(上述定理).

361. 为了推导球面三角形的面积, 我们首先证明下面的引理.

引理 两个互相对称的球面三角形是等积的.

(1)等腰三角形的情况. 两个对称的球面等腰三角形也是全等的(第 62 节), 因而是等积的.

(2)一般情况. 设 ABC 为一球面三角形, $A'B'C'$ 为其对称形. 设 O 为 ABC 外接圆的一个极, 为固定思路计, 设这点在三角形内(图 28.2). 于是三角形 ABC 分解成三个等腰三角形 OBC, OCA, OAB. 而三角形 $A'B'C'$ 显然也是三个三角形之和, 它们分别等于前面三个等腰三角形, 所以定理得证.

如果点 O 不在三角形内, 例如说位置如图 28.3 所示①, 三角形 ABC 便等于两个等腰三角形 OBC, OCA 之和减去等腰三角形 OAB, 而三角形 $A'B'C'$ 也将是两个等腰三角形之和减去第三个, 这些三角形依次和前面的相等. 所以结论相同.

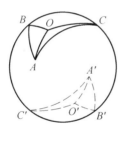

图 28.2

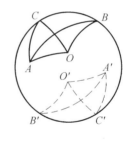

图 28.3

362. **定理** 球面三角形的面积是它的角的和与 π 的差.

设 ABC 是所考虑的三角形, A', B', C' 是 A, B, C 的对径点(图 28.4). 以三角形 ABC 的 $\angle A$ 为角的月形, 由三角形 ABC 加上三角形 BCA' 所组成, 即

$$\text{月形}\angle A = \triangle ABC + \triangle BCA'$$

同理

$$\text{月形}\angle B = \triangle ABC + \triangle ACB'$$

---

① 我们总可以假设这点的位置有如图 28.2 和 28.3 所示, 即是说, O 至少关于两边与三角形在同一半球上. 要是不然, 只须将这个极换为对径的那个极. 但这种选择没有必要, 不论极对于三角形的位置如何, 正文中的推理显然都正确.

月形 $\angle C = \triangle ABC + \triangle ABC'$

但在最后的等式中,三角形 ABC' 可以用它的等积三角形 $A'B'C'$(上述定理)来代替.于是将三等式相加,并注意三角形 ABC,BCA',CAB',$A'B'C'$ 之和,就是被大圆 AB 所决定的两半球之一,因而以 2π 为度量,便得

月形 $\angle A +$ 月形 $\angle B +$ 月形 $\angle C = 2\triangle ABC + 2\pi$

由于(第 360 节)月形 $\angle A = 2\angle A$,月形 $\angle B = 2\angle B$,月形 $\angle C = 2\angle C$,所以

$$\triangle ABC = \angle A + \angle B + \angle C - \pi$$

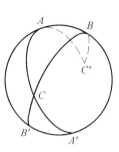

图 28.4

推论 n 边球面多边形的面积,是它的角的和与 $(n-2)\pi$ 的差.

把多边形用对角线分成一些三角形(图 28.5)就明白了(比较平,44a).

一个球面多边形的角的和与 $(n-2)\pi$ 的差,称为它的**球面过剩**,因而(在本章采取的单位制下)一个球面多边形以它的球面过剩为度量.

图 28.5

363.定理 给定了球面三角形两个顶点,以及这两固定顶点的角之和与变动的第三个顶点的角之差,那么动顶点在两定圆之一的弧上.

设(图 28.6) B,C 为给定的顶点,A 为动顶点,并设已知了量 $\angle B + \angle C - \angle A$.仍设 O 为三角形外接圆的两极之一,现在来证明 O 是定点.

为了使推理有普遍性,我们把角视为正或负,就看它的转向是正或反的.

由于三角形 OBC 是等腰的.大圆弧 OB,OC 和 BC 成等角,但转向相反.设前一角为 α,即

$$\alpha = \angle CBO = -\angle BCO$$

同理,设

$$\beta = \angle ACO = -\angle CAO$$
$$\gamma = \angle BAO = -\angle ABO$$

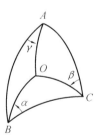

图 28.6

设三角形的转向是 $\angle BAC$ 为正向①,于是,不计圆周的倍数,有
$$\angle A = \beta + \gamma, \quad \angle B = \gamma + \alpha, \quad \angle C = \alpha + \beta$$
因之
$$\angle B + \angle C - \angle A = 2\alpha$$
或
$$\frac{1}{2}(\angle B + \angle C - \angle A) = \alpha$$

(这等式这时只不计半圆周的倍数)此式表明 α 为已知,因而点 O 成为已知.给 α 两个不同的值使相差半圆周,我们得到这点两个对径的位置,它们是同一圆的两个极.

对于三角形取以上相反的转向,或者说改变差数 $B + C - A$ 的符号,就得出另外一个圆.

364. 莱克塞尔(Lexell)定理 设给定球面三角形的面积和两个顶点,则第三个顶点的轨迹由两个小圆组成,这两圆通过两已知顶点的对径点.

仍设 C(图 28.4)为动顶点,A,B 为已知点,A',B' 为 A,B 的对径点.我们知道了三角形 ABC 三角的和.但三角形 $A'B'C$ 的 $\angle CA'B'$ 和 $\angle CB'A'$ 分别等于 $\angle CAB'$ 和 $\angle CBA'$,即等于 $\angle A$ 和 $\angle B$ 的补角.因此,和 $\angle A + \angle B + \angle C$ 可写作 $\angle C + 2\pi - \angle CA'B' - \angle CB'A'$.所以我们知道了 $\angle CA'B' + \angle CB'A' - \angle C$,于是点 C 的轨迹由通过 A',B' 的两小圆组成.

习 题

(567)在以上所采取的单位制下,任一球面多边形的面积,等于 2π 和这多边形的极多边形周长之差.

(568)求一球面三角形的面积(以平方米为单位),它的角是 $90°,60°$ 和 $45°$,这三角形是画在半径 10 m 的球上.

(569)由习题(71)推导莱克塞尔定理.

(570)设 A,B,C 为球上三点,点 M 的轨迹是什么,才能使球面三角形 MAB 和 MAC(假设转向相同)等积?

(571)将一三角形用由一顶点 A 或一边上任一点发出的一些大圆分为 2^p

---

① 利用这个假设,$\angle A$(基本上是正的)等于(按大小和符号)$\angle BAC$;在相反的假设下,我们有 $\angle A = -\angle BAC = -(\beta + \gamma)$;$\angle B = -\angle CBA = -(\gamma + \alpha)$;$\angle C = -\angle ACB = -(\alpha + \beta)$.

个等积部分.

证明:在第一种情况,若取已知顶点 A 的对径点作为球极射影中心,则 A 的对边的射影被这些部分三角形顶点的射影分成相等的弧.

(572)在球面三角形内求一点,使与三顶点所联结的大圆把三角形分成三部分,其中两个部分等积,而第三个部分是它们的两倍.

(573)在一已知圆上求一点,使与这圆上两已知点所联结的大圆弧,形成已知的角.

(574)求作一球面三角形:(1)已知一角、一高及面积;(2)已知一边、一高及面积.

(575)求球面三角形面积的极大值和极小值,知道了它的一边或一角以及相应的高.

(576)求作一球面等腰三角形,已知其腰及面积.

求作一球面等腰三角形,使有已知的腰和可能的最大面积.

(577)证明从球面三角形 ABC 每一顶点发出,且将三角形分成两个等积部分的大圆弧,就是习题(548a)中所考虑的弧 Ap, Bq, Cr(给定的圆是三角形的边).

(578)计算被任意一些圆所范围的球面部分的面积.

(首先度量一个球面月形被包含在任意一个球冠内的部分,这球冠是以月形的顶点为极的.从此推求球介于有同样端点的一个大圆弧和一个小圆弧之间的部分的面积,然后按照平,263 推理.)

第29章 欧拉定理、正多面体

365. 在本章中我们只考虑满足下述条件的多面体：

它们的围面是连成一片的.

不会有一条棱是两个以上的面所公有的情况,也不会有一个顶点是几个多面角(由这立体的面所形成的多面角)所公有的.

并且每一面本身的围绕也是连成一片的,有如 21 节(平,第一编)所示.这条件不同于起先的那个.例如如果考虑以图 29.1 阴影部分作为一个棱柱的底,那么这棱柱是一个多面体,适合这两个条件中的一个,而不适合另一个.

我们假设,也不会有一个顶点是同一个面上两条以上的棱的公共端点.例如不会有形如图 29.2 所示的一个面.

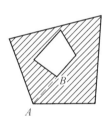

图 29.1

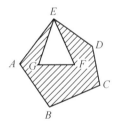

图 29.2

366. 当我们取消了多面体的一个或几个面时,剩下来的面(假设它仍然是连成一片的)就不再是闭合的;它有(除了每一条是两个面所公有的一些棱以外)一些**自由棱**,即是只属于一个面的棱.这些自由棱构成这开的多面面的围绕或**边缘**.

将开面(多面面或否)边缘上两点以位于这面上且自身不相交的路线相连.如果沿所考虑的线将这面切开,那么我们就在这面上作了一条**截痕**.如果,例如这面是多面面,而路线由多面体的一些棱形成,那么要注意,一经做了截痕,被这截痕上的一条棱分开的两个面(F,F',图 29.3),不应当再看做邻接的;所说的棱(AB)此后应当看做属于这面的边缘,而且是双重的边缘,即既是 F 的一边,又是 F' 的一边.

367.两个面 A,A' 称为有**相同的联络**,如果我们能在它们之间建立点点对应,围线对应于围线,使:(1)对于 A 的每一点,A' 有一个也只一个对应点,并且反过来也如此;(2)对于取在 A 上的连成一片的图形(线或区域),所对应的总是 A' 上的连成一片的图形,并且反过来也如此.

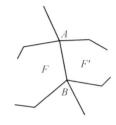

图 29.3

特别地,可以产生这种情况:如果两曲面中的一个是由另一个通过连续变形而得到的,在变形过程中不会发生撕破或粘连原先被隔开的部分①.

如果一块面积 A 在一平面上的透视形,是从各方面包围起来的一块面积 A'(因而 A 没有任何一点投射的无穷远),并且每一条投射线和 A 只有一个公共点,那么面积 A 和 A' 有相同的联络;注意,如果投射线和 A 不止有一个公共点,情况就未必如此了.

相反地,任意一个三角形和图 29.1 所表示的面积就肯定没有相同的联络,因为不然的话,两方的边缘应该互相对应,不是一方是连成一片的而另一方则否.

368.设有相同联络的两块面积 A,A',如果在 A 上划了截痕 s 把它分裂了,即是说把它分为相离的两片 A_1,A_2,显见在 A' 中对应于 s 的截痕 s' 将分 A' 成两部分 A_1',A_2'(这两部分依次和 A_1,A_2 对应).

369.凡平面的部分,它的围线是连成一片的(一笔画成的)(并且被这围线所围的不相邻接的两部分决不会有公共点②),或者任何与这样的平面部分有相同联络的面积③,称为**单连通面积**.

一块单连通平面面积(A,图 29.4),显然被任意一条截痕分为有相同性质的两片平面面积 A_1,A_2.所以(第 368 节)凡单连通面积被任何截痕所分裂④,并

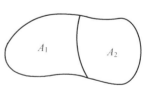

图 29.4

---

① 反之,可以证明,有相同联络的两曲面,总可以看做一个是由另一个通过这种变形而得到的.
② 例如说,我们排除像图 29.2 那样的面积,在这个图中,邻接于围绕的两部分 DEF 和 GEA 公有点 E;显然这个限制和 365 节的限制是同样性质的.
③ 凡围线满足所指出的一些条件的平面部分,彼此有相同的联络(习题(579)).这事实的证明从略.
④ 相反地,有若干围线的平面面积,即是说,它的围线由若干被隔离的部分所组成的(例如图 29.1 的多边面积),则具有不能将它分裂的截痕(AB,图 29.1).

且这两片自身也是单连通的.

370. 取消凸多面体 P 的一个面 F, 总是得出一块单连通面积 A.

事实上, 设 O 为一点, 对 F 说来和多面体不在同侧, 但与此相反, 对构成面积 A 的每一个面说, 则和 P 在同侧(只要 O 充分接近于面 F, 必然发生这种情况). A 在 F 的平面上的透视形(图 29.5)就是 F 自身, 并且后者内部一点 M' 是 A 的唯一的①一点 M 的射影. 所以定理得证(第 367 节).

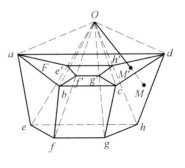

图 29.5

371. 取消了一个多面体的一个面②便得出一个单连通面积, 这多面体就称为**零格的**. 一个凸多面体因此必然是零格的. 有许多类型的凹多面体(例如凹底的棱柱)具有这性质, 但不是所有的.

例如取三个棱柱面 P, P', P'', 它们的棱是水平的(但没有水平的侧面), 它们之中的一个可以从另一个绕在它们之外的一条铅垂轴旋转 4/3 直角而得出. 这些棱柱以其相互交线为界形成一个立体 S, 射影图见图 29.6, 直观图见图 29.6a. 如果取消这立体的一个面, 例如 $abcd$, $a'b'e'd'$ (图 29.6, 或图 29.6a 上 $ABCD$), 剩下的多面面积就不是单连通的, 因为如果作出截痕 ABC(图 29.6a), 或者以通过轴且与边缘相交的半平面作出任一截痕, 我们并不会把这表面分裂开来; 对于截痕 AGD 情况也是一样. 凡类似于 S 的环状多面体, 都具有相似的性质.

最后, 如果取多面体 S 关于离轴最远的一个面的对称形, 并将这对称形附加于 S, 就得出一个立体 Σ (图 29.7, 29.7a), 在这一立体中(当取消其一面以后), 我们可同时作出四条截痕而不致把它的表面分裂开来.

---

① 由于点 O 和 A 上一点 M 各在 F 的一侧, 联结它们的直线在介于它们之间的一点 M' 穿过 F 的平面; 并且这点是在 F 本身上, 因为对于除 F 外的任一面的平面说, 它和 O 在(因而和多面体)在其同侧. 最后, 反过来, 设 M' 为取在 F 上的一点, 线段 OM' 由 M' 的延长线穿入了多面体, 于是应该穿过它的表面而出来. 这第二个交点并且是唯一的, 因为 P 是凸的(第 68 节).

② 这里主要在于假设满足 365 节的条件.

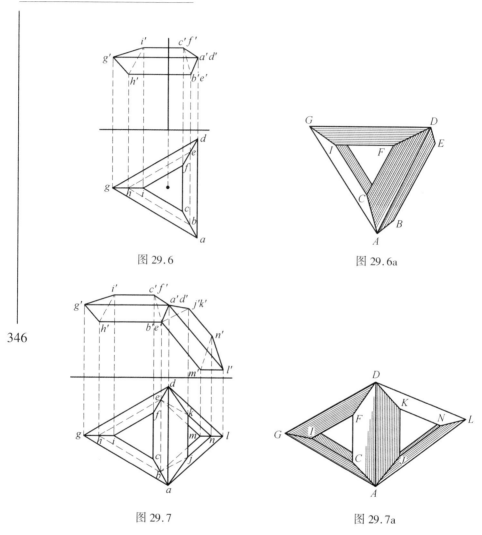

图 29.6　　　　　　　　图 29.6a

图 29.7　　　　　　　　图 29.7a

372. 欧拉(Euler)定理　在任何零格多面体中(于是,在任何凸多面体中),面数加顶数比棱数多二.

如果从任一多面体取消一个面,剩下一个开的多面面,它的顶数和棱数同原先的多面体一样,但少了一个面.

于是就归结到证明:若一开的单连通的多面面有 F 个面,S 个顶点,A 条棱,则有
$$F + S = A + 1$$

这定理对于 $F=1$ 是显然的,因为这时多面面化为一个平面多边形,对于它有 $S=A$. 我们假设对于面数少于 F 的一切多面面定理已证明了,现在对于一个 F 面的多面面作出证明.

为此,将这个表面边缘上两点以不同于边缘的路线相连,这路线由面上的一些棱组成而不在任何一点与其自身相交①,并沿这路线切开. 这表面将(上节)被分为单连通的两片,一片有 F_1 面,S_1 顶点,A_1 条棱,另一片有 F_2 面,S_2 顶点,A_2 条棱. 由于 F_1,F_2 小于 F,我们可以写出

$$\begin{cases} F_1 + S_1 = A_1 + 1 \\ F_2 + S_2 = A_2 + 1 \end{cases} \tag{1}$$

但若截痕中棱数为 λ,即顶点数为 $\lambda+1$,则有

$$A_1 + A_2 = A + \lambda, \quad S_1 + S_2 = S + \lambda + 1$$

因为当我们对于每一片数出棱或顶数并求其和时,凡不属于截痕的棱或顶点出现一次,而属于截痕的棱或顶点出现两次. 由于又有 $F_1 + F_2 = F$,将(1)两方程相加,得

$$F + S + \lambda + 1 = A + \lambda + 2$$

这个关系和所求的等效.

373*. 假设有一个多面面 Σ 不是单连通的②,并且假设作了一次截痕(为简单计,设它由一些棱组成)不把表面分裂开来. 如果后者还不是单连通的,再给它作截痕:这截痕的端点还可以在起先的边缘上,也可以在新边缘上(即是说在第一次作出的作痕上),我们假设它也是由一些棱组成的,并且表面没有分裂开来. 如此继续下去,设经过 n 次割截以后,表面变成单连通的而没有被分裂开来. 于是 $n+1$ 这个数(这个数,在作出相反的证明以前,可能依赖于作各截痕的方式)称为起先的表面 Σ 的**联络阶**.

如果 F,S,A 仍表示 Σ 的面数、顶数、棱数,则有

$$F + S = A + 1 - n \tag{2}$$

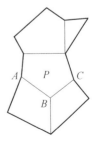

① 只要考虑邻接于边缘的一个面 P(图 29.8),的确可以得到这样一条路线. 作为这样一个面,P 有一些自由棱. 它也有一些内部棱(否则它就是仅有的一个面,我们已见到,这种情况下命题已证明了). 这个面的边缘因此包含一些自由部分,也包含一些属于表面内部的部分. 后者的任何一个(ACB)给出一条合于要求的路线.

② 我们总是假设有 365 节的限制.

图 29.8

事实上，设 λ 为第一次截痕的边数．作出这次割截以后，这些边中的每一个，两次算作表面的棱，并且截痕的顶点也是如此；因此，和上面一样，数 A 增加了 λ 个单位，数 S 增加了 $\lambda+1$．因此，数 $F+S-A$ 增加了 1．每作一次新截痕，这情况重新出现一次，数 $F+S-A$ 总共增加了 n 个单位．但是最后它变成 1，因为我们得到连成一片并且是单连通的一块面积．所以这个数一开始是等于 $1-n$ 的．

例 取消多面体 S(第 371 节)的一个面，我们得到一个三连通表面($n=2$)，它有 8 个面、18 条棱和 9 个顶点．

同样地处理这一节的多面体 Σ，得出一个表面，它的 $n=4, F=15, A=32, S=14$．

我们看出，欧拉定理不适用于像 S 和 Σ 一类的多面体．

推论 数 n(与起先可能想到的相反)不依赖于作截痕时所遵循的步骤．

因为它由等式(2)得出，在其中 F, S, A 只依赖于已知的表面．

374．正多面角 所谓**正多面角**是指一个凸多面角①$S-ABCDE$(图 29.9)，它的各面角相等，并且各二面角相等．

所谓**球面正多边形**是指一个球面凸多边形，它的各边相等且各角相等．显而易见，对于顶点在一个球心的正多面角，在球上对应着一个球面正多边形，并且反过来也成立．

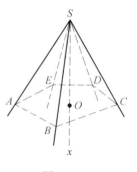

图 29.9

在一个正多面角 $S-ABCDE$ 中，三面角 $S-ABC, S-BCD, S-CDE, \cdots$ 是全等的，因为有相等的二面角夹于分别相等的面角之间，且有同向(第 53 节)．

但有一个旋转存在将棱 SA 带到 SB 上，并将棱 SB 带到 SC 上(因为 $\angle ASB = \angle BSC$)．三面角 $S-ABC$ 于是取 $S-BCD$ 的位置(第 62 节，备注)，所以 SC 来到 SD 上．仿此，SD 来到 SE 上；等等．因此，有一个旋转存在将正多面角变换为其自身，每一面取下一面的位置．推广言之，有一个旋转存在将正多面角变换为其自身，每一面取其后 p 个的位置：显然只须重复上面的旋转 p 次就行了．

第一个旋转的角显然以圆周的 n 分之一为度量，n 表示多面角的面数，因

---

① 类似于星状正多边形有星状的正多面角．

为当我们重复这旋转 n 次后,多面角就旋转了一周重合于自身上.

这样的一个旋转(把它重复 n 次相当于旋转一周)①称为 n 阶的.当一个图形经过某一 $2,3,\cdots$ 阶旋转而没有改变②,就称为它以这旋转轴作为 $2,3,\cdots$ **阶的轴**.

如果 p 是 n 的一个因数,当我们把上面提到的旋转重复到 p 次,就得出另外一个旋转,它的角以圆周的 n' 分之一为度量,其中 n' 代表整数 n/p.

因此可看出,一个图形的 n 阶轴也是这图形的 n' 阶轴,n' 表示 n 的任一因数.

凡 2 阶轴(因之,由上面所述,凡偶阶轴)是第三编所述意义下的反射轴(奇阶轴则不如此).

多面角的 n 阶轴显然和所有的棱形成等角:它是这多面角外接旋转锥的轴.

因此又得出,一个球面正多边形可内接于一圆,它的顶点显然将这圆分成相等的部分③:这就是在绕 Sx 的旋转中,它的一个顶点所画的平行圆.换句话说,如果在正多面角 $S-ABCDE$ 各棱上,取等长 $SA=SB=SC=SD=SE$,那么这些长度的末端是一个正多边形的顶点,它的平面垂直于 Sx 而且中心 o 在 Sx 上.因此我们照这样构成了一个正棱锥.

直线 So 显然在这多面角内:通过点 o 延长,它便截以 S 为中心以 SA 为半径的球于一点 O(图 29.9a),这点在球面多边形 $ABCDE$ 内部,称为这多边形的**极**.它事实上是多边形外接圆的两极之一,即在这圆内的那一个(因 $\angle ASO$ 为锐角).

反之,在一个正棱锥顶点的多面角,**容许**一些旋转,换句话说,有一些旋转存在把它变换为其自身,即那些把锥底变换为其自身的旋转(平,162,备注).另一方面,如果一个多面角容许一个旋转,在这个旋转中每一面取下一面的位置,它便可看做为在一个正棱锥顶点的多面角,而且它是正多面角,因为每一面等于下一面,而且每一二面角等于下一二面角④.

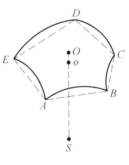

图 29.9a

最后,由于正多边形都具有它平面上的对称轴,所以凡正棱锥,因之凡正多

---

① 我们有时也把一个旋转称为 n 阶的,把它重复 n 次相当于旋转了若干周.但必须指出,当周数与 n 不互质时,这旋转的阶数是小于 n 的,仿照 164 节(平,第三编)进行推理就明白了.
② 这里是指位置而不是外形没有改变.——译者注
③ 仿此可证明,一个球面正多边形可外切于一圆.
④ 在一个正棱锥顶点的多面角总是凸的,因为它被一个平面截成凸多边形.

面角,都具有通过以上说过的一些旋转的轴 S_0 的对称平面.

375. 正多面体 凡凸多面体①各面是全等的正多边形,并且各多面角是全等的正多面角(后面这条件显然可用"各二面角相等"来代替),就称为**正多面体**.

例如立方体(第 72a 节)就是一个正多面体,它满足以上列举的所有条件.

375a. 显而易见,如果两个正多面体之一的一个面(因而每一面)等于另一个的一个面,并且一个的一个多面角等于另一个的一个多面角,那么它们是全等的.

如果进一步,第一个的一面 f 和第二个的一面 f' 重合,并且这两多面体在这公共面的同侧(或者,如果第一个的一个多面角和第二个的一个多面角重合),那么它们重合.

事实上,第 111 节推理可以证明这一点. 我们看出,第一个多面体与 f 邻接的一个面必然与第二个多面体的一个面重合,而一步一步地,每一个立体的所有各面也都如此.

因此又有

定理 一个正多面体容许(在 374 节意义下)所有这样的运动:即一个面 f 来到一个面 f' 上②,而移置以后的多面体内部和原先的多面体内部在面 f' 的同侧.

因为多面体原先的位置和运动以后的位置满足上面指出的条件.

在定理所说的一些运动之中,显然可以找到这样一个运动:它使任意给定的一面 f 来到任意给定的一面 f' 上,并且 f 的任一棱 AB 来到 f' 任意给定的一条棱 $A'B'$ 上(但不能任意选择两点 A,B 之一使其来到 A' 上).

说得确切些,这多面体容许一个而且只有一个运动,将棱 AB 置于 $A'B'$ 上使 A 来到 A', B 来到 B'; 一个而且只有一个运动将棱 AB 置于 $A'B'$ 上使 A 来到 B', B 来到 A'.

事实上,如果 AB 被置于 $A'B'$ 上,夹着棱 AB 的两面 f 和 f_1 应该来到夹着棱 $A'B'$ 的两面 f' 和 f_1' 上. 这有两种可能的方式,它们之间的选择决定于沿所说二面角的转向(第 31 节),一经我们给定了它们相对应的转向. 并且,一经 f 重合

---

① 参看 382 节注.
② 面 f' 可能就是 f, 所考虑的运动便是变换 f 成为它自身之中的一个(平,162).

于 f' 或 f'_1，且 AB 重合于 $A'B'$ 使得以它们为棱的二面角相重，则多面体确实变换成为其自身，有如上面所说.

由是可知，多面体所容许的运动数是棱数的两倍.

但在这个计数中，我们假设在所说的一些运动中包括 A' 就是 A 而且 B' 就是 B 的那个运动，即所谓**幺运动**（或**恒同运动**），它对于图形的原始位置不作任何改变.

反之，若一凸多面体容许一个运动，利用它可以移置任何给定的一面 f 于任何给定的一面 f' 之上，f 的任何给定一棱 AB 来到 f' 的任何给定一棱 $A'B'$ 之上，则此多面体必为正多面体.

因为它有相等的棱，各个面的角相等，并且它的二面角相等.

376.定理 (1) 凡正多面体可内接于一球；

(2) 以球心为公共顶点以这多面体的各面分别为截口的各多面角，将这球分为全等的球面正多边形；

(3) 这多面体可外切于一球，与上面的球同心.

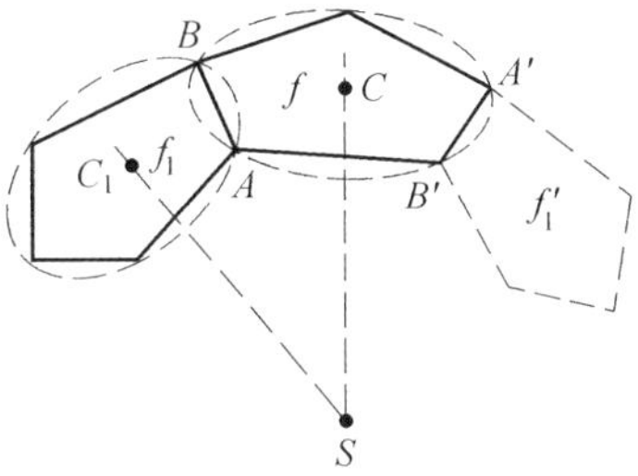

(1) 考查多面体中沿棱 AB（图 29.10）相邻的两面 f,f_1：外接于这两面的圆 C,C_1 由于有两个公共点 A,B，必属于同一球，球心 S 是这两圆的轴的交点.

图 29.10

面 f，因之整个多面体，容许以 CS 为轴的一个旋转，将 AB 变换为 f 其余任一边，因之 f_1 变换为与 f 邻接的任一面 f'_1. 这旋转并不改变球 S，因为轴 CS 是这球的一条直径；所以球 S 也外接于 f'_1. 仿此可证球 S 外接于与 f_1 或 f'_1 邻接的任何一面，以下类推；于是建立了所要的结论.

(2) 以 S 为公共顶点，以多面体的各面分别为底的各棱锥是正棱锥（因为 S 在每一面的外接圆的轴上），并且是全等的（因为它们在上面列举的各个运动中彼此重合）；因此它们在顶点的多面角也是如此. 并且由 S 发出的任一半线位于这些多面角的一个也仅一个之内. 因此这些多面角把球分成全等的球面正多边形，球的每一点位于一个也仅一个多边形内.

(3) 上面所说的正棱锥的高相同，以这高为半径的球切每一面于其中心.

376a. 反之，若一球面被分成球面正多边形且彼此全等，则此等多边形顶点为一正多面体的顶点.

事实上，所说的这些球面多边形中任一个 F 的顶点，是一个平面正多边形 f 的顶点，而以 f 为底以球心为顶点的棱锥 p 是正棱锥．所有像 p 的这些棱锥是全等的，并且它们一个在另一个外部（因为它们在点 S 的多面角没有任何公共部分）．这些棱锥的集合构成一个多面体 P，它的各面便是各多边形 f（各棱锥的侧面不见了，因为每一侧面是相邻的两个棱锥所公有的）．

这多面体确有正的且彼此全等的面，而且它的二面角彼此相等（因为都是一个棱锥 p 底上的二面角的两倍）．只剩下要证明它是凸的.

为此，设 B 为球面多边形 F 的极，并设 B', … 是其余类似的多边形的极.那么，球上任一点距它所属多边形的极，较距其余多边形的极为近.

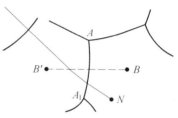

图 29.11

设 M 为所考虑的点，F 是以 B 为极的一个球面多边形（图 29.11），它不含 M．在 F 中任取一点 N，并以短于半大圆的大圆弧联结 N 和 M．由于 M 和 N 不在同一多边形中，这条弧将和一个或几个多边形的边相交，例如分隔 F 和以 B' 为极的一个多边形 F' 的边 AA_1；分隔 F' 和以 B'' 为极的一个多边形 F'' 的边 $A'A_1'$ 等等.

大圆弧 AA_1 显然是 BB' 的中垂线．但点 M 和 B' 位于大圆弧 AA_1 的同侧，因之（第 66 节）它距 B' 较距 B 为近.

同理证明它距 B'' 较距 B' 为近，最近的极最后便是含 M 的多边形的极.

这推理显然适用于 M 不是一个多边形的内点的情况，而是（例如说）一个顶点，唯一的例外是这时它属于几个多边形并距这些多边形的极等远；相反地，它距这些极较距所有其他的极为近.

因此也有：一个极距相应多边形的顶点较距不属于这多边形的顶点为近[事实上，设 B（图 29.11a）为一多边形 F 的极，M 为 F 的一顶点，M' 为不属于 F 的一顶点，但属于以 B' 为极的一个多边形 F'，则距离 $M'B$ 大于 $M'B'$，后者等于 MB].

最后这个结论保证了所考虑的多面体是凸的．事实上，它表明不属于一个面 f 的一切顶点，关于这个面的平面说，和球心在同一侧.

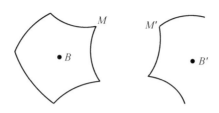

图 29.11a

377. 一个正多面体的旋转和对称　多面体所容许的运动都是旋转,因为它们显然保留外接球心 S 不动.

这些旋转可分为三种不同的类型:

(1) 任一确定的面所容许的旋转;

(2) 任一确定顶点的多面角所容许的旋转;

(3) 绕着中心到一棱中点的直线的反射(半周旋转).

由第 375a 节,这三种类型的旋转确实使多面体不动;并且这多面体所容许的任何旋转的确属于这三种类型之一. 事实上,它的轴穿过这立体表面的点 I,或者在一个面的内部,这面应该被这旋转保留不动(否则,它将被变换为另外一个,而与它公有点 I,这是不可能的);或者在一个顶点,这顶点因之不为这旋转所变①;或者在一条棱上,这棱容许这旋转,因而垂直于它的轴.

凡多面体 P 还具有一些对称平面;它重合于其

(1) 关于一条棱的中垂面的对称形;

(2) 关于沿一棱的二面角的平分面的对称形.

这样一个对称形 P' 事实上是一个多面体,它所有的面和二面角等于 P 的面和二面角;并且 P 和 P' 有一个公共面,它们在这公共面的同侧;所以 P' 和 P 重合.

还有一个直接方法来建立对称面的存在性,只要多面体有一个对称中心——这中心显然只能就是 S②——即是说,只要 P 重合于它关于 S 的对称形 P''. 我们知道,事实上 P 具有一些 2 阶旋转轴,以及具备 2 阶轴地位的一些偶数阶的轴;但 P'' 关于这样一条轴 A 的变换图形 P' 是(第 102 节)P 关于一个平面(即通过 S 所引垂直于 A 的平面)的对称形.

---

① 指以这顶点为顶点的多面角,不为这旋转所变.——译者注

② 否则通过所说的对称,球将变为另一个球而仍外接于多面体,这是不可能的.

反之(仍假设 S 为对称心),通过这种方法我们得出多面体的所有对称平面.事实上,这样一个平面应该必然通过 S[①],于是只须把以上所说的过程倒转来,就可以看出通过 S 所引这平面的垂线,应该是一条 2 阶轴或者可以看成 2 阶轴的一条轴,也就是说一条偶数阶的轴.

并且还可以看出,凡对称平面必属于起先列举的两种类型之一.因为(用关于旋转所见到的类似方法)关于一个平面的对称[这平面和多面体的一条棱(不延长)除了端点以外还有一些公共点],应该不变这条棱,这就只有让这平面通过或垂直这条棱.

377a. 例:立方体的旋转和对称 立方体由于有 12 条棱,容许 24 个旋转(或者只有 23 个,如果不把幺运动计算在内).我们知道这些旋转是:

(1)或者是一个确定的面所容许的旋转.各面之中的每一个,例如 $abcd$(图 29.12),容许这样一个 4 阶的旋转,因为它是一个正方形;因此有像 AA' 那样的 3 条 4 阶旋转轴,因为一共有 6 个面而相对两面显然有同一条轴.这些相应的

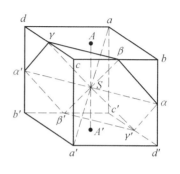

图 29.12

旋转中的每一个可以重复到 3 次而不作出幺运动,因而一共有 9 个旋转;

(2)或者是一个确定的多面角所容许的旋转.这些多面角在此是三面角,所说的旋转于是是 3 阶的,所以有这种性质的 4 条 3 阶旋转轴(因为有 8 个顶点);这些就是这立体的对角线(例如 aa').绕着它们中一条的旋转,可以重复到 2 次而不归于幺运动,因而这样一共有 8 个旋转;

(3)或者是绕着像直线 aa' 的一些半周旋转,这 aa' 是相对二棱中点的连线.因而 12 条棱给出 6 条 2 阶轴.

这些运动,按照前面所说,包括了立方体所容许的一切旋转.由于它们彼此是显然不同的,或者由于轴不同,或者由于角或转向不同,它们的总数当然应该是 23.事实上确实是这样($23 = 9 + 8 + 6$).

和任何平行六面体一样,立方体有一个对称中心 S.

于是它有 6 个对称面垂直于 2 阶轴,以及 3 个对称面垂直于 4 阶轴;此外,不能再有对称面.

---

① 参看上页注②.

总结起来可以用下面的符号表达:

一个对称中心 S;

3 条 4 阶轴, 4 条 3 阶轴, 6 条 2 阶轴: $3A_4, 4A_3', 6A_2''$;

9 个对称面: $3\pi, 6\pi''$.

注意,有必要用不同的符号来区别平面 π 和平面 π'',因为所有的平面 π 是彼此**同调**的(即是说,用立方体所容许的运动,一个可以变为另一个),而所有的平面 π'' 彼此是同调的,但平面 π 和 π'' 则不然.

这些对称面是垂直于棱或者包含着棱的.第一种情况是垂直于 4 阶轴的那些平面(每一个距两平行面等远),第二种是垂直于 2 阶轴的平面,它们是对角面.

378. 正四面体 各棱相等的四面体,即底是等边三角形且各侧棱都等于底的边长的三棱锥,是一个正多面体,称为**正四面体**(图 29.13). 正四面体的各面是全等的等边三角形, 它的三面角(各面角都等于 $60°$)是正三面角而且彼此全等.

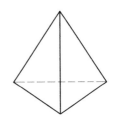

图 29.13

所以, 为了得到一个正四面体, 应该通过一个等边三角形的中心引这三角形平面垂线, 然后在这垂线上取一点使距三角形一顶点等于这三角形的一边. 这是可能办到的, 因为这边大于从所说的顶点到垂线足的距离.

正四面体的存在, 还可以从它由立方体导出的方式清楚地看出.

378a. 在任何立方体中可以内接两个正四面体 T, T'.

要得出它们,只要在每一面上联结对角线.顶点 a, c, b', d'(图 29.12, 29.14)便互相联结而形成第一个正多面体 T, 因为它的各棱是相等的; 顶点 a', c', b, d 形成第二个正多面体 T'.

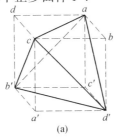 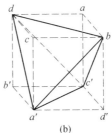

图 29.14

容易看出,只有一个方式将立方体的顶点分成两个正四面体.

T 和 T' 关于立方体的中心互相对称.

反之,从任何一个正四面体 T,我们可以求出一个也只有一个立方体,使得四面体各顶点成为(与立方体)公共顶点.立方体其余的顶点是四面体 T' 的顶点,T' 是 T 关于外接球中心的对称形.

一个正四面体 T 所容许的旋转和对称,可以用前面用过的方法来决定.

这些对称中的任何一个,显然不改变上面所说的从 T 推导出来的四面体 T'.由于 T 和 T' 之间的关系显然是相互的,我们看出 T 和 T' 容许所有类型的相同的对称.

但明显地,这些对称不改变以 T 和 T' 的顶点合在一起做顶点的立方体.所以 T 的任何一个对称是立方体的对称,但反过来却不成立:

正四面体没有对称中心.

它具有 3 条 2 阶轴和 4 条 3 阶轴,用前面的符号表为 $3A_2, 4A_3'$.

(因此出现在正四面体 2 阶轴名下的,是立方体的 4 阶轴.)

3 阶轴就是四面体的高;每一条 2 阶轴是两条对棱的公垂线.

最后,正四面体具有 6 个对称平面 π'',可以通过任一棱引垂直于其对棱的平面而作出.

立方体的对称,因此属于两种范畴:那些上面说过既不改变 T 又不改变 T' 的;那些不属于这范畴的显然只能互换 T 和 T',这就是上面指出过的关于 S 的对称所产生的情况.

379. 假设对于一个已知多面体,我们已形成了它所容许的运动的表,如我们对于立方体和正四面体所做的那样.

如果按一定顺序继续作出这些运动中的两个①,得出一个合成运动,它也不改变已知的多面体,因之也出现在这个表里②.

换句话说,沿用附录 A(参看平,附 24)中指出的一个名词,这表构成一个**群**.

为了找出这合成运动,只须找到它将与 S 不共线的两点 A, B 带到的新位置 A', B';因为如果注意到这点 S(它是不变的),我们就有了不共线三点的新位置,这就足以(第 92 节)决定一个运动了.

---

① 第二个运动可能和第一个相同;后者于是连续作了两次.
② 这要假设把幺运动放在表中.

还可以应用旋转合成的理论. 当原先的两个运动是两个半周旋转时,这相当简单.设两半周旋转轴为 $S\alpha$, $S\beta$,新旋转 R 的轴将垂直于平面 $S\alpha\beta$,而它的幅角是将 $S\alpha$ 带到一个位置 $S\gamma$,与 $S\alpha$ 形成一个二倍于 $\angle \alpha S\beta$ 的角.

这样决定的旋转 R 因此是多面体容许的旋转之一.

特别地,如果 α, β 是两条棱的中点,那么 γ 也将是一条棱的中点,将旋转 R 应用于它一次或多次,所推导出来的点也如此.

所有这些点显然是一个正多边形的顶点,以 S 为中心. 由于 β 是以 S 为圆心的圆周介于 α, γ 间的弧的中点,容易看出,我们又得出一个以 α, β, γ 为顶点的正多边形.

假设所考虑的是立方体,而 α, β 是同一面连续两棱 bd', bc(图 29.12)的中点. R 的轴于是既非一条 2 阶轴,又非一条 4 阶轴(平面 $S\alpha\beta$ 容易看出既非一平面 π',又非平面 π''). 所以它是一条 3 阶轴. 从图 29.12 上容易核验,这条轴就是通过面 bcd' 上 b 的对顶的对角线 aa'.

这样我们又看出,旋转 R 是 1/3 周的,因之把 α 带到 β 的旋转是 1/6 周的; 所以点 α, β, γ 是正六边形的顶点,这六边形是立方体被垂直于 3 阶轴 aa' 的平面所截的截口(图 29.12).

379a[*]. 四面体 T 所容许的运动也构成一个群,由上可知这个群 g 是立方体的群的一个**子群**,即是说它整个被包含在后者之内.

对于立方体的群 G 说,它具有一个可注意的性质[①].

移置四面体 T 使取一个新位置 T_1. 它所容许的一些旋转将被这个运动所变换,即是说,对于 T 所容许的任意一个以 A 为轴的 n 阶旋转,对应着被 T_1 所容许的一个旋转,这就是以 A 的新位置 A_1 为轴的同阶旋转.

现在,如果所说的运动是从 G 取来的,那么我们知道,T 或者被变换为自身,或变为 T'.

因此,群 g 中的旋转或者被变为 T 所容许的旋转,或者被变为 T' 所容许的.

但是不变 T' 的旋转和不变 T 的旋转是相同的.

[①] 立方体的群除 g 外还具有若干子群.

例如,半周旋转 A_2'' 之一和幺运动合在一起便构成一个群(因为 A_2'' 和自身联合,即是说重复到两次,便产生幺运动),而这是 g 的一个子群.

但按正文解释的意义说,这并非一个**突出的**子群:当立方体经受所容许的各种运动时,所说的半周旋转就被变换为类似的另外一个半周旋转.

同样,绕一条 3 阶轴的 1/3 周旋转和 2/3 周旋转连同幺运动构成一群.但由同样的理由,这不是 G 的一个突出的子群(参看习题(596),(597)).

因此,群 g 的一切旋转被变为群 g 的旋转,换言之,令图形承受属于 G 的任一运动时,群 g 是不变的.

为了表明这个性质,便说 g 是 G 的一个**突出的**子群,和下面的一般定义一致:

设 G,g 为两群,第二个被含在第一个内,我们说 g 是 G 的一个**突出的**子群,如果用 G 的任意一个运算来变换(按上述意义)g 时,它并无更变;换言之,对于 G 说,它只和自身**同调**(第 377a 节以及平,附 26).

如果不限制在旋转范围内,也考虑任何类型的对称,完全类似的一些结论也成立.

在限制于旋转的情况(因此,排除关于中心以及关于一些平面的对称),正四面体的群 g 和结晶学上一些多面体的群是相同的.

从正四面体容许一个群这一事实,我们推导出(用研究立方体的六边形截口的方法):平行于正四面体相对二棱并距这两棱等远的平面,截这立体于一正方形,以其余四棱中点为其顶点.

380. 共轭正多面体

定理 对于每一个正多面体对应着另一个正多面体,它的顶点和第一个的面数相同,并且反过来也如此,至于棱则两者相同.

两立体中一个的每一多面角的棱数,等于另一个每一面的边数.

这新的正多面体称为与原先的**共轭**.

这两多面体之间的关系是相互的.

设 P 为一多面体;$F, F', F'', \cdots$ 为 P 的顶点将外接球分成的球面多边形(图 29.15);$A, A', A'', \cdots$ 为多边形 F 的顶点,而 B 为其极.大圆弧 $BA, BA', BA'', \cdots$ 将 F 分解成一些球面等腰三角形.如果在这些三角形中,例如 BAA',引大圆弧 BC 垂直于多边形的一边并止于这边中点,形成了两个互相对称的球面直角三角形.同样处理所有的已知球面多边形,并聚集以 A 为顶点的各直角三角形.

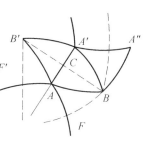

图 29.15

这些三角形两两公有一条直角边(例如 AC),这样形成的球面多边形 G 的顶点,是有一个顶点在 A 的各多边形 $F, F', \cdots$ 的极 $B, B', \cdots$.

由于这些点 $B, B', \cdots$ 在以 A 为极的同一圆上,并将这圆分成相等的部分,

所以多边形 G 是正多边形.凡绕已知多面体 P 其他各顶点所构成的类似多边形,显然都和第一个全等.

所以(第 376a 节)点 $B,B',B'',\cdots$ 是一个正多面体 P' 的顶点.

并且各多边形 G 的极是各多边形 F 的顶点,而且反过来也是如此,所以命题中指出的一些关系就成显然的了.

380a.已知多面体 P 每一面的中心是一点 b,位于从球心 S 到相应球面多边形的极的射线 SB 上,且距 S 为常量.

所以像 b 这样的点是一个多面体 P_1' 的顶点,P_1' 是 P' 关于球心 S 的位似形.

点 b 是 P 的一个面关于这多面体内切球的极点,因此 P_1' 是 P 关于这球的配极图形;P_1' 的面是(第 334 节)在 P 的顶点的极面上,P_1' 的棱是 P 的棱的配极直线(第 335 节).

相对应的棱的中点和中心共线(因为在球上相对应的弧的中点(图 29.15)重合).

设给定了一个正多面体 P,它的共轭正多面体便完全确定了(大小以及位置).仅仅这个事实就表明两个共轭正多面体容许同样的一些旋转,因为每当 P 与其自身重合时,它的共轭形也就如此.

381.例:八面体 立方体的共轭多面体是正八面体,它可以用立方体各面的中心为顶点来确定.换言之,它可以这样形成:在一个三直三面角的棱上,从顶点起截取相等的六条线段 OA,OA',OB,OB',OC,OC'(图 29.16),并将它们的端点两两以线段相连.

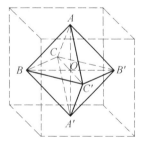

图 29.16

这八面体有八个等边三角形作为面,并且显然可以看做是经适当选择的两个正四棱锥叠置在一起所形成的.

正八面体的对称,如以上所说,和立方体的相同.明显地,按照这一点(或按照两多面体的棱间所存在的关系)可知,将立方体截成正六边形的那个平面,在正八面体中也得出同样形状的截口.这就是通过中心而平行于相对两平面的平面.

明矾的天然晶体呈正八面体的形状.

立方体也是某种物质结晶的形状,例如岩盐.

382. 从平面几何我们见到,有无数的正多边形.

关于多面体,情况完全不同了;我们有下述定理:

定理 只存在五种正多面体.

凡多面体各多面角的棱数相同且各面的边数相同的,看做属于一类.

我们将看到,属于同一类的两个正多面体是相似的①.

证明 设 m 为一正多面体每一面的边数,n 为每一多面角的棱数.

若取直角为单位,任一面的每一角由数 $2-\dfrac{4}{m}$ 表示(平,163,备注);但围绕一个顶点的 n 个角之和小于 4 直角,所以其中每一个小于 $\dfrac{4}{n}$.

所以有 $2-\dfrac{4}{m}<\dfrac{4}{n}$ 或

$$\frac{1}{m}+\frac{1}{n}>\frac{1}{2} \tag{3}$$

这里等式是不成立的.

从这个不等式就得出所求的结论.事实上,数 m 和 n 都至少等于 3.但它们不可能都大于 3,因为当 $m\geqslant 4$,$n\geqslant 4$ 时,便有

$$\frac{1}{m}+\frac{1}{n}\leqslant\frac{1}{2}$$

所以其中至少有一个取数值 3.我们假设那就是 m,免得在不等式(3)中互换 m 和 n,此式对于这两数乃是对称的.

这式子于是变成 $\dfrac{1}{3}+\dfrac{1}{n}>\dfrac{1}{2}$,或 $n<6$.

所以 n 只能取数值 3,4,5.

不等式(3)关于 m 和 n 的对称性一点儿也不奇怪,因为从一个多面体过渡到它的共轭图形,就互换了这两数.

所以每当 m 和 n 不同时,就有两个共轭的解答,因而一共有下列五解:

(1) $m=n=3$
(2)(3) $m,n=3,4$
(4)(5) $m,n=3,5$

---

① 类似于星状的正多边形,有星状正多面体存在.像多边形的情况一样,凡星状正多面体的顶点都是按常规意义的一个正多面体的顶点.因此,星状正多面体的数目也是有限制的.

382a. 欧拉定理不仅使我们得到不等式(3),还可以求出两端的差.

事实上,假设和前面一样,F,S,A 分别为面、顶、棱数.

每一面有 m 条棱,它们一共有 mF 条,但这样每条棱数着两次,因为它是两个面所公有的.

所以有
$$mF = 2A \tag{4}$$
同理(由于一条棱联结两个顶点)
$$nS = 2A \tag{4'}$$
只要从这两公式解出 F 和 S 的值,然后代入公式 $F + S = A + 2$,就得出
$$\frac{1}{m} + \frac{1}{n} = \frac{1}{2} + \frac{1}{A} \tag{3'}$$
一经知道了 m 和 n,由上式就知道 A,然后由关系(4)和(4')得出 F 和 S. 因此有

(1) 当 $m = n = 3:A = 16;F = S = 4$;

(2),(3) 当 $m,n = 3,4:A = 12;F,S = 8,6$;

(4),(5) 当 $m,n = 3,5:A = 30;F,S = 20,12$.

上面的推理中,并没有假设角或边的相等,因此从它可推证下面较广泛的定理:

只能有五种多面体,使所有各面有同样的边数,所有各多面角有同样的棱数.

可以注意,球面三角形 ABC(图 29.15)也给出关系(3),这三角形直角顶在 C,在点 A 的角等于 $\frac{2}{n}d$(因为围绕点 A 有 $2n$ 个等角,其和则为 $4d$),而在点 B 的角等于 $\frac{2}{m}d$:于是只须写出这些角的和大于 $2d$.

383. 最后,容易看出,像前面说过的那样,同一类的两个正多面体 P 和 Q 是相似的.

首先,当 n 等于 3 时是显然的. 因为这时 P 和 Q 的三面角彼此相等(由于它们的面角分别相等),因此这两个多面体满足 111 节的条件.

但 n 不等于 3 的任何正多面体 P 是(由上面所列出的表)一个正多面体 P' 的共轭图形,而 P' 是满足条件 $n = 3$ 的;同理,Q 是一个和 P' 同类的正多面体 Q' 的共轭图形. 由上所述,既证明了 P' 和 Q' 的相似性,便得出了 P 和 Q 的相似性.

384. 从不等式(3)所得到的五个解答,实际上对应于五种正多面体,现在来构作它们.

我们已经知道:

(1) 四面体(第 378 节)($m = n = 3, F = S = 4, A = 6$);

(2) 立方体($m = 4, n = 3, F = 6, S = 8, A = 12$);

(3) 它的共轭图形八面体(第 381 节)($m = 3, n = 4, F = 8, S = 6, A = 12$).

然后是:

(4) 十二面体($m = 5, n = 3, F = 12, S = 20, A = 30$). 由于数目 3 和 5 满足不等式(3),可以作一个三面角 $a-bcd$(图 29.17),使它的三个面角都等于正五边形的一个角,并将记为 1,2,3 的三个全等的正五边形放在这些面上,第一个介于 ac 和 ad 之间,第二个在 ad 和 ab 之间,第三个在 ab 和 ac 之间. 如果绕五边形 1 的轴,即是通过这五边形中心并垂直于其平面的直线 Ox,作一个旋转使其幅角为圆周的五分之一,边 da 便将取 ac 的位置,因之(由于二面角 $\angle ad$ 和 $\angle ac$ 相等)五边形 2 将取它的全等图形 3 的位置(ab 重合于五边形 3 的一边 ce 上). 显然,递次重复这个旋转,将得出另外三个与 1 相邻的五边形(记作 4,5,6),其中每一个与前一个后一个相邻(最后一个与 2 相邻).

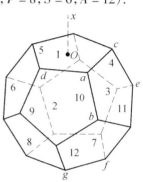

图 29.17

同理,绕五边形 2 的轴的一个旋转,将五边形 6 变成 1 变成 3,将这个旋转继续做几次,便得出多边形 7(邻接于 2 和 3)和 8(邻接于 7,2 和 6).

现在如果绕轴 Ox 作旋转,那么使 3 到 2 和 2 到 6 的旋转,将把面 7 变换成邻接于 2 和 6 的一个正五边形,它显然重合于 8. 所以这个旋转再重复三次,将得出三个五边形 9,10,11,其中每一个和面 2,3,4,5,6 中的两个相邻并彼此相邻(因为 7 和 8 具有这些性质).

最后,由于面 7,8,9,10,11 的自由顶点(例如 f, g,图 29.17)通过所说的旋转互相转变,它们就构成一个正五边形,这是多面体的第十二个面①.

(5) 二十面体($m = 3, n = 5, F = 20, S = 12, A = 30$). 正二十面体可以毫无困难地从上面的多面体推出,因为是它的共轭图形. 正二十面体由图 29.18 所

---

① 我们假设这样作成的一些面彼此不交叉并且围成一个多面体,它是凸的,在附录 D 中将找到一个完全严格的证明,在那里用另外一种方法解决问题.

表达.

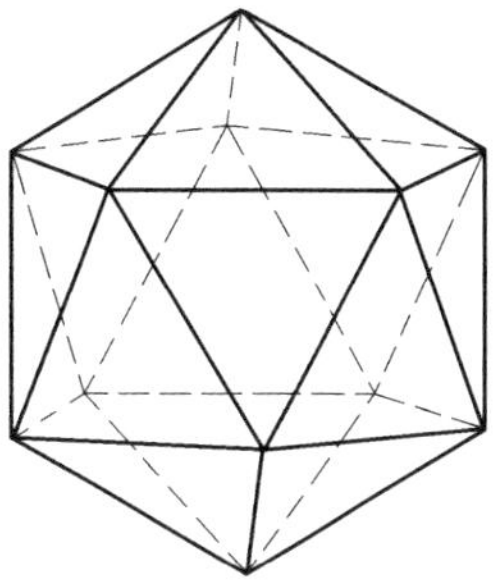

385. 有关正多面体的计算 设 r 为内切球半径,R 为外接球半径,ρ 为一个面的外接圆半径.

对于一个多面体和它的共轭多面体,这三个长度相互的比值是相同的.

事实上,设 A(图 29.19)为第一多面体 P 的一个顶点,b 为 A 所属的一面的中心,S 为外接球心. 共轭多面体 P' 可以看做有一个顶点在 Sb 上一点 B',这顶点所属的一个面的中心是 B' 在 SA 上的射影 a'. 量 r,R,ρ 对于第一个多面体是 Sb,SA,bA;对于第二个多面体是 Sa',SB',$a'B'$. 从直角三角形 SAb 和 $SB'a'$ 的相似,得出我们的结论.

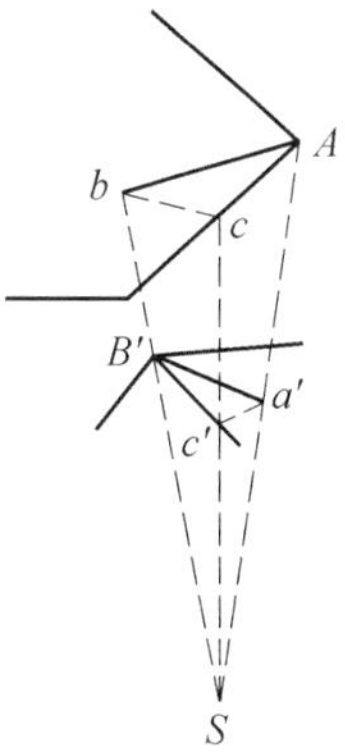

现在设 m 是 P 每一面的边数,n 是 P' 相应的数;c 是多面体 P 中以 b 为中心的面上由 A 发出的一棱的中点,c' 是多面体 P' 对应棱的中点(这棱从点 B' 发出,并位于以 a' 为中心的面上),使得 c 和 c' 在同时垂直于 Ac,$B'c'$ 的一条射线上(图 29.19),并且 bc 是垂直于 Sb 而 $a'c'$ 是垂直于 Sa' 的.

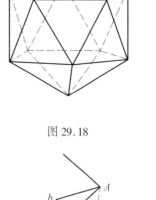

图 29.18

图 29.19

像在平面几何里一样(第三编,第 20 章),在半径为 1 的圆的内接(正)m 边形中,以 c_m 和 a_m 表示边长和边心距,则有

$$Ac = bA \cdot \frac{c_m}{2}, \quad bc = bA \cdot a_m \tag{5}$$

$$B'c' = B'a' \cdot \frac{c_n}{2}, \quad a'c' = B'a' \cdot a_n \tag{5'}$$

由三角形 Sbc,$Sc'B'$ 相似和 SAc,$Sc'a'$ 相似,得出

$$\frac{bc}{B'c'} = \frac{Sb}{Sc'}$$

$$\frac{Ac}{a'c'} = \frac{SA}{Sc'}$$

以上面的数值代替 bc,$B'c'$,Ac,$a'c'$,并两端相除以消去 Sc',得

$$\frac{a_m \cdot a_n}{\frac{c_m}{2} \cdot \frac{c_n}{2}} = \frac{Sb}{SA} = \frac{r}{R}$$

又因 R^2 等于 $r^2 + \rho^2$，我们有

$$\frac{r}{a_m \cdot a_n} = \frac{R}{\frac{c_m}{2} \cdot \frac{c_n}{2}} = \frac{\rho}{\sqrt{\left(\frac{c_m}{2}\right)^2 \left(\frac{c_n}{2}\right)^2 - a_m^2 a_n^2}}$$

由于有关系 $a_m^2 + \left(\frac{c_m}{2}\right)^2 = a_n^2 + \left(\frac{c_n}{2}\right)^2 = 1$，上式最后分母根号下的量，可用 $1 - a_m^2 - a_n^2$ 或 $\left(\frac{c_m}{2}\right)^2 + \left(\frac{c_n}{2}\right)^2 - 1$ 或 $\left(\frac{c_m}{2}\right)^2 - a_n^2$ 代替①.

一经知道了 r, R, ρ 的相互比值，显然由关系(5)和(5′)可得出多面体的边.

如果取 R 作为比较的项，我们求出：

(1) 四面体

$$c_m = c_n = \sqrt{3}; \quad a_m = a_n = \frac{1}{2} \qquad (\text{平}, 167)$$

$r = \frac{1}{3}R; \rho = \frac{2\sqrt{2}}{3}R;$ 边 $\rho c_m = \frac{2\sqrt{6}}{3}R.$

(2) 立方体，八面体

$$c_m = \sqrt{2}, \quad c_n = \sqrt{3}; \quad a_m = \frac{\sqrt{2}}{2}, \quad a_n = \frac{1}{2} \qquad (\text{平}, 166)$$

$r = \frac{1}{\sqrt{3}}R; \rho = \sqrt{\frac{2}{3}}R;$ 边 $\begin{cases} \rho c_m = \frac{2}{\sqrt{3}}R \text{(立方体)} \\ \rho c_n = \sqrt{2}R \text{(八面体)} \end{cases}$

(3) 十二面体，二十面体

$$c_m = \frac{\sqrt{10 - 2\sqrt{5}}}{2}, \quad c_n = \sqrt{3}; \quad a_m = \frac{\sqrt{5}+1}{4}, \quad a_n = \frac{1}{2} \qquad (\text{平}, 170)$$

$$r = \frac{\sqrt{5}+1}{\sqrt{3(10 - 2\sqrt{5})}} R = \sqrt{\frac{5 + 2\sqrt{5}}{15}} R$$

$$\rho = \sqrt{\frac{10 - 2\sqrt{5}}{15}} R$$

---

① 由于有关系 $a_m = \cos\frac{\pi}{m}, c_m = 2\sin\frac{\pi}{m}$，表明这个量为正数的条件即不等式(3).

边：$\begin{cases} \rho c_m = \dfrac{\sqrt{5}-1}{\sqrt{3}} R(\text{十二面体}) \\ \rho c_n = \sqrt{\dfrac{10-2\sqrt{5}}{5}} R = \sqrt{2\left(1-\dfrac{1}{\sqrt{5}}\right)} R(\text{二十面体}) \end{cases}$

习　题

(579)证明：所有的平面凸多边形有相同的联络阶.[先对三角形证明这个事实(第 301 节,(1)),然后利用得到的结果证明,可以从任一多边形转到一个边数少 1 的多边形而并不改变联络阶(比较平,265).]

(并且这定理对于凹多边形也正确.)

(580)证明：多面体的面积的任一部分的联络阶,和它边缘的数目相同(例：图 29.1 所表示的面积有两个边缘,而联络阶为 2).

注意,任意一条截线将边缘数增加或减少 1.

特别地,设将满足 365 节的一个多面体取消任意一面,我们总得出一个联络阶是奇数的多面面.

(581)证明：在任一多面体中,有
$$2A = 3F_3 + 4F_4 + 5F_5 + \cdots = 3S_3 + 4S_4 + 5S_5 + \cdots$$
其中 A 表示棱数；$F_3, F_4, F_5, \cdots$ 表示三角形、四边形、五边形……的面数；$S_3, S_4, S_5, \cdots$ 表示有三、四、五……面的多面角数(比较 382a 节).

(582)在任何零格多面体中,证明：(符号同 372 节)
$$6F - 12 \geqslant 2A \geqslant 3F \geqslant A + 6$$
$$6S - 12 \geqslant 2A \geqslant 3S \geqslant A + 6$$

(证这题和下面各题时,应用上题.)

(583)证明：一个零格多面体至少有一个三角形的面或一个三面角.

三角形的面数加三面角的顶数至少等于 8.

(584)证明：在零格多面体中,不可能所有的面有 5 条以上的边,也不可能所有的多面角有 5 个以上的面.

(585)证明：没有一个零格多面体正好有 7 条棱(习题(582)).

(586)一个零格多面体正好有 5 个面.问顶数和棱数可能有哪些值?

(587)一个零格多面体既没有三角形的面,又没有四边形的面,证明：它至少有 12 个五边形的面和 20 个三面角.对于一个既没有三面角,又没有四面角的多面体,类似的命题为何?

一个零格多面体既没有四边形又没有五边形的面,证明:它至少有 4 个三角形的面.

(588)证明:一个零格多面体各个面角之和,是有同样顶数的平面凸多边形各角之和的两倍.

(589)设一点 a 和导球 S 的中心在一个平面 P 的同侧,证明:P 的极和这球 S 的中心在 a 的极面的同侧.

由是推证:一个凸多面体关于以一个内点为中心的球的配极图形是一个凸多面体,它的顶点是第一个多面体各面的极,面则是它的顶点的极面,而棱则是它的棱的配极直线.

新多面体的内点对应于全部在原先多面体外部的平面,反过来也是如此.

(590)证明对于凸多面体的欧拉定理,可以由求得球面多边形面积的定理推出(在一个球面上作透视形,取多面体一内点为球心).

将球面三角形 ABC(图 29.15)表示为它的角的函数,我们得到什么?

(591)设一点在正多面体内部变动,证明:它到各面的距离之和保持为常量.

(592)证明:延展正八面体适当选择的四个面,形成一个正四面体,并且可以这样利用已知八面体的面形成两个四面体.

(593)证明:有 5 个立方体,其中每一个的顶点是一个已知正十二面体的顶点.这些立方体中一个的每一棱,是十二面体一个面的对角线.十二面体的每个顶点属于方才所说的两个立方体.

(593a)反之,设给了一个立方体,作出可能内接于它的两个正四面体,在立方体每条棱上标出一个正向,使由第一个四面体的一个顶点指朝第二个四面体的一个顶点,然后通过这棱作一平面,使在多面体外方与这棱左方的面(对于这棱上所标出的指向说)形成一个确定的锐角 α.

这样作出的 12 个平面,是一个称为**五边十二面体**(dodécaèdre pentagonal)①的多面体.证明对于 α 的某值,这五边十二面体是正十二面体.

若将正十二面体中不属于立方体的一个顶点,到立方体最近的一面的中心连线,又到这面上最近的顶点连线,那么这两条连线和立方体这个面的夹角是:第一条线 45°角,第二条 30°角.

利用以上所说,作正十二面体在内接立方体一个面的平行平面上的射影.

(594)证明:利用正十二面体适当选择的一些面和延展面,可以形成 5 个正

---

① 五边十二面体是某种晶体(黄铁矿)的自然形象.

八面体.

反之,给定了一个正八面体,在每一条棱上标出一个正向,使得对于这个正向而言,用这立体的面所能形成的两个四面体(习题(592))中第一个的面出现在左方;然后用一确定的比分这条棱,使得沿棱上标出的正向走时,较长的部分在另一部分之前.证明对于这分割比的某值,这些分点是一个正二十面体的顶点.求这个值.

(594a)证明:五边十二面体如果不是正的,它所容许的旋转,和内接于立方体的四面体所容许的相同.

但关于中心或平面的对称,则是那些属于立方体而不属于四面体的.

(595)对于每种正多面体,计算切于所有各棱的球的半径.

(595a)计算内接于半径为 R 的球的各种正多面体的体积.

证明:内接于同一球的两个共轭正多面体之比,等于两个球的半径之比,一个球切于第一个多面体的各棱,而另一个切于第二个的各棱.

(596)证明:正四面体的 2 阶旋转(加入幺运动)本身构成一个群,它是四面体的旋转群的一个突出的子群(第 379a 节).

这子群也是立方体旋转群的一个突出的子群.

(596a)证明:正四面体的 2 阶旋转,在这多面体四顶点上所产生的顺序改变,和作用于共线四点而不变其交比的顺序改变相同.

(597)证明:适当地组合立方体的 2 阶旋转,可以产生出这立体所容许的一切运动.

同样的结果也可以得到,如果只从 4 阶旋转出发,但只从 3 阶旋转出发则得不到.

四面体的群以及习题(596)所考虑的群,是立方体的群仅有的突出子群.其中第二个是四面体的群仅有的突出子群.

(597a)证明:我们可以得出整个十二面体的群,如果仅从 2 阶旋转出发,或仅从 3 阶旋转出发,或仅从 5 阶旋转出发(在后面两种情况下,只要组合 3 阶旋转或组合 5 阶旋转以得出一个 2 阶旋转).

由是推证十二面体群不含任何突出子群①.

(598)证明:容许一条 3 阶轴的是普遍的平行六面体是菱面体(第 72a 节).

这样一个立体可以用一平面截出正六边形.

---

① 由于其他一些理由——此处无法涉及,其中一些思想要追溯到伽罗瓦(Galois)的工作——这命题,甚至广泛地说突出子群的概念,在代数上(因之,在附录 A 所从事研究的问题中)占有重要的地位,正由于此,如果对习题(593)的五个立方体进行推理,可以证明用根号解一般五次方程的不可能性.

(599)从379节的说明推导正多面体度量的计算.(我们取 α,β 为同一面上连续两棱的中点.)

比较用这方法于一多面体和它的共轭多面体所得出的结果.

设以 α,β 为两连续顶点,且以多面体外接球心为中心的正多边形,其边数为 λ,而 m,n 为正文中(第382节)所考虑的数,证明有

$$\left(\frac{c_\lambda}{2}\right)^2 = \left(\frac{c_m}{2}\right)^2 - a_n^2 = \left(\frac{c_n}{2}\right)^2 - a_m^2$$

关于十二面体和二十面体,这样便有平面几何中习题(181),(182)所说的关系;关于立方和八面体,便有关于六边形、正方形和等边三角形的类似的关系.

然后有 $\dfrac{R}{\frac{c_m}{2}\cdot\frac{c_n}{2}}=\dfrac{r}{a_m a_n}=\dfrac{\rho}{\frac{c_\lambda}{2}}$,而两个多面体的边是 $\dfrac{2Rc_\lambda}{c_n}$,$\dfrac{2Rc_\lambda}{c_m}$.

(599a)证明:正多面体中相邻两面的二面角 V 由下面的公式得出:

$$\sin\frac{V}{2}=\frac{a_m}{\frac{c_n}{2}}$$

$\dfrac{V}{2}$ 是一个直角三角形的锐角,这三角形三边的度量是 $a_m,\dfrac{c_\lambda}{2}$(上题),$\dfrac{c_n}{2}$.

(600)设给定一正多面体 P,考查它的任意一棱 A;我们作一个棱柱,令它的棱平行于 A,而它的底是中心在 A 上的等边三角形,棱柱的一个对称面通过多面体的中心.对于每条棱照样处理,所得到的棱柱是彼此全等并置于相似位置的.绕每一条棱所作的棱柱,我们用绕邻棱所作的一些类似的棱柱与它相交把它范围起来,并且假设绕不相邻的棱所作的棱柱(照上面范围了的)是没有公共点的.

设 Q 为上述棱柱集合所形成的多面体(原先多面体 P 的各面假设挪走).取消 Q 的一个面,求(P 逐次表示五种正多面体的每一种)所得曲面的联络阶.定出这阶:①应用推广了的欧拉定理(第373节);②直接求.

如果所作的棱柱是多棱的而非三棱的,所得的阶是否要修改?

第30章 旋转锥和旋转柱的平面截线

386.定理 旋转锥被一平面所截,截线是:

椭圆,如果通过锥顶点所引平行于截面的平面在锥的外部;

双曲线,如果通过锥顶点所引平行于截面的平面,截锥于两条不同的母线;

抛物线,如果通过锥顶点所引平行于截面的平面与锥相切.

设 S 为锥顶点,Sx 为其轴,P 为截面.通过 Sx 作一平面垂直于 P,这平面和锥相交于两条母线 SA,SB.平面 SAB 是图形的一个对称平面,我们取它作为台面.

按命题所说,区分三种情况:

第一种情况(通过 S 所引平行于 P 的平面,在锥的外部).设在台面上的母线和平面 P 的交点为 A,B(图 30.1).

和三角形 SAB 三边相切的圆中,有两个圆的中心 O 和 O' 在 Sx 上,这两圆即内切圆以及角 S 内的旁切圆.它们和 AB

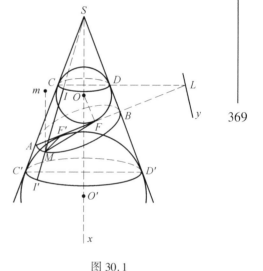

图 30.1

的切点 F,F' 位于 A,B 之间,和 SA,SB 的切点 C,D,C',D',对于圆 O 说是在 SA,SB 上,对于圆 O' 说则在通过点 A,B 的延长线上.

将图形(AB 除外)绕 Sx 旋转,直线 SA 和 SB 产生锥面,圆 O 和 O' 产生两个内切于锥面的球(第 134 节),第一球沿平行圆 CD 相切,第二球沿平行圆 $C'D'$ 相切.这两球在 F,F' 与平面 P 相切(第 36 节).

现设 M 为截线上任一点,通过 M 的母线截圆 CD,$C'D'$ 于两点 I,I',并且这母线在这两点切于球 O 和 O'.由于 MF 切球 O,MF' 切球 O',按 134 节定理便有 $MF = MI$,$MF' = MI'$.

但和 $MI+MI'$①等于线段 II',而这线段是常量,因为它是由 CC' 绕 Sx 旋转得来的. 所以点 M 在以 F 和 F' 为焦点的一个固定椭圆(E)上.

反之,这椭圆上任一点是平面 P 和锥面的公共点.

事实上,在平面 P 上通过 M 我们可以引一直线与锥面交于两点 M' 及 M'' (例如联结 M 和轴② Sx 上一点的直线). 按照上面所说,这两点是在椭圆 E 上,这椭圆和同一条直线不能有不同于前两点的第三个交点 M.

所以椭圆 E 和这截线完全重合.

推论 对于每一焦点,截面上有一条直线(称为准线)与之对应,使得截线上任一点到这直线的距离,和该点到这焦点的距离之比为一常数.

事实上,由以上可见,我们有 $MF = MI$. 但 MI 和点 M 到圆 CD 的平面 Π 的距离 Mm 成常比,因为直角三角形 MmI 在点 M 的角为常角(等于 SI 和锥轴的夹角). 由于 M 是在定平面 P 上的,距离 Mm 又和 M 到两平面 P 与 Π 的交线 Ly (图 30.1)的距离成正比(第 48 节).

所以这直线便具有所说的性质.

386a. 第二种情况(通过 S 所引平行于 P 的平面,截锥于两条母线). 仍设 A,B(图 30.2)为位于台面上的母线和平面 P 的交点. 这两点在锥不同的两叶上. 切于三角形 SAB 三边的圆中,其圆心 O,O' 在轴上的乃是位于角 A 和角 B 内的旁切圆. 它们与 AB 的切点 F 和 F' 之间含有线段 AB,和 SA,SB 的切点仍记为 C,D,C',D';C 在 S 和 A 之间而 D' 在 S 和 B 之间.

当图形(AB 除外)绕 Sx 旋转时,SA 和 SB 产生锥面;圆 O,O' 产生两个内切球,分别沿平行圆 $CD,C'D'$ 相切,且切平面 P 于 F,F'.

设 M 为截线上任一点,通过这点的母线交圆 CD 及 $C'D'$ 于两点 I 及 I',我们仍然有 $MF=$

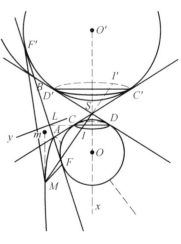

图 30.2

---

① 这里确实是 MI 与 MI' 的和而不是它们的差等于 II',换言之,M 确实在 I 和 I' 之间而不在 II' 的延长线上. 因为分别含有 I 和 I' 的两球是在平面 P 的异侧,而点 M 则在平面 P 上.
② 要得出一个旋转锥面和与其轴共面的一条直线的交点,只要引出这样形成的平面:这平面和锥相交于两条母线,所以总是有两个交点(在有限距离内或在无穷远).

MI, $MF' = MI'$, 因之 MF 与 MF' 的差①等于 MI 与 MI' 的差, 即等于 II'. 这是一个常量(比较第一种情况)且等于 CC'. 所以 M 在以 F 和 F' 为焦点的一固定双曲线上.

这双曲线的渐近线, 显然平行于锥的两条与平面 P 平行的母线 G, G'. 因为当一条动母线趋近于 G 时, 它和 P 的交点在平行于 G 的方向上无限远离.

反之, 这双曲线上任一点属于锥面. 这事实只要仍通过 M 引一直线, 而这直线交锥面于两点即可看出.

总之, 双曲线是所求的截线.

双曲线的两支显然各在锥的一叶上.

备注 若 P 平行于自身而移动, 逐次的截口显然是一些位似形, 位似比乃是截面到顶点的距离之比.

如果在移动过程中, 平面 P 通过锥顶点, 则截口退化为两条母线的集合.

因此(参考第 174a 节)两条直线的集合是双曲线的极限形式. 当相似比 k 趋于零时(位似中心例如是曲线的中心), 固定双曲线 H_0 的位似形 H 乃是趋于这两条直线的集合, 而非趋于一个单一的点. 事实上, 设 x_1 为不等于零的任意确定的横坐标, 坐标轴假设为固定的渐近线. 关于这两轴, 变动双曲线 H 的方程为(第 187a 节)$xy = A$, 不论 A 为何, H 将有一点 M_1 以 x_1 为横坐标, 它的纵坐标 $y_1 = A : x_1$ 将随 A 而趋于零.

至于固定双曲线 H_0 的相应点, 在这些条件②, 则无限远离, 因为它的横坐标是 $\dfrac{x_1}{k}$.

推论 对于每一焦点, 截面上有一条直线(称为准线)与之对应, 使得截线上任一点到这直线的距离, 和该点到这焦点的距离之比为一常数.

这直线是(和第一种情况里一样)两球 O, O' 之一与锥内切的平行圆的平面和截面 P 的交线.

387. 第三种情况(通过 S 所引平行于 P 的平面与锥相切). 这时相切的母线由于对称性必在通过 Sx 且垂直于 P 的平面上, 因之便是两直线 SA, SB 之一. 设这条母线为 SB, 而把在台面上的另一条母线和平面 P 的交点记为 A, 使得 Ab(图 30.3)成为 P 和台面的交线(平行于 SB).

---

① M 在 II' 两条延长线之一上(而不在 I 和 I' 之间), 因为此处两球在平面 P 的同侧.
② 每当用位似变换一个有无穷分支的曲线而位似比趋于零时, 我们总遇到类似的情况, 只要这些无穷分支有确定的渐近方向.

只有两个圆(平,94)和三直线 SA, SB, Ab 相切;其中只有一个的中心 O 在 Sx 上,设 C, D, F 是它的切点.绕轴旋转时,前两点产生(和一、二两种情况里的情况一样)以 O 为中心以 OF 为半径的球和锥相切的平行圆.

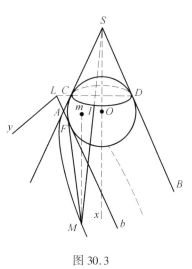

图 30.3

我们看出,像上面那样(一、二两种情况推论),截口上任一点 M 到点 F 的距离,和该点到直线 Ly 的距离之比为常数,其中 Ly 表示平面 P 和圆 CD 的平面的交线,这直线显然垂直于台面[第 37 节,(推论 2)],它和台面的交点是直线 Ab, CD 的交点 L.

但当点 M 在 A 时,它到 Ly 的距离就是 AL;而另一方面,AL 是等于 AC 的,因为三角形 ALC 显然是和等腰三角形 SCD 相似的.正因为 AC 等于 AL,我们看出,点 M 到点 F 和到直线 Ly 的距离的常数比值等于单位.所以截线是抛物线,以 F 为焦点,以 Ly 为其准线.

这抛物线是在锥面上这一事实,证法与前两种情况相同.

备注 在第三种情况下,如果截面本身通过顶点,那就和锥相切,因之和它公有两条重合的母线.

两条重合的直线,或者说(这只要将截面连续地平行于自身而移动以到达它的相切位置,就可以看出了)两条重合的半线,构成抛物线的极限形式(参考 188 节).

387a. 正是由于上面的定理(以及下面 389 节要证的逆定理),所以椭圆、双曲线、抛物线得到一个统一的名称:**圆锥截线**(或**圆锥曲线**).

388. 圆柱的情况.

定理 旋转柱被一平面所截,截线是椭圆.

这定理显然可以看做是前面 386 节定理的极限情况,锥顶点看做趋于无穷远.证明可以紧密地仿照前面的:通过柱轴所作垂直于截面 P 的台面,截柱于两条平行母线 Aa, Bb(图 30.4),它们代替了有关锥的推理中的母线 SA, SB.和前面一样,两圆 O, O' 是这样决定的:即使其切于这两直线以及平面 P 和台面

的交线 AB,推理本身不必修改(看图 30.4,其中符号与图 30.1 相同).

389. 下面的定理可以看做是前面的逆定理.

定理 任一给定的椭圆可以放在任一给定的旋转锥上.

我们来决定图 30.1 的截面 P,使截线是一个椭圆 E 且全等于给定的椭圆.

为此,我们注意,AB 应该是椭圆 E 的长轴,从而等于给定椭圆的长轴 $2a$. 另一方面,由于 F,F' 是 E 的焦点,$FA - FB = FA - F'A = FF'$ 应该是给定椭圆的焦距 $2c$. 但显然有(图 30.1):

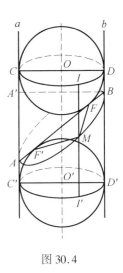

图 30.4

$$FA - FB = AC - BD = AC + SC - (BD + SD) = SA - SB$$
因此
$$SA - SB = 2c$$

反之,若距离 SA,SB 满足:$SA - SB = 2c$,$AB = 2a$(母线 SA,SB 假设和轴共面),则通过 AB 所引与平面 SAB 垂直的平面,将截锥面于一椭圆,其焦距为 $2c$,而长轴为 $2a$,因而全等于给定的椭圆.

因此,问题归结为作出三角形 SAB,在这三角形中,我们知道了在点 S 的角(等于锥顶角)、对边 AB 以及差 $SA - SB$.

延长 SB,并在其上取 $SA' = SA$(图 30.5),因而有 $BA' = SA - SB$. 角 $AA'B$ 是知道的,它等于(因为三角形 SAA' 等腰)锥顶角的补角之半. 因此在三角形 BAA' 中,已知两边 AB,BA' 及其中一边的对角;并且,由于已知角为锐角,且其对边大于邻边,我们知道(平,87)在这种情况下,问题有一解且仅一解. 一经作出了三

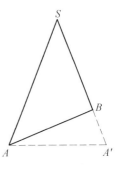

图 30.5

角形 BAA',只要引 AA' 的中垂线,它定要和 $A'B$ 通过点 B 的延长线相交(理由便是上面提到的两点).

推论 通过一个椭圆的旋转锥,其顶点的轨迹为一双曲线(图 30.6),它的顶点是给定椭圆的焦点,其焦点则在椭圆长轴的顶点,而它的平面垂直于椭圆的平面.

这双曲线称为给定的椭圆的**焦双曲线**.

每一个锥的轴正好是在相应顶点切于双曲线的直线.

事实上,一个旋转锥要通过以 AB 为长轴以 $2c$ 为焦距的给定椭圆,它的顶点 S 便应该:(1) 在通过 AB 所引垂直于椭圆平面的平面上;(2) SA 与 SB 之差等于 $2c$. 并且被这些条件所确定的双曲线,确实通过给定椭圆的焦点 F, F' ($FA - FB = 2c$). 而且锥的轴是角 ASB 的平分线,即双曲线的切线.

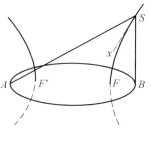

图 30.6

定理 可以把给定的椭圆放在一个给定的旋转柱上,只要椭圆的短轴等于柱的直径.

像在上面定理中的证明一样,我们看出,椭圆的焦距 $2c$ 应等于 AB 在母线 Aa 上的射影 AA'(图 30.4). 于是,我们可作出直角三角形 $AA'B$(这作图总是可能的,因为 $AB = 2a > AA'$). 边 BA' 于是等于椭圆的短轴. 如果它等于柱的直径,我们便有了问题的一个解.

并且,通过一个给定椭圆的旋转柱可以看做含有这椭圆的锥的极限. 它的轴是上面得出的焦双曲线的一条渐近线.

定理 可以把给定的双曲线放在一个给定的旋转锥上,只要这锥的顶角至少等于被渐近线所形成且包含这曲线的那个角.

我们来决定图 30.2 的截面 P,使截口为双曲线且等于给定的双曲线(以 $2c$ 为焦距,以 $2a$ 为贯轴). 长度 AB(截口的贯轴)应等于 $2a$,而长度 FF' 应等于 $2c$. 但

$$FF' = FA + F'A = FA + FB = AC + BD =$$
$$AC + BS + SC = SB + SA$$

反之,若 $AB = 2a$, $SA + SB = 2c$,则截口确实全等于给定的双曲线.

因此,问题归结为作出三角形 SAB,在这三角形中,我们知道了在点 S 的角(等于锥顶角的补角),对边 AB 以及和 $SB + AS$.

在 SB 通过点 S 的延长线上(图 30.7),截长度 $SA' = SA$,因而 $BA' = 2c$. 角 $AA'B$ 是锥顶角的补角的一半,因而在三角形 BAA' 中,我们仍然知道两边及其中一边的对角. 但这里要有解有一个条件:一经作出角 A' 和边 $A'B$,长度 $2a$ 至少应等于从点 B 向 AA' 所引的垂线 BH. 在给定的双曲线中,长度 $2c$ 和长度 $2a$ 是(第 108 节)直角三角形 CC_1C'(图 19.9)的斜边和一腰,这两边的夹角 $\alpha = \angle C_1CC'$ 是被渐近线所形成而且包含着双曲线的那个角的一半. 因此(平,35)

不等式 $BH \leq 2a$ 等效于 $\angle BA'A \leq d - \alpha$,即等效于锥顶角的一半($\angle BA'A$ 的余角),至少等于 α.

假设这条件满足了,求作三角形 BAA' 的问题一般有两解,因为 $2c > 2a$. 这些解由单一的三角形 SAB 所给,因为在 SA 的延长线上①,如果取长度 $SB' = SB$,我们得出一个三角形 ABB',它满足和 BAA' 相同的条件,而一般不和它全等.

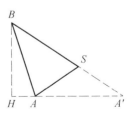

图 30.7

备注 这条件还可以直接得出(参看习题(608)).

推论 通过给定双曲线的旋转锥,其顶点的轨迹为一椭圆(称为双曲线的**焦椭圆**),以这双曲线的顶点作为焦点,以双曲线的焦距作为长轴,而它的平面垂直于双曲线的平面.

每一个锥的轴是椭圆在这锥顶点的切线.

必须指出,反过来,这椭圆以给定的双曲线为焦双曲线,只要由它们的作图就可以知道了.

定理 总可以把给定的抛物线放在给定的旋转锥上.

事实上,要图 30.3 上的截线全等于一个给定的抛物线,就必须 $AF = AL$ 等于后者参数的一半. 按照这条件可以作等腰三角形 ALC,因为我们知道在点 A 的角等于锥的顶角. 然后就可以作圆 O(已知它的两条切线和其上的切点),作 AF 的平行切线 SD(图 30.8),就形成了一个等于图 30.3 中台面上那一部分的图形.

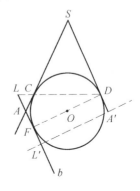

图 30.8

推论 通过给定抛物线的旋转锥,其顶点的轨迹为一抛物线(称为原先抛物线的**焦抛物线**),它的顶点和焦点分别是给定抛物线的焦点和顶点,这两曲线的平面互相垂直.

事实上,A 对于点 O 的对称点 A' 属于 SD(Ab 对于 O 的对称形). 另一方面,当截口抛物线已给时(因而连同它一起给定的有点 A, F 以及台面),这点 A' 描画一条与 AF 垂直的定直线,即通过 A 对于 F 的对称点 L' 所引 FO 的平行线. 由于三角形 SAA' 是等腰的(因为 $\angle SA'A = \angle bAA' = \angle SAA'$),点 S 在以 A 为焦点以 $L'A'$ 为准线的抛物线上. 这抛物线和给定抛物线的关系确如命题所示.

---

① 通过点 S 延长. ——译者注

这两抛物线互为焦曲线.

390. 由上述可知,凡圆锥曲线都可以看做是一个旋转锥的平面截线.

因此(由 386,386a 两节的推论),凡圆锥曲线每一焦点都有一条对应的准线,并且可以看做是它平面上的点的轨迹①,这些点到这焦点和这准线的距离之比为常数.

这就是在 172 节为椭圆,在 174a 节为双曲线所建立的命题.我们见到,利用上节的结论,可得到 386 和 386a 的推论的另一证明.

我们还知道,反过来,平面上的点到这平面上一点和一直线(这点不在这直线上)的距离之比若为常数,则其轨迹为一圆锥曲线(它是椭圆、抛物线或双曲线,就看给定的比是小于、等于或大于 1).我们可以用 386~387 节方法重新证明这结果.

事实上,设 A,B(图 30.9)为轨迹上的两点,位于由已知点 F 向已知直线 Ly 所引的垂线 FL 上.通过点 F,在垂直于已知平面的平面上,作一圆周 O 以切于 AF,并设 AC 为由点 A 向这圆周所引的第二条切线.

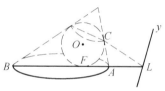

图 30.9

以 O 为中心以 OF 为半径作一球,沿它与平面 CLy 相交的圆周与球外切的锥(或柱),被已知平面截于一个以 F 为焦点的圆锥曲线,这曲线具有这样的性质:其上任一点到 F 和到 Ly 的距离之比等于 $\dfrac{FA}{AL}$;于是这圆锥曲线便与所求的轨迹重合.

391[*]. 在 386~388 节的图中(图 30.1~30.3),将两球 O,O' 之一用一个球 O''(图 30.10)来代替,这个球也沿一平行圆 $C''D''$ 内切于锥,但与平面 P 相交于一圆 c.设以 I'' 表示通过截线上任一点 M 的母线与平行圆 $C''D''$ 的交点,则长度 MI'' 等于由点 M 向圆 c 所引的切线.但长度 MI'' 和点 M 到平行圆 $C''D''$ 的平面的距离 Mm'' 成常比,或者说,和同一点 M 到这平面截平面 P 的直线 $L''y''$ 的距离成常比.

因此,给定了一个圆锥曲线,便有无穷多的圆 c,使得从圆锥曲线上任一点到其中一个圆的切线,和从同一点到一确定直线的距离成常比.

---

① 还须弄清这轨迹上不含圆锥曲线以外的点,但这很容易从这一事实得出:即这轨迹和每一直线只有两个公共点(参看习题(601)).

上面所说的直线,还随着圆 c 的选择而变动;但命题中谈到的比值则总是一样的,且等于该曲线的离心率(上节).事实上,当点 M 来到 A 时,从焦点 F 和相应的准线到这一点的距离分别是 AC 和 AL,至于向圆 c 所引的切线以及到相应直线的距离,则分别等于 AC'' 和 AL''(图 30.10).但长度 AC,AL 和 AC'',AL'' 显然是成比例的,因为 CL 是与 $C''L''$ 平行的.

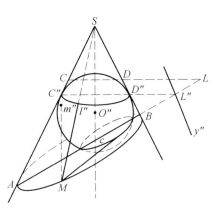

图 30.10

当平行圆 $C''D''$ 和圆锥曲线相交时(图 30.10a),后者和圆 c 在两个交点相切(因球和锥在这两点之一有相同的切面,这切面和平面 P 的交线是切于两条曲线的).反之,凡和圆锥曲线呈双切,并且中心在焦轴上的圆(这显然是属于圆 c 的性质),可以看做是圆 c 的一个位置.因为我们显然可以让圆 c 通过圆锥曲线上任一点[只要使平行圆 $C'D'$ 通过这一点,而在这一点只有一个圆呈双切且中心在焦轴上(圆心由所考虑的点的法线和焦轴相交来决定,图 30.11)].

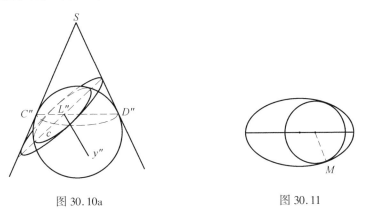

图 30.10a　　　　　　　　图 30.11

当圆 c 呈双切时,相应的直线 $L''y''$ 正好就是相切弦,有如图 30.10a 所示.

392. 圆锥曲线用一个焦点和一条准线来定义,可以得出作曲线的切线的一个新方法.

事实上,首先有下面的定理:

定理 设由圆锥曲线的一焦点到一条弦的两端连线,又到这焦点的对应准线和该弦的交点连线,那么后一直线和前两直线作成等角.

设 F 为所考虑的焦点(图 30.12),MM' 为所考虑的弦,m,m' 为 M,M' 在准线上的射影,I 为这准线和 MM' 的交点. 由比例 $\dfrac{FM}{Mm}=\dfrac{FM'}{M'm'}$ 表明,比 $\dfrac{FM}{FM'}$ 等于比 $\dfrac{Mm}{M'm'}$. 但后面的比等于 $\dfrac{IM}{IM'}$.

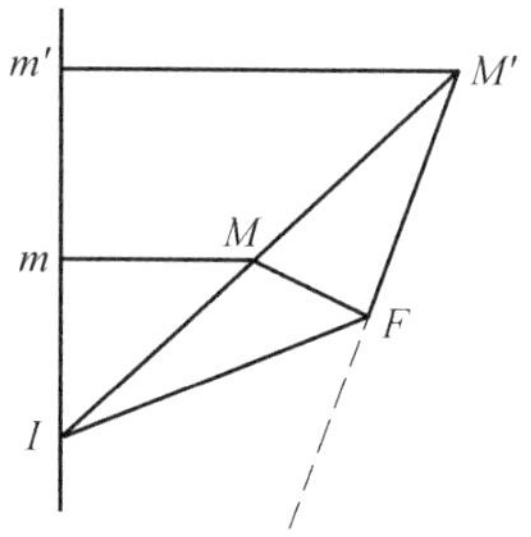

点 I 即将 MM' 分成一个比等于 $\dfrac{FM}{FM'}$,便是(平,115)FM 和 FM' 所形成两角之一的平分线.

图 30.12

推论 焦点到切线和准线交点的连线,垂直于由该焦点到切点的矢径.

事实上,若点 M' 无限趋近于点 M,直线 FI 不能成为角 MFM' 本身的平分线,除非点 I 趋于点 M,而这是不可能的(点 M 不可能在准线上). 因此 FI 垂直于这条平分线,从而趋于与 FM 垂直的一个位置. 证毕.

备注 在抛物线的情况,我们又得到 192 节的同一结果.

393*. 定理 从圆底锥上任一点到两个切面的距离之积,和该点到两条相切母线的平面的距离的平方成常比.

从圆锥曲线上任一点到两切线的距离之积,和该点到相切弦的距离的平方成常比.

首先考虑一个圆 C,设 a_1, a_2 为这圆上两点,d_1, d_2 为这两点的切线,d 为直线 $a_1 a_2$. 于是圆周上任一点 m 到直线 d 的距离 mn(图 30.13),是这点到直线 d_1 和 d_2 的距离 mn_1 和 mn_2 的比例中项. 采用 291 节记号便有

$$\frac{(m,d)}{(m,d_1)}=\frac{(m,d_2)}{(m,d)}$$

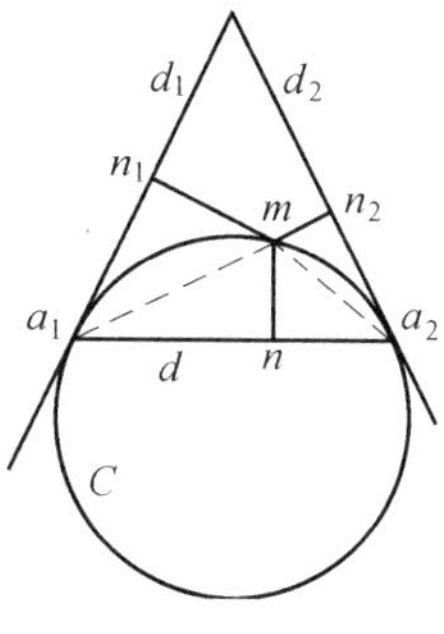

事实上,角 $ma_1 n$ 等于角 $ma_2 n_2$(都以弧 ma_2 的一半度量);仿此,角 $ma_2 n$ 等于角 $ma_1 n_1$. 于是由相似三角形 $ma_1 n, ma_2 n_2$ 以及相似三角形 $ma_2 n, ma_1 n_1$ 得出

$$\frac{mn}{ma_1}=\frac{mn_2}{ma_2},\quad \frac{ma_1}{mn_1}=\frac{ma_2}{mn}$$

图 30.13

两端相乘,便得所要证明的比例式.

394*. 现取一个锥面,以 S 为顶点而以圆 C 为底,并设 M 为母线 Sm 上一点(图 30.14). 商 $\dfrac{(m,d)}{(m,d_1)}$ 与商 $\dfrac{(M,Sd)}{(M,Sd_1)}$ 成常比(第 291 节)[符号 (M,Sd) 像 291 节一样,表示从点 M 到平面 Sd 的距离];仿此,商 $\dfrac{(m,d)}{(m,d_2)}$ 与商 $\dfrac{(M,Sd)}{(M,Sd_2)}$ 成常比.

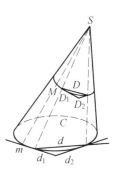

图 30.14

因此,由等式 $\dfrac{(m,d)}{(m,d_1)} \cdot \dfrac{(m,d)}{(m,d_2)} = 1$ 得

$$\dfrac{(M,Sd)}{(M,Sd_1)} \cdot \dfrac{(M,Sd)}{(M,Sd_2)} = \dfrac{(M,Sd)^2}{(M,Sd_1)(M,Sd_2)} = k \tag{1}$$

若设所考虑的锥是旋转锥,并用一平面 P 截得一圆锥曲线. 母线 Sa_1, Sa_2 截平面 P 于这圆锥曲线上两点 A_1, A_2. 在这两点的切线由平面 P 和锥的切面相交决定;因此它们就是直线 d_1, d_2 的透视线 D_1, D_2;至于相切弦,就是 d 的透视线 D.

在这些条件下,以 M 表示圆上一动点 m 在平面 P 上的透视点,则商 $\dfrac{(M,Sd)}{(M,Sd_1)}$ 和 $\dfrac{(M,D)}{(M,D_1)}$ 成常比(291 节),而商 $\dfrac{(M,Sd)}{(M,Sd_2)}$ 和 $\dfrac{(M,D)}{(M,D_2)}$ 成常比,因此由方程(18)得

$$\dfrac{(M,D)}{(M,D_1)} \cdot \dfrac{(M,D)}{(M,D_2)} = \dfrac{(M,D)^2}{(M,D_1) \cdot (M,D_2)} = k \tag{2}$$

这样便证明了定理,因为我们可以(第 389 节)取任意给定的圆锥曲线作为上面推理中的圆锥曲线,并且点 A_1, A_2 还可在圆锥曲线上任意选取(只要取圆 C 位于母线 SA_1, SA_2 上的点作为 a_1, a_2).

395. **备注** 上面(第 393 节)涉及关于圆的定理,只不过是一个类似的定理(平,习题(147))的极限情况,在那个定理中出现的是一个四边形内接于圆. 如果对于后者仿照课文进行推理,将得到这样的结论[帕普斯(Pappus)定理]: 在任一圆锥曲线中,从曲线上一点到一内接四边形一双对边的距离之积,和从这点到另一双对边的距离之积成常比.

396*. **定理** 从双曲线上任一点到这曲线两条渐近线的距离之积为常量.

这是在第 187a 节已建立的命题.

设有一双曲线,它可以看做是一个旋转锥被一个平面 P 所截的截线.通过锥顶点所引平行于 P 的平面,截锥面于两条母线.在上节推理中,取圆 C(锥的底)分别在这两母线上的点作为 a_1, a_2(图 30.15),因而平面 Sd 平行于 P. 沿这两母线的切面 Sd_1, Sd_2 截平面 P 于直线 D_1, D_2. 以 M 表示双曲线上任一点,商 $\dfrac{(M, Sd_1)}{(M, Sd)}$ 在此将(第 293 节)成比例于距离 (M, D_1), 而商 $\dfrac{(M, Sd_2)}{(M, Sd)}$ 将成比例于 (M, D_2). 关系(1)于是变成

$$(M, D_1) \cdot (M, D_2) = 常数 \qquad (3)$$

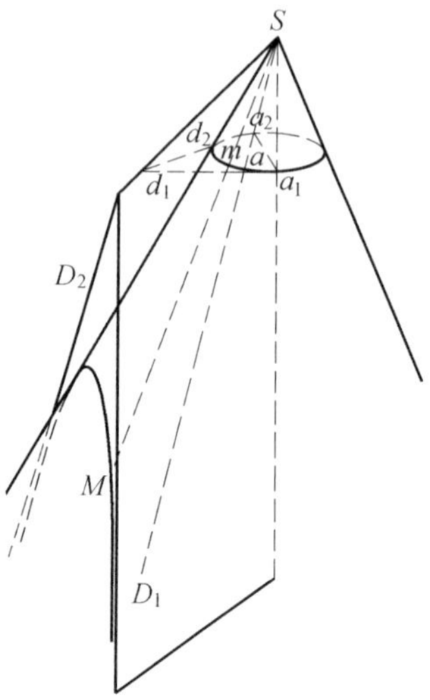

图 30.15

D_1 和 D_2 是双曲线的渐近线,因为(参看 187a 节)当两距离 (M, D_1), (M, D_2) 之一无限增加时,另一个便趋于零:这是渐近线的判别性质(第 182 节,习题(367)).

我们还可以直接发现 D_1, D_2 是渐近线,因为:

(1) Sa_1, Sa_2 是这样的母线:它们和 P 的公共点在无穷远;

(2) D_1(或 D_2)是圆锥曲线一条切线的极限,即当这切线的切点平行于 Sa_1(或 Sa_2)无限远离时的极限.

397. 备注 从一个确定的双曲线 H,改变乘积(20)的常数,但不改变渐近线,得到的双曲线是 H 的位似形,位似比即所说的常数增大或缩小的倍数的平方根.

要转移到 H 的共轭曲线,应该(第 187a 节)以 -1 乘这常数.因此可以把 H 的共轭曲线看做是 H 的位似形,以虚数 $\sqrt{-1}$ 作为位似比;并且,事实上,便这样简易地表达了共轭双曲线的一些性质.

我们已见到(第 386a 节备注),如果位似比变为零,位似双曲线化为两条渐近线的集合.

习 题

(601) 当位似比趋于零时(位似心保持固定),抛物线的位似形变成什么?

(602)一圆锥曲线由它的焦点、准线和离心率决定,求作它和一直线的交点(划归为平,116).

(603)求作一圆锥曲线,已知一焦点及三点,这曲线试用它的焦点、准线和离心率来决定.

(603a)仿此,求作有一个公共焦点的两个圆锥曲线的交点.由此推导切圆问题的一个解法(在习题(402),(403)上两问题曾倒转来划归为切圆问题).并由上题解法推求切圆问题的解法.

(604)求作一圆锥曲线,已知准线和三点.

(605)证明:双曲线上一点到一个焦点的距离,等于同一点到准线的距离,但平行于一条渐近线计算.

(606)证明:圆锥曲线上一点到一个焦点的距离,等于通过这点所引焦轴的垂线被截于这轴和一条切线之间的线段,这条切线的切点在轴上投射成焦点.

(607)证明:焦点在一条渐近线上的射影(图 19.9 上的点 H)属于准线.

有同一焦点和同一准线的圆锥曲线的渐近线,切于什么曲线?

(608)试将一给定的双曲线放在一个给定的旋转锥上,首先求平行于双曲线的平面的两条母线 G,G'.用这方法再求 389 节指出的有解条件.

(609)所谓**挠旋转面**,是指一条直线绕和它不共面的一条轴旋转而产生的曲面.

证明挠旋转面被一平面所截的截线是椭圆、抛物线或双曲线.

如果习题(256)所设的问题有两解,则方法与 386~388 节的相同.

如果习题(256)所设的问题无解,那么仿照 391 节处理,而问题划归为习题(420).

如果习题(256)的两解相重合,发生什么情况?

(610)考虑一个平面上的一些点的轨迹,使得它们关于一个已知圆的幂和它们到一条已知直线距离的平方成已知比.

求一旋转锥,使它的顶点在轨迹平面上的射影在由圆心向直线所引的垂线上,并使它通过所考虑的轨迹.

这问题何时有解?

(仿 390 节方法.比较所得结果和习题(420)的结果.

证明习题(420)的解适用于所考虑的圆是虚圆(习题(565))的情况,并且得出了旋转锥平面截线定理的一个证明.)

(611)对于到两圆的切线之和有定值的点的轨迹,解决类似的问题.

(612)考虑中心在一定直线上且切于一定直线的球(内切于一挠旋转面、锥面或柱面的球).其中每一个球和一定平面的极限点的轨迹为何?

(613)设将一旋转锥面的平面截线投射于与轴成垂直的平面上,证明:射影是一个圆锥曲线,以轴的足作为焦点.

(令射影平面通过顶点,于是射影将以两平面的交线作为准线.)

(614)反之,设在垂直于旋转锥轴的一个平面上任意画一个圆锥曲线,使以轴的足作为焦点,证明:这圆锥曲线是锥的一个平面截线的射影.

(615)证明:两个相等且平行的旋转锥的交线,是一个公共的平面截线.

(616)把习题(420)划归为挠旋转面的一个平面截口,在垂直于轴的平面上的射影的研究(仿习题(613)的方法).

(617)通过圆锥曲线的一个焦点画一条弦,证明:从这焦点算起,这弦被圆锥曲线所截两线段的倒数之和为一常量.这两线段之积与这弦长度之比为一常量.

(618)角的大小为常量,且外切于一抛物线,求其顶点的轨迹.(可划归为求圆心的轨迹,这些圆通过一定点且和一定直线相交成常角;或划归为 390 节.)

(619)证明:切于三已知球的球,其中心的轨迹由一些圆锥曲线组成(利用 352 节).

(620)将一圆锥曲线上任两点到它的焦曲线上任两点连线,证明:我们得到一个空间四边形,它的一双对边之和等于另两边之和.有无穷多的球存在(习题(262))切于这样得到的四条直线.

(621)若一球切一圆锥曲线于两点,这两点关于焦轴成对称,证明:有两个锥通过这圆锥曲线且外切于这球.

(622)考虑一定平面截外切于一定球的一群锥面所得的圆锥曲线.证明联结这些圆锥曲线的焦点到相应锥顶的直线,通过两个定点之一.

第31章 椭圆看做圆的射影、以渐近线为坐标轴的双曲线

398. 由 388 节定理得出 160~161a 节已得到的结果的一个新证明.

事实上,可以肯定:凡正射影为圆的曲线是椭圆.

399. 证明了这一点以后,160~161a 节的推理,可以用下面的一些推理来替代.

定理 设一圆以两条互垂直径为坐标轴,将圆周上任一点的纵坐标按一个常比扩大,而不改变横坐标,所得的点的轨迹为一椭圆.

设 O 为给定的圆(图 31.1);OA,Ob 为两条互垂直径;m 为圆周上一点,以 $O\mu$ 为横坐标,以 μm 为纵坐标;M 为 μm 的延长线上一点,使 $\dfrac{\mu M}{\mu m}$ 等于一个大于 1 的常数 k. 那么点 M 的轨迹是一个椭圆.

这由这样一个事实得出:以给定的圆为底的直圆柱被通过 OA 的平面所截,则截线为一椭圆. 事实上,我们知道(第 45a 节,第 48 节),若 M_0 为这截线上一点,m 为给定圆上的点,即是 M_0 在这圆平面上的射影,则两点 M_0,m 在 OA 上有相同的

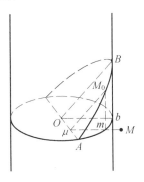

图 31.1

射影 μ,且比 $\dfrac{\mu M_0}{\mu m}$ 为常数(即截面与底面夹角 α 的余弦的倒数). 因此,如果这常数比等于 k,μM_0 便将总是等于 μM,因之椭圆截口将等于所求的轨迹(要得到它,只要把这椭圆放倒在底平面上). 要达到这结果,显然只要在通过点 b 的母线上取一点 B,使 OB 等于 $k \cdot Ob$,然后通过点 B 作截面(换言之,即决定两平面的夹角使其余弦为 $\dfrac{1}{k}$). 这是可能做到的,因为 k 是大于 1 的.

并且所得到的椭圆,以两个平面上的公共直径作为短轴.

定理 设一圆以两条互垂直径为坐标轴,将圆周上任一点的纵坐标按一个

常比缩小,而不改变横坐标,所得的点的轨迹为一椭圆,以给定的圆为其主圆.

仍设 OA, Ob 为两条互垂直径,并取为给定圆的纵坐标轴;m 为这圆上一点,在 OA 上投射为 μ;M 为在 μm 上所取一点,使 $\dfrac{\mu M}{\mu m}$ 等于一个小于 1 的常数 k(图 31.2).

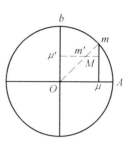

图 31.2

将 M 投射为 Ob 上的 μ',并设 m' 为 $M\mu'$ 与半径 Om 的交点.平行线 Mm',μO 的平行线 mM,$O\mu'$ 表明:

(1) $\dfrac{Om'}{Om} = \dfrac{\mu M}{\mu m} = k$,因而 Om' 为常量;(2) $\dfrac{\mu'M}{\mu'm'} = \dfrac{Om}{Om'} = \dfrac{1}{k}$. 于是可以看出,点 m' 描画一个以 O 为圆心的圆周,若取 Ob 为横坐标轴,则点 M 可由点 m' 描画一个以 O 为圆心的圆周,若取 Ob 为横坐标轴,则点 M 可由点 m' 导出,即按常比 $\dfrac{1}{k}$(这个比大于 1)扩大纵坐标,而不改变横坐标.所以点 M 描画一个椭圆.

推论 1 圆在一个平面上的射影是椭圆.

正如我们在 161a 节见到的那样,这命题和上面的没有两样.

推论 2 这同一命题还包含(参看 161 节)椭圆以它的两轴为坐标轴的方程.

400. 在图 18.4 中(第 161a 节),我们可以把圆平面上任一点 p_0,按照圆周上一点同样来处理:p_0 将有一个射影 P 和一个放倒以后的点 p. 当 P 描画一个图形 F(例如椭圆)时,p 将描画相应的图形 f(在这一情况,它就是主圆).

设在图形 F 中给了一点 P,它在图形 f 中的对应点 p 可这样作出:按比 $\dfrac{a}{b}$ 扩大 P 的纵坐标而不改变横坐标.要作出图形 F 中一条直线的对应图形,只要作出它两点的对应点,或者更简单一些,作出它一个点的对应点,并将此点到该直线和轴的交点(这点对应于其自身)连线.

主圆也常称为**射影圆**,或者说**仿射圆**.事实上(第 297~300 节),F 和 f 是两个射影对应图形,在这两图形中,无穷远直线相对应.长轴上的点是两图形的公共点.

398 节的椭圆和圆之间有类似的关系,对它们可应用与上面相似的一些考虑,但短轴上的点是两图形的公共点.

401. 从上所述,可得到已在第五编第 18 章处理了的问题的一些新解法,即:

直线和椭圆的交点.按照上面指出的规则,定出给定直线 D 在图形 f 中的对应线 d.所求的点乃是这样决定出的直线和主圆的交点(在图形 F 中)的对应点(图 31.3).

通过椭圆平面上一点引它的切线.假设这一点是 P(图 31.4).定出 P 在图形 f 中的对应点 p,所求切线对应于从点 p 所引主圆的切线.

用类似的方法可作椭圆的切线使平行于一给定的方向.

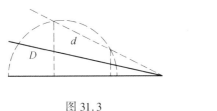

图 31.3

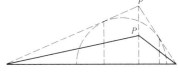

图 31.4

402. 椭圆的直径

定理 (椭圆中)与一给定方向平行的弦中点的轨迹,是通过中心的一条直线(或者至少是这直线在曲线内的部分).

事实上,在以椭圆为射影的圆中(图 31.5),与命题中所说的弦相对应的弦,也是和一个固定方向平行的.它们中点的轨迹因此是一条直径(垂直于它们的方向),它的射影便是所求的轨迹.

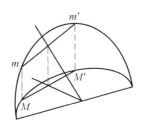

图 31.5

这轨迹称为椭圆中与给定方向**共轭的直径**.

403. 与一个方向共轭的直径,通过与这方向平行的切线上的切点,也通过这方向上任一弦两端的切线的交点.

因为这性质乃是属于圆的,而在平行射影中又是被保留的①.

---

① 这两个定理也可以直接证明,像我们对于双曲线所做的那样(第 412 ~ 414 节).

404. 共轭直径

定理 设椭圆的两条直径之一与另一条的共轭弦平行,那么反过来,后一条直径也与第一条的共轭弦平行.

因为椭圆的一条直径 D 和另一直径 D' 的共轭弦平行的充要条件是(第 402 节):在以所考虑的椭圆为射影的圆中,D 和 D' 对应于两条互垂直径.并且这个条件显见是相互的,即是说,互换这两条直径,它是保持不变的.

备注 (1)两条共轭直径(即是说这样两条直径,其中每一条平分与另一条平行的弦)是一个对合中的对应射线,这对合是圆中互垂半径所成对合的射影.

(2)互相垂直的共轭直径只有两轴(第 45 节).

404a. 定理 椭圆上一点到一条直径两端的连线,和两条共轭直径平行.

两条弦如果有一个公共端点,而另一端点又是一条直径的两端,常称为**互补的弦**.因此这定理还可以这样叙述:两条互补的弦和两条共轭直径平行.

因为圆中两条互补的弦构成半圆周的内接角,因而是互垂的[①].

405. 阿波罗尼奥斯(Apollonius)定理 在椭圆中:

(1)任两共轭半径的平方和为常量,且等于两半轴的平方和;

(2)作在两条共轭半径上的平行四边形的面积为常量,且等于作在两半轴上的矩形的面积.

(1)设有一椭圆是一个圆 C 的射影(图 31.5a),两条共轭直矩 OM, ON 是圆 C 两条互垂直径 Om_0, On_0 的射影.设 μ 是 m_0 和 M 在 OA 上的公共射影,而 v 是 n_0 和 N 在同一直线上的射影.两个直角三角形 m_0MO 和 n_0NO 表明:OM 和 ON 的平方和,等于两条斜边的平方和(即 $2a^2$)减去 $m_0M^2 + n_0N^2$.但后面这个和与 $m_0\mu^2 + n_0v^2$ 成常比,因为

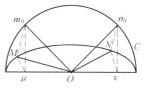

图 31.5a

$$\frac{a^2-b^2}{a^2} = \frac{m_0\mu^2 - M\mu^2}{m_0\mu^2} = \frac{m_0M^2}{m_0\mu^2} = \frac{n_0N^2}{n_0v^2} = \frac{m_0M^2 + n_0N^2}{m_0\mu^2 + n_0v^2} \tag{1}$$

最后,我们有 $m_0\mu^2 + n_0v^2 = a^2$,因为直角三角形 $Om_0\mu, On_0v$ 的斜边相等,角又相等(它们的各边互垂),因而全等,于是有 $n_0v = O\mu$,从此有

---

① 这定理也可直接证明:参看双曲线的情况(415 节).

$$m_0\mu^2 + n_0\nu^2 = m_0\mu^2 + O_l\mu^2 = Om_0^2$$

于是,由方程(1), $m_0M^2 + n_0N^2$ 等于 $a^2 - b^2$. 所以 $OM^2 + ON^2$ 为常量,且其值为

$$2a^2 - (m_0M^2 + n_0N^2) = 2a^2 - (a^2 - b^2) = a^2 + b^2$$

这是显然的,因为两轴显然是共轭直径.

(2)作在两条共轭半径上的平行四边形,是圆 C 中作在两条互垂半径上的正方形的射影.所以它的面积等于 a^2(正方形的面积)乘以两平面夹角的余弦,即 $a^2 \cdot \dfrac{b}{a} = ab$.

406. 从圆的射影的定理,来推导椭圆关于任意两条共轭直径的方程,便可推广 399 节推论 2.

为此,我们从下面的引理出发,这引理适用于正射影以及斜射影.

设 P, p 为两平面,将平面 P 的每一点投射于平面 p 上,投射线平行于一定方向(这方向既不与 P 平行,又不与 p 平行).平面 P 以两轴 OX, OY 为坐标轴,而平面 p 以 OX, OY 的射影 ox, oy 为坐标轴.以 M 表示平面 P 的任一点,M 在 p 上的射影 m 的坐标 x, y 和 M 的坐标 X, Y 之间,有关系:

$$x = \alpha X, \quad y = \beta Y$$

其中 α 和 β 为常数.

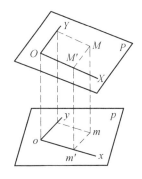

图 31.6

首先,明显地(图 31.6),平面 p 上点 m 的坐标 $om' = x, m'm = y$ 分别是平面 P 上点 M 的坐标 $OM' = X, M'M = Y$ 的射影.因为平面 P 上由轴 OX, OY 和由点 M 所引轴的平行线所构成的平行四边形,它的射影也是平行四边形.于是,为了得出上述公式,只要(第 286 节)以 α 表示 OX 上的有向线段在 p 上(或者说,在 ox 上)的射影,并以 β 表示 OY 上的有向线段的射影.

406a. 从上述引理,很容易得出

定理 以两条共轭直径为坐标轴,椭圆的方程为

$$\frac{x^2}{a'^2} + \frac{y^2}{b'^2} = 1$$

其中 a', b' 表示两条共轭半径的长度.

椭圆可以看做是一个圆的射影,两条共轭直径则是(圆的)两条垂直直径的射影.我们知道,圆关于两条垂直直径的方程是(比较161节)$X^2 + Y^2 = R^2$;问题在于从这方程推导出圆的射影的方程,以圆的坐标轴的射影作为坐标轴.

于是立即可以应用上节引理,所取的射影假设是垂直于平面 p 的.

我们已知,由这引理有

$$X = \frac{x}{\alpha}, \quad Y = \frac{y}{\beta}$$

其中 α 和 β 是两个常数.这些量满足圆方程的充要条件是

$$\frac{x^2}{\alpha^2} + \frac{y^2}{\beta^2} = R^2$$

这就是作为圆的射影的椭圆上任一点的坐标 x, y 间所应联系的方程,坐标轴是圆的两条互垂直径的射影.但以 R^2 除之,这方程可写作

$$\frac{x^2}{(\alpha R)^2} + \frac{y^2}{(\beta R)^2} = 1$$

这确是上面所说的形式,因为 αR 和 βR 分别是取在 OX 和 OY 上的半径在 ox 和 oy 上的射影,即两条共轭半径的长度.

407.定理 当一定长的直线段移动时,两端描画两条固定的互垂直线,则此动线段上任一点描画一个椭圆,它的两轴在这两定直线上.

设 PQ 为动线段,点 P 和 Q 分别描画两条互垂直线 Ox 和 Oy(图31.7);M 为这线段上任一点满足 $MP = b$,$MQ = a$.完成平行四边形 $OQMm$,其中平行于 OQ 的边 Mm 截 Ox 于 μ.点 m 显然描画一个圆周,其中心为 O,半径为 $Om = MQ = a$.但另一方面,比 $\frac{\mu M}{\mu m}$

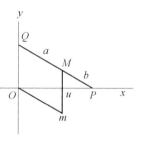

图 31.7

等于 $\frac{PM}{Om}$,因之其值为常数 $\frac{b}{a}$.所以点 M 确实在一个椭圆上,它的轴的方向是 Ox 和 Oy,而长度则为 $2a$ 及 $2a \cdot \frac{b}{a} = 2b$.

反过来,这样确定了的椭圆上任一点 M 属于所求的轨迹.事实上,如果作射影圆上的对应点 m,并通过 M 引 Om 的平行线,容易看出,所得到的一个图形(图31.7),和最初出发的图形全等.

备注 (1)我们看出,仿射圆中相应于点 M 每一位置的半径,是与动割线

平行的.

(2)不论点 M 在 PQ 上(图 31.7)或在两条延长线之一上(图 31.7a),推理是一样的.同一个椭圆因此有两种产生的方式,给出曲线上同一点的两条割线(图 31.7a 上的 PQ 和 P_1Q_1)对于两轴成等倾.

从这一定理得到一个用描点作椭圆的简易方法.为此,除了一条纸带外不需要任何仪器,在这纸带上从同一点起(沿相同或相反的方向)具有等于两半轴的长度.

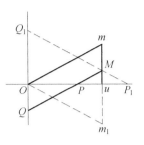

图 31.7a

基于这个原理,人们创设一种椭圆规,以连续移动作椭圆.

408. 椭圆的法线 从上述定理可推出椭圆的切线的一个新作法:

定理 定长的线段两端在两条固定的互垂直线上滑动,以这两直线为两边以动线段为对角线作一矩形,那么在动线段上的点所描画的椭圆,其法线通过这矩形的第四个顶点.

这命题就是在 104 节(平,第二编)所证明过的.因为点 P 的轨迹的法线是垂直于 OP 的直线,点 Q 的轨迹的法线是垂直于 OQ 的直线,因此,瞬时旋转中心就是有三个顶点在 O,P,Q 的矩形的第四个顶点 R(图 31.8).

这定理可以直接证明.我们指出,点 M 的切线是(第 403 节)平行于 OM 的共轭直径的.但两条共轭直径对应于射影圆中两条互垂直径,所以(上节)对应于动线段的两个垂直位置.

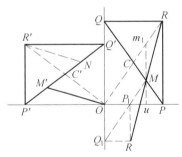

图 31.8

因此,要得到 OM 的共轭直径 OM',将矩形 $OPRQ$ 绕点 O 旋转一个直角带到 $OP'R'Q'$ 的位置,使 $OP'=OQ$,$OQ'=OP$,然后在新对角线 $P'Q'$ 上取长度 $P'M'=PM$.

但若在这同一对角线上取长度 $Q'N$ 和上面的长度相等,则直线 $R'N$ 将平行于 OM'(因为这两直线关于矩形 $OP'R'Q'$ 的中心 C' 成对称).但将 $OPRQ$ 旋转一个直角带到 $OP'R'Q'$,$R'N$ 就是 RM 所占的新位置.所以 RM 确实垂直于 OM',即是点 M 的法线.

409. 回到仿射图形 我们已见到(第 300 节),两个仿射图形 F,F' 如同正射影或斜射影下两个图形之间的对应关系一样,一经知道了一个图形中的一个三角形 ABC 和它的对应图形 $A'B'C'$,这两个图形便完全知道了.特别地,边 AB 上任一点 M 的对应点 M' 由这个条件决定:分割 A,M,B 和 A',M',B' 是成比例的.

代替 F 我们可以考虑一个相似图形 F_0,使其两点 A,B 分别重合于 A',B' (且位于,如果需要的话,F' 的平面上或另一平面上).假定做完了这个过程,便可看出,边 AB 上任一点 M 和它的对应点重合.于是在 AB 上任取一点 M,并分别和 C,C' 连线,便在两个图形中得出两个对应的方向.至于 F_0 任一点 P 的对应点,则可这样得出:以 M 表示 CP 和 AB 的交点,联结 MC',并按 P 分 MC 的比分这直线,即是说使 PP' 平行于 CC'.

这便使我们能解下面的问题:

问题 给定了两个图形 F,F'.

(a) 求 F 的两个互垂方向,使其在 F' 中对应于两个互垂方向;

(b) 求一图形 F_1 使相似于 F,而且 F' 是它的正射影.

首先我们注意,问题(b)的解可划归为问题(a).事实上,若 F_1 以 F' 为正射影,两图形的平面有某一直线 D 为公共直线①,我们知道(第 35 节),F_1 中有一边沿着 D 的一个直角,便以 F' 中的一个直角作为对应图形.在这样的条件下,平行于 D 的两条对应线将有同一长度,而在垂直方向上,从 F_1 过渡到 F' 则将缩短,而且是按两平面夹角 α 的余弦这个比缩短.

反过来,假设在第一个给定图形 F 中找到了一个直角 (D_1,D_2),它对应于第二个给定图形 F' 中的一个直角 (D_1',D_2').一开始我们就在 D_1 和 D_2 上,从它们的公共点起,截取两线段等于 l_1,l_2,它们的对应线段 l_1',l_2',并设,例如说②,$l_1'>l_2'$.用一个适当选择的相似图形代替 F,我们可以使 l_1 重合于 l_1',于是 l_2' 小于 l_2.此外,如果两图形的平面的夹角 α 满足

$$\cos\alpha = \frac{l_2'}{l_2}$$

则以 l_1,l_2' 为边的直角三角形,便是以 l_1,l_2 为边的直角三角形的正射影;从而,图形 F' 就是 F 的正射影了.

问题(a)的解 如上所述,我们可以假设两个图形放在同一平面上,并且某一直线 AB 上各点和它们的对应点重合,因而这直线上任一点和它外面两个对

---

① 不排除这两平面平行的情况,因为这时我们可以假设它们相重合,并取其中一平面上的任一直线作为 D.

② $l_1'=l_2'$,这两图形是相似的,而 F_1 就是 F' 自身.

应点 C,C' 相连,便得出两个对应的方向.若直线 CC' 垂直于 AB,则此两直线已解决了问题.倘若不然,问题便化为在 AB 上求一线段,使其不论在点 C 或 C' 的视角都是直角.以这样的线段为直径的圆周应该通过 C 以及 C',因之它的中心由 AB 和 CC' 中垂线的交点来决定;并且反过来,这圆周截 AB 的线段 MN 确实回答了问题.

备注 (1)由对合的性质可得出这问题的另一解法.事实上,F 的各直角在 F' 中的对应图形是一个对合,这对合由两对对应射线决定,于是我们只要求出(第 331 节)它的互垂的对应射线.

(2)我们看出,定出两点 M,N 以后,应该在它们之中选取一点,使比值 $\dfrac{C'M}{CM}$ 为较大者,即是说(我们可以假设,C 和 C' 在 AB 的同侧)选取一点,使它和 C 在这半圆周 MCC' 上位于 C' 的同侧.如果我们要得到图形 F_1,就按比值① $\dfrac{C'M}{CM}$ 扩大图形 F,并放置它使 CM 重合于 $C'M$.

(3)如果我们要求一个图形相似于 F' 并以 F 为正射影,只须交换 M 和 N 的地位.

409a. 上面的一些原理给出下述问题的解:

求作一椭圆的轴的长度和位置,已知两条共轭半径 OA 和 OB 的长度和位置(图 31.8a).

在椭圆和以这椭圆为射影的圆的仿射对应中,所说的两条半径对应于(圆中)两条互垂的半径,因之三角形 OAB 对应于一个直角等腰三角形.因此,按照以上指出的方法,我们首先在圆的平面上作出一个图形 F_0 相似于应该存在的图形,并且

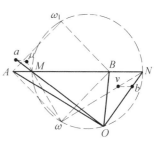

图 31.8a

在这一图形中,点 A,B 的对应点是和这两点自身重合的,换句话说,即作一直角等腰三角形 ωAB 使以 AB 为斜边.上述方法引导我们画一个通过 O,ω 而中心在 AB 上的圆周.

因此,设 A,B 为已知共轭半径的端点,我们作以 AB 为对角线的正方形 $\omega A\omega_1 B$.通过已知中心 O 和正方形两顶点 ω,ω_1 的圆周,截 AB 于两点 M,N,这两点分别在所求的轴上.

---

① 这比值,有如图 31.8a 所示,必然大于 1.

长轴通过(我们已讲过)两点 M,N 中距 ω 较 O 为近的一点(例如 M).它的端点 a 在 F_0 中的对应点,是通过 M 且等于 ωA 的半径 $\omega\mu$ 的端点.因此我们在直线 OM 上这样定出它:通过 μ 引 μa 平行于 ωO.短轴端点 b 同理是 ON 和 ωO 的一条平行线的交点,这平行线通过取在 ωN 上的点 ν 使 $\omega\nu = \omega A$.

这样,我们得出了所求椭圆 E 的两轴,如果这椭圆存在的话.但是反过来,这推理表明,一个有这样定出的两轴的椭圆,确有两条共轭半径沿着 OA 和 OB,这椭圆是一个圆的射影,圆心为 O,半径为 Oa,且其平面是绕直线 Oa 适当地定了方向的平面.

备注 (1)这一问题还可用 407~408 节所建立的性质来解(参看习题(644)).

(2)我们看到,有一个也只有一个椭圆以给定的两线段 OA, OB(发自同一点且不共线)作为共轭半径.唯一性部分由 406a 节是显然的,因为所考虑的椭圆的方程必然如那里所指出的.但第一部分还须证明:它给出在 400,406a 节所得结果的逆命题,即:

凡在正交或斜交坐标下,被方程

$$\frac{x^2}{a'^2} + \frac{y^2}{b'^2} = 1$$

表达的曲线,都是椭圆.

事实上,我们知道有一个椭圆存在,它的共轭直径沿着坐标轴并且长度为 a', b';这曲线必然就是以上述方程表达的曲线.

410. 407 节定理是下面定理的特殊情况:

希尔(Hire)定理 当定长的线段沿任两定直线移动时,不变地联系于这线段的任一点描画一个椭圆.

设 $\alpha\beta$(图 31.9)为一线段,总等于一定线段 $\alpha_0\beta_0$,它移动时两端 α,β 分别描画两定直线 Ox, Oy;M 为一点,它移动时使图形 $\alpha\beta M$ 为不变形(平,2).作三角形 $O\alpha\beta$ 的外接圆,这圆将有一定长的半径,即画在 $\alpha_0\beta_0$ 上且内接角等于 $\angle xOy$ 的弓形弧的半径,因此这圆可以看做不变地联系于动图形 $\alpha\beta M$.如果在这圆中引通过点 M 的直径 PQ,则 MP, MQ 将有定长.

但直线 OP 有定向,因 $\angle xOP$ 以定弧 αP 的一半为度量;直线 OQ 也如此.并且这两直线是垂直的,我们又回到 407 节所得到的轨迹.

备注 点 M 有无穷多个位置,对于这些位置,轨迹是直线的一个部分(无限变扁的椭圆);这些是圆周 $O\alpha\beta$ 上的点.

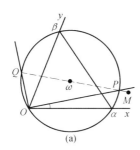
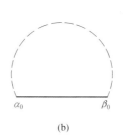

图 31.9

411. 双曲线的割线的性质

定理 双曲线的任意一条弦,和这弦(的直线)被截于两渐近线间的线段有同一中点.

设 MM' 是所考虑的弦,I 和 I' 是它与渐近线的交点. 两点 M,M' 到 OI 的距离之比,等于(图 31.10)线段 IM,IM' 之比;这两点到 OI' 的距离之比等于 $I'M$,$I'M'$ 之比. 但由 396 节定理,前面两距离之比是后面两距离之比的倒数. 所以有

$$\frac{IM}{IM'} = \frac{I'M'}{I'M}$$

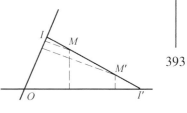

图 31.10

这等式按大小和符号都成立,因为点 M,M' 关于渐近线或者在同一角内(图 31.10)(这时比 $\frac{IM}{IM'}$ 和 $\frac{I'M'}{I'M}$ 都是正的),或者在对顶角内(图 31.10a)(于是比 $\frac{IM}{IM'}$ 和 $\frac{I'M'}{I'M}$ 都是负的).

但是只能有一点将 MM' 分成的比 $\frac{IM}{IM'}$ 按大小和符号等于 $\frac{I'M'}{I'M}$,这点就是 I' 关于 MM' 中点的对称点.

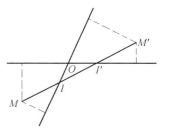

图 31.10a

由这定理得到一个用描点画双曲线的简单方法(设已知渐近线和曲线上一点). 为此,只须通过已知点 M 引一系列割线(图 31.11),并在每一条上定出它和曲线的另一交点 M':以 I,I' 表示这条割线和两渐近线的交点,从 I' 起截取 $I'M' = MI$.

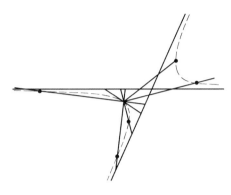

图 31.11

这样作出的点都属于双曲线,只要把推理的过程倒过来就可以看出了.

412. 双曲线的直径

定理 双曲线中,平行于一给定方向的弦的中点的轨迹,是通过中心的一条直线或这直线的一部分.

因为由渐近线所构成的角的两边,在平行于同一方向的直线上所截线段的中点的轨迹,显然是通过这角顶的一条直线.

这样确定的直线,称为与所考虑弦的方向共轭的**直径**.

一条直径,通过与这直径的共轭方向平行的切线上的切点(如果这些切线存在).

因为,一条切线(和曲线)的两个交点既都重合的于切点,所截弦的中点便也重合于切点了.

反之,一条直径截双曲线的点,只能是与共轭方向平行的切线上的切点.

并且我们看出,一条切线被它的切点和两条渐近线分割成相等的两部分.

412a. 如果直径与双曲线不相交,上节所考虑的轨迹包含这直径的全部.

反过来,如果它与双曲线相交,轨迹只包含不在两交点之间的点(双曲线内的点).

这从 183 节(备注)立刻得出.

413. 两条直径的第一条如果平行于第二条的共轭方向,这两直径称为**互相共轭**.

定理 两条共轭直径和两条渐近线构成调和约束,并且反过来也成立.

因为在这样的约束中,一条射线的平行线被其他三条分成相等的两部分.

推论 1 若一直径是另一直径的共轭直径,则反过来,后者也是前者的共轭直径.

推论 2 共轭直径是同一对合中的对应射线(第 322 节).

推论 3 在等轴双曲线中,共轭直径对于渐近线成等倾(平,201).

414. 一条直径通过一条共轭两端的切线的交点.

设 MM'(图 31.12)是所说的一条弦,NN'是它的一条平行弦.联结 MM',NN' 中点的直线就是所考虑的直径.但这直线通过(平,121) MN 和 $M'N'$ 的交点.这直径因而也通过在 M,M' 两点的切线的交点,因为这两条切线是 MN,$M'N'$ 的极限(令第二条弦无限地趋于第一条).

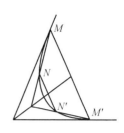

图 31.12

415. 两条互补的弦(第 404a 节)和两条共轭直径平行.事实上(图 31.13),设有两条互补的弦 MN,MN',这两弦分别平行于与双曲线中心 O 到它们的中点 m',m 的连线.但 Om 是 MN 方向的共轭直径.

备注 从 412 节以来所证明的一些定理,和椭圆的理论(第 402~404a 节)中所遇到的完全类似.

完全类似的一些定理(除关于共轭直径的)对于抛物线也证明过(第 199~199a 节).

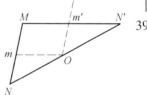

图 31.13

416. 两条共轭直径中,总有一条与曲线相交,另一条却不相交.因为两条共轭直径和两条渐近线形成调和线束,因而对于渐近线讲,位于不同的角内.

若双曲线的一条直线不与曲线相交,则必与共轭双曲线相交.于是我们规定,这直径以共轭双曲线为界,而把所截的长度 $2b'$ 称为这直径的**长度**.这样确定的非贯直径的长度,使得与椭圆直径相类似的一些命题保持有效,但须将 b'^2 改为 $-b'^2$,就像对于非贯轴(第 173a 节)所指出的那样.例如关于阿波罗尼奥斯定理(习题(635))以及关于双曲线以两条共轭直径为坐标轴的方程(习题(686)),情况就是这样.

习 题

(623) 求将圆中平行于一定方向的弦分成定比的点的轨迹.

(624)证明:椭圆和它的主圆是两个透射图形(习题(467)),透射中心在无穷远.

(625)求作一椭圆,已知相对二顶点及一点或一切线.

(626)证明:椭圆共轭直径两端所联结的弦切于一定椭圆.一点将此弦分于任意的已知比值,求此点的轨迹.

(627)在椭圆中求作一内接三角形使有极大面积.证明:这样的三角形有无穷多.

对于任意边数的多边形解这问题.

(627a)对于一椭圆,求作一三角形使含曲线于其内且面积为极小.

(628)有这样两个圆锥曲线,不论给定哪一个方向,在每个曲线中与这方向共轭的直径总是平行的,证明:这两圆锥曲线是位似的或(第 397 节)广义位似的.

(如果所考虑的是椭圆或双曲线,应用互补弦的定理(第 404a,415 节)于两条平行直径,这两平行直径假设都是贯直径,并且一经取定便再也不变,问题划归为平,142.至于抛物线,参看习题(394).)

(629)证明:椭圆或双曲线任意两条半径和它们端点的切线,构成两个等积三角形(利用曲线对于每一条直径的斜对称性).

(630)证明:从一点向椭圆或双曲线所引两切线之比,等于和它们平行的两直径之比.

两条平行割线所截弧的弦,也是如此.

(631)若两位似椭圆相交,从公弦延长线上一点向它们引切线,证明:这些切线之比等于这两曲线之一中与它们平行的直径之比.

(632)设一平行四边形外切于一椭圆,证明:两条对角线是这两曲线的共轭直径.对于双曲线证明同一定理.

(633)证明:两条共轭双曲线关于渐近线成斜对称(参看习题(182)),即是说,一条曲线上一点 M 与另一曲线上一点 M' 对应,使 MM' 与一条渐近线平行,并被另一渐近线所平分.点 M 和 M' 是两条共轭直径的端点(第 416 节).

(634)求作双曲线的两轴,已知两条共轭半径的位置和大小.

(635)证明:有关双曲线的阿波罗尼奥斯定理.

作在双曲线两条共轭半径上的平行四边形的面积为常量(习题(633)).

(636)若椭圆两轴长度为 $2a,2b$,对于这两轴而言,一条直径端点的坐标为 x,y,证明:共轭直径两端的坐标 x',y' 由下列公式得出:

$$\frac{x'}{a} = \pm \frac{y}{b}, \quad \frac{y'}{b} = \mp \frac{x}{a}$$

(637)找出有关双曲线的类似命题.

(638)求一圆锥曲线通过一定点的各弦中点的轨迹.

求这样的点 M 的轨迹:把它们与定点 A 相连,则介于 M 和 AM 交给定圆锥曲线每一个交点间的线段,等于介于 A 和第二个交点间的线段(且有同向).证明若以轨迹上任意的确定点代替 A,轨迹并不改变.

所求轨迹关于给定圆锥曲线的中心和这曲线成位似或广义位似(第 397 节),如果所考虑的是椭圆或双曲线.在抛物线的情况,则由它利用平移而得出.

(对于椭圆,化归圆的情况;对于双曲线,化归 411 节.对于一条抛物线,当 A 在曲线上时,结果是显然的,可以看出(190 节,图 20.5),沿轴的方向给点 A 一个平移时,所求轨迹也作同一平移.)

(639)给定一角 xOy 和一点 A.通过 A 引任一割线,在这割线上从它与 Ox 的交点起截取一线段,使与这割线上介于 A 和 Oy 间的线段成已知比,求这线段端点的轨迹.

(640)通过一定点 A 的直线被一定角所截的线段用一点分成已知比.证明:分点的轨迹是一条通过 A 的双曲线,它的渐近线平行于角的两边(化归上题).

(641)证明:椭圆的一条动切线在两条平行的定切线上所截两线段(从两个切点算起)之积为常量.

两条平行的动切线在一条定切线上所截两线段之积为常量.

推广于双曲线(习题(630)).

(642)反之,设一直线移动时,在两条给定的平行线上所截两线段(分别从这两线上给定的一点算起)之积为常量,证明:这直线切于一定椭圆或双曲线.

(643)设在两条给定的平行线上各取一点 M 及 N,使与平面上两定点 A,B 间的距离有关系 $AM^2 - k^2 \cdot BN^2 = $ 常量(k 为一已知数).证明 MN 切于一固定圆锥曲线(一般化归上题).考查 $k=1$ 的情况.

(644)证明,若将法线 MR(398 节符号)延长一个长度 MR_1(图 31.8)等于其自身,则此延长线端点 R_1,是在以介于两轴间的定长线段的运动来产生椭圆的第二种方式中与 R 类似的点(第 407 节,备注(2)).由是推出 409 节问题的一个新解法(求椭圆的两轴,已知两条共轭半径).

(644a)利用阿波罗尼奥斯定理(第 405 节),求一个椭圆两轴的长度,已知两条共轭半径的长度和位置.

(645)当同一平面上两个仿射图形公有一直线 AB 上的所有各点时(409 节的图形 F_0, F'),证明:在这两图形的第一个中,一般有一个直线 D 的方向,使得第二个图形可以将与 D 平行的直线绕它和 AB 的交点旋转一个定角 α 而得出(409 节作图的结果;有一种情况例外).

(646)证明:双曲线上两定点到这曲线上一动点所连两直线,在一条渐近线上所截的线段等于常量,且等于这渐近线被通过两定点所引另一条渐近线的平行线所截的线段.

(647)求同心的两条圆锥曲线公共的共轭直径.这些直径总是存在的,只要这两条圆锥曲线不都是双曲线.

(648)求作圆锥曲线的轴的方向,已知两对共轭直径的方向.

把 409 节问题划归为这一问题.

(648a)在椭圆或双曲线中,求夹已知角的两条共轭直径.

(649)在双曲线上求两点,使与这曲线中心所形成的三角形与一已知三角形相似.求出有解的条件.

对于椭圆解同一问题.并求有解的条件.

(650)在椭圆中,求两条相等的共轭直径.证明它们是夹角极大的共轭直径.

(651)证明:等轴双曲线的两条共轭直径关于渐近线成对称.

(652)求平面上一点 M 的轨迹,使与两已知点的连线关于一个给定的方向成等倾.

(653)通过平面上两定点各引直线,与一给定圆锥曲线的两条共轭直径平行.求这两直线交点的轨迹.

(654)有两条同心的等轴双曲线,它们的渐近线夹角为 $45°$.证明:它们在所有的公共点相交成直角.

(655)将椭圆 E(或双曲线)关于它两轴的坐标分别以给定的系数乘之.

①证明:以这样得到的数为坐标的点的轨迹,是一个新椭圆 E'(或双曲线).

②设所选系数使 E 和 E' 共焦,以 M, N 表示 E 的任意两点,M', N' 表示 E' 的对应点,则距离 MN' 等于距离 $M'N$.

[这命题(或者说它在立体几何里的类似命题)在天体力学的问题里出现.]

(656)证明:椭圆的法线被两条轴分成常比.

求将这样得到的一条线段分成任意已知比的点的轨迹.

(657)证明:椭圆任一弦的中垂线,将依次对应于这两点的两个矩形 $OPRQ$

(第408节)顶点间的线段分成两等份(平,102).它也将这两点的法线在一条轴上所截的线段分为两等份(平,习题(356)).

(658)通过双曲线上两点 A,B 引渐近线的平行线.证明:

①这样形成的平行四边形第二条对角线通过曲线的中心;

②这第二条对角线的一半,是两个距离的比例中项,即从平行四边形的中心到这条对角线和点 A 切线交点的距离,以及到曲线中心的距离;

③这同一半长,还是从平行四边形中心到第二条对角线和曲线的两个交点间距离的比例中项.

(659)证明:椭圆的一条半径是(这直径上)从中心起的两个线段的比例中项,即被这直径的一条共轭弦所决定,以及被这弦两端的切线交点所决定的两线段.

(660)对于双曲线解同一问题(仿203节方法,化为截线的定理).如果所考虑的直径并非贯线,情况怎样?

(661)下面所用定义和习题(454)里的一样.证明::

①渐近线与已知角两边平行的双曲线,是这样的点的轨迹:它们到曲线中心的一定类型的双曲距离为常量;

②这双曲线的切线双曲垂直于切点的直径;

③从一点向这双曲线所引的两条切线有相同的双曲长度;

④两条平行割线在这双曲线上所截的两弧,其弦有相同的双曲长度;

⑤在外切于这双曲线的四边形中,两边的双曲长度和等于另两边的双曲长度之和;

⑥若将两个方向的**双曲角**或**伪双曲角**,定义为这两个方向和已知角两边方向的交比的对数或这交比绝对值的对数,就看这交比(所取的顺序,使当两个方向重合时,其值为1)为正或负(即是说,就看这两个方向是同类或异类的双曲距离的方向),且若一三角形两边有相等的双曲长度(并且同类),则此两边所对的双曲角(或伪双曲角)也相等;

⑦若一三角形的边属于同一类型,但边 AB 的双曲长度大于 AC 的,则 AB 所对的双曲角 ACB 也大于 AC 所对的双曲角 ABC.但若 AB,AC 两边同类,而 BC 边不同类,则情况就不如此;

⑧设一双曲线的渐近线与已知角两边平行,则此双曲线是这样的点 M 的轨迹:将其中每一点与这曲线上两点 A,B 连线,所得双曲角为常量.

计算一个三角形的双曲角,已知它的边的双曲长度(由两边成双曲垂直的特殊情况开始).

(662)证明:双曲线的两条平行割线截这曲线于四点,它们到一条渐近线的距离成比例.证明逆命题.

由上题,本题应该看做是 63 节(平,第二编)第二定理的类似情况.

(663)设一四边形外切于一椭圆或双曲线,证明:以中心为顶点、分别以两边为底的两个三角形之和,等于另外两个三角形之和.

内切于一四边形的圆锥曲线,其中心的轨迹为通过两对角线中点的直线(平,习题(371)).

(664)OA,OA';OB,OB' 是椭圆的两对共轭半径,联结 AB,$A'B'$,AB',BA'.证明这四直线中有两条平行.在双曲线情况怎样?(注意 416 节规定.)

(664a)通过一椭圆或双曲线上的动点 M,引两弦 MN,MN' 分别平行于两个已知方向.证明:联结这两弦另一端点的直线 NN',在它的中点和一个固定的圆锥曲线相切,这曲线和原先的曲线相似(对于双曲线,利用习题(662)).

(665)证明:在一直线上被截于一条双曲线和两条渐近线间的两线段之积,等于这直线的平行直径的平方,但符号相反.

(666)证明:从一定点作双曲线的割线,这直线上被双曲线所截两线段(从定点算起)之积,与被两渐近线所截两线段(从同一点算起)乘积之比,不因割线的方向而变.

(应用截线定理和习题(646).)

(667)**牛顿(Newton)定理** 设由椭圆平面上两点 O,O' 引两平行割线,一条截曲线于 m,n,另一条截于 m',n',则比 $\dfrac{Om \cdot On}{O'm' \cdot O'n'}$ 与割线的公共方向无关.

设将一割线绕点 O 旋转,则此割线上被曲线所截两线段 Om,On 之积,与平行于这截线的半径平方之比为常数.

在割线上由点 O 起截一线段等于 Om 和 On 的比例中项,求其端点的轨迹.

对于双曲线解相同的问题(利用习题(666)).

(668)证明:圆锥曲线的一条焦弦(即通过焦点的一条弦),和平行于它的直径的平方成比例.

与两共轭直径平行的两条焦弦之和或差为一常量.

(669)内接于椭圆的三角形作一外接圆.证明圆半径 $R = \dfrac{\delta \delta' \delta''}{ab}$.其中 δ,δ',δ'' 表示平行于三角形各边的半径,a,b 为椭圆的半轴.

[应用平,130a 于所考虑的三角形以及以这三角形为其射影的三角形(内

接于半径为 a 的圆).]

假设这三角形三个顶点同时趋于这曲线上一点 M. 证明外接圆趋于一个确定的极限位置(**密切圆**),这位置与三顶点趋于 M 的方式无关. 作出这极限位置.

(670)求以已知椭圆上任一点 M 及两焦点为顶点的三角形内切圆心的轨迹(习题(655)).

设 M' 为该曲线上另一点,利用 M' 作一个类似于(三角形内切圆)C 的圆 C',证明联结 M, M' 到相应圆心的两线段,在 MM' 上有相同的射影(习题(657)).

由是推断圆 C 和 C' 的等幂轴通过 MM' 的中点. 点 M 关于圆 C' 的幂等于 M' 关于圆 C 的幂.

第32章 圆锥曲线的面积

417. 椭圆面积

定理 以 $2a,2b$ 为轴的椭圆面积为 πab.

事实上,这椭圆是一个以 a 为半径,因而以 πa^2 为面积的圆的射影;并且两平面夹角的余弦等于(第400节,备注)$\frac{b}{a}$.投射后的面积因此等于(第50节,推论2)①

$$\pi a^2 \cdot \frac{b}{a} = \pi ab$$

证毕.

备注 同样的推理适用于椭圆扇形,即椭圆介于两条半径间的部分,因为这面积显然是圆扇形的射影.于是我们就可能(比较平,263)计算由直线、圆弧和椭圆弧所围成的任何面积.

418. 双曲线扇形的面积 所谓**双曲线扇形**(图32.1),是指介于双曲线弧 MN 和它的端点到中心所联结两半径间的平面部分.

可以证明②,面积的定义(平,260)适用于这样定义的平面部分,即是说,将双曲线弧以一条内接折线(图32.2)代替,得出一块多边形面积,当折线边数无限增加且其中每一边按任意规律趋于零时,这多边形面积趋于一个确定的极限.

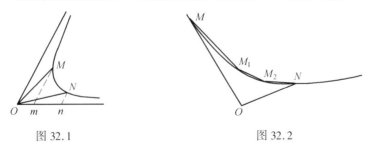

图 32.1　　　　　　　　图 32.2

---

① 50节的推理,在建立投射后的部分面积的表达式同时,证明了这部分面积的存在.
② 只要证明(平,260,脚注)一条弦到这弦两端切线交点的距离,随着这条弦而趋于零.这一点不难由习题(658)推出.

我们来计算这样定义的面积.可以注意,这面积和由弧 MN、一条渐近线、由点 M 及 N 所引另一渐近线的平行线 Mm 及 Nn(图 32.1)所围成的面积等积.事实上,这两块面积乃是从面积 $OMNn$ 分别减去两个直边三角形 OMm 和 ONn 而得的,而这两个三角形是等积的,因为是两个等积平行四边形的一半.

当双曲线以渐近线为坐标轴时,线段 Mm 和 Nn 是点 M 和 N 的纵坐标.

定理 在一条以渐近线为坐标的双曲线中,一个扇形的面积和对应弧两端点横坐标之比的对数成比例.

像在其他类似的证明中一样,我们首先证明下面两点.

(1)横坐标之比的两个值若相等,则对应的两个扇形等积.设两弧 MN,$M'N'$ 满足这样的条件:两点 M,N 横坐标 Om,On(图 32.3)之比,等于两点 M',N' 横坐标 Om',On' 之比.在曲线上 M,N 两点之间取点 M_1,M_2,$\cdots$,在 M',N' 两点之间取点 M_1',M_2',$\cdots$,使 M_1',M_2',$\cdots$ 的横坐标 Om_1',Om_2',$\cdots$ 顺次与 M_1,M_2,$\cdots$ 的横坐标 Om_1,Om_2,$\cdots$ 之比,等于 Om' 与 Om 之比.如果证

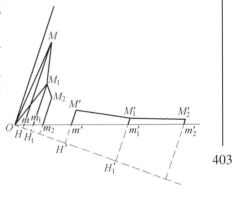

图 32.3

明了多边扇形 $OMM_1M_2\cdots N$ 和多边扇形 $OM'M_1'M_2'\cdots N'$ 等积,也就证明了双曲线扇形 OMN 和双曲线扇形 $OM'N'$ 等积了,因为双曲线扇形 OMN 按定义是多边扇形 $OMM_1M_2\cdots N$ 当点 M,M_1,M_2,$\cdots$ 相互无限接近时的极限.

像上面一样,三角形 OMM_1 和梯形 MM_1m_1m 等积(因为三角形 OMm 和 OM_1m_1 等积),同理三角形 $OM'M_1'$ 和梯形 $M'M_1'm_1'm'$ 等积.梯形 MM_1m_1m 的面积等于和数 $Mm + M_1m_1$ 与高的乘积之半,这高我们以由点 O 所引两底的垂线 HH_1 来表示;而梯形 $M'M_1'm_1'm'$ 的面积等于和数 $M'm' + M_1'm_1'$ 与同一垂线上的高 $H'H_1'$ 乘积之半.

但比 $\dfrac{M_1m_1}{Mm}$,$\dfrac{M_1'm_1'}{M'm'}$ 分别等于 $\dfrac{OH_1}{OH}$,$\dfrac{OH_1'}{OH'}$ 的倒数(因为三角形 OMm 与 OM_1m_1 等积,而三角形 $OM'm'$ 与 $OM_1'm_1'$ 等积);这两个比是相等的,因为我们有 $\dfrac{Om_1}{Om} = \dfrac{Om_1'}{Om'}$.于是有

$$\frac{M'm' + M_1'm_1'}{Mm + M_1m_1} = \frac{M'm'}{Mm}$$

至于高 $H'H_1'$，HH_1 的比，则等于 OH' 与 OH 之比，因为有等式 $\dfrac{OH_1'}{OH'} = \dfrac{OH_1}{OH}$.
所以所考虑的两个梯形之比，等于乘积 $Mm \cdot OH$ 与 $M'm' \cdot OH'$ 之比，即等于三角形 OMm 与 $OM'm'$ 之比；这两梯形以及两个三角形 OMM_1，$OM'M_1'$ 因而是等积的.

同理，三角形 $OM_1'M_2'$ 将与 OM_1M_2 等积，其他类推. 所以证明了结论.

(2) 横坐标之比若给以三个数值，使第三个等于前两个之积，那么得出三个扇形，其中第三个与前两个之和等积. 如果前两个扇形以连续两弧 MN，NP 为底(图 32.4)，而第三个扇形以全部弧 MP 为底，这结果是显然的. 但由(1)，显然又可以把其他情况划归为这一种.

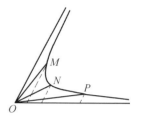

图 32.4

因此，如果横坐标之比的对数取三个值，其中第三个等于前两个之和，那么所得第三个扇形与前两个之和等积. 这命题可化为前面的，因为两数的对数之和等于它们乘积的对数.

如同我们重复过多次的那样，从上面两个命题即可得出我们的断言.

419. 以上我们比较了同一条双曲线的两个扇形. 现在来比较两条不同双曲线中的两个扇形.

每一条双曲线以它的渐近线为坐标轴. 以一条双曲线上任一点为一顶点且两边沿这曲线的渐近线的平行四边形，其面积为一常量，为简便计，称为所考虑双曲线的**相关常量**.

我们有下面的定理.

定理 两条双曲线各以渐近线为坐标轴，对应于横坐标同一比值的两个扇形之比，等于这两曲线的相关常量之比.

事实上，设 O，O' 为这两曲线的中心，M，M_1 为第一曲线上两点；M'，M_1' 为第二曲线上两点，使其横坐标 $O'm'$ 与 $O'm_1'$ 之比等于点 M，M_1 的横坐标 Om 与 Om_1 之比(图 32.5). 像在上节(1)一样，可以证明三角形 OMM_1，$O'M'M_1'$ 之比等于 OMm，$O'M'm'$ 之比，即等于这两曲线的相关常量之比. 于是同样的结论(仍然和上节(1)里一样)可以推广于两扇形 OMN，$O'M'N'$，其中两点 M'，N' 横坐标之比等于两点 M，N 横坐标之比.

从上面两定理推出：

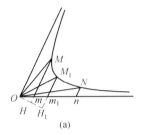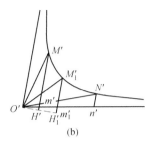

图 32.5

定理 任一双曲线上两点间的弧所对应的扇形面积,与这曲线的相关常量和这两点横坐标之比的对数的乘积成比例.

事实上,由上可见,这面积和(1)横坐标之比的对数,(2)曲线的相关常量成比例,如果这两者分别地变;所以这面积与它们的乘积成比例.

419a. 推论 上面所说的不论在哪种对数系统下都成立.

现在取双曲线同一支上两点 M,N 横坐标之比为对数系统的底,并使介于这两点间的扇形面积等于曲线的相关常量.于是这双曲线任意一个扇形的面积,将等于曲线的相关常量和相应横坐标之比的对数相乘之积,因为这个性质对于上面确定的特殊扇形成立,因而由以上的定理可以推广于双曲线所有其他的扇形.

这样得到的对数系统就是纳皮尔(Napier)的对数系统,是最先发明的对数系统.这对数的底通常用字母 e 表示,它的前几位小数是 $e = 2.718\,281\,8\cdots$.

数 e 不能用直尺和圆规作图,即是说,不能利用直尺和圆规作出两线段使其比等于 e.

备注 当双曲线扇形的弧一端固定,而另一端趋于无穷远时,这扇形的面积无限地增大,因为动点的横坐标无限地增大.

420. 抛物线弓形的面积 抛物线弓形是介于抛物线弧和它的弦之间的一块面积.和关于椭圆以及双曲线的情况相反,对于任意给定的抛物线弓形,我们可以用直尺和圆规作一个等积的正方形.

定理 抛物线弓形的面积,等于它的弦和两端的切线所成三角形面积的三分之二①.

设抛物线弓形被 aa'(图 32.6)所确定,曲线在 a, a' 的切线相交于 A. 设 S 为三角形 Aaa' 的面积.

通过点 A 的直径和曲线相交于 b,曲线在这一点的切线与 aa' 平行,并设 B,B' 分别为这切线和 Aa, Aa' 的交点. 设直径 Ab 和 aa' 相交于点 i,则此直径被 A, b, i 截成相等的两线段(第 203 节). 因此,若联结 ab 及 $a'b$,则三角形 iab, $ia'b$ 分别为 iaA, $ia'A$ 的一半,因之三角形 $aa'b$ 的面积为 $\frac{S}{2}$. 三角形 ABB' 和 Aaa' 相似,相似比为 $1/2$,它的面积是 $\frac{S}{4}$,因而两个三角形 bBa, $bB'a'$ 的面积之和为 $\frac{S}{4}$.

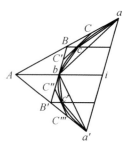

图 32.6

现在引通过 B 和 B' 的两条直径,分别交曲线于 c, c',在这两点的切线分别平行于 ab 及 $a'b$;前者交 aB 于 C,交 Bb 于 C';后者交 bB' 于 C'',交 $B'a'$ 于 C'''. 若联结 ac, cb, bc', $c'a'$,像以上一样可以看出:(1)三角形 acb 是 aBb 的一半,三角形 $bc'a'$ 是 $bB'a'$ 的一半;(2)两个三角形 BCC', $B'C''C'''$ 分别是 Bab, $B'ba'$ 的四分之一. 于是容易知道,两内接三角形 acb, $bc'a'$ 之和等于 $\frac{S}{8}$,因而内接多边形 $acbc'a'$ 的面积是 $\frac{S}{2} + \frac{S}{2\cdot 4}$.

同时我们看出,两外切三角形 BCC', $B'C''C'''$ 之和为 $\frac{S}{16}$. 并且,两个多边形 $acbc'a'$ 和 $ACC'C''C'''$ 被四个中间三角形 aCc, $cC'b$, $bC''c'$, $c'C'''a'$ 所隔开,这四个三角形之和为 $\frac{S}{4^2}$.

仿此,引通过点 C, C', C'', C''' 的直径. 这些直径和曲线的交点,连同先前得到的点 a, c, b, c', a',构成一个新内接多边形的顶点,它的面积是 $\frac{S}{2} + \frac{S}{2\cdot 4} + \frac{S}{2\cdot 4^2}$;这内接多边形和相应的外切多边形之间的部分则为 $\frac{S}{4^3}$.

如果无限地继续下去,我们可以看出,任意一个内接多边形的面积为 $\frac{S}{2} +$

---

① 这定理及其证明来自阿基米德.
这个证明假设了各内接多边形按一定的规律继续下去(每一多边形的顶点,是前一多边形的顶点以及与前一多边形各边共轭的直径和抛物线的交点). 为了证明不论内接的规律为何(只要每一边趋于零),所得极限是相同的,只要(平,260 节脚注)能明确一条弦到它两端切线交点的距离,随着弦长而趋于零. 但这由 203 节容易得到.

$\dfrac{S}{2\cdot 4}+\dfrac{S}{2\cdot 4^2}+\cdots+\dfrac{S}{2\cdot 4^m}$,即一等比数列的和,其首项为 $\dfrac{S}{2}$,公比为 $\dfrac{1}{4}$. 当 m 无限增大时,此式趋于一个极限:

$$\dfrac{S}{2\left(1-\dfrac{1}{4}\right)}=\dfrac{2}{3}S$$

于是定理得证.

并且一个内接多边形和相应的外切多边形之间部分的面积等于 $\dfrac{S}{4^m}$,此面积当 m 无限增大时,确是趋于零的.

习 题

(671)证明:抛物线一个内接三角形的面积,是它顶点的切线所形成三角形面积的两倍.

对于任意边数的内接多边形证明类似的命题.由是推导抛物线弓形的面积.

(672)证明:椭圆的两条共轭直径把它分为四个等积的部分.

(673)在椭圆中引两条半径,使它们和曲线围成的面积为常量.证明

①联结这两半径端点的弦切于一定椭圆,切点是弦的中点;

②介于曲线和这弦之间的面积也是一个常量;

③以这弦和它端点的切线为边的三角形也是如此.并求这两切线交点的轨迹.

(673a)给定一椭圆,求一点的轨迹使习题(335)所考虑的圆半径为常量.

(674)两条平行割线在双曲线上所截的两弧是两个等积扇形的底.试证这一定理,不用有关扇形面积的定理(第 418～419a 节),而只用双曲线直径的定理(第 412 节).重新推出双曲线扇形的面积(习题(663)).

(675)对于双曲线,解习题(673).

(676)采用习题(454)和(661)的定义,证明:

①设有端点相同的两条折线 L,L',它们的各边都属于一类,而且 L 包围着 L',L' 是凸的,那么 L 各边的双曲长度之和小于 L' 相应的和;

②双曲线 H 中,渐近线平行于已知角的两边,AB 是一条弦,两端的切线相交于 C,则 AB 的双曲线长度与 AC,BC 双曲长度之和的比,当弦趋于零时趋于 1(引点 C 的直径,并应用习题(658),(661));

③若作双曲线 H 的一段弧 AB 的内接折线,使它的边数无限增加且每边趋

于零,则各边双曲长度之和趋于一极限 l,我们把它称为弧 AB 的双曲长度;

④双曲线 H 有同样双曲长度的两段弧,从中心看来有相等的双曲角度,并且对应的双曲线扇形等积.

广泛地说,双曲线 H 的一个扇形面积,和它的底的双曲长度成比例,或和包围它的两条半径的双曲角度成比例.

(677)若将椭圆上一动点到曲线上两定点连线,并由中心引所连两线的平行线,证明:在椭圆中定出一个扇形,其面积为常量,且等于止于这两定点的半径所成扇形面积的一半.

对于双曲线解同样的问题.

(678)由一点引抛物线的两条切线,求这点的轨迹使介于曲线和相切弦间的面积为常量.证明这轨迹为抛物线,可由已知抛物线通过平移得到.相切弦在准线上的射影为常量(应用类似于习题(674)的注意点).

(679)通过圆锥曲线内部一点求作一弦,使割出可能的最小弓形.

(680)求将椭圆的一个扇形用一条直径分为两个等积部分.

对于双曲线解同一问题①.

(681)作一个三角形的可能最小的外接椭圆.

[研究(习题(627))三角形和外接椭圆的面积之比,并求其极大值.]

(681a)作一个三角形的可能最大的内切椭圆.

(方法同上.)

(682)求通过两定点 A,B 的双曲线中心的轨迹,使介于曲线和止于这两点的半径间的扇形面积为常数,这曲线的相关常量也是已知的.证明两条渐近线各通过一定点.求双曲线在 A,B 两点的切线交点的轨迹.

(683)一椭圆变动时,两轴保持沿着两条定直线,且面积不变.证明这椭圆切于一定等轴双曲线.推广于这样的情况:椭圆的面积保持不变,而两条共轭直径沿着两条定直线.

(684)计算一个三角形的面积,这三角形的顶点是一条双曲线的中心和曲线上两点,设已知这双曲线的相关常量以及这两点横坐标的比(坐标轴假设是渐近线).

---

① 将椭圆或双曲线扇形分为 n 个等积部分的问题,如果 n 不是 2 的乘幂,只利用直尺和圆规是不可能的.

引入虚数,可以把上面关于椭圆的问题和关于双曲线的问题统一起来,尽管这两个问题表面看来十分不同.(一个引导到将一个角分成任意的若干相等部分,而另外一个则在于求两线段使其比为 $\sqrt[m]{\dfrac{a}{b}}$,其中 a,b 是已知线段.)

(685) 证明在以数 e 为底的对数系统中,$1+a$ 的对数是
$$a\left(\frac{1}{n}+\frac{1}{n+a}+\frac{1}{n+2a}+\cdots+\frac{1}{n+na}\right)$$
当 n 趋于无穷时的极限.

(注意,这式子代表一个多边形的面积,这多边形是由内接于双曲线的围线形成的.)

第 33 章 圆底斜锥的截线、圆锥曲线的射影性质

421.定理 圆锥曲线的平行射影是同类型的圆锥曲线.

这命题是 406 节引理的直接推论.

我们来考查位于平面 P 上的一条圆锥曲线,根据所讨论的是椭圆、双曲线或抛物线,将坐标轴取为两条共轭直径、两条渐近线或一直径和它端点的切线. 据此,圆锥曲线的方程是(第 406a,187,203 节)

$$\frac{X^2}{A^2} + \frac{Y^2}{B^2} = 1, \quad XY = K, \quad Y^2 = 2PX$$

在第一种情况下,A,B 是两条共轭半径的长度;在第二种情况下,K 是由渐近线和由双曲线上任一点所引渐近线的平行线所形成的平行四边形的常面积;在第三种情况下,P 是一个定长(如果坐标轴是正交的,就是参数). 为了求出这些曲线在平面 p 上的方程,我们取平面 P 上坐标轴 OX, OY 在平面 p 上的射影 ox, oy 作为坐标轴,以 X, Y 表示平面 P 上一点的坐标,以 x, y 表示这点在平面 p 上的射影的坐标,那么按照 406 节,应该将 X 和 Y 分别代以 $\frac{x}{\alpha}$ 和 $\frac{y}{\beta}$,其中 α 和 β 是常数,其意义已在 406 节讲过. 于是按照三种情况,得出方程:

$$\frac{x^2}{(A\alpha)^2} + \frac{y^2}{(B\beta)^2} = 1, \quad xy = K\alpha\beta, \quad y^2 = 2\frac{\beta^2 P}{\alpha}x$$

它们分别是:以两共轭直径为坐标轴的椭圆方程(第 409 节,备注(2)),以渐近线为坐标轴的双曲线方程,以一条直径和它端点的切线为坐标轴的抛物线方程.

所以在平行射影下:

椭圆的射影是椭圆,两条共轭直径投射为射影曲线的两条共轭直径;

双曲线的射影是双曲线,它的渐近线投射为射影曲线的渐近线;

抛物线的射影是抛物线,一条直径依然投射为一条直径.

422.定理 圆从任意一点投射到任意的平面上,透视形是一条圆锥曲线.

换句话说,任意一个圆底锥的截口是一条圆锥曲线.

当透视中心在圆的轴上时,即当各投射线构成一个旋转锥时,这命题已经建立了(第 30 章).用下面的引理可把一般情况化归这一情况.

设给定两平面 P,p 和两个透视中心 S,S',直线 SS' 与平面 p 不平行.设以 S 为中心,平面 P 上一点 M 在平面 p 上的透视点为 m.

在这些条件下,那么:将点 M 以 S' 为中心投射为一适当选择的平面 p' 上的点 m',这透视点 m' 沿 SS' 的方向在平面 p 上的射影就是 m.

通过点 m(图 33.1)引 SS' 的平行线,直到与 $S'M$ 相交于一点 m'.如果定理是正确的,那么当点 M 描画平面 P 时,点 m' 的轨迹应该是一个平面,即命题中的平面 p'.容易看出,情况确是这样.

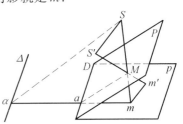

图 33.1

事实上,从点 m 向平面 P 和 p 的交线 D 引垂线 ma,以 Δ 表示通过点 S 而平行于 P 的平面和平面 p 的交线,以 α 表示垂线 ma 和 Δ 的交点,那么直线 Ma 和 $S\alpha$ 显然是平行的,于是(按大小和符号)有

$$\frac{mm'}{SS'}=\frac{mM}{SM}=\frac{am}{a\alpha}$$

从此可知 $mm'=\dfrac{SS'}{a\alpha}\cdot am$ 与 am 成比例,因为 SS' 和 $a\alpha$ 是固定的.

现设 m_0 是平面 p 上点 m 的一个特殊位置,并设 m_0' 是由 m_0 推导出来的点,正像 m' 是由 m 推导出来的一样,最后以 a_0 表示由 m_0 向 D 所引的垂线足.变动三角形 amm' 的两边 ma,mm' 和固定三角形 $a_0m_0m_0'$ 的两边 m_0a_0,m_0m_0' 是成比例的,这两个三角形成位似形(如果两点 m,m_0 在 D 的同侧,就是正位似,在异侧则为反位似).直线 am' 因之平行于 a_0m_0',于是也就在通过直线 D 和点 m_0' 所引的平面 p' 上.

一经我们证明了点 m' 是点 M 以 S' 为中心在定平面 p' 上的透视点,就显然看出,点 m 可以由点 m' 平行于 SS' 投射于平面 p 上而得出.

当 SS' 与 p 平行时,按上述方法所作的点 m' 就是 M 从中心 S' 在平面 p 上的射影,但这时不能再说由它用平行射影推求点 m.

作为补救(不论 SS' 与 P 平行或否),我们考虑第三个中心 S''(图 33.2),通过点 m 引直线 mm'' 平行于 SS'',直到与 $S''M$ 相交.当点 M 描画平面 P 时,点 m'' 描画一平面 p'',就像点 m' 描画平面 p' 那样.并且容易看出,两个三角形 $mm'm''$

和 $SS'S''$ 是成位似的,位似中心就在点 M.所以直线 $m'm''$ 平行于定直线 $S'S''$,从而我们可以利用平行于 $S'S''$ 的射影从 m',m'' 两点之一过渡到另一点.

备注 在上面所说的任一透视之下,画在平面 P 上的没影线(第 287 节)是一样的,换句话说,当我们取 S 为视点时,平面 p 上的无穷远线在平面 P 上的透视形,就是 p' 上的无穷远线取 S' 为视点时的透视形.

这是由于:点 m' 和点 m 同时(即是说对于 M 相同的一些位置)趋于无穷远.

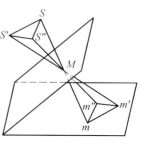

图 33.2

423. 现在假设点 M 在平面 P 上描画一个圆,我们要证明,以 S 为中心,M 在 p 上的透视点 m 描画一个圆锥曲线.

取这圆的轴上一点作为 S'.照上述作成的点 m',是点 M 以 S' 为中心在平面 p' 上的透视点,它在平面 p' 上描画一条圆锥曲线.如果平面 p 不平行于 SS' (当 S 和轴所决定的平面不与 p 平行时,总可以这样假设),点 m 便可看做是点 m' 沿平行于 SS' 的方向在平面 p 上的射影,所以点 m 也描画一条圆锥曲线.

当 SS' 平行于 p 时,通过 SS' 作一平面平行于 p,并在这平面之外取一点 S'' (图 33.2). 点 m' 在平面 p' 上描画圆锥曲线,而点 m'' 是点 m' 沿 $S'S''$ 的平行方向在平面 p'' 上的射影,所以点 m'' 在平面 p'' 上描画圆锥曲线.最后,由于 $m''m$ 是平行于定方向 $S''S$ 的,所以 m 在 p 上也描画一条圆锥曲线.证毕.

备注 当圆底锥以 S' 为顶点时,即当它是旋转锥时,截口是椭圆、双曲线或抛物线,就看通过锥顶点所引平行于台面的平面是在锥外部、与锥相交或相切(第 386～387 节).

这个事实还可以这样表达,不必考虑这平面,而考虑画在圆的平面 P 上的没影线.截口是椭圆、双曲线或抛物线,就看这没影线是在圆外、与圆相交或相切.

但在这样的形式下,我们看出,即使锥顶点是任意一点 S,上面的命题也是正确的,因为(上节备注)在把第二种情况变换为第一种时,没影线未变.

如果考虑到曲线的无穷远分支,这命题是显然的,对于椭圆没有这样的分支,对于双曲线在两个不同的方向上有这样的分支,而在抛物线只有一个方向.

关于最后这一点,表明抛物线应该看做切于无穷远线,因为它的透视形(圆)是切于没影线的.

上面的命题还可以和下面一个结合,我们只叙述而不加证明①:任何二阶锥面(即以圆锥曲线为底的锥面)总可以被截于一圆.

423a. **定理** 圆锥曲线的透视形还是圆锥曲线.

这命题的证明和前面的完全一样.事实上我们知道(第389节),任意给定了一条圆锥曲线,空间总存在一些点,以其中一点为顶点并以这曲线为底的锥面是旋转锥面.我们取这样的一点作为上节所考虑的点 S',那里所作的推理仍有效而无须修改.

按 303 节命题,我们还可以说:

凡圆的射影对应图形是圆锥曲线;

凡圆锥曲线的射影对应图形是圆锥曲线.

424. 根据以上和第 389 节的一些定理,现在我们可以得到圆锥曲线的下面的定义(由这些定理、这定义和 198 节的完全等价):

凡圆(在一个平面上,从适当选择的视点)的透视形称为**圆锥曲线**.

于是立刻可以将圆的一系列性质,即凡是射影的性质,也就是在透视中保留的一切性质(第 288 节),推广于圆锥曲线.

425. **定理** 给定一三角形及其平面上一点,但不在三角形的一边上,我们可以找到一个圆锥曲线使通过此点,并切这三角形的两边于其与第三边的交点.

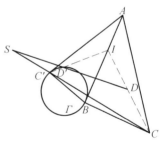

图 33.3

设 ABC 为给定的三角形,D 是给定的点(图 33.3);I 是 AB 和 CD 的交点(在有限距离内或在无穷远).在通过 AB 但不同于原先平面的一个平面上,作等腰三角形 ABC',以及分别切 AB 于 B,切 AC' 于 C' 的圆 Γ.设 D' 是 Γ 和直线 $C'I$ 的交点(不同于 B 和 C').位于同一平面($CC'I$)上的两直线 CC' 和 DD' 有一个公共点 S(在有限距离内或在无穷远).取 S 为视点,Γ 的透视形满足命题的条件.

---

① 此处不证明(这证明以后会找到,习题(739)),理由如下:在本书中,每当证明了一个图形(例如一直线或一平面)的存在,我们便以此叙述作这图形的方法.但是,对于以圆锥曲线为底的任意锥面,总存在着一些平面将它截于圆周,不过这些平面不能用直尺和圆规作出(参看附录 A).

备注 (1)如果点 A 在无穷远,即是如果直线 AB, AC 用两条平行线(其中没有一条通过 D)来代替,推理依然有效.只要用 BA 的一条平行线(不在原先的平面上)代替直线 $C'A$,并且用 B 在这平行线上的射影代替点 C'.于是可以作圆 Γ,并继续做一般情况下的作图.

(2)如果利用 301～303 节结果,还可以免去这番手续.因为那时我们可以任意选取圆 Γ,切线 $A'B'$, $A'C'$ 和点 D'(不同于 B' 或 C'),图形 $A'B'C'D'$ 总可以放置使与 $ABCD$ 或与 $ABCD$ 相似的一个图形成透视.

426[*].从上述定理可以推出下面的定理,这是过去(第 394 节)证明过的一个定理的逆定理:一点到一三角形两边的距离之积和到第三边距离的平方成常比,则其轨迹为一圆锥曲线.

因为,如果 ABC 是给定的三角形,而 D 表示轨迹上一点,那么通过点 D 且切 AB 于 B、切 AC 于 C 的圆锥曲线,和所说的轨迹重合,这是由于它上面任一点到三边 AB, AC, BC 的距离之间有(第 394 节)判别这轨迹的关系.

427.在圆的射影性质中我们来考查下面一个性质(平,212):圆周上四定点到第五动点连成线束的交比为一常数.

由它立刻推出:

定理 圆锥曲线上四定点到这曲线上一动点连成约束的交比为一常数.

因为考查一个圆使这圆锥曲线是它的透视形,那么所考虑的交比等于(第 290 节)在圆中形成的类似交比.

这常数交比称为该圆锥曲线上**四定点的交比**.

428.依次将线束的原点放在曲线上两个不同的点,上述命题可叙述如下:

沙尔(Chasles)定理 联结圆锥曲线上两定点 A, B 到这曲线上一动点 M 的直线,分别构成两个成射影对应的线束.

事实上,设 M_1, M_2, M_3, M_4 为 M 的任意四个位置,线束 $A(M_1M_2M_3M_4)$ 和 $B(M_1M_2M_3M_4)$ 有相同的交比.

备注 令点 M 趋于 A,我们看出(比较平,212),在所考虑的射影对应中,把直线 AB 看做属于以 A 为顶点的线束,则其对应直线为曲线在点 B 的切线.

同理,AB 看做由 B 发出,则在以 A 为顶点的线束中,对应于点 A 的切线.

428a. **逆定理** 两个不同心的射影线束对应射线交点的轨迹,一般是通过这两中心的一条圆锥曲线.

设两个射影线束以 A,B 为中心.把直线 AB 依次看做属于每一约束,取其对应射线 AC,BC.

若两直线 AC,BC 重合(因而与 AB 重合),则轨迹为(第 309 节)一直线.但是把两条完全重合的对应射线也看做属于轨迹比较方便,因为这射线上任一点符合轨迹的定义.这样补充以后,轨迹是两直线的集合,即圆锥曲线的一种极限情况(第 174a 节备注).

假设情况不是如此①.设 D 为轨迹上任一确定点.从以上我们看出,有一条圆锥曲线通过 D,且切 AC 于 A,切 BC 于 B.按照上面的定理,这圆锥曲线便是以 A,B 为中心的两个射影线束中对应射线交点的轨迹.

但这个射影对应和所设的那个重合.因为在每一个里,三条射线 AB,AC, AD 都分别以 BC,BA,BD 为对应射线.所以轨迹是以上所说的那条圆锥曲线.

备注 当一个乃至两个约束的顶点在无穷远时,结果依然成立.为了看出这一点,我们或者把前面的证明推广到这一情况(参看 425 节备注(2)),或者另行从下述定理出发.

429.定理 给定五点,其中任意三点不共线,有一条也只有一条圆锥曲线通过这五点.

设 A,B,C,D,E(图 33.4)为给定五点.考查以 D,E 为中心的两个射影线束,使 DA,DB, DC 分别以 EA,EB,EC 为对应射线.这两射影线束对应射线交点的轨迹是一条圆锥曲线,这圆锥曲线满足问题的条件,并且也只有它才满足②.

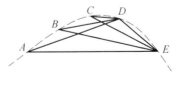

图 33.4

如果给定的五点中有一或二点(例如 A 和 B)在无穷远,显然证明依然有效(曲线应该以相应的方向作为渐近方向).这时只要在有限点中选取 D 和 E.

备注 完全和在 426 节一样,我们可以从这个命题推导出帕普斯定理(第

---

① 必须指出,在某些情况下,我们必须处理退化的(降秩的)射影对应,就像在 314 节所遇到的退化射影分割一样.即是说,在这样的射影对应中,从 A 发出的一切射线有同一对应线 BC,除了一条射线 AC,它的对应线是不定的.在这一情况下(我们没有处理它,因为严格地讲,射影对应不存在了),轨迹显然由两直线 AC,BC 组成.

② 这圆锥曲线化为两条直线:(1)如果三点 A,B,C 之一在 DE 上,因为这时 DE 将是一条公共的对应射线;(2)如果其中两点和 D 或者和 E 共线,因为这时我们有退化的射影对应(见上脚注);(3)如果这三点共线,截 DE 于一点 I,因为这时 DE 也是一条公共的对应射线,交比 $D(ABCI)$ 等于 $E(ABCI)$.总起来说,就是只要给定的五点中有三点共线.

395 节,备注)的逆定理,即是说,可以推求这样的点的轨迹:使得它们到两条已知直线的距离之积,和它们到另两已知直线(都在同一平面上)距离之积成常比.

429a. 给定了五点,上述定理使我们能用描点法来作圆锥曲线.事实上我们看出,它给出了曲线和通过已知点之一的任一直线 DM 的第二个交点.这交点在上述射影对应中 DM 的对应射线 EM 上.

这定理还给出曲线在任一点的切线,因为,例如在点 D 的切线,就是这射线对应中 ED 的对应线.

应用这最后提出的一点,上节推理显然可以推广到这样一种情况:其中给定的不再是五点,而是四点和在其中之一的切线(这可以看做五点,其中两点重合了).

这样确定的圆锥曲线是唯一的,并且像刚才一样可用描点作出.

被三点和其中两点的切线决定的圆锥曲线,情况也是如此,即是说,425 节所讨论的圆锥曲线.

备注 以上指出的作图可用直尺和圆规完成(第 312 节).

430. 这些命题在另外一方面,还能求出任一直线与由五点给定的圆锥曲线的交点.

事实上,仍以 M 表示圆锥曲线 $ABCDE$ (图 33.5)上的动点,以 m, m' 表示射线 AM, BM 和已知直线 Δ 的交点.由决定这两点的射线的性质(第 428 节),这些点在 Δ 上构成两个射影点列.但如果 M 是 Δ 和圆锥曲线的公共点,这两点 m, m' 就都重合于 M.所以所求的交点(如果存在)就是以上所说的两个射影点列的二重点.

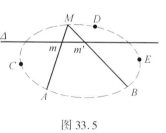

图 33.5

我们应当把求圆锥曲线 $ABCDE$ 的无穷远点(即渐近方向),看做是上述问题的特殊情况.若由平面上任一点引直线平行于 AM 及 BM,就得出两个射影线束,其二重线(如果存在)是平行于所求渐近方向的.

注意,由上所述重新得出:通过五个给定点[①]的圆锥曲线是唯一的.

---

① 其中无四点共线.——译者注

431. 最后，我们可以加入下面的结果：

定理 给定一平面上四点，其中任意三点不共线，一个约束的射线分别通过这四点，且其交比等于一已知常数，则线束顶点的轨迹为通过这四点的一条圆锥曲线.

事实上，若 M, M' 为轨迹上两点，由于线束 $M(ABCD)$ 和 $M'(ABCD)$ 有同一交比，被 M, M', A, B, C 决定的圆锥曲线必通过点 D. 由于六点 A, B, C, D, M, M' 在同一圆锥曲线上，如果点 M 一经选定了便不再变，那么点 M' 的轨迹便是通过这点和四个给定点的圆锥曲线.

432. 仿此，由 212 节推论（平，第三编补充材料）立刻得出：

一圆锥曲线的四条定切线，在一动切线上截出一个常数交比，仍称为这**四切线的交比**.

四切线的交比等于它们切点的交比.

因此，仿照 428 节进行推理，又有

定理 圆锥曲线的一动切线，在两条定切线上截出两个成射影对应的点列.

逆定理 两不同直线上两个成射影对应的点列中对应点的连线，是一定圆锥曲线的切线①，这圆锥曲线被确定为切于两定直线以及动直线的三个位置.

据此，我们可以作出一圆锥曲线的任意一条切线，这圆锥曲线乃是由五条给定的切线确定的. 我们还可以得到任一切线上的切点. 两个射影点列之一所在直线上的切点，是两定直线交点看做属于另一点列时的对应点. 事实上，它对应于动切线趋而与所考虑的直线相重合的情况，因为在圆里面事实是这样的.

我们看出，被五条切线确定的圆锥曲线是唯一的.

设欲由平面上任一点（在有限空间或在无穷远）向如上确定的一条圆锥曲线引切线，我们把这一点和以上考虑的两个射影点列的任两个对应点相连（比较 430 节），于是得出两个射影线束，并求其二重射线.

设在一平面上给定了四直线，其中无三线共点，若一动直线被这四直线截出常数交比，则此直线切于一定圆锥曲线（比较 431 节）.

备注 我们看出，一条圆锥曲线上四点的交比，即使这四点是给定的，仍与这圆锥曲线的选取有关；而一条圆锥曲线四切线的交比，当这四直线已给定时，也与这圆锥曲线的选取有关.

---

① 但当两点列有一个公共的对应点时，动直线通过一定点（第 308 节）.

433. 帕斯卡定理(平,196)和布利安双定理(平,208),显然只引进了一些射影性质.于是,对于圆锥曲线像对于圆一样有:

帕斯卡定理 圆锥曲线内接六角形中,三双对边的交点共线.

布利安双定理 圆锥曲线外切六边形中,三双对顶所连的对角线共点.

并且它们的极限情况也成立,例如:

内接于圆锥曲线的三角形中,在各顶点所作的切线与其对边相交的三点共线.

外切于圆锥曲线的三角形中,各顶点和对边上切点所连的三直线共点.

434.关于圆锥曲线的极与极线 我们还可以立即叙述在平面几何里对于圆所证过的命题:

定理 设由同一点作一圆锥曲线的各割线,则此点关于所截各弦的调和共轭点的轨迹为一直线.

这直线称为这点关于这圆锥曲线的**极线**.

若已知点在圆锥曲线外,则其极线即由此点所作切线的相切弦.

设由一点作一圆锥曲线的两条动割线,则以交点为顶点的四边形中,对角线交点或对边交点的轨迹,就是所考虑的点的极线(平,211).

435.定理 如果点 a 在点 b 的极线上,那么反过来,点 b 也在点 a 的极线上(平,205).

这两点 a,b 仍称为关于圆锥曲线成**共轭点**.同理,两条直线中的一条通过另一条的极,称为关于圆锥曲线成**共轭直线**.一个三角形关于圆锥曲线称为**共轭的**,如果每一顶点是对边的极.

由上述定理,我们还可以像关于圆一样,定义关于圆锥曲线的**配极图形**.

一图形上共线的点,对应于另一图形上共点的直线,并且四点的交比等于(平,210)它们极线的交比.

同一图形关于两条不同圆锥曲线的两个配极图形互为射影对应图形.

因为 304 节的推理只用到以上提到的双重性质,因此在此地也适用.

436. 直径的理论(第 31 章)可以看做是极线理论的特殊情况.事实上,平行割线可以看做是通过同一无穷远点,而在一条割线上被圆锥曲线所截的弦的中点,就是这无穷远点关于这条弦的调和共轭点.因此,与一个方向共轭的直径,就是这方向上的无穷远点关于圆锥曲线的极线.两个共轭方向对应于无穷远线上的两个共轭点,404 节定理也是上述定理的推论.

还容易看出,所有直径通过同一点——无穷远线的极——而且这点是圆锥曲线的中心,因为在由这点发出的任一直线上,圆锥曲线和无穷远线截下一个调和分割.

在抛物线的情况,中心趋于无穷远处,因为一切直径是互相平行的;并且这可由抛物线切于无穷远线而得出(第 423 节,备注).

推论 任一点的极线,平行于通过这点的直径的共轭直径.

这等于说,通过所考虑的点的直径,它的极(在无穷远处)在这点的极线上.

在椭圆的情况,取通过所考虑的点的直径作为割线,可以决定它的极线.容易看出,这样就引到习题(659)的解法.在双曲线的情况,也有类似的结果,只要所说的直径是贯线.

在抛物线的情况,同样的考虑表明:通过任意一点的直径,被这点的极线和曲线分成相等的两部分.这显然就是 203 节的第一个定理.最后,在双曲线中,将直径改为一条渐近线的平行线,也有一个类似的定理.

437. 在圆锥曲线里的射影变换和对合,完全像在圆里一样定义,通过同一点的割线在圆锥曲线上决定出一个对合(第 331 节).

反过来,如果在圆锥曲线上给了一个对合,那么对应点的连线通过同一点.举例说,设将一直角绕圆锥曲线上一点旋转,并将角的两边和曲线再交的两点连以直线,那么这样得出的直线通过一定点[傅里叶(Frégier)定理].

关于圆锥曲线成共轭的两弦,调和分割这曲线(平,213).

438.配极圆锥曲线 上面仅仅对于由点和直线构成的图形定义了配极图形,这概念还可推广于含曲线的图形.但我们假设所引进的曲线具有下述性质:

一条定切线和一条趋而与之重合的动切线的交点,以定切线上的切点为其极限.

在数学分析上可以证明,具备这个性质的曲线的范围很广.对于此处将要研究的平面曲线,即圆锥曲线,在所有的情况下我们肯定都具备这个性质.

这显然从庞斯列定理得出,并且我们知道,如果从一点向一圆锥曲线能够引两条重合切线,那么这点便是曲线上的点(第 170,195 节).

因此，以下我们假设有这个性质.

现在假设 C(图 33.6)是一条曲线，a 是这曲线上任一点.我们关于一条给定的圆锥曲线取点 a 的极限，假设 A 便是这样得到的直线.曲线 C 在点 a 的切线 D，将以位于 A 上的一点 d 为其极.我们来考查，当点 a 描画曲线 C 时点 d 所描画的曲线 C'.这时曲线 C' 在点 d 的切线正就是 A.

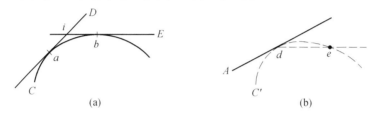

图 33.6

事实上，设 b 为 C 上与 a 相邻的一点，C 在这点的切线 E 以 C' 上一个新的点 e 为其极，直线 de 是切线 D 和 E 的交点 i 的极线.但按以上所说的性质，当切线 E 无限趋近于 D 时，点 i 以 a 为极限.所以在同样条件下，直线 de 趋于极限位置 A，这就是所要证明的.

这样，曲线 C' 如果是 C 的切线的极的轨迹，曲线 C 便也是 C' 的切线的极 a 的轨迹，因而如果我们像处理 C 那样处理 C'，便将回到曲线 C 本身.

两曲线 C 和 C' 称为(关于给定的圆锥曲线)互为**配极图形**.

我们看出，一条曲线是它配极曲线的切线的极的轨迹，而同时又是这配极曲线上点的极线的**包络**，即是说它切于所有这些极线.

备注 如果两曲线相切，它们的配极图形便也相切.事实上，后面两条曲线有一个公共点(前两曲线公切线的极)，并且在这点有公共的切线(原先切点的极线).

439.以前证明的命题(第 304 节)：同一第三图形的两个配极图形是互相射影对应的，可以适用于含曲线的图形，因为它适用于前两图形上任意的一些点，这些点是被看做第三图形上相应切线的极的.

于是我们立即可以叙述：

定理 圆锥曲线的配极曲线还是圆锥曲线.

事实上，一条圆锥曲线 C 关于自身的配极图形与 C 相重合，每一条切线以它的切点为极(平，204).因此，C 关于其他任一圆锥曲线的配极曲线，将是 C 的一个射影对应图形，从而是圆锥曲线.

利用刚才建立的定理,在过去有关圆锥曲线的证明中,可以作某些省略.例如给了圆锥曲线的五条切线,情况便是如此,这等于给了配极圆锥曲线上五个点.同样,凡在 432 节中有关圆锥曲线被五条切线所确定的命题,都可以用配极理论从 426~431 节所叙述的一些类似命题推导而得.

不仅命题可以变换,证明方法也是一样.如果在 426~431 节的推理中,凡点用直线代替,共线点用共点线代替,射影点列用射影线束代替,等等,并且倒转来,那么就得出 432 节的推理.

总之,在这两处地方出现了一种**对偶性**(第 310 节).这种对偶性在圆锥曲线的射影性质中都存在.

440. 圆的配极曲线 上节定理适用于任何圆锥曲线.当圆锥曲线以及导圆锥曲线是圆时,我们可以直接证明一个比较确切的定理:

定理 一圆关于另一圆的配极曲线,乃是以导圆圆心①为焦点的一条圆锥曲线.

这定理的建立,可以从配极圆锥曲线的两个定义中任一个出发,即把它或者看做所考虑的圆上的点的极线包络,或看做该圆切线的极的轨迹.

第一证明.设 m 为所考虑的圆上任一点,O 为导圆圆心(图 33.7),点 m 的极线是 m 和 O 连线的一条垂线,垂足 m' 是满足 $Om \cdot Om'$ 等于导圆半径平方的一点.按照这样的作法,点 m' 是点 m 关于导圆的反点,所以当 m 在 C 上变动时,m' 描画一个新圆周 C' 或一直线.点 m 的极线在 m' 垂直于 Om',所以它包成(第 438 节)一椭圆、双曲线或抛物线.

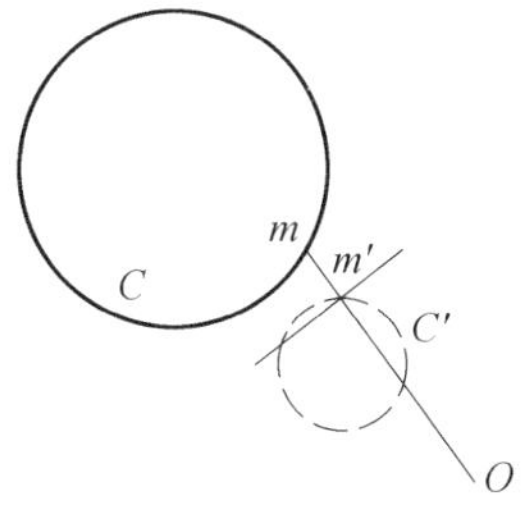

备注 若点 O 在圆 C 内,它便也在 C' 内,而 C 的配极曲线为一椭圆.

图 33.7

若 O 在 C 外,它便也在 C' 外,而 C 的配极曲线为一双曲线.

若 O 在 C 上,圆 C' 化为一直线,而 C 的配极曲线为一抛物线.

这还可以这样看出,事实上,配极曲线的无穷远点,对应于(平,204)由点 O 所引原先的曲线 C 的切线,所以渐近方向垂直于这两条切线:它们的存在取决于点 O 和 C 的相关位置.在双曲线的情况,渐近线[这是(第 182 节)无穷远点

---

① 注意,这里导圆的意义和平面几何(平,206)里所用的一致,而和第五编(第 164 节)的不一样.(译者按:法文两处都用 cercle directeur 一词,为区别计,在 164 节已译作准圆.)

的切线]便是是这样所引切线上切点的极线.

第二证明. 再考查圆的任意一条切线(图 33.8),它的极将是一点 p,即点 O 在这切线上的射影 P 关于导圆的反点,而以 Op 为直径的圆便是这切线的反形(平,220). 但由于切线包成 C,它的反形将包成 C 的反形 C',所以 Op 的中点 p_1 将是通过 O 且切于 C' 的圆的圆心,因此(第 164,176,189 节)它描画一条圆锥曲线,而点 p 描画一个位似的圆锥曲线.

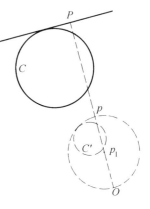

图 33.8

这定理还可用下述方法得出:

第三证明. 圆 C 的两条切线 im, in 和它们交点到这圆心的连线构成等角. 这两切线以所求曲线上两点 p, q 为极,点 i 以直线 pq 为极线,而点 i 到圆 C 中心的连线对应于这中心的极线 D 和 pq 的交点 r. 所以(平,209)直线 Or 和 Op, Oq 构成等角. 于是把 392 节的推理倒过来可以看出,点 p, q 到点 O 的距离之比等于这两点到直线 D 的距离之比. 由于 p, q 是所求曲线上任意的两点,所以后者是(第 390 节)以 O 为焦点的一条圆锥曲线.

最后这个证明同时告诉我们

推论 所考虑的圆心的极线 D,是所得圆锥曲线 Γ 的准线.

其实上面的定理一经证明以后,这一点可直接看出. 事实上,圆 C 的中心对于这圆讲来是无穷远线的极,所以它将对应于一条直线,这直线是点 O 关于 Γ 的极线①. 但一个焦点的相应准线是垂直于焦轴的,而由准线的定义,它又通过这焦点关于焦轴的调和共轭点(因为轴的两端到焦点和准线的距离之比是相同的),所以这准线便是(第 436 节)焦点的极线.

至于前两个证明则告诉我们,所得圆锥曲线的中心就是 C 的反形 C' 圆的中心,并且 C' 是(第 161,182a 节)它的主圆.

441. 配极变换法显然能使我们从圆的已知性质,推导出圆锥曲线的相应性质. 举例说,完全类似于上节第三个证明,我们能从圆的切线垂直于通过切点

---

① 设 C 为一圆锥曲线,点 p 和直线 P 关于 C 为极与极线,则 p, P 关于一圆锥曲线 S 的配极图形是一直线和一点,关于 C 的配极图形成极线与极的关系. 当 S 重合于 C 时,这是显然的. 而另一方面,如果改变导圆锥曲线,则由 C, p, P 构成的图形,便以一个射影对应图形来代替,但这不改变我们所关心的极与极线的关系.

还可以看出,关于一圆锥曲线 C 成共轭的两点,对应于关于 C 的配极曲线成共轭的两条直线.

的半径这一定理,推导出(第 392 节,推论)被焦点和准线给定的圆锥曲线的切线作法.同理,庞斯列的一个定理(第 171 节)从下一事实立刻可推出:圆的任两切线对于相切弦成等倾;等等.

442. 440 节定理具有下述逆定理.

逆定理 圆锥曲线关于以它的一个焦点为中心的圆的配极图形是一个圆.

证明只要将上面推理中的任一个,按相反的顺序进行.

从这里还可以看出焦点的一个判别性质,凡焦点都是一个圆的中心,使得所考查的圆锥曲线关于这圆的配极图形是一个圆,并且反过来也成立.这一性质还可以用下面一个代替:

从焦点发出的共轭直线是互垂的.

事实上,关于圆的两个无穷远共轭点,是在两个互垂方向上的.当我们关于另一圆取配极图形时,这两个无穷远点给出通过点 O 的两条直线,并且关于得到的圆锥曲线成共轭.

反过来,在圆锥曲线平面上取一点,如果通过这点的两条共轭直线总是互垂的,则这点便是一个焦点.事实上,关于以这点为中心的一个圆取配极图形,所考虑圆锥曲线的配极图形是一条圆锥曲线,它所有的共轭直径都是互垂的,因而是圆(第 404 节,推论 2).

443*.我们来解决下述问题:

问题 给定一圆锥曲线,它内部一点和它平面上任一直线,把这图形投射到另一平面上,使直线投射在无穷远,而已知点投射为射影圆锥曲线的焦点.

设 C 为给定的圆锥曲线,D 为给定的直线,p 为给定的点.由于 p 在圆锥曲线内部,通过这点的共轭直线构成一个对合,它的二重线是虚的,并且被直线 D 截成一个对合 I,它的二重点是虚的.但这个对合的对应点在所求平面上的透视点,应该是在互垂方向上的无穷远点,并且反过来,如果情况是如此,问题的条件确实满足.

因此,我们在通过 D 而不同于给定平面的一个平面上取一点,使对合的每一对对应点从这点的视角为直角(第 323 节).这点便将是视点,而通过这点和直线 D 所引的平面将平行于台面.

如果直线 D 是点 p 的极线,投射成的圆锥曲线将是一个圆(因为中心重合于一个焦点).

444. **笛沙格(Desargues)定理** 任一圆锥曲线和它的内接四角形的各双对边,在任一截线上决定出成对合的点偶.

证法和第 328 节相同.

设一截线 Δ 截一圆锥曲线于 m,m'(图33.9),截内接四角形 $ABCD$ 的对边 $AB,CD;AD,BC$ 于 $p,p';q,q'$. 曲线上的动点到 A,C 两点所连的射线,分别在截线上决定出两个射影点列, p 与 q',q 与 p' 是其中的对应点,而 m,m' 则为二重点. 所以点 $m,m';p,p';q,q'$ 确实构成一个对合(第 327 节).

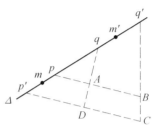

图 33.9

对偶定理 从一点向一圆锥曲线所引的切线,以及从这点到这曲线任一外切完全四边形各双对顶的连线,得出成对合的线偶.

证法和上面的成对偶.

逆命题 设一直线 Δ 上两点 m,m' 和 Δ 被一四角形 $ABCD$ 各双对边所截的点成对合,则此两点同在通过 A,B,C,D 的一条圆锥曲线上.

事实上,圆锥曲线 $ABCDm$ 应该和 Δ 相交于另一点(与点 m 或相异或重合),这点只能就是 m'.

同样,设两直线和从它们交点到一四边形 Q 的各双对顶的连线成对合,则此两直线同切于内切于 Q 的一条圆锥曲线.

备注 当截线与圆锥曲线不相截时,笛沙格定理不再有意义(或者至少化为 328 节). 但以后(第 446 节)将另行叙述这命题,使它在这种情况下还有价值.

同样的情况适用于对偶命题,如果假设该点在圆锥曲线内部.

444a. 笛沙格定理使我们很容易地从五点作圆锥曲线[①],也可以(如果用过去的一些考虑,却显得不够)从五个已知条件(其中一些是点,一些是切线)作圆锥曲线.

我们首先假设给定了四点和一条切线. 为了划归为已经处理的情况,只要决定出切线上的切点. 但这切点由于代表两个重合交点,必然是以四个给定点为顶点的四角形的对边,在这切线上所决定的对合的一个二重点.

因此问题可能有两解.

---

① 即使命题中出现的某一对点由两个重合的点组成,显然笛沙格定理的证明依然有效.

在已知四条切线和一个点的情况,与此相仿,这是上面的对射情况.

现在假设给定三点和两条切线,我们来定出相切弦.每一个切点可以看做是代表两个重合的点,于是我们有一个内接四角形,它的两条对边由两条切线形成,而另外两条边沿着相切弦重合了.于是这相切弦通过一个对合的一个二重点,这对合就是在给定点中两点的连线上被这两点和两条切线所确定的(图 33.10).

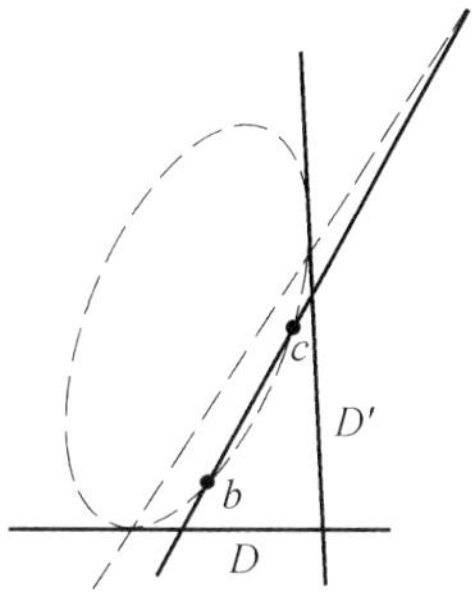

将第三个给定点和前两点之一相连,在这连线上仿以上又有相切弦上一个新点.这点也有两种不同的选取方式,问题(如果可能)将有四解.

给定的条件是两点和三条切线时,采用对射的解法.

445. 我们曾从(第 433 节)关于圆的帕斯卡定理,推导出圆锥曲线的相应定理.但这定理(布利安双的对偶定理也一样)一开始便可以对任意圆锥曲线证明,只要这证明自身是射影的.我们从笛沙格定理出发得出这个证明.用符号 1 到 6 表示六角形相继的顶点①,设边 12 和 45 的交点为 L,边 23 和 56 的交点为 M(图 33.11).用一条直线 Δ 联结这两点,并联结对角线 25,交 Δ 于 P.将笛沙格定理应用于内接四角形 2345,圆锥曲线和点偶 L, M 在 Δ 上决定出一个对合.在这个对合中,Δ 和边 34 的交点将是 P 的对应点.但将这定理应用于四角形 2561,那么 Δ 和 61 的交点也是点 P 在同一个对合中的对应点.所以这两点重合.证毕.

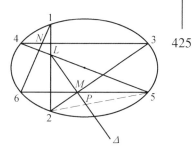

图 33.10

图 33.11

这个证明②无须修改,适用于圆锥曲线由两条直线 D, D' 构成的情况,顶点 1,3,5 取在 D 上,2,4,6 在 D' 上.

看来当 Δ 和圆锥曲线没有交点时,这个证明便不适用.但我们可以(第 446a 节)作一些弥补.

---

① 这里没有假设顶点的这个顺序是自然顺序,六角形可能如图 33.11 所表示的外形.
② 另一射影证明见习题(497),两条直线的情况见习题(463).

445a. 一经推广到任意圆锥曲线,帕斯卡定理和布利安双定理的逆定理成立.

定理 有六点,用符号 1 到 6 表示,如果所成六角形的三双对边 12,45;23,56;34,61 交于三个共线点 L,M,N,则此六点在同一圆锥曲线上.

有六直线,如果它们顺次相交所成六边形的三条对角线相交于同一点,那么它们切于同一圆锥曲线.

第二个定理可由第一个用配极变换得出——或者说,具有第一个定理的对射证明,这证明读者可自行建立——我们只要证明帕斯卡定理的逆定理,像以上一样,我们的证明包含两个连续顶点(例如 1 和 2)相重合作为极限情况.在这一情况下,应该假设在顶点 1 已知了一条直线,它的方向应该是边 12 的方向,并且通过点 L,而要建立的定理就是:通过点 $1,3,\cdots,6$(其中的一些,例如 3 和 4,5 和 6 可以看做是重合的,如果满足 1 和 2 的相同条件)的圆锥曲线,是在点 1 和所给的直线相切的.

为了证明,画出通过点 $1,\cdots,5$ 的圆锥曲线,而以 $6'$ 表示它和直线 56 的另一交点(和 5 或重合或不重合).六角形 $123456'$ 适合帕斯卡定理,直线 34 和 $6'1$ 的交点 N' 应该和 L,M 共线.由于它在 34 上,它应该和 N 重合.所以边 $16'$ 应该通过 N,即是说和 16 重合.所以顶点 6 和 $6'$ 重合.证毕.

但有一些例外的情况,使上面的推理发生问题.我们肯定,如果作了某些假设,那么这种情况就不会发生,即是说,如果我们排除:

(a)六角形不连续的顶点可以重合的情况;

(b)除了 1,3,5 或 2,4,6,有三点共线的情况①.

那么:

(1)点 L 和 M 中每一个都是完全确定的:例如说,直线 12 和 45 由(b)便不能重合;

(2)点 L 和 M 是不同的:因为直线 12 和 23 是不同的(依然由(b)),因之如果 L 和 M 重合,那么它就也要和 2 重合,同样也和 5 重合,而这是不可能的;

(3)直线 LM 不同于 34:否则的话,直线 34 和 45 也重合(理由同上),点 L 将在它们每一条之上,便只能是点 4,于是便不能在 12 上.

所以点 N' 被这两直线相交而确定了,因之和 N 重合.

(4)点 N 不同于 1,因为点 1 不在 34 上;

---

① 在有重合顶点的情况下,应该这样解释,即符合上面的规定:例如说,如果 1 和 2 重合,那么直线 12(给定的直线)不应通过其他顶点.

(5)这两点的连线不同于56,因为后面的直线不通过1.

这证明适用于点1,3,5共线的情况,圆锥曲线由这直线和直线24所构成.

446*.圆锥曲线相交的概念 笛沙格定理对研究有四个公共点的圆锥曲线是很重要的.

两条圆锥曲线不能有四个以上的公共点,因为通过给定的五点,只能有一条圆锥曲线①.相反地,两条圆锥曲线可以有四个公共点,因为两条圆锥曲线被四个公共点和第五个不同的点所决定,一般它们是不相同的.

设两圆锥曲线相交于四点 A,B,C,D(图33.12),联结 AB 和 CD,我们有了一对公共弦,设 I 为这两直线的交点(在有限距离内或在无穷远).仿此,设 K 为 AC,BD 的交点,L 为 AD,BC 的交点.I,K,L 中每一点在两条圆锥曲线中有相同的极线,即联结另两点的直线(平,211).我们把这些点称为**二重极点**,它们的极线称为**二重极线**,三角形 IKL 称为**公共共轭三角形**(第425节).

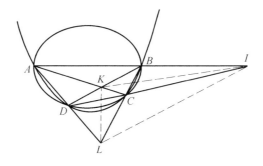

图 33.12

反过来,关于两条圆锥曲线有同一极线的任一点 I,只能是上面所谈到的各点之一;因为将 I 到两圆锥曲线的一个公共点 A 连线,将和这两曲线交于另一公共点,即点 A 关于直线 AI 上一条线段的调和共轭点,这线段是介于 I 和它的极线(由假设,这极线是公共的)之间的;点 A,B,C,D 因此两两在由 I 发出的两条割线上.

笛沙格定理的应用 现在假设有若干条具有四个公共点的圆锥曲线.这些圆锥曲线在任一截线上所截的线段属于同一对合,即被公共的内接四边形各双对边所决定的对合.

同一点关于这些圆锥曲线的极线是共点的.事实上,设 M 为任一点,而 M'

---

① 唯一的例外情况:每一圆锥曲线化为两直线,其中一直线是公共的.

为点 M 关于所考虑的两条圆锥曲线的极线的交点,则 M,M' 即关于这两圆锥曲线成共轭,便是(第 319 节)它们在直线 MM' 上所决定的对合的两个二重点. 于是,由上述定理,它们关于通过前两圆锥曲线各公共点的任一圆锥曲线成共轭,因此定理得证.

由上所述,点 M 关于公共割线偶所成角的极线,也通过 M'.

的确,这推理假设直线 MM' 和所考虑的各圆锥曲线相截.如果考虑虚点,便可将它推广;但是我们可以按下述方式对于点 M 的一切位置证明这定理.

我们特别考查给定的是两条固定的和一条任意的圆锥曲线.存在着点 M 的一些位置,使得相应的直线 MM' 和这三条圆锥曲线相截,于是对于这些位置,上面的推理适用①.设 M_1,M_2,M_3,M_4 选择为共线四点,对应于四点 M_1',M_2',M_3',M_4'(图 33.13). M_1,M_2,M_3,M_4 关于这些圆锥曲线中每一条的极线通过同一点,即直线 $M_1M_2M_3M_4$ 关于这圆锥曲线的极;设 p,q,r 是所考虑三圆锥曲线的极,由于线束 $p(M_1'M_2'M_3'M_4'),q(M_1'M_2'M_3'M_4'),r(M_1'M_2'M_3'M_4')$

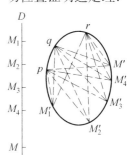

图 33.13

的交比相同,点 $M_1',M_2',M_3',M_4',p,q,r$ 便属于同一圆锥曲线(第 428 节).

现在假设 M 是直线 $M_1M_2M_3M_4$ 上另外一点,点 M 的各极线确将通过同一点,即圆锥曲线 $M_1'M_2'M_3'M_4'pqr$ 上和 M_1',M_2',M_3' 在这圆锥曲线上所形成的交比等于 $(M_1M_2M_3M)$ 的一点.

446a*. 反之,这结果能给笛沙格定理一个补充,这补充的必要性,我们已经看到了(第 444 节).

定理 圆锥曲线内接四角形的各双对边在任一截线上所决定对合的二重点(假设是实的),是关于这圆锥曲线的共轭点.

当截线和圆锥曲线相交时,这叙述和 444 节的等效.并且,这两个叙述(至少)总有一个可以应用.因为二重点可以由两个对合的公共点偶来定义,一个是关于圆锥曲线的共轭点在 Δ 上所决定的对合,一个是关于四角形两条对边的共轭点所决定的,若 Δ 不与圆锥曲线相交,那么二重点是实的(第 331 节).特别地,前面(第 445 节)对帕斯卡定理的证明,包括了各种可能情况.若直线 LM

---

① 例如说,作为前两条圆锥曲线只要取两对公共割线,而取第三条圆锥曲线为任一通过给定四点且使 M 在其内部的即可.

(按 445 节符号)不与圆锥曲线相交,那么决定 Δ 和 34 或 61 的交点的对合,将被这样的条件来确定:即它的二重点是关于圆锥曲线的共轭点而调和分割线段 LM.

447*. 我们看出,当点 M 描画一直线 D 时,点 M' 的轨迹为一圆锥曲线,这曲线通过二重极点(即当 M 位于直线 D 与一条二重极线的交点时,M' 所占的位置).并且,由于这轨迹与圆锥曲线束中被选来以作点 r 的圆锥曲线的选法无关(因为我们可以把它看做被五点 M_1', M_2', M_3', p, q 所确定),所以它也是直线 D 对于四角形各外接圆锥曲线的极的轨迹.

特别地,通过四定点的各圆锥曲线中心的轨迹是一圆锥曲线.

当直线 D 通过一个二重极点时,D 上任一点 M 的各极线的交点 M' 的轨迹(圆锥曲线)化为一直线(或者说得正确些,化为两直线,其中一条是二重极线).因为这时 pM' 和 qM' 所产生的射影约束有一条公共的对应射线,即相应的二重极线.并且,只有当 D 通过一个二重极点时,这轨迹才不是正常的圆锥曲线(第 428 节),因为只有在这种情况下,两条极线所产生的两个线束才有一条公共的对应射线.

447a*. 假设圆锥曲线之一为圆,并考查两条公共割线 AB, CD 形成的角的平分线上两个无穷远点.这两个无穷远点对于圆是共轭点(因为所考虑的角平分线互垂),并且对于 AB, CD 上的无穷远点成共轭(平,201,推论 2).所以它们对于圆锥曲线是共轭点.但两个互垂方向对于一圆锥曲线如果同时又是共轭的,就必然是这圆锥曲线的轴的方向.这样,一个圆和一圆锥曲线的公共割线,对于这圆锥曲线的轴是成等倾的.

448*. 以上一些命题的对偶命题,涉及内切于同一四边形的圆锥曲线.从任一点向这些圆锥曲线所引的切线是成对合的.因此又有:任意的同一直线对于这些圆锥曲线的极是共线的,例如说,切于四条给定直线的各圆锥曲线的中心是共线的.

在这些圆锥曲线中,有三条和通过四定点的圆锥曲线的三对公共割线对偶.一对公共割线是退化成两直线的圆锥曲线,和它对应的是退化成两点的圆锥曲线①;这两点是四条切线形成的完全四线形的一双对顶.一条直线对于这样定义的圆锥曲线的极,乃是该直线和这两点连线的交点对于这两点的调和共轭点②.例如说,这样圆锥曲线的中心,便是组成该曲线的两点连线的中点.于是可知,切于四直线的各圆锥曲线的中心中,包含了这四直线形成的完全四线形的三条对顶线的中点,从而刚才找到的轨迹就是通过这些中点的直线(平,194).

一定点对于与四定直线相切的各圆锥曲线的极线,包成与公共共轭三角形各边相切的一条圆锥曲线.

这些定理的证明是前面一些相应命题证明的对偶.

449*.以上的推理,当公共点中有些点两两趋于相重时,依然有效.例如通过两个公共点且在第三个公共点彼此相切的圆锥曲线,便属于这种情况.这时笛沙格定理仍可用,对于这样的一些圆锥曲线,以上的推理全都有效;但三对公共割线只化为两对互异的了,即切点到其余两点的连线所组成的一对(算作两对)③,以及这两点的连线和公切线所组成的一对.明显地,在这一情况下,各圆锥曲线仍应看做有四个公共点.

但又很可能出现另外一个样子,例如两圆周至多有两个公共点,此外不再有公共点.我们说,公共点数依然是4,其中全部或一部(在实域所短少的那些)是虚的.

在所有情况下,总可以找到至少一个实的二重极点.

为了证明这一点,我们要引用如下所述:

如果两圆锥曲线有了一个公共点,至少还有一个公共点,只要它们不是在前一点彼此相切.

事实上,假设两圆锥曲线中有一个是圆,如果另一个不和它在已知的公共点 I 相切,那么圆周上邻近 I 的点,有一些是在第二条圆锥曲线之内,而另外有一些则在它之外.设 I' 为前一类中一点,而 I'' 为后一类中的一点,以圆周上不含点 I 的那一段弧联结 I' 和 I'',便得出一条连续的线路,这线路必然要在某处穿越这第二条圆锥曲线.

---

① 这样的圆锥曲线是由如下的条件定义的:凡通过所考虑两点之一的直线,我们把它看做这圆锥曲线的切线.

视为点的轨迹,它乃是变得无限扁平的圆锥曲线.

② 这乃是一点对于退化为两直线的圆锥曲线的极线,即对于一个角的极线(平,203)的对偶概念.

③ 最后这一情况将变成很容易理解的,只要把有两个公共点相重合的情况,看做有两个公共点非常接近的极限(参看下面第451a节,(2)).

由于利用一个适当的透视,总可以假设所考虑的圆锥曲线有一个是圆,所以命题得证.

设有两圆锥曲线 S 和 S',要求它们的二重极点.在平面上取一点 O,并通过这点 O 引两条任意的直线 D 和 D_1.若一点 M 描画直线 D,则点 M 对于 S 和 S' 的极线的交点描画一圆锥曲线 C(这时,446 节推理继续有效).仿此,若点 M 描画直线 D_1,则此两极线交点描画一圆锥曲线 C_1.这两圆锥曲线已有了一个公共点,即点 O 的两条极线的交点 O',所以它们至少还有一个公共点 I(只要它们不是在点 O' 相切).如果点 I 的极线是互异的,那么它们的交点应该在 D 上(因为 I 在 C 上),又在 D_1 上(因为 I 在 C_1 上),所以这交点便应该与 O 重合了,而这是不可能的,因为 I 是不同于 O' 的.所以 I 是一个二重极点.

还剩下两圆锥曲线 C 和 C_1 相切于 O' 的情况.在这种情况下,若 E 为这两圆锥曲线的公切线,则 E 上任一点对于 S 和 S' 的极线相交之点的轨迹,将是与 D 切于点 O 的一圆锥曲线(因为在 D 上求一点 M 使其两极线相交于 E 上一点 M' 的问题,划归为在 E 上求一点 M' 使其两极线相交于 D 上的问题,一个问题有两个重合的解,必然导致另一问题有两个重合的解),而这一圆锥曲线又应切于 D_1,这是不可能的,除非它不是正常的圆锥曲线,也就是说(第 446 节),除非 E 通过一个二重极点.

449a*.这样得到了一个公共极点 I,我们来考查这一点的极线,如果这点不在两圆锥曲线上,这极线是不会含有这一点的.如果我们在这条极线上决定出两点 K 和 L,使其对于 S 和 S' 都互为共轭点(这是一个求两个对合的公共线段的问题),那么 K 和 L 是另外两个二重极点,对于两已知圆锥曲线讲,点 K 以 IL 为极线.

如果点 I 的极线在 S 或 S' 之外,或者如果这两圆锥曲线在这极线上所定出的线段 MN 和 $M'N'$ 或是相离的,或是内含的,在这些情况下,极 K 和 L 都是实的,只有线段 MN 和 $M'N'$ 相互穿插时,它们才是虚的.

并且,一般讲来①,这样得出的二重极点 I, K, L 是仅有的(参看习题(736)).因若设 M 为另一个二重极点,则直线 IM 将是一条二重极线(它将以 I 的和 M 的极线相交之点为极).于是 IM 和 KL 的交点是一个二重极点,从而将与 K 或 L 重合.完全类似于上面的推理表明,在 IK 上一般①只有两个二重极点 I 和 K.

---

① 关于例外的情况,参看 451~451a 节(c),(d),(f).

备注 以上证明了二重极点的存在,但并不能使我们用圆规和直尺把它作出来.一般这作法是不可能的(参看附录 A).

450*. 如果两已知圆锥曲线没有任何公共点,乍一看来,似乎没有理由来谈公弦了.但这是两圆锥曲线的一种性质,即使它们不相交截,也还可以保留一些意义.事实上,容易看出,在相交两圆锥曲线的一条公弦上,对于一圆锥曲线成共轭的两点,对于另一圆锥曲线也成共轭,因为充要条件乃是这两点对于公弦的两端成调和共轭①.

我们把具有下述性质的直线称为任意两圆锥曲线的**公共割线**:这直线上任意两点对于一圆锥曲线若是共轭点,对于另一圆锥曲线便也是共轭点,并且这直线和两圆锥曲线都交截,或都不交截.立刻可以指出,两条公共割线的交点,或者是两曲线的一个公共点,或者是二重极点(因为如果它不是两曲线的一个公共点,那么在两条公共割线的每一条上,这点都有一个共轭点,这两个不相同的共轭点便决定了这一点的极线,这极线是两曲线所公有的).

我们来决定通过一个二重极点 I 的公共割线.为此,可注意,若一点 M 描画一条通过 I 的直线,则点 M 的两极线的交点 M' 描画一条直线(第 446 节),这直线也通过点 I(因为当 M 在相应的二重极线上的时候,点 M' 便在 I).这样相对应的两直线间的关系是射影的,因为我们知道,若 M 描画一条任意直线,则 M' 描画通过 I 的一圆锥曲线,并且这曲线上点 M' 四个位置的交比(因而四条射线 IM' 的交比),将等于点 M 的四个对应位置的交比.最后,这个关系还是对合的,因为两点 M 和 M' 的关系显然是相互的.这样决定了的对合的任一二重射线将是这样的:与每一点 M 对应的,是同一射线上的一点 M',即 M 对于这一以及那一圆锥曲线的共轭点,并且反过来,从 I 发出的直线中只有二重射线具有这一性质.因此我们可以得到从 I 发出的两条公共割线.

450a*. 还需要知道,这些二重射线是否是实的.

首先假设,点 I 是唯一实的二重极点,这时我们已知道,在这点的极线上,两圆锥曲线所截的线段 MN 和 $M'N'$ 互相穿插.于是两点 M,N 中一点在第二条圆锥曲线之内,另一点在其外.如果再假设第一条圆锥曲线为一椭圆,那么从 M 到 N 的每一弧应该含两曲线的一个交点.在这些条件下(比较 449 节),点 I

---

① 反之,设在一直线上,共轭点偶构成的对合,对于这一或那一圆锥曲线乃是同一对合,并设这直线与一圆锥曲线相交或相切,那么在相交的情况下,它和另一圆锥曲线也相交于同样的两点(即对合的二重点),在相切的情况下,它和另一圆锥曲线也相切于同一点.

到一个交点的连线是一条公共弦.所以所求的公共割线是实的.

并且只有两个实交点,因为如果有第三个,便也有第四个(与它或重合或不重合)在由 I 发出的同一直线上,因而实的二重极点也就不止一个了.

现在来考虑三个二重极点 I, K, L 是实点的情况.在以所求割线为二重射线的对合中,注意 IK 和 IL 是两条对应射线(因为当 M 是 IK 上任一点时,M' 便在 L).设 M 为任一点,M' 是 M 的两条极线的交点,那么这个对合是由射线 IK,IL 和连线 IM,IM' 所决定的.如果两角 KIL 和 MIM' 不互相穿插,即是说,如果线段 MM' 不穿过直线 IK,IL 中任一条,或者穿过两条,那么二重射线便是实的.

如果与考查 I 的同时,我们考查另外两个二重极点 K 和 L,于是得出结论,以这三点做顶点的三个对合,它们的二重射线不可能都是虚的.如果线段 MM' 不穿过三角形 IKL 的任何一边(图 33.14),或者穿过所有三边,这三个对合将都有实二重射线.若线段 MM' 穿过一边(图 33.14a)或两边,一个对合(它的顶点是被穿过的两边的公共顶点,或者未被穿过的两边的公共顶点)将有实的二重射线,而另外两个对合则没有.

在最后这一情况下,两圆锥曲线不相交,因为如果有一个公共点,这点到每一二重极点的连线便将是公共割线了.

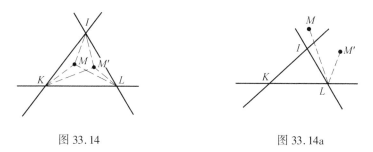

图 33.14　　　　　　　　　　图 33.14a

相反地,如果三对公共割线是实的,两圆锥曲线便相交于四点:从 I 发出的两公共割线与从 K 发出的公共割线相交于四点,因这四点不是二重极点,所以是交点.

451*.上面我们曾排除了某些特殊情况,现在就来研究它们.首先是 449a 节所除外的一种情况,即所求第一个二重极点 I 在两圆锥曲线之一上.这时点 I 也在另一圆锥曲线上,而二重极线是这点的切线,两圆锥曲线在 I 相切.

此时以上的推理一般依然合用,但在某些例外的情况(如后面情况(e)),要应用它们会出现困难.因此我们利用以下的定理(习题(715)以及习题(724)的特殊情况)另行处理.

定理 设通过两圆锥曲线的切点 I 引任意两条截线,并在每一圆锥曲线内画出被截于这两线间的弧的对应弦,那么当两截线绕点 I 独立地旋转时,这两弦的交点描画一直线,这直线是两圆锥曲线的公共割线.

特别地,这直线也是在 M 和 M' 两点的切线相交点的轨迹.

首先,假设两圆锥曲线 S 和 S' 除点 I 外,还有不同于 I 的两个实交点 a 和 b(它们之间不一定要互异)(图 33.15).设 $IM'M$,INN' 为两截线,命题中所说的两弦 MN 和 $M'N'$(根据笛沙格定理)截公共割线 ab 于同一点 h,这点 h 乃是在直线 ab 上的一个对合中,ab 和点 I 的切线相交之点的对应点,这个对合即是 a,b 作为一个点偶,两截线和 ab 的交点作为另一个点偶所决定的.

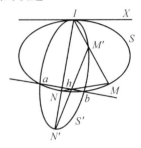

图 33.15

现在假设,关于 S 和 S' 的相交情况(除了它们相切于 I 这一事实外)我们一无所知.我们可以画一条圆锥曲线 S'' 与前两条相切于 I,并交 S 于两个实点 a,b,交 S' 于两个实点 a',b'(图 33.15a)(要确定 S'',只要用这样的条件:点 I 连同这一点的切线,S 上两点 a 和 b,S' 上一点 a').这时,设 IMM',INN',IN_1N_1' 是从 I 发出的三条截线,并交 S'' 于 M'',N'',N_1'',那么以弦 MN,$M'N'$,$M''N''$ 为边的三角形 fgh 和弦 MN_1,$M'N_1'$,$M''N_1''$ 为边的三角形 $f_1g_1h_1$ 是透射的(因为对应边的交点是共线点 M,M',M'').所以直线 ff_1,gg_1,hh_1 共点.但(按以上所见到的)前两条正好就是公共弦 $a'b'$ 和 ab.直线 hh_1 因此通过这两公共弦的交点 o.换言之,若保留 IMM',而将截线 INN' 用另外一条 IN_1N_1' 来代替,直线 oh 并不改变.由于同样的推理,适用于保留截线 INN' 而变动第一条 IMM',直线 oh 确是固定的.

为了证明这是一条公共割线,需要证明:直线 oh 上两点 h,h_1 如果对于 S 是共轭点,那么对于 S' 也是共轭点.为此,只要注意,通过点 h 可以向 S 引[①]两条割线 hMN,hPQ(图 33.16),使 MP 和 NQ 相交于 h_1.于是,若 M',N',P',Q' 为 IM,IN,IP,IQ 与 S' 的交点,则直线 $M'N'$,$P'Q'$ 相交于 h,而直线 $M'P'$,$N'Q'$ 相交于 h_1.所以 h 和 h_1 对于 S' 是共轭点.证毕.

[①] hMN 是随意引的,而直线 h_1M,h_1N 交 S 于 P 和 Q,直线 PQ 交 MN 于 h_1 的极线上一点,这一点只能就是 h(只要注意,不要把 h_1 的极线取为 MN).

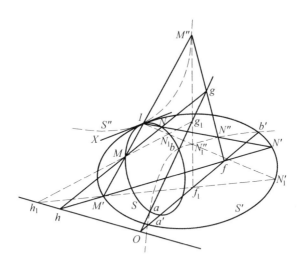

图 33.15a

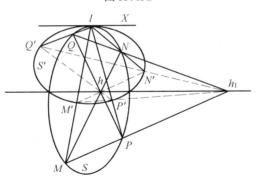

图 33.16

从上面的定理断定其存在的公共割线 D，含有两圆锥曲线除了 I 以外的一切公共点，因为把图 33.15 的点 M 放在这样一点，点 h 便重合于 M.

我们有理由(参看以后)把 D 看做与点 I 的切线**相对**的公共割线. 446 节所指出的主要情况在此仍然存在，只要我们规定(像今后所做的一样)把两已知圆锥曲线看做有四个公共点，其中两个在点 I 的切线上(即两点与 I 重合)，而另两点在 D 上(并且后两点或是或不是实的，但彼此不同且异于 I).

所以可能的情况有下列几种：

(a)直线 D 交两圆锥曲线于互异的而又不同于 I 的两点：这显然就是 448 节所考虑的情况.

(b)D 在两圆锥曲线外：这两曲线的公共点是 I 和两个虚点；点 I 算作两

次，两虚点就是 D 和它们的交点．两个相切圆周便是这种情况（参看以后，第 452 节）．

(c) D 在不同于 I 的一点 K 切于两圆锥曲线（图 33.17）．

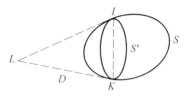

图 33.17

两圆锥曲线是**双切的**（这便是在 425 节的圆锥曲线，三点 A,B,C 保持相同，选出不同的点 D 便得出不同的圆锥曲线）．一对公共割线由两公切线组成，另外两对是相同的，并且其中每一对是相切弦算作两次．

在这一情况下有无穷多个二重极点．事实上，直线 IK 上任一点对于每一圆锥曲线的极线，是这一点对于两公切线构成的角的极线．

(d) 直线 D 即是点 I 的切线：这显然是(c)的一种极限情况，其中 K 趋而重合于 I．像在情况(c)一样，有一条直线，它上面每一点都是二重极点，这直线就是 D．事实上，得出这直线的方式本身表明，若由 I 引任一割线 IMM'（图33.18），则在 M 和 M' 所引两曲线的切线相交于 D 上一点，在现在的情况下，这一点的极线不论对于 S 或对于 S' 都是 IMM'．

两圆锥曲线有四个公共点重合于 I（因为两条相对的公共割线与这点的切线重合）（例：习题(347)的圆，当 α 取习题(346)所考虑的极小值）．

(e) 直线 D 通过 I 但不是这点的切线（图 33.19）．两圆锥曲线称为**密切的**．它们有一个（也只一个）不同于 I 的公共点．并且，它们应该看做有三个公共点重合于 I（两个看做在切线上，一个在 D 上）．事实上，我们看出，当两圆锥曲线中每一个趋于一极限位置，使有三点相互重合时，这两极限位置便出现这里所说的关系（例见习题(714)）．

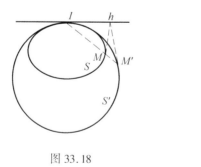

图 33.18

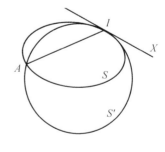

图 33.19

451a*．现在来说明，上面所列的，除了另一种情况以外，包括了一切可能出现的情况.

事实上,情况可能不正如 449a 和 450a 节所说的,而有下列情形:

(1) 所求二重极点 I 在两圆锥曲线上:这就是以上讨论的;

(2) I 不在两圆锥曲线上:但利用 449a 节的方法求其他两个二重极点时,我们发现它们相重合,决定它们的两个对合有一个公共的二重极点;这一情况划归为上面的,因为这公共二重点是自共轭的,所以在两圆锥曲线上,两曲线相切于这点;

(3) 决定 K 和 L 的两个对合是同一个. 这时一条确定的直线 D(I 的极线)上每一点 K 将是二重极点. 相应的二重极线与 D 相交于一点 K',并且显见 K 和 K' 成对合. 若此对合的二重点 P 和 Q 为实的,则将在两圆锥曲线上,这两曲线便在这两点双切(因为 P 的极线是唯一的,并且通过 P). 同理,如果它们重合,便得到情况(d).

如果相反地,

(f) 所说的二重点是虚的,于是我们说,两圆锥曲线成**虚的双切**,D 是**相切弦**,而它的极是**相切极**. (例:391 节的圆锥曲线和圆 c,但这两曲线的平面不与平行圆 $C''D''$ 相截;相切弦这时是 $L''y''$.)除非两圆锥曲线重合,它们没有实的公共点(习题(734));

(4) 如果不是在以上的任一假设下,449a 节的推理不需作任何变更;至于 450,450a 节的推理要是发生例外,只有当射线 IM 和 IM' 所构成的对合有两条重合的二重射线,即当 M 不论是哪一点,射线 IM' 总是同一条的时候.

但这种情况包含在上面的情况之中. 因为这时直线 IM' 上所有各点都是二重极点(如果这样一点 M' 关于 S 的极线通过 M,而它关于 S' 的极线则否,那么点 M 的两条极线将交 IM' 于不同的点了)①,所以就归为情况(c),(d)或(f).

452*. 两圆以无穷远线作为公共割线,上节条件得到满足. 推广言之,成位似的两圆锥曲线都是这样,对于这每一圆锥曲线,共轭方向是相同的.

至少有两个虚交点的两圆锥曲线,可以利用同一个透视变换为两圆.

事实上,这两圆锥曲线将有一条公共割线 D 在它们外部,因此这直线上共轭点的对合的两个二重点是虚的. 因此我们可以(参看 443 节)利用投影使 D 变为无穷远线,并且使所说的对合成为互垂方向的无穷远点所构成的对合;已知两圆锥曲线的透视图形便是两个圆了.

---

① 若点 M 的极线之一为 IM',这推理有问题;但我们显然可以对点 M 排除这种选择.

两圆有一个二重极点在无穷远,这点在连心线的垂直方向上.另外两个(如果存在)是两个极限点(平,习题(241)).第二条公共割线是根轴,因为根轴是一条公共弦,或是一条公共切线,或者含有无穷远点对于两个极限点的调和共轭点.

若两圆同心,则成虚的双切(情况(f)).

453[*].在 450～451a 节所考虑的,都可用对偶法加以变换.和公共割线的观念相对偶,我们把这样一点称为两圆锥曲线 S 和 S' 的**脐点**:从这一点发出的两直线只要对于 S 成共轭,对于 S' 便也成共轭.例如说,圆锥曲线的一个焦点 F,是这曲线和以 F 为中心的一个圆的脐点.

若一脐点在一圆锥曲线外部,便也在另一圆锥曲线外部,而且是两条公共切线的交点.

仿 450～450a 节的推理,可以证明:两圆锥曲线一般有两个或者六个实的脐点.并且这些脐点是在公共共轭三角形的一边上——或者,如果它们全部是实的,两两在这些边上.这样,有脐点和公共割线之间建立了一种关系:联结(适当选择的)两脐点的直线,通过相对公共割线的交点中的两点.

454[*].在我们所研究的每一种情况下,对于两已知圆锥曲线,我们至少找到一对实的公共割线.并且这一对实的公共割线在任意一条截线上所决定的线段,属于两已知圆锥曲线在这截线上所决定的对合之中.这个事实在一切假设下成立.事实上,只要四个公共点是实的,并且至多有两点重合,它可以直接从笛沙格定理导出:它对于两圆成立(根据 452 和 326 节),因之当两个公共点为虚点时也成立;在情况(c),(d),(b),对于 451 节割线 MN 和圆锥曲线 S',它由应用笛沙格定理于以 IM',IN',$M'N'$ 和 Ix 为边的四边形而得出;最后,在情况(f),割线和相切弦的交点确实是两圆锥曲线所决定的对合的二重点,因为它对于这两曲线有同一极线.

如果我们把这样的两条公共割线(互异或否)称为**相对的公共割线**,这两割线和两圆锥曲线在任一直线(这直线与两圆锥曲线相交)上决定出一个对合,那么我们证明了,在一切情况下,有(至少)一对相对的公共割线存在.并且从上面的推理容易推证,在每一种情况下所找到的各对割线,是仅有的.在每一情况下,我们还构作了 450 节意义下的所有公共割线.凡这种类型的公共割线,总有一条相对的公共割线(与它本身互异或否).

要两条公共割线成为相对的,充分条件(但非必要的)是它们不相交于两已知曲线上(因为它们的交点将是一个二重极点,并且它本身是以这点为中心的对合的两条二重射线).

454a[*]. 当若干圆锥曲线有同一对相对公共割线时,我们可以说:它们有相同的公共点(实的或虚的).一族圆锥曲线如果有相同的公共点,便在任一截线上截下一个对合(即其中的一个和公共割线所决定的对合).

当两圆锥曲线不是相交于四个互异的实点时,直观上不能看出还有无穷多圆锥曲线和它们有相同的公共点;但利用完全类似于以上的一些考虑,可以推导出来(如果有两个虚公共点,划归为有同一根轴的圆;对于情况(c),(d),(e),习题(720);对于情况(f),习题(434)),这些考虑表明:任意给定了平面上一点,圆锥曲线族中有一个通过这一点.这圆锥曲线显然是给定的点在各个对合中对应点的轨迹,这些对合乃是圆锥曲线族中的一条,和公共割线在发自给定的各直线上所决定的.这一条件显然已足以把圆锥曲线决定出来,因而我们看出,如果一些圆锥曲线在任意截线上都决定出一个对合,它们便有相同的公共点(实或虚的).

446节的一些定理,显然可以推广到这样定义的圆锥曲线族或圆锥曲线束[①].例如当我们考虑有同一根轴的一族圆时,任意一点对于这些圆的极线是共点的;任意一条给定直线的极描画一双曲线,这双曲线有一条渐近线和连心线垂直,并且通过庞斯列极限点(如果这些点存在).

对偶地,**一对相对的脐点**被这样的条件定义:这对点和两圆锥曲线在任意一点的视角成对合.两圆锥曲线至少具有一对相对的脐点.如果两个脐点不在同一条公共切线上,就必然是相对的.

凡有一对公共相对脐点的圆锥曲线族,或(换句话说)一族圆锥曲线在平面上任一点的视角成对合,便定义为有相同的公共切线的圆锥曲线族.

例如说,两条**共焦**圆锥曲线(即有同样的焦点)以这两焦点为相对的脐点(第342节).于是,从平面上任一点看共焦圆锥曲线的视角成对合(这还可从171节得出).一定直线对于一族共焦圆锥曲线极的轨迹是一条直线.一定点对于这些圆锥曲线的极线包成一条抛物线,切于它们的公共轴,因为这两轴和无穷远线构成一个对于所有这些圆锥曲线成共轭的三角形.

---

① 要证明一点 M 对于束中各圆锥曲线的极线的定理,不再需要假设(446节的)直线 MM' 与各圆锥曲线的交点是实的.因为从450节知道,线段 MM' 被两条相对的公共割线调和分割.被以上条件,以及必须在 M 对于束中一圆锥曲线的极线上的另一条件所决定的点 M',于是便也在其余的极线上了.

习 题

(686)以两条共轭直径为坐标轴,列出双曲线的方程.(仿 406a 节)

(686a)给定了圆锥曲线 C,证明:平面上一直线 D 上的、被 C 的共轭点偶 M,M' 所决定的对合,以一点 I 为中心点,I 是与 D 的方向成共轭的直径和 D 的交点;并且不论 D 与 C 相交与否,乘积 $IM\cdot IM'$ 与这直径上被 C 所截两线段(从 I 算起)的乘积之比,只因 D 的方向而变.

(687)将平面几何习题(239)推广于任一圆锥曲线.

(688)通过一圆锥曲线平面上一点 A 向该圆锥曲线引动割线,在这直线上取一点 P,使与它和圆锥曲线的两个交点以及 A 成常数交比,求点 P 的轨迹〔证明轨迹是已知圆锥曲线的透射图形(习题(467));或者划归为点 A 是中心的情况〕.将习题(623)推广于任一圆锥曲线.

(689)投射一条圆锥曲线使它平面上两已知点在投射后成为新曲线的焦点.考查可能的条件.

(689a)将一圆锥曲线投射为一等轴双曲线,使其平面上一已知点投射成这双曲线的焦点.

(690)给定一圆锥曲线及其内一点,并过此点任引两条共轭直线.求以这些直线为对顶线的内接四角形各边的包络(利用射影).

(691)利用帕斯卡定理,试以描点法作一圆锥曲线使通过已知五点.并作一点对于这圆锥曲线的极线.

(692)一条曲线的任一内接六角形满足帕斯卡定理,证明:这曲线是圆锥曲线(它可能化为两直线).

(693)证明:一圆 C' 对于一圆 C 的配极图形(圆锥曲线)的第二个焦点,是圆 C 的中心和圆 C' 的根轴的极.

(694)把定圆周 C(第 440 节)的每一条切线变换为一圆周,有如这一节第二证法中阐明的那样.试问对于这些圆说,该节第三证法中所利用圆周的切线的性质怎样变化?

(695)一直角外切于一圆锥曲线,将关于直角顶点的轨迹定理,施用配极变换.

(695a)大小固定的角绕圆锥曲线的一个焦点 F 而旋转,在两边与曲线相交之处引曲线的切线,求切线交点的轨迹.

(696)若两圆锥曲线有一个公共焦点和两条实的公切线,则此两切线在这公共焦点的视角相等.若此角为直角,则由两条准线的一条上任一点向两曲线所引的切线构成调和线束.

(697)两圆锥曲线有一公共焦点,求其交点(因而切圆问题的解)(利用配极法变换这问题).

(697a)圆锥曲线的一条弦绕它平面上一定点而旋转,求这弦在一个焦点的视角的平分线和这弦交点的轨迹.

(698)由圆锥曲线 C 上一点 a 引两弦平行于另一圆锥曲线 C' 的两条共轭直径,证明:联结这两弦端点的弦通过一定点 b.

设已知 C,a 和 b,求作 C' 的渐近方向.

设已知 C 和 a,并且知道 C' 是一条等轴双曲线,求点 b 的轨迹.

(698a)设上题中圆锥曲线 C' 为一圆(傅里叶定理的情况,第 437 节),证明:点 b 的圆锥曲线 C 的两轴调和分割 C 在点 a 的法线.当 a 描画圆锥曲线 C 时,点 b 的轨迹为何?研究抛物线的情况.

在什么情况下,b 趋于无穷远?

沙尔定理的应用

(699)一直线绕一定点 A 而旋转,交一定角的两边于 M,N.将 M,N 分别到两定点 B,C 连线.求直线 BM 和 CN 交点的轨迹.

考查 B 和 C 与这角顶点或与 A 共线的情况.

(700)大小固定的两个角分别绕它们的顶点而旋转,使第一角的一边与第二角的一边相交于一定直线上.求第二条边交点的轨迹.

(701)一个三角形的底边切于一定圆锥曲线,它的两端描画这圆锥曲线的两条定切线,而其余两边分别绕定点而旋转.求第三顶点的轨迹.

(702)给定一圆锥曲线及一直线,由直线上每一点引一直线,使与圆锥曲线通过这点的直径成共轭的方向平行,求所引直线的包络.

(703)设两个三角形对于同一圆锥曲线都是共轭的,证明:六个顶点在同一圆锥曲线上,它们的六条边切于另一圆锥曲线.

证明:问题:求一三角形使内接或外切于一圆锥曲线且对于另一圆锥曲线成共轭,一般无解.如果有一个解,便有无穷多个.

(704)设两个三角形外切于同一圆锥曲线,证明:它们的六个顶点在同一圆锥曲线上.

证明:问题:求一三角形使内接于一圆锥曲线且外切于另一圆锥曲线,一般无解,否则有无穷多个解.

笛沙格定理的应用①

(705)证明:两圆锥曲线的两条相对的公共割线,调和分割一条公共切线.

(706)证明:圆锥曲线的任意切线,被其他两条切线、它们的相切弦以及这曲线所调和分割;也被它的切点、任意一条弦以及与前一圆锥曲线在这弦两端成双切的一圆锥曲线所调和分割.

(706a)给定两圆锥曲线 C, C' 和一点 A,通过 A 任引一直线,给定的圆锥曲线在这直线上所截的两线段决定一个对合.求点 A 在这个对合中的对应点的轨迹.

此处包含习题(638)作为特例,圆锥曲线 C' 由两条都与无穷远线重合的直线所组成.

证明:外接于一三角形的等轴双曲线中心的轨迹,是这三角形的九点圆(平,习题(101)).

(708)②通过给定四点,求作等轴双曲线.

(709)设相交于四点的两圆锥曲线 A, B 和同一第三圆锥曲线 C 成双切,I 为这两曲线和 C 的相切弦的交点,证明:A 和 B 的两条公共割线通过点 I,且与这两相切弦形成调和线束.

当圆锥曲线 A 和 B 只有两个实交点时,点 I 在公共弦上.在所有的情况下,点 I 是一个二重极点(例:习题(422),③).

在三个二重极点是实点的情况下,有三系的圆锥曲线和它们成双切.

(710)完全四点形(第301节)的六条边被任一截线 D 所截,证明:这些交点对于六边的调和共轭点属于同一圆锥曲线 S.这圆锥曲线就是在第447节所考虑的轨迹,因而通过四点形三双对边的交点.由是推证平,第二编习题(101).

对于一双对边的共轭点两两相连的三直线共点,即 D 对于 S 的极.

(711)通过已知四点,求作一抛物线(求出轴的方向).

(712)通过两点且切于两直线有两个圆锥曲线系.通过两已知点引每一系圆锥曲线的切线,求切线交点的轨迹.

(713)设两抛物线的轴互相垂直,这两曲线相交于四点,证明:这四点的平均距离中心和两轴的交点重合(第447a节).

---

① 必要时,应用446a节的补充结果.
② 原书缺习题(707),由于习题之间经常相互引用,故未重新编号.——译者注

(714)通过任一给定圆锥曲线上三点作一圆.证明(比较习题(669))当这三点无限趋近于曲线上一点 M 时,这圆趋于一个确定的极限位置,这样得出的圆与圆锥曲线密切(第451节,(e)).一般这圆与圆锥曲线相交于 M 以外的一点,试决定这两点所联结的弦.在什么情况下 M 是仅有的公共点?

(715)设三圆锥曲线有同一公共割线,证明:与它相对的三条公共割线(对于三曲线每次取两条而言)相交于一点.

---

(716)证明:以圆锥曲线一焦点为中心而半径为零的圆,和这曲线有虚的双切(第451a节).并证逆命题.

(717)求作一圆锥曲线,已知:①一点或一切线;②平面上一已知点的极线;③一圆锥曲线,它和第一条以这极线作为公共割线.

对偶问题为何?

(718)设两圆锥曲线相切于 I,且平面上一点 M 描画一条通过 I 的直线,M' 为 M 的两条极线的交点,证明:点 M' 的轨迹是① IM 对于一个角的调和共轭线,这角的一边是点 I 的切线,另一边是这样得来的:在 IM 与两圆锥曲线的交点引两曲线的切线,将这两切线的交点到 I 连线.

(719)设通过两圆锥曲线的两个交点 A 和 B,任引两截线 AMM' 和 BNN',证明:两圆锥曲线的弦 MN 和 $M'N'$ 相交于与 AB 相对的公共割线 D 上(和451节推理相同).

这命题包括平,习题(65).

由此导出习题(715)(比较451节).

在 MM' 上取一点,使与点 M,M' 以及 MM' 和 D 的交点形成常数交比.求这一点的轨迹.

证明这轨迹和关于 NN' 的类似轨迹重合.

(720)给定了一圆锥曲线,这曲线上两点 I 和 M,直线 IM 上一点 M' 和一直线 D.设 N 为圆锥曲线上一动点,求 IN 上一点 N' 的轨迹,使 MN 和 $M'N'$ 相交于 D 上.

(721)四圆锥曲线有四个公共的交点,证明:在一个交点所引这四曲线切线的交比,对于四交点相同.

(722)证明:一直线 D 对于一系列共焦圆锥曲线的极的轨迹直线(第454a节)与 D 垂直.通过一已知点对于一圆锥曲线所能引的互垂的共轭直线,是这

---

① 正文(第450节)的推理证明 M' 的轨迹是一条直线,但没有证明这直线通过 I.

点到圆锥曲线两焦点的连线夹角的平分线.

(723)对于外离的两圆,脐点在公共共轭三角形的边上这一事实,给我们什么?

(724)在两圆锥曲线一条公共割线 Δ 上任取一点 M,从这点向第一曲线引切线 Mm 和 Mm_1,向第二曲线引切线 Mm' 和 Mm_1'.

①证明:直线 mm_1 和 $m'm_1'$ 相交于 Δ 上;

②设 N 为 Δ 上另一点,从这一点引切线 Nn,Nn_1,Nn',Nn_1',即点 m,m_1 到点 n,n_1 的连线,以及点 m',m_1' 到点 n',n_1' 的连线,每四线相交,相交于 Δ 上的两点(我们将发现这两点是两个对合的一对公共点,不论是从四边形 mm_1nn_1 的边出发,或是从四边形 $m'm_1'n'n_1'$ 的边出发,它们是一样的);

③证明:点 m,m_1 到点 m',m_1' 的连线,两两相交于两定点 S 和 S_1(可从上面利用透射三角形的定理得出).已知圆锥曲线互为透射图形,以 Δ 作为透射轴,以 S,S_1 中任一点作为透射中心.点 S 和 S_1 是两个相对的脐点;

④直线 Sm 交第二圆锥曲线于一点 m_0'.证明在点 m_0' 的切线,交第一圆锥曲线在点 m 的切线于一点,这点描画与 Δ 相对的公共割线.

证明当 Δ 与两圆锥曲线不相交时,所有这些定理由射影法是明显的(第452节).

(725)一对共轭虚点(习题(499))可以用一直线 D 和任一圆锥曲线(和 D 没有公共点)来定义,带有这样一个条件:这圆锥曲线可以用另一个代替,只要它和前者以 D 为公共割线.这两点称为直线和圆锥曲线的(**虚**)**交点**.

证明:一直线 D 和一圆锥曲线的交点,是这直线上对于圆锥曲线的共轭点所决定的对合的二重点(习题(499)).

设在直线 D 上给定了两个射影点列,将一对对应点 m 和 m' 分别到两点 A 和 B 连线,Am 和 Bm' 交点的轨迹是一圆锥曲线.证明直线 D 和圆锥曲线的交点是射影对应的二重点(按习题(499)的意义),即使这些二重点是虚的也同样.

(将圆锥曲线投射为通过 D 的一平面上的一圆.)

所有的圆和无穷远线有相同的(虚)交点.

这些点称为**圆点**.

(726)**虚直线** 我们定义**一对共轭虚直线**为由圆锥曲线 S 的一个内点 O 向 S 所引的切线,带有这样一个条件:S 可以用另一圆锥曲线 S_1 来代替,只要 S 和 S_1 以 O 为脐点.

像一对实直线一样,一对共轭虚直线从某种观点说,可以看做是一条圆锥曲线.两点称为对于这圆锥曲线成**共轭点**,如果它们到 O 的连线对于 S 成共轭直线(当 S 按上述条件被代替时,这定义仍有意义).

两共轭虚线称为通过被一直线 D 和一圆锥曲线 S' 所确定的两共轭虚点,如果它们形成的圆锥曲线和圆锥曲线 S' 以 D 为公共割线.证明(参看习题(717))利用此处所说的条件和上题的类似条件,这时可以把 S 和 S' 用同一圆锥曲线 S_1 代替,对于 S_1 说,O 是 D 的极;圆锥曲线 S_1 甚至可用无穷多方式找到,得到的所有圆锥曲线彼此间成虚的双切.

(727)一对虚点被看做(比较 447 节)一圆锥曲线,与上题对偶.试叙述对于这圆锥曲线的两条共轭直线的定义.考查这两点为圆点(习题(725))的情况.

证明一圆锥曲线的焦点,是这圆锥曲线和一对圆点所成的系的实脐点.

两个射影线束的二重射线(虚的),按定义通过这两线束在一条截线 D 上所确定的两个点列的二重点,证明这些二重射线的位置与直线 D 的位置无关.我们可利用透射的性质(习题(467)).

(728)证明:一个常角绕它的顶点旋转所决定的射影变换,其二重射线与角的大小无关.它们通过圆点(习题(725)).

这二重射线称为**迷向直线**.

(729)两圆锥曲线的公共共轭三角形假设已决定了,证明:对于这三角形说,这两曲线的四个交点可以看做 157 节(平,第三编)问题的解答.

(730)证明:同心的两条等轴双曲线的实交点总是两个.

设给定平面上任一点 M,它对于两曲线的极线的交点 M',可以由 M 通过一个反演继之以一个对称得出.

(考查由公共中心 O 所发出的公共割线,证明直线 OM 和 OM' 对于这些割线成等倾.然后证明,若 M 描画一直线,则 M' 描画一圆,这圆的位置是使得乘积 $OM \cdot OM'$ 不变.)

(731)证明:任意一点对于一等轴双曲线的极线,以及对于以其贯轴为直径的圆的极线,对称于贯轴.

(732)设两圆锥曲线 S 和 S' 为通过一三角形 T 顶点及其高线交点的等轴双曲线(习题(707)),M' 为任一点 M 对于这两双曲线的极线的交点,证明:M' 可以像习题(197)(平,第三编)的点 O' 从 O 得出那样从 M 得出,那题中所出现的三角形是以三角形 T 的高线足为顶点的.

(733)设两三角形对于一圆锥曲线是互相配极的,证明:它们是透射的.

(734)求作一圆锥曲线,已知一点和两已知点的极线.

(735)求作一圆锥曲线,已知三已知点的极线(我们假设,由这三点所形成的三角形,以及由它们的极线所形成的三角形是透射的)①.

(736)直接证明,若两圆锥曲线 C 和 C' 满足条件:两点 A 和 B 的每一点对于 C 和 C' 有相同的极线,其中 A 的极线不通过 B(B 的极线也不通过 A),则此两曲线成实或虚的双切(第451a节).

(737)证明:若 C 和 C' 为两圆锥曲线,有不同的两点 A 和 B 存在,具有这样的性质:其中每一点对于 C 以及对于 C' 的极线相重合,则 AB 为一二重极线. 如果我们能找到另外一对点 A_1 和 B_1,不与前面的一对共线,但具有同样的性质,则所考虑的圆锥曲线中的每一条,和它对于另一条的配极曲线重合. 这两圆锥曲线有实的双切,而对于它们的公共切线是在不同的角中. 我们可以作一个透视,使它们变为两条共轭双曲线.

反之,若一圆锥曲线 C 和它对于另一圆锥的曲线 C' 的配极曲线重合,则此两曲线的关系有如上述,并且第二圆锥曲线 C' 和它对于 C 的配极曲线重合.

(738)求圆底锥在一已知方向的平行线上所截的弦中点的轨迹.

由一定点引这锥的割线,求这点对于所截线段的调和共轭点的轨迹.

(739)给定了平面 P 上一圆锥曲线 C 和平面 P 外一点 S,平面 P 上每一点 M 我们令它和一点 M' 对应,M' 是 M 对于 C 的极线和通过 S 所引垂直于 SM 的平面的交点. 证明:

①这个对应是相互的;

②若 M 描画一直线,则点 M' 一般描画一圆锥曲线;

③存在着点 M 的三个位置 I,K,L,使相应的 M' 成为不定的(I 对于 C 的极线,在通过 S 而与 SI 垂直的平面上)[我们证明(比较449节)至少有这样一个位置存在,再推断其余两位置的存在];

④若点 M 描画通过三点 I,K,L 之一的一条直线,则 M' 描画一条通过同一点的直线,并且如果这两直线绕所说的点旋转,那么它们描画成对合的两个线束;

⑤这样与三点 I,K,L 对应的三个对合中,有一个也只一个有实的二重射线;

⑥以上的命题以及它们的证明,就是将 449~450a 节的条件,应用于圆锥曲线 C 以及平面 P 和点 S 所决定的虚圆(习题(565)~(566))所得来的;

⑦以 S 为顶点以圆锥曲线 C 为底的二阶锥面,可以被一个平面截成一个

---

① 为了解这一问题,我们假设所引进的对合的二重点是实的,但相反的情况也可能发生. 正由于后面这一情况,本题可能无解.

圆(有如 423 节所述),这些圆截口的平面,乃是与通过 S 以及在⑤里面所说对合的二重射线之一的平面相平行的;并且所讲的锥面以平面 SKL, SLI, SIK 为对称平面,以直线 SI, SK, SL 为对称轴;

⑧若此锥为旋转锥,则圆锥曲线 C 应看做与虚圆双切(第 451a 节);

⑨在相反的情况下,有两点 f 和 f' 存在,其中每一点具有这样的性质:由点 f(或由 f')所引对于 C 的共轭直线,从 Sf(或从 Sf')的视角为直二面角.

这些点是 C 以及虚圆(上面的习题,⑥)的脐点.它们的存在用课文的和④,⑤的对偶推理证明;

直线 Sf 和 Sf' 称为以 S 为顶点以 C 为底的锥面的**焦直线**(参看习题(830));

⑩垂直于 Sf 的一个平面和这锥面相交的圆锥曲线,有其焦点在 Sf 上;

当圆锥曲线 C 为一圆时,三点 I, K, L 之一在无穷远,其余两点是圆 C 和虚圆的两个极限点;点 f 和 f' 的作法见后(附录 F,附 95 节).

(740)Δ 是一点 p 对于一圆锥曲线 C 的极线,m 为 C 上任一点,证明:将 Δ 上对于 C 成共轭的两点到 m 连线,其与 C 的两个新交点和 p 共线(划归为 434 节).并证逆命题(有两个).

(741)在一圆锥曲线 S 的平面上取两点,通过这两点各引一直线绕这两点旋转,但保持对于曲线成共轭.求它们交点的轨迹.这轨迹为一圆锥曲线 Σ.

当给定的两点对于 S 成共轭时,产生什么情况?

设圆锥曲线 S 为一圆,求作 Σ 的渐近方向.如果给定了两点之一,求另一点的轨迹使 Σ 为抛物线;或等轴双曲线;或更一般些,和一条已知双曲线相似的双曲线;或使它退化为两直线.

当 S 为任意圆锥曲线时,解这些问题.

当 S 为等轴双曲线时,若两已知点之一是 S 的中心对于另一点的极线的对称点,证明 Σ 为一圆.

(741a)给定了两个平面透射图形 F 和 F' 以及一圆锥曲线 S,S 不与透射轴相交,F 上一点 M 的轨迹是什么才能使它在 F' 上的透射点在它对于 S 的极线上?(首先考虑 S 为圆且透射化为位似的情况.)

第七编习题

(742)只用直尺,试将一点到两直线的交点连线,这交点在绘图范围以外.

(742a)试将两点以直线相连,假设只有一根直尺,且较这两点的距离为短.

(743)设一多边形各边绕共线的定点旋转,所有顶点除了一个以外在一些定直线上移动,证明:这最后的顶点也描画一直线.若已知的定点不共线,情况怎样?

(744)位于不同平面上的两个完全四线形互为透视形.将每一顶点与它的对顶的透视点相连.证明这样得到的三对直线相交于共线三点.

(745)求外接于一已知立方体的五边十二面体(习题(593a))的顶点和棱的轨迹.

(746)证明:任意一点 P 对于有同一根面的一系列的球的极面通过同一直线.若给定其中四球,则对应四平面的交比与点 P 的选取无关.

这交比等于所讲的四球分别与任意第五球的四个根面的交比;或等于四个中心的交比.

(747)证明:任意一点 P 对于有同一根轴的一系列的球的极面通过同一点 P'.以 PP' 为直径的球和这系列中所有的球正交.

设以点 P 对于这系列的各球的极面截一定平面,又以另一点 Q 对于同样的一些球的极面截该平面,则得出两个射影对应图形.

(748)求一点的轨迹,使其对于三已知球的极面通过同一直线.

求一点的轨迹,使其对于四已知球的极面通过同一点.

(749)求一球中心的轨迹,使其截三已知球于两两正交的三圆.

(750)给定了与一已知球沿一圆外切的锥面的顶点 S,以及通过这圆的任一锥面的顶点 O,沿以 O 为顶点的锥面和球的第二个交线圆与球相外切的锥面顶点记为 S',证明:要得到 S' 只要取 S 对于一条线段的调和共轭点,这线段的一端为 O,另一端是 O 的极面和直线 OS 的交点.

(751)一直角的两边分别通过一已知点,求其平分线的包络,证明:这角的邻补角的平分线通过第三个已知点.

动圆锥曲线 C 有固定的焦点,从一定点向它引切线,求在这切点的法线的包络.从定点引 C 的法线,通过法线足引切线,证明上面的包络与这切线的包络重合,也和定点对于 C 的极线的包络重合.

(752)求一圆锥曲线,已知其中心和三点,或中心和三切线.

设给定三点或三切线,这中心应位于什么区域,圆锥曲线才是椭圆?

(753)一圆锥曲线由五点确定,求作轴的方向(划归为习题(648)).

求焦点(应用习题(425)).

(754)一系列圆锥曲线公有一焦点和对应的准线,设由一定直线和它们的交点引这些曲线的切线,证明:这些切线的包络也是一条以这焦点为焦点的圆锥曲线.(应用配极变换.)

(755)在圆锥曲线一条轴的一条定垂线上取一动点,引这点的极线,并由这点引极线的垂线.证明这垂线通过位于轴上的一定点.

(756)在任一有心圆锥曲线中,通过一点的直径和从一焦点向这点的切线所引的垂线,必相交于相应的准线上一点 I(考虑 I 的极线).

(757)在圆锥曲线的平面上取一点 O,通过 O 任引一割线,这割线上两对对应点决定一个对合,一对是割线和圆锥曲线的交点,另一对是 O 以及割线和一定直线的交点.求这对合的二重点的轨迹.

(利用射影划归为习题(666).)

(758)从一点发出的割线交一椭圆于两动点 M, M'.通过 M 和 M' 引两直径.求椭圆与这两直径平行的切线相交之点的轨迹.

(759)设一圆锥曲线调和分割一完全四线形的两条对顶线,(求证)它也调和分割第三条对顶线(利用习题(495)).

[或者首先处理圆的情况(平,习题(237),(371a)),然后用射影过渡到一般情况.]

(760)设一三角形对于一等轴双曲线是共轭的,证明:这三角形的外接圆通过曲线的中心.

(761)给定一等轴双曲线和这曲线的两个对径点.通过这两点引两直线使相交成常角,证明:这两直线和曲线的两个新交点的连线通过一定点.

(762)在一平行四边形的对边 $AB, A'B'$ 上,从中点 C, C' 起取两线段 CM, $C'M'$,使其平方和等于 AB 一半的平方的两倍.证明直线 MM' 的包络是一条双曲线,以平行四边形的两对角线为其渐近线.

推广言之,在两条已知平行线上从两定点 C, C' 起取两线段,使 $CM^2 + k^2 \cdot C'M'^2 = $ 常量(k 为已知数).证明 MM' 包成一双曲线.作这双曲线的渐近线.

双曲线的一动切线在它的共轭双曲线的两条平行切线上所截线段的平方和为常量.

(763)圆的弦保持为定长而动,将它的两端分别投射在两条已知平行线上,且是正交射影,证明:这样得到的两点的连线包成一双曲线.

推广于斜射影的情况.

(764)考虑一圆锥曲线 S 和四个外部点 a,b,c,d.证明有一圆锥曲线 S' 存在,通过 a 和 b 并切于从 c,d 向 S 所引的四条切线,又有一圆锥曲线 S'' 存在,通过 c 和 d 并切于从 a,b 向 S 所引的四条切线.

在 a 和 b 所引 S' 的切线,以及在 c 和 d 所引 S'' 的切线,相交于同一点 O.

最后,有一圆锥曲线存在,切于四直线 ac,ad,bc,bd,且与 S 双切,而以 O 作为相切弦的极.

(首先,证明有一圆锥曲线 Σ 存在,切于所说的四直线,并切于从 O 向 S 所引的两切线.然后,对于 Σ 和 S 试求与 O 相对的脐点,并证明这脐点与 O 重合.)

(765)给定一圆锥曲线 S,以及从这平面上一点 a 向这圆锥曲线所引的两条切线.考查切于这两直线的动圆 C.证明在 C 和 S 中,与 a 相对的脐点 b 的轨迹,是与 S 共焦且通过点 a 的两圆锥曲线中的一条(取决于 C 是切于两已知切线形成的这个或那个角).

(证明圆心 O 到点 a 和 b 的连线,在 S 的任一焦点的视角相等.)

这轨迹也是与 S 双切,且以 a 为一焦点的圆锥曲线第二个焦点的轨迹.

设两圆锥曲线成双切,把一条曲线的焦点到另一条的焦点连线,证明:这些直线切于以相切弦的极为中心的同一圆.

证明这些命题可从上题出现的命题推出,只要把 c 和 d 以圆点(习题(725))代替.

(766)通过一圆周 C 上一点 O 引一对对的成对合的直线,并考查它们和 C 的第二个交点所连的弦交会之点 S.求点 S 的轨迹:

①当 C 和 O 保持不动,成对合的线束绕点 O 像不变形一样地旋转;

②当成对合的线束平行于自身而移动,设其顶点 O 描画定圆周 C;

③当线束保持固定,圆周 C 绕点 O 旋转,半径保持为常量(椭圆);

④当线束保持固定,圆周 C 变动但通过点 O 及另一定点.

(767)一三角形对于一已知圆锥曲线成共轭,两个顶点描画两已知直线.求第三顶点的轨迹.

(768)作已知三角形的一个内接三角形,使对于一已知圆锥曲线成共轭.

(769)设一三角形内接于一圆锥曲线,证明:可以找到无穷多个三角形,内接于第一个而对于曲线成共轭.

(770)在一圆锥曲线上给定了一个射影对应,m 和 m' 为任意两个对应点,证明:圆锥曲线在这两点的切线相交点 p 的轨迹,是另外一条圆锥曲线,它与第一条成(实或虚的)双切,相切弦乃是习题(497)所考虑的直线 δ.

(取两对固定的对应点 a,a';b,b'.设 aa' 的极为 c,bb' 的极为 d.我们指出,直线 cp 通过 am' 和 $a'm$ 的交点 i(习题(497)),由此可推出,这直线(同理,类似的直线 dp)绕着 c 描画一个线束,这线束与 m,m' 在圆锥曲线上所描画的分割成射影对应.

为了证明两圆锥曲线成双切,甚至射影对应的二重点为虚点时也是如此,我们证明,像 i 这样的每个点是二重极点.)

证明:弦 mm' 包成一圆锥曲线,也与第一条成双切.

(771)反之,设两圆锥曲线成(实或虚的)双切,C 的一条切线交 C_1 于两点 a 和 a',证明:点 a 和 a' 到相切弦上任一点 i 的连线,与 C_1 的新交点 b 和 b',也是与 C 相切的弦的两端,且由是推出,C 的动切线在 C_1 上截出两个射影分割.

(772)由习题(770)推出,若一三角形内接于一圆锥曲线,且两边通过两定点 o 和 o',则第三边包成一条圆锥曲线与第一条成双切.在直线 oo' 与圆锥曲线不相交的情况下,用射影法证明这个命题.

在一圆锥曲线 C 上给定两个射影分割,它们的二重点是虚的.证明可以把 C 投射成一圆,使已知射影对应的对应点投射为定长的弧的两端.

(773)证明:在一圆锥曲线上所考虑的任一射影对应中,二重点的切线,以及它们交点到任两对应点的连线所形成的交比为常数,且等于圆锥曲线上这两个对应点和两个二重点所决定的交比的平方.研究二重点在无穷远的情况.鉴于习题(661),⑥,平面几何上有何类似命题?

(774)两图形 F 和 F' 称为**对射的**,若一图形的一点对应于另一图形的一直线,使得

①若在图形 F 中,一点 a 在一直线 B 上,则 F' 中与 a 对应的直线 A 含有 B 的对应点 b;

②F 中共线四点的交比,等于 F' 四条对应线(由①,这四线共点)的交比.

证明:

①设由两三角形 T 和 T' 出发,使 T 中以 p,q,r 为重心坐标的点,与一直线对应,这直线将 T' 的边分成比 $\dfrac{bq}{cr},\dfrac{cr}{ap},\dfrac{ap}{bq}$($a,b,c$ 为常数),则得出两个对射图形;

②任两对射图形可以如上得出;

③同一图形的两个对射图形是射影图形.

(775)①在同一平面上给定了两个射影图形,试求相交于一已知点 p 的两条对应直线;

②已知这两直线的第一条通过一已知点 a,求点 p 的轨迹.这轨迹是一条圆锥曲线 C;

③由是推断,至少有一点存在,它和它的对应点相重,因之(比较习题(480))一般有一或三点具备这一性质(对于 a 的两个位置定出圆锥曲线 C.设以 Δ 表示这两位置的连线,这样得出的两圆锥曲线将相交于 Δ 和它的对应线的交点,以及(第449节)至少另一个回答问题的点).

(776)给定同一平面上两个射影图形 F, F_1,证明可以用无穷多方式找到第三个图形 f,使 f 成为前两个分别对于两个不同的圆锥曲线 S 和 S_1 的配极图形(有一种情况例外).求圆锥曲线 S 和 S_1,设已知它们都通过一已知点 a.

(把点 a 看做属于 F,以 a_1 表示它在 F_1 中的对应点;把 a_1 看做属于 F,以 a_2 表示它在 F_1 中的对应点;把 a 看做属于 F_1,以 a_{-1} 表示它在 F 中的对应点;把 a_{-1} 看做属于 F_1,以 a_{-2} 表示它在 F 中的对应点.利用习题(775),①求 a 对于 S 以及对于 S_1 的极线,然后求点 a_1 和 a_{-1} 对于这两圆锥曲线的极线.又以 b 和 b_1 表示另外一对对应点,且不在三角形 aa_1a_{-1} 的任一边上.在所求图形 f 中,与 F 中的 b 对应又与 F_1 中的 b_1 对应的直线 B,将以含 $a_{-1}b$ 对于 S 的极以及 a_1b_1 对于 S_1 的极来决定.最后,证明确实存在着圆锥曲线 S 和 S_1,对于它们说,一方面 a, a_{-1}, a_{-2}, b,另一方面 a_1, a, a_{-1}, b_1 有如上找出的极线,并且(第298节)这些圆锥曲线回答了问题.)

若 a, a_1, a_{-1} 共线,则推理有缺点.求这时点 a 的轨迹.如果对于 a 的任何位置,情况总是这样,那么给定的两图形是透射的;在这一情况下,若透射比为正,则问题有无穷多解,若此比为负则无解.

和对应点相重合的点,是 S 和 S_1 的二重极点.若两已知图形是透射的,则 S 和 S_1 成双切证明:.

(776a).证明:①若上题圆锥曲线 S 和 S_1 有一公共共轭三角形 IKL,则图形 F 任一点 m 的对应点 m_1,被这样的条件决定:这三角形每次取两边,以及由它们的公共顶点到 m 和 m_1 的连线,形成的交比有一已知值;

②相反地,若只有一个实的二重极点,则图形 F 和 F_1 可以通过同一射影,变换成两相似图形.通过这射线以后,圆锥曲线 S 和 S_1 变成什么?

(777)上题①所考虑的交比之间应有何关系,才能使:不论点 a 取何位置,

点 a_1, a_{-1}, a_{-2}(习题(776))共线而所决定的直线不通过 a?

证明若图形 F 和 F_1 相似,同样的事实可能发生.为此,必要和充分条件是,角 α(平,150a)和这两图形的相似比 k 适合关系 $k\cos\alpha = -1/2$.

(778)从一已知点 O 发出的直线上看同一平面上两已知角(以 O 为它们的公共顶点),视角是相等的二面角,证明:这些直线的轨迹是一个圆底锥面.

轨迹存在的条件为何?在已知角所在平面上的母线为何?

(779)试以一平面截一已知圆底截面成一双曲线,且通过一已知点.

求可能的条件.这问题若可能,便有无穷多解.求截口为等轴双曲线的解.

(780)求透视中心的轨迹,使一已知圆锥曲线投射在一已知平面上成抛物线.

(780a)求透视中心的轨迹,使一已知圆锥曲线 C 在一已知平面 P 上投射成圆.设 D 为圆锥曲线的平面和台面的交线,证明:轨迹在一平面 P' 上,这平面通过在台面上向 D 所引的垂线 D_1,又通过 D 对于已知圆锥曲线的共轭直径 Δ(它是 D_1 方向对于所求轨迹的共轭直径).试证实,在这平面上的所求轨迹为一圆锥曲线,可采用这样的办法:在与台面平行的每一平面上,决定出轨迹上的点与 D_1 平行且由 Δ 算起的横坐标,所用的条件是,位于这平面上对于 C 互相共轭的点(应用习题(686a))从轨迹上一点看来,视角为直角.已知圆锥曲线 C 和所得圆锥曲线 C_1 之间的关系是相互的——这关系可由这样的条件确定:这两圆锥曲线被与 P 平行的同一平面所截的四点,是四边为迷向直线(习题(728))的四边形的顶点.若 C 为双曲线,则 C_1 为椭圆,并且反过来也对,只要两者不同时为抛物线(以 D_1, Δ 为坐标轴,C_1 的方程可由 C——以 D, Δ 为坐标轴——的方程得出,只要将 x^2 改为 $-x_1^2$).

(781)给定了一圆锥曲线以及它平面外的一直线和一点.以一点为透视中心,将已知点和直线投射在圆锥曲线的平面上.试求透视中心的轨迹,使射影以后的点和直线对于圆锥曲线是极和极线(轨迹为一圆锥曲线,它的平面通过给定的点).

(782) a 是一圆锥曲线 C 上一点;f 是相应的傅里叶点,即是说(第 437 节),C 的弦在 a 的视角为直角,这些弦所公有的点;Δ 是 f 的极线;b 为这圆锥曲线上另一个任意给定的点.若由 b 引动割线,交圆锥曲线于 m,交直线 Δ 于 n,证明:线段 mn 在点 a 的视为常量(习题(494)),并应用帕斯卡定理或① 习题

---

① 当割线变动时,有关 am 和 an 的两个旋转角的转向,应用习题(493a)保留两种不同的可能性.在这两者之间作选择时,可注意联系这些方向的射影对应的二重射线.

(493a),(743).

(783) 给定一五边形 P,其顶点顺次为 a,b,c,d,e. P_1 是由这五边形的五条对角线构成的五边形,它的顶点是这些对角线顺次交点(ac 和 bd 的交点,bd 和 ce 的交点,等等). 又设 P_2 为一五边形,它的顶点是 P_1 的内切圆锥曲线顺次与 P_1 各边的切点. 证明如果颠倒以上两个过程,我们得出同一个最后的五边形 P_2,即是说,若以 P_1' 表示一个五边形,它的顶点是 P 的内切圆锥曲线 C 和它各边的切点,那么 P_1' 的对角线构成的五边形正好就是 P_2.

(P_1' 的连续两条对角线相交于 P_1 的一边上这一事实,可以从对于 C 的极线的性质推出. 通过这样得出的五点,有一条圆锥曲线与 P_1 的任一边相切这一事实,从帕斯卡定理的逆定理得出.)

附 录

A. 关于几何问题的可解性

附 1. 过去曾一再指出,我们在几何上所遇到的各种作图题,决不能都像在平面几何第二编里所说的那样,只利用直尺和圆规来解决.

从一些什么特征可以看出,一个任意给定的问题是否具有这种性质的解呢? 在这方面,我们只能作一些提示,因为以下会知道,回答这个问题是属于代数的范围.

事实上,我们在第六编见到,任意一个平面图形,怎样才可以看做是被适当选择的已知数据所确定了,这就是对该图形的测量(仅用测链或用测链和矩尺测定).我们甚至见到,作为这些已知条件,可以只选择一些长度的度量.在以下,我们假设已经照顾到了后面这一点.例如说,所考虑的图形含有一个角,那么我们认为,这个角的确定将划归为含这角的一个三角形三边的确定.

附 2. 诚然,为了确定一个图形,必要的数据有时多到无穷.例如当图形含有任意形状的曲线时便是这种情况,这时必须用描点法作图,而点的数目是无穷的.但在我们所考虑的问题中,这种情况不会发生.事实上,我们假设,所考虑的图形可以利用直尺和圆规作出,并且只经过有限次手续.换言之,这些图形总是由有限个点、直线和圆所构成的.

例如说,在某一问题的已知条件中如果出现一个椭圆,那就不须假设这个椭圆被画出——这是因为,只利用直尺和圆规,无法用一个连续运动作出它——但被它的两焦点和长轴,或被五点①,或被其他与此等效的已知条件所给定.同理,如果一个椭圆出现在未知条件中,那它不可能要求作出,而只要知道它的五点,便应认为已经得到了.

满足上述条件的任何图形将被有限个点所确定,因为一直线由两点确定,而一圆由三点确定.

---

① 用这两种方式给定一条圆锥曲线,用我们的观点说是等效的,因为知道了圆锥曲线的五点,它的焦点便可用直尺和圆规作出(习题(753)).

附 3. 为了确定一点的位置,我们可以取这点的坐标(第 200 节),这时假设在图形的平面上已经选定了一套正交坐标轴. 于是关于图形的情况,便由若干点的坐标所供给.

附 4. 现在假设有一个作图问题:求一图形 F' 使与一已知图形 F 有一些已知的关系.

设欲以长度的度量确定图形 F,换言之,对它作测量(注意,仅用测链,或用测链和矩尺),我们将得出一系列的数目 N. 同理,设问题已解而图形 F' 已作出,则由图形 F 和 F' 形成的图形的测定,将导出另外一些数目 N' 以加入于 N.

例 在与三已知圆相切的圆的问题中,数目 N 是三圆圆心的坐标 $a_1,b_1;a_2,b_2;a_3,b_3$ 及其半径 R_1,R_2,R_3,这些数完全决定了这三圆所确定的图形(图 A.1). 数目 N' 是所求圆中心的坐标 α,β 及其半径 ρ.

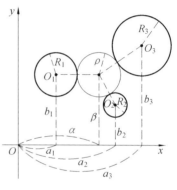

图 A.1

我们也可以把三圆心相互间的距离 O_2O_3,O_3O_1,O_1O_2 和它们的半径 R_1,R_2,R_3 看做构成数目 N,因为这些长度已足以测定由三已知圆所形成的图形. 数目 N' 于是便是(例如说)所求圆心到三点 O_1,O_2,O_3 的距离 x,y,z 以及这圆的半径 ρ.

明白了这一层,我们暂时不去作图形 F',而设法算出这些数目 N'. 为此必须形成数目 N 和 N' 所应适合的一些条件,使图形 F 和 F' 有问题中所规定的关系. 于是得出若干方程,并对数目 N' 解出. 这解法是一个代数问题.

要所求图形 F' 能用直尺和圆规作出,必要和充分的条件是,数目 N' 的计算,能够只解对于每一未知数的一次和二次方程(这些方程的个数是任意的)来完成,其中每一方程的系数,假设由下列各数的有理函数充当:(1)数目 N;(2)利用上述方程解出的数;(3)已知的一些**整数**①.

举例说,内接于已知半径 R 的圆的正五边形的边长,可利用直尺和圆规作出. 这边长是(平,170)
$$\frac{R}{2}\sqrt{10-2\sqrt{5}}$$

---

① 如何作出由一个二次方程给定的长度,已在平面几何(平,155)讲过了.

换言之,它的数值 x 是顺次解如下二次方程而得的:
$$(10R - z)^2 = 20R^2 \quad [\text{由是 } z = R(10 - 2\sqrt{5})]$$
$$4x^2 = Rz$$
其中第一方程的系数只含已知半径 R 和整数 $10, 20$;第二方程只含已算出的 z,半径 R 和整数 4.

附 5. 在很多情况下,我们一般容易找到①数目 N 和 N' 所应该适合的条件,并且这些条件是代数的,即由若干如下形:
$$P = 0 \tag{1}$$
的方程所表达,其中 P 每次代表关于数目 N 和 N' 的多项式,它的系数是整数.

例 在切圆问题中(看上节),所求数目 α, β, ρ 由下列方程确定:
$$(\alpha - a_1)^2 + (\beta - b_1)^2 = (R_1 \pm \rho)^2$$
$$(\alpha - a_2)^2 + (\beta - b_2)^2 = (R_2 \pm \rho)^2$$
$$(\alpha - a_3)^2 + (\beta - b_3)^2 = (R_3 \pm \rho)^2$$

相反地,如果像上节第二次假设的那样,给定的是点 O_1, O_2, O_3 的相互距离,那么相切的关系就不是这些点的坐标,而是
$$x = \pm R_1 \pm \rho, \quad y = \pm R_2 \pm \rho, \quad z = \pm R_3 \pm \rho \tag{2}$$
还应加入以 $x, y, z, O_2O_3, O_3O_1, O_1O_2$ 代入关系(5′)(第 279 节)所得到的方程.

这样,我们确实得出形如(1)的四个方程.

附 6. 列出了这些方程以后,如果能利用满足上述条件的一次和二次方程将它们解出,那么对于所提出的"是否能用直尺和圆规作出图形 F?"这一问题,我们就能作出肯定的判断.

例 在切圆问题中,如果 x, y, z(上两节记号)以方程(2)的值
$$\pm R_1 \pm \rho, \quad \pm R_2 \pm \rho, \quad \pm R_3 \pm \rho$$
代替,并把这些值代入 279 节方程(5′)中,便得出 ρ 的一个二次方程②.

相反地,如果各种解法都失败了,那么可能是由于我们处理不当,也可能是本来就不可能解的. 在一开始,我们无法相信哪一种解释是真实的.

---

① 这一部分的问题一般属于解析几何的范围.
② 要看出这一点,首先构作二项式 $y^2 - z^2, z^2 - x^2, x^2 - y^2$(这些在 279 节的关系中出现),并查察它们是 ρ 的一次式.

显然,要在这两种解释中作抉择是相当困难的.事实上,有无数方法可以试图用来作解决,有无数方式可以组合一次和二次方程以求达到这种解决,而问题在于要知道,可能想象到的所有这些方法或所有这些组合,是不是一个也达不到目的?

这问题的答案直到本世纪①用群的理论②才得出,这一理论使我们能对上述问题作出准确的判断(只要数据 N' 的条件是代数的),换言之,它使我们或者得到所求的解,或者严格地证明这种解是不可能的.

已被证明了不可能用尺规作图的问题,举例如下:

三等份角问题.就是将一任意给定的角分为三等份(或者普遍一些,分为任意若干等份,但不是 2 的幂);

倍立方问题或台罗(Délos)问题③.就是求一立方体,使其体积为已知立方体的两倍——或者普遍一些,求两个线段使其比等于 $\sqrt[3]{n}$,n 是两已知线段的比④;

求作圆内接正 N 边形的问题,如果 N 不属于平面几何 173 节所列举的类型的一数;

求两个任意给定的圆锥曲线交点的问题⑤,或(实际上是一样的)求它们的公共割线或它们二重极点的问题;

以圆锥曲线为底的锥面(第 424 节)求对称平面和圆截口的问题⑥.

附 7.超越问题　如果查出已知的关系,不能表达成已知数据 N 和未知数据 N' 的、以整数为系数的代数方程[像(1)的形式],那么问题的不可能性已充分证明了.这时问题称为**超越的**.

但是我们会发现,存在着与上面遇到的类似的困难.要证实一个问题是超越的,必须证明不可能用上述形式的代数方程来确定问题的未知数.

---

① 本书初版问世在 19 世纪末年.——译者注
② 群的概念,正是由于这里所讲的问题,以及类似的一些问题而在 20 世纪初被许多数学家引入的,但关于这课题的主要发现,则归功于伽罗瓦(Galois)[法国学者,卒年 21 岁(1811—1832)].他把所说的问题全部解决了.同时,由于他认识到群这个概念的普遍重要性,从而通过他的著作,群在数学各分支占有重要地位.
③ 传说阿波罗神为了要扑灭台罗地方的病役,要求把纪念他的立方形坛的体积加倍,这就是命名的由来.
④ 我们曾说过(习题(680)注),这一问题和三等分角问题,在代数上可以联成一个问题.
⑤ 注意,我们假设这两圆锥曲线是像 456 节指出的那样给定的.这里有必要明确一下是否要应用那里所构成的法则,因为如果两圆锥曲线已全部画出,求它们交点的问题就已经解决了.
⑥ 我们曾提出(特别在第二编)若干问题,求作被三已知元素所确定的三角形.如果在三角形的边、高、中线、内角或外角平分线、外接、内切或旁切圆半径之间,用各种可能的方式选取这三元素,将有 244 个问题(只计算相互间真正不同的).在这 244 个问题中,至少有 69 个不能用尺规作出(Korselt,Archiv. der Math. und Phys., Leipzign,1900).

我们还没有普遍的方法来克服后面这个困难.

但初等几何上所遇到的两个主要问题,即有关数 e 和 π 的,这方面的困难已经克服了.埃尔米特(Hermite)和林德曼(Lindemann)的发现,证明了这两数不是任何具有实系数的代数方程的根.因此便不能用尺规作两线段使其比等于 e 或等于 π.圆的求积之所以不可能,正由于此.

附 8.只用直尺的作图　如果不是用直尺和圆规,而是只用一根直尺,还有哪些作图题可解?

在回答这个问题以前,有必要特别说明如何理解直尺的使用.我们假设直尺有一边也只有一边是直的,其他方向的边缘形状是未知的,并且在作图过程中,对于这部分边缘不作任何利用.换言之,我们的直尺只能运用如下:

(1)用来画通过两点的直线;

(2)用来标出两已知直线的交点.

我们依然把已知图形 F 和所求图形 F' 看做是由一些数所确定的.但此处不再考虑选择何种测量方式,在使用直尺和圆规作图时,这种选择原是无关重要的.我们主要假设,用来确定这两个图形而测量的长度,是它们各点关于两条确定的坐标轴的坐标(附3).

在这些条件下,未知数 N' 必须只由一次方程所确定,这些方程是利用数目 N 和整数有理地列出的.

这条件是必要的,却不是充分的.例如说,问题:求作一直线使通过已知点 A 而与已知直线 D 平行,满足这个条件①,而同时却容易看出,这问题不能只用直尺来解.

事实上,假设在这些条件下得到了所求的解.我们把所考虑的图形投射在另一平面 P' 上.点 A 的透视像将是一点 A',而直线 D 的透视像是一直线 D'.

但上面举出有关直尺的两种运用,都是射影的.因此,在平面 P 上,从点 A 和直线 D 出发的一系列作图,在平面 P' 上利用点 A' 和直线 D' 将有一系列类似的作图.这样,后面这一系列作图将得出通过点 A' 而与 D' 平行的直线.这是不合理的,因为我们知道,这平行线并不是通过 A 所作 D 的平行线的透视形.

显见,可以对其他类似的情况作同样的推理,结论如下:要一个问题只用直尺可解,必须在已知条件中只含有(或者至少可以化成只含有)射影的性质,至

---

① 即是说,给定了点 A 的坐标以及直线 D 上两点的坐标,我们可以用一次方程来确定所求直线上另一点的坐标.

少在已知图形各元素间没有非射影关系的时候.

附 9. 反过来,将以上指出的两个条件放在一起,即:问题是一次的又是射影的,对于单用直尺可解,就也是充分的.这样,利用直尺,可以完成下列作图:在三对对应点所确定的射影变换中,作任一点的对应点(第 312 节);作一直线上一点对于这线上一条线段的调和共轭点(平,203);作圆锥曲线和由这曲线上一点所引直线的第二个交点;等等.

附 10. 如果在已知图形里,元素之间有非射影的关系存在,那么就像上面指出的那样,结论可能要修改.

例如说,假设在图形的平面上给了一个平行四边形,于是便可以通过任一点引任一直线的平行线①(参看习题(473));从而也可以(平,151)将一线段分成若干部分,使与同一直线上的一些已知线段成比例,或者(结合这个作图和平,习题(129))分一已知线段成任意给定的等份.普遍地说,在这些条件下,我们可以解任何一个一次问题,只要它的已知条件在平行射影下保持不变.

附 11. 最后,如果在画图的平面上给了一个正方形,便不再有射影的条件了;只要问题是一次的(例:由一点引一直线的垂线)②.

附 12. 同样可以问,只用圆规可以解哪些作图题? 答案用一句话就概括了:只用圆规,可以解用直尺和圆规可解的问题③.

附 13. 最后,我们假设有一根直尺,它有两条边并且是笔直而互相平行的.可以证明,使用这仪器完全可以替代直尺和圆规.同样,如果除了一根直尺(只有一边),还有矩尺可用,那么情况也是一样,矩尺的角不一定要是直角,只

---

① 在所指出的一些条件下,这问题的可能性,是由于下述问题只用直尺可解:通过一已知点求作一直线使交已知直线 L 于一点,这点在一条直线 Δ 上,Δ 不是直接给的,但它通过两已知直线 A 和 B 的交点,又通过两已知直线 C 和 D 的交点(因为它是一次的、射影的).当 A 与 B 平行而 C 与 D 又平行时,直线 Δ 在无穷远,便归于所设的问题.唯一的困难来自此处 Δ 不能画出.在习题(473)我们看到,这困难可以克服,只要作第一图形的射影图形,使 Δ 的对应线在有限距离内.

② 我们可以会意,为什么在这些条件下,问题只用直尺可解.只要注意到它可以叙述如下:给定了点 P 和七条直线 A,A',B,B'(正方形的边),C,D(对角线),L(已知直线),通过点 P 求作一直线 M,使得 A,A' 交点到 B,B' 交点的连线 Δ(此地是无穷远线)上,直线 $A,B;C,D;L,M$ 截成成对合的三线段.由于 Δ 不能画出的困难,可仿上页的脚注克服.

③ 这里要注意,如果所求图形含有一些直线,那么只要知道一条直线上两点,这直线就应该看做已经得到了.

要它的两边是笔直的.

附 14. 在前面谈到直尺的用法时,我们会假设(与 456 节关于尺规可作问题的说法相类似)已知条件只含仅用直尺便可作出的图形,换言之,只含直线和点. 只有在这一限制下,以上所叙述的一些结论才必然成立. 例如,我们曾学会(平,211)只用直尺可以从圆外一点引圆的切线,这问题并不是一次的,但圆却是预先画好了的.

可以证明,只要画好了一个圆,圆心是已知点,那么凡用直尺和圆规可作的问题,以后只用直尺也就可以作出了.

B. 关于体积的定义

附 15. 在本书中(第二编)曾假设,对于每一多面体有一个称为体积的量与之对应,具有下述两性质:

(1)全等的两个多面体有相同的体积,不论它们在空间所占的位置如何;

(2)两个相邻多面体 P,P' 的和 P'' 的体积,等于 P,P' 的体积之和.

现在来证明我们可以具体实现这种对应关系.所采取的步骤和平面几何(附录 D)所采取的完全相仿.

定理 在任一四面体中,每一面与对应高相乘的乘积相同.

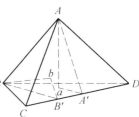

图 B.1

在四面体 $ABCD$(图 B.1)中,考查两面 BCD 和 ACD,它们的对应高依次为 Aa 和 Bb. 两个三角形 BCD 和 ACD 由于有公共的底边 CD,所以它们的面积之比等于它们的高 BB' 与 AA' 之比. 因此只要证明这比值等于比 $\dfrac{Aa}{Bb}$ 的倒数,即

$$\frac{AA'}{Aa} = \frac{BB'}{Bb}$$

这可由三角形 AaA',BbB' 看出,它们是直角三角形,一个直角顶在 a,另一个直角顶在 b,并且两者有一相等的锐角,等于二面角 $A \cdot CD \cdot B$ 或其补角(比较 42 节). 所以又有

$$\frac{\text{面积 } BCD}{\text{面积 } ACD} = \frac{Bb}{Aa}$$

或

$$Aa \cdot \text{面积 } BCD = Bb \cdot \text{面积 } ACD$$

证毕.

这乘积的公共数值以一常数 K 乘之,称为四面体的体积,常数值的选取以后再讨论. 如果点 A,B,C,D 在同一平面上,也只有这时,这体积为零.

附 16. 现在来证明与附 48 节(平,附录 D)命题相对应的命题.但为了不去辨别大量的图形位置,我们把体积看做带有符号的,依从下列规定:

用($ABCD$)表示四面体 $ABCD$ 的体积,冠以 + 号或 − 号就看这四面体是**正的或负的**,即是说,就看三面角 $A-BCD$ 的转向为正的或逆的(第 55a 节).表达式($ABCD$)的符号显然决定于四点 A,B,C,D 的顺序;容易看出,互换其中两点,符号就改变了①.

附 17. 当固定三点 A,B,C 而 D 从平面 ABC 的一侧变到另一侧时,表达式($ABCD$)将变号,因为这时二面角 $C \cdot AB \cdot D$ 的转向变了.于是当四点中任一点,例如 A,从其他保持固定的平面一侧变到另一侧时,这符号也要改变,因为($ABCD$)和($DBCA$)相等但符号相反.

当点 A 和平面 BCD 固定时,表达式($ABCD$)的符号决定于(平,20)三角形 BCD 在它平面上的转向.

附 18. 定理 设 A,B,C,D,E 为空间任意五点,则恒有
$$(EBCD)+(AECD)+(ABED)+(ABCE)=(ABCD) \tag{1}$$

(1)首先处理点 E 在平面 ABC 上的特殊情况(图 B.2).这时四面体 $EABC$ 的体积为零,而上面的方程可写作②
$$(EBCD)+(ECAD)+(EABD)=(ABCD)$$

但四个四面体 $EBCD,ECAD,EABD,ABCD$ 有公共的高,即从 D 所引的垂线,所以它们的体积和它们的底成比例,并且表达式($EBCD$),($ECAD$),($EABD$),($ABCD$)也和这些底(因它们的转向冠以 + 或 − 号)成比例.但在这样的条件下,我们知道底 ABC 等于底 EBC,ECA,EAB 的代数和(平,附 48).

(2)现在过渡到一般情况.设 I 为直线 DE 与平面 ABC 的交点(图 B.3),则有((1))
$$(IBCD)+(AICD)+(ABID)=(ABCD) \tag{2}$$

---

① 如果被换的顶点中没有 A,这是显然的(第 53 节);反之,例如说 A 与 C 互换,二面角 $B \cdot AC \cdot D$ 改变了转向(因为两个面是一样的,提名的顺序是一样的,而棱上所取的正向改变了);但这二面角的转向决定了三面角 $A-BCD$ 的转向.

② 例如表达式($ECAD$)是等于($AECD$)的,因为它们都等于(附 16)($EACD$)但符号相反.

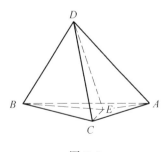

图 B.2

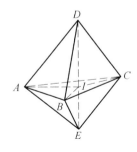

图 B.3

但因 E 在平面 ADI, BDI, CDI, ABC 上,故又有

$(IBCD)=(EBCD)+(IECD)+(IBED)+(IBCE)$

$(AICD)=(EICD)+(AECD)+(AIED)+(AICE)$

$(ABID)=(EBID)+(AEID)+(ABED)+(ABIE)$

$0=(ABCI)=(EBCI)+(AECI)+(ABEI)+(ABCE)$

将这些数值代入式(2),确有

$(ABCD)=(EBCD)+(AECD)+(ABED)+(ABCE)$.

[其余的项两两抵消,因为可以互换 E 和 I 而得,例如$(IECD)$和$(EICD)$.]

附 19. 如果我们规定,把四面体 $EBCD$, $AECD$, $ABED$, $ABCE$ 按照它和四面体 $ABCD$ 是或不是在公共底面的同侧,便称之为正的或负的(比较平,附48),那么

推论 四面体 $ABCD$ 的体积,等于正的四面体体积之和减去负的四面体体积之和.

事实上,在等式(1)中,假设四点 A, B, C, D 的顺序选成使四面体 $ABCD$ 是正的,那么表达式$(EBCD)$,…为正或负,就看相应的四面体转向与四面体 $ABCD$ 的转向是相同或相反,即是看它是正的或负的四面体.

反之,平面几何卷中附 48 节定理对于一平面上四点给出关系:

$(OBC)+(OCA)+(OAB)=(ABC)$

其中(ABC)是三角形 ABC 的面积,冠以 $+$ 号或 $-$ 号就看这三角形的转向而定.

附 20. 所谓**任意棱锥的体积**是指底和高以及常数 K 的乘积.显然,这体积等于以任意方式将底分解成三角形所得各四面体的体积之和.

附 21.**定理** 给定一多面体,以任一方式将它分解为若干四面体,这些四面体的体积之和记为 Σ;设又给定空间任一点 O,并到多面体各顶点连线.设以 O 为公共顶点而以多面体的各面为底的棱锥,看做是正的或负的,就看对于公共底面而言,它和这多面体是或不是在同侧.那么各正的棱锥的体积之和,与各负的棱锥(倘若存在)的体积之和,其差数 S 等于 Σ.

推论 数量 S 与点 O 的选择无关,且数量 Σ 与多面体分解为四面体的方式无关.

证明可仿照平面几何卷中附 49 节.

这样确定下来的数量称为多面体的**体积**,它具有前面所说的两个基本性质(比较平面几何卷中附 50).

当取 $K = \dfrac{1}{3}$ 时,这样确定的体积便和本文部分所度量的一致.要使单位棱长的立方体体积为一单位,常数 K 就应该取这个值.由本文的推理表明,只有一种方式来决定体积使其满足这一条件和开始提出的两个条件.

我们无法把一个多面体分解成部分多面体,使其重新拼凑起来得出一个在原先多面体内部的多面体.这一命题是从刚才介绍的而不是从第二编介绍的推理得出的(比较平,附 51).

C. 关于任意曲线的长度、任意曲面的面积和体积的概念

附 22. 空间曲线弧长　假设空间曲线(C)的弧 AB，正交投射在任一平面上成一曲线(c)的弧 ab(图 C.1). 并设在 179 节(平,第三编)脚注中所述的平面曲线弧长的定义适用于曲线(c)，换言之，我们可以度量(c)的任意一弧. 如果这脚注所列举的假设都满足，那么(c)的一段弧和它的弦之比当弧趋于零时便趋于 1；设 α 是一个随意小的正数，我们总可以①找到一个数 ε，使对于 ab 的任意一段部分弧，只要它的弦长小于 ε，这比值便小于 $1+\alpha$. 我们可以把投射曲线 AB 的柱面展开在一个平面上(第 205 节)，AB 变成一条新曲线 A_1B_1，而它的射影 ab 变成直线段 a_1b_1，且等于 ab 的长度. 我们假设平面曲线弧长的定义也适用于(c)的展开曲线，并设弧 A_1B_1 的长度为 l.

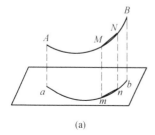 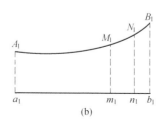

(a)　　　　　　　　　(b)

图 C.1

在这些条件下，以 A 和 B 为端点而内接于弧 AB 的多边线的周界，当折线的边数无限增加以使其每一边趋于零时，便趋近于 l.

事实上，设 M,N 为多边线相邻二顶点；m,n 是它们在(c)的平面上的射影；M_1,N_1,m_1,n_1 是柱面的展开图形中与 M,N,m,n 对应的点. 则有 $m_1M_1 = mM$，$n_1N_1 = nN$；但(c)的一段弧的弦 mn 小于 m_1n_1(后者等于这弧长).

把梯形 $mMNn$ 移置于梯形 $m_1M_1N_1n_1$ 上(图 C.1a)使 mM 沿 m_1M_1 落下，而

---

① 事实上，ab 的部分弧 pq(曲线 ab 假设沿这条弧是凸的)的长度小于在 p 和 q 两点的切线(延长到交点)之和，而上面提到的脚注里的假设，正就是承认这个和与弦 pq 的比值变成小于 $1+\alpha$，只要在 ab 内部的弧 pq 的弦长小于适当选择的量 ε.

mn 沿 m_1n_1 的方向,成 $m_1M_1N'n'$. 显然有 $MN = M_1N' < M_1N_1$;但比 $\dfrac{M_1N_1}{M_1N'} = \dfrac{M_1N_1}{MN}$ 将小于比 $\dfrac{m_1n_1}{m_1n'}$(即小于 $\dfrac{m_1n_1}{mn}$). 因为 $\dfrac{M_1N_1}{M_1N'} - 1$ 即 $\dfrac{M_1N_1 - M_1N'}{M_1N'}$ 小于 $\dfrac{N_1N'}{M_1N'}$,而这个比又小于 $\dfrac{n_1n'}{m_1n'}$,即小于 $\dfrac{m_1n_1}{m_1n'} - 1$.

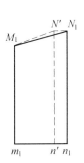

图 C.1a

上面已经说过,不论 α 是什么正数,总可以令比 $\dfrac{m_1n_1}{mn}$ 小于 $1 + \alpha$,为此,只须令 mn 小于某一量 ε. 因此,如果取多边线所有的边 MN(因之所有的弦 mn)小于 ε,那么所有像 $\dfrac{M_1N_1}{MN}$ 的比都小于 $1 + \alpha$. 按照算术上经常引用的一个命题,以所有的弦 M_1N_1 之和,即折线 $A_1\cdots M_1N_1\cdots B_1$ 的长度为前项,而以所有的弦 MN 之和,即多边线 $A\cdots MN\cdots B$ 的长度为后项,所形成的比也小于 $1 + \alpha$.

换句话说(由于 α 可以随意地小),当多边线 $A\cdots MN\cdots B$ 各边趋于零时,比 $\dfrac{A_1\cdots M_1N_1\cdots B_1}{A\cdots MN\cdots B}$ 趋于 1.

但由假设,分子趋于 l,所以分母也趋于 l. 证毕.

从这里特别看出,若将曲线 (C) 投射于另一平面上,并重复同样的过程,那么新求得的长度 l,不能有不同于以上所取得的值.

弧 AB 的内接多边线,当各边趋于零时它的周界所趋的极限长度 l,称为**曲线弧 AB 的长度**. 从上面知道,若将一柱面展开于一平面上,画在曲面上的任何曲线的长度与展开后的曲线相同.

空间的直线段是从一点 A 到一点 B 的最短路线. 因为凡其他的路线,或者是一条折线,比直线段为长;或者是一条曲线,它的长度是折线长度的极限①.

空间曲线弧和它的弦之比,当弧趋于零时趋于 1. 因为曲线 AB(图 C.1)的弧 MN 等于曲线 A_1B_1 的弧 M_1N_1;比 $\dfrac{\text{弧}\ M_1N_1}{\text{弦}\ M_1N_1}$ 趋于 1,并且我们已看出,比 $\dfrac{\text{弦}\ M_1N_1}{\text{弦}\ MN}$ 也是如此.

---

① 曲线的长度不能等于直线的长度,因为设 C 为直线外一点但在曲线上,那么曲线至少等于 $AC + BC$,这已比线段 AB 长了.

附 23. **球面上一点到另一点的最短路线** 把上面所说的应用于一球面曲线 AB. 作这曲线的内接多边线 $A\cdots MN\cdots B$, 然后将每一边换为同样端点的大圆弧, 这样得出的一条曲线是由连续的大圆弧组成的, 称为**球面折线**.

当多边形各边趋于零时, 每一大圆弧与相应的弦之比趋于 1, 因此, 球面折线和直边折线之比也趋于 1, 从而这两个量有同一极限. 这样, 球面曲线的长度, 是一条内接球面折线当所有各边趋于零时的长度的极限.

联结 A 和 B 的大圆弧, 比联结这两点的任何球面折线为短, 因此它比任何由 A 到 B 的球面曲线为短:大圆弧是球面上两点间的最短路线.

附 24. 考查任意一个锥面, 或一锥面介于两条母线 OA 和 OB 间的部分 (图 C.2). 以顶点 O 为中心的任一球面截这锥面成一球面曲线 AB. 在一平面上以任一点 O_1 做圆心画一个圆, 半径等于球半径, 并在圆周上任取一点 A_1, 然后对于球面曲线上任一点 M, 令圆周上一点 M_1 与之对应, 使圆弧 A_1M_1 和球面曲线弧 AM 的长度相等;设 P 为锥面上一点, 母线 OP 交球面于点 M, M 的对应点是 M_1, 则取 P 的对应点为半径 O_1M_1 上的一点 P_1, 使 $O_1P_1 = OP$.

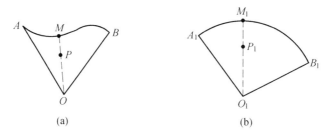

图 C.2

像 P_1 这样的点所形成的图形, 称为锥面的**展开图形**. 利用与上面用于柱面相类似的方法, 读者容易证明:(1)画在锥面上的任何曲线和它的展开图形有相同的长度;(2)两曲线和它们的展开图形有相同的交角.

附 25. 我们说一个曲面是**可展曲面**, 如果能把它的点和一个平面上的点相对应, 使相对应的曲线有相同的长度. 柱面和锥面便是这种情况. 还有无穷多其他的可展面. 但决不能误认为任何曲面都有这一性质;对于随意取的曲面, 这性质一般不成立. 例如球面便不是可展面.

只要考查画在可展面上的曲线的夹角, 这一点便可以清楚了.

假设 S 是这样一种曲面:Ax,Ay(图 C.3)是 S 上两条相交曲线,当这曲面展开于一平面上时(我们假设这是可能的),它们与两曲线 A_1x_1,A_1y_1 对应.用第三条曲线 BC 截 Ax 和 By,BC 的展开形是 B_1C_1,并设点 B 和 C 无限趋近于点 A.在这样的条件下,曲线 AB,AC;A_1B_1,A_1C_1 的方向分别趋于曲线 Ax,Ay;A_1x_1,A_1y_1 在 A 和 A_1 的切线.并且弧 AB,AC,A_1B_1,A_1C_1 与对应的弦之比将趋于 1.

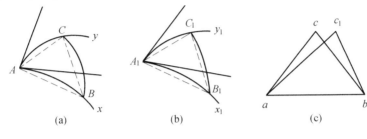

图 C.3

我们不能把这个结论推广到弧 BC,B_1C_1,因为曲线 BC 和 B_1C_1 是变动的. 但可以证明,给 S 加上某些简单的限制,我们可以选取变动的曲线 BC,B_1C_1 使弧 BC,B_1C_1 分别与它们的弦之比趋于 1,并且比 $\dfrac{AB}{AC}$ 趋于一极限.

无论如何,当 S 为一球面时,这样的选取肯定是可能的,只要取 BC 为大圆弧就行了①.

但由假设,弧 AB 和 A_1B_1 的长度是相同的,弧 AC 和 A_1C_1,以及 BC 和 B_1C_1 也是如此.因此,弦 AB 和弦 A_1B_1 之比趋于 1,并且弦 AC,BC 的每一条和它的对应弦也是这样.

因此,若以一定线段 ab 为底,作一三角形 abc 与三角形 ABC 相似,又作一三角形 abc_1 与三角形 $A_1B_1C_1$ 相似,点 c 将趋于一极限位置(因为比 $\dfrac{AC}{AB}$,$\dfrac{BC}{AB}$ 各有一极限),且点 c_1 将趋于同一极限位置(因为 $\dfrac{ac}{ac_1} = \dfrac{AC}{A_1C_1} : \dfrac{AB}{A_1B_1}$ 趋于 1,$\dfrac{bc}{bc_1}$ 也是如此).所以角 $\angle bac = \angle BAC$ 和 $\angle bac_1 = \angle B_1A_1C_1$ 趋于同一极限,换言之,两曲线 A_1x_1,A_1y_1 的交角等于两曲线 Ax,Ay 的交角.这样(像柱面和锥面那样)应该总是有:这曲面上任两曲线的交角等于它们展开图形的交角.

附 26.现在假设曲面 S 为球面.于是球面上两点之间的最短路线,显然应

---

① 下一节将见到,在这些条件下,B_1C_1 是直线段.

该以平面上两点间的最短路线为像,换句话说,球面上的大圆将以平面上的直线为像,因而球面三角形将以平面上的直边三角形为像.而这是不可能的,因为直边三角形的各角之和为两直角,而球面三角形各角之和恒大于两直角.

所以球面,乃至球面的任何一个部分,不论这部分是如何的小(因为总可以在这一部分内画一个球面三角形),总是不能展开在平面上的①.

附 27. 曲面所围成的体积　设 S 是被任意的一些曲面所包围的空间部分.

假设我们能找到两个无穷序列的多面体 $P_1, P_2, \cdots, P_n, \cdots$; $Q_1, Q_2, \cdots, Q_n, \cdots$ 满足下列条件:

(1) 不论 n 为何,多面体② P_n 没有一点在 S 之外(P_n 的所有或部分顶点或棱乃至它的面,可以属于 S 的界面);

(2) 不论 n 为何,空间 S 没有一点在 Q_n 外(S 的界面的任何部分可以在 Q_n 的表面上);

(3) 足标相同的两个多面体体积之差 $Q_n - P_n$,当足标 n 无限增大时趋于零;或在同样的条件下,比 $\dfrac{Q_n}{P_n}$ 趋于 1.

于是,P_n 和 Q_n 的体积趋于一个共同的极限 V.

要证明这一点,首先要指出,第二序列的任何多面体 Q_n 包含第一序列的任何多面体 P_n,因此,第二序列中的任一体积比第一序列中的任何体积为大.

明白了这一点,现在首先假设,在各 P_n 当中有某一 P_α 比所有以下的都大(或者至少和其中任何一个相等).

于是,当足标 n 大于 α 时,量 Q_n 和 P_n 包含 P_α 于其间.由于 Q_n 和 P_n 的差趋于零或者它们的比趋于 1,显见它们趋于共同的极限 P_α.

其次,假设没有一个量 P_n 比所有以下的都大,换句话说,如果在它们当中任取一个,例如说 P_α,那么下面总有一个 P_β 比 P_α 为大,而 P_β 下面又有一个 P_γ 比 P_β 为大,以下类推至于无尽.

由于量 $P_\alpha, P_\beta, P_\gamma, \cdots$ 是递增的,而又小于一个确定的量(即各 Q_n 中的任何一个),它们趋于一极限 V,并且量 $Q_\alpha, Q_\beta, Q_\gamma, \cdots$ 也趋于 V(因为差数 $Q_\alpha -$

---

① 仿此,半径不同的两球面不能互相贴合,即是说不可能把一个球面的一部分和另一球的一部分建立点点对应,使对应的曲线有同样的长度.

② 这里没有假设多面体 P_n 必须是连通的.我们可以取不相连接的若干多面体的集体作为 P_n,只要这些多面体以及它们的总体积满足正文中指出的一些条件.以后(附 28a)要用到这个注.

P_α,$Q_\beta - P_\beta$,$Q_\gamma - P_\gamma$,…以零为极限,或比$\frac{Q_\alpha}{P_\alpha}$,…以 1 为极限).

V 至少等于每个 P_n(因为 V 是序列 Q_α,Q_β,Q_γ,…的极限,其中每一项都大于 P_n),而充其量等于每个 Q_n(因为是序列 P_α,P_β,P_γ,…的极限).因此,它是 P_n 和 Q_n 的共同极限,因为它总是介于这两个量之间,而它们的差是趋于零或比是趋于 1 的.证毕.

并且,如果任意地构作另外两个多面体 P_n' 和 Q_n' 的序列,使对于同一空间部分 S 满足(像 P_n 和 Q_n 那样)前面指出的条件,那么 P_n' 和 Q_n' 的共同极限将取 P_n 和 Q_n 的共同极限值 V.

这一命题和上面一个并无不同.因为我们可以构作一个序列交错地含有多面体 P_n 和多面体 P_n',并作一个序列含有相应的多面体 Q_n 和 Q_n';这两个混合序列将满足原先的一些序列所满足的条件,因此有一个共同的极限,而这是不可能的,除非 P_n 和 P_n',Q_n 和 Q_n' 有同一极限.

P_n 的体积和 Q_n 的体积的共同极限 V,由刚才可知,与这些体积挑选的方式无关(只要一类包含 S,另一类被 S 包含,并且它们的差趋于零或者它们的比趋于 1),V 便称为空间 S 的**体积**.容易看出,一经定义了体积的概念,便将具有第二编所指出的性质(第 79 节);即是说,全等的空间有相同的体积,并且连接的两空间之和将以它们的体积之和作为体积①.

附 28.还需要明白,有了一个空间部分 S,是否能找到多面体 P_n 和 Q_n 满足所指出的条件.

我们假设,在 S 内部能找到一点 O,使 O 到 S 的界面上任一点所连的直线段,不与这界面相交于任何一点.设 S' 是 S 对于点 O 的位似形,具有小于 1 的位似比 $1-\varepsilon$;S'' 是 S 对于 O 的位似形,具有大于 1 的位似比 $1+\varepsilon$;显然 S',S,S'' 中每一立体完全在后一个内部.设 R 为一多面体,在 S'' 内部但含 S' 于其内部.以 $\frac{1}{1+\varepsilon}$ 为位似比,R 对于 O 的位似形 P 将在 S 内部(因为 R 在 S'' 内部);以 $\frac{1}{1-\varepsilon}$ 为位似比,R 对于 O 的位似形 Q 将包含 S 在其内部(因为 R 包含 S').并且 P 和 Q 的体积之比等于(第 113 节)$\left(\frac{1-\varepsilon}{1+\varepsilon}\right)^3$,因而当 ε 趋于零时趋于 1.

于是,如果给 ε 一系列趋于零的值,并且对于每一个值作多面体 R,因之也

---

① 关于后面这一点,参看附 28a.

有多面体 P 和 Q，我们便有两个多面体的序列满足所要求的一切条件.

附 28a. 如果区域 S 的形状使上面的推理不能适用, 在一般情况下, 我们可以把它分解为两个或若干个部分区域, 对于其中每一区域, 使上述推理可以适用. 于是每一多面体 P 便由这些部分区域相应的一些多面体 P 的集合来形成, 而多面体 Q 便由这些区域相应的多面体 Q 的集合来形成①.

附 29. 设 d 为 S 的界面到 S' 以及 S'' 的界面的最小距离, 即是说, 第一界面上任一点到第二界面上任何点的距离, 以及到第三界面上任何点的距离至少等于 d.

对于 S 的界面作一个内接多面体使含 O 于其内, 且其每一面的最大尺寸小于 d. 于是, 这多面体的表面显然不会和 S'' 的表面有任何公共点. 也不会和 S' 的表面乃至其内部有任何公共点. 因此这多面体包含 S' 而被含于 S'': 我们可以把它取为上节的多面体 R, 并且如果对于越来越小的数值 ε, 我们构作这样的多面体, 那么它们的体积趋于 V.

由于 ε 和 d 同趋于零, 我们看出, 若作 S 的界面的一个内接多面体(总包含 S 内部一个确定的点于其内部), 而且每一面的最大尺寸趋于零, 则此多面体的体积趋于 S 的体积. 并且立刻可以看出, 这结论可以推广到这样一种情况: 对于它附 28 节推理不能直接应用, 因而不得不将 S 分解为两个部分或若干部分有如附 28a 节指出的那样.

至于一个球, 我们可取球心为点 O, 而立体 S', S'' 则为原先的球的同心球. 距离 d 是 S 和 S' 的半径之差, 并且作为 R 可以取任何内接多面体, 只要它各面的尺寸全部小于这个差②.

---

① 参看上页脚注.

② 例如我们可以用子午线和平行圆来分割球面(图 C.4), 它们的经度或纬度相差这样一个量 λ: 使中心角 λ 所对的大圆弧长小于 d. 这些子午线和平行圆的交点是一个内接多面体的顶点, 它的各个面(梯形或三角形)的尺寸便小于 d.

图 C.4

附 30. 在锥和柱的情况下,上述定义和第四编所给的一致.例如取柱来说,显然内接和外切棱柱刚好就是附 28 节所引进的多面体 P_n 和 Q_n.

一个内接棱柱当其底的各边趋于零时,可看做一个内接多面体,这多面体每一面的最大尺寸趋于零.为此,只要把棱柱每一侧棱分为若干等份,使等份数和底的边数同时无限地增大(图 C.5).这些分点和两端的顶点一样属于柱的表面,因此它们所形成的矩形可以看做为一个内接多面体的面——这些面中的一些仅仅是另外一些的拓展,这毫不影响推理的正确性.

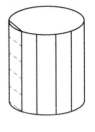

图 C.5

完全类似的考虑显然适用于锥.

附 31. 仿此,考查一个多边形绕它平面上的一条不穿过它内部的轴线旋转而产生的体积 V.

考查多边形的 p 个位置,例如说(图 C.6)$ABCD$,$A'B'C'D'$ 是其中相邻的两个.多边形 $ABCD$ 和 $A'B'C'D'$ 对于一个平面互相对称,即两面分别含这两图形的二面角的平分面.因此有一个截棱柱以这两个多边形做底面,棱与这对称平面成垂直.考查以这多边形连续两个位置为底的各个截棱柱所构成的多面体.如果把这种位置的数目无限增大,并使连续两位置的平面所形成的二面角趋于零,那么上面所说的多面体体积将趋于 V,就像上一节所用的推理那样.

这一提示能证某些重要的命题.例如设所考虑的多边形是一个三角形 ABC,它的一个顶点 A 在轴上,于是截棱柱变成棱锥,如 $ABCC'B'$(图 C.7).

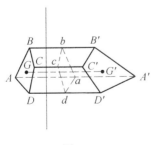

图 C.6

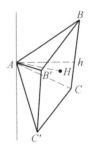

图 C.7

每一个这样棱锥的体积等于它的底 $BCC'B'$ 和高 AH 之积的三分之一,因而它们的和等于各底之和乘以介于最大高和最小高之间的一个量的积的三分之一.但当三角形连续位置的数目无限增加时,各梯形 $BCC'B'$ 之和趋于 BC 在绕轴旋转过程中所产生的面积,至于高 AH,它趋于三角形 ABC 的高 Ah,因为距离 hH(这是点 H 到直线 BC 的距离)趋于零.

所以立刻有 152 节定理:一个三角形绕位于它平面上通过它的一顶点但不穿过它的轴线旋转时,所产生的体积,等于在轴上的顶点的对边所产生的面积乘以对应高的三分之一.

附 32.当旋转多边形是任意多边形时,上面的提示给出(至少对于多边形的情况)古尔丁(Guldin)定理:

定理 平面面积绕位于它平面上但不穿过它的轴线旋转所产生的体积,等于这面积和它的重心所画的圆周长的乘积.

事实上,设 G 为多边形 $ABCD$ 的重心,G' 为以下一个位置 $A'B'C'D'$ 的重心(图 C.6).

截棱柱 $ABCDA'B'C'D'$ 的体积(第 185 节)等于它的直截面与距离 GG' 之积.

但直截面就是被两底所形成二面角的平分面所截的截面,所以趋于多边形 $ABCD$ 自身,而另一方面,所有像 GG' 这样的长度之和又趋于点 G 所画的圆周长.所以定理得证.

附 33.我们曾把任一立体的体积 V 用这一性质来定义:P_n 和 Q_n 是两个多面体,前者在立体之内而后者包含着立体,当它们的体积之差趋于零时,它们的体积便趋于 V.但容易看出,一经 V 被定义了,任意两个体积,不论是多面体与否,将趋于 V,只要它们满足加之于 P_n 和 Q_n 的其余条件,因为一个总是小于 V 而另一个总是大于 V 的.

例如说,设任一平面曲边面积 A 绕位于它平面上但不穿过它的一条轴线而旋转.对于这面积我们作内接和外切多边形,它们以 A 为共同的极限.绕轴旋转时,这两多边形产生两个体积,一个内接于 A 所产生的体积 V,另一个外切于这体积,且内接和外切的体积之差将趋于零①.所以这些体积将以 V 为极限.

从此看出,在第四编(第 17 章)的球扇形和球的体积的定义,和现在的定义一致.

还可以看出,上节对于多边形所证的古尔丁定理,对于曲边的平面面积也成立,只要我们承认平面面积的重心是内接多边形当各边趋于零时重心的极限

---

① 事实上,这差等于内接多边形和外切多边形之间的环形面积——这面积显然趋于零——乘以 2π 并乘以从轴到这面积重心的距离之积,后面这距离并不无限增大(习题(448)).

位置.事实上,这时被这定理所表达的等式两端,是类似的一些量的极限,其中曲边面积被内接多边形所代替.

附 34. 仍设有一任意体积,我们用一组平行平面截它,连续两平面间的距离假设不超过某一长度 h. 设 s 是这立体介于这些平面中连续两个平面间的部分;C 是一个柱,两底在所说的两平面上,并且包含在 s 内;C' 是一个柱,两底也在这两平面上,并且包含 s 在其内(如果立体被这两平面所截的两曲线满足这样的条件,其中一个在另一个的平面上的射影包含着后者,我们便可以取 C 和 C' 为两个直柱,使它们分别以这两曲线为底).

在通常所考虑的立体中,我们可以把 h 取得充分小,使得不论这两平面怎样,只要其间距离不超过 h,比 $\dfrac{C}{C'}$ 便介于 1 和 $1-\alpha$ 之间,其中 α 是可以随意小的正数(设或情况不是这样,那么立体可以分解成若干部分,每一部分满足这个条件).

假设这立体被一系列的平行平面分解成若干部分,连续两平面的距离不超过 h,对于每一部分我们构作柱 C 和 C',并把各柱 C 所组成的立体称为 P,各柱 C' 所组成的立体称为 Q. 根据刚才所说,每一柱 C 和相应的柱 C' 之比介于 1 和 $1-\alpha$ 之间,因此比 $\dfrac{P}{Q}$ 也是如此. 只要 h 充分小,数 α 可以选得随意小. 所以我们看出,当 h 趋于零时,体积 P 和 Q 同时趋于立体的体积,因为比 $\dfrac{P}{Q}$ 趋于 1,并且 P 在立体内部而立体又在 Q 内部.

附 35. 曲面的面积 曲面的一部分的面积定义,比起上面所讲的困难得多. 事实上,如果考虑曲面的一个内接多面体,而像上面那样仅仅假设每一面的最大尺寸无限减小,而对于这多面面的变化规律不作其他适当的假设,那么这一片面积展布未必有一极限,甚至会发生这展布无限地增大的情况.

我们只限于定义凸的封闭曲面的面积.

为此,首先建立下两引理.

引理 1 任意多面体的一面小于其余各面之和.

把其余各面投射到第一面的平面上来,这些射影的集合显然遮盖着第一面(可能超越了第一面,或者将第一面的全部或一部重复遮盖).但每一面大于它的射影(第 50 节).

引理 2 凸多面体的表面小于包围它的任何多面体的表面.

设 S 为一凸多面体表面,S' 为一包围多面体的表面. S' 可能和 S 公有一面或数面①(只要没有任何部分在前者内部),设 n 是 S 上非公共的面数. 若 $n=1$,则定理已证,因为 S 的唯一非公共面小于 S' 各非公共面之和(前一面和后面这些面形成一个多面体).

若 n 大于 1,延展 S 的一个非公共面 P,这样把 S' 分成两部分,一部分 S'_1 和 S 在 P 的同侧,另一部分 S'_2 在另一侧. 后面这一部分,如果用平面 P 上被同一围线围成的部分代替,那就被缩小了(引理 1). 但是这样我们得到一个新的包围 S 的多面体,但 S 和这多面体多有了一个公共面. 显见继续这过程,最后要归到 $n=1$ 的情况. 所以命题得证.

备注 一个完全类似的命题(利用同样的证明方式),适用于一个开的凸多面面和有同一围线包围的多面面.

附 36. 现在设 S 为一封闭曲面. 仍旧考查多面体 P_n 和 Q_n,前者在 S 内部而后者包含着 S. 但这一次我们加上条件:这些多面体是凸的. 于是根据引理 2,每一多面体 P_n 的表面小于不论哪一个多面体 Q_n 的表面. 因此,如果 P_n 和 Q_n 的表面积之差趋于零(或它们的比趋于 1),这些表面积将有一个共同的极限,这极限与 P_n 及 Q_n 的选取无关,只要它们满足以上列举的各项条件. 在这一方面,附 27 节推理没有任何改变.

并且得出多面体 P_n 和 Q_n 的步骤和附 28 节指出的相同,但须将 R 取为一凸多面体. 特别地,我们看出,完全和在附 29 节一样,一个闭合凸曲面是一个内接凸多面面的极限,这多面面中每一面的最大尺寸趋于零.

附 37. 当谈到平面曲线的弧长时,如果弧不是凸的,一般我们能把它分解成凸弧. 重要的在于指出,这种方式的推理此处不适用. 我们遇到(并且是在常见的曲面中)一些曲面,它们的任何部分不论多么小都不是凸的,并且在其上任何一点,我们不能说出曲线是凸向这一侧或那一侧. 例如挠旋转面(习题(609))便是这种情况. 它的外形如图 C.8 所示②.

附 38. 在柱、锥或锥台的情况下,上面的定义和第四编所说的一致. 事实

---

① S 的一个面看做是和 S' 公有的,如果它位于 S' 的一个面的平面上.
② M 是这曲面上任一点,点 M 的切面交曲面于两直线(习题(851))MD,MD_1,这两直线将曲面分为四部分,其中相对的两部分[含子午线 HH' 的两部分(图 C.8)]对于切面说在外侧,另外两部分(包含平行圆 CC' 的两部分)在内侧.

上，这些立体的全面积可以计算为内接棱柱、棱锥或棱台的全面积的极限(比较附 30)，并且这些多面体的底面积趋于相应圆体的底面积时，侧面积也是如此.

关于一条折线绕它平面上在它之外的轴线旋转所产生的面积，也可以仿照附 31 节关于多边形产生的体积那样进行推理.容易看出，当应用的不是 275 节定理而是习题(449)时，我们将得到(至少对于一条旋转的折线)**第二古尔丁定理**：

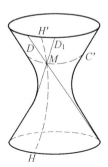

图 C.8

定理 一条曲线绕位于它平面上但不穿过它的轴线旋转所产生的面积，等于这曲线长度和它的重心所画的圆周长的乘积.

利用极限过程，这定理可推广到旋转一条曲线.以上的一些考虑可作这个推广，所用过程和附 33 节的相类似，每次谈到的是一条凸曲线，它的凹方向朝着轴.

附 38a.我们还能定义带的面积，因为我们能定义球台的全面积；并且这定义和 149 节的一致(比较附 33).

从这些定义能立刻得到有关球体积的一些定理.

事实上，如果考查球的一个内接凸多面体，这多面体可以分解成以各面为底、以球心为公共顶点的一些棱锥.它的体积将等于各底面之和(即表面积)的三分之一乘以介于最大高与最小高之间的一个量.但这些高趋于球的半径，因为这多面体，因之(由于它是凸的)它每一面的所在平面.是在一个同心而半径较小的球外(附 29).至于多面体的面积则趋向球的面积.因此有定理：球体积等于球面积乘以半径的三分之一.同样的推理显然也适用于球扇形.

附 39.当一曲面 S 能展开在平面上时，可以证明画在 S 上任何图形的面积，等于展开图形的面积(习题(400)).

注意，逆命题并不成立.我们要指出，如果令一曲面 S 上的点和平面上的点相对应，使得对应图形的面积相同，那么不能断定 S 是可展面.例如在习题(894)，我们举出一个球面(非可展面)和一个柱面(可展面)间的这种对应的例.

D. 关于正多面体和旋转群

附 40. 在 375 节曾证明,凡正多面体都容许某些运动,即是说,这些运动使多面体与其自身重合,各顶点互换位置.

假设 R 和 S 是两个运动,它们按上所述使所考虑的多面体不变,或者一般地说,使任一已知图形 F 不变. 显然看出,如果相继实行这两个运动 R 和 S,图形 F 也不变,即是说,如果实行它们的乘积运动 RS(平,附 24),F 不变.

引进平,附 24 节的定义,如果我们考虑不改变图形 F 的运动集合,这些运动便构成一个**群**,因为只要 R 和 S 是其中任两运动,那么乘积 RS 和 SR[①]也属于这个集合.

注意,S 不一定要和 R 不同,乘积 RR 用 R^2 表示,同样,三个、四个……因子都等于 R 的乘积,分别以 R^3,R^4,…表示,并称为 R 的逐次的**幂**.

若 R 为一螺旋运动,由一个角度等于 α 的旋转和一个平行于旋转轴的平移 t 组成,则立刻看出 R^m(m 表任意整数)是具有同一条轴的运动,由一个角等于 $m\alpha$ 的旋转和一个长为 mt 的平移组成.

另一方向必须指出,在属于群的运算中包含着这样一个:它不改变任何一点的位置,叫做**恒同运算**或**幺运动**,并以数字 1 表示. 容易看出,以上得出的结论(即若 R 与 S 属于群,则其乘积也属于群)主要地假设了对幺运动所作的规定.

事实上,设 R 为任一运动,它的作用是把空间的任意一点 M 带到一个新位置 M',以 R' 表示 R 的逆运动,即它作用于点 M' 便得出结果 M(设 R 为一螺旋运动,由一个大小为 t 的平移和一个角为 α 的旋转组成,则逆运动和 R 有同一条轴,它的平移和旋转具有同样的大小 t 和 α,但方向与前相反). 设 R 不改变图形 F,则 R' 亦然. 因此,如果像以上所做的那样,要是说 F 所容许的一切运动构成群,那就必须把乘积 RR' 和 $R'R$ 计算在这些运动之内. 但由 R' 的定义,这两个乘积都得出幺运动(运算 R 作用,在于把经 R' 变换而得的图形带到原先的位置,反之亦然).

[①] 注意,两个乘积 RS 和 SR 一般是不相同的(参看平,附 24 节注和习题(202)).

R 的逆运算以 R^{-1} 表示,它逐次的幂以 $R^{-2}, R^{-3}, \cdots$ 表示. 立刻看出, R^{-k} 是 R^k 的逆, RS (S 表示任意第二个运算) 的逆是 $S^{-1}R^{-1}$.

附 41. 上面指出, 若容许任一图形 F 的运动群含有一个运动 R, 那么这个群也含有逆运动 R^{-1}.

这个性质, 数学各分支多数的群都具备. 特别地, 可以证明, 由有限个变换构成的任何群, 情况是如此. 对于我们将要研究的一些群, 将顺便 (附 43a) 加以证明.

对于具有这性质的一些群 G, 还包含着这样的结果: 如果图形 F' 和图形 F 同调①(关于群 G), 反过来, F 和 F' 也同调; 因为如果 R 是这群的一个运算将 F 变换成 F', 则逆运算 R^{-1} 便将 F' 变换成 F.

附 42. 设 R 为一运动②, 由平行于轴 A 的一个大小等于 t 的平移, 和一个角等于 α 的绕同一条轴的旋转组成 (注意 t 或 α 可能为零), 它将任一图形 f 变为 f' (图 D.1); S 是另一个以 B 为轴的运动. 应用运动 S 于由轴 A、图形 f 和 f' 所组成的图形: f 变到 f_1, f' 变到 f_1', 轴 A 变到 A_1. 于是可知, 以 A_1 为轴而平移 t 与转幅 α 与 R 相同的运动 R_1, 将图形 f_1 (f 被 S 变成的图形) 变成 f_1' (即 f' 被 S 变成的图形).

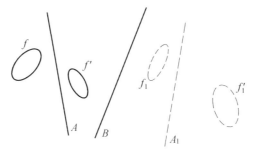

图 D.1

这新运动 R_1 称为 R **经过 S 的变换**. 两个运动 R 和 R_1, 如果其中一个是另一个经过任意第三运动的变换, 则称为**相似的**. 我们看出, 两个相似的运动具有 (就大小而论) 相同的平移和旋转, 并且同为正的或同为逆的 (第 96 节, 备注);

---

① 同调的意义见平面几何 (附 26).
② 此地是对运动进行推理的, 但相似运算的概念以及它对群的应用, 对于在任意的运算成立.

而且这些条件也是充分的,因为如果两个运动 R 和 R_1 满足这些条件,那么任何一个运动,只要变一个的轴为另一个的轴,就将一个变换成另一个了(在第一轴上的平移正向,变成第二轴上的平移正向).

明白了这一层,假设上面所考虑的运动 R 和 S 属于同一个群 G,这个群也含有(按上节命题)R^{-1} 和 S^{-1}.于是 f 和 f_1 关于 G 互相同调,f' 和 f_1' 也同样;又由于 f 和 f' 也互相同调,所以(平,附 26)f_1 和 f_1' 也是如此;所以变 f_1 成 f_1' 的运动 R_1 属于 G.

这样,若两运动 R 和 S 属于一群 G,则 R 经过 S 的变换 R_1 也属于 G.

两运动 R 和 R_1 称为关于这群**同调**.注意,要两个运动同调,仅仅相似是不够的,还必须在变换一个成另一个的运动中至少有一个属于群.

附 43.当图形 F 是一个正多面体时,它所容许的运动数是有限的.我们一般地来求由有限个运动所构成的一切群,这些运动的个数 N(其中包括么运动)称为群的**阶**.

在构成所讲的这些群之后,我们来研究它们是否与一些正多面体对应.为此,将利用 376a 的定理,相反地,却不用 378~384 节的结果.所以我们将重新得出有关四面体、立方体和八面体的结果,并对十二面体和二十面体加以证明,因为(第 384 节,脚注)这个证明在 384 节没有完成.

以下的研究,其作用并不限于学习正多面体.实际上,一方面人们已感到求出的群在解方程方面占有重要的地位;另一方面,我们所将证明的某些性质(例如关于基本域的性质,附 57).可转移到非欧几何里的类似的一些群[福克斯(Fuchs)群],这些群一般由无限多个运算构成,并组成庞加莱(H. Poincaré)最初的一些著名的发现①.

设 G 为所求的一个群,若它含一运动 R,则它也含逐次的幂 $R^2, R^3, \cdots$.所以首先必须这些幂的个数不是无穷的.

于是,R 不能是平移,因为,如果 t 是这平移的大小,它的逐次幂的大小将是 $2t, 3t, \cdots$;这样一些平移必然相互不同并且有无穷多个.

同样,R 不能是螺旋运动,因为,如果 t 是含在 R 中的平移,那么运动 R^2,$R^3, \cdots$ 将含平移 $2t, 3t, \cdots$,因此将彼此不相同.

所以群 G 全部由旋转组成.

---

① 福克斯群在高等数学的问题中大量地出现.

附 43a. 设 R 为属于 G 的旋转，α 是它的辐角，这角显然可以不计周角的任意整数倍，因此不妨假设其绝对值小于一周角（或者适当地处理转向，设其小于半周角）。这群也含有 R 的一切正幂（暂时只对于它们作此假设），它们和 R 有同样的轴，而辐角则为其逐次的整数倍 $2\alpha, 3\alpha, \cdots$。

属于这群而有同一条轴的旋转中（由假设，它们的数目是有限个），我们可以假设，把有最小辐角的选为 R。于是这辐角可除尽周角，设为周角的 $1/n$：要是不然，周角将介于 α 的连续两个倍数之间，它和这两角的差 α', α'' 不等于零但绝对值小于 α，这两角于是也将成为具有同一轴的旋转的辐角了，这与假设矛盾。

在目前的情况，以下规定取整个周角作为角的单位。在这些条件下，具有所考虑的轴的最小旋转辐角，以数 $1/n$ 为度量。

像在 374 节一样，n 称为这旋转的阶。对于一个轴反射，它等于 2。

从这里还可得出（在上面推理中没有做过这样的假设）：R 的逆 R^{-1} 也属于 G。因为旋转 R^{-1} 实际上和具有辐角 $(n-1)\alpha$ 的旋转 $R^{(n-1)}$ 相同，而作为 R 的正幂，$R^{(n-1)}$ 必然是属于群的。

同理，R 的所有负幂（以 $-p\alpha$ 为辐角的一些旋转）也属于 G。

于是，凡和上述旋转有同一条轴的旋转都是它的幂。要是不然，这新旋转的角 β 像上面一样将介于 α 的两个连续倍数 $p\alpha$ 和 $(p+1)\alpha$ 之间，于是以 $\beta - p\alpha$ 为辐角的旋转（这旋转现在我们知道是属于群的），其辐角将小于 α 了。

这样，在群 G 中，具有同一条轴的所有旋转是其中一个的幂，这一旋转的辐角是圆周的若干分之一。并且这些旋转的逆也属于群。这就是附 41 节所述的性质（在以上的推理中，我们没有用着这一性质）。

附 44. 设 R 和 S 是这些旋转中的两个。

它们的轴在同一平面上。事实上，根据习题（170），相反的假设将与附 42 节所得结果不相容。

并且这两轴（如其不同）不能平行，因为在这一情况下，或者 R 和 S 有相等的辐角但正向相反，因而运动 RS 将成为不等于零的平移（比较平，习题（94））；或者 R 和 S 的辐角不相等（或相等且正向相同），于是两个运算 RS 和 SR 将是两个相等的旋转，但（习题（201）～（202））必然绕着不同的两条轴，因而运算 $RS(SR)^{-1}$（即 $RSR^{-1}S^{-1}$）将成为一个不等于零的平移。

所以两条轴（如其不同）必相交于某一点 O。

附 45. 群 G 还一定含有一个旋转 T，它的轴通过点 O 并且位于前两条轴的平面以外. 事实上, 如果 R 和 S 都是轴反射(半周旋转), 这旋转 T 由乘积 RS 得出(第 98 节); 而如果 R (例如说)不是轴反射, 那么 S 经过 R 的变换显然具有它的轴在含 R 和 S 的轴的平面以外.

于是, 群 G 中任一旋转 U 的轴应该通过点 O, 因为它应该和 R,S 以及 T 的轴相交(上节).

附 46. 因此我们得出第一个结论:

这群中一切运动都是旋转, 而且它们的轴通过同一点.

我们取所有各轴相交的点 O 作为一个球 Σ 的球心. 要研究群 G 中的旋转, 显见只要把它们施行于 Σ 上的点. 每一旋转的轴交 Σ 于两点, 这两点是相应的旋转在球面上仅有的保持不变的点; 为单位计, 称它们为这**旋转的极**.

每一个旋转极一般是群中几个旋转所公有的, 其中最小的一个①R 的辐角能整除圆周角. 因为如果这角的度量是 $\dfrac{m}{n}$ ($\dfrac{m}{n}$ 是既约分数), 我们知道这群将含有具同一轴而辐角为 $\dfrac{1}{n}$ 的旋转, 如果 m 比 1 大, 这角便小于原先的那一个, 所以 $m=1$.

并且这群中所有其他的和 R 有相同的极的旋转都是 R 的幂. 因为, 若设其中一个的辐角的度量介于 $\dfrac{p}{n}$ 和 $\dfrac{p+1}{n}$ 之间, 以 R^{-p} 乘之, 显然得出具有同一条轴的一个旋转, 它的辐角则小于 $\dfrac{1}{n}$, 因而小于 R 的辐角, 与假设矛盾. n 称为所考虑的**旋转极的阶**.

一个 n 阶的极显然是 $n-1$ 个旋转所公有的, 幺运动不在其内.

附 47. 设 N 为群的阶, 球上任一点 P 有 N 个同调点, 这是把群中 N 个运动(包括幺运动)逐次作用于 P 而得到的. 设 P 不是一个旋转极, 这些同调点是互异的, 因为如果其中有两点或若干点重合于 P', 则点 P' 将成为一个旋转 R' 的极, 而点 P 将成为 R' 的一个同调旋转(附 42)R 的极了.

反之, 设 P 为一 n 阶旋转的极, 这极是旋转 R (辐角为 $\dfrac{1}{n}$)以及它的幂 R^2, $R^3, \cdots, R^{n-1}$ 所公有的, 它将与它的 $n-1$ 个同调点相重合. 又设 P' 是 P 的另外

---

① 即是轴角最小的一个, 恒同运动除外.

一个同调点，它是从 P 经过群中一个运动 S 得出的且不同于 P；将有 P 的 n 个同调点与 P' 重合，这些点是从 P 经过旋转 $S, RS, R^2S, \cdots, R^{n-1}S$ 得出的。此外再也没有了。因为，要是不然，点 P' 将成为大于 n 的一个 n' 阶旋转的极，根据附42节，点 P 也将是 n' 阶而非 n 阶旋转极了。

这样，P 的同调点聚合于 P' 的正好是 n 个；并且，由于点 P' 是在 P 的同调点中任意取的，我们可以说 P 的 N 个同调点每 n 个重合在一起。由是可知，N 能被 n 整除，而 P 有 N/n 个不同的同调点（包括 P 在内）。

附 48. 上面得到的结果，将引导出有关群的阶 N 和各个不同旋转极的阶之间的一个基本关系。

事实上，设 P_1 是第一个极，旋转阶为 n_1，由上已知这点有 $\frac{N}{n_1}$ 个不同的同调点。但另一方面，极 P_1 是 n_1-1 个旋转（幺运动不在其内）所公有的，它的每一个同调点（附 47）是和前面的一些同调的 n_1-1 个旋转所公有的，总共有

$$\frac{N}{n_1}(n_1-1) = N\left(1-\frac{1}{n_1}\right)$$

个旋转。现设有一极 P_2，不与 P_1 同调，且阶数①为 n_2，这点有 $\frac{N}{n_2}$ 个不同的同调点，将有 $N\left(1-\frac{1}{n_2}\right)$ 个旋转。第三个极 P_3（如果存在）设不同于 P_1, P_2 以及它们的同调点，将有 $\frac{N}{n_3}$ 个同调点，从而有 $N\left(1-\frac{1}{n_3}\right)$ 个旋转，其余类推。所以对于这些旋转的总数，有如下的表达式

$$N\left(1-\frac{1}{n_1}\right) + N\left(1-\frac{1}{n_2}\right) + \cdots + \left(1-\frac{1}{n_p}\right)$$

这个数目中没有包括幺运动，但群中其余 $N-1$ 个运动各出现两次（也只有两次），对于它所具有的两极，每一个出现一次。从此得出欲求的关系

$$N\left(1-\frac{1}{n_1}\right) + N\left(1-\frac{1}{n_2}\right) + \cdots + N\left(1-\frac{1}{n_p}\right) = 2(N-1)$$

以 N 除之，便有

$$\left(1-\frac{1}{n_1}\right) + \left(1-\frac{1}{n_2}\right) + \cdots + \left(1-\frac{1}{n_p}\right) = 2-\frac{2}{N} \tag{1}$$

这就是我们要对正整数（大于 1）$n_1, n_2, \cdots, n_p, N$ 解出的方程。

---

① 注意（参看前面，附 42）n_2 可以等于 n_1 而 P_1 和 P_2 并不同调。

由于数目 $n_1, n_2, \cdots, n_p$ 至少等于 2,左端每一括弧至少等于 $\frac{1}{2}$,所以括弧的数目 p 小于(而不等于)4,因为右端小于 2(等号被排除).

另一方面,右端至少等于 1(等号只当 $N = 2$ 时成立),至于左端每一括弧则小于 1,我们不可能有 $p = 1$.

附 49. 若 p 等于 2,则方程(1)变为

$$\frac{1}{n_1} + \frac{1}{n_2} = \frac{2}{N}$$

因此,除 $n_1 = n_2 = N$ 外,不能取别的解. 因为,要是不然,便必须 n_1, n_2 中有一个数大于 N,这是不可能的,因为 N 应被 n_1 和 n_2 除尽.

$n_1 = n_2 = N$ 表明只有两个不同的旋转极 $\left(\frac{N}{n_1} = \frac{N}{n_2} = 1\right)$,因此只有一条轴. 我们知道,绕这条轴的一切旋转都是其中一个的幂. 反过来,这样我们的确得到一个群;任意一个正多面角所容许的群(第 374 节)便是这样的.

附 50. 现在研究 $p = 3$ 的情况. 这时,n_1, n_2, n_3 中至少有一数等于 2. 因若有 $n_1 \geqslant 3, n_2 \geqslant 3, n_3 \geqslant 3$,则式(1)左端每个括弧至少将等于 $\frac{2}{3}$,它们的和至少将等于 2,而这是不可能的. 因此我们取 $n_3 = 2$,于是关系(1)变为

$$\frac{1}{n_1} + \frac{1}{n_2} = \frac{1}{2} + \frac{2}{N} \tag{2}$$

显然,如果将 n_1, n_2, N 分别以 $m, n, 2A$ 代替,这方程将与 382 节方程(3′)一致.

但此地所求数之一例如 n_1 可以取数值 2,然后另外一个可以任意选取,数 N 则等于(从式(2)可知)$2n_2$. 因此只有两个 n_2 阶的极,从而只有一条 n_2 阶的轴,不是绕这条轴的旋转都是轴反射;我们容易看出,这些轴反射的轴应该和前面那条轴垂直并且彼此之间成等角.

这样得到的一些群称为**二面体群**①. 任意一个平面正多边形,或者由一个正多面角和各棱过顶点的延长线得出的对称多面角所构成的图形,它们所容许的正是这样一个群.

---

① 若将球的一个大圆分成 n 等份,这样得到的 n 条弧从某种观点看来可以看做是一个球面正多边形的各边(互为延长线),这多边形包含整个半球而球被分为两个这样的多边形. 相应的多面体(二面体)有两个面,彼此重合,就像正 2 边形的情况那样(平,182,脚注).

我们注意 n_2 等于 2 的情况. 这时群由三个轴反射组成, 它们的轴构成三直三面角.

如果现在除开 $n_1 = 2$ 的情况, 于是 382 节推理适用: n_1 必然等于 3, 而 n_2 等于 3, 4, 5 中的一个. N 的相应值是 $N = 12, 24, 60$.

附 51. 现在, 像上面指出过的那样, 我们来证明这样得到的每一种组合对应于球面分成一些相等的球面正多边形的分划, 因之 (第 376a 节) 对应于一些正多面体; 从而特别地证明正十二面体和二十面体的存在.

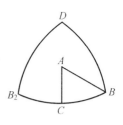

图 D.2

为此, 作一个球面三角形(图 D.2), 使在 A, B, C 的角分别等于半周角的 n_1, n_2, n_3 分之一. 这个三角形是能作出的, 因为它的角满足了 61 节叙述的可能条件. 因为 $n_3 = 2$, 在点 C 的角是直角; 另两角为锐角, 从而每一腰小于一象限.

取这样作成的三角形关于边 AC(即关于大圆 AC 的平面)的对称形 ACB_2. 这新三角形和原先的一个合成一个球面等腰三角形, 它在顶点 A 的角的度量(单位角是全周角)是 $1/n_1$. 显然围绕着 A 我们可以安排 n_1(即 3)个这样的等腰三角形 ABB_2, AB_2B_1, AB_1B. 这些三角形一个在另一个外部(因为它们是在以 A 为顶点的不同月形内部), 并且把 A 附近的球面部分不缺不重地覆盖着. 这 n_1 个等腰三角形(或 $2n_1$ 个直角三角形)的集合是一个凸多边形: 例如就三角形 AB_2B_1 说, 它和弧 BCB_2 除 B_2 外显然不再有公共点, 所以它就不会被大圆 B_2B 的其余部分穿过. 这是由于(注意 AC 是小于一象限的), 在这剩余的部分上, 任一点到 A 的球面距离必然大于 AB(第 66 节), 而对于边 B_2B_1, 情况则与此相反(第 66 节), 因此这球面三角形内部的点就更是如此了. 这样我们有了一个球面正多边形(第 374 节), 以 A 为其中心; 通过一个以 A 为极的 n_1 阶旋转 R, 或通过 $2n_1$ 个反射(反射面是由 A 发出的各边的平面), 这多边形便与自身迭合. (利用这些反射, $2n_1$ 个直角三角形显然可以顺次互相导得.)

同样, 绕点 B 有一个 n_2 边正多边形, 这多边形可以通过一个以 B 为极的 n_2 阶旋转 S, 或者通过 $2n_2$ 个反射(即关于组成这多边形的 $2n_2$ 个直角三角形的边的反射)以重合于自身.

最后, 绕着点 C 有四个直角三角形, 这四个三角形或者是全等的, 或者是对称的, 相邻的两个总对称于它们的公共边, 而两个对顶三角形则可通过以 C 为极的轴反射 T 互相推出.

明白了这一层,我们作这种直角三角形的一个链,每一个新三角形和前面一个三角形相邻,且关于一条公共边对称.

我们说,不论怎样重复这种作图,不论推展多远,这些三角形中决没有两个互相遮盖;它们只能:

或者完全迭合;

或者沿整个一边相邻,像上面讲过的那样,并且对称于所说的这一边;

或者有唯一的公共顶点.

但它们决不会有一些公共的内部点却又不相重合,也不会一个三角形的一顶点在另一个的一边上却又不是这边的端点.总之,为简便计,我们也说这个链决不会封闭得不好.

上面已经考查过,围绕一个公共顶点①所作的一些三角形,情况确是这样的.我们首先来说明,对于围绕二相邻顶点所作的一些三角形,情形也是这样,即是说这样两个三角形,它们和同一三角形例如(图 D.2)ABC,一个公有②顶点(例如说)A,另一个公有顶点 B.为此,只要指出,绕 A 排列的各三角形共同构成一个凸多边形,这些三角形不论对于大圆 BB_1 或 BB_2 都在同一半球上,因之都在以 B 为顶点的由这两大圆所围成(说得确切些,在以 B 为界分别含 B_1 和 B_2 的这两半大圆之间)的月形上③.但围绕 B 所作的三角形中,有两个完全在这月形内部,对于它们,我们的结论已经证明了,因为它们有一个顶点在 A;除这两个三角形之外,其余的我们知道都在这月形以外,充其量与它相邻④.

现在讨论一般情况.假设作出了彼此不相遮盖的三角形 $T_1, T_2, \cdots, T'$,能否找到一个沿一边 c 与 T' 相邻的三角形 T'',它遮盖了其中一个或几个三角形?前面这些三角形构成的图形以 $\mathscr{R}$ 表示,首先注意,c 不能是 $\mathscr{R}$ 内部的一边,因为 T'' 关于这样一边的对称形只能还是所考虑的三角形中的一个,而由假设,这些三角形不发生遮盖情况.所以 c 只能属于图形 $\mathscr{R}$ 的边缘.于是我们要研究,都是由这些三角形 T 借来的边 $c_1, c_2, \cdots, c_p$ 所组成的一个球面多边形,是否会封闭得不好(图 D.3),首尾两边 c_1 和 c_p 在一点 s 相交或者至少公有这样一点却没有在它们整个延伸中相重合(多边形的这顶点 s 是 c_1 的一端却不是 c_p 的一端,或者倒过来)?显然,我们可以不失普遍性地把问题限于这封闭性不好乃

---

① 当谈到绕一个顶点 A 或 B 所作的一些三角形时,指的是同时围绕着这一点所作的三角形,而不是指经过一个或长或短的中间三角形链可能回到那里而没有一个顶点在这一点的那些三角形.
② 和第一种情况有相同的注意之点(上页的脚注).
③ 如果所考虑的是两个三角形,它们和 ABC 分别公有顶点 A(或 B)和 C,那么这月形应该用大圆 BCB_2 所确定并含有 A 的半球来替代.
④ 以 B 为一顶点沿 BC 与这月形相邻的三角形,是 ABC 关于 BB_2 的对称形;沿 BB_1 和这月形相邻的三角形仿此.

是不可避免的情形,即是说,限于这样一种情况,不论取多边形的哪一边作为一个新三角形的底边,必然发生封闭性不好的情况,因为在相反的情况下,在到达三角形 T'' 之前,我们将开始作那一切可以到达的三角形而不会停止下来.

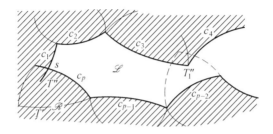

图 D.3

如果 p 等于 2 或 3,根据以上所讲,遮盖是不可能的.

在相反的情况下,设 $\mathscr{F}$ 是被 $c_1, c_2, \cdots, c_p$ 所围成的面积,并且在到现在为止所作的三角形外部.以 c_p 前两步的边 c_{p-2} 为底作新三角形 T_1''.根据假设,T_1'' 和前面作成的三角形也应该有遮盖的情况,即是说,它的不同于 c_{p-2} 的边中至少有一边和球面多边线各边 $c_1, c_2, \cdots, c_p$ 之一交截得不好(要是不然,由于 T_1'' 是至少局部在 $\mathscr{F}$ 内部的,它便将全部被包含在其中,因而不发生遮盖了).这样就谈不到 c_{p-1},也谈不到 c_p 了,因为两个三角形 T'', T_1'' 是围绕两个相邻顶点作出的.引进了 T_1'',我们就有了一个新球面多边形,它是封闭得不好的,但它比先前那个至少少了一边,因为三边 c_{p-2}, c_{p-1}, c_p 被取消①了,而最多只有两边(从新三角形借来的)加上来.这样一步一步继续下去,可以把数目 p 减小直到等于 2 或 3,这将引出矛盾.

所以我们出发的假设是不可能接受的,从而三角形链不是封闭不好的.

另一方面,我们必然达到能把这链盖满整个球面.事实上,被我们的三角形所盖的球面 $\mathscr{R}$,只要它盖不住整个球面,就由一个或几个球面多边围线所围成.围线上任一边可以取为一个新三角形的底,由上所述,这三角形整个在 $\mathscr{R}$ 外部.但设 Q 为球面积被三角形 ABC 的面积除得的商②,那么不同三角形的个数不能大于 Q.所以当 Q 个不同的三角形被形成以后,球的整个面积就被盖住了.

---

① 在图 D.3 的情况下,边数还要减少,在围线另一端要取消其中两边(c_1 和 c_2).
② Q 的准确值(显然等于 $2N$)我们暂不感兴趣,相反地以后(附 58)会出现.

另一方面,每个三角形有和 A 类似的一个顶点(角为 $1/n_1$ 的顶点)①,同具这顶点的一切三角形,像上面见到的那样,一起形成一个 n_1 边球面正多边形.球面便这样不缺不重地被划分成这样的多边形.根据 376a 节,这正好就是有一个正多面体存在以这些多边形顶点为顶点的充分条件.

我们知道,这些正多面体的存在包含着旋转群的存在,所设问题便这样全部解决了.

附 52.能不能得出同样的结果,先直接构作群,再由与上述相反的过程推导出球面被分成全等正多边形的分划?

事实上这是可能的.我们知道,所求群应该含 n_1 阶旋转、n_2 阶旋转和轴反射.仍取三角形 ABC(图 D.2),并考查以 A 为一极而辐角为 $1/n_1$ 的旋转 R,以 B 为一极而辐角为 $1/n_2$ 的旋转 S,以及以 C 为一极的轴反射 T.我们来证明,用各种可能的方式,不拘数目和顺序,实行这些变换和它们的逆变换,结果所产生的组合,数目是有限的.

这证明要用到运算 R,S,T 间的两个关系,现在来建立它们.

这一次假设 n_1 必须等于3,我们注意,点 B 既不同于 B_1 又不同于 B_2,并且这两大圆弧 BB_1, BB_2 的角以 $1/n_2$ 度量,所以点 B_2 是 B_1 经过旋转 S 的像.

但若相继地实行运动 R^{-1} 和 T,点 B 保持不动(因为 R^{-1} 把它带到 B_2,而 T 把 B_2 带到 B),而点 B_1 变到 B_2.所以运动 $R^{-1}T$ 对于不共线三点(B, B_1 和球心)所产生的效果和 S 相同,因而有(第 92 节)

$$R^{-1}R = S \tag{3}$$

此式还可写作

$$S^{-1} = T^{-1}R = TR \tag{4}$$

因为 T 是轴反射,所以有 $T^{-1} = T$.

附 53.当我们实行旋转 S 若干次,点 B_1 有 n_2 个不同的像(第 n_2 个像与 B_1 自身重合):若 $n_2 = 3$,设为 B_1, B_2, B_3(图 D.4);若 $n_2 = 4$,设为 B_1, B_2, B_3, B_4(图 D.5);若 $n_2 = 5$,设为 B_1, B_2, B_3, B_4, B_5(图 D.6);并且 n_2 个球面三角形 $BB_1B_2, BB_2B_3, \cdots$ 都是等边而且全等的.

---

① 如果 n_2 等于 n_1,即等于3,课文里所说的各顶点 A 和各顶点 B 之间的区别便不存在了.在这一情况下完成推理并不必需,这是四面体的情况,可以认为在 378 节已充分地处理过了.

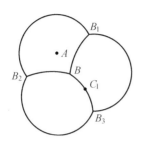
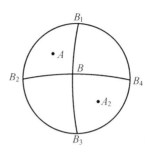

图 D.4　　　　　　　　　图 D.5

考虑这些三角形,对我们研究运动 $U = R^{-1}TRT$ 有用.

如果相继实行运动 R^{-1}, T, R, T,从点 B 出发,就到达 B_3;从 B_1 出发,就到达 $B_2$①.

绕通过球心的一条轴的任何旋转,若将 B 变换为 B_3 且将 B_1 变换为 B_2,便将(仍根据 92 节)和运动 U 全同.

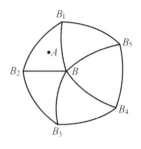

图 D.6

但若 $n_2 = 3$,以大圆弧 BB_3 中点 C_1(图 D.4)为一极的轴反射,的确将 B 变换为 B_3;并且,等边三角形 BB_3B_1 被变换为一等边三角形,它也有一边沿着 BB_3,但对于这一边说,则位于 B_1 所不在的半球上;这三角形的第三个顶点,即 B_1 的新位置,只能是 B_2.所以 U 是一个轴反射,它有一个极在 C_1.

若 $n_2 = 4$,球面等边三角形 BB_3B_4(图 D.5)(BB_1B_2 的二次 S 变换像)具有一个辐角等于 1/3 周角的旋转,即 R 经过 S^2 的变换,把它的极记为 A_2(图 D.5),A_2 乃是 A 的变换像.这一旋转将 B 变为 B_3,同时将 B_1 变为 B_2——因 B_3 变到 B_4,而 B_4 变到 B,所以 B_3 关于大圆 BB_4 的平面的对称点 B_1,变为 B_4 关于大圆 BB_3 的平面的对称点 B_2.所以这 3 阶旋转和运动 U 全同.

最后,若 $n_2 = 5$,辐角等于 1/5 周角而以 B_4(图 D.6)为一极的旋转,将 B 变到 B_3(因球面三角形 BB_3B_4 是等边的,且角等于 1/5);同理,它将 B_5 变到 B,因而点 B_1 来到 B_2 的位置,因为一个是 B_4 关于大圆 BB_5 的平面的对称点,而另一个是 B_4 关于大圆 BB_3 的平面的对称点.所以这 5 阶旋转和 U 全同.

---

① 例如点 B 被运动 R^{-1} 变到 B_2,它被 T 变到 B,B 又被 R 变到 B_1,B_1 又被 T 变到 B_3(因为 T 互换相邻的两三角形 BB_2B_1,BB_2B_3).

附54. 明白了这些,我们来考查用因子 R,S,T 可能形成的一切乘积,因子的个数完全是任意的,并取一切可能的顺序.在这些乘积的每一个当中,显然可以将若干个相邻的因子用它们实行以后的乘积来代替,但必须注意,像我们过去提醒过的那样,在一般情况下,不能调换因子的顺序.在这样的条件下,似乎所得的乘积有无穷多个.我们来证明,情况并不如此,并找出这有限个运动.这样就得到了所求的证明,因为所讲的这些乘积按照它们形成的方式是构成一个群的.

为了完成这个证明,一开始将每一因子 S 根据关系(30)用 $R^{-1}T$ 代替.所以我们要考查的一些记号都是由因子 R 和 T 形成的.每当有相邻两个字母 T 时,便可把它们消去,因为 $T^2 = 1$.同理,由于 $R^3 = 1$,我们不仅最多保留相邻两个字母 R,并且当有两个的时候,就用 R^{-1} 代替乘积 R^2.在这样的条件下,所说的每一个运动的代表记号由字母 T 交替地和 R 或 R^{-1} 组成.

但这样一个运动可以用几种上述形式的记号表示:我们假设(这是可以的)在这些等效的记号中,已选取了最短的一个.所以就作出具有上述形式的一个记号表,其中没有一个可以用一个等效但较短的记号来代替.我们来证明这表中记号的数目是有限的.

附55. 首先,乘积 $R^{-1}T$ 不会连续出现两次以上($n_2 = 5$ 或 $n_2 = 4$;当 $n_2 = 3$ 时,不会出现一次以上);因为 $R^{-1}T = S$ 是 5 阶的,因此

$$S^3 = R^{-1}TR^{-1}TR^{-1}T$$

可以用较短的记号① $S^{-2} = TRTR$ 代替.

同理,(和 T 交替出现的)字母 R 不能连续出现两次以上,因为序列 $TRTRTR = S^{-3}$ 可以用 $S^2 = R^{-1}TR^{-1}T$ 代替.

并且,乘积 $R^{-1}T$(例如说)只能在一个记号的两端连续出现两次.事实上,如果它在记号中间连续出现了两次,它前面将有一个字母 T,后面跟着字母 R(或例外地② R^{-1}),而有 $\cdots TR^{-1}TR^{-1}TR\cdots$.

但如果在这当中,将

$$R^{-1}TR^{-1}T = S^2$$

以

---

① 这样缩短了的记号一般还可能化简,因为乘积 $TRTR$ 的第一个字母 T 和前一字母 T 一接触,两个就一起取消了,最后一个字母 R 的情况仿此(比较以下的).

② 后面的假设是边缘的,并且如果 R 不是记号的最后一个字母,就已经是不允许的,因为它后面跟着一个字母 T,从而乘积 $R^{-1}T$ 连续出现三次了.

$$TRTRTR = S^{-3}$$

代替,便有…$TTRTRTRR$….由于 $T^2=1, R^2=R^{-1}$,这将化为

$$\cdots RTRTR^{-1}\cdots$$

这记号比原来的少了一个字母.

同理,乘积 TR 只能在记号的一端连续出现两次.

因此,除了两端以外,我们看出字母 R 和 R^{-1}(和字母 T 混在一起)规则地交替出现,换言之,顺序是

$$\cdots RTR^{-1}TRTR^{-1}TRTR^{-1}T\cdots$$

但乘积 $R^{-1}TRT$ 正是我们称为 U 的运动,并且我们已知道,这运动是有限阶的($n_2=5$ 时是 5 阶).

于是得到了结论:我们的记号最多含乘积 U(写着一次或两次①),前面可冠以而后面可继以字母 R 或 R^{-1}(和字母 T 混在一起)最多两次;显然这样形成的记号只有有限个(如果注意到上面所指出的各种化简,可以验明这数目是 60,当 $n_2=3$ 时是 12,当 $n_2=4$ 时是 24).

附 56. 证明了附 50 节找到的每一整数组合的确对应于一个有限群以后,还要搞清楚它只和一个群对应,我们把两个**相似群**(可以从一个推出另一个,即把它所有的旋转用同一运动来加以变换)看做没有区别. 这不是很明显的. 因为,如果说我们知道所求的每一个群应该含有旋转 R, S, T,它们的阶依次是 $n_1, n_2, n_3=2$,但我们却不知道,在这些旋转的极当中,是否有一些位于一个三角形的顶点,像图 D.2 那样.

重要的还在于表明,对于所考虑的每个群,对应着球面的一个全等的正多边形分划.

附 57. 这两个结果,都可以从理论上特别重要的一个概念得出,即基本域或简化域的概念.

考查球上一点 A,并把球上到 A 比到它的同调点 $A_1, A_2, \cdots$ 为近的各点所组成的域 D 称为点 A 的**域**. 对于垂直平分 $AA_1, AA_2, \cdots$ 的每一个大圆来说,这域的点显然都和 A 在同一半球上;所以 A 的域是一个球面凸多边形,这多边形是由这些大圆的全部或部分的弧所围成的.

---

① 若乘积 U 出现三次,可以把它(仿照 S^3 那样)代以 $U^{-2}=TR^{-1}TRTR^{-1}TR$,这记号较短.

A 的同调点 $A_1, A_2, \cdots$ 也将有各自的域 $D_1, D_2, \cdots$. 这些域一个在另一个外部,而它们一起盖住了整个球. 事实上,球面上任一点 P 总属于这些域中的一个,并且一般也只属于一个,即和距 P 最近的那个 A 的同调点对应的域①.

首先假设 A 不是一个旋转极,因此点 $A, A_1, A_2, \cdots$ 各不相同,个数则等于群的阶 N.

各域 $D, D_1, D_2, \cdots$ 是彼此全等的:其中每一个是 D 在群中一个并且仅仅一个运动下的变换像. 例如 D_1 是 D 在将 A 变成 A_1 的运动下的像,因为如果 P 是 D 的一点,P_1 是它的像,那么距离 $A_1 P_1$(等于 AP)比 P_1 到 A_2(例如说)的距离为短(设 A_2 是由 A 的同调点 A' 变来的,则距离 $P_1 A_2$ 等于 P 到 A' 的距离).

这样,域 $D, D_1, D_2, \cdots$ 各对应于群中完全确定的一个运动.

球上任一点 P_0 有一个(一般②也仅仅一个)同调点在域 D 内,因 P_0 是 D 的一个同调域的点.

凡像 D 一样具有如下性质的域:它包含球上每点的一个也仅仅一个同调点,便称为群 G 的**基本域**或关于 G 的**简化域**.

一个简化域的面积显然等于球面积被群中旋转数 N 除得的商.

附58. 现设 A 是一个 n_1 或 $n_2$③阶的旋转极. 这时点 $A, A_1, A_2, \cdots$ 的数目小于 N,而域 $D, D_1, D_2, \cdots$ 不再是简化域④. 但它们依旧是彼此全等、一个在另一个之外并且一起盖住整个球的(上述推理在这方面仍然有效). 我们来看,这些域中的每一个(例如 D)是一个球面正多边形.

极 A 假设是 n_1 阶的,它的域 D 将刚好含任一确定点(不同于 A,不同于它的对径点以及它们的同调点)的 n_1 个同调点. 特别它含有 n_1 个 2 阶极. 设 C 为其中的一个:点 A 经过相应的轴反射的像,可以通过延长大圆弧 AC 并在这圆上取相等的弧 CA_1 而得到. 所以,按照刚才我们所见到的,多边形 D 将整个在一半球上,即对于通过 C 而垂直于 AC 的大圆来说,那含有 A 的半球. 因此,这大圆将含多边形 D 的一边,只要它不全部(点 C 除外)在大圆外部,这种情况发生在而且只发生在多边形有一角在 C 的时候.

---

① 如果有 A 的两个或几个同调点和 P 有最小距离,点 P 显然在几个领域中间.
② 例外的情况仍旧是由于点 P_0 在两个或几个邻域的中间.
③ 读者不难研究 A 是 2 阶极的情况,这情况没有什么特别的兴趣.
④ 利用 D 容易构作一个简化域 D'. 只要对旋转 R 简化 D 域,即取 D' 为 D 的一部分,这一部分连同它经过旋转 R 以及 R 的幂的变换像,能把 D 盖住一次也仅仅一次. D' 是(例如说)D 和一个月形的公共部分,这月形以 A 为顶点而角为 $1/n_1$.
如果围成这月形的大圆弧是 AB, AB_2(图 D.2),我们确乎重新找到等腰三角形 ABB_2 作为简化域.

同样，在 D 内有 n_1 个 n_2 阶极.设 B 为其中一个:相应的旋转 S,向两方向相继施行,对于 A 将得出两个同调点 A_1,A_2,而对于垂直平分 AA_1 和 AA_2 的大圆弧来说,即对于平分角 ABA_1 和 ABA_2 的大圆弧来说,多边形 D 整个在其一侧.它必然有一个顶点在 B,在这一顶点的角等于或小于 $1/n_2$.

现在应用 362 节推论于球面凸多边形 D,这个推论是有关球面多边形的面积的,并且显然可以叙述为:球面凸多边形各外角之和小于四直角,且其间的差(以直角为单位)等于多边形的面积(取三直角三角形面积作为面积的单位).

此地我们取全周角作为角的单位,因而外角之和小于 1.在这样的条件下,面积单位也应该取成四倍大,即半球面.域 D 的面积于是以 $\dfrac{2n_1}{N}$ 为度量,因为它是一个简化域的 n_1 倍.

但至少有 n_1 个外角(在 n_2 阶极点),其中每一个至少等于 $\dfrac{1}{2} - \dfrac{1}{n_2}$.所以有

$$1 - \frac{2n_1}{N} \geq n_1\left(\frac{1}{2} - \frac{1}{n_2}\right)$$

等式只有当除了上述的角以外不再有其他的角,并且每一外角刚好取值 $\dfrac{1}{2} - \dfrac{1}{n_2}$ 的时候才能成立.

但这关系还可写作

$$\frac{1}{n_1} + \frac{1}{n_2} \geq \frac{1}{2} + \frac{2}{N}$$

而式(29)表明,成立的恰是等式.

因此,多边形 D 刚好有 n_1 个角(在像 B 这样的点),每个角等于 $1/n_2$,因而刚好有 n_1 边,这些就是通过 n_1 个极 C(即通过距 A 最近的 2 阶极)并与相应的弧 AC 成垂直的大圆弧.

D 确是球面正多边形,因为它是凸的,并且各边可以继续运用旋转 R 而相互得出.

由于我们知道,球被 $\dfrac{N}{n_1}$ 个全等于 D 的正多边形不缺不重地盖住,所以证明了附 56 节所述的第二个结论.

第一个结论也证明了,因为我们已查出,连续的两个旋转极 B 和 C 位于 D 的周界上,和 A 构成一个球面三角形,三角的度量为

$$\angle A = \frac{1}{2n_1}, \quad \angle B = \frac{1}{2n_2}, \quad \angle C = \frac{1}{4}$$

以上所解决的双重问题:

——利用一个基本多边形将全部区域分划为一些同调的域从而构作群;

倒过来,利用已知的群来作基本多边形——同样地出现在我们提过的(附43)福克斯群的研究中,解决这问题的方法,就是受附51节和前两节启发而得来的(但在第一种情况下,由于牵涉个数为无穷的变换,带来了一些新的困难).

E. 关于凸多面体的柯西(Cauchy)定理

附 59. 两三角形有三边依次相等便全等的定理,显然不能推广于边数大于 3 的多边形.

相反地,在空间有下述定理:

各对应面相等并且(第 111 节,脚注)同样安置着的两个凸多面体,不是全等便是对称的.

这定理不适用于凹多面体. 例如,考查这样一个多面体①:它的表面的某一部分 T 是由一平面围线围成的,将这部分表面 T 以其关于这围线所在平面的对称形代替,而不改变表面的其余部分,就得出一个不同于原先的多面体,虽然它的各面和原先的各面是全等的多边形.

附 60. 用来证明所说定理的方法和它的原理,来源于柯西②,以三个引理为基础.

前两引理是关于凸多面角的,也就是关于球面凸多边形的.

我们从下面几个简单的注记入手:

(1) 设有一凹多边形,因而它有一边 AB 延长以后穿入多边形内. 它至少还有一边具备这个性质,并且这一边必然是与 AB 紧紧邻接的两边之一. 事实上,设 M 为 AB 延长线上一点且在多边形内(或在其周界上). AB 外部的弧 MA, MB 之中至少有一为劣弧(因为它们的和小于全圆周), 例如是 MB, 那么多边形在 B 与 AB 相接的那一边便隔开了 A 和 M.

特别地,在一凹四边形中,总有相邻的两边,它们的延长线穿入四边形内部.

(2) 联结一个凸多边形 P 周界上两点 A 和 L 的大圆劣弧(例如一条对角线,即联结不相邻两顶点的大圆劣弧),位于多边形内(第 57 节),把多边形分为两个部分多边形 p 和 p_1, 它们也都是凸的. 因为根据假设,只有这边 AL 的延长

---

① 对于正二十面体(图 29.18),如果取 T 为有一公共顶点的各面的集合,便是这种情况. 这时 T 显然是一个正棱锥的侧面,并且可以看做由这锥的底面围成的.
② 柯西对引理 3 叙述得不正确. 正确的证明是由勒贝格(Lebesgue)完成的.

线可以穿入 p 或 p_1 内,但根据上一注,这也是不可能的.

(3)反之,若两凸多边形 p, p_1 沿一边 AL 相邻,在点 A 的两角之和小于两直角,在点 L 的两角之和也小于两直角(图 E.1),那么它们加起来形成的整个多边形 P 也是凸的.

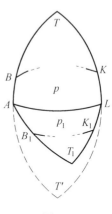

图 E.1

大圆 AL,以及 p 中和 AL 相邻的两边所在的大圆 AB, LK 各决定一个完全包含 p 的半球,因此它们一起围成一球面三角形 T(这三个半球的公共区域),T 也包含 p.同理,p_1 含于一球面三角形 T_1 内,它的一边是 AL,另两边沿着大圆弧 AB_1, LK_1(p_1 中与 AL 邻接的两边)延长直至相交.如果改变边 AB_1 或 LK_1 的方向,以加大在点 A 或点 L 的角,那么 T_1 在所得出的三角形内部,从而把两角都加大,T_1 在所得出的三角形内部,从而把两角都加大,T_1 也在所得三角形内部:特别地,按照关于这些角的假设,如果把 T 的两边分别通过 A 和 L 延长,使与 AL 形成一个三角形 T',则 T' 与 T 构成一月形 Φ,且 T_1 在 T' 内部.

在这样的条件下,如果延长 p 的任何一边,所得大圆由假设不可能和 p 的另外一边相交.要它离开 T,它就得和月形的两边相交于点 m, n.因此,它不能穿入 T' 内.因为要它能这样,就得重新和这两边相交,而且只能相交在 m 和 n 的对径点,而这些对径点则在月形之外.所以这样的大圆不能穿入 p_1 内.

同理,p_1 的一边所在的大圆不能穿入 T 内,这就证明了我们的结论.

(4)凸多边形的一个极限情况显然是有两(或几)边互为延长线,一(或几)角变成两直角的情况.

上面的(2)和(3)对于这些极限情况依然适用.

附 60a. 讲了上面这些之后,便有下述引理.

引理 1 设一球面多边形除一边外各边为常量,而与这变动的边不邻接的各角都增大或都减小(除了那些保持常量的),但总保持这多边形是凸的,那么变动的这一边同时随着各角而增大或减小.

我们区分三种情况.

第一种情况:在两多边形中,与变动的边不邻接的各角只有一个不同.设 $ABCDEF$(图 E.2)为一球面多边形,我们假设:

(1)边 AB,BC,CD,DE,EF 保持常量;

(2)在 B,C,E(例如说)的角也保持常量,在点 D 的角则可以变;

(3)多边形总保持为凸的.

那么,当在点 D 的角增大或减小时,最后一边 AF 同时也就增大或减小.

事实上,引大圆劣弧(因而位于多边形内部)AD, DF.则由于边 AB,BC,CD 保持常量,而在 B,C 两点

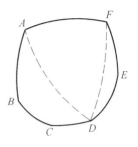

图 E.2

的角也保持常量,球面凸多边形 $ABCD$ 也就保持不变(因为已知的各元素显然已足够把这多边形作出).于是边 AD 以及两大圆 CD 和 DA 的夹角也保持常量.

利用完全类似的推理,大圆劣弧 DF 以及它和 DE 的夹角为常量.

从此可知,球面多边形在点 D 的变动角和三角形 ADF 在点 D 的角,变动的方向一致,因为它们相差只是两个保持常量的部分.

但 61a 节定理告诉我们,由于球面三角形 ADF 的边 AD 和 DF 保持常量,边 AF 和点 D 的角便同时增大或减小.

我们看出,在以上的条件下,可以用三角形 ADF 代替多边形 $ABCDEF$ 进行考虑,即是说,撤掉角保持常量的各顶点.

第二种情况:只有两角变动.仿照上面处理,问题划归为讨论两四边形 $ABCD$ 和 $A'B'C'D'$,其中我们假设:$A'B' = AB$;$B'C' = BC$;$C'D' = CD$;$\angle B' > \angle B$;$\angle C' > \angle C$;两四边形都是凸的.我们说 $A'D' > AD$.

为了证明这一点,将边 CD 绕端点 C 向第一个四边形外方旋转以增大在点 C 的角.只要旋转能够实行使四边形不失其为凸的,我们便处于第一种情况的条件下,因为在点 B 的角没有改变.所以

(a)设 CD_0 是一条等于 CD 的大圆弧,且与 BC 形成一个角
$$\angle BCD_0 = \angle C'$$
如果四边形 $ABCD_0$ 是凸的,就可以应用已得到的结论,于是新的边 AD_0 将大于 AD.另一方面,把这新的凸四边形 $ABCD_0$ 和 $A'B'C'D'$ 比较,就表明 AD_0 又小于 $A'D'$,因为角 BCD_0 等于角 C',至于 $\angle B$ 则小于 $\angle B'$.

但是(观察图 E.3 可知)这推理可能发生问题,边 CD 的旋转在到达所需的位置以前便停止在 D_1,因为四边形不再是凸的了,即对于它的各边之一说来,不再是整个在同一半球上了.问题并不出在边 BC(对它来说,点 D 在旋转中并未改变所在的半球),也不在 CD_1(绕点 C,已知的顺序是弧 CB,CA,CD,CD_1).

所以问题在 BA 或 AD_1,因此(上节,(1))在这两边,所以 BA 的延长线(显然通过 A 延长)将穿过 CD 的新位置 CD_1.

在这种情况刚好发生之前,我们将停止旋转,即是说(上节,(4)),当 D 来到 BA 延长线上的时刻(图 E.3);这点 D_1 并且还满足①

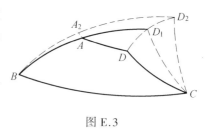

图 E.3

$$CD_1 = CD = C'D', \quad \angle BCD_1 < \angle C' \tag{1}$$

(b)于是设 CD_2 是等于 CD 的一条大圆弧并且和 CB 夹任意②一个这样的角:

$$\angle BCD_1 < \angle BCD_2 \leqslant \angle C' \tag{2}$$

大圆弧 BD_2 将大于 BD_1,从此首先得出它将大于 BA,因而在它内部从 B 起可以截取一弧 $BA_2 = BA = B'A'$;并且还有

$$A_2D_2 > AD_1 > AD \tag{3}$$

若有一角 BCD_2 适合不等式(2)且 $\angle CBD_2 = \angle B'$,这样我们将构作一个四边形 A_2BCD_2 在凸图形的边缘上,且 $\angle B = \angle B'$,$\angle C < \angle C'$.并且将有

$$BD_2 \leqslant B'D' < B'A' + A'D' \tag{4}$$

从这里两端减去等量 $BA_2 = B'A'$,得

$$A'D' > A_2D_2 > AD$$

(c)如果对于满足(2)的任一角,等式 $\angle CBD_2 = \angle B'$ 不成立,则取 D_0 为 D_2,于是我们有和上面完全相似的结论,但这一次是点 C 的角变成等于点 C' 的角,同时将有 $\angle B < \angle B'$.

在假设(b)和(c)下,所构作的多边形是在凸图形的边缘上.但我们可以用常态凸四边形代替它们,在假设(b)下,将点 C 的角增或减一个很小的量而不移动点 A_2,在假设(c)下,将点 B 的角增大一个小量而不改变点 D_2.如果这些运动充分小,去掉等号的不等式(3)和(4)将不受扰动.

一般情况:在由第一个多边形 P 到第二个 P' 的过程中,增大的角的数目是任意一个大于 2 的数 n.

假设两条球面凸多边线 $AB \cdots LM$,$A'B' \cdots L'M'$ 各边顺次相等,但在第二形

---

① 不可能发生这种情况,动点 D 在 D_1 处穿过 BA 的延长线以后,又重新穿过它一次,因而在到达位置 D_0 以前又回到它出发的半球.但如果情况是这样的,四边形 $ABCD_0$ 是凸的,于是我们的第一步推理不须作任何变更.

② 我们可以认为(看上面的脚注)有 $\angle D_2BC > \angle D_1BC > \angle DBC$.

中有 n 个角较第一形的为大,并且它们用弧 AM 和 $A'M'$ 封闭以后给出两个凸多边形 P 和 P'. 由于 $n=1,2$ 时, 定理已证, 我们可以假设对小于某数的一切 n 值, 定理已证明了.

像上面一样, 无损普遍性, 我们也可以假设两端的边 AB 和 ML 止于两顶点 B 和 L, 具有性质 $\angle B < \angle B'$, $\angle L < \angle L'$. 于是引对角线 BL(图 E.4), 这样就将多边形 P 分为两部分, 其中一部分(我们约定说在弧 BL "上方")是凸四边形 $ABLM$, 至于另一部分 $BC \cdots KL$ 将在 BL "下方". 由于 $\angle B < \angle B'$, 角 $\angle ABL$ 将小于数值
$$\alpha = \angle B' - \angle LBC$$
同样, $\angle MLB$ 小于数值

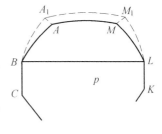

图 E.4

$$\beta = \angle L' - \angle BLK$$

照上面所说的一种情况处理, 我们可以增大在 B 和 L 的角而不改变边 AB 和 LM 的长度, 用另一个凸四边形 Q_1(或在凸图形边缘上的图形)代替四边形 $ABLM$, 使得这四边形在 B 和 L 的角分别取小于或等于 α 和 β 的值, 并使其中至少一处等式成立, 并且使这新四边形的自由边 A_1M_1 大于 AM. 四边形 Q_1 和多边形 P 位于 BL 下方的部分 p 一起构成一个新多边形 P'', P'' 将是凸的(上节, (3)), 并且和 P' 具有我们引理假设中指出的关系, 但至多只有 $n-1$ 个角不同, 因为现在等式 $\angle B = \angle B'$, $\angle L = \angle L'$ 之中至少有一个成立. 在这样的条件下, 引理假设是成立的, 所以有
$$A'M' > A_1M_1 > AM$$

证毕.

引理 2 设一多面角保持为凸的且各面保持常量. 考查这多面角的两个不同位置, 凡二面角增大的, 它的棱给 + 号, 减小的给 - 号. 若按一定方向绕多面角走一周, 我们至少将找到四次变号.

首先, 应该有一些变号; 换句话说, 各二面角不可能都向一个方向改变. 事实上, 要是不然的话, 我们刚才已看到, 除一面之外, 所有各面既保持常量, 那么这后一面应该变化, 与假设矛盾.

变号的次数应该是偶数, 因为计数完毕时, 绕多面角走了一整周, 我们回到起始的符号.

变号的次数不能等于 2. 换句话说, 对应于这多面角的球面多边形 $ABCDEF$

不能被分为两组——例如 ABC, DEF——使得前面一组互相连接,都是没有符号①或带 + 号,后面一组都没有符号或带 − 号.

事实上,暂时假设情况是这样.于是将第一次发生变号的两顶点 C, D 之一与第二次发生变号的两顶点 A, F 之一以大圆弧相连(例如对角线 DA)②.

我们立刻由这事实得出矛盾:根据引理 1,弧 AD 作为多边形 $ABCD$ 的一边应该是增大的,而作为多边形 $DEFA$ 的一边却又是减小的.

所以变号的次数至少是 4. 证毕.

附 61. 第三个引理是 372 节定理的推广.

假设给了一个零格多面体(例如凸多面体),设想取消掉一些棱,并且还是完全任意地选取的.任一顶点只要不属于被保留下来的任何一条棱,也就看做被取消了.

保留下来的棱将多面体的表面分成若干区域,每一区域由一面或几个面组成.所有的面如果能从一个到达另一个而不穿过保留下来的棱,便看做属于同一区域,两个面如果不能这样通达,便看做属于不同的区域.

必须注意,这样定义的区域不一定适合我们给予各面的限制(第 365 节),它们很可能有类似于图 29.1 或 29.2 的形状.

一条被保留的棱还可能不是两个区域的界线;特别,凡一条棱至少具有一个自由端点的(即是说,没有别的被保留的棱以这点为端点),都是这种情况.

在这些新条件下,欧拉定理推广成下面的.

引理 3 设 F' 为区域数,A' 为被保留的棱数,S' 为被保留的顶点数,则有
$$F' + S' \geq A' + 2 \tag{5}$$

(例:设在立方体中取消互相平行的四条棱,则面数缩减为 3,棱数以及顶点数缩减为 8:$F' + S' = 11 = A' + 3$.)

为了证明这一引理,我们逐一恢复被取消的各棱,每次当心不去穿过其中的一条,除非这一条至少有一端点是和一条被保留或先前恢复了的棱所公有的.这限制显然不会妨碍我们重建多面体的棱所组成的整个网络,由于这网络是连成一片的.

每增加一条棱时,A' 增大了一个单位.由于这条棱至多有一个自由端点(按照刚才叙述的约定),S' 至多增大一个单位.

---

① 一个顶点没有符号表明这顶点的角没有改变.
② 这推理即使在两组之一只含一个顶点的情况下也不须修改.

至于 F'，它也增大 0 或 1；但后面这一情况只当没有自由端点时才能发生，而那时 S' 没有变化.

一句话，$F' + S'$ 至多增大 1.

所以 $F' + S' - A'$ 保持不变或下降.

由于最后它取数值 2，所以在开始时它等于或大于 2，于是关系(5)得证.

附 62. 还要注意下面一个注，它出现在欧拉定理的各种应用中.

我们有
$$2A = 3F_3 + 4F_4 + 5F_5 + \cdots$$
其中 F_3 是三角形面数，F_4 是四边形面数，等等.

事实上，如果数出每一面的棱，并将所有各面的结果相加，便得等式右端的值.但这样，每一条棱正好数着两次，即在它所属的两面各数着一次.

附 63. 在上节所考虑的条件下，我们可以写出关于 A'，F_3'，F_4'，$\cdots$ 的一个类似关系，A' 代表被保留的棱数，F_3' 代表三角形区域数(即它的围线仅由三条棱组成)，F_4' 代表四边形面数，等等.

但为此必须对不是边界的棱作出特殊规定，或者(1)(如上节所指出)这样一条棱有一个自由端点(甚至它的两端都是自由的)——这两种情况在下面的研究中并不出现；或者(2)它的两端在两条被保留的棱上，包含它的一些面可以由别处相互通连.

我们应当把这样一条棱看做仍然是它所属区域 R_1 的围线的一部分.这围线事实上应该按下述法则画出：

设 f 是区域 R_1 的一个面，而 ab 是我们所跑过的第一条被保留的且属于 f 的棱，跑的正向是 ab.从所说的这条棱出发，并且首先画出面 f，绕着在点 b 的多面角前进，直到重新遇到一条被保留的棱 bc(这样使得介于 ba 和 bc 之间的一切面都属于 R_1). R_1 的围线上继承 ab 的棱便是 bc；此后(如果 bc 不是边界)，绕在点 c 的多面角从 bc 出发所应该沿着走的面，正好是绕在点 b 的多面角到达 bc 的那个面.

这样继续下去，直到不仅回到一个已经遇到过的顶点，而且继续前进的话将按已经画过的方向重新跑过一条棱时才停下来.

如果还剩下一些属于 R_1 的(保留下来的)棱，我们将重新从其中一条出发如上处理，以下类推.

照这样进行,任何一条(被保留的)非边界棱,看做为它所属区域的围线的一部分(双重身份):它被跑过两次,方向则相反(这两次跑走,在这一节第二段所考查的第一种假设下是相继的,而在第二种假设下则否).

作了这样规定,我们有
$$2A' = 3F_3' + 4F_4' + 5F_5' + \cdots$$
因为每一条被保留的棱(无论是不是边界)在右端正好被数着两次.

我们有明显的等式
$$F' = F_3' + F_4' + F_5' + \cdots$$
这等式两端乘以 2,与上述关系相减得
$$2(A' - F') = F_3' + 2F_4' + 3F_5' + \cdots + (p-2)F_p' + \cdots \tag{6}$$

附 64. 现在可以来完成柯西定理的证明.

设 P 和 P' 是两个凸多面体,它们的对应面全等并且是同样安置的.

要证明的是它们的二面角依次相等:因为这时像在 111 节一样,我们将见到,如果相等的二面角有同向(棱上的正向假设取成互相对应)[①],这两多面体便全等,而在相反的情况下则相对称.

所以假设对应的二面角不都相等,并照前面那样,凡 P' 的二面角大于 P 的,棱给 + 号,小于 P 的给 − 号. 取消其余各棱,对于顶点和区域依照前述规定.

在相邻的棱间数出变号的次数. 设对于整个多面体,变号总数为 N. 由引理 2 有
$$N \leqslant 4S' \tag{7}$$
S' 仍表示被保留的顶点数.

但可用另一方式计算 N:所说的变号实际上发生在属于同一区域的围线[②]的相邻两棱之间,跑遍这些围线,便可以把它们全部重新找到(每个一次).

一个三角形区域最多只能给出两个变号,四边形区域至多四个,五边形区域也是至多四个(这数目应为偶数),六边形和七边形区域至多六个,等等. 所以有
$$N \leqslant 2F_3' + 4F_4' + 4F_5' + 6F_6' + 6F_7' + \cdots$$

---

① 在 P 及 P' 上分别取一对对应的棱,证明二面角对这对棱是同向的,然后推到所有其他各对,易见(多面体是凸的)二面角是同向的.
② 此地仍设这围线照上节所述画出.

(F_p' 的系数是 p 或 $p-1$,就看 p 是偶数或奇数而定).

但这不等式右端显然小于(或最多等于)关系(6)右端的两倍.所以
$$N \leqslant 4(A' - F')$$
由引理 3,$A' - F'$ 至多等于 $S' - 2$,所以最后有
$$N \leqslant 4S' - 8 \tag{8}$$
但这不等式和(7)矛盾.

所以我们出发的假设是不能接受的,因而定理得证.

F. 空间的圆的自反性质

我们曾经(第344a节)把一个图形经受任何反演,因之经受连续若干次反演而不变的性质,称为自反性质.现在这个附录正是根据这一观点来叙述的;在很多情况,我们不仅力图使叙述成为自反的,而且要使证明也是自反的.

(Ⅰ)关于反演的一般原理和两个球的系

附 65.作为自反图形,我们知道有圆(包括直线作为特殊情况)和球(包括平面作为特殊情况),作为自反性质,有两个或几个圆或球在一个交点的交角,以及(第355节)同一圆上四点的交比.

在此,区分两种型态的反演是重要的.幂为正数的反演保留相交曲线或曲面之间的角,但改变了以这些角为元素的任何多面角的转向.除非特别声明,我们讲的总是指具有这种性质的反演(**正的**或**正规的**反演).我们记住这时有一个反演球,它上面每一点与其反点相重合,这球有时也可变成一个平面(反演于是成为关于这平面的对称).我们将用同一字母表示这个球和相应的反演.

相反地,幂为负数的反演(简称**负反演**)不仅保留这些元素,也保留在一点的若干方向所形成的多面角的转向.负反演没有反演球,并且没有一点和它的反点相重合.

附 66.我们将考虑能用任何若干个反演的乘积(平,附24)表示的各种变换(我们将看到,这个数可降低到五).易知这种类型的一切运算构成一个群.我们规定,当考虑这样的运算作为反演的乘积时,总是指正的反演.这也不改变所考虑的运算的集合,如果能将任一负反演表示为正反演之积.但实际情况是:一个负反演显然等效于一个正反演继以关于一点(即反演球中心)的对称,即继以(按第三编)关于通过这点的三个互垂平面的三个对称——总共四个正反演.

我们特别要考虑偶数个反演(上由所说,指正的反演)之积的变换,并称之为**球运算**.它们也构成群,是上述群的子群;因为这种运算不仅保留通常的角和二面角,且保留多面角的转向;其中任意两个所给出的乘积(不论相乘的顺序如何)也具有同样的性质,因此也是球运算.我们在第三编所考虑的运动都是球运算,因为它是关于平面的对称的乘积.以后会看到,像上面对一个负反演所做的那样,任何一个球运算可以表示为至多四个正反演之积.

附 67. 任意一个反演 S 经过任意反演 T 的变换(第 379a 节,附 42 节),还是一个反演.换言之,设两图形 F, F' 在反演 S 下互为反形,而 m, m' 为它们任意一对对应点,并设反演 T 将 m, m' 变换为 m_1, m_1',那么经过一个反演,从 m_1 到达 m_1'. 如果 S 是正反演,即具有一反演球 S,这是显然的;因为 m 和 m' 可以用下列事实来判定(第 337 节),即凡含这两点的圆是和 S 正交的;于是它们经过 T 的变换像 m_1 和 m_1' 关于球 S_1(从 S 经过 T 得来)也具有这个性质.要把这证明推广到负反演 S,只要利用 338 节,设 n, n' 为 S 下另外两个任意的对应点,则点 m, n, m', n' 在同一圆周上;m_1, n_1, m_1', n_1' 也有这个性质,从此得出(因为 m_1 和 n_1 显然可以任意取)使 m_1 变到 m_1' 的运算是一个反演.

附 68. **两球或平面两圆的系、不变量** 除单一的球(或在平面上,一圆)外,最简单的图形是由两球(或在平面上,两圆)所形成的图形.若此两球相交,则(利用极在交圆 C 上的一个反演)可变换为两平面.通过这两平面交线的平面集合或平面系,对应于通过圆 C 的球系.

两个相等的二面角是两个相等图形的特例,由两个相交球 S_1, S_2 形成的图形,能用一个球运算变换为另两相交球 S_1', S_2' 所形成的图形,充要条件是前两球的交角等于后两球的交角.两球的交角 V 是它们形成的图形的唯一**不变量**(平,附 22).

若这角 V 变为零,则两球相切,且可用反演(以切点 O 为极)变换为两平行平面.它们所确定的球系,由与这两球切于 O 的各球形成.

附 68a. 根据情况的不同,我们可以或不可以给所说的角 V 以一个符号.为此,必须确定:

(1) 这两球的先后顺序;

(2) 在交圆上的正向.

按照拉盖尔(Laguerre)那样,一个定了正向的圆周称为**轮**.注意,这也适用于直线,只要仿此确定了它上面的方向.

附 69. 两个没有公共点的球 S_1 和 S_2 也确定一个系,由与这两球有同一个根面(等幂面)的球构成.这系中包含退化为两点的两球(庞斯列(Poncelet)极限点);要得到它们,可以从根面和连心线的交点 H 出发,这点关于系中各球的公共幂必为正量 h^2;从 H 起到连心线上向两侧截取距离 h,便得所求两点.凡和 S_1, S_2 正交的球(根面上任一点都是这种球的球心)都通过这两极限点;凡和 S_1, S_2 正交的圆 γ 也是这样(并且 γ 可以看做具有这性质的两球的交线).

假设以一个反演作用于图形(S_1, S_2),反演极是这两个极限点之一,那么所有的正交圆 γ 都变成通过另一极限点的对应点的直线.所以我们的两个球将被变换为两个同心球.这样得出的图形仅有一个不变量,即这两同心球的半径之比,或者在原先的图形上(按 355 节),在这些圆 γ 中任一个之上由这两极限点以及分别取在 S_1 和 S_2 上的两点所确定的交比 λ.

容易知道,所有这些考虑,对于一个平面上两圆所形成的图形同样地适用.

附 70. 不论两球 S_1 和 S_2 各自的位置如何,这两球具有①无穷多个公共正交球(它们的球心在根面上,或者更确切一些,若两球相交,则球心在这平面上两球之外的部分上),因此有无穷多个公共正交圆(任意两相交正交球的交线便给出一个);通过空间一已知点有这样一个圆.凡与球 S_1 和 S_2 正交的球,也和它们所决定的球系中每一球正交(并且对于这球,公共根面上每一点的幂等于这点关于 S_1 和 S_2 的幂);任何公共正交圆,情况仿此.

在平面上,有同一根轴的圆系具有类似的性质,而且公共正交圆自身构成一系,这两系之间的关系是可以互易的.

一点 a 关于一系中的圆或球的反点的轨迹,按 337 节是通过这点的公共正交圆.

附 71. 两圆或两球的公共正交圆,可使我们把上面形成的一些不变量用另外一个适用于各种情况的唯一不变量来代替,即这两圆或两球在任一公共正交圆 γ 上所截的交比,这样一个交比与圆 γ 的选取无关,这一事实可像上面那样将两球化为两平面或两同心球而看出.这个不变量显然可以用上面的一些不

---

① 我们不会看不出,若一圆与一球 Σ 正交,则通过这圆的任何球也与 Σ 正交,反过来,若与 Σ 正交的两球相交,则它们的交圆也与 Σ 正交.这不过是把有关直线和平面垂直的性质,应用于所考虑的圆和球在一个公共点的切线和切面罢了.

变量表达,事实上,容易看出,对于两个相交的球(或圆周),其值为 $-\tan^2 \dfrac{V}{2}$①;对于两个没有公共点的球(或圆周),则为 $\left(\dfrac{\lambda-1}{\lambda+1}\right)^2$.

附 72. 射影的球系 显然,要定义通过同一圆的四球的交比是并不困难的.这就是在这圆上同一点所作四球切面的交比.它等于在这圆的轴上四球心所确定的交比,因为相应的半径是分别和这些切面垂直的.

在后面这种形式下,交比的定义可以推广到圆是虚圆的情况,即推广到没有公共点的两球所确定的系,或推广到相切的球构成的系.在这两种情况下,我们取四球心的交比.更普遍一些,任一已知点 a 关于一系中各球的反点的轨迹是一个圆,即通过点 a 而与这些球正交的圆;可以证明(例如在附 68~69 节化简了的图形上证明),在这圆上,关于系中确定四球的反点所成的交比,不论点 a 如何总是相同的(当 a 在无穷远时,即四球心的交比),这就给出了四个球的交比.

所以我们可以谈论射影的球系就像谈论射影的平面系一样.

有同一根轴的一切球(例如通过同样的两点 α 和 β 的一切球 S)具有一个公共正交球系.同一已知点 a 关于这些球 S 的反点的轨迹,是通过点 a 的那个正交球.

附 73. 我们只限于对实的图形进行推理.但是可以引进**纯虚球**和**纯虚圆**.事实上,这些元素都可给以实的定义.以 O 为中心、以纯虚数 $k\sqrt{-1}$ 为半径的球可以用相应的负反演确定;并且,正像在一个正规反演下被保留的球和圆是那些和反演球正交的(不计这球自身以及在它上面的圆)球和圆一样,我们可以谈论和纯虚球正交的球或圆,甚至推广之,说"和负反演正交"的球或圆:按定义,这些就是在这个反演下被保留的一些圆 Γ 或球 Σ,例如,任何一个圆,只要它的平面通过反演极并且这极对于这圆的幂是 $-k^2$. 这归结为这样一个球 Σ 将和以 O 为中心、以 k 为半径的球相截于一大圆,或者这样一个圆 Γ 将截这球于两个对径点.这样,我们就有了 Σ 和 Γ 的一个简单作法,只要知道 Σ 的球心或者知道了 Γ 的圆心和所在平面(这平面通过 O).

上面给出的具有已知中心且与一纯虚球正交的球 Σ 的作法,或者对于一

---

① 若一直角在它平面上旋转一个角 α,则如此画出的四直线的交比为 $-\tan^2\alpha$.

个圆的类似作法,还给出一个实的结果,我们看出两个正交球,或者正交的球与圆周,不能同时是纯虚的.

两球,或一球及一圆周,若与同一负反演正交,就必然相交于两个实点;因为在由反演极 O(O 在它们内部)发出的同一直线上,它们所截的线段是互相穿插的.

附 73a. 一个纯虚圆显然可以完全类似地定义:相应的负反演将和纯虚球的有相同的意义和半径,只有一点不同,它只能适用于这圆的平面 P 上的点.

但一个纯虚圆也可以(像一个实圆那样)由包含它的球系定义.

首先注意,不仅反演的性质可以推广到照上面那样定义的纯虚圆周或球,并且有关极与极线或极面的性质也可以推广.事实上,在平面上,若 m' 为一点 m 经过一个负反演 σ 的像,则 m 关于相应虚圆的极线,可以定义为在点 m' 向 mm' 所引的垂线(这作法给出关于一个实圆的极线).平面几何卷里(205,206,210)关于极线所建立的基本性质连同它们的证明,在现在的条件下依然有效.于是,如果在空间我们把一点 m 关于一个纯虚球的极面定义为由 m 的反点 m' 所引与 mm' 垂直的平面,那么这样定义的极面以及由此推出的配极直线,仍将具有在实球情况下所建立的性质(第 334~336 节).(实际上,这些由相应的平面的性质推出.)

这种纯虚圆周或球可以属于圆系或球系.设一平面上有一无公共点的圆系,因而具有两个实的极限点 p 和 q.所以公共的正交圆 γ 便是那些通过 p 和 q 的圆.这些圆以已知圆的连心线 pq 作为根轴.这直线上线段 pq 以外的任一点是一个属于已知圆系的实圆的中心;线段 pq 上任一点 s 是一个负反演的极(幂等于 $sp \cdot sq$),对于它,所有的圆 γ 仍旧是正交的,因而按定义,把它称为**属于已知圆系**.平面上任一点 a 关于这系中的圆(无论实的或纯虚的)的反点的轨迹乃是圆 apq,并且这点对于这些圆的极线,像实圆的情况一样(第 454a 节),将通过同一点 a',即圆 apq 上 a 的对径点.若 a 在根轴上,则 a' 亦然(第 452 节).

同理,在空间中,点 a 关于一系中的球(实的或纯虚的)的极面通过同一直线 Δ,这直线总是垂直于 a 的连心线的平面的.特别地,把 a 取在根面上,Δ 在 a 关于系中纯虚球(S)的极面上,球心 O 是连心线和极面的交点,而半径为 $k\sqrt{-1}, k = Op$.所以这直线 Δ 也是点 a 关于具有这中心和半径的纯虚圆(c)的极线,就像 a 关于虚球(S)的反点 a' 也是 a 关于这圆的反点一样,这圆按定义属于这系的所有的球.

要定义这个系,因而定义这虚圆,只须给定系中的点球 p 和 q,点 p 和 q 称为这圆的**焦点**.将上述极面的作图应用于点球 p,便给出通过 p 而垂直于 pm 的平面,所以两点关于一个点球(或在一平面上,一个点圆)是共轭的,如果它们从这点看来在两个垂直方向上.但若一虚圆由它的平面 P 和它的一个焦点 p 所给定,则一点 a 关于视为一球的点 p 的极面,即是说通过 p 所作与 pm 垂直的平面,将截 P 于一直线,即 a 关于这圆的极线.

于是,关于虚圆成共轭的两直线,从这圆的一个焦点 p 看来成直二面角.

附 74. 简单运算,它们的简化形式 上面关于两球(或两圆周)S_1,S_2 的系的研究,便于我们讨论由两个反演 S_1,S_2 之积确定的球运算 Ω,称为**简单的球运算**.

若 S_1 和 S_2 相交,仍用同一反演 T 把它们变换成两平面(或两直线).在这样情况下,这两个反演由两个对称代替,并且我们知道(平,102a 及第三编),结果是一个旋转,辐角等于 S_2 和 S_1 交角的两倍.运算 Ω 是这旋转经过 T 的变换,并与这旋转相似(附 42).从现在我们研究的自反观点讲,它和一个普通旋转完全等效,因而称之为**自反旋转**或者就简称**旋转**.

若 S_1 与 S_2 相切,都经 T 变成的两平面是平行的,于是 Ω 是一个**自反平移**(或简称**平移**).最后,若 S_1 与 S_2 没有公共点,我们知道可以通过一个反演 T 把它们变成同心的,从此得出(平,215)Ω 是(仍在自反意义下)一个正**位似**①. 在以下,后两种情况的重要性不如第一种.

但是不论三种情况的哪一种,把简单球运算分解成两个反演,可以由无穷多的方式达成.例如,对于一个旋转,S_1 和 S_2 可代替以不论哪一对的球,只要它们相交于同一圆并且交角是同一个.利用我们的反演 T 来变换整个图形,对于一个通常旋转的已知结果(参考平,102a)便立刻推广到自反旋转.同样的按语适用于平移;并且,关于两个同心球 S_1 和 S_2 的两个反演之积,如果不改变球心而改变一个球的半径,只要按同一比值改变第二球的半径,则仍将给出同一位似.

这分解还可以令 S_1 或 S_2(可以选择)通过任一已知点 a 的方式来进行.

但最后的叙述有一个例外:当一个位似(按这名词的通常意义)被视为关于两个同心球的反演之积时,我们只能用有同一球心的另外两球代替它们,这就

既不能把其中一个用一个平面代替;

---

① 注意在目前观点下,一个位似有两个中心(其中一个在通常位似的情况下位于无穷远).

也不能让其中一个变成通过公同的球心.

所以我们看出,对于两个没有公共点的球 S_1 和 S_2 的两个反演之积,可以用另外一个类似的乘积代替,在这新的乘积中,两球之一通过任一已知点 a,球系 (S_1,S_2) 的极限点除外.

备注 注意下述事实是有益的:根据在 339 节建立的表达式,两点以及它们的反点的距离之比 $A'B':AB$,当 A 和 B 趋于反演球上同一点时,其值趋于 1;因此,如果 A',B' 是 A,B 经过同一自反旋转得来的,当 A 和 B 趋于这旋转轴上同一点时,结果也是这样.

附 74a. 当两球 S,S' 交成直角时,两个相应的反演之积(自反地等效于绕一直线旋转 180°)是一个关于相交圆的**自反半周旋转**(或**自反轴反射**),一点 a 在这运算下的变换像 a' 称为 a 的**反射点**.在这种并且也只有这种情况下①:

(1)两个反演 S 和 S' **可换位**,即运算乘积与实行这两反演的顺序无关;

(2)这运算是**自逆的**,即 a' 的变换像正好就是 a.

备注 (1)凡与所考虑的圆垂直(参看下面附 76)而通过 a 的圆,也通过 a 的反射点 a'(并且被这两点和轴所调和分割,只要把后者取为一直线就可以看出了).无穷远点关于任一圆的反射点就是这圆的圆心.

(2)在我们进行推理的实域,绕一虚圆旋转一实角一般没有意义.但对于轴反射则为例外,后者事实上可以由关于圆的平面 P 的对称,给出一点 b,再与关于附 73a 节的虚球 S 的反演联合起来确定(因为球心在平面 P 上,因此平面和它相交成直角).

这种运算可以另外解释.设 p,q 为这圆的焦点,a 的变换像 a' 显然是在圆 apq 上且(取 b 为视点可知)这两点调和分割弧 pq,所以关于一个虚圆的轴反射与比为 -1 的位似等效,或与以这圆的两个焦点为中心的自反对称等效.

附 75. 绕同一球 S 上两圆的两个旋转给出的乘积是一个简单运算(因为关于 S 的连续两次反演互相抵消).如果这些是轴反射,而且轴相交,那么我们将有一旋转,它的轴与 S 正交并且辐角是原先两轴交角的两倍.反过来,像在第三编一样(第 98 节),任何一个以 A 为轴的旋转以无穷多的方式表现为两个轴反射之积,两轴与 A 垂直,其中一条可任意选取.

---

① 注意,我们抛弃 S_1 和 S_2 重合的情况,这里出现的是恒同运算.

附 76. 两圆的特殊位置　我们需要首先来研究空间两圆 C_1 和 C_2 所形成的图形. 我们所将宣布的结果最终可在下述特殊情况下进行一些修正:

(a) **有一个公共点的圆** (注意到这情况从自反观点讲与两直线的情况对应, 可能是方便的). 更特别一些:

(b) **共球的圆**, 具有更特别的两种情况;

(c) **相切的圆**;

(d) **垂直的圆** (我们这样称呼在两点相交成直角的两圆);

(e) **成对合的圆**, 即是说, 通过其中之一可作一球与另一圆正交. 下面我们对这种情况不感兴趣, 因此, 我们让读者自证, 反过来, 通过第二个圆可以作一球与第一圆正交. 相反, 重要的在于注意, 不可能通过一圆 C_1 作两球 S,S' 与第二圆 C_2 正交, 除非有这样的无穷多个球, 即(附 70)被 S 和 S' 确定的系中的一切球. 反过来, 凡通过 C_2 的球将与 S 和 S' 正交, 因而也与 C_1 正交. 于是我们有下述情况:

(f) **共轭的圆**: 我们这样称呼两圆, 凡通过其中之一的球必与另一圆正交.

我们也可以把它们称为**配轴的圆**. 事实上, 这关系就是两圆 C_1 和 C_2 的关系, 其中第二个是由一确定的点 a 在它绕 C_1 的旋转中 (即在它的旋转中辐角连续地变化) 描画的.

这样, 当 C_1 为直线时——于是, 在一般情况下, 利用反演——可以看出, 通过空间不在 C_1 上的每一点, 有一个也仅仅一个圆和 C_1 配轴. 还可以看出, 配轴的两圆的任何一个公共共球圆必和它们垂直, 并且被它们调和分割.

备注　(1) 一圆垂直于另一圆 C, 乃是一个通过 C 的球和一个与 C 正交的球的交线.

(2) 两圆 C_1, C_2 若与同一第三圆 A 配轴, 则这两圆是共球的. 因为通过 C_1 以及 C_2 上一点 m 的球是与 A 正交的; 因此绕 A 作任何旋转, 它不会改变, 从而应该含 m 在这些旋转下的一切变换像, 即整个包含 C_2.

附 77. 两圆的公共反演, 任意两圆的相对位置　现取任意两圆 C_1, C_2. 设通过 C_1 以及 C_2 上一点 m 作一球 (或平面) Σ, 截 C_2 于第二点 m' (与第一点不同或相同). 直线 mm' 交 C_1 的平面于一点 O, 这点在两圆平面的交线上且 (若此点在有限距离内) 对于其中每一个有同样的幂 p, 因此 O 是一个既与 C_1 又与 C_2 正交的反演的极. 容易相信这反演 (当 O 在无穷远时, 它被一个对称所代替) 是唯一的一个, 只要 C_1 和 C_2 不是共球的 (参看上节备注 (2)).

C_1 将球 Σ 分成两个区域 R,R'（两个球冠，如果 Σ 是常态的球）. 若 m 与 m' 是一点在 R 内而另一点在 R' 内，则点 O 在每一已知圆内部，于是得到的反演是负的. 凡通过 C_1 所作的球都截 C_2. 在这样情况下，C_1 和 C_2 称为**环抱的**. 如果相反地，m_1 和 m_2 在同一区域内，从而在 C_1 的平面同侧，则 O 为外部点而幂 p 是正的. 由 O 可以引 C_2 的两条切线，从而（参看平，159）通过 C_1 可作两球切于 C_2. 如果其中一个让（例如）C_2 在其外部，另一个也通过 C_1 且和前一个相邻，但在切点邻近的区域，它将在 Σ 之内，不截 C_2.

当两圆之一变为直线时，上面所说的依然成立. 易见通过连续变化，从两个环抱的圆过渡到不相环抱的圆，只能通过两圆相交的一个位置（这时 p 变成零）.

在所有以下的推导中将有环抱，而公共的反演将是负的，在整个过程中这虚球或负反演将恒保持相同. 我们所将进行推理的一切圆和球，纵或没有对它们个别指出，都将是与这基本的负反演正交的. 在这反演下相对应的点，称为**相对的点**，特别地，其中一圆和通过另一圆的任一球的交点，便属这种情况. 这些点总是实的，因为已知的公共正交球是虚的.

备注 两已知圆 C_1,C_2 有无穷多公共的共球圆. 通过空间任意一点 a，便有一个并且（除非 a 在 C_1 或 C_2 上，或者这两圆自身是共球的而 a 又在包含它们的球上）也仅有一个，即两球 (a,C_1) 和 (a,C_2) 的交线.

若 C_1 与 C_2 环抱，则此圆与其中每一个相交.

附 78. 当两圆环抱且其中每一个选定一正向时，便可区分这样得出的两圆 C_1 和 C_2 的环抱是**正的**还是**逆的**. 为了作出这个区别，并且自反地作出，想象一个观察者沿 C_1 上指定的正向站着，并注意这观察者看出球 (C_1,n) 向哪个方向旋转，其中 n 表示按正向画出轮 C_2 的点. 立刻可以查出，若将两已知轮交换，或同时改变两轮描画的正向，这环抱的正向并不改变.

附 79. 垂直圆的引进可以使我们用类似于附 68~69 节的观点来研究由一个球 S 和一个圆 C 所组成的图形.

若 S 与 C 相交（或相切），则可通过同一反演将它们变换成一平面及一直线. 所以图形除了 C 和 S 的交角 V 外，没有别的不变量.

但在所有的情况下，有理由引进那些与 C 垂直且与 S 正交的圆 γ. 这些圆是（除开 V 是直角的情况）在同一个确定的球 Σ 上，这球本身与 S 正交且通过

C. 把这球变换成平面时,立刻归结到两个平面圆的性质,特别地,可以看出

(1) 所有的圆在球 Σ 上构成一系;

(2) 在所有这些圆上,已知的球和圆周截下相同的交比.

这交比是图形的不变量. 在上面考虑的 S 和 C 相交的情况下,这交比等于 $-\tan^2 \dfrac{V}{2}$.

附80. 球运算的化简　附74节提出的原则使我们可以证明一开始所宣布的定理:

定理　凡有限个反演的乘积都可以用另一个不多于五个因子的乘积代替.

因此,任何球运算是两个或四个反演的乘积. 分解成四个因子,可以用无穷多的方式来实现,我们来证明可以这样安排,使前两个反演球是相交的,后两个反演球也是相交的,从而使运算成为两个旋转之积.

证明　设一变换 Ω 为任意个数相继施行的反演(正规的) $S_1, S_2, \cdots$ 之积. 我们已经看到,可以(至少在一般情况下)将起初的一对 S_1, S_2 用等效的另外一对代替,使第一球 S_1 通过空间一点 a. 如果有必要,还可以假设这点 a 不与其变换像 a' 重合(因为如果没有任何一点满足这条件,Ω 将是恒同运算,问题便完全解决了). 另一方面,不论我们是否已注意到这一点,我们总可以(应用一个反演 I 于整个图形)一开始便假设 a 为无穷远点,也就是说,S_1 变成一个平面(S_2 随后调整).

但我们知道,这作法在一种情况下是不可能的,即当 S_1 与 S_2 同心时:前两个反演之积 $S_1 S_2$ 将成为一个正位似.

只要情况不是这样,便可对球 S_2, S_3 重新开始这运算,并在轮到 S_2 时把 S_2 用一个平面代替,除非 $S_2 S_3$ 是一个位似. 这样继续下去,我们把 Ω 的因子用一串关于平面的对称和位似代替,只有最后的反演球 T 保持为任意的.

设 F 为一已知图形,f 是它的一个具有(正)已知比 k 的位似形,由于这图形的全等或对称图形必与 F 的一个全等或对称图形 F_1 以相同的比值成位似,第二个位似中心还可以自由选择,于是我们看出,在上面的一串对称和位似中,我们可以把所有后面的这些放在末尾,并用单一的一个代替,它的中心还可任意选取.

在已知变换 Ω 保留无穷远点 a 的情况下,它便这样化为一些对称之积继之以一个位似,即是说,变换以后的图形 F' 和原先的图形 F 或 F 的一个对称形(由反演的个数为偶数或奇数而定)相似.

相反地,假设无穷远点 a 有一个在有限距离内的变换像 a',于是除了一些对称的乘积继之以一个位似 H 外,还剩下一个最后的反演 T,这反演不化为一个对称并且将以点 a' 为极.于是我们利用方才见到的性质,即可以任意选取位似中心的那个性质,便取点 a' 作为这个中心.于是乘积 HT 化为单一的一个以 a' 为极的反演 U:变换后的图形 F' 是和 F 全等或对称的一个图形 F_1 的反形.

若出现在 Ω 中反演的总数为奇数,则 F_1 由 F 通过偶数个对称推得,即通过一个运动,这运动本身可化为四个对称.

在相反的情况下,可以直接找出(习题(185))在反演 U 之前的奇数个对称之积所能化成的最简形式.但我们只要能证明因子的个数能化为三就足够了.为此,设 b 为 F 上任一点;b_1 为它在 F_1 中的对应点;P 为 bb_1 的中垂面;F_2 为 F_1 关于 P 的对称形.这最后的图形 F_2 从 F 通过偶数个对称推得(变换 F 成 F_1 的对称加上对称 P),因此通过一个运动推得.但 F 的点 b 还和它在 F_2 中的对应点相重,所以所说的运动是一个旋转 R(因而是关于两个相交平面的两个对称之积).

这样,运算 Q 被分解为一个旋转 R(从 F 过渡到 F_2),一个对称 P(从 F_2 过渡到 F_1)和一个反演 U.

如果平面 P 和 U 相交,则在自反意义下,最后这两个运算的乘积将是一个旋转.我们总可以选择 b 使情况确实是如此,从而(例如说)平面 P 通过球 U 内部任意取的一点 α_1.事实上,如果 α_0 是(看做图形 F_1 的)点 α_1 在图形 F 上的对应点,只要把 b 取在 $\alpha_0\alpha_1$ 的中垂面上就行了,因为这时将有 $b\alpha_1 = b\alpha_0$,因而也有 $b\alpha_1 = b_1\alpha_1$.

所以 Q 确乎表成两个旋转的乘积.

以后(附 103～104 节)还要证明,我们可给这些旋转加上补充条件.

备注 我们一开始用了一个反演 I 把点 a 变到无穷远处.重新应用这个反演以回到原图形,我们看出,球运算 Ω 能分解成四个反演的乘积,使得其中三个对应的球通过任一已知点 a,只要这点不和它的对应点重合.

附 81. 保留一圆的运算 假设我们的运算 Ω,即任意个数反演的乘积,保留一已知圆 C.

如果它保留 C 上所有各点,(由上述原则的启发)容易知道它必然或者是关于包含 C 的一个球的反演,或者是这样的两个反演之积,即绕 C 的一个旋转.

如其不然，设 a_1 为 C 上一点，它不和它的变换像 a_1' 重合．我们可以让（上节）所有的反演球除最后的一个 U 外都通过 a_1．由于反演 U 应该将 a_1 变换为 a_1'，而由假设 a_1' 也是 C 的一点，所以球 U 必然与 C 正交（第 337 节）．

反演 U 因此不改变 C，而且其余的反演之积 Ω_1 也应该如此，因此这乘积可以照方才那样进行推理，把 U 暂置勿论，所有的反演球，从而那些按附 74 节方法可用来代替它们的反演球，现在都通过 a_1．如果 Ω_1 不是一个单一的反演，也不是绕 C 的一个旋转，我们可以让它们除开一个以外都通过 C 的第二个点 a_2，剩下来的那个球是与 C 正交的．如果有需要，我们可以用第三个点 a_3 再来一次．但是，凡含点 a_1,a_2,a_3 的球，一定整个包含 C．所以凡像 Ω 那样的运算都是下述运算的乘积：

关于通过 C 的一个球的一个反演，或绕 C 的一个旋转；

关于与 C 正交的一些球的一些反演，数目不超过三．

最后的一个反演颠倒 C 的描画方向．所以如果所研究的是一个球运算并且这运算不仅保留圆 C 并且保留轮 C，那么与 C 正交的反演球数为偶数，因此最多是两个，最后的两个；前两个反演将给出一个绕 C 的旋转．这样，保留一个轮 C 的运算是绕 C 的一个旋转和一个与 C 共轭的简单运算（关于与 C 正交的两球的反演之积）之积．但最后这运算不一定是旋转．

如果我们的运算保留圆 C 但颠倒它的正向，仿此可知它可以表示为轴与 C 垂直的一个轴反射，连以或不连以轴与 C 共轭的一个旋转：这结果在下一节将用另一个较确切的代替．

附 82．回到射影变换 以上的一些结果可以利用 313 节及其后各节来使之完备，反转来，又可利用这些结果来完备后者．

我们来特别考查一下运算 Ω 在圆 C 上的点之间所建立的对应关系（这可使我们不去考虑上面提到的前两个反演）．按 355 节，这对应 H 是射影的．如果我们又找到一个和 Ω 类似的运算 Ω'，它在 C 上的点之间所给出的对应关系和 Ω 所给出的对应 H 相同，那么 Ω 是 Ω' 绕 C 的一个旋转或关于含 C 的球进行的一个反演之积．

这一次我们首先考虑 C 上的正向被颠倒了的情况．这时射影变换 H 的二重点 p, q 是互异的实点．事实上，易见若一点 m 及其变换像 m' 各画出整个圆 C（各回到出发点），但方向相反，那么它们应该相遇两次．在这些条件下，我们知道（第 317 节）交比 $(mm'pq)$ 为一常数，这常数此地是负的．在 m 和 m' 之间产生这种对应的一个运算是(参看附74节)一个反位似的自反推广. 为了掌握以上所采取的步骤, 我们将这位似用另外两个位似来代替, 一个的比为正数, 另一个(附73a)的比为 -1. 由于最后的这个可以看做关于在 p, q 两点和 C 正交的球 S_0 进行反演的结果, 我们可以将上节最后的结果确切地(附76节, 备注(1))叙述如下: 保留一圆 C 而颠倒其正向的一个球运算 Ω, 是关于与 C 垂直的一圆 γ 的一个轴反射和一个自反位似的乘积, 中心则是 C 和 γ 的交点.

现在重新假设正向被保留. 二重点还可能是实点而且是互异的. 按上述备注, Ω 将是绕 C 的一个旋转和一个位似的乘积, 它们的中心位于 C 上.

如果二重点是重合的, 我们只要用一个平移代替位似(这平移是由在同一点与 C 正交的两个球产生的).

最后, 如果二重点是虚的, 第二个简单运算既不能是一个位似, 也不能是一个平移, 因此这是一个轴与 C 共轭的旋转.

当 C 为一直线时, 这结果完备了前面射影变换的理论, 给我们指出, 在一直线上凡二重点为虚点的射影变换可以看做一个圆旋转的结果, 它的轴 A 是和 C 配轴的.

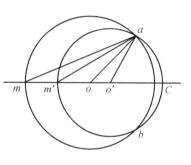

图 F.1

这个结果还可简化. 通过 C 任作一平面, 这平面截圆 A 于两个对称点 a 和 b, 而两点 m 和 m' 间的关系是圆 amb 和 $am'b$ 应相交成常角 $2V$. 但圆 amb 的半径 ao(图 F.1)和 C 的交角是直线 am 和同一直线交角的两倍; 关于 $am'b$ 情况与此相仿. 因此我们有这样一个命题, 这命题是317节一个命题的逆命题:

若一直线上两个射影分割的二重点是虚的, 则有一点 a 存在, 从这点看任意一对对应点之间的线段, 其视角为常角.

附83. 简单运算的情况   上面的推理当已知反演的个数为二时是适和的, 所以我们看出, 保留一圆 C 的简单运算有下列几种情况:

(1) 旋转轴就是 C;

(2) 轴是与 C 配轴的;

(3) 轴与 C 垂直. 但这时所谈论的是一个轴反射, 并且 C 上的正向是被颠倒了的, 至于在(1)和(2)两种情况, 轮 C 是被保留了的.

这命题, 不论对于一个虚圆, 对于自反位似, 甚至对于平移(旋转轴 A 化为一点,而与 A 配轴的一些圆化为通过这点的一些圆)都保持有效(它的解释由以前的规定得出).

在这样求得的圆 C 的型态中,型态(3)是最一般的.设给定了 A,则通过空间任意给定的一点有无穷多个圆(3),但这点只属于仅仅一个圆(2),而圆(1)是唯一的.

附 84.最后注意,轴互相共轭的两个轴反射之积,是与这两轴正交的负反演.这命题是附 66 节用以表示一个负反演的命题的自反翻译,即是说经过反演得到的.

(Ⅱ)公共垂直圆和挠平行性(parataxie)

附 85.在我们所从事的课题下,基本问题是:

问题 求空间两已知圆 C_1, C_2 的公共垂直圆.

我们立刻认识到(附 76 节,备注(1))求这样的圆,等于求通过 C_1 且相互正交的两球 S_1, S_1' 和通过 C_2 且相互正交的两球 S_2, S_2',使 S_1 与 S_2 正交且 S_2 与 S_1' 正交.若球 S_1, S_2 相交,则所求圆为此两球的交线,或为 S_1' 与 S_2' 的交线.

但当两动球之一通过定圆 C_1,另一个通过定圆 C_2 并假设恒相互正交时,则这两球必射影地变动.只要把 C_2 取为一直线,便很简单地看出这一点,因为通过这直线的一个平面是与一个球正交的,只要它含这球的球心.

由是,通过 C_1 的任两正交球,按方才确定的射影变换 H,对应着通过 C_2 的两球(分别与前两球正交),并且刻画出一个对合.易见所求解答由这对合中正交的球提供.

同时我们看出,四球 S_i, S_i' 总是实的.公共的垂直圆 Γ(S_1 和 S_2 的交线)和 Γ'(S_1' 和 S_2' 的交线)则未必如此;但其中至少有一个是实的(参看以后附 86~88 节).当这两圆都存在时,可知问题有两解,它们是互相共轭的两圆.

容易看出,在附 76 列举的各种特殊情况下这结果变成什么.在情况(a),(d),(e)是不发生问题的.相反地,在(b),(c),(f)三种情况下,问题有无穷多解答;但实际上最后两款产生我们还要加以说明的挠平行性.

附 86.首先注意(附 83)一个公共垂直圆是保留 C_1 和 C_2 的一个轴反射的轴,每一圆上的正向却被颠倒了.

附87. 由于这一基本事实,公共垂直圆特别和下述问题的解有联系:

通过 C_1 求作一球 S 使与 C_2 相交成已知角 v.

要解这问题,可设 C_2 为一直线(我们把它看做是铅垂的),并投射于与此直线垂直的一平面 H 上.设 O 为圆 C_1 的中心,或以水平和铅垂投影表之为(o, o');设 $O\Omega(o\omega, o'\omega')$ 为这圆的轴,我们可以把它假设于正面内(图 F.2)①:这问题在于,在这轴上求出所求球的球心 $\Omega(\omega, \omega')$ 使有

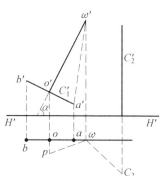

图 F.2

$$\cos v = \frac{D}{R} = \frac{\omega C_2}{\omega' a'}$$

其中 D 表示球心 Ω 到铅垂线 C_2 的距离,这距离投射成真实长度 ωC_2;R 表示球半径,这半径铅垂投射成真实长度 $\omega' a'$,这里以 $AB(ab, a'b')$ 表示圆 C_1 在正面上的直径.

这圆的轴上的线段 $O\Omega$ 经过水平投射按已知比 $\cos\alpha$ 缩小了.设按同样的比缩小半径 R,将这样得到的线段表示为水平面上的线段 ωp,其中 p 在由 o 所引直线 $o\omega$ 的垂线上.直角三角形 $op\omega$ 将与 $o'a'\omega'$ 相似,相似比是已知的 $\cos\alpha$,于是可知,点(ω, ω') 将回答我们的问题,如果有

$$k = \frac{\cos v}{\cos \alpha} = \frac{\omega C_2}{\omega p} \tag{1}$$

所以通过 o 引投影轴的平行线,与满足(1)的轨迹圆相交就得出这样的一点.所以问题一般有两解.

但上节所说的性质立刻告诉我们,如果知道了这些解答中的一个,如何可得到另一个,只要把得到的第一球关于 C_1 和 C_2 的公共垂直圆 Γ, Γ' 之一作反射,因为这轴反射既不改变 C_1,也不改变 C_2,因此就不改变通过 C_1 的一个球和 C_2 的交角.

附88. 大家知道,解答存在与否,圆和直线有无交点,由数量在(1)的值决定.当 ω 描画投影轴的整条平行线时,这数量在这样两个边界值② l 和 l' 之间摆

---

① 此地著者假设读者具备了画法几何知识.取两个互垂平面,一个水平的记为 H,一个铅垂的记为 V,作为**投影平面**.空间一点 M 在水平投影面 H 和铅垂投影面 V 上的正投影,分别以 m 和 m' 表示,那么点 M 便用 $M(m, m')$ 表示.空间一直线 AB 在 H 和 V 上的正投影分别以 ab 和 $a'b'$ 表示,则此线以 $AB(ab, a'b')$ 表示.H 和 V 的交线称为**投影轴**.此地所谓**正面**是指和铅垂面 V 平行的一个平面.图 F.2 是**投影图**,表示投影以后将水平面 H 绕投影轴 $H'H'$ 旋转 $90°$ 与铅垂面重合得出的.——译者注

② 当 ω 在无穷远时,式(1)最后一端取数值1,所以除了我们不难加以肯定的,对应于(e)和(f)的情况外,它的值显然不能太大或太小.

动,当 $k = l, l'$ 时,问题的两个解答趋于重合.但要这种情况能发生,只有所得到的作为唯一解答的球通过 Γ 或与 Γ 正交,因为它应该重合于它关于 Γ 的轴反射图形.

区间 (l, l') 不包含(除开例外的情况)数值零[①].它必然包含数值 $+1$ (当 ω 在无穷远或在 pC_2 的中垂线上时达到的数值),从而 $\cos v$ 对应的边界值包含数量 $\cos \alpha$ 于其间.但容易看出,关于角 v,两种情况是可能的:

或者 l 和 l' 是两个都小于 1 的数量,于是点 (ω, ω') 的任何位置,也就是说通过 C_1 的任一球,给出一个实的角,这角在两个界限 V 和 V' 之间变动;

或者 k 的极大值大于 1,于是有一球通过 C_1 截 C_2 于一极大角 V,角 v 可以从这极大角 V 下降到零(切球),然后便不存在了.

这就是在附 77 节关于环抱圆与非环抱圆所作的区别.

附 89. 我们来研究第一种情况.球 S_1, S_1' 两者都和 C_2 相交,两个公共垂直圆 Γ, Γ' 是实的,至于边界的角,一个是 S_1 和 S_2 的交角,另一个是 S_1' 和 S_2' 的交角.注意,如果颠倒两已知球的地位,这两值 V 和 V' 并不改变,这一事实的理由,在以后将以另一种形式出现.

V 和 V' 显然是我们的两圆所成图形 F 的自反不变量.这是这图形仅有的不变量(即是说,任何其他的不变量都是 V 和 V' 的函数).要证明这一点,我们来证实,知道了 V 和 V',便足以作出图形 F 通过一串合宜的反演可能导致的一个简化形式 F_0(平,附 21).

首先,利用第一个反演继以一个合宜的运动,我们可以认为 Γ 和 C_1 的一个交点在无穷远,另一个在坐标原点,从而 C_1 和 Γ 变为两条垂直线,可将它们分别取为 x 轴和 y 轴.球 S_2' 与 Γ 正交,所以中心在 y 轴上,且应与 x 轴相交成角 V'.除了关于原点的一个位似以外,这就把它决定了;关且,由于我们对图形可以应用这样一个位似,所以可认为 S_2' 的中心距原点为单位长度,这就把它完全决定了.于是,C_2 在这球上是一个大圆,大圆的平面通过 y 轴且与 xy 平面作成角 V.由这样一个大圆和 x 轴构成的图形 F_0 是与 F 自反等效的,而只要知道了 V 和 V' 就可以把它作出来,正如上文所说.因此,如果考查另外两圆 C_1', C_2',它们给出和 C_1, C_2 相同的界限角 V, V',那么新图形 (C_1', C_2') 也将与 F_0 自反等效,因而和 F 自反等效.证毕.

备注 角 v 是球 S 和通过 C_2 的任何球作成的最小角.因此,它的极小值 V

---
① 同上页脚注②.

代表在空间任一点 m 两球所能作的最小角,这两球就是通过这一点而又分别通过 C_1 和 C_2 所引的两球.

附 90. 在非环抱圆的情况,球 S_1, S_1' 之一不与 C_2 相交,于是只有一个实的公共垂直圆. v 只有一个极大值而没有极小值(除开零),这就只给出一个不变量. 但此地还可以考虑两已知圆在公共垂直圆上所截的交比——如果在第一种情况下,这交比将等于 $-\tan^2 \dfrac{V'}{2}$(附 71),这样便得到第二个不变量. 在简化形式 F_0 中,这第二个不变量代表 S_2' 在 y 轴上从原点算起所截两线段的比值. 知道了这个比,除一个位似外,依旧可以定出球 S_2',因而依旧可以像上面一样完成证明.

附 91. **挠平行的情况** 在决定四球 S_i, S_i',因之在决定公共垂直圆时,利用了一个对合的直二面角——按射影变换 H,这对合对应着通过 C 的正交球的对合. 但可能发生这样的情况,这对合的各对对应方向都是垂直的,于是上面的问题成为不定的,有无穷多个公共垂直圆,两两相共轭.

在这一情况下,两已知圆称为**挠平行的**(paratactiques).

这时我们可以任意地给定公共垂直圆和 C_1 或 C_2 的交点之一(另一个是这一点的相对的点),或通过 C_1 或 C_2 而应包含所求圆的球.

现在引进附 86 节所考查的事实. 这一次,每一个公共垂直圆是不改变 C_1 和 C_2(除开方向不计)的轴反射的轴. 这时,设有通过 C_1 的任意两球,它们关于一个公共垂直圆,甚至关于两个公共垂直圆(分别在平分这两球的两个交角的球上)互相反射. 所以这两球,因之通过 C_1 所可引的一切球,交 C_2 于相同的角[①].

上面所考虑的界限角 V 和 V',这时相等.

附 87 节关于取 C_2 为一直线的作法,简易地表明这种情况的可能性. 只要在水平面 H 上,点 C_2 和 p 重合(注意,这两点关于 $\infty\omega$ 成对称的情况,和第一种情况没有区别). 图形于是可表示如图 F.2a,在这图上,由于三角形 $C_2\omega\omega$ 和 $a' o'\omega'$ 相似,我们一方面可以读出,通过 C_1 的任何球和直线 C_2 相交成一常角(因为数量(1)为常数);另一方面可以读出,通过 C_2 的一个平面和通过 C_1 的一个球旋转相等的角,如果假设它们相交成直角的话,按照我们原始的定义,这确乎

[①] C_1 和 C_2 在任一公共垂直圆上所截的交比同样是常数.

给出挠平行性.

附 92. 由上所述,可以肯定两圆是挠平行的:

如果它们具有两个以上的公共垂直圆;

如果它们具有两个不相共轭的公共垂直圆;

如果通过其中一个可以作两个以上的球交另一个于相同的角;

如果画了一个公共垂直圆,我们可以通过两已知圆之一作两个球交另一圆成相同的角,而对于已知的公共垂直圆不相互反射.

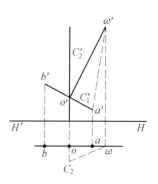

图 F.2a

附 93. 另一方面,由图 F.2,或者由附 89 节所得的简化形式 F_0 更好,我们看出,对于一个以 O 为圆心、以 R 为半径的圆 C,我们将得出一条挠平行线 Δ,如果在这圆中引任意一条距圆心为 $OH = d$ 的弦,并绕和它垂直的直径 OH 旋转一个角 $V\left(\cos V = \dfrac{d}{R}\right)$ 等于它和圆周的交角,更确切一些,如果给定了一个轮 C,有向直线 Δ 可以从这弦(假设也是有向的)通过一个正旋转得出,旋转的辐角则等于这弦和轮的交角.

用反演推广于一般情况,我们看出,用下述作法可得挠平行的两圆:两个共球且相交的圆 C_1 和 $\mathscr{E}$ 被一个公共垂直圆 Γ 所截,将 $\mathscr{E}$ 绕 Γ 旋转一个角 V 等于 $\mathscr{E}$ 和 C_1 的交角,或者说(附 71)一个角 V 使 $-\tan^2\dfrac{V}{2}$ 等于 $\mathscr{E}$ 和 C_1 在 Γ 上所截的交比. 旋转以后 $\mathscr{E}$ 所占的新位置 C_2,按方才所说是与 C_1 挠平行的一个轮; 这也可从上节得出,因为我们已知道了它们的两个公共垂直圆, 即 Γ 以及 C_1 和 $\mathscr{E}$ 的一个交点在绕 Γ 旋转时产生的轨迹 $\tilde{\omega}$; 并且球 $(C_1, \mathscr{E})$ 及 $(C_1, \tilde{\omega})$ 和 C_2 相交于相同的角,而关于 Γ 或 $\tilde{\omega}$ 又不互相反射.

附 93a. 反过来,上述作法给出与一圆 C_1 挠平行的任何一圆,只要取 Γ 为公共垂直圆中的任意一个.

附 94. 当挠平行角 V 为直角时,两圆 C_1 和 C_2 是配轴的. 当 V 变为零时,我们有两个切圆. 因此两个切圆,或者两条平行线(对我们讲来是一样的)是两个挠平行圆的极限情况. 下面将要得到的一些性质,观察它们在这简化了的极端情况下变成什么样子,往往是有趣的.

附 95.和一个圆 C 挠平行的一些直线在一个完全不同的理论中出现(这理论不属于自反几何),即斜圆底锥的理论.我们把通过这样一个锥面顶点 S 的一条直线称为它的**焦直线**,如果通过这直线的任两垂直平面关于这锥面成共轭.这性质显然联系焦直线和一圆锥曲线的焦点(参考 442 节),因而解释了它们命名的由来.

我们即将看到,这些焦直线的作法是与 446~454a 节的原理相连系的.事实上(附 73a)我们知道,从点 S 看来视角为直角的两直线,关于这锥的底平面 H 和点球 S 相交的虚圆 $\overline{S}$ 是成共轭的.所求焦直线和平面 H 的交点因此就是已知的底圆和虚圆 $\overline{S}$ 的脐点(第 453 节),要求这些脐点,不难看出,所引各节的理论可以像 $\overline{S}$ 是实的那样应用.

于是,联结锥顶 $S(s,s')$ 和底面的中心 $O(o,o')$,并将直线 SO 投射于底平面上.投射平面是图形的一个对称平面,在图 F.3 上把它取为正面,至于底平面则取为水平面,投射面截锥面于两条母线 $SA(sa,s'a')$ 和 $SB(sb,s'b')$.引角 ASB 的平分线 $(sf,s'f')$ 以及 $\angle ASB$ 的补角(参看习题(57a)脚注)和前一条垂直的平分线 $(sg,s'g')$,这两直线和底平面相交于 f,g,然后通过点 f 引铅垂面的垂线 f_1f,ff_2.另一方面,s 是锥顶点在底平面上的射影,我们在底平面上作一个以

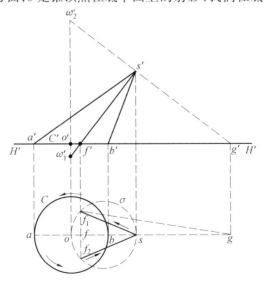

图 F.3

os 为直径的圆周 σ. 这圆周和由 f 所引铅垂面的垂线的交点 f_1 和 f_2 位于所求的焦直线上. 事实上, 关于 C 以及 $\bar{S}$ 互为反点的点 f 和 g 是两个二重极点, 第三个二重极点则在 ofg 的垂直线上无穷远处. 所以 f_1ff_2 是公共共轭三角形的一边. 在这直线上任一点 f_1 有两个对合, 一个是关于 C 成共轭的直线形成的对合, 另一个是关于 $\bar{S}$ 成共轭的直线形成的对合, 这两个对合已有公共的一对直线 (f_1f, f_1g), 要它们重合, 就只要它们再有一对. 我们来决定这一对, 使射线之一通过点 o. 由于 of_1 的极是在 of_1 的垂直线上无穷远处, 我们的直二面角应截底平面于一直角. 这种情况是会产生的(第 45 节), 如果 of_1 垂直于平面 f_1Ss, 即是说如果 f_1 在圆 σ 上. 圆 σ 交铅垂面的垂线(因 f 在 o 与 s 之间)于两实点 f_1, f_2, 这两点就是所求的(相对的)脐点, 并且是仅有的, 因为没有实的公共线.

现在我们可以看出, 以上关于焦直线的定义, 与锥顶点在其中一条线上的个别位置无关, 因为定义中出现的是绕焦直线旋转的一个直二面角和它的两面与底平面的交线. 因此可以把这样一条直线称为**一个圆的焦直线**.

附 96. 我们来看, 这样一条焦直线是和圆 C 挠平行的, 换句话说, 对于通过 Sf_1 所引的两个垂直平面, 由正交性, 对应于通过 C 的两个正交球. 此地, 依然注意到对合的同一性质, 只要对上述特别考查了的两个直二面角作验证便够了.

首先, 因平面 Sf_1s 是铅垂的, 相应的正交球退化为底平面; 而另一方面, 平面 Sf_1o 和以 C 为大圆的球正交. 其次, 一般地说, 通过 C 并与一任意平面成正交的球, 它的中心是圆 C 的轴和这平面的交点. 对于平面 Sf_1f, 这就给出一个中心, 它的铅垂射影 ω_1' 在 $s'f'$ 的延长线上, 而对于平面 Sf_1g 则给出一个中心, 它的铅垂射影 ω_2' 在 $s'g'$ 的延长线上. 但我们知道, 点 ω_1' 和 ω_2' 是三角形 $s'a'b'$ 外接圆上的对径点, 这就给出了上面所说的结论.

请读者自证, 把上面的推理倒转来, 那么反过来, 一条直线是任何一个锥的焦直线, 这锥以它上面一点为顶点, 而底是和它挠平行的一个圆.

附 97. 挠平行轮 成射影对应的两束平面, 如果一束中两个垂直平面总对应于另一束中两个垂直平面, 这两束就必然是(参看附 71 节脚注)全等的. 从这里已经可以看出, 如果通过两个挠平行的圆, 任意作两个互相正交的球, 那么这两球旋转相等的角, 而这就在两圆上决定了对应的正向. 容易看出这对应的正向, 也就是它们和同一个变动的公共垂直圆的交点分别在 C_1 和 C_2 上移动的正向.因此有理由更确切地说成两个挠平行轮.

我们有时要考虑在不同方向的两个挠平行圆,就是说,假设第二个是第一个在相反方向的挠平行圆,这样的两个圆称为**逆置的**(antitactiques).

由于两个挠平行圆显然环抱的,我们看出(附77)有正的和逆的两种挠平行性.

附97a. 不论两圆上选择的正向如何,它们总是成挠平行的一种仅有的情况(因此在这种情况下,它们同时成正的挠平行和逆的挠平行),即是它们是配轴的.

对于两条平行线的极限情况,有理由对于挠平行性给这两线以同一正向.

一个圆底的锥或柱的两条焦直线,关于一个平面成对称,这平面通过锥顶点和底圆的轴(图F.3上的正平面).关于一个平面的对称变换,改变了图形的转向,这两直线与底圆属于不同类型的挠平行,一个正的,另一个逆的.并且,如果我们在底圆上选定了一个正向,随后在一条焦直线上给以正向,则由于对称变换改变了轮的正向,就应当恢复轮的正向,同时改变第二条焦直线上的指向(平面几何卷中的作图中,赋向是用箭头在水平射影上表示的);但却没有改变相应的挠平行类型.

(Ⅲ) 两圆之系的对称,角平分线及伪角平分线

附98. 我们已见到,两圆 C_1, C_2(都是任意的,除非另有声明)的每个公共垂直圆,是保留这两圆的轴反射的轴,正向都被颠倒了.

反之(参考附83),除非已知的圆共球或成对合,这样便得出保留两者的一切旋转.

在一般情况下,我们看出有一个或两个轴反射保留 C_1 和 C_2. 相反地,若两圆是挠平行的,则有无穷多个.

附99. 设 C_1 和 C_2 成挠平行而不相共轭, Γ_1 和 Γ_2 是它们的两个公共垂直圆,彼此不相共轭. Γ_1 和 Γ_2 是挠平行的,因为它们具有两个彼此不相共轭的公共垂直圆 C_1 和 C_2. 因此它们也具有无穷多个公共垂直圆 C,彼此都成挠平行.

这样得出一新的圆系,与 Γ_1 和 Γ_2 可能占有的各种位置的选择无关.事实

上，我们可以(要注意使动圆 $\mathscr{E}$ 交 $\varGamma_1$ 成直角的两点是相对的点)按附 93 节方法从 $\varGamma_1$ 出发来作出 C, 这样便看出它与 $\varGamma_2$ 无关. 同样, 它与 $\varGamma_1$ 无关.

特别地, 在所说的系中 C_1 的共轭圆是完全确定了的.

这样, 我们有了两系圆, 它们的关系是完全相互的, 一系中任一圆和另一系中任一圆是垂直的. 其中每一个就是所谓(理由见下)**魏拉索直系**(série de Villarceau droite).

已知的两圆, 以及它们所属系中的一切圆, 经过任何一个轴反射 $\varGamma$ 都被保留, 但改变了指向. 如果我们现在联合两个或偶数个这样的轴反射, 则乘积运算 ω 将保留轮 C_1, C_2, C 中的每一个. 显然有一个这种变换 ω 存在, 将 C_1 的一个任意给定的点变为同圆另一个任意给定的点, 因此这群中也有两个变换存在, 将公共垂直圆中任意给定的一个变为这些圆中任意给定的另一个.

附 100. 讲完保留每一个已知圆的运算以后, 我们来考虑把它们中一个变为另一个的运算.

有无穷多个简单运算存在, 将 C_1 变为 C_2. 不难给出一个一般的作法: 其中任何一个是两个反演的乘积, 第一个反演将 C_1 变为一个既与 C_1 又与 C_2 共球的圆 γ. 反过来, 给了这共球圆 γ, 我们就可以立刻作出这两个反演; 说得更确切些, 如果给定两轮 C_1 和 C_2, 并且给定了轮 γ, 作法便完全确定了. 但是不应该忘记, 每一运算可由这些反演的无穷多选择得到.

从这里容易知道, 所考虑的运算中有一个也只有一个运算存在, 将 C_1 的一个给定点 a_1 变为 C_2 的一个给定点 a_2.

附 101. 但是在上面的运算中, 我们还必须特别研究轴反射, 它们将 C_1 变为 C_2, 也将 C_2 变为 C_1.

设 G 是这样一个轴反射的轴, 我们把它称为已知两圆(或者, 如果有必要, 两轮)的**角平分线**. G 和 C_1 的任何一个公共垂直圆也和 C_2 垂直, 并且一经知道了这样一个圆, 就可以(附 74)用两种不同的方式(其中至少有一种是实的)找出它和 G 的交点, 从而得到 G 本身, 至于有两种还是四种不同的方式得出 G, 就看给定了的仅仅是要相互交换的两圆, 还是确切些的两轮.

当我们交换 C_1 和 C_2 时, 附 89 节的界限角 V 和 V' 并不改变, 这一事实现在变成明显了.

若已知圆不是挠平行的, 便只有二或四解, 照刚才的说明确定. 但当已知圆成挠平行时,我们预先不知道 C_1 和未知圆 G 彼此间有或没有这同一关系. 在第一种情况下,凡 C_1 和 C_2 的公共垂直圆也都和 G 垂直,于是只有同一组的二或四解;在第二种情况下,情况全不同,而解数为无穷.

为了在这两种假设中作出决定,在作出一个公共垂直圆 Γ 和 G 的两个交点 p 和 p' 以后,可注意在魏拉索直系 (C_1, C_2) 中,有一个确定的圆 g 通过这两点之一,因此通过这两点(因为它们是相对的点);相应的轴反射必将 C_1 变为同一系中的一圆,这圆和 Γ 的交点重合于 C_2 和 Γ 的交点,因而(附93)这圆就是 C_2 自身,因为另一方面,挠平行的指向与 C_1 和 C_2 的相同. 说得确切一些,被这样互换的乃是两轮 C_1 和 C_2,因为这样一个轴反射保留垂直系中的所有各圆. 因此 G 就是 g.

对于成挠平行的两轮,问题的两个解便这样得出了. 我们看出(附99)不论圆 Γ 在垂直的系中怎样取,这两个解总是一样的,因此它们和上面考虑的两种假设中的第一种相对应.

相反地,对于逆置的两轮(deux cycles antiactiques)出现的是第二种假设. 在这种情况下,并且也只有在这种情况以及共球圆①的情况下,我们有无穷多的角平分线,或者不如把它们称为**伪角平分线**,要得出它们,可以(例如说)将交换挠平行轮的轴反射 G,和以任意一个公共垂直圆为轴的轴反射合成而得.

又在这种情况下,并且也只有在这种情况下,由上节所说,将两轮之一变换为另一个的一切简单运算都是轴反射.

应当注意(参看附 97a),配轴的两圆同时具有无穷多的角平分线和无穷多的伪角平分线. 对于共球的相交二圆,这是仅有的一种情况.

在挠平行的两轮被两条平行线所代替的退化情况下,真正的角平分线是居中的平行线,而那些伪角平分线则是从这居中平行线上各点所引与已知平行线所在平面成垂直的直线.

附 102. 有一些轴反射存在(并且在这情况下,两个都是实的),将挠平行的两轮之一变为另一个,这一事实表明,一个变动的公共垂直圆的垂足描画两个射影分割. 将这结论用之于垂直的系,表明两已知圆在一公共垂直圆上所决定的交比为常数. 凡公共的共球圆 γ 截 C_1 和 C_2 成等角这一事实,可由伪角平分线的存在推出,伪角平分线中总有一个和 γ 垂直的,即将 γ 与 C_1 的一个交

---

① 对于后者的推理和前者相同,因为同一球 S 上的两圆至少有一条角平分线在 S 上,以及无穷多公共垂直圆.

点 a_1 变为 γ 与 C_2 的另一交点 a_2 的轴反射的轴①.

(Ⅳ)球运算的范式，挠平行的运算和线汇

附 103. 我们已学会(附 80)将任何球运算分解成两个旋转的乘积. 这个结果可使我们得出另外一个更确切的结果. 首先，它给出下面的命题：

凡球运算都是两个轴反射之积.

证明可以模仿第三编(第 98～99 节)对于运动的证明进行. 设 A, A' 为两已知旋转的轴，而 γ 为这两轴的一个公共垂直圆. 第一个旋转可以(附 75)分解为两个轴反射，其中第二个是关于 γ 的；第二个旋转可以分解为两个轴反射，其中第一个是关于 γ 的. 关于 γ 的连续两次轴反射互相抵消，于是就建立了我们的结论.

备注② 这样证明了的结果，其意义与第三编并不相同，因为它并没有让我们容易地得出任意两运算的乘积.

但是注意到下面一点是有益的，我们可以很容易地组合任意个数的旋转，只要它们的轴和同一个圆共轭，因为这些轴中的任何两个总是彼此共球的.

附 104. 由刚才证明的定理，现在容易推出我们心目中的定理：

定理 任何球运算是两个互相共轭的简单球运算之积(显然是可换位的). (并且这些运算中至少有一个是真正的旋转)

事实上，根据刚才所见到的，运算可以分解为两个轴反射 γ_1 和 γ_2，作出四个球 S_1, S_1', S_2, S_2'，这四球导致 γ_1 和 γ_2 的两个公共垂直圆 A, A'；第一个轴反射是两个反演 S_1 和 S_1' 的乘积；第二个是反演 S_2 和 S_2' 的乘积. 由这四球间存在的正交关系以及随之俱来的相应反演的可换位性，立刻得到将运算表示为以 A 和 A' 为轴的两个简单运算之积，其中至少有一个是真正旋转，因为圆 A 和 A' 中至少有一个是实的.

备注 这两个简单运算中，一个的作用仅在于移动圆 A(假设为实的)上的点，另一个的作用仅在于转动通过 A 的球.

---

① a_1, a_2 的相对的点 $\bar{a}_1, \bar{a}_2$ 也被互换，因此所说的轴反射必然保留 γ.

② 分为四个反演或两个旋转的分解，可以用无穷多的方式进行，课文的作法也是一样. 从这里并不能明显地推出，对于结果即对于成为两个轴反射的分解，情况也是一样；但相反地，这由我们最后的结果立刻得出(下节).

附 105. 但从现在的理论,我们又立刻看出一个非常重要的结果:上述分解能以无穷多方式进行.

事实上,这是由于两个轴反射的轴 γ_1 和 γ_2 成挠平行而发生的,只要在公共垂直圆中取一个作为 Γ,并取它的共轭圆作为 Γ'. 于是便有一个所谓**挠平行变换**. 在这种情况下,两个旋转的辐角彼此相等,它们是 γ_1 和 γ_2 挠平行角的两倍. 这特别再度教给我们在附 99 节所考查的变换,它们是由刚才得到的两个旋转的公共角度的连续变化得出的,成共轭的轴则保持固定.

对于辐角 π,公共垂直圆中的每一个都被保留,它上面的任一点变为它的对径点. 一句话,我们这样得出基本负反演.

附 106. 挠平行线汇 反之,绕两个彼此成共轭的圆 Γ 和 Γ' 的相等旋转之积,按上述定义是一个挠平行变换.

包含 A 和 A' 的每一个魏拉索直系,对于这变换,给出无穷多典范分解.

但这种型态的魏拉索系有无穷多存在. A 和 A' 的任何一个公共垂直圆 γ 决定出这样一个系,由与 γ 垂直的一些轮 C 所形成.

如果给定了 A 和 A',通过空间任一点 m 有一个圆 γ(如果 m 既不在 A 上,又不在 A' 上,这圆是唯一的),而得出的魏拉索系也含有一个从 m 发出的轮 C.

因此,我们的变换,即彼此共轭而又相等的两个旋转之积,容许双重无穷多的表示成附 104 节的典范形式.

它保留一线汇①(C) 中的每一轮不变;通过空间任一点有 (C) 中的一轮.

这线汇称为**挠平行线汇**.

任意两轮 (C) 彼此成挠平行.

线汇中的轮两两成共轭. 绕 A 和 A' 的任意两个相等的旋转之积,可用绕线汇中任选的两个共轭轮的类似乘积(辐角与前同)代替. 这就是所谓联系于这线汇的一个挠平行变换.

为了完全确定联系于所考虑的挠平行线汇的一个挠平行变换,我们看出只要给出它的辐角(按大小和符号给出)就可以了.

附 107. 这些结果还可和附 42 节引进的、一个运算 R 经过一个运算 T 的变换这一概念紧密地联系起来. 像前面一样,假设 f, f' 是两个图形,通过运算

---

① 我们说空间无穷多线构成一线汇,如果通过任给定的一点有其中的一条(或有限条)线(某些特殊的点可以例外).

R 由一个得出另一个;f_1,f_1' 是它们被同一运算 T 变换所得的图形.

由于我们

从 f_1 到 f,利用运算 T^{-1};从 f 到 f',利用运算 R;从 f' 到 f_1',利用运算. 所以 R 经过 T 的变换,即是说从 f_1 到 f_1' 的运算,是 $T^{-1}RT$.如果它与 R 自身重合(从而变换 T 不改变 R),即

$$R = T^{-1}RT$$

则有(以因子 T 左乘两端便知)

$$TR = RT$$

换句话说,两运算 R 和 T 便是可换位的.但将 R 与 T 互换时,最后的关系不变, 所以当它成立时,便也有

$$T = R^{-1}TR$$

这样,如果 R 与其经过 T 的变换重合,那么 T 也与其经过 R 的变换重合.

取 R 为绕轴 A 和 A' 且有相同辐角 α 的两个旋转之积 Ω,并设 G 为它们的角平分线之一.显见轴反射 G 保留我们的运算 Ω.因此,按上述原则,后者保留轴反射 G,因之保留 G 自身①.这就已经有了被运算 Ω 所保留的单一无穷多的圆;但如果现在注意到,由刚才所说 Ω 保留以 G 为轴的任何旋转,则将同一原则重新应用一次,又可推断 Ω 被这样一个旋转所保留,并且(例如说)要产生它,我们可以把 A 和 A' 用它们经过所说的旋转得到的新位置代替,α 则保持不变.

附 108.我们线汇中的圆,是当 α 保持任意时经过运算而保留不变的仅有的圆.事实上,如果变化这个角,空间一确定点 m 的变换像便描出一个完全确定的轨迹,这轨迹不能是别的,只能是线汇中从这点出发的圆 C.

线汇中的圆,也是当 α 取异于 π 的任意确定值时,经过运算 Ω 而保留不变的仅有的圆.当运算 Ω 的角是一个确定的数值(但须此值不是 π 的倍数)时,通过空间同一点而被 Ω 保留不变的圆不能有两个,因为在这样的两圆上,我们立刻看出有三点重合.

由是可知,我们的运算成为两个共轭旋转的分解(数目是双重的无穷多)是仅有的.

也可以宣布,当两个旋转的辐角不相等时,成为两个共轭旋转的分解便是唯一的,也就是说,两个共轭旋转的辐角如果不等,又不是 π 的倍数,那么它们

---

① G 上的指向被 Ω 改变了的假设,一经这事实对于一切 α 值成立,即被放弃.

的乘积除了旋转轴外不保留空间任何的圆.正因为如此,我们不难区别下述各种情况:首先,和两轴之一垂直的一个圆;其次,(利用附97)和两轴成挠平行的一个圆;最后,不具备这两种性质的一个圆.

由同样的推理,线汇中互异的两圆绝不能共球,因此,线汇中的一个圆在这线汇中只有一个共轭圆.

附 108a. 并且这共轭圆是作为三个球的公共正交圆而作出的,即基本虚球以及通过已知圆 C 的两个球.

这样我们有了一个变换,应用于和基本负反演正交的任何圆 C,便得出类似的另一圆 C',并且这个变换还是可逆的.这变换不是点变换.假设我们没有完全知道 C,而只知道它的一点 a,因之和这点相对的另一点 $\bar{a}$.于是我们知道了与 C 正交的一系球,即以 a 和 $\bar{a}$ 为极限点的那些球.这些球中的一个通过所求共轭圆 C' 的一点,因此整个包含 C'.这样一个球应该和基本负反演正交.这些条件便把它完全确定了.这样,和圆 C 应该通过的一点 a 对应的,不是一个点,而是应该包含圆 C' 的一个球 $\mathscr{A}$.

从这观点来说,所考虑的这个变换显然接近配极变换,但它具有一项可注意的性质而是后者所不具备的,即两圆的交角和它们变换像的交角相等或相补.事实上,设 C_1 和 C_2 是相交于 a 和 $\bar{a}$ 的两圆,而 C_1' 和 C_2' 是它们的共轭圆,这两圆位于上面确定的球 $\mathscr{A}$ 上且相交于两点 a' 和 $\bar{a}'$,点 $a, \bar{a}, a', \bar{a}'$ 位于同一个圆 Γ 上(第 337 节),这圆与 $\mathscr{A}$ 正交,因为它通过 a 和 $\bar{a}$.圆 C_1' 和 C_2' 的交角就是球(Γ, C_1')和(Γ, C_2')的交角,这两球是分别和 C_1, C_2 正交的.

附 109. 由附 94 节,彼此相平行的一切直线的集合,或者也可以说,在同一点彼此相切的一切圆的集合,给出了挠平行线汇的一个极限情况.

不计这退化的情况,由一个挠平行线汇所形成的图形是自反地唯一的:任意两个(不退化的)挠平行线汇可以利用一串合宜的反演互相转换.

不计那个退化的情况,线汇中的两轮是环抱的,具有确定的环抱方向,当我们连续地变动这些轮时,环抱方向不能改变(附 78),因而总是一样的,不论我们用什么方式把它们从线汇内部选出;当我们颠倒所说各圆上的指向时,这环抱方向也不改变.

因此有两种型态的挠平行线汇,即正的和逆的线汇.

附 110. 一个已知型态的挠平行线汇由下述项目之一所决定：

(1) 彼此共轭的两轮；

(2) 彼此成挠平行的两轮；

(3) 一轮 C 以及基本负反演，后者假设与 C 正交（C 的共轭轮如何从它推出，有如附 108a 所述）.

因此也由下一项目决定：

(4) 基本负反演和同一圆上（不是相对的）两点.

推论 有一个也只有一个具有已知负反演和已知型态的挠平行运算存在，将一已知点 a 变为一已知点 b.

当 a 与 b 为相对点时，这命题仍正确，解决问题的运算必然是基本反演.

附 111. 上述线汇中每一圆，不作为一个动点的轨迹来确定，而作为含有它的球的集合来确定，是有用的.

一个挠平行运算，当它的角不是 π 的倍数时，除基本虚球外，不保留任何的球，不论是实的还是虚的，这可以这样立刻看出：考查这样一个球和基本球的极限点，并注意，所说的运算当其不化为恒同运算时，不保留任何实点.

和基本负反演正交的任何球 Σ 含有线汇中的一圆（并且显然只有一个），这圆是作为已知球和它的变换像之一的交线被确定了的.

事实上，以角为 $\dfrac{\pi}{2}$ 的运算 ω 来变换 Σ，这样得到的球 Σ' 和原先的球相交于一圆（必然是实的，因为它们和同一虚球正交），这一圆将被角为 $\dfrac{\pi}{2}$ 的运算保留不变（因为 Σ 和它经过角为 π 的运算得到的变换像重合），于是必然属于线汇.

附 112. 相反地，如果 Σ 不和基本球正交，情况又怎样？在这一情况下，Σ 的各变换像不再通过一定圆；但它们将都和同一圆正交. 换言之，线汇中有一个圆（乃至是一个实圆）存在，和 Σ 正交.

为了定出它，把 Σ 经过角为 $\dfrac{\pi}{2}$ 的运算 ω 的变换像叫做 Σ'，经过角为 π 的运算（基本反演）的变换像叫做 Σ''. 有一圆 γ 存在，和 Σ,Σ' 以及基本球正交. 这圆还必然是实的，因为基本球是虚的. 这样一个圆还可以定义①为同时与 Σ，

---

① 只要 Σ 不和基本球正交，容易看出这个或那个定义给出唯一的圆.

Σ',Σ''' 正交的圆. 设 Σ 经过角为 $\frac{3\pi}{2}$ 的运算得出的球为 Σ'''(即 Σ' 经过基本反演得出的球),这圆也和 Σ''' 正交,因此,它被运算 ω 保留不变.

(Ⅴ)杜潘(Dupin)圆纹面,简化幂

附 113. 球面,杜潘圆纹圆 我们把一个圆周 C 绕它平面上一条轴 A 旋转得来的曲面称为**环面**. 但是, 一般而论(并且以后就这样办), 我们还特别保留这一名词给轴 A 与圆不相交的情况. 但注意在相反的情况下(轴和子午线相交或相切), 曲面可以通过反演变换为一旋转锥面或柱面①.

附 113a. 一个环面的任何反形曲面称为**杜潘圆纹面**. 这自反的推广显然在于取轴 A 为圆形的且与 C 共球. 此外, 如果(像在常态环面的情况) A 和 C 没有公共点, 则有一圆 A' 存在, 同时与 A 和 C 配轴, 因之与 C 绕 A 旋转时递次所占的位置配轴. 从此已可立刻看出, 曲面含有两系圆, 即一点绕 A 旋转(辐角 α 为变数)时所描画的圆(环面的一些平行圆)以及它绕 A' 旋转(辐角为 α')时所描画的圆(环面的一些子午线).

共轭轴 A,A'(也称为**基本轴**或**基本圆**)在曲面的产生中占有完全对称的地位. 特别地, 极点取在 A' 上的一个反演将圆纹面变换为一个环面, 它的轴由 A' 变换得来. 如果起初的圆纹面是一个以 A 为轴的环面, 则新环面的子午线对应于原环面的平行圆, 且反之亦然.

圆纹面可以由给定轴 A,A' 及曲面上一点 m_0 来确定. 其他任何一点 m 可以由 m_0 绕 A 旋转一个任意角度 α, 再绕 A' 旋转一个任意角度 α' 得出.

附 114. 如果现在引进前几节的结果, 可以看出在环面或圆纹面上还可以画出另外两系的圆. 要得出它们, 可以用下面两个关系之一约束 α 和 α':

$$\alpha - \alpha' = 常数, \quad \alpha + \alpha' = 常数 \tag{2}$$

事实上

$$(\Omega_h^+)\begin{cases}\alpha = \alpha_0 + h \\ \alpha' = \alpha_0' + h\end{cases} \quad 或 \quad (\Omega_h^-)\begin{cases}\alpha = \alpha_0 + h \\ \alpha' = \alpha_0' - h\end{cases}$$

---

① 设从一点看一已知段,视角为一已知角(不等于直角),则此点的轨迹由一圆周绕其一弦旋转而产生.因此它是一个非常态的环面.

给出一个挠平行运算，在这运算下，设 h 变化，点 m 由位置 m_0 出发画出一个圆.

这便是有名的**魏拉索**(Yvon Villarceau)**定理**.

由(2)的第一式所表示的圆是这样画圆纹面的，或者我们把它连续地绕 A 或 A' 旋转，或者我们用一个挠平行变换作用于它，这挠平行变换的角是变数且保留(2)中第二族的圆. 以后(附 128a)将证明，这变换可作用于两已知挠平行圆的无论哪一个公共共球圆；对于这样一个圆照刚才所说作运算，便产生一个杜潘圆纹面.

附 115. 我们已知(第 120 节)，旋转面上一点有一个切面，这是曲面上通过这点的各曲线在这点的切线的轨迹，它和子午线平面垂直，并且按它的定义还通过子午线的切线.

由是可知，沿每个平行圆有一球与曲面内切，即是说在这平行圆上每一点，它和曲面相切. 这样，任何旋转曲面具有无穷多的这些内切球.

在环面的情况下，这切面还是曲面和以子午圆为大圆的球面的公切面. 所以又有另一系内切球，这些是沿子午线的内切球.

杜潘圆纹面因此也具有①两系内切球，一系的球和主轴 A 正交，另一系和 A' 正交. 在曲面上任一点 m，切面可以定义为同时是球(m, A) 和 (m, A') 的法面.

现在考查通过点 m 的两个魏拉索圆(上节所作的圆). 这两圆 C_1, C_2 的切线在圆纹面的切面上. 所以含它们的球 S 必然切②曲面于 m，也切于相对点 $\overline{m}$.

这样，魏拉索圆可以看做是圆纹面被在两个相对点 $m, \overline{m}$ 双切的球中任意一个球 S 所截而得到的. 这样一个球 S 只截曲面于所考虑的两圆 C_1, C_2；因为它和一个"被变换的平行圆"(画在曲面上的圆，且与 A 配轴)只有两个公共点，这两点只能是这平行圆与 C_1, C_2 的交点.

附 116. 设 C_1, C_2 为第一系两个确定的圆，它们可以互相推得，或者绕 A 或 A' 旋转角度 2θ，或者利用角度为 θ 的运算 Ω_θ(附 114)；并设 γ 为第二系的一个动圆. 球(γC_1) 和 (γC_2) 可以利用运算 Ω_θ 互相推得，所以这两球——即两球

---

① 环面的切面存在以及一个内切球的切面存在，便包含(第 340 节)对于圆纹面的相应结论.
② 并且圆 C_1 和 C_2 既关于球 (m, A) 又关于球 (m, A') 互为反形(参看下面附 116a).

(m,C_1),(m,C_2),m 表示曲面上任一点——相交成常角 θ.这样,在圆纹面上得到内接角古典性质的一个类似性质,这类似性由下一事实所补充:球(m,C_1)和(m,C_2)的交角,是把 C_1 带到 C_2 的位置应该绕这曲面的两轴之一所旋转的角度之半.

附 116a. 设 Γ 是两轴 A,A' 的公共共球(因之,垂直)圆中的任意一个.若沿 Γ 应用附 93 节作法,例如从 A 出发并顺着一定的方向,角 V 取已知值,则有两个挠平行线汇(A,A')之一中的一个确定的圆——若改变这线汇的型态,这圆便以它对于球(A,Γ)的反形代替.这线汇中与 A 有同一挠平行角 V 的一切圆,可由这个圆得出,甚至由这圆的一个点得出,利用绕 A 或 A' 的一些任意的旋转.因此,线汇中与其中之一 A 具有已知挠平行角的圆的轨迹是一个杜潘圆纹面.

再考查由相同的共轭圆 A,A' 所定义的不同型态的两个挠平行线汇.通过空间任一点 a,有这两线汇的各一圆.若这两圆交角为常量,则点 a 的轨迹为一杜潘圆纹面,因为这角显然是这些圆中的一个和 A 的挠平行角的两倍.如果这角为直角,即若挠平行角为 $45°$,这样得到的每一系圆显然是一个魏拉索直系,对于它们,已在附 99 节考查过了.这样的圆的一个圆纹面轨迹,即是说在它上面每一点,魏拉索圆相交成直角,称为**等边圆纹面**.在相反的情况下,两系圆的每一系称为一个**魏拉索斜系**.

圆纹面另外一个类似性质是由简化幂的概念推导出来的,这概念,像以前若干概念一样,来自布洛哈(M. A. Bloch).

附 117.一点关于一球或圆的简化幂 我们把一点 m 关于一个球的幂被这球的直径除得的商 $\dfrac{\omega}{2R}$,称为这点关于这球的**简化幂**.

我们也把一点 m 到圆周 C 的最大和最小距离之积被圆的直径除得的商,即

$$\dfrac{ma \cdot mb}{2R} \tag{3}$$

称为点 m 关于圆 C 的**简化幂**.

这些简化幂都有一个可注意的性质,即除一个因子外,它们不因反演而变,这因子取决于反演和点 m,与球或圆无关.为了证明这一点,我们要利用下述命题:

同一圆上四点 m, n', n, m' 的交比由下式给出①

$$\lambda = \frac{mn}{mm'} : \frac{n'n}{n'm'} = \frac{mn \cdot m'n'}{mm' \cdot nn'} \tag{4}$$

即是说,和四点共线的情况一样.事实上,这两种情况可以通过一个反演而互化,像在托勒密定理的证明中一样(平,237).

讲明了这一点,为了计算一点 m 关于一个球 Σ 的简化幂,我们首先考虑一个非常小的辅助球 σ,使其通过已知点或包含这点在其内部.将这球和已知球用一个公共正交圆 γ 来截,在这圆上确定出一个由式(4)给定的交比 λ,其中两点 m, m' 取在 σ 上,两点 n, n' 取在 Σ 上,不论取哪一个公共正交圆,这交比是常数(附 71).作乘积

$$\lambda \cdot mm' = \frac{mn \cdot m'n'}{nn'} \tag{5}$$

并令 σ 的半径 a 趋于零.上面乘积的极限等于乘积 $2a\lambda$ 的极限②,所以是

$$\frac{mn \cdot mn'}{nn'} \tag{5'}$$

n 和 n' 现在是 Σ 和通过 m 所引的一个正交圆的交点,且由上所述,所形成的极限不因这正交圆而变.当我们取通过 m 的直径作为正交圆时,便得到简化幂.

用一个以 O 为极以 k 为幂的反演作用于图形,比值 λ 被保留不变,而长度 mm' 乘以一个因子 $\dfrac{k}{Om \cdot Om'}$(第 339 节),或者当 σ 趋于点 m 时则乘以

$$\frac{k}{Om^2} \tag{6}$$

所以在所考虑的反演下,简化幂被乘以这个因子.

至于一点 m 关于一圆 C 的简化幂,则证法相同,并以同样的数值(6)作为乘数,只不过计算交比(4)时是在一个圆上(附 79),这圆与小球正交且与 C 垂直.把这圆画在通过 C 的轴和 σ 的球心的平面上(或在极限情况下,画在通过 C 的轴和点 m 的平面上),便得式(3).

一个与 C 垂直且通过 m 的圆是在球 (m, C) 上,且与一球 S 相交成直角,其中 S 表示我们可能画的通过 C 且与前者正交的球.所以 m 关于 C 的简化幂等于 m 关于球 S 的简化幂.

推论 同一点 m 关于任意两球,或两圆,或一球和一圆的简化幂之比,在

---

① 此地我们所关心的仅是这交比的绝对值.
② 比值 $2a : mm'$ 是趋于 1 的,因为 γ 与 σ 中止于点 m, m' 的两半径相切,我们有 $2a : mm' = \tan\varphi : \sin\varphi$,其中以 2φ 表示在圆 γ 中弧 mm' 所对应的圆心角.

反演中保持不变.

附 118. 由乘积(5)的极限给出的简化幂的表达式,当球变成一平面 P 或圆变成一直线 D 时依然有效.它给出从点 m 到这平面或直线的距离.

通过直线 D,设作一平面使其通过 m 和另一任意平面使与第一个平面的夹角为 V.从 m 到后一平面的距离和到直线的距离之比等于 $\sin V$.所以利用一个反演,上节最后的命题可推广成下述命题:

在同一点关于一圆 C 和关于通过 C 的一球 Σ 的简化幂 p 与 p_0 之间,有关系
$$p = p_0 \sin V$$
V 表示 Σ 和球 (m, C) 的交角.

附 119. 上节按语显然使直线或平面的某些性质可以联系到现在的理论.正因为如此,它让我们证明有关锥面或柱面的焦直线的一个基本性质.

设 C, C' 为两挠平行圆.设 C_0 是 C 在这样定义的挠平行线汇中的共轭圆.若 Σ 为与 C_0 正交的一个确定的球,而 m 为 C 上一动点,则 m 关于 C_0 和 Σ 的简化幂之比为常数,因为 m 经受一个绕 C_0 的旋转.另一方面,若以对应于我们线汇的一些挠平行运算作用于图形,我们看出,m 关于 C_0 和 C' 的简化幂之比也是常数.所以关于 Σ 和 C' 的简化幂之比也如此.

特别地,C' 可以为一直线 D,即 C 的焦直线;Σ 为通过 C_0 的轴的一个平面 P 且与 C 相交于一点 s.从 m,因之从一个以 C 为底以 s 为顶点的锥面(或柱面)上任一点,到直线 D 和到平面 P 的距离之比为常数;这是焦点和准线(第 162 节)的性质的一个类似性质.

以下将看到(附 132,备注(2)),平面 P 不是别的,就是 D 关于这锥面或柱面的极面.

附 120. 简化幂的概念和照附 113a 所述产生的杜潘圆纹面之间的关系是显然的.从附 117 节定理得出:杜潘圆纹面上一点关于两条基本轴的简化幂之比为常数.为了肯定:关于两个彼此共轭的定圆 A, A' 的简化幂之比为常数的点的轨迹为一杜潘圆纹面(而不分解为若干圆纹面),只要从公式
$$\lambda = \cot V \tag{7}$$
出发,这公式将简化幂的比表示为圆 A 和线汇 (A, A') 中通过点 m 的圆 γ 之间

的挠平行角的函数.因左端保持为常数,V 也应当如此,于是得出所需的结论.
公式(7)可以验明而无困难,只要假设(利用一合宜的反演,而这是允许的)A 为一直线且 m 位于以 A' 为大圆的球 Σ 上,在这一情况下,附 93 节的圆 $\mathscr{E}$ 变为 Σ 通过 m 的一条直径,V 则为这直径和 A 的夹角.

这结果的一个推广,以后证明.

附 121. 杜潘圆纹面和切于三已知球的球系有密切关系.

有四族球具有这一性质,按相切型态而区分,或者说得更确切些,按相切的比较型态(因为同时改变三个相切型态,族则不变):每一族对应于三个切点的平面应该通过的一条位似轴(第 144 节).我们假设已选定了一个族,例如说三个相切是同型态的那一族.

另一方面,三已知球 S_1, S_2, S_3 具有一束公共正交圆.为确定起见,若设已知球无公共点,则这些正交球 Σ 就是那些通过一定圆 A 的一切球.在这些条件下,从切于 S_1, S_2, S_3 的任意第一球 S',我们可以推出其他的无穷多个,即利用对这些球 Σ 中任一个进行的反演,或者换一句话说,利用绕 A 的任意一个旋转.

并且容易看出,这样我们得出了(同一族中)回答问题的一切球.(它们)和已知球之一的切点描画一圆,也已经讲过了(第 352 节);并且我们看出,这样得到的三圆是与 A 配轴的.

但另一方面,我们已知道(第 351 节),所有的球 S',由于和 S_2, S_3 相切,便和同一球 Σ_1' 正交,又由于和 S_3, S_1 相切,便和同一球 Σ_2' 正交,前者给出一个反演,它交换 S_2 和 S_3,后者给出一个反演,交换 S_3 和 S_1.已知球中的一个关于球束(Σ_1', Σ_2')中任一球的反形给出一新球 S,这新球像已知球一样切于所求的球 S'.

总之我们引出两族球——各球 S 及各球 S',其中每一球 S 切于每一球 S'.

在球 Σ_1' 和 Σ_2' 没有公共点或者相切的情况,我们只简单提一下.在前一情况,我们可以假设它们是同心的,于是三已知球变成关于 Σ_1' 和 Σ_2' 的公共中心互成位似.各球 S' 这时是切于同一旋转锥面的各切面,而所有的球 S 内切于这锥面,这锥面是任一球 S 和任一球 S' 的切点的轨迹.同样,若球 Σ_1' 与 Σ_2' 相切,则切点的轨迹可以通过反演变换为一旋转柱面,从而在这一和那一情况下,轨迹自反地等效于非常态环面.

相反地,我们假设 Σ_1' 和 Σ_2' 相交于一圆 A'.于是所求的球 S 将通过绕 A' 的旋转而相互转换,而切点的轨迹将是前面考查过的圆纹面,因此,如果 A 或 A'

是一条直线,便是一个环面.各球 S 及 S' 不是别的,就是内切于圆纹面的两族球(附 115).

(Ⅵ)挠平行线汇的球面表示

附 122.空间一已知点 a 关于同一魏拉索直系各圆的轴反射点的轨迹是一个圆.

事实上,设 C_0 及 C 为这系中两圆,一个是取定了的,另一个是变动的;a_0' 及 a' 为 a 关于这两圆的轴反射点. a' 由 a_0' 经过绕 C_0 和 C 连续两次轴反射而得出,即是说,经过一个挠平行变换,绕垂直系的两共轭圆 γ,γ',具有角度 2α 等于 C_0 和 C 的挠平行角的两倍.所以当 α 变化时,a' 的轨迹确为一圆 γ_1,这圆和 γ,γ' 属于同一线汇.并且在这圆 γ_1 上,a' 还可看做由 a_0' 得出.经过绕 γ_1 的共轭圆 γ_1' 且辐角为 2α 的旋转,或者经过关于一球的反演,这球是通过 γ_1 的且与球(γ_1,a_0') 夹角 α.

所以点 a' 的连续四位置的交比,和一平面上由 α 的相应数值所确定的四个方向的交比是相同的(附 72).

最后,a 关于两个共轭圆的两个轴反射点是相对点(附 84).

附 123.同一点 a 关于同一挠平行线汇中各圆的轴反射点的轨迹是一个球.

事实上,关于线汇中一圆 C 的轴反射可以表示为两个反演之积,一个是关于通过 a 因而也通过它的相对点的球 Σ 的反演,另一个是关于 Σ 的一个正交球 Σ' 的反演.后面的球由于从第一个利用角为 $\frac{\pi}{2}$ 的运算推出,所以通过两点 b 和 $\bar{b}$,这两点是由 a 利用角分别为 $+\frac{\pi}{2}$ 和 $-\frac{\pi}{2}$ 的运算推出的.

因此所求轨迹是点 a 关于过 b 和 $\bar{b}$ 的一切球的反点的轨迹,即是一个球 S,这球通过点 a 且属于由点球 b 和 $\bar{b}$ 所确定的球束.

这结果还可以和上节所得结果相连系.设 C_1 是线汇中通过 a 的圆,C_1' 是它的共轭圆,C 是线汇中任意第三圆,和前两个确定一个魏拉索直系.这个系对应着(上节)属于轨迹的第一个圆,并且它通过 a 以及它的相对点 $\bar{a}$.这圆不因轴反射 C_1 而变,因为这样一个轴反射保留魏拉索系,所以这圆在 a 和 $\bar{a}$ 与 C_1 垂直,特别地从这里可以推出它和 C_1 共球.

为了得出整个线汇，因之得出所求轨迹，只要将这直系绕 C_1 旋转，并且和这直系一道还有刚才作出的圆．所以我们不仅看出这轨迹是一个球，并且这是通过 a 和 C_1' 的球，这结果如果从我们的第一个证法出发也可以得到．

特别地，当 a 取在无穷远时，我们看出各圆 C 的中心的轨迹是一个平面，即与线汇中所含(唯一)直线共轭的圆 C_0(也就是说以这直线为轴的圆)的平面．

附 124. 推广言之，若将一点 a 绕一挠平行线汇中各轮旋转同一已知角 θ，这样得出的一些点 a' 的轨迹是一个球．

事实上，上面对 $\theta = \pi$ 的情况的第一个证明保持有效．设 α 及 $\bar\alpha$ 为 a 及其相对点经过角度为 $\dfrac{\theta}{2}$ 的运算所得的像，点 a' 将为 a 关于过 α 和 $\bar\alpha$ 的一动球的反点，因之将画出通过 a 的一个球，α 和 $\bar\alpha$ 关于该球互为反点．

我们指出，在将 a 绕 C 旋转作出 a' 以后，若又将这点 a' 绕 C 的共轭圆旋转同一角度 θ，则得出一点 a_1，此点与 C 在线汇中的选择无关，即 a 经过角度为 θ 的挠平行运算的变换像．因此，若以 a_1 代替 a，同时颠倒辐角的转角，则点 a' 的轨迹不会改变．这是一个球，这球可确定为通过点 a, a_1 且在这两点与线汇中含这两点的那个圆正交．两点 α 和 $\bar\alpha$ 可以看做这圆上被 a 和 a_1 所决定的弧的广义"中点"(若所说的圆的共轭圆为一直线，它们便是一般意义下的中点)．

附 125. 相对点是通过基本负反演互相得出的，我们可用一个反演或一个球运算 σ 作用于点 a 的轴反射点的轨迹球 S，使这些相对点变为对径点[①]．将附 69 节方法应用于 S 以及(附 73a)基本虚球，便得出这结果．设 S 经过 σ 的变换像为 S_0，并可假设它的半径是单位长度，在球 S_0 上：

(1) 属于线汇的一切魏拉索直系将由一些大圆所代表，因为这样一个系的各圆是两两共轭的；

(2) 两个代表点的球面距离是它们对应的两圆的挠平行角的两倍．

事实上，这球面距离 δ 和所说两点以及它们相对点的交比 h 之间，有关系

$$h = -\tan^2 \frac{\delta}{2}$$

[①] 如果在以圆 C_0 为大圆的球上，取 a 为 C_0 的两极之一，则此条件自动满足，因此辅助运算 σ 成为不需要了(或至少化为一位似变换)．

而另一方面我们知道，h 就是由方位角 $0, \frac{\pi}{2}, V, \frac{\pi}{2}+V$ 所确定的四方向的交比，即 $-\tan^2 V$.

附 126. 这样得到的结果的一个推论是，首先，不论我们逐次取其轴反射点的点 a 为何，照这样最终得出的球面图形总是同一个.事实上，如果我们安排好使最后的球半径为 1，则对应于点 a 的不同两位置的两个图形，只能是全等的或对称的，因为对应点之间的距离是分别相等的；而由于连续性，能成立的显然是第一种情况.线汇的一个**球面表示**便这样完全确立了，在这种表示中我们已经知道，各个魏拉索直系给出各个大圆，且两个代表点的球面距离是相应挠平行角的两倍.

由线汇中一圆 C 绕这线汇中另一圆 A 旋转所产生的魏拉索斜系，给出这球的一个小圆.这一点是可以立刻看出的，只要利用上面谈到的选取点 a 以适应我们需要的可能性，并将 a 选在旋转轴上；并且反过来，球上任一小圆代表一个斜系.

由此推出，同一挠平行线汇中任意三圆是在同一个杜潘圆纹面上.

附 127. 同一按语能让我们完备附 125 节的结果，我们来寻找，在我们线汇中什么是和所考虑大圆中两大圆的夹角相对应的，这两大圆对应于具有两个公共共轭圆 C_1, C_1' 的两个直系.容易看出，这两系之一利用绕 C_1 作一个合宜角度的旋转可以带到另一系上，并且这角度可以看做这两系沿 C_1 的夹角（沿 C_1' 的夹角按上述等于前面的角，但转向相反，我们要注意到 C_1 和 C_1' 上所取的正向).现在如果把点 a 选在 C_1 上，我们立刻看出，正就是这个角（或两个系的二面角）等于球上两大圆的夹角.

我们两系的每一系，对应着一个垂系.在最后两系中，设 Γ_1, Γ_2 是从 C_1 上一点 a 发出的两圆.角(Γ_1, Γ_2) 是刚才定义的二面角的平面角，从而它量度两大圆的夹角.

利用上面这些基本概念，我们有了一个方法把球面几何的一切性质翻译成挠平行线汇的性质，就像我们能倒过来表示的一样.

因此，属于同一挠平行线汇的两个直系总公有两个共轭圆，因为同一球上两大圆相交于两个对径点.

线汇中任意一对圆 A 和 B，对应着两条共轭的角平分线 G, G'.考查通过这两条角平分线以及线汇中一个第三圆 C 的直系；同样，考查通过 B 以及 A, C

两条角平分线的直系,和通过 A 以及 B, C 两条角平分线的直系.这三个直系公有两个共轭圆.如果我们变更三对角平分线的一对,例如第一对,将两圆 A, B 中的一个(并且仅仅一个)用它的共轭圆代替,我们便有六条角平分线属于同一个直系.

A 和 B 又有一些伪角平分线,是将一些公共垂直圆绕 G 旋转一直角得来,且因此都与由直系(A, B)经过同一旋转得来的直系 H 相交.如果对于 B, C;C, A 作同样的运算,我们便有三个直系,它们有两个公共共轭圆,即上节提到的圆纹面的轴.

附 128. 我们已找出了,在挠平行线汇中,什么是对应于一个球面表示里三角形 ABC 的边和角.现在要问,什么是对应于具有相同顶点的直边三角形的角?

设在球上(球心以 S_0 表示),A, B 为三角形二顶点(图 F.4),这两点和线汇中两个圆相对应;在后者之间假设画了一条公共垂直弧 ab,说得更确切些,那和球面三角形的边 AB(劣弧)对应的弧,即是说,那条不和 A 的共轭圆相交的弧.并且,我们从 A 和第三顶点(或线汇中第三圆)C 出发,仿上处理.取球面表示的两射线 S_0A 和 S_0B 的平面作为台面,安置这图形使射线 S_0A 与线汇中轮 A 在点 a 的切线平行,大圆弧 AB 的切线 $A\beta$ 则与弧 ab(取 ab 的指向)在 a 的切线平行.

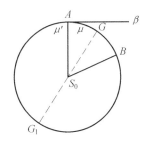

图 F.4

考查球(a, B):它由(b, A)利用绕轮 ab 的一个旋转推导而来,辐角则等于 A 和 B 的挠平行角而转向是逆的,如果(为确定计,我们这样假设)我们的线汇是正的.因此它在 a 的切面的方向(平行于其自身而被移动到 A)由台面绕 $A\beta$ 逆向旋转所说的角而得到.

将这样得到的平面 P 绕射线 S_0A 向正方向旋转一直角.直线 $A\beta$ 将变成台面的一条垂线 AH,指向这样的方向使得角 AS_0B 成为逆向的(在图 F.4 的情况下,垂线指向台面的前方),于是我们平面的新位置,将变成将平面 AHS_0 绕这垂线 AH 旋转而得的位置,仍旧逆向旋转,辐角等于挠平行角.我们这样得出一个平面垂直于弦 AB,因为挠平行角(球面距离 AB 的一半)是等于 $\angle \beta AB$ 的.如果进一步我们把平面 P 用通过 A 的一条直线分成两个半平面,并选定其中含 $A\beta$ 的那一个,变换后的半平面将是含 AH 的那一个.

同理,在 a 切于球(a, C)且含与 A 和 C 的公共垂直弧 ac 相切的半直线的那个半平面,平移到 A 以后又绕 S_0A 向正方向旋转四分之一周,将给出一个半平面,这半平面与直线 AC 垂直,且含平面 S_0AC 的垂线 AK, AK 指向这样的方向,使得角 AS_0C 成为逆向的.

所以最后得出:直边的角 BAC 等于从圆 A 上任一点 a 看圆 B 和 C 的视角,夹这角的两球是在它们的球上以交线为界限的,使得被保留下来的半球分别含垂直弧 ab 和 ac(这两者是有界限的,使得不交 A 的共轭圆).

附 128a. 如果,例如说,重取附 116 节定理,便看出不仅这定理和内接角定理类似,并且用我们现在的观点,它们没有什么区别.

以前我们指出过,分别通过已知两挠平行圆 C_1 和 C_2 的两个正交球,当绕两轮 C_1 和 C_2 旋转同一个任意角度时,仍保持正交.推广言之,分别通过 C_1 和 C_2 的任意两球相交于一角,当两球分别绕所说的两轮旋转同一任意角度 α 时,这交角保持为常量,因为这归结为让它们承受角度为 α 的挠平行运算.

由上所述,当 α 变化时,动圆所描画的轨迹,换言之,空间这样一些点 m 的轨迹,使得通过 m 且分别通过两已知挠平行圆的球相交于一已知角(按大小和转向),(这轨迹)是一个杜潘圆纹面.这是附 116 节定理的逆命题.

备注 当已知角不包含在挠平行角及其补角的限度内时,轨迹不复存在,这可由附 90 节备注或由球面表示看出.

附 129. 至于直边三角形 ABC 的边,或者更确切一些,它们的相互比值,则可利用简化幂的概念将它们表出.比值 $AC:AB$ 等于在圆 A 上任取的一个点 a 关于两圆 B 和 C 的简化幂之比.

要看出这一点,只须像过去在附 117 节做过的那样,将简化幂和交比相联系.设通过点 a 引 A 和 B 的公共垂直圆 γ,交 B 于 b 及 $\bar{b}$.附 117 节非常小的球 σ(这球截 γ 于 m,m')可以把它取成与 A 以及 γ 正交.在这些条件下,类似于 γ、与 σ 正交且与 A 及 C 垂直的圆,可将 γ 绕圆 A 旋转一个合宜的角度(球面三角形在点 A 的角)而得到,而这第二个垂直圆和 σ 的交点 n,n' 将由 m,m' 利用同一旋转得到.点 $m,m',b,\bar{b}$ 是 a 关于四个圆的轴反射点,这四圆是从直系 (A,B) 合宜地选取的,其中后面两个就是 A 和 B 的真角平分线,并且在球 S_0 上这四圆由大圆 AB 上四点 μ,μ',G,G_1 代表.点 G 和 G_1(图 F.4)是两个 AB 弧的中点,而点 μ 和 μ' 都和 A 相邻.在附 117 节公式(5)中出现的交比 $(mn'nm')$ 等于(附 122)上面引进的四点的交比,即

$$\frac{\mu G \cdot \mu' G_1}{\mu \mu' \cdot GG_1}$$

因此,点 a 关于 B 的简化幂是

$$h \frac{AG \cdot AG_1}{GG_1} = \frac{h}{2} AB, \quad h = \lim \frac{mm'}{\mu \mu'}$$

同样处理 a 关于 C 的简化幂,我们发现它等于 $\frac{h'}{2} AC$,其中

$$h' = \lim \frac{nn'}{vv'} = \lim \frac{nn'}{\mu \mu'}$$

因为在 AC 上和 μ, μ' 相类似的点 v, v' 可以从 μ, μ' 绕 A 旋转得来.

但①我们有 $h' = h$,于是这样算出的简化幂之比便等于 $AB:AC$;因为当 σ 的半径趋于零时,比值 $nn':mm'$ 趋于 1(附 74,备注).

推论 一点关于两已知挠平行圆(不再像附 30 节那样相互共轭了)的简化幂之比等于一已知数,则其轨迹为一杜潘圆纹面.

事实上,沿着包含两已知圆的线汇中的任一圆,所说的比为常数,而在球面表示上,所考虑的轨迹以一个圆周 $\mathscr{E}$ 作为映象,这圆周是球 S_0 被一个球 $\mathscr{S}$ 所截的圆周,其中 $\mathscr{S}$ 是(第 129a 节,推论)距两个已知代表点的距离之比为已知数的点的轨迹.

备注 球 $\mathscr{S}$ 与通过两已知代表点的任何一圆相交成直角,特别是与球上由这两点画出的任何一圆相交成直角;因此这样一个圆也和圆 $\mathscr{E}$ 相交成直角.由是推出(附 127)刚才得到的轨迹总是和附 128a 得到的轨迹相交成直角,而不论已知角和已知比的数值为何.

附 130. 正射影使空间每一点与通过此点的一直线(投射线)对应,因而与一平面上一点对应,全体投射线构成一线汇.

同理,我们可将空间各点投射于一球上,由心射投影(projection gnomonique)给出,即由球心发出的射线给出.

以上考虑的球面表示也是空间的一种投影,因为对于每一点,它给出一条投射线(即线汇中通过这点的那个圆)以及球面上一个对应的点.但在这一情

---

① 系数 h,即简化幂和代表点间直线距离的比,按附 132 节所说当 A 是线汇的轴 D 而 a 是中心 O 时,是容易计算的,这时它等于 $\frac{R}{4}$. 对于点 a 的其他任何位置,则由附 117 节和附 141 结果,它的值可以从这里推出,即 $\frac{R^2 + \rho^2}{4R}$,其中 $\rho = Oa$.

况,投射线一般不通过射影点.

但挠平行线汇和我们上面所说的那些还有一个重要区别.在正射影下,投射线全都和一系平面正交,即平行于射影平面的一切平面.以投射线为棱的任一棱柱,在所说的这些平面的任一个上有一个直截口,一个闭合多边形,它的每一边在它的每一点和相应的投射线垂直.同样,在心射投影下,投射线全都和以 O 为中心的球正交,从而在这些球面的每一个上,无论哪一个以 O 为顶点的多面角都截下一个闭合的球面多边形,它的每一边处处和与它相交的投射线垂直.

我们即将看到,对于挠平行线汇,情况完全是另外一个样子①.为此,考查线汇中三圆 A, B, C.在球上与它们对应的点——这些点我们仍以同样的字母表示,不致有任何混乱——通常是一个球面三角形的顶点,它的边分别与三已知圆两两所连的直系的三个部分对应.

在已知的三圆上以及在与它们垂直的直系中的圆上,我们必须度量弧长.但为了具备自反意义,一条弧 mn 的度量不取成通常的样式.按定义,这是一个挠平行变换的角,这变换容许已知的基本负反演并且它能使我们沿所要度量的弧从 m 到 n.明白了这一点,从圆 A 的任意点 a 出发,从这点起画一条 A 和 B 的公共垂直弧,直到和 B 相交于 b,这弧可以按下述条件准确地确定下来:直系 (A,B) 的圆和这弧相交的,是那些也仅仅是那些圆,它们在球面表示中和三角形对应边上的点相对应(由是可知,它的度量——所说的边的一半——是小于 $\frac{\pi}{2}$ 的).从点 b 起,我们可以在完全类似的一些条件下画一条 B 和 C 的公共垂直弧 bc;然后从 c 起,画一条 C 和 A 的公共垂直弧,止于 A 上的一点 a.问题在于比较这点 a 和出发的点 a.弧 aa 的度量(意义如上所述)是与圆 A 上点 a 的选取无关的,因为改换这点的效果显然在于使整个图形承受相应的挠平行变换,因而使点 a 移动一个相等的量(意义同上).

利用完全类似的推理,若将三已知圆轮换,结果并不改变;所谓轮换,就是说把它们的顺序不取为 A,B,C,而取为(例如说)B,C,A,这就导致从 b 出发,回到 A 上的点 a,并从最后这点出发画垂直弧 ab 直至与 B 相交于 b.这弧 ab 将是 ab 的对应弧,这话的意思是,它由 ab 推导得来,利用的是与已知线汇相连系的挠平行运算之一,而这运算的角度既代表弧 bb 的度量,又代表弧 aa 的度量.

---

① 设给了一个线汇,要知道是否有一些曲面存在和线汇中所有的线正交,这一问题在微分学里讨论.课文中的考虑表明,有一些线汇,对于它们来说,这些曲面不存在,挠平行线汇便是其中之一.

又，这 a 和 a 之间的"差距"(décalage)是按大小和符号计量的，因为情况发生在一个轮上. 如果为确定起见，假设我们的线汇是正向的，那么在使点 a 画弧 aa 的挠平行运算中，当通过 A 的一个球朝正向旋转时，差距将是正的，在相反的情况下则是负的.

但除非另有声明，它只能确定到不计 2π 的倍数.

如果不保留顺序 A, B, C 或作轮换，而把它颠倒，即成 C, B, A，那么差距显然改变符号，因为它与同一路线 abc 对应，画的方向则相反.

我们规定，除非另有声明，沿正向画球面三角形的周界，使得（例如说）将 bc 带到 ba 上应当绕 B 旋转的角，对于沿着轮 B 的观察者说是正角.

容易看出所说的差距(如果不为零)依赖于什么而决定. 设在球 S_0 上(半径仍设为 1)有两个相邻的三角形 ABC 和 ACD，其中 BC 和 CD 互为延长线以形成单一的三角形 ABD. 假设从 A 上取定的一点 a 出发，我们对于 A, B, C 进行上述作图，止于一点 a，然后(从这点 a 出发，我们可以这样办)对于 A, C, D 进行作图，重新止于一点 a'，这样得到的差距 aa, aa'，将以关于整个三角形 ABD 的差距为其和，因为在所指出的画图过程中，弧 ca 按相反的方向画了两次，而弧 cd 延长了 bc.

说得普遍些，所讲的作法显然可以像运用一个三角形上一样运用于一个任意边数的球面多边形，这多边形的边对应于我们线汇中连续的 n 个圆的序列，并且上面的步骤表明，两个相邻的多边形所导致的差距之和，等于联合它们形成的多边形的有关差距. 另一方面，由于两个全等或对称的多边形导致相同的差距，不计符号(因为在线汇里它们所对应的图形是自反等价的)[①]，可以预见所求差距(仍设不等于零)应与球面多边形的面积成比例[②]，我们来进行验证.

附 131. 通过球面表示的顶点 A, B, C 作一个圆，这相当于通过我们的三个圆 A, B, C 作一个杜潘圆纹面.

首先考虑一个特殊情况，即等边圆纹面的情况，因而有唯一的圆 Γ 垂直于三已知圆，而最后的点 a 与 a 重合. 在球面表示中，并无三角形，三个代表点位于同一大圆上. 在这一情况下，我们可以只沿这大圆的一段弧走两次，方向相反(例如，从 A 经过 B 到 C，再反回来)，与此类似，这时圆 Γ 来回走着一次. 相反地，如果在球面表示中，我们在直系所对应的圆上走整整一圈，对应于 Γ 的圆

[①] 参看以下，141 节.
[②] 完全像在平面几何里一样(平, 243)，课文中提到的两个性质已足判定球面多边形的面积，不计一个常数因子：在所说的面积决定中，只有它们出现，单位则照 359 节选取.

弧上只走了半圈,而停在 a 的相对点 $\bar{a}$.

相反地,现在假设魏拉索系 (A,B,C) 是斜的.还有同一圆纹面上属于另一魏拉索系的一个圆通过 a,这圆和 B,C 的交点分别以 b_1,c_2 表示,在这以后,这圆回过来交 A 于 a 的相对点 $\bar{a}$,从而相应的差距是 π 的奇数倍.我们就是要把需要比较的结果和它作比较.

通过点 b_1 设引两弧 b_1c_1 和 b_1a_1,前者是 B 和 C 的公共垂直弧并且是 bc 的对应弧(上节),第二个是 B 和 A 的公共垂直弧并且是 ba 的对应弧.像上面看到的那样,我们有 $a_1a=b_1b=c_1c$,从此有 $c_2c=b_1b+c_2c_1$.这样,差距 c_2c 表现为两个互相类似的部分差距之和,一个 $b_1b=\gamma$ 是关于从 A 到 B 的行程的,另一个 c_2c_1 是关于行程 B 到 C 的.当有从 C 到 A 的行程时,显见一个类似的第三项 β 要加进来,并且最后所求的差距,由这三项之和给出(不计 π 的奇数倍).

现在假设以 B 为界的一个动球冠绕这圆朝正向(在我们的假设下)从位置 (B,c_2) 开始旋转.把它带到通过 c_1 的第一次旋转,辐角将是 α;第二个旋转,到达位置 (B,a_1),辐角为 $\angle B$,在我们的假设下取为正角;第三个旋转,到达位置 (B,a),辐角为 γ.由于我们的球总共朝正向显然旋转了角度 π,我们有

$$\gamma+\alpha=\pi-\angle B \tag{8}$$

同理有

$$\alpha+\beta=\pi-\angle C,\quad \beta+\gamma=\pi-\angle A \tag{8'}$$

从此得出一个关系,它的左端就是所求的量:

$$\alpha+\beta+\gamma-\pi=-\frac{1}{2}(\angle A+\angle B+\angle C-\pi) \tag{9}$$

但必须记住,公式(8)和(8′)不计 2π 的倍数才是正确的,因此从它们推导出来的,相加并以 2 除所得最后的公式,不计 π 的倍数.假设这公式是正确的,我们看到结论是:

沿公共垂直弧从圆 A 到 B,从 B 到 C,从 C 到 A 的连续行程所对应的差距,除符号不计外,以一个球面三角形的面积为其度量,三角形的顶点是这三个圆的代表点.

易见这结论可以推广于任意边数的球面多边形,其中的多边形是和我们线汇中任意个数的连续圆对应的.

附 131a.现在来看,公式(9)应该保持不动呢还是以 π 的一个倍数加以修正(如果牵涉到偶数倍,事情归根到底在于我们的方便).为此,开始我们假设球

面三角形很小,即三圆 A,B,C 彼此邻接.在这样条件下,点 a 本身必然与 α 邻接,于是很自然假设差距(从理论的角度讲,这差距可以取与 2π 的任何倍数相近的一个值)是很小的.现在,把几个这样的三角形集合在一起,一个邻接着一个,形成一个球面多边形(也可能还是一个三角形),于是按附 130 节末尾所说,我们可以规定取这多边形周界对应的差距作为组成它的各三角形有关差距之和.

作了这规定,对于这样一个多边形,上节的结论便不需修正而成立.

(Ⅷ)线汇中任一圆的作图,挠平行条件的新形式

挠平行线汇的研究,可以把两圆成挠平行的条件用一种新的很简单的形式[得自罗伯特(Robert)]给出.为此,我们先回到一个已知挠平行线汇中任一圆的作法.

附 132. 挠平行线汇的判定元素　线汇含有一条赋向直线 D(线汇的轴),也只有一条. D 的共轭形是一个轮 C_0(**中心轮**),它的圆心是 D 的一点 O(线汇的**中心**),它所在的平面 P 垂直于 D(**中心平面**).给定了 C_0 的半径 R 便可完成线汇的确定,于是基本负反演便以 O 为极而以 $-R^2$ 为幂.线汇的型态由轴和中心轮的相对赋向(orientation comparée)得出.

线汇中的一个轮 C 于是将以 P 上一点 ω 为圆心,我们开始时把它画在平面 P 上,使交 C_0(成某一角 V)于和 $O\omega$ 成垂直的直径两端,像 C_0 对 D 那样给它赋向;然后把它绕 $O\omega$ 旋转角度 V,旋转的方向由线汇的型态决定.

备注　(1)线汇中每一圆的平面通过线汇的中心,这并且是明显的,因为这中心是无穷远点的相对点.

(2)圆 C 的共轭圆 C' 的中心是 O 关于 C 的轴反射点 ω'(因此,在此是反点),因为我们可由下一事实看出:两个轴反射 C 和 C' 之积,即是说基本负反演,使无穷远点与 O 对应. C' 的轴应垂直于 $\omega\omega'$ 且位于 C 的平面上:所以这是点 O 关于 C 的极线.

附 133. 讲明了这些,我们可以规定空间任一轮,用一个按下述方式确定的矢量 ωL 表示:

矢量的原点是圆的中心 ω;

它的指向就是我们应该置身的方向,使能看出轮朝着正向旋转;

它的长度等于圆的半径.

知道了这一矢量就可以作出这轮;并且反过来,空间一切的圆(带着赋予它们的正向)可以这样被确定,除开那些退化成直线的.

回忆一下,要确定两矢量的几何差,用一个平移作用于第二个矢量使其原点与第一矢量的原点相重,几何差便是以这样移置后的矢量端点为原点、以第一个已知矢量的端点为端点的矢量.我们知道①,这样定义了的几何差满足代数运算的通常规则.

附 134. 这样,按附 132 节所说作成的每一圆 C 便和一个矢量对应.将这矢量投射于中心平面 P 上,我们看出,它是下列分量的几何和②:

一个分量 ωL 位于平面 P 上,等于且垂直于 $O\omega$(这线段的旋转方向,即是设 $45°$ 角 $\angle \omega Ol$ 的转向,对于一切圆 C 是一样的,且取决于轮 C_0 的指向以及线汇的型态);

一个分量 lL 平行于 D 且大小为常量 R.

设 C_1, C_2 为我们线汇中任两圆,以平面 P 上两点 ω_1, ω_2 为圆心,对于这两圆照上述处理;取所得矢量的几何差,将其中第二个矢量平行于其自身而移到 $\omega_1 \Lambda_2$. 在图 F.5 上,我们取平面 P 为水平射影面,从而铅垂面与 D 平行.点 Λ_2 投射为 λ_2,而矢量 $L_1\Lambda_2$(所求的几何差)沿 $l_1\lambda_2$ 投射成真长.但水平分量 $\omega_1 l_1, \omega_1 \lambda_2$ 构成一个三角形全等于 $O\omega_1\omega_2$,各边分别与 $O\omega_1\omega_2$ 的边垂直.这样便有:

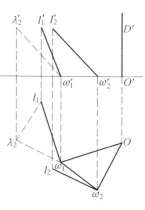

图 F.5

两矢量的几何差垂直于它们原点(即两圆圆心)的连线,且长度和这线段相等.

这条件被任两挠平行圆所满足,因为两个这样的圆是属于同一挠平行线汇的.

反过来,若两圆的代表矢量满足上述双重条件,则此两圆属于同一挠平行线汇,因此彼此成挠平行.线汇的中心平面 P 是通过原点 ω_1, ω_2 的连线所作与

---

① 参看力学教程.
② 运动学(仍看力学教程)使我们能给这作法一个非常简单的形式:圆的代表矢量就是点 ω 在一个螺旋运动中的速度,这个运动由一个绕 D 而角速度为 1 的旋转和一个平行于 D 而大小为 R 的平移合成.

几何差平行的平面；于是两矢量的端点到这平面有同一距离 R，这距离正就是圆 C_0 的半径；最后，点 O 具有这样的性质：$O\omega_1$ 和 $O\omega_2$ 分别等于且垂直于平面 P 上的两个分量(按关于几何差所作的假设，这是可能的)，而 D 是在点 O 所作 P 的垂线。这样确定了的线汇(合宜地选择其型态)确乎含有被我们的两矢量所判定的两轮。

附 135. 在构作了两个常态圆成挠平行的条件以后，我们来加上那些关于一圆 C 和一直线 D 的条件(仍照附 132 节)：一直线 D 和以 ω 为圆心由矢量 ωL 确定的一圆是成挠平行的，只要直线 ωL 和 D 的公共垂线有其足在 ω 且等于矢量 ωL 垂直于 D 的分量。

附 136. 由于有了这样构作的条件，我们可以用无穷多的方式找到一个变换[①]，使从任一圆在保持挠平行性下推导出一个圆，即是说使得两个成挠平行的圆仍变换为两个挠平行圆。我们将得到这样一个变换，或挠平行变换，只要对于所有的代表矢量加上同一矢量 w，它的长度和方向都是固定的。这样一个变换确乎具有所说的性质，因为它们不会改变各个几何差，而在上面构作的条件中只出现了这些几何差。

但当我们把它作用于一直线 D 而不是作用于一常态圆时，还须确定这变换。为了不破坏这样一条直线和任意一圆间的挠平行性，我们应当[②]对 D 作用一个平移 oo_1，这平移 oo_1 既垂直于 D 又垂直于 w，且其长度等于 w 垂直于 D 的分量 w_0，这平移是(这确定它的方向)从 w_0 推导而来，利用一个辐角为直角的旋转，转向和附 134 节考虑的相同(各角 $\angle \omega Ol$ 的转向)。这从图 F.5a 可以看出，其中折线 $\omega o o_1$ 是从线 $\omega l w_0$ 绕点 ω 利用这样一个旋转推导而来的。

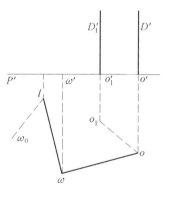

图 F.5a

---

① 像在平面几何附 20 节一样，所讲的不是一个点变换。这里一个点以半径等于零的一个圆的身份出现；作为这样一种身份，它的变换像不是一点，而是半径异于零的一个圆。
所考虑的变换推广了伸缩法(平，附 20)，当我们把这变换作用于一个平面上的一些圆时，它化成为伸缩法，矢量 ω 假设垂直于这平面。

② 在运动学中，当我们把平移 w 加于一个螺旋运动的时候，这就是应当作用于螺旋运动的轴 D 上的运动(我们还应当将 w 的相应分量加到平行于 D 的平移 R 上)。

附 137. 利用上面的挠平行变换,我们来解挠平行圆概念所提出的若干问题.

首先,设求作一轮使通过两已知点且与一已知轮成挠平行.将两点之一送到无穷远处,问题化归于求一直线从一已知点出发且与一已知圆成挠平行;这就是在附 95 节通过一个圆底锥的焦直线的作法已经实现了的.

现在设通过一已知点求作一轮使与两已知轮成挠平行.这里仍先把已知点送到无穷远,使得只要找出一直线和两已知圆成挠平行.但上节的变换(罗伯特变换)可使我们把两圆之一缩为一点,只须取一个与判定这圆的矢量相等且反向的矢量作为 w. 所以化归于第一问题.

最后,设求作一轮使与三已知轮成挠平行.仍旧利用上述变换将一个圆缩为一点,于是化归于第二个问题.

第一问题,因而其余每一问题,具有两个实解也只有两解,与相反的两种挠平行型态相对应.

(Ⅷ)同一基本反演的挠平行线汇之间的关系,可换位的运算

附 138. **定理** 同一基本负反演的不同型态的两个挠平行线汇总有两个公共共轭圆.

通过任两相对点 $a, \bar{a}$ 画属于第一线汇的圆 C 以及属于第二线汇的圆 C_1,然后通过这两点画与这两圆都垂直的圆 Γ. 分别属于两线汇且与 Γ 相交的一些圆,可利用附 93 节作法由 C 或 C_1 推导而得(附 93a),这作法中出现了一个任意角 θ,这是原先通过 C 或 C_1 的一个动球绕 Γ 所旋转的角.给定了动圆与 Γ 相交的两个相对点 $m, \bar{m}$ 之一,角 θ 便被确定了[它与交比 $(a\bar{a}m\bar{m})$ 以附 93 节关系相连系]. 讲明了这一点,由于 C 和 C_1 分别归属的两线汇是不同型态的,动球的旋转,对于点 $m, \bar{m}$ 的同一个运动,是朝着相反的方向实行的,因而可以(用两种不同的方式)处置角度 θ,使得上面提到的作法对于两方面给出同一个圆.

备注 (1)这样我们有了杜潘圆纹面的主轴,这圆纹面(附 128a)通过两已知挠平行圆和它们的公共共球圆之一,而这还构成那里考查的轨迹是一个圆纹面这一事实的又一证明.

(2)如果注意到指向,上述结果应加修正:两个 θ 值中只有一个使得 C 和 C_1 上的指向(假设已给)经过旋转以后,给出和所得到的圆上相同的指向.

这样：

同一基本反演的不同型态的两个挠平行线汇有一个也只有一个公共轮．

附 139．具有相同共轭轴的两个球运算显然是可换位的，它们的乘积，不论因子的次序如何，是这样构成的，将绕第一轴的两个辐角相加（求其代数和）以及绕第二轴的两个辐角相加．所以也有：

同一基本反演的两个不同型态的挠平行运算是可换位的．

附 140．这样我们被引导到下述问题：

问题　求两个球运算是可换位的一切情况．

要解这问题，我们用附 107 节的原理．

设 ω, ω_1 是所考虑的两个运算．首先假设其中至少有一个（设为 ω_1）不是挠平行的．这时，它或者具有一条轴（简单运算的情况），或者具有两条共轭轴，绕这两轴的辐角是不相等的．于是，这些轴的每一条应被 ω 保持不变；要如此，如果 ω 也不是挠平行的，则条件可由附 81 节的结果得出．

相反，如果 ω 是挠平行的而 ω_1 不是，则 ω_1 的轴或两条共轭轴应当属于 ω 所属的线汇 (C)．

现在讨论所考虑的两个运算是挠平行的这一情况．这就是两个运算对应于，上两节线汇 $(C),(C_1)$ 的情况，它们确是可换位的．我们即将看到，逆命题也是成立的，即是说，两个可换位的挠平行运算是属于同一线汇的（从而它们的差别至多是角度不同），或者彼此间具有上节考虑的关系，即是说可以从一对公共共轭圆推导而得．

事实上，首先，运算 ω_1 应将 ω 的基本负反演保持不变，于是（附 111）这基本负反演对于两个运算应该是同一个．于是设 C 和 C_1 是两个圆，分别被两个运算保持不变，且有一公共点 a．必然还有第二个公共点，即 a 的相对点 $\bar{a}$．因此，如果两个运算是本质上不同的，并且从而两圆 C 和 C_1 也是这样（除非对于 a 的特殊位置），那么对应于 ω_1 的线汇将含有与 C 共球的圆 C_1 以及它被 ω（当我们将其角度变动时）变换后的一切像．因此，它是照上述形成的．

由是可知，两个运算 ω, ω_1 是不同型的，并且我们可以直接查知，两个环抱轮的环抱方向，和另外两个也是彼此环抱并且和前两个相交的轮的环抱方向，是相反的．

因此，同一基本球上同型态的两个挠平行线汇总是不可换位的．所以它们没有一个公共的圆,这一点从附 110 节已经知道了.

与 ω 可换位的任一球面运算 ω_1(一般不是挠平行的)必然具有它的轴或它的各轴在线汇(C)中.适当选择这些轴,我们看出,当 ω_1 为挠平行时,这结论依然成立.

与 ω 假设为可换位的运算 ω_1,如果乘以一个任意角度的运算 ω,不会失去这一性质.运用这一项修正,我们看出它可以:

用两种方式,化为绕它的两轴之一的单一旋转;

用唯一方式,化为同时绕其两轴的一个挠平行运算 Ω.

附 141. 设($\mathscr{E}$)是一个挠平行线汇,例如设为逆向的.一个和($\mathscr{E}$)有同一基本反演 $\mathscr{T}$ 的正向挠平行变换 ω_1,使($\mathscr{E}$)的任何运算 ω 保持不变.因此,它应当将($\mathscr{E}$)中任何一圆变为一圆,这圆像前者一样,当我们用运算 ω 作用于它时,将保持不变,即是说,变为($\mathscr{E}$)的另一圆.

ω_1 不能保持($\mathscr{E}$)中所有的圆,因此将这些圆互相转换.由于各挠平行角是被保留的(由于 ω_1 是球运算这一简单事实),我们看出,在附 125 节的球面表示中,ω_1 变为一个旋转,ω_1 变为对称变换的情况是被排除的,这是由于这样的一个事实:当相应的线汇($\mathscr{E}_1$)为已知时,我们可以连续地变动判定 ω_1 的角度 α.这旋转的极 A 和 A' 是立刻可以看出的:它们对应于($\mathscr{E}$)和($\mathscr{E}_1$)的公共共轭圆;旋转角度等于 2α(ω_1 分解成绕圆 A 和 A' 的旋转,这些旋转的每一个将通过这两圆的一个直系旋转角度 α).

因此,有无穷多个挠平行运算 ω_1 存在,保留($\mathscr{E}$)并将($\mathscr{E}$)的一已知圆 A 变为另一圆 B.但其中有一个也仅有一个,将 A 变为 B,将 A 的一个已知点 a 变为 B 的一个已知点 b.这第二个条件事实上可以免除第一个,只要所讨论的是基本反演 $\mathscr{T}$ 的一个正向运算;于是所说的事实从附 110 节推论得出.例如,有所考虑的型态中的一个运算 ω_1 存在,将线汇($\mathscr{E}$)的中心 O 变为空间一已知点 a;它的两轴是直线 Oa 以及一个圆 c_1,这圆以 Oa 为轴且与 $\mathscr{T}$ 正交,即是说半径为 R 且其平面垂直 Oa 于 O.

附 142.定理 同一基本反演的同型态的两个挠平行线汇,在空间任一点相交成常角.

在我们考虑同一基本球的且属同一型态的两个挠平行线汇($\mathscr{E}$)和($\mathscr{E}'$)的空间,设有任意两点 a 和 b,通过其中每一点我们可作一些圆分别属于两线汇.

另一方面,通过 a 和 b 有(附110)一圆与基本球正交,并且它可以用来确定一个与第一个不同型态的挠平行线汇.由于在这些条件下有可换位性,所以这个作法的合成挠平行运算(它可使我们从点 a 到点 b)将画在 a 的图形变换为关于 b 的相应图形.证毕.

附143. 设 $(\mathscr{E})$ 和 $(\mathscr{E}')$ 为同一基本虚球的同型态的两个挠平行线汇.绕第一线汇的任一圆 C 将第二线汇旋转某一角度 θ,以得出类似于第一个的第三线汇.这样得出的线汇 $(\mathscr{E}'')$ 是与第一线汇中圆 C 的选择无关的.

事实上,在这圆所属的线汇中取它的连续两位置 (C_1, C_2),并在 C_1 和 C_2 上分别取两点 a_1 和 a_2,通过这些点作圆 C_1' 和 C_2' 使属于 $(\mathscr{E}')$,并且,按照上面的证明,和前两个相交成相同的角度 α.如果现在我们将 C_1' 绕 C_1,将 C_2' 绕 C_2 旋转角度 θ,便得出两圆 C_1'' 和 C_2'',使得在 a_1 和 a_2 引由这两点中任一点出发的各圆的切线所构成的三面角相等.将上节定理重新应用于已知的线汇以及同一基本反演的包含 C_1'' 而又有同一型态的线汇,便可看出属于这新线汇且通过 a_2 的那个圆只能是 C_2''.

于是我们看出,将一挠平行线汇绕(同一基本球且同型态的)另一个旋转一已知角(给定了正向),这样一个事实有完全确定的意义①.

附144. 我们已知道(附126),由同一点 a 关于同一挠平行线汇 $(\mathscr{E})$ 中各圆的轴反射点 a' 所构成的图形,和不是由 a 而由另外一点 b 出发所构成的图形,是自反等价的.因此应该有一个球运算存在,容许将其中一个图形变为另外一个.以上所述可使我们找到这个运算.事实上,有一个完全确定的、和 $(\mathscr{E})$ 属于同一基本反演且同型态的一个挠平行运算存在,将 a 变为 b.所求运算也是挠平行的,可将前面那个绕 $(\mathscr{E})$ 旋转角度 π 而得到.我们有了一个结果,和附124节对任一常角的一些旋转所考虑的相类似.

附145.定理 同一基本反演的同型态的一切挠平行运算构成一群.

事实上,基本反演 $\mathscr{T}$ 的一切正向挠平行运算,将同一基本反演的无论哪一个逆向挠平行线汇 $(\mathscr{E}')$ 变换为其自身.所以两个这种运算的乘积 Ω 也如此.

---

① 对于 $\theta = \pi$,证明可由另一形式给出.首先取 $(\mathscr{E}')$ 关于 $(\mathscr{E})$ 中某一圆 C_0 的对称形 $(\mathscr{E}_0')$.另外一个任意的类似圆 C 的对称可由前一个推出,利用关于 C_0 和 C 的一个双重对称变换,即是说(附105)利用一个挠平行变换,这挠平行变换的型态与确定 $(\mathscr{E})$ 的那个相反,从而由刚才所见到的,和它可换位.

如果这乘积变换自身不是挠平行的,它将具有一条或两条确定的共轭轴,这些轴应该(附140)是$(\mathscr{E}')$的一部分.但这是不可能的,因为$(\mathscr{E}')$代表基本反演$\mathscr{T}$的无论哪一个逆向挠平行线汇.所以Ω是一个挠平行运算,并且,如我们所知道的,必然是正向的.

附146.附138节定理导致一种可注意的方式以表示同一负反演$\mathscr{T}$的各个正交轮.事实上,按照这定理,这样一个轮C可以确定为两个挠平行线汇的交线,其中一个是正向的,一个是逆向的,都具有已知的基本反演.这是从所引的一节指出的作法得出的.

要得到这个作法的最简单形式,可取这基本反演的极O作为点a(因而取无穷远点作为它的相对点).于是附138节所考虑的两圆是两条直线,每一条带着一个正向,所求轮通过点O所引的两条焦直线是这样细分的,使Oa是(附97)正的,$O\beta$是逆的.于是所求的轮在这样形成的角$aO\beta$的对称平面上——这平面与这个角的平面垂直并且通过这角的平分线gOg;它通过位于这角的平分线上距点O为R的点g(我们以$-R^2$表示反演$\mathscr{T}$的幂)以及点g关于点O的对称点$\bar{g}$;并且在点g的正的半切线,是由与Oa同向平行的半直线,通过绕Og朝逆向旋转一直角(或由$O\beta$的一条平行线朝正向旋转)而得来的.

如果颠倒轮的正向,也就应该改变直线Oa和$O\beta$的正向.和第一个圆共轭的圆,对应于在这两直线的仅仅一条上改变正向(这一条还是那一条,视这第二圆上所取的正向而定).

附147.与$\mathscr{T}$正交的两轮共球(因而相交,因为$\mathscr{T}$是一个负反演)的充要条件是它们的正向焦直线之间的角等于它们逆向焦直线之间的角.并且,这两角的公共值是两轮之间的角.

结论的必要性是显然的:在两圆的一个公共点,因而在其他任意一点,决定它们的两个正向线汇交成所说的角,并且两个逆向线汇也是如此.

为了证明这条件是充分的,可通过第一圆C的任两个相对点$a,\bar{a}$作第二正向线汇的圆C_1,并作第二逆向线汇的圆C_1',如果上述条件得到满足,这两圆将与C交成等角.现在如果我们换掉$a,\bar{a}$这对相对点,这就等于对圆C_1施行一个变动角度θ的正向挠运算以及对圆C_1'施行一个同样角度的逆向运算,像在附138节那样,将有θ的一值使这两圆变成重合的.证毕.

附 148.两个挠平行轮的情况显然是这样一种情况,其中两个定义线汇之一,因而两条焦直线之一,对于两方面是相同的.这挠平行性是正的还是逆的,就看公共焦直线本身是正的还是逆的而定.

例如,设有一逆线汇,于是逆焦直线 $O\beta$ 是永远固定着的.因此这线汇中的一圆便由正焦直线的情况确定,就是由这焦直线与中心为 O 而半径为 1 的球的交点 α 确定.

这样,线汇中的各圆有了一个球面表示,容易看出,这个表示和第(Ⅵ)段中所研究的表示没有什么区别.事实上,设 C_1 和 C_2 是我们逆线汇中的两圆,即这线汇和两个正线汇的交线,这两正线汇一个由焦直线 $O\alpha_1$ 确定,另一个由焦直线 $O\alpha_2$ 确定.这最后两线汇的角等于球面距离 $\alpha_1\alpha_2$,可以由 C_2 的一点 m 引线汇 $O\alpha_1$ 的一个圆而得到.但(附 116a)这样在点 m 得到的角是 C_1 和 C_2 的挠平行角的两倍.点 α_1 和 α_2 的球面距离,于是等于在附 125 节的球面表示上度量的类似距离.由于在已知线汇中,不论圆 C_1 和 C_2 为何,这情况成立,所以这两球面表示确是两个全等或对称的图形.

杂　　题

(784) 在三已知平行线上,分别从给定在这些直线上的点 A, B, C 起,取三线段 Aa, Bb, Cc,其和为已知.证明:平面 abc 通过一定点 G.求一已知点 H 在这平面上的射影的轨迹.

H' 为另一已知点,求 abc 那样的二平面交线的轨迹,设已知 H 在一平面上的射影与 H' 在另一平面上的射影重合.

当已知的和变化时,求点 G 的轨迹.在这轨迹上求点 G 的位置,使角 HGH' 有一已知值,这里 H 和 H' 表示这样两点,它们的连线垂直于平行线的公共方向.

(785) 以一动平面截一三面角成三角形 ABC.求这三角形中线交点的轨迹:
① 当点 A 固定时;
② 当点 A 和 B 固定时;
③ 当 $OA - OB$, $OA - OC$ 保持为两个常量时.

(786) 在空间给定了三直线 $(A), (B), (C)$.作一平面 Π 垂直于 (A),设其与直线 $(A), (B), (C)$ 分别相交于点 P, Q, R.设由 Q 引垂直于 (C) 的平面交直线 (A) 于点 Q',由 R 引垂直于 (B) 的平面交同一直线 (A) 于点 R'.

证明当平面 Π 平行于其自身而移动时,线段 $Q'R'$ 的长度保持不变.

有没有一个平面存在,截直线 $(A), (B), (C)$ 于三点 A, B, C,使直线 BC, CA, AB 分别与直线 $(A), (B), (C)$ 成垂直?证明:若有一个这样的平面存在,便有无穷多个.

有没有一点 M 存在,以 M' 表示它关于直线 (A) 的轴反射点,以 M'' 表示 M' 关于直线 (B) 的轴反射点,使得点 M 和 M'' 关于直线 (C) 互成轴反射点?证明:若有这样一点存在,便有无穷多点.这时它们的轨迹为何?考查直线 $(A), (B)$, (C) 有一公共点的特殊情况,以及它们构成一个三直三面角的更特殊的情况.

在直线 (A) 和 (B) 有一公共点 O,而 Π 垂直于它们的平面但不通过 O 的特殊情况,试求三角形 ABC 的各条高线足的轨迹(其中一条高线足为定点)以及高线交点的轨迹.

(787) 设在一三面角中,一个面角和它相对的二面角相等或相补,则另外两个面角和相对的二面角也是相等或相补.

(788)试分解任意给定的四面体成一些部分四面体,使其每一个具有对称平面(内切球心是回答问题的 12 个四面体的公共顶点;外接球心也如此,只要它在四面体内部).

证明:两个对称多面体可以分解成互相迭合的一些部分.

(789)①设一四面体有两面等积,从它们公共棱的对棱中点向这公共棱作投射线,证明:这投射线与对棱垂直;

②设有三面等积,证明:重心和内切球心的连线通过这三面的公共顶点;

③设四面两两等积,证明:按习题(128)所示从已知四面体作出的平行六面体 P 是直的,等积的面是全等的;

④设四面等积,证明:习题(128)的平行六面体是长方体,对棱两两相等.

(789a)将四面体的内切球或一旁切球的半径表示成它的体积和各面面积的函数(习题(266)).

由是推出问题解数的讨论.各面所在的平面(无限延展)将空间分为 15 个区域,其中只有 8 个区域可以包含所求球的球心(注意附 35 节引理 1).在某些例外情况,这个数 8 应减少一个或几个单位.

(790).证明:棱在空间三已知直线上的平行六面体(习题(99))的体积,是两个平行六面体体积的比例第三项,第一个是长方体,它的棱分别等于三已知直线两两的公垂线段,第二个(一般是斜的)的棱则等于且平行于这些公垂线段.

(791)在习题(130)所考虑的一切四面体中(D 和 D' 是两条已知直线),哪一个的四面面积之和为最小?

(791a)求作一四面体 $ABCD$,已知棱 AB 的大小和位置,ACD 和 BCD 两面的面积,以及和 AB 平行的两条直线,顶点 C 和 D 应该在这两线上.

(注意,知道了已知面积的平方差 δ,便可知道棱 CD 上的一点.)

设数量 δ 一经选定便再不也不变,问对于 CD 的什么位置,面积 ACD 和 BCD 取可能的最小值?

(792)在四面分别有已知面积的一切四面体中,证明:有最大体积的那一个有正交的棱(习题(113))①.

(对于假设其给出所说最大值的四面体,应用上题及习题(126),(129).)

设一四面体除两条对棱外,其余各棱为已知.证明:当沿两未知棱的二面角

---

① 设已知四面的面积,这四面体的作图,一般不能由直尺和圆规实现.

为直二面角时,它的体积取可能的最大值.

(793)证明:在具有正交棱的四面体中,四个面的九点圆(平,习题(101))属于同一个球.

在同样条件下,四个面的重心和四条高线足是同一球上的八点,这球还截每一条高于一点,此点在相应顶点到各高线交点(习题113)所连线段的三分之一处.

(793a)设有两个这样的四面体 $ABCD$ 和 $A'B'C'D'$,从第一个的顶点向第二个的面所引的垂线相交于一点 E,因而(习题(137))从第二个的顶点向第一个的面所引的垂线相交于一点 E',证明:我们可以一方面取 A,B,C,D,E,另一方面取 A',B',C',D',E' 为球心作球,使其中每一球与另一系中不和它对应的所有各球正交.

(794)在一已知平面 P 上求一点,使它到两已知直线 D,D_1 的距离之和为极小.

设 mm_1 是 D 以及 D_1 的公垂线,$m'm_1'$ 是 D 以及 D_1 关于平面 P 的对称线 D_1' 的公垂线.若所求点不在 mm_1 或 $m'm_1'$ 上,那么它是(利用习题(49),(49a))D 或 D_1 的足:若 mm_1 与 $m'm_1'$ 各在平面 P 的一侧,则为 D 的足;在相反的情况下,是 D_1 的足.

(795)给定一正方形 $ABCD$,考虑等边三角形 gef,它的顶点 g 在 A,而 e,f 在不通过 A 的边 BC,CD 上.GEF 是一个三角形,它的平面和正方形的平面平行,并且在后一平面上投射成 gef.计算介于正方形 $ABCD$,三角形 GEF 和平面 $AGB,GBE,BEC,ECF,FCD,FGD,GDA$ 之间的立体的体积.

(795a)证明:平面几何习题(345)考虑的命题:

"以圆内接四边形各边为弦任意作一圆周,这四圆周的每一个和下一个相交所得的四个新交点,也是圆内接四边形的顶点."

在球面几何也成立.

(796)一动球切于两定平面且通过一定点.求

①和一个定平面的切点的轨迹;

②定点到球心的连线所描画的轨迹.(证明通过已知点和两已知平面的交线的平面,截动球成常角.)

(797)求由一点向没有任何公共点的两圆所引切线长度之和的极小值.

(798)设三直线 D_1,D_2,D_3 位于同一平面内,这平面截三球 S_1,S_2,S_3 成同样的角,证明:通过 D_1 所引切于 S_1,通过 D_2 切于 S_2,通过 D_3 切于 S_3 的平面,是同一球的六切面,这球和前面那些球截平面 $D_1D_2D_3$ 成同样的角.

(799) A,B,C,D,E 为空间五点,以 A 为极以 $\sqrt[3]{(AB \cdot AC \cdot AD \cdot AE)^2}$ 为反演幂,取 B,C,D,E 的反点,这些点是某一四面体的顶点.仿此,以 B 为极以 $\sqrt[3]{(BC \cdot BD \cdot BE \cdot BA)^2}$ 为反演幂,取 C,D,E,A 的反点,又形成一个四面体;等等.

证明这些四面体有相同的体积,这体积等于 $MA^2(BCDE) + MB^2(CDEA) + MC^2(DEAB) + MD^2(EABC) + ME^2(ABCD)$ 而不论 M 的位置为何,其中 $(BCDE),\cdots$ 分别表示四面体 $BCDE,\cdots$ 的体积,带 + 号或 – 号就看这些四面体的转向如何而定.

(仿照习题(453)处理)

直接证明,若 A,B,C,D,E 属于同一球,则最后的量为零.(我们把点 M 安置在球心)

(800)设一不变直线移动时使其三点 A,A',A'' 描画三球,球心 O,O',O'' 在一直线上,证明:这直线上每一点在一球上移动,有一点例外,它在一平面上移动.

(设 M 为欲求其轨迹的点,N 为动直线上一点距 M 等于单位长度.作 OA,$O'A'$,$O''A''$ 的平行线 NP,NP',NP'',与 $OM,O'M,O''M$ 分别相交于点 P,P',P'';于是对于点 P,P',P'',M,N——其中前四点在同一平面上——应用 278 节第一个定理,利用 268 节定理表达重心坐标,像在习题(453)一样.)

轨迹为一个平面的点是这样的一点,它和 A,A',A'' 所成交比等于 $\dfrac{O''O}{O''O'}$.

一般而论,由点 M 所描画的球,球心 ω 由下述关系决定:
$$(OO'O''\omega) = (AA'A''M)$$

(801)两个锥以两球的一个极限点(习题(268))为公共顶点,分别以这两曲面被同一平面所截的截口为底,证明:它们有同一的逆平行截口方向.

(802)在一已知球上考查所有的圆 C,使以一定点 S 为视点,在一定平面 P 上投射成圆,这些圆 C 的平面却不与 P 平行.

①证明这些圆的平面通过一定直线 D;

②反过来,对于一已知直线 D(设平面 P 固定),有无穷多点 S 和它对应,并求这些点的轨迹;

③设 C_1 为一圆,与所有的圆 C 正交.求通过 C_1 和 C 中任一圆的各锥顶点的轨迹.

与圆 C 同时,我们变动圆 C_1,使有一柱面通过这两圆.求通过一已知点所引这柱的轴的平行线的轨迹.

(803)一动球 Σ 与一定球 S 正交且切于另一定球 S_1.

①当 Σ 的球心约束在一定平面 P 上时,证明:它和 S_1 相切点的轨迹为一圆.

Σ 的球心的轨迹为一圆锥曲线.若 P 切于 S,则此圆锥曲线以 S 和 P 的切点为其焦点.研究 P 和 S 相切于 S 和 S_1 的交线上的情况;

②证明:在 S 和 S_1 的连心线上,我们可以定出一点 f,使与 Σ 同心且通过 f 的球 Σ_0 总和一定球 D 相切,D 和球 S_1 有同一中心 f_1;

③若 m 为 Σ_0 的中心,m' 是它和 D 的切点且 m' 描画 D 的一圆,则 m 保持在一定平面上且描画一圆锥曲线.讨论这圆锥曲线,假设圆的平面平行于其自身运动;

④若 fm' 的中垂面 T 通过一定点 q,则 m' 的轨迹为一圆 γ_q.若 q 在一定平面上变动,则 γ_q 保持与 D 的一个定圆正交.研究 q 描画一直线的情况;

⑤设 c 为 ff_1 的中点.当球 Σ_0 变动时,证明:直线 cm 和 fm' 交点的轨迹为一平面.

(804)O 为平面上一定点,M 为任一点,OM 和通过 O 的一固定半直线形成一角,引这角的平分线,并在这条角平分线上(向一个或另一个方向)截一长度 $OM' = \sqrt{a \cdot OM}$(a 为已知长度).

证明下列性质:

①若 M' 描画一直线,即 M 描画以 O 为焦点的一条抛物线(利用旋转和位似,化为习题(380));

②若 M 描画一直线,则 M' 描画以 O 为中心的一等轴双曲线;

③若 M 连续画两条相交曲线,则 M' 描画两条曲线,它们的交角和前面的相同.由是推证习题(654).

(805)从一圆周一定点 O 引射线,平行于平面上由一确定点 A 出发且关于圆周成共轭的两条动直线.这两射线与圆周再交的两点所连直线通过一定点 S(第331节),当 A 描画一直线时,求点 S 的轨迹,又求 A 应该描画的轨迹使 S 描画一直线(上题).

(806)当一平面不变图形移动时,使得它的两个点描画两条定直线,证明:不同的点所描画的一些椭圆,其两轴之差为常数.

在动图形的一个确定位置上,求一点 M 的轨迹,使它所描画的椭圆与一已知椭圆相似,或有一轴平行于一已知直线.

求点 M 的轨迹,使所描画的椭圆有一焦点在一已知直线上.

当 M 取一已知直线上所有可能的位置时,求所描画的椭圆的焦点的轨迹(习题(804)).

(807)证明:407~410 节所考虑的平面不变图形的运动,可以看做是由与动图形相连系的一圆在一个半径加倍的定圆上滚动(定圆常包含动圆在其内部)所产生的.

(808)在 407~410 节和上题所考虑的运动中,在全等于动图形的一个定图形上,决定任一定直线 D 的对应线 D_0.证明 D_0 切于一定圆.

[首先考虑 D 通过点 O 的情况(第 410 节).]

这圆是动图形上这样一些点的轨迹,它们所描画的一些椭圆切于 D.

(809)一条圆螺旋线在平行于其所属旋转柱面的轴的一个平面上的射影曲线 L,卷在一旋转柱面 C 上,C 的半径等于为了把它变换成一条平面曲线而取(习题(399))的旋转柱面半径的一半,证明这样得到的新曲线,是 C 被某一个以 C 的一条母线为轴的旋转锥面所截的截线,或者说是被某一球所截的截线,球心属于从锥顶向柱轴所引的垂线.

(810)一系圆具有同一根轴,平行于一已知方向作这些圆的切线,求切点的轨迹(化归于习题(652)).

(811)若一圆与一等轴双曲线的两交点是这圆的对径点,证明:另两交点(若存在)为双曲线的对径点.在其中一点处的切线,是垂直于这圆上前两点所连直径的.考查逆命题.

(812)取一三角形 ABC 关于一圆的配极图形,圆心是(平)习题(365)所考虑的点 O'.证明三角形 ABC 的外接圆变换成一椭圆,以 O' 为其焦点且切 ABC 的配极三角形 $A'B'C'$ 各边于其中点(内切于 $A'B'C'$ 的最大椭圆).

(813)给定两圆,相交于 A 及 B,考虑一些圆锥曲线,切于这两圆而另一方面又和它们相交于 A 及 B.证明:

①这些圆锥曲线形成两系,在每一系中,联结两个切点的直线通过给定两圆的相似中心之一;

②每一系圆锥曲线的中心的轨迹是一个圆,对于这圆,相应的相似中心以 AB 为极线;

③两系之一的圆锥曲线是一些双曲线,它们的渐近线分别通过两定点(给定两圆的公切线中点).另一系的圆锥曲线是椭圆,它们的等长的共轭直径(习

题(605))也通过两定点.并且,所有这些椭圆是相似的,各双曲线也如此①.这些双曲线中任一条的渐近线所夹的锐角,是给定两圆公切线夹角的补角的一半.

同一系两椭圆或两双曲线的相似比,是它们中心到 AB 的距离之比的平方根.

④同一系的圆锥曲线,截以 A 和 B 为对径点的任一等轴双曲线于两点 C,D,这两点和给定两圆的一个相似心共线(习题(715),(811)).

(814)已知两相交平面 P 和 Q,证明对于空间任一点 M 有一个对应点 M',使得画在平面 P 上的任何图形,取 M 和 M' 分别为视点时,在平面 Q 上的两个透视图形全等,但转向相反.

点 M 和 M' 可用斜对称(习题(182))互相推出.

(815)从圆锥曲线上一动点 M 连线到这曲线上两定点 A,B.问这样画出来的一些射线在哪些直线上决定出对合的点列?

(816)C 为一已知圆锥曲线,以焦轴上的点为圆心作与 C 成双切的圆,平行于一已知方向引这些圆的切线.求切点的轨迹.(把曲线 C 看做一个旋转锥被一平面所截的截口,所求轨迹是某一圆底锥的截口.)

当这些成双切的圆,圆心是在不是焦轴的轴上时,解这问题.(通过一个射影变换,由于习题(425)②化为习题(810).)

(817)已知两直线 OA,OB 和分别位于这两线上的两点 A,B,并考虑一些截线 D,截这两线于 M,N 使 MN 等于线段 AM,BN 之和或差.

求通过一已知点 P 的直线 D.(按 P 的位置)区分 MN 是 AM 和 BN 的和还是它们的差.

求三角形 OMN 外接圆的包络.求这圆圆心的轨迹.

(818)已知一三角形 T.设 T' 为一三角形,以平面上一点 M 在 T 各边的射影为顶点.

①设 M 画一直线 Δ,证明:T' 的边包成三条抛物线 P_1,P_2,P_3.这些抛物线内切于同一个角.作出它们的焦点和准线.Δ 应该取怎样的位置才能使这些抛物线在同一点彼此相切?

②应该怎样选取 Δ 使三条准线共点?求它们所共之点的轨迹;

③设 Δ 绕一定点 K 旋转,证明:三条抛物线的准线通过三定点 I_1,I_2,I_3.当

---

① 但命题的这一部分,只有在两条双曲线之一和另一条的共轭双曲线相似便看做彼此相似的条件下,才是完全正确的(第397节).

K 或 I_1 描画一直线时,求 KI_1 的包络;

④对于 K 的怎样的位置,三点 I_1, I_2, I_3 共线?证明这时这直线通过一定点.

(819)对于一三角形 T 的各边,取平面上一点 M 的对称点.设以 M' 表示通过这三个对称点的圆的圆心.

①证明:当 M 描画一直线 Δ 时,M' 描画一圆锥曲线 S.当变动 Δ 时,讨论 S 的类型(椭圆,抛物线或双曲线).求 Δ 的位置使这直线与 S 相切;

②证明:当 Δ 平行于自身而移动时,圆锥曲线 S 的两轴与两固定方向平行.这圆锥曲线中心的轨迹是一圆锥曲线 S_1.对于 Δ 可能取的各个方向,求 S_1 中心的轨迹.[我们注意(平,习题(197))S 通过四定点]

③通过圆锥曲线 S 上一点 P',除了联结 P' 与其对应点 P 的直线外,可以引另外两条直线,其中每一条通过 Δ 的一点 M 以及它的对应点 M'.证明这两直线关于联结 P 到 Δ 和 S 的交点的两直线成调和共轭.

证明若联结 P 到 Δ 上一动点 M,且直线 PM 再交 S 于点 N,则此点 N 到 M 的对应点 M' 的连线通过一定点;

④假设 Δ 通过与 T 内切的一个圆的圆心 ω.这时,当 M 在 Δ 上变动时,求 MM' 的包络.(可以证明这直线在 S 上定出两个射影分割)

证明(习题(704))与 T 相切的其余三圆的圆心,以及以 T 的各边和 Δ 为边的完全四线形的对顶线的交点,是同一圆锥曲线上的六点.

(820)设一凸曲线具有这样的性质,对于每个方向有一直线(共轭直径)和它对应,它将平行于这方向的每条弦分为两等份,则此曲线为一圆锥曲线.我们可逐步证明:

①若一梯形内接于这曲线,则介于梯形每一腰和相应的曲线弧之间的两块面积是相等的;

②可在曲线内作无穷多的内接六边形,它们的对边是平行的;

③各直径或都通过一点或相平行;

④在第一种情况下,每一直径的方向和共轭方向是同一对合中的对应射线.

(821)设已给一抛物线 P 以及一个和它有实或虚双切的圆(换句话说,在391节以及习题(421)所考虑的一个圆),相切弦为 D.证明:以这圆上任一点 f 为焦点并以 D 为准线的抛物线 P',和第一条抛物线相交于两点,位于这圆在点 f 的切线上.证明逆命题,从抛物线 P' 出发并取 P 为通过一条焦弦两端的任一抛物线.

(822)设一 n 边形①内接于椭圆且有可能的最大周长,证明:它的各边切于和这椭圆共焦的同一椭圆.

当 $n=4$ 时,多边形的顶点是构成一个矩形的切线的切点.反之,任一外切矩形②各边的切点是一个具有最大周长的四边形的顶点,这最大周长是切距圆直径的两倍.

(823)证明:在习题(695a),我们可以(只要已知圆锥曲线的离心率是在合适的界限内)处置常角的大小,使作为轨迹得出的圆锥曲线 C 的中心是在另一个焦点 F',即不是这个角绕着旋转的焦点.

证明若 P,R 是在这样定出的圆锥曲线 C 上所取的对径点(并且仅仅在这种情况下),则按习题(414)构成的四边形 $PQRS$,具有习题(365),(366)所研究的一切性质.

首先注意,对应于常角的任意一值的圆锥曲线 C 上两点 P 和 R,若对称于 F',这种情况可以发生:

(a)或是因为它们对称于已知圆锥曲线的焦轴;(b)或是因为圆锥曲线 C 以 F' 为中心.

另一方面,我们证明(取 F' 关于四边形四边的对称点),若 P,R 对称于 F',那么在这两点的角是相等或相补的.在这两种情况之一下——第一种,若已知圆锥曲线为椭圆,四边形 $PQRS$ 设为凸的且含椭圆在其内部——实现的是假设(a).在第二种情况,定理证明了.

两顶点 Q 和 S 同样是两个对径点,位于以 F 为中心的一个类似的圆锥曲线上.求对角线 PR 和 QS 交点的轨迹.(应用习题(697a))求四边形外接圆圆心(习题(414))的轨迹.

(824) M 是以 O 为中心,以 $2a,2b$ 为轴的椭圆上一点;R(第 408 节)是取在点 M 的法线上的线段的端点,线段长度等于 O 的共轭直径:

①证明椭圆沿 OR 方向的半直径对应于射影圆平行于 RM 的半径,且等于 $\dfrac{ab}{RM}$;

②由是推证,以 O 为圆心以 $a+b$ 为半径的圆 Γ(或以 O 为圆心以 $a-b$ 为半径的圆 Γ')上每一点是一个圆的圆心,这圆与椭圆相切,并且和这曲线有两条互相平行的公切线.

---

① 所考虑的是常态多边形,包围平面的一部分.
② 我们看出有无穷多的多边形具有最大周长.对于任意的 n,情况也是如此(比较平,习题(331),并参看以下习题(824a)⑨).

(824a)记号与上题同：

①设 R 和 R' 为圆 Γ 上两点，对应于椭圆上两点 M 和 M'，且点 M 的切线通过 R'，证明：点 M' 的切线通过 R；

（我们证明 M, M', R, R' 在同一圆周上，圆心是动直线两个位置的旋转中心.）

②在 M, M' 的法线 $MR, M'R'$ 的夹角，和 OR, OR' 的夹角之间有何关系？

③证明：法线 $MR, M'R'$ 之一，和另一条关于中心 O 的对称线，相交于以 O 为中心以 $a-b$ 为半径的圆 Γ' 上；

④证明：切线 $MR', M'R$ 之一，和另一条关于中心 O 的对称线，相交于 Γ 上；

⑤从 R 向椭圆引切线 RM', RM_1'. 设 N, P 为 M, M_1' 关于中心的对称点. 证明：在 M, N, P 的切线构成一三角形外切于椭圆而内接于 Γ，且其高线为椭圆的法线（其中每一条的足是对应边的切点关于 O 的对称点）；这些高线的交点的轨迹是 Γ'.

⑥证明：直线 $RM', M'M, OR$ 构成一等腰三角形. 角 ORM 的平分线，和切线 RM', RM_1' 夹角的平分线是相同的；

有一条抛物线存在，它的轴和 OR 平行，焦点在 M，且在 M', M_1' 和椭圆双切；

通过 R, R' 所引与 Γ 正交的圆，通过 MR' 和 $M'R$ 的交点；

$M_1'R$ 在点 R 的视角为直角.

⑦证明：直线 RR' 包成一椭圆 E' 与前者共焦（轴为 $2\sqrt{a^2+2ab}$ 及 $2\sqrt{b^2+2ab}$）. 通过点 R' 引 E' 的一条新切线，这切线再交 Γ 于一点，从这点向 E' 引一条切线，等等，这样形成的围线组成外切于 E' 的一个六边形. 这六边形各边的平方和为常数. 将它表为 a, b 的函数.

⑧证明：我们有 $2(a+b) \cdot MM' = RR'^2$；

⑨证明：直线 MM' 包成一新椭圆 e'（射影圆上和 M, M' 对应的两点的连线所包成椭圆的射影对应图形）. 这椭圆也和已知椭圆共焦（它的两轴是 $\dfrac{2a}{a+b}\sqrt{a^2+2ab}$ 和 $\dfrac{2b}{a+b}\sqrt{b^2+2ab}$）. 点 M, M', M_1' 以及它们关于中心 O 的对称点，是内接于 e' 的一个六边形 H①的顶点，这六边形的周长为常数且等于

---

① 这六边形 H 是有最大边长的六边形（习题(822)）.

$$\frac{a^2+ab+b^2}{a+b}.$$

(825) 反之:

①若一抛物线与一椭圆双切,且其焦点 M 在这椭圆上,证明:相切弦的极点是以上各题所考虑的点 R,或圆 Γ' 上的类似点 R_1(利用配极变换化归于习题(821),(423));

②若一圆与一椭圆相切而且和它具有两条互相平行的公切线(不是在它们切点处的切线),证明:有一抛物线存在,以切点为焦点,且与椭圆双切并以圆心 R 作为相切弦的极点.点 R 这时属于圆 Γ 或圆 Γ'(化归于习题(821)所说的逆命题).

③若一三角形外切于一椭圆且其每一高线为椭圆的法线(法线足 M 在相应的边关于中心成对称的切线上),证明:这三角形的顶点是类似于 R 的点.(依旧进行配极变换,将导圆中心置于 M,并给出椭圆变换成的抛物线,三角形中对应于 M 的顶点的极线 p,以及通过这顶点的两边之一上的无穷远点的极线;可以看出,求点 M 的问题只有一解,这一点必然是以 p 为相切弦的双切圆上的一点.)

求一椭圆使内切于一已知三角形且以三高线为法线,但法线足不是高线足.

(825a)已知一圆锥曲线 S 及其平面上两点 a,b.证明具有下列性质的圆锥曲线形成两个不同的系:这些曲线与 S 成双切,切于 ab,并且从 a 和 b 向它们每一个所引的第二条切线相交于 S 上;对于每一系,相切弦的极的轨迹是通过 a,b 的一圆锥曲线.(欲求相切弦,可作习题(497)的点 i 的两个位置,这两点分别描画 a 和 b 的极线.)

当将 a,b 取为适当的虚点时(习题(725)的圆点),又回到上题(①).

(826)证明:椭圆中两条垂直直径的平方的倒数之和为常数(习题(824)①).

圆底锥的性质

(827)证明:在任何圆底锥中,从这曲面上任一点到两平面的距离之积,和该点到锥顶点距离的平方之比为常数,边两平面(圆平面)是由锥顶点所作和两系圆截口平行的平面.

反之,若一点到两平面的距离(计算大小和符号)之积,和该点到这两平面交线上一定点的距离的平方成定比,则此点的轨迹为一圆底锥面.(化为习题

(505).)

(828)在任何圆底锥中,证明:任两切面和两个圆平面的交线,是同一旋转锥的四条棱,旋转锥的轴是这两切面的相切母线所决定的平面的垂线.

从此推断(习题(227))一个切面与两个圆平面所成两角之和或差为常量.

这三平面在以锥顶点为球心的一个球面上决定出一个面积为常数的球面三角形.

反之,若球的一大圆和两个固定大圆构成面积为常数的球面三角形,那么它的平面包成一个圆底锥面.

(829)设两锥面有同一顶点,以同一平面上两圆为底,有相同的逆平行截口方向[**同圆的锥面**(eônes homocycliques)],证明:通过顶点所作的任一平面截它们所得的两角有相同的角平分线.

(830)在一圆底锥中,证明:

①两条母线从一条焦直线的视二面角(习题(739)),有一个平分面通过沿这两母线的切线的交线;

②一动切面截两定切面所得的两直线,从一条焦直线的视二面角为常量;

③从此推断,从顶点向各切面所引垂线的轨迹是另一圆底锥面(称为第一个锥面的**补锥面**),这第二个锥面的圆截口和第一个的焦直线成垂直.

这两锥面之间的关系是相互的,即是说,反过来,第二锥面的切面的垂线是第一锥面的母线;

④在两条焦直线上取定两点,则由这两点到任一切面的距离之积为一常量(习题(827));

⑤任两切面所成的二面角,和有同一条棱而两面通过两条焦直线的二面角,有相同的角平分面;

⑥通过锥面的任意两条母线和它的两条焦直线的一些平面,切于同一旋转锥面;

⑦任意一条母线和两条焦直线所成两角之和或差为常数.

(831)证明:反过来,从一个已知点所引的一些直线,若与两已知直线形成的角有已知的和或差,则其轨迹为一圆底锥面,以这两直线为其焦直线.

从习题(557a)推导这同一定理(引入一旋转锥面,使其所居地位,与椭圆或双曲线的准圆类似).

(832)已知一圆底锥面,证明我们不能作它的任何一个内接三直三面角,要是不然,就可以内接无穷多个(平,习题(284)).

(823)已知一圆底锥面,证明:我们不能作它的任何一个外切三直三面角,要是不然,就可以外切无穷多个(应用习题(830)③化归上题).

(834) 在一已知圆中,考查从空间一已知点的视角为直角的一切弦.求这些弦中点的轨迹,以及这些弦关于这圆的极的轨迹.并求这些弦的包络.

求在一已知圆底锥面上所能画的等轴双曲线的中心的轨迹.

(835) 证明:到一定直线和一定平面的距离之比为常数的点的轨迹为一二阶锥面(或柱面)(第423节;参看习题(739)),以定直线为其焦直线.

(836) 证明:一圆锥曲线上的点关于一定球的极面,是一个二阶锥面的切面.

反之,一二阶锥面各切面的极的轨迹是一个圆锥曲线.

圆锥曲线的切线是锥面母线的配极直线.(这锥面和圆锥曲线互称为**配极图形**)

若所考虑的圆锥曲线为圆,则锥面的一条焦直线通过导球球心.

(837) 证明:有一公共平面截口的两个二阶锥面,还相交于另一圆锥曲线.

(若 I 为两锥顶点 S,S' 的连线和第一圆锥曲线所在平面的交点,则第二圆锥曲线的平面,由点 I 对于已知平面截口的极线以及 I 关于 SS' 的调和共轭点来决定.)

(838) 证明:有两个公切面(假设存在)的两个二阶锥面的交线,由两个平面截口组成.

以 S 和 S' 表示两锥顶点,T 和 T' 表示它们上面的切点(后两点中每一点是一个公切面上两条相切母线的交点),若通过 TT' 作一平面,则此平面截两锥面于两个成双切的圆锥曲线,以 TT' 为相切弦,以位于 SS' 上的一点 I 为相切弦的极,两个公共截口的平面通过 TT',并与 I,S,S' 决定出两个交比分别等于两圆锥曲线的两个透射比(习题(724)).

(839) 直接证明以下命题(习题(564)):外切于同一球的两锥面相交于两个平面曲线.

(通过两顶点 S,S' 作一动平面.被包含在这平面上的四条母线构成一四边形,它的两条对角线截 SS' 于两定点,这两对角线的交点则描画一直线.)

(840) 若一二阶锥面与一球成双切,证明:两曲面的交线(若存在)由两圆组成.

证明这锥面的配极圆锥曲线(习题(836))也和球成双切,两个切点必然(若锥与球相交)关于这圆锥曲线的焦轴互相对称,于是,要证的命题与习题(621)无异.

二次曲面的简单性质

所谓**二阶曲面**或**二次曲面**是这样一个曲面,它被任一平面所截的截线(如果存在)是圆锥曲线(可能退化为两直线或一点).

二阶锥面显然是二次曲面的特殊情况.

(841)证明一个球的射影对应图形(习题(475))是二次曲面.

推广言之,一个二次曲面的任何射影图形还是二次曲面.

(842)A 是不在一二次曲面上的一点,从点 A 引各割线,证明:A 关于这些割线被二次曲面所截的线段的调和共轭点的轨迹是一个平面(称为 A 关于这二次曲面的**极面**或这平面的一部分(由第 2 节,这命题化为关于圆锥曲线的相应命题).若点 B 在点 A 的极面上,那么反过来,A 也在 B 的极面上(关于二次曲面的**共轭点**)①.

一平面 P 上各点的极面都通过同一点②,这点以 P 为极面.

同一直线 D 上各点的极面,都通过同一直线 D'(前者的**配极直线**).通过 D 引二次曲面的各截面,D' 也是 D 对于这些截口的极的轨迹,从而这两直线之间的关系是相互的.

A 的极面通过:①从点 A 向曲面所引任一切线的切点;②二次曲面任一内接完全四点形两双对边的交点(第 310 节),这四点形的第三双对边的交点设为 A.

相反,若 A 的极面通过二次曲面的一点 B,则 AB 是曲面在 B 的切线,除非曲面是一个以 B 为顶点的锥面③(一个柱面,如果 B 在无穷远).

(843)证明:二次曲面在其上一点 A 的切线的轨迹为一平面(除非该二次曲面是以 A 为顶点的锥面),称为在点 A 的**切面**,我们把它规定为 A 的极面.

(844)证明:从不在二次曲面上的一已知点 A 向曲面所引切线的轨迹是一个二阶锥面(柱面,若 A 在无穷远).

从 A 向曲面所引的切面也包成这锥面(曲面的**外切锥面**).

(845)(以上的特殊情况)证明:二次曲面中平行于一已知直线的各弦中点的轨迹是一个平面(称为**径面**)或平面的一部分.曲面被平行于这已知方向的各平面截成圆锥曲线,在这些圆锥曲线中和已知方向共轭的直径的轨迹便是这径面.

---

① 如果 AB 和二次曲面相交,这是显然的.为了给出一个适用于一切情况的证明,利用合宜的平面截线,把它化为圆锥曲线的相应定理(第 435 节).
② 若曲面为锥面,而 P 通过锥顶点,所说的这些平面有一条公共直线.
③ 我们可以通过 AB 向曲面引各个可能的截面,以研究 AB 和曲面的交线.

曲面被一组平行平面所截,截线的中心(若存在)的轨迹是一条直线(和这些平面的方向共轭的**直径**).

如果无穷远平面的极在有限距离内,它便是曲面的**中心**,即是说,通过这点的一切弦以这点为中点.

(846)利用上题和习题(628),证明同一二次曲面被平行平面所截的截线是位似形或(第 397 节)广义位似形.

(特别地,若二次曲面的一个平面截口为圆,那么所有平行于这平面的截口都是圆).

(847)有三已知直线,任两线不共面,证明:和这三直线相交的一切直线 D,还和另外无数的定直线相交,并且这些直线中的四条所截的交比是相同的,不论 D 是哪一条.

若已知直线不与同一平面平行,由 D 所生成的曲面称为**单叶双曲面**.

若已知直线平行于同一平面,则直线 D 也平行于一定平面(习题(11)).曲面称为**双曲抛物面**.

单叶双曲面和双曲抛物面有两组母直线.

在这两种情况下,通过 D 以及分别通过已知直线中任两条的平面,产生两个射影对应的面束.由是推断,双曲抛物面和单叶双曲面是二阶曲面.

反之,两平面绕两定直线旋转以描画两个射影面束,那么这两平面交线的轨迹是一平面、一单叶双曲面或一双曲抛物面.

(848)直二面角的两面分别通过两已知直线,证明:它的棱的轨迹是一单叶双曲面(参看习题(40)).

到空间两已知直线有等距离的点的轨迹(习题(32))是一双曲抛物面,到两已知直线距离的平方差为常数的点的轨迹(习题(97))也是一样.

(849)当习题(847)的已知线中有两条共面时,所考虑的一些直线 D 为何? (比较习题(1)).

(850)证明:通过双曲抛物面或单叶双曲面一条母线 D 的任何平面,还含相对的母线组(système opposé des generatrices)中一条母线 Δ. 在 D 和 Δ 的交点,这平面是(习题(843))切于曲面的(定义的直线结果).于是切面的位置(与锥和柱面的情况相反)随着切点在一条母线上的运动而变化.切平面绕 D 转动而描画的平面束,和切点在 D 上所描画的点列成射影对应.

单叶双曲面或双曲抛物面的任何切面,和曲面相交于两直线.

(851)从上题推出习题(844)的另一解法.(我们证明,这些平面被不通过 A 的任何确定的平面所截的截线包成一圆锥曲线.)

(852)证明:到两已知直线 D_1,D_2 的距离之比(习题(512))为一已知数 k 的点的轨迹为一单叶双曲面(或一双曲抛物面,当 $k=1$ 时).

(若引两平面,其中每一个与两已知直线平行,并分它们的公垂线成等于 $\pm k$ 的比,则位于这两平面上的圆 C_1 或 C_2(习题(512))上的点描画四条定直线,其中两条垂直于 C_1 的平面,两条垂直于 C_2 的平面. 所求轨迹就是一些直二面角的棱的轨迹,这些二面角的面通过所说四直线中的两条.)

反过来,任何单叶双曲面,其中有垂直于圆截口平面的一些母线存在的,可用无穷多的方式看做是到两已知直线的距离之比为常数的点的轨迹.

(853)两圆位于平行的平面上. 联结两圆上这样的点 M,M' 使止于这两点的半径间的角为常角. 证明:①这样画出的直线是一单叶双曲面的母线,另一组母线是类似地画出的,只要改变常角的转向;②凡和这两已知圆平面平行的平面,必和曲面相交成圆.

(854)证明:特别有,挠旋转面(习题(609))是一单叶双曲面.

(854a)证明:反之,双曲线绕它的非贯轴旋转产生的曲面是挠旋转面. 它被在一个子午双曲线顶点的切平面截成两条直线.(应用习题(366)——参看下面另一证法,习题(861))

(855)从习题(853)和习题(851)推断:设在同一平面上给定了两圆,在这两圆中分别引半径使夹一已知角,则联结两条半径端点的直线包成一个确定的圆锥曲线.

在已知角为直角的情况下,证明同一事实,并求这圆锥曲线的焦点,因两已知圆为相等或不等,利用习题(405a)或习题(455).

(856)推广习题(853)于:①位于平行平面上的两个位似椭圆 E 和 E',点 M 和 M' 取成这样,使止于这两点的直径有共轭方向(应用习题(664));

②两位似双曲线 H 和 H',点 M 和 M' 取成这样,使第一点到 H 的一条渐近线的距离,和第二点到 H' 的平行渐近线的距离之比为常数(应用习题(662)).

在类似的条件下推广上题.

(857)设于不同的平面上给定两圆锥曲线,但在它们平面的交线上有两个公共点 A 和 B. 在这两曲线上考查两个射影点列,使点 A 和 B 都对应于其自身. 证明:联结两个对应点的直线描画一单叶双曲面或一双曲抛物面,或(下面的习题)一锥面.

(设 M_0,M_0' 为第一组对应点,分别取在这两曲线上;μ 是取在第一圆锥曲线上的任一点;μ' 是平面 $\mu M_0 M_0'$ 截第二圆锥曲线的第二个点. 证明动直线恒与 $\mu\mu'$ 这样的直线相交.)

这里包括上题作为特殊情况(参看习题(723)).

推出习题(856)的一个类似的推广.

反之,单叶双曲面或双曲抛物面的一条动母线,在这曲面任两已知平面截口上决定出成射影对应的点列.

(858)证明:通过有两个公共点而不在同一平面上的两圆锥曲线,可以作两个锥面;为了得到它们,只要选择上面所考虑的射影对应的两个对应点,使联结它们的直线或某一直线(两个平面的交线,一平面含有在点 A 的两条切线,另一平面含有在点 B 的两条切线)相交.

(859)证明:一点到一定点 F 和一定平面 P 的距离之比为常数,这点的轨迹是由一圆锥曲线绕其焦轴旋转所产生的曲面.

这曲面是二阶的.以它的任一平面截口为底,以点 F 为顶点的锥面是旋转锥面.

一切二阶外切锥面(习题(844))的焦直线(习题(739))通过这曲面的各焦点(即各子午圆锥曲线的焦点).

若常数比值为1(**旋转抛物面**),则子午线为抛物线.证明任一平面截口在垂直于轴的一个平面上的射影为圆(和习题(796)①等价).

(860)证明:一点到一定点和一定直线的距离之比为常数且不等于1,这点的轨迹是由一圆锥曲线绕其非焦轴旋转所产生的曲面.

(证明与定直线垂直的任一平面所截的截口是圆,圆心在一个圆锥曲线的轴上,这曲线是轨迹的一部分,即位于定点和定直线所决定的平面上的部分.)

一点关于一定球的幂,与该点到一定直线距离的平方之比为常数,这样点的轨迹也是如此.

如果这常数比等于1,那么上两题的轨迹变成两个以抛物线为底的柱面.

一个椭圆或双曲线绕它的非焦轴旋转,当这轴无限远离,仍保持平行于其自身,且圆锥曲线(不在这轴上)的一个顶点和近焦点保持固定,那么旋转曲面趋于一个抛物柱面.

在所有的情况下,所说的这些轨迹都是二阶曲面(化归于习题(420)或 391 节).

(860a)证明:反之,由一圆锥曲线绕它的非焦轴旋转所产生的旋转面,可以看做在上题得到的轨迹(到一定点 A 和一定直线 Δ 的距离之比为常数的点的轨迹),定点是子午圆锥曲线的一个焦点.

(861)证明:若上两题所考虑的比值大于1,则上题所考虑的曲面含有一些直线 D,对于这些线的每一条,习题(50a)所考虑的问题是不定的(特别地,我们作这样一条,它截由点 A 向已知直线所引的垂线成直角).这样,习题(854a)又有了一个新解法.

(862)证明,若已知一二阶曲面 S 及一点 A,并在由 A 出发的每一条割线上取一点 M,使 AM 和曲面在这直线上所截的线段有同一中点,则点 M 的轨迹为一曲面,当我们在轨迹上任取其他一点以代替 A 时,轨迹并不改变,而且也是二阶的(习题(638)).

(863)推广言之,证明同一命题,设点 M 由下述条件决定:使线段 AM 属于由两个已知二阶曲面(其中每一个可能化为一锥面或二平面)在含这线段的直线上所确定的对合.

(864)证明:在习题(862)中,当曲面 S 为二阶锥面且点 A 在锥外部时,点 M 的轨迹是一个单叶双曲面.

(证明从 A 向锥面所作的每一个切面包含一整条属于轨迹的直线.)

(若点 A 在锥内部,轨迹由完全隔离的两部分组成,对应于直线 AM 与锥的一叶或两叶相交的情况.这曲面称为**双叶双曲面**.)

(865)证明:任何二次曲面是单叶双曲面的,或双叶双曲面(上题)的,或一二阶锥面的射影对应图形.

(作曲面的一个外切锥面,选一射影变换使相切曲线的平面变成无穷远面.)

(866)在两条不同的直线上(一般不在同一平面内)给定两个成射影对应的点列.证明:可用无穷多的方式找到第三个点列分别和前两个成透视.求透视中心的轨迹.

(867)锥面以已知圆为底,并且可以作内接三直三面角,证明:这样的锥面顶点的轨迹是一个旋转二次曲面.

(868)给定了一圆,问一点应该在空间什么区域,才能使以这点为顶点而以已知圆为底的锥面具有或不具有垂直的母线?(比较习题(834))证明分隔开这些区域的曲面是由一个圆锥曲线绕它的一条轴旋转产生的.

(869)求一球的外切锥面顶点的轨迹,使各个相切圆截一已知圆成已知角.

(870)给定一球和这球的一个球极射影,证明:这曲面的外切锥面顶点的轨迹是一个旋转二次曲面,设各相切圆投射成已知半径的一些圆.

(871)一已知圆锥曲线投射在一已知平面上成一等轴双曲线,证明:射影中心的轨迹是一个二阶曲面.

[首先处理已知圆锥曲线的平面以及它的一条轴和台面垂直的情况,这时要研究的是一个旋转二次曲面(参看习题(859),(860)).一般的情况利用合适

的射影变换可化归于这一情况.]

(872)**哈芬**(M.E.Halphen)**定理**.在一已知二次曲面 Q 上,设两平面截口 C 和 C' 有两个公共点 A,B,这二次曲面假设具有两组实的母线(单叶双曲面或双曲抛物面).设由 Q 上任一点 S,将圆锥曲线 C' 投射于 C 的平面上,射影曲线截圆锥曲线 C 于(A,B 以外的)两点 M 和 N,并以 q,q' 表示四点 A,B,M,N 分别取在 C 和 C' 上(对于这些点的一个合宜的顺序)的交比,证明:比值 $\dfrac{q}{q'}$ 与视点 S 在 Q 上的位置无关;它等于在 A,B 之一(例如 A)的切面上四条直线所构成的交比,这四条直线是两圆锥曲线的切线和通过这点的两条母线 $A\alpha$ 和 $A\alpha'$(证明投射线 SM 和 SN 就是从 S 发出的母线,因而与由 A 发出的每一条母线相交).

(873)**非欧几何的(自反的)解释**.设在一平面或球面上取一确定的圆 Γ,称之为**基本圆**或**无穷远曲线**①,只有它的内部 $\mathscr{R}$(在球的情况,我们这样称呼球面被 Γ 分成的两个球冠之一)被看做是存在的.

凡与 Γ 正交的圆 δ(如果在平面的情况,这里包括 Γ 的各直径),称为**非欧直线**②;以 δ 作为反演圆的反演(球面的或平面的,因情况而异),称为关于 δ 的**反射**或**对称变换**;两图形 F 和 F'(球面的或平面的)称为**非欧相等**,如果它们之中一个可以从另一个通过任意若干个非欧反射得出(非欧相等称为**正的**或**逆的**,就看反射的次数是偶数或奇数,也就是说,看角的转向是否被保留);$\mathscr{R}$ 内部两点 A,B 的**非欧距离**,指的是交比 $\dfrac{AC}{AD}:\dfrac{BC}{BD}$ 的对数(取绝对值),这交比是确定在联结两点 A 和 B 的非欧直线 δ 上的,其中 C,D 两点表示 δ 和无穷远曲线的交点(我们首先证明,$\mathscr{R}$ 内部两点可以用一条也仅仅一条非欧直线联结起来).

证明:在两个非欧相等的图形中,非欧距离和角度是被保留的(第 355 节).证明反过来,若一图形 F 上两点 A,B 的非欧距离等于非欧距离 $A'B'$,则有两图形 F',F_1' 存在与 F 相等(一个正相等,一个逆相等),使得 A 和 B 的对应点分别是 A' 和 B'.证明在平面几何里 23~26 节所建立的一切性质及其证明保持有效,只要对直线、距离、对称、相等给以它们的非欧意义.

相反地,三条非欧直线构成的三角形,三角之和(平,习题(285))是小于两直角的.两条非欧直线可以或者相交(相交于唯一点,因为我们只考虑在 $\mathscr{R}$ 内部的交点);或者**不相交**③,即是说在 $\mathscr{R}$ 内部没有公共点;或者**平行**,即是说有

---

① 这曲线上的点全都看做在无穷远,它们到 $\mathscr{R}$ 的另外任意一点的非欧距离是无穷大.
② 比较平,附录 B,附 32.
③ 不相交也称为**离散**或**分散**.——译者注

一个公共点在无穷远曲线上.因此从一点对于一非欧直线有两条平行线,即"平行角"的两边,在这角内部的是不相交的直线(比较平,附31).

画在非欧平面上的圆,仅当它们和无穷远曲线没有公共点时,才看做是圆.在这一情况下,圆周上的点是与一定点有常数非欧距离的点的轨迹,要确定出这一定点,可以表明它是一切这样非欧直线的公共点,关于它们,在圆周上的两点有可能互相对称.相反地,如果圆周交无穷远曲线于两点(**极限圆**),则它是距一定非欧直线有常数(非欧)距离的点的轨迹.

(873a)同样,在空间,我们从一个基本球 Σ 出发,只考虑它的内部,这曲面是**无穷远曲面**.一个非欧平面是无论哪一个与 Σ 正交的球面 Π(其中包括 Σ 的径面),而相应的**非欧反射**或非欧对称则与关于 Π 的反演重合.至关于一条非欧直线 δ(和 Σ 正交的圆周或直线)的**非欧轴反射**,这是以 δ 为轴的自反轴反射.在这些条件下,所有与平行性和欧几里得公设概念无关的性质依然成立.圆和球的性质,和上题末尾所给的类似.

(874)非欧几何的第二种(射影的)解释 ①上题的区域 $\mathcal{R}$ 假设是半球的,我们把它正交地投射于大圆的平面上,这大圆构成无穷远曲线;非欧直线这样变成通常的直线.在这样投射以后的图形上,一个**非欧反射**变成交比为 -1 的透射(习题(447)),以对称轴为轴,以它关于 Γ 的极点为心;设 a,b 是半球面上两点 A,B 在平面上的射影,证明由 a,b 和 ab 上两个无穷远点(位于 Γ 上的点)所确定的交比,是球上相应的交比的平方,因此可以定义一个**非欧距离** ab,这是类似的球面距离的两倍.

角不再是照通常方式定义的;平面的**非欧角**按定义是以这角为射影的球面角.于是证明,两条非欧垂直的直线是两条对于 Γ 成共轭的直线;两条相交直线①δ_1,δ_2 所构成的角的**非欧角平分线** β',β'',是既关于这角成调和共轭,而同时又关于 Γ 成共轭的直线,其中每一条是角的一条非欧对称轴.如果此外引角 (δ_1,β') 的平分线之一 γ,则角 (δ_1,δ_2) 的数值 V 由 $\lg \dfrac{V}{2}=\rho$ 给出,ρ 表示交比 $(\beta',\beta'';\gamma,\delta_1)$.

无穷远曲线永远是 Γ.

②与半球上一点 A 被正交投射成 a 的同时,我们把它用球极射影投射于圆 Γ 内部,这样得出的各点 (A) 所构成的图形显然产生上题所考虑的一种非欧几何.求两个对应点 $a,(A)$ 之间存在的关系,设已知其中一点,求作另一点.

---

① 即是说,相交在 Γ 内部.

③设在空间有一图形(从上题所定义的非欧观点来考虑的),由基本球 Σ 内部的点(A)所构成.对于其中每一点,用上面指出的作法使一点 a 和它对应.证明在这样得到的新图形中,非欧平面给出通常平面,而在点 a,两相交直线或平面的非欧角(定义为等于在(A)和它对应的角)用类似于上面指出的方式得出.关于一个(与 Σ 相交的)平面的非欧对称,是关于这平面以及它关于 Σ 的极的一个以 -1 为交比的透射(习题(477)).

(875)推广言之,由 A 到 a 的过程,在平面几何可以这样处理,假设圆 Γ 是球上任意一圆,并取沿 Γ 与球相外切的锥面顶点为视点将图形投射于一平面上.无穷远曲线于是便是 Γ 的透视图形.

(876)(沿用附 85~88 节记号)在空间给定两圆 C_1, C_2,通过 C_1 的任意一球由它和球 S_1 的交角 θ_1(如果给 C_1 赋向,则 θ_1 兼计大小和符号)决定;同样,通过 C_2 的任意一球由它和球 S_2 的交角 θ_2 决定.

①证明这两球正交的条件是
$$\tan\theta_1 \tan\theta_2 = h$$
h 是一个常数,其值为 $\dfrac{\cos V}{\cos V'}$.

②设 v_1 是这两球中第一个和 C_2 的交角,v_2 是第二球和 C_1 的类似交角,证明:我们有
$$\cos v_1 = \cos V\, \frac{\cos\theta_1}{\sin\theta_2} = \cos V'\, \frac{\sin\theta_1}{\cos\theta_2}$$
$$\cos v_2 = \cos V\, \frac{\cos\theta_2}{\sin\theta_1} = \cos V'\, \frac{\sin\theta_2}{\cos\theta_1}$$

(照附 86 节处理,将 C_2 化为一直线.)由是推证:

③v_1 和 v_2 之间的关系 $\cos v_1 \cos v_2 = \cos V \cos V'$;

④角 v_1 可通过下式表为 θ_1 的函数:
$$\cos^2 v_1 = \cos^2 V \cos^2 \theta_1 + \cos^2 V' \sin^2 \theta_1$$

(877)证明附 93 节作法(一圆通过其内部一点 H 的焦直线)确给出通过这圆平面外一点 S 可能引的(附 95)焦点线当 S 趋于 H 时的极限位置.

[为了比较长度 $Ss, f_1 f$,将它们从直角三角形 Sfg(或完全同样地从 $s'f'g'$)和 $f_1 os$ 算出,附 95 节.]

当 S 趋于这圆平面上但在圆外部一点 H' 时,得到的极限位置为何?

(877a)通过位于一圆 C 的平面 P 上一点 H,引这圆的一条焦直线 D.证明当点 H 在平面 P 上描画一直线 Δ 时,直线 D 和 Δ 成常角.

(878) A, B 为两挠平行圆,挠平行角为 V,将 B 绕 A 旋转角度为 2α,把它带到 B_1. 求 B 和 B_1 的挠平行角.

(879) 若在习题(873a)(非欧几何)中,Σ 用一个纯虚球(附 73)代替,以前的结果大部保留有效;但两"非欧直线"相交于两点(相对点);而另一方面,这些直线构成的一个三角形 T 的三内角之和大于两直角[黎曼(Riemann)几何]. 在一个非欧平面上,即在一个与 Σ 正交的球上,这几何和球面几何一致,一个三角形 T 的边照附 130 节计算,或者也就是说,与两点及其相对点的交比以附 125 节关系相连系.

(880) 一圆 c 保持切于一平面上两定圆 C_1, C_2 而变化,求这圆和第三个定圆 ω 的根轴的包络曲线(应用平,128a).

(普遍言之,当平面上一圆 c 变化时恒与一定圆 Γ 正交,则 c 和另一定圆 ω 的根轴包成一条曲线,相似于 c 的圆心的轨迹曲线关于 ω 的配极曲线. 对于空间一球有类似的定理.)

证明这根轴和它的包络的切点,位于 c 与 C_1 及 C_2 的切点的连线上(平,139).

c 和 ω 的相似中心 s 的轨迹为何? (用球极射影投射于一球上,并应用习题(564),(564a),(750);或者应用平,139,144.) 并证明点 s 的任一位置到这点的两个确定位置所连的直线描画两个射影线束.

(881) 一球 S 保持切于三定球而变化,证明它的中心描画一圆锥曲线. 由是推导:

① 这球和任一定球 Ω 的根面保持切于四个二阶锥面之一;

② 这平面关于 Ω 的极描画四个圆锥曲线之一;

③ S 和 Ω 的相似中心的轨迹为何?

(882) 证明:球 S 的中心的轨迹圆锥曲线(上题)是一个类似的圆锥曲线的焦曲线(第 389 节),这圆锥曲线即是内切于同一个圆纹面且切于所求球 S 的球 S' 的中心的轨迹.

(883) 魏拉索定理的直接证明.

① 我们可作一球切一圆纹面于一已知点,且切同一曲面于这点的相对点. 首先证明和常态的环面成双切的一些平面是存在的,然后推出所需要的命题,利用那些将圆纹面变为自身以及变为一环面的反演;

② 如果这样得到的双切球 Ω 和曲面相交,那么它交曲面于两圆[即通过习题(881)② 所确定的那个圆锥曲线而和 Ω 外切的两个锥面的相切圆],当 Ω 为一平面时,这结论成立.

(884)给定一球 S 和切于这球的两直线 D, D'.

①由 D 上任一点向球作两条和 D' 相交的切线 G, G'. 证明切点描画两圆 C, C';

②和 S 相切于圆 C 上的点的各直线 G,还切于其他无穷多个球 Σ(化归于求将 D 变为 D' 的一些旋转). 有多少球面 Σ 切于一平面 Q?

③求直线 G 的轨迹(二次曲面);求它们和平面 Q 的交点的轨迹.

(885)给定平面上两圆 C, C'.

①考查一些圆 Σ,它们一方面被 C 和 C' 调和分割,另一方面又和第三定圆 Γ 正交. 证明:这些圆圆心的轨迹是一圆锥曲线 S.

如果把这平面看做一个球的球极射影,视点 O 取成这样(习题(528)),使以 C 和 Γ 为射影的圆 c 和 γ 位于平行平面上,那么圆锥曲线 S(对于视点 O)将是位于 c 的平面上的一个圆的透视图(习题(559),(741)).

如果相反地, O 取成这样,使 C 和 C' 是位于平行平面上的圆的射影,那么 S 将是一个旋转二次曲面被圆 γ 的平面所截的截口的透视图形(习题(740));

②有无穷多对的圆 C_1, C_1' 存在,使得在与 Γ 正交的圆中,那些被 C 和 C' 所调和分割的,也就被 C_1 和 C_1' 所调和分割,并且反过来也对(习题(405)的推广).

C 和 C' 作为一方, C_1 和 C_1' 作为另一方,它们之间的关系为何?

(证明沿以 C_1 和 C_1' 为射影的两圆和球外切的两个锥面,它们的顶点可以从关于 C 和 C' 的类似顶点,利用两个逆透射得出,以圆 γ 的平面为透射平面,以这平面的极为透射中心. 由是推出在平面上的关系)

③求 S 的渐近线. 证明其中每一条垂直于从 Γ 的中心向习题(405)所考虑的圆锥曲线所引的切线 T, T' 之一,并通过圆 Γ, C 以及圆 C' 关于 T 或 T' 的对称形这样三个圆的根心.

求 S 的中心的轨迹:(a)如果 Γ 的半径变化,它的中心保持固定,圆 C 和 C' 也如此;(b)如果圆 Γ 保持固定,圆 C 和 C' 的中心也如此,并且 C 和 C' 的半径的平方和也保持为常量;

④ C 和 C' 已给定,问 Γ 应该满足什么条件才能使各圆 Σ 切于两定圆?

(886)设三圆 C, C', Σ 位于同一球上,其中第三个被其余两个调和分割;设通过 C 和 Σ 作两球 U 和 V 与含这三圆的球正交,并通过 C' 任作一球 U',证明: V 被 U 和 U' 截于彼此正交的两圆.

反之,若一球 V 被两球 U 和 U' 截于彼此正交的两圆,则凡与 V 和 U(或 V 和 U')正交的球,截 U, U', V 于三圆,其中最后一圆被前两个调和分割.

(886a)证明,求各圆 Σ(习题(885))使这些圆(在一确定的平面或球面上)被两已知圆 C 和 C' 调和分割并与第三已知圆正交的问题,可用无穷多方式化为下述问题:"求这样一些球,它们被两已知球 U 和 U' 截于彼此正交的两圆,并且另一方面,它们自身和一定球 W 正交."而最后这一问题又可用无穷多方式化为前面一个.

由是推出习题(885)②的结论以及上述问题的类似结论,即:"我们可用无穷多方式,将球 U 和 U' 用另外一对 U_1 和 U_1' 来代替,使所有的球和 W 正交并截 U,U' 于彼此正交的两圆的,也截 U_1,U_1' 于彼此正交的两圆,并且反过来也对."

通过这条途径,求 U,U',U_1,U_1' 之间存在的关系,以及习题(885)②的圆 C,C',C_1,C_1' 之间存在的关系.(对于各球 U,例如说,它们和 W 的交线,如果存在,应该保持固定,于是用这些球彼此间的交角所构成的某一表达式,便应保持一常值.对于各圆 C,结果的形式与此类似.)

(887)一直锥面的顶角为 $60°$,这锥面是由以它的顶点为中心的一个球所围成的,证明:它的展开图形(附24)是半圆.

(888)试以一直线通过三角形一顶点将它分为两部分,使绕这三角形平面上通过一个顶点且位于三角形外部的一已知轴旋转时,两部分产生的体积之比为一已知数.因轴所通过的顶点同或不同于所求线所通过的顶点,区分两种情况.

推广言之,当已知轴完全在三角形外部而不通过任何顶点时,解同一问题(附32).

(888a)设有两个这样的立体,凡与一已知线垂直的平面截第一立体者,也必截第二立体,倒过来也如此,而且两个截面的面积相等,证明:这两立体有相等的体积.

(889)由习题(293)的第一部分推出第二部分.由是推断(而不必求借于第152~156节)第四编所计算的球的度量.

(890)用两平行平面截一**直纹面**(即一直线运动所产生的),截口假设是封闭的.证明这样围成的立体体积由下述公式给出:
$$V = \frac{h}{6}(B + B' + 4B'')$$
h 表示这两平面间的距离,B 和 B' 表两个截面的面积,B'' 表与前两平面平行并距它们等远的中截面的面积.

(把这立体看做习题(153)所研究的多面体的极限.)

(891)证明:上题确定的体积是从一个柱减去一个锥所得体积的一半,柱的高是 h,底是 $B+B'$,锥的顶点在平面 B 上,底在 B' 的平面上,并且棱和产生直纹面的直线的连续位置平行.

(892)给定一三棱柱 $ABCDEF$,以 AD,BE,CF 为侧棱.作一个双曲抛物面(习题(847)),以直线 AB,DF(两底的非对应边)为一组母线,以侧棱 AD 和对面上的对角线 BF 为另一组母线.证明这曲面将棱柱分为两个等积部分.

设又作一双曲抛物面,以 AC 和 DE 为一组的两条母线,以 AD 和 CE 为另一组的两条母线,证明:棱柱被这两个抛物面分成四个等积部分.

(893)证明一个旋转锥面介于棱与锥轴平行的一个棱柱内的部分是可化为方的.

(894)设球面上每一点 M 和一个外切柱面上一点 M' 对应,使直线 MM' 和柱轴交成直角,证明:画在球面上的每一个图形和柱面上一个有相等面积的图形对应.

(我们注意,对于一个高沿着轴的带,这定理是真的(习题(292));由是推导它对于这个带介于通过轴的任两平面之间的部分也是真的;然后处理一般情况.)

(895)在球上给定了一个大圆 C,通过 C 上任一点 m 作一大圆与 C 垂直,在这大圆上取一点 M,使 M 到 C 所在平面的距离,与 m 到 C 的一条定直径的距离之比为常数.证明介于点 M 的轨迹曲线 C_1、大圆 C 以及大圆 Mm 的两个位置之间的面积是可化为方的(习题(216);上题).证明我们可以特别地取习题(320)所考虑的点 M 的轨迹作为曲线 C_1.

(896)两个相等的旋转柱面彼此外切.以切点为中心作一球,半径是两柱公共半径的两倍.求作一矩形和这球面位于两柱外的部分等积.

(897)旋转 $U=RTR^{-1}T$(附51)的极在大圆 AB 和以 C 为极的大圆相交之点(我们把 R,S,T 分解成轴反射).从点 C 到它的对应点,BB_1 的中点(图 D.2)的球面距离为何?(比较习题(598))

(898)求一直线上的射影变换组成的一切群,设这些射影变换的个数为有限数.

(仿照附 48 节处理,二重点或习题(486),(494)所考虑的点占有旋转极的地位.所求的群相当于附录 D 中所得到的群的一个部分.

证明引进合适的虚的射影变换,现在的问题和附录 D 的问题可以互相转化.)

特别地,考查关于 $n=2$ 的情况的二面体群(附50)所对应的解.于是证明所求的群可按下述方式得到：

在直线上取三定点 a,b,c，并使直线上一点 m 与一点 m' 对应，使交比 $(abcm')$ 等于四点 a,b,c,m 任取一个顺序的交比。将这顺序尽可能地改变，我们就得出这群不同的射影变换。

(899) 求由有限个运动、对称以及运动继以对称所构成的一切群[①]。(证明所指类型的任何群，或全部由旋转组成，或由旋转和相等数目的对称组成，这些旋转本身构成一群.)

(900) 莫莱(Morley)定理。ABC 为一三角形，用由 A 发出的直线 a_1,a_2 将角 A 分为三等份，当 AB 绕 A 向 AC 的方向旋转时，首先碰到的是 a_1；用由 B 发出的直线 b_1,b_2 将角 B 分为三等份，当 BC 绕 B 向 BA 的方向旋转时，首先碰到的是 b_1；用由 C 发出的直线 c_1,c_2 将角 C 分为三等份，当 CA 绕 C 向 CB 的方向旋转时，首先碰到的是 c_1。证明 b_1 和 c_2 的交点 R，c_1 和 a_2 的交点 S，a_1 和 b_2 的交点 T 是一个等边三角形的顶点。

(首先证明，由(444)节及平，习题(197)，六条分割直线切于一圆锥曲线；然后把它们按顺序 a_1,c_2,b_1,a_2,c_1,b_2 排列，应用布利安双定理于这样形成的六边形的对角线；并且这些对角线相互的交角是 $120°$，于是容易推出所说的定理.)

[①] 这问题在矿物学上是重要的，晶体的外形正是容许属于所指类型的群的图形。

后　记

哈尔滨工业大学出版社刘培杰数学工作室于 2010 年出版朱德祥先生的代表作《初等数学复习及研究(立体几何)》,2011 年又将出版朱德祥先生的代表性译著《几何学教程(平面几何卷)》《几何学教程(立体几何卷)》.这两部几何文献译自法国数学家 J·阿达玛院士为特别数学班所写的几何教材,这是迄今为止在几何学方面有重要影响的数学文献之一.

J·阿达玛(Hadamard, Jacques - Salomon 1865.12.8—1963.10.17)是现代法国数学家、法兰西科学院院士,他早期研究复变函数论,对整函数的一般理论以及用级数表示函数的奇点理论有重要的贡献.1896 年,他与比利时数学家 C·J·普森各自独立地证明了素数定理.此外,他在偏微分方程方面也取得了一些重要的成果,他的代表作《变分法教程》对于泛函分析近代理论的奠定打下了基础,"泛函"一词就是他首先使用的.J·阿达玛曾任教于法国安西学院(1897—1935 年)、巴黎综合工科学校(1912—1935 年)和中央工艺和制造学院(1920—1935 年),担任这些学校的数学教授.1935—1936 年 J·阿达玛曾应邀在清华大学做偏微分方程理论方面的系列讲座,对中国高等数学教育作出过贡献.在国内,人们熟知 J·阿达玛更多的是因为他所写的《初等数学教程·几何》.

后　记

　　法国的现代数学发达,很大程度上得力于他们重视高等师范学生的培养,得力于中学数学的良好教育.而风行于当时法国青年数学爱好者中的一套教材就是法兰西科学院院士、高等师范学校校长 G·达尔布主编的《初等数学教程》,这套书共五册,包括《平面三角》、《初等代数》(由法国院士布尔勒(Bourlet)所著);《几何学教程(平面几何)》、《几何学教程(立体几何)》(由法国院士 J·阿达玛(Hadamard)所著);《理论和实用算术》(由法国院士唐乃尔所著).这套教材曾先后再版十几次,被视为初等数学中的经典著作.

　　朱德祥先生在清华大学算学系学习的时候听过 J·阿达玛院士关于偏微分方程方面的课程;后来,算学系的吴新谋先生到法国留学也受到 J·阿达玛院士的指导.20 世纪 50 年代末,在中国科学院数学研究工作的吴新谋先生提出翻译 G·达尔布主编的这套书,以提高国内中学数学教育水平,朱德祥先生承担了其中三册的翻译任务.J·阿达玛所著的两册,分别于 1962 年、1964 年译完并由上海科技出版社出版,唐乃尔著的《理论和实用算术》于 1982 年译完,由上海科技出版社出版.截止 1984 年这三本书的累积印数达到了 29.7 万册.

　　在《几何学教程(平面几何卷)》和《几何学教程(立体几何卷)》的翻译中,朱德祥先生严谨认真、字斟句酌、译稿力求接近原著的风格,翻译中曾参照过俄译本第三版,并将俄译本第三版中平面部分的习题解答全部译出,附于书后.该书的法文原著由于多次修订,在排版方面有许多疏忽和错误,朱德祥先生在翻译时一一予以订正,提高了该书的科学性和使用价值.这两本书自翻译出版以来,对国内的几何教育产生过重要的影响,国内许多几何教材(包括朱德祥先生自己所编的几何教材)在编写时都或多或少受到该书的影响.这两本几何教材编写体例严谨、论证严密、论述简明易懂,富于启发性.全书从几何的初始定义出发,由浅入深地探讨直线、圆、相似、面积、平面与直线、多面体、运动、对称、圆体、常用曲线、测量等内容,不仅将传统意义上的初等几何的内容涵盖于其中,而且还包含了解析几何、射影几何、非欧几何等经典内容.书中的补充部分、附录部分、习题部分也是几何学方面的重要内容.

　　作为发展了将近五千年的初等几何学科,自有其自身的体系和结构,对于想要更多地在几何方面、特别是逻辑思维方面进一步发展的读者,尤其是数学教师,有一本较全面、系统、科学的介绍初等几何学科的专著,是相当有必要的.J.阿达玛所著的两本初等几何教程可以说是这方面的权威性文献.有鉴于此,哈尔滨工业大学出版社的刘培杰工作室决定出版这两本名著,出版这两本名著

的理由就是"让更多读者读到货真价实的好数学,真数学".①

本次出版对翻译原稿作了一些必要的修订.J·阿达玛原著中将平面几何卷与立体几何卷编在同一系列中,考虑到读者阅读的方便,这次再版时将立体几何卷的内容单独出版,这使得排版和校对的工作异常的繁重.感谢策划编辑刘培杰老师和责任编辑李长波老师精心排版,仔细校对,现在的版式设计非常美观,体例严谨而科学.原稿中有一些内容是用小字印刷的,但这些内容与其他内容逻辑联系非常紧密,因此排版时统一了字体和字号,相信读者阅读起来会更加方便.本次出版《几何学教程(立体几何卷)》首先是订正了原稿中的错漏之处;其次是规范了部分数学家的译名,这也与朱德祥先生其他著作中的译名一致起来了;此外,对原书中个别的译法作了微调,修改了译稿中个别字句,使之读起来更为通顺.由于J·阿达玛著书时,常在立体几何卷中引用平面几何卷中的内容,排版时用脚注说明,例如(平,29)指引用了平面几何卷中第29节中的相关内容.限于修订时间紧迫,本人水平有限,《几何学教程(立体几何卷)》中的不足之处还望读者一一指正.希望本书能对读者学、教几何有更多的帮助.

刘培杰数学工作室对书籍的出版一向严谨,责任编辑对稿件的校订精益求精,力争给读者高质量的书稿.对责任编辑的编辑水平、责任心,我感到十分敬佩!本书的出版除了得到刘培杰数学工作室的大力支持和帮助外,云南师范大学数学学院也给予了许多关心和帮助,郭震院长将这本几何名著的出版列入云南师范大学本科教学质量与改革项目"几何课程"精品教材建设.云南师范大学2010级教育硕士康霞、2008级课程与教学论研究生唐海军帮助打印文稿和校订文稿,这里向康霞和唐海军致谢!感谢所有对这本书出版提供过帮助的单位和个人!特别是向刘培杰副编审、郭震教授、责任编辑李长波老师、唐蕾老师和张永芹老师等表示诚挚的感谢!

朱德祥先生1911年12月6日出生于江苏省南通市,今年正好是其诞辰100周年,哈尔滨工业大学出版社刘培杰数学工作室出版这本名著是对朱德祥先生最好的纪念!

朱维宗

2011年5月于云南师范大学

---

① 《初等数学复习及研究(立体几何)》编辑手记,哈尔滨工业大学出版社,2010:310.

刘培杰数学工作室
已出版(即将出版)图书目录——初等数学

书　名	出版时间	定　价	编号
新编中学数学解题方法全书(高中版)上卷(第2版)	2018—08	58.00	951
新编中学数学解题方法全书(高中版)中卷(第2版)	2018—08	68.00	952
新编中学数学解题方法全书(高中版)下卷(一)(第2版)	2018—08	58.00	953
新编中学数学解题方法全书(高中版)下卷(二)(第2版)	2018—08	58.00	954
新编中学数学解题方法全书(高中版)下卷(三)(第2版)	2018—08	68.00	955
新编中学数学解题方法全书(初中版)上卷	2008—01	28.00	29
新编中学数学解题方法全书(初中版)中卷	2010—07	38.00	75
新编中学数学解题方法全书(高考复习卷)	2010—01	48.00	67
新编中学数学解题方法全书(高考真题卷)	2010—01	38.00	62
新编中学数学解题方法全书(高考精华卷)	2011—03	68.00	118
新编平面解析几何解题方法全书(专题讲座卷)	2010—01	18.00	61
新编中学数学解题方法全书(自主招生卷)	2013—08	88.00	261
数学奥林匹克与数学文化(第一辑)	2006—05	48.00	4
数学奥林匹克与数学文化(第二辑)(竞赛卷)	2008—01	48.00	19
数学奥林匹克与数学文化(第二辑)(文化卷)	2008—07	58.00	36'
数学奥林匹克与数学文化(第三辑)(竞赛卷)	2010—01	48.00	59
数学奥林匹克与数学文化(第四辑)(竞赛卷)	2011—08	58.00	87
数学奥林匹克与数学文化(第五辑)	2015—06	98.00	370
世界著名平面几何经典著作钩沉——几何作图专题卷(共3卷)	2022—01	198.00	1460
世界著名平面几何经典著作钩沉(民国平面几何老课本)	2011—03	38.00	113
世界著名平面几何经典著作钩沉(建国初期平面三角老课本)	2015—08	38.00	507
世界著名解析几何经典著作钩沉——平面解析几何卷	2014—01	38.00	264
世界著名数论经典著作钩沉(算术卷)	2012—01	28.00	125
世界著名数学经典著作钩沉——立体几何卷	2011—02	28.00	88
世界著名三角学经典著作钩沉(平面三角卷Ⅰ)	2010—06	28.00	69
世界著名三角学经典著作钩沉(平面三角卷Ⅱ)	2011—01	38.00	78
世界著名初等数论经典著作钩沉(理论和实用算术卷)	2011—07	38.00	126
发展你的空间想象力(第3版)	2021—01	98.00	1464
空间想象力进阶	2019—05	68.00	1062
走向国际数学奥林匹克的平面几何试题诠释.第1卷	2019—07	88.00	1043
走向国际数学奥林匹克的平面几何试题诠释.第2卷	2019—09	78.00	1044
走向国际数学奥林匹克的平面几何试题诠释.第3卷	2019—03	78.00	1045
走向国际数学奥林匹克的平面几何试题诠释.第4卷	2019—09	98.00	1046
平面几何证明方法全书	2007—08	35.00	1
平面几何证明方法全书习题解答(第2版)	2006—12	18.00	10
平面几何天天练上卷·基础篇(直线型)	2013—01	58.00	208
平面几何天天练中卷·基础篇(涉及圆)	2013—01	28.00	234
平面几何天天练下卷·提高篇	2013—01	58.00	237
平面几何专题研究	2013—07	98.00	258
平面几何解题之道.第1卷	2022—05	38.00	1494
几何学习题集	2020—10	48.00	1217
通过解题学习代数几何	2021—04	88.00	1301

刘培杰数学工作室
已出版(即将出版)图书目录——初等数学

书 名	出版时间	定 价	编号
最新世界各国数学奥林匹克中的平面几何试题	2007-09	38.00	14
数学竞赛平面几何典型题及新颖解	2010-07	48.00	74
初等数学复习及研究(平面几何)	2008-09	68.00	38
初等数学复习及研究(立体几何)	2010-06	38.00	71
初等数学复习及研究(平面几何)习题解答	2009-01	58.00	42
几何学教程(平面几何卷)	2011-03	68.00	90
几何学教程(立体几何卷)	2011-07	68.00	130
几何变换与几何证题	2010-06	88.00	70
计算方法与几何证题	2011-06	28.00	129
立体几何技巧与方法	2014-04	88.00	293
几何瑰宝——平面几何500名题暨1500条定理(上、下)	2021-07	168.00	1358
三角形的解法与应用	2012-07	18.00	183
近代的三角形几何学	2012-07	48.00	184
一般折线几何学	2015-08	48.00	503
三角形的五心	2009-06	28.00	51
三角形的六心及其应用	2015-10	68.00	542
三角形趣谈	2012-08	28.00	212
解三角形	2014-01	28.00	265
探秘三角形:一次数学旅行	2021-10	68.00	1387
三角学专门教程	2014-09	28.00	387
图天下几何新题试卷.初中(第2版)	2017-11	58.00	855
圆锥曲线习题集(上册)	2013-06	68.00	255
圆锥曲线习题集(中册)	2015-01	78.00	434
圆锥曲线习题集(下册·第1卷)	2016-10	78.00	683
圆锥曲线习题集(下册·第2卷)	2018-01	98.00	853
圆锥曲线习题集(下册·第3卷)	2019-10	128.00	1113
圆锥曲线的思想方法	2021-08	48.00	1379
圆锥曲线的八个主要问题	2021-10	48.00	1415
论九点圆	2015-05	88.00	645
近代欧氏几何学	2012-03	48.00	162
罗巴切夫斯基几何学及几何基础概要	2012-07	28.00	188
罗巴切夫斯基几何学初步	2015-06	28.00	474
用三角、解析几何、复数、向量计算解数学竞赛几何题	2015-03	48.00	455
用解析法研究圆锥曲线的几何理论	2022-05	48.00	1495
美国中学几何教程	2015-04	88.00	458
三线坐标与三角形特征点	2015-04	98.00	460
坐标几何学基础.第1卷,笛卡儿坐标	2021-08	48.00	1398
坐标几何学基础.第2卷,三线坐标	2021-09	28.00	1399
平面解析几何方法与研究(第1卷)	2015-05	18.00	471
平面解析几何方法与研究(第2卷)	2015-06	18.00	472
平面解析几何方法与研究(第3卷)	2015-07	18.00	473
解析几何研究	2015-01	38.00	425
解析几何学教程.上	2016-01	38.00	574
解析几何学教程.下	2016-01	38.00	575
几何学基础	2016-01	58.00	581
初等几何研究	2015-02	58.00	444
十九和二十世纪欧氏几何学中的片段	2017-01	58.00	696
平面几何中考.高考.奥数一本通	2017-07	28.00	820
几何学简史	2017-08	28.00	833
四面体	2018-01	48.00	880
平面几何证明方法思路	2018-12	68.00	913

刘培杰数学工作室
已出版(即将出版)图书目录——初等数学

书　　名	出版时间	定　价	编号
平面几何图形特性新析.上篇	2019—01	68.00	911
平面几何图形特性新析.下篇	2018—06	88.00	912
平面几何范例多解探究.上篇	2018—04	48.00	910
平面几何范例多解探究.下篇	2018—12	68.00	914
从分析解题过程学解题:竞赛中的几何问题研究	2018—07	68.00	946
从分析解题过程学解题:竞赛中的向量几何与不等式研究(全2册)	2019—06	138.00	1090
从分析解题过程学解题:竞赛中的不等式问题	2021—01	48.00	1249
二维、三维欧氏几何的对偶原理	2018—12	38.00	990
星形大观及闭折线论	2019—03	68.00	1020
立体几何的问题和方法	2019—11	58.00	1127
三角代换论	2021—05	58.00	1313
俄罗斯平面几何问题集	2009—08	88.00	55
俄罗斯立体几何问题集	2014—03	58.00	283
俄罗斯几何大师——沙雷金论数学及其他	2014—01	48.00	271
来自俄罗斯的5000道几何习题及解答	2011—03	58.00	89
俄罗斯初等数学问题集	2012—05	38.00	177
俄罗斯函数问题集	2011—03	38.00	103
俄罗斯组合分析问题集	2011—01	48.00	79
俄罗斯初等数学万题选——三角卷	2012—11	38.00	222
俄罗斯初等数学万题选——代数卷	2013—08	68.00	225
俄罗斯初等数学万题选——几何卷	2014—01	68.00	226
俄罗斯《量子》杂志数学征解问题100题选	2018—08	48.00	969
俄罗斯《量子》杂志数学征解问题又100题选	2018—08	48.00	970
俄罗斯《量子》杂志数学征解问题	2020—05	48.00	1138
463个俄罗斯几何老问题	2012—01	28.00	152
《量子》数学短文精粹	2018—09	38.00	972
用三角、解析几何等计算解来自俄罗斯的几何题	2019—11	88.00	1119
基谢廖夫平面几何	2022—01	48.00	1461
数学:代数、数学分析和几何(10—11年级)	2021—01	48.00	1250
立体几何.10—11年级	2022—01	58.00	1472
直观几何学:5—6年级	2022—04	58.00	1508
谈谈素数	2011—03	18.00	91
平方和	2011—03	18.00	92
整数论	2011—05	38.00	120
从整数谈起	2015—10	28.00	538
数与多项式	2016—01	38.00	558
谈谈不定方程	2011—05	28.00	119
解析不等式新论	2009—06	68.00	48
建立不等式的方法	2011—03	98.00	104
数学奥林匹克不等式研究(第2版)	2020—07	68.00	1181
不等式研究(第二辑)	2012—02	68.00	153
不等式的秘密(第一卷)(第2版)	2014—02	38.00	286
不等式的秘密(第二卷)	2014—01	38.00	268
初等不等式的证明方法	2010—06	38.00	123
初等不等式的证明方法(第二版)	2014—11	38.00	407
不等式·理论·方法(基础卷)	2015—07	38.00	496
不等式·理论·方法(经典不等式卷)	2015—07	38.00	497
不等式·理论·方法(特殊类型不等式卷)	2015—07	48.00	498
不等式探究	2016—03	38.00	582
不等式探秘	2017—01	88.00	689
四面体不等式	2017—01	68.00	715
数学奥林匹克中常见重要不等式	2017—09	38.00	845

刘培杰数学工作室
已出版(即将出版)图书目录——初等数学

书　名	出版时间	定　价	编号
三正弦不等式	2018—09	98.00	974
函数方程与不等式:解法与稳定性结果	2019—04	68.00	1058
数学不等式.第1卷,对称多项式不等式	2022—05	78.00	1455
数学不等式.第2卷,对称有理不等式与对称无理不等式	2022—05	88.00	1456
数学不等式.第3卷,循环不等式与非循环不等式	2022—05	88.00	1457
数学不等式.第4卷,Jensen不等式的扩展与加细	2022—05	88.00	1458
数学不等式.第5卷,创建不等式与解不等式的其他方法	2022—05	88.00	1459
同余理论	2012—05	38.00	163
[x]与{x}	2015—04	48.00	476
极值与最值.上卷	2015—06	28.00	486
极值与最值.中卷	2015—06	38.00	487
极值与最值.下卷	2015—06	28.00	488
整数的性质	2012—11	38.00	192
完全平方数及其应用	2015—08	78.00	506
多项式理论	2015—10	88.00	541
奇数、偶数、奇偶分析法	2018—01	98.00	876
不定方程及其应用.上	2018—12	58.00	992
不定方程及其应用.中	2019—01	78.00	993
不定方程及其应用.下	2019—02	98.00	994
历届美国中学生数学竞赛试题及解答(第一卷)1950—1954	2014—07	18.00	277
历届美国中学生数学竞赛试题及解答(第二卷)1955—1959	2014—04	18.00	278
历届美国中学生数学竞赛试题及解答(第三卷)1960—1964	2014—06	18.00	279
历届美国中学生数学竞赛试题及解答(第四卷)1965—1969	2014—04	28.00	280
历届美国中学生数学竞赛试题及解答(第五卷)1970—1972	2014—06	18.00	281
历届美国中学生数学竞赛试题及解答(第六卷)1973—1980	2017—07	18.00	768
历届美国中学生数学竞赛试题及解答(第七卷)1981—1986	2015—01	18.00	424
历届美国中学生数学竞赛试题及解答(第八卷)1987—1990	2017—05	18.00	769
历届中国数学奥林匹克试题集(第3版)	2021—10	58.00	1440
历届加拿大数学奥林匹克试题集	2012—08	38.00	215
历届美国数学奥林匹克试题集:1972～2019	2020—04	88.00	1135
历届波兰数学竞赛试题集.第1卷,1949～1963	2015—03	18.00	453
历届波兰数学竞赛试题集.第2卷,1964～1976	2015—03	18.00	454
历届巴尔干数学奥林匹克试题集	2015—05	38.00	466
保加利亚数学奥林匹克	2014—10	38.00	393
圣彼得堡数学奥林匹克试题集	2015—01	38.00	429
匈牙利奥林匹克数学竞赛题解.第1卷	2016—05	28.00	593
匈牙利奥林匹克数学竞赛题解.第2卷	2016—05	28.00	594
历届美国数学邀请赛试题集(第2版)	2017—10	78.00	851
普林斯顿大学数学竞赛	2016—06	38.00	669
亚太地区数学奥林匹克竞赛题	2015—07	18.00	492
日本历届(初级)广中杯数学竞赛试题及解答.第1卷(2000～2007)	2016—05	28.00	641
日本历届(初级)广中杯数学竞赛试题及解答.第2卷(2008～2015)	2016—05	38.00	642
越南数学奥林匹克题选:1962—2009	2021—07	48.00	1370
360个数学竞赛问题	2016—08	58.00	677
奥数最佳实战题.上卷	2017—06	38.00	760
奥数最佳实战题.下卷	2017—05	58.00	761
哈尔滨市早期中学数学竞赛试题汇编	2016—07	28.00	672
全国高中数学联赛试题及解答:1981—2019(第4版)	2020—07	138.00	1176
2021年全国高中数学联合竞赛模拟题集	2021—04	30.00	1302
20世纪50年代全国部分城市数学竞赛试题汇编	2017—07	28.00	797

刘培杰数学工作室
已出版(即将出版)图书目录——初等数学

书　名	出版时间	定　价	编号
国内外数学竞赛题及精解:2018～2019	2020—08	45.00	1192
国内外数学竞赛题及精解:2019～2020	2021—11	58.00	1439
许康华竞赛优学精选集.第一辑	2018—08	68.00	949
天问叶班数学问题征解100题.Ⅰ,2016—2018	2019—05	88.00	1075
天问叶班数学问题征解100题.Ⅱ,2017—2019	2020—07	98.00	1177
美国初中数学竞赛:AMC8准备(共6卷)	2019—07	138.00	1089
美国高中数学竞赛:AMC10准备(共6卷)	2019—08	158.00	1105
王连笑教你怎样学数学:高考选择题解题策略与客观题实用训练	2014—01	48.00	262
王连笑教你怎样学数学:高考数学高层次讲座	2015—02	48.00	432
高考数学的理论与实践	2009—08	38.00	53
高考数学核心题型解题方法与技巧	2010—01	28.00	86
高考思维新平台	2014—03	38.00	259
高考数学压轴题解题诀窍(上)(第2版)	2018—01	58.00	874
高考数学压轴题解题诀窍(下)(第2版)	2018—01	48.00	875
北京市五区文科数学三年高考模拟题详解:2013～2015	2015—08	48.00	500
北京市五区理科数学三年高考模拟题详解:2013～2015	2015—08	68.00	505
向量法巧解数学高考题	2009—08	28.00	54
高中数学课堂教学的实践与反思	2021—11	48.00	791
数学高考参考	2016—01	78.00	589
新课程标准高考数学解答题各种题型解法指导	2020—08	78.00	1196
全国及各省市高考数学试题审题要津与解法研究	2015—02	48.00	450
高中数学章节起始课的教学研究与案例设计	2019—05	28.00	1064
新课标高考数学——五年试题分章详解(2007～2011)(上、下)	2011—10	78.00	140,141
全国中考数学压轴题审题要津与解法研究	2013—04	78.00	248
新编全国及各省市中考数学压轴题审题要津与解法研究	2014—05	58.00	342
全国及各省市5年中考数学压轴题审题要津与解法研究(2015版)	2015—05	58.00	462
中考数学专题总复习	2007—04	28.00	6
中考数学较难题常考题型解题方法与技巧	2016—09	48.00	681
中考数学难题常考题型解题方法与技巧	2016—09	48.00	682
中考数学中档题常考题型解题方法与技巧	2017—08	68.00	835
中考数学选择填空压轴好题妙解365	2017—05	38.00	759
中考数学:三类重点考题的解法例析与习题	2020—04	48.00	1140
中小学数学的历史文化	2019—11	48.00	1124
初中平面几何百题多思创新解	2020—01	58.00	1125
初中数学中考备考	2020—01	58.00	1126
高考数学之九章演义	2019—08	68.00	1044
化学可以这样学:高中化学知识方法智慧感悟疑难辨析	2019—07	58.00	1103
如何成为学习高手	2019—09	58.00	1107
高考数学:经典真题分类解析	2020—04	78.00	1134
高考数学解答题破解策略	2020—11	58.00	1221
从分析解题过程学解题:高考压轴题与竞赛题之关系探究	2020—08	88.00	1179
教学新思考:单元整体视角下的初中数学教学设计	2021—03	58.00	1278
思维再拓展:2020年经典几何题的多解探究与思考	即将出版		1279
中考数学小压轴汇编初讲	2017—07	48.00	788
中考数学大压轴专题微言	2017—09	48.00	846
怎么解中考平面几何探索题	2019—06	48.00	1093
北京中考数学压轴题解题方法突破(第7版)	2021—11	68.00	1442
助你高考成功的数学解题智慧:知识是智慧的基础	2016—01	58.00	596
助你高考成功的数学解题智慧:错误是智慧的试金石	2016—04	58.00	643
助你高考成功的数学解题智慧:方法是智慧的推手	2016—04	68.00	657
高考数学奇思妙解	2016—04	38.00	610
高考数学解题策略	2016—05	48.00	670
数学解题泄天机(第2版)	2017—10	48.00	850

刘培杰数学工作室
已出版(即将出版)图书目录——初等数学

书　名	出版时间	定　价	编号
高考物理压轴题全解	2017—04	58.00	746
高中物理经典问题25讲	2017—05	28.00	764
高中物理教学讲义	2018—01	48.00	871
高中物理教学讲义：全模块	2022—03	98.00	1492
高中物理答疑解惑65篇	2021—11	48.00	1462
中学物理基础问题解析	2020—08	48.00	1183
2016年高考文科数学真题研究	2017—04	58.00	754
2016年高考理科数学真题研究	2017—04	78.00	755
2017年高考理科数学真题研究	2018—01	58.00	867
2017年高考文科数学真题研究	2018—01	48.00	868
初中数学、高中数学脱节知识补缺教材	2017—06	48.00	766
高考数学小题抢分必练	2017—10	48.00	834
高考数学核心素养解读	2017—09	38.00	839
高考数学客观题解题方法和技巧	2017—10	38.00	847
十年高考数学精品试题审题要津与解法研究	2021—10	98.00	1427
中国历届高考数学试题及解答.1949—1979	2018—01	38.00	877
历届中国高考数学试题及解答.第二卷,1980—1989	2018—10	28.00	975
历届中国高考数学试题及解答.第三卷,1990—1999	2018—10	48.00	976
数学文化与高考研究	2018—03	48.00	882
跟我学解高中数学题	2018—07	58.00	926
中学数学研究的方法及案例	2018—05	58.00	869
高考数学抢分技能	2018—07	68.00	934
高一新生常用数学方法和重要数学思想提升教材	2018—06	38.00	921
2018年高考数学真题研究	2019—01	68.00	1000
2019年高考数学真题研究	2020—05	88.00	1137
高考数学全国卷六道解答题常考题型解题诀窍：理科(全2册)	2019—07	78.00	1101
高考数学全国卷16道选择、填空题常考题型解题诀窍.理科	2018—09	88.00	971
高考数学全国卷16道选择、填空题常考题型解题诀窍.文科	2020—01	88.00	1123
新课程标准高中数学各种题型解法大全.必修一分册	2021—06	58.00	1315
高中数学一题多解	2019—06	58.00	1087
历届中国高考数学试题及解答：1917—1999	2021—08	98.00	1371
2000～2003年全国及各省市高考数学试题及解答	2022—05	88.00	1499
突破高原：高中数学解题思维探究	2021—08	48.00	1375
高考数学中的"取值范围"	2021—10	48.00	1429
新课程标准高中数学各种题型解法大全.必修二分册	2022—01	68.00	1471
新编640个世界著名数学智力趣题	2014—01	88.00	242
500个最新世界著名数学智力趣题	2008—06	48.00	3
400个最新世界著名数学最值问题	2008—09	48.00	36
500个世界著名数学征解问题	2009—06	48.00	52
400个中国最佳初等数学征解老问题	2010—01	48.00	60
500个俄罗斯数学经典老题	2011—01	28.00	81
1000个国外中学物理好题	2012—04	48.00	174
300个日本高考数学题	2012—05	38.00	142
700个早期日本高考数学试题	2017—02	88.00	752
500个前苏联早期高考数学试题及解答	2012—05	28.00	185
546个早期俄罗斯大学生数学竞赛题	2014—03	38.00	285
548个来自美苏的数学好问题	2014—11	28.00	396
20所苏联著名大学早期入学试题	2015—02	18.00	452
161道德国工科大学生必做的微分方程习题	2015—05	28.00	469
500个德国工科大学生必做的高数习题	2015—06	28.00	478
360个数学竞赛问题	2016—08	58.00	677
200个趣味数学故事	2018—02	48.00	857
470个数学奥林匹克中的最值问题	2018—10	88.00	985
德国讲义日本考题.微积分卷	2015—04	48.00	456
德国讲义日本考题.微分方程卷	2015—04	38.00	457
二十世纪中叶中、英、美、日、法、俄高考数学试题精选	2017—06	38.00	783

刘培杰数学工作室
已出版(即将出版)图书目录——初等数学

书　　名	出版时间	定　价	编号
中国初等数学研究　2009卷(第1辑)	2009—05	20.00	45
中国初等数学研究　2010卷(第2辑)	2010—05	30.00	68
中国初等数学研究　2011卷(第3辑)	2011—07	60.00	127
中国初等数学研究　2012卷(第4辑)	2012—07	48.00	190
中国初等数学研究　2014卷(第5辑)	2014—02	48.00	288
中国初等数学研究　2015卷(第6辑)	2015—06	68.00	493
中国初等数学研究　2016卷(第7辑)	2016—04	68.00	609
中国初等数学研究　2017卷(第8辑)	2017—01	98.00	712
初等数学研究在中国.第1辑	2019—03	158.00	1024
初等数学研究在中国.第2辑	2019—10	158.00	1116
初等数学研究在中国.第3辑	2021—05	158.00	1306
初等数学研究在中国.第4辑	2022—06	158.00	1520
几何变换(Ⅰ)	2014—07	28.00	353
几何变换(Ⅱ)	2015—06	28.00	354
几何变换(Ⅲ)	2015—01	38.00	355
几何变换(Ⅳ)	2015—12	38.00	356
初等数论难题集(第一卷)	2009—05	68.00	44
初等数论难题集(第二卷)(上、下)	2011—02	128.00	82,83
数论概貌	2011—03	18.00	93
代数数论(第二版)	2013—08	58.00	94
代数多项式	2014—06	38.00	289
初等数论的知识与问题	2011—02	28.00	95
超越数论基础	2011—03	28.00	96
数论初等教程	2011—03	28.00	97
数论基础	2011—03	18.00	98
数论基础与维诺格拉多夫	2014—03	18.00	292
解析数论基础	2012—08	28.00	216
解析数论基础(第二版)	2014—01	48.00	287
解析数论问题集(第二版)(原版引进)	2014—05	88.00	343
解析数论问题集(第二版)(中译本)	2016—04	88.00	607
解析数论基础(潘承洞,潘承彪著)	2016—07	98.00	673
解析数论导引	2016—07	58.00	674
数论入门	2011—03	38.00	99
代数数论入门	2015—03	38.00	448
数论开篇	2012—07	28.00	194
解析数论引论	2011—03	48.00	100
Barban Davenport Halberstam 均值和	2009—01	40.00	33
基础数论	2011—03	28.00	101
初等数论100例	2011—05	18.00	122
初等数论经典例题	2012—07	18.00	204
最新世界各国数学奥林匹克中的初等数论试题(上、下)	2012—01	138.00	144,145
初等数论(Ⅰ)	2012—01	18.00	156
初等数论(Ⅱ)	2012—01	18.00	157
初等数论(Ⅲ)	2012—01	28.00	158

刘培杰数学工作室
已出版(即将出版)图书目录——初等数学

书　名	出版时间	定　价	编号
平面几何与数论中未解决的新老问题	2013—01	68.00	229
代数数论简史	2014—11	28.00	408
代数数论	2015—09	88.00	532
代数、数论及分析习题集	2016—11	98.00	695
数论导引提要及习题解答	2016—01	48.00	559
素数定理的初等证明.第2版	2016—09	48.00	686
数论中的模函数与狄利克雷级数(第二版)	2017—11	78.00	837
数论:数学导引	2018—01	68.00	849
范氏大代数	2019—02	98.00	1016
解析数学讲义.第一卷,导来式及微分、积分、级数	2019—04	88.00	1021
解析数学讲义.第二卷,关于几何的应用	2019—04	68.00	1022
解析数学讲义.第三卷,解析函数论	2019—04	78.00	1023
分析・组合・数论纵横谈	2019—04	58.00	1039
Hall代数:民国时期的中学数学课本:英文	2019—08	88.00	1106
数学精神巡礼	2019—01	58.00	731
数学眼光透视(第2版)	2017—06	78.00	732
数学思想领悟(第2版)	2018—01	68.00	733
数学方法溯源(第2版)	2018—08	68.00	734
数学解题引论	2017—05	58.00	735
数学史话览胜(第2版)	2017—01	48.00	736
数学应用展观(第2版)	2017—08	68.00	737
数学建模尝试	2018—04	48.00	738
数学竞赛采风	2018—01	68.00	739
数学测评探营	2019—05	58.00	740
数学技能操握	2018—03	48.00	741
数学欣赏拾趣	2018—02	48.00	742
从毕达哥拉斯到怀尔斯	2007—10	48.00	9
从迪利克雷到维斯卡尔迪	2008—01	48.00	21
从哥德巴赫到陈景润	2008—05	98.00	35
从庞加莱到佩雷尔曼	2011—08	138.00	136
博弈论精粹	2008—03	58.00	30
博弈论精粹.第二版(精装)	2015—01	88.00	461
数学 我爱你	2008—01	28.00	20
精神的圣徒 别样的人生——60位中国数学家成长的历程	2008—09	48.00	39
数学史概论	2009—06	78.00	50
数学史概论(精装)	2013—03	158.00	272
数学史选讲	2016—01	48.00	544
斐波那契数列	2010—02	28.00	65
数学拼盘和斐波那契魔方	2010—07	38.00	72
斐波那契数列欣赏(第2版)	2018—08	58.00	948
Fibonacci数列中的明珠	2018—06	58.00	928
数学的创造	2011—02	48.00	85
数学美与创造力	2016—01	48.00	595
数海拾贝	2016—01	48.00	590
数学中的美(第2版)	2019—04	68.00	1057
数论中的美学	2014—12	38.00	351

刘培杰数学工作室
已出版(即将出版)图书目录——初等数学

书　名	出版时间	定　价	编号
数学王者　科学巨人——高斯	2015—01	28.00	428
振兴祖国数学的圆梦之旅:中国初等数学研究史话	2015—06	98.00	490
二十世纪中国数学史料研究	2015—10	48.00	536
数字谜、数阵图与棋盘覆盖	2016—01	58.00	298
时间的形状	2016—01	38.00	556
数学发现的艺术:数学探索中的合情推理	2016—07	58.00	671
活跃在数学中的参数	2016—07	48.00	675
数海趣史	2021—05	98.00	1314
数学解题——靠数学思想给力(上)	2011—07	38.00	131
数学解题——靠数学思想给力(中)	2011—07	48.00	132
数学解题——靠数学思想给力(下)	2011—07	38.00	133
我怎样解题	2013—01	48.00	227
数学解题中的物理方法	2011—06	28.00	114
数学解题的特殊方法	2011—06	48.00	115
中学数学计算技巧(第2版)	2020—10	48.00	1220
中学数学证明方法	2012—01	58.00	117
数学趣题巧解	2012—03	28.00	128
高中数学教学通鉴	2015—05	58.00	479
和高中生漫谈:数学与哲学的故事	2014—08	28.00	369
算术问题集	2017—03	38.00	789
张教授讲数学	2018—07	38.00	933
陈永明实话实说数学教学	2020—04	68.00	1132
中学数学学科知识与教学能力	2020—06	58.00	1155
怎样把课讲好:大罕数学教学随笔	2022—03	58.00	1484
中国高考评价体系下高考数学探秘	2022—03	48.00	1487
自主招生考试中的参数方程问题	2015—01	28.00	435
自主招生考试中的极坐标问题	2015—04	28.00	463
近年全国重点大学自主招生数学试题全解及研究.华约卷	2015—02	38.00	441
近年全国重点大学自主招生数学试题全解及研究.北约卷	2016—05	38.00	619
自主招生数学解证宝典	2015—09	48.00	535
中国科学技术大学创新班数学真题解析	2022—03	48.00	1488
中国科学技术大学创新班物理真题解析	2022—03	58.00	1489
格点和面积	2012—07	18.00	191
射影几何趣谈	2012—04	28.00	175
斯潘纳尔引理——从一道加拿大数学奥林匹克试题谈起	2014—01	28.00	228
李普希兹条件——从几道近年高考数学试题谈起	2012—10	18.00	221
拉格朗日中值定理——从一道北京高考试题的解法谈起	2015—10	18.00	197
闵科夫斯基定理——从一道清华大学自主招生试题谈起	2014—01	28.00	198
哈尔测度——从一道冬令营试题的背景谈起	2012—08	28.00	202
切比雪夫逼近问题——从一道中国台北数学奥林匹克试题谈起	2013—04	38.00	238
伯恩斯坦多项式与贝齐尔曲面——从一道全国高中数学联赛试题谈起	2013—03	38.00	236
卡塔兰猜想——从一道普特南竞赛试题谈起	2013—06	18.00	256
麦卡锡函数和阿克曼函数——从一道前南斯拉夫数学奥林匹克试题谈起	2012—08	18.00	201
贝蒂定理与拉姆贝克莫斯尔定理——从一个拣石子游戏谈起	2012—08	18.00	217
皮亚诺曲线和豪斯道夫分球定理——从无限集谈起	2012—08	18.00	211
平面凸图形与凸多面体	2012—10	28.00	218
斯坦因豪斯问题——从一道二十五省市自治区中学数学竞赛试题谈起	2012—07	18.00	196

刘培杰数学工作室
已出版(即将出版)图书目录——初等数学

书 名	出版时间	定 价	编号
纽结理论中的亚历山大多项式与琼斯多项式——从一道北京市高一数学竞赛试题谈起	2012—07	28.00	195
原则与策略——从波利亚"解题表"谈起	2013—04	38.00	244
转化与化归——从三大尺规作图不能问题谈起	2012—08	28.00	214
代数几何中的贝祖定理(第一版)——从一道IMO试题的解法谈起	2013—08	18.00	193
成功连贯理论与约当块理论——从一道比利时数学竞赛试题谈起	2012—04	18.00	180
素数判定与大数分解	2014—08	18.00	199
置换多项式及其应用	2012—10	18.00	220
椭圆函数与模函数——从一道美国加州大学洛杉矶分校(UCLA)博士资格考题谈起	2012—10	28.00	219
差分方程的拉格朗日方法——从一道2011年全国高考理科试题的解法谈起	2012—08	28.00	200
力学在几何中的一些应用	2013—01	38.00	240
从根式解到伽罗华理论	2020—01	48.00	1121
康托洛维奇不等式——从一道全国高中联赛试题谈起	2013—03	28.00	337
西格尔引理——从一道第18届IMO试题的解法谈起	即将出版		
罗斯定理——从一道前苏联数学竞赛试题谈起	即将出版		
拉克斯定理和阿廷定理——从一道IMO试题的解法谈起	2014—01	58.00	246
毕卡大定理——从一道美国大学数学竞赛试题谈起	2014—07	18.00	350
贝齐尔曲线——从一道全国高中联赛试题谈起	即将出版		
拉格朗日乘子定理——从一道2005年全国高中联赛试题的高等数学解法谈起	2015—05	28.00	480
雅可比定理——从一道日本数学奥林匹克试题谈起	2013—04	48.00	249
李天岩-约克定理——从一道波兰数学竞赛试题谈起	2014—06	28.00	349
整系数多项式因式分解的一般方法——从克朗耐克算法谈起	即将出版		
布劳维不动点定理——从一道前苏联数学奥林匹克试题谈起	2014—01	38.00	273
伯恩赛德定理——从一道英国数学奥林匹克试题谈起	即将出版		
布查特-莫斯特定理——从一道上海市初中竞赛试题谈起	即将出版		
数论中的同余数问题——从一道普特南竞赛试题谈起	即将出版		
范·德蒙行列式——从一道美国数学奥林匹克试题谈起	即将出版		
中国剩余定理:总数法构建中国历史年表	2015—01	28.00	430
牛顿程序与方程求根——从一道全国高考试题解法谈起	即将出版		
库默尔定理——从一道IMO预选试题谈起	即将出版		
卢丁定理——从一道冬令营试题的解法谈起	即将出版		
沃斯滕霍姆定理——从一道IMO预选试题谈起	即将出版		
卡尔松不等式——从一道莫斯科数学奥林匹克试题谈起	即将出版		
信息论中的香农熵——从一道近年高考压轴题谈起	即将出版		
约当不等式——从一道希望杯竞赛试题谈起	即将出版		
拉比诺维奇定理	即将出版		
刘维尔定理——从一道《美国数学月刊》征解问题的解法谈起	即将出版		
卡塔兰恒等式与级数求和——从一道IMO试题的解法谈起	即将出版		
勒让德猜想与素数分布——从一道爱尔兰竞赛试题谈起	即将出版		
天平称重与信息论——从一道基辅市数学奥林匹克试题谈起	即将出版		
哈密尔顿-凯莱定理:从一道高中数学联赛试题的解法谈起	2014—09	18.00	376
艾思特曼定理——从一道CMO试题的解法谈起	即将出版		

刘培杰数学工作室
已出版（即将出版）图书目录——初等数学

书　　名	出版时间	定　价	编号
阿贝尔恒等式与经典不等式及应用	2018—06	98.00	923
迪利克雷除数问题	2018—07	48.00	930
幻方、幻立方与拉丁方	2019—08	48.00	1092
帕斯卡三角形	2014—03	18.00	294
蒲丰投针问题——从2009年清华大学的一道自主招生试题谈起	2014—01	38.00	295
斯图姆定理——从一道"华约"自主招生试题的解法谈起	2014—01	18.00	296
许瓦兹引理——从一道加利福尼亚大学伯克利分校数学系博士生试题谈起	2014—08	18.00	297
拉姆塞定理——从王诗宬院士的一个问题谈起	2016—04	48.00	299
坐标法	2013—12	28.00	332
数论三角形	2014—04	38.00	341
毕克定理	2014—07	18.00	352
数林掠影	2014—09	48.00	389
我们周围的概率	2014—10	38.00	390
凸函数最值定理：从一道华约自主招生题的解法谈起	2014—10	28.00	391
易学与数学奥林匹克	2014—10	38.00	392
生物数学趣谈	2015—01	18.00	409
反演	2015—01	28.00	420
因式分解与圆锥曲线	2015—01	18.00	426
轨迹	2015—01	28.00	427
面积原理：从常庚哲命的一道CMO试题的积分解法谈起	2015—01	48.00	431
形形色色的不动点定理：从一道28届IMO试题谈起	2015—01	38.00	439
柯西函数方程：从一道上海交大自主招生的试题谈起	2015—02	28.00	440
三角恒等式	2015—02	28.00	442
无理性判定：从一道2014年"北约"自主招生试题谈起	2015—01	38.00	443
数学归纳法	2015—03	18.00	451
极端原理与解题	2015—04	28.00	464
法雷级数	2014—08	18.00	367
摆线族	2015—05	38.00	438
函数方程及其解法	2015—05	38.00	470
含参数的方程和不等式	2012—09	28.00	213
希尔伯特第十问题	2016—01	38.00	543
无穷小量的求和	2016—01	28.00	545
切比雪夫多项式：从一道清华大学金秋营试题谈起	2016—01	38.00	583
泽肯多夫定理	2016—03	38.00	599
代数等式证题法	2016—01	28.00	600
三角等式证题法	2016—01	28.00	601
吴大任教授藏书中的一个因式分解公式：从一道美国数学邀请赛试题的解法谈起	2016—06	28.00	656
易卦——类万物的数学模型	2017—08	68.00	838
"不可思议"的数与数系可持续发展	2018—01	38.00	878
最短线	2018—01	38.00	879
幻方和魔方（第一卷）	2012—05	68.00	173
尘封的经典——初等数学经典文献选读（第一卷）	2012—07	48.00	205
尘封的经典——初等数学经典文献选读（第二卷）	2012—07	38.00	206
初级方程式论	2011—03	28.00	106
初等数学研究（Ⅰ）	2008—09	68.00	37
初等数学研究（Ⅱ）(上、下)	2009—05	118.00	46,47

刘培杰数学工作室
已出版（即将出版）图书目录——初等数学

书　名	出版时间	定　价	编号
趣味初等方程妙题集锦	2014—09	48.00	388
趣味初等数论选美与欣赏	2015—02	48.00	445
耕读笔记(上卷)：一位农民数学爱好者的初数探索	2015—04	28.00	459
耕读笔记(中卷)：一位农民数学爱好者的初数探索	2015—05	28.00	483
耕读笔记(下卷)：一位农民数学爱好者的初数探索	2015—05	28.00	484
几何不等式研究与欣赏.上卷	2016—01	88.00	547
几何不等式研究与欣赏.下卷	2016—01	48.00	552
初等数列研究与欣赏·上	2016—01	48.00	570
初等数列研究与欣赏·下	2016—01	48.00	571
趣味初等函数研究与欣赏.上	2016—09	48.00	684
趣味初等函数研究与欣赏.下	2018—09	48.00	685
三角不等式研究与欣赏	2020—10	68.00	1197
新编平面解析几何解题方法研究与欣赏	2021—10	78.00	1426
火柴游戏(第2版)	2022—05	38.00	1493
智力解谜.第1卷	2017—07	38.00	613
智力解谜.第2卷	2017—07	38.00	614
故事智力	2016—07	48.00	615
名人们喜欢的智力问题	2020—01	48.00	616
数学大师的发现、创造与失误	2018—01	48.00	617
异曲同工	2018—09	48.00	618
数学的味道	2018—01	58.00	798
数学千字文	2018—10	68.00	977
数贝偶拾——高考数学题研究	2014—04	28.00	274
数贝偶拾——初等数学研究	2014—04	38.00	275
数贝偶拾——奥数题研究	2014—04	48.00	276
钱昌本教你快乐学数学(上)	2011—12	48.00	155
钱昌本教你快乐学数学(下)	2012—03	58.00	171
集合、函数与方程	2014—01	28.00	300
数列与不等式	2014—01	38.00	301
三角与平面向量	2014—01	28.00	302
平面解析几何	2014—01	38.00	303
立体几何与组合	2014—01	28.00	304
极限与导数、数学归纳法	2014—01	38.00	305
趣味数学	2014—03	28.00	306
教材教法	2014—04	68.00	307
自主招生	2014—05	58.00	308
高考压轴题(上)	2015—01	48.00	309
高考压轴题(下)	2014—10	68.00	310
从费马到怀尔斯——费马大定理的历史	2013—10	198.00	I
从庞加莱到佩雷尔曼——庞加莱猜想的历史	2013—10	298.00	II
从切比雪夫到爱尔特希(上)——素数定理的初等证明	2013—07	48.00	III
从切比雪夫到爱尔特希(下)——素数定理100年	2012—12	98.00	III
从高斯到盖尔方特——二次域的高斯猜想	2013—10	198.00	IV
从库默尔到朗兰兹——朗兰兹猜想的历史	2014—01	98.00	V
从比勃巴赫到德布朗斯——比勃巴赫猜想的历史	2014—02	298.00	VI
从麦比乌斯到陈省身——麦比乌斯变换与麦比乌斯带	2014—02	298.00	VII
从布尔到豪斯道夫——布尔方程与格论漫谈	2013—10	198.00	VIII
从开普勒到阿诺德——三体问题的历史	2014—05	298.00	IX
从华林到华罗庚——华林问题的历史	2013—10	298.00	X

刘培杰数学工作室
已出版(即将出版)图书目录——初等数学

书 名	出版时间	定 价	编号
美国高中数学竞赛五十讲.第1卷(英文)	2014—08	28.00	357
美国高中数学竞赛五十讲.第2卷(英文)	2014—08	28.00	358
美国高中数学竞赛五十讲.第3卷(英文)	2014—09	28.00	359
美国高中数学竞赛五十讲.第4卷(英文)	2014—09	28.00	360
美国高中数学竞赛五十讲.第5卷(英文)	2014—10	28.00	361
美国高中数学竞赛五十讲.第6卷(英文)	2014—11	28.00	362
美国高中数学竞赛五十讲.第7卷(英文)	2014—12	28.00	363
美国高中数学竞赛五十讲.第8卷(英文)	2015—01	28.00	364
美国高中数学竞赛五十讲.第9卷(英文)	2015—01	28.00	365
美国高中数学竞赛五十讲.第10卷(英文)	2015—02	38.00	366

书 名	出版时间	定 价	编号
三角函数(第2版)	2017—04	38.00	626
不等式	2014—01	38.00	312
数列	2014—01	38.00	313
方程(第2版)	2017—04	38.00	624
排列和组合	2014—01	28.00	315
极限与导数(第2版)	2016—04	38.00	635
向量(第2版)	2018—08	58.00	627
复数及其应用	2014—08	28.00	318
函数	2014—01	38.00	319
集合	2020—01	48.00	320
直线与平面	2014—01	28.00	321
立体几何(第2版)	2016—04	38.00	629
解三角形	即将出版		323
直线与圆(第2版)	2016—11	38.00	631
圆锥曲线(第2版)	2016—09	48.00	632
解题通法(一)	2014—07	38.00	326
解题通法(二)	2014—07	38.00	327
解题通法(三)	2014—05	38.00	328
概率与统计	2014—01	28.00	329
信息迁移与算法	即将出版		330

书 名	出版时间	定 价	编号
IMO 50 年.第1卷(1959—1963)	2014—11	28.00	377
IMO 50 年.第2卷(1964—1968)	2014—11	28.00	378
IMO 50 年.第3卷(1969—1973)	2014—09	28.00	379
IMO 50 年.第4卷(1974—1978)	2016—04	38.00	380
IMO 50 年.第5卷(1979—1984)	2015—04	38.00	381
IMO 50 年.第6卷(1985—1989)	2015—04	58.00	382
IMO 50 年.第7卷(1990—1994)	2016—01	48.00	383
IMO 50 年.第8卷(1995—1999)	2016—06	38.00	384
IMO 50 年.第9卷(2000—2004)	2015—04	58.00	385
IMO 50 年.第10卷(2005—2009)	2016—01	48.00	386
IMO 50 年.第11卷(2010—2015)	2017—03	48.00	646

刘培杰数学工作室
已出版(即将出版)图书目录——初等数学

书　　名	出版时间	定　价	编号
数学反思(2006—2007)	2020—09	88.00	915
数学反思(2008—2009)	2019—01	68.00	917
数学反思(2010—2011)	2018—05	58.00	916
数学反思(2012—2013)	2019—01	58.00	918
数学反思(2014—2015)	2019—03	78.00	919
数学反思(2016—2017)	2021—03	58.00	1286
历届美国大学生数学竞赛试题集.第一卷(1938—1949)	2015—01	28.00	397
历届美国大学生数学竞赛试题集.第二卷(1950—1959)	2015—01	28.00	398
历届美国大学生数学竞赛试题集.第三卷(1960—1969)	2015—01	28.00	399
历届美国大学生数学竞赛试题集.第四卷(1970—1979)	2015—01	18.00	400
历届美国大学生数学竞赛试题集.第五卷(1980—1989)	2015—01	28.00	401
历届美国大学生数学竞赛试题集.第六卷(1990—1999)	2015—01	28.00	402
历届美国大学生数学竞赛试题集.第七卷(2000—2009)	2015—08	18.00	403
历届美国大学生数学竞赛试题集.第八卷(2010—2012)	2015—01	18.00	404
新课标高考数学创新题解题诀窍:总论	2014—09	28.00	372
新课标高考数学创新题解题诀窍:必修1~5分册	2014—08	38.00	373
新课标高考数学创新题解题诀窍:选修2—1,2—2,1—1,1—2分册	2014—09	38.00	374
新课标高考数学创新题解题诀窍:选修2—3,4—4,4—5分册	2014—09	18.00	375
全国重点大学自主招生英文数学试题全攻略:词汇卷	2015—07	48.00	410
全国重点大学自主招生英文数学试题全攻略:概念卷	2015—01	28.00	411
全国重点大学自主招生英文数学试题全攻略:文章选读卷(上)	2016—09	38.00	412
全国重点大学自主招生英文数学试题全攻略:文章选读卷(下)	2017—01	58.00	413
全国重点大学自主招生英文数学试题全攻略:试题卷	2015—07	38.00	414
全国重点大学自主招生英文数学试题全攻略:名著欣赏卷	2017—03	48.00	415
劳埃德数学趣题大全.题目卷.1:英文	2016—01	18.00	516
劳埃德数学趣题大全.题目卷.2:英文	2016—01	18.00	517
劳埃德数学趣题大全.题目卷.3:英文	2016—01	18.00	518
劳埃德数学趣题大全.题目卷.4:英文	2016—01	18.00	519
劳埃德数学趣题大全.题目卷.5:英文	2016—01	18.00	520
劳埃德数学趣题大全.答案卷:英文	2016—01	18.00	521
李成章教练奥数笔记.第1卷	2016—01	48.00	522
李成章教练奥数笔记.第2卷	2016—01	48.00	523
李成章教练奥数笔记.第3卷	2016—01	38.00	524
李成章教练奥数笔记.第4卷	2016—01	38.00	525
李成章教练奥数笔记.第5卷	2016—01	38.00	526
李成章教练奥数笔记.第6卷	2016—01	38.00	527
李成章教练奥数笔记.第7卷	2016—01	38.00	528
李成章教练奥数笔记.第8卷	2016—01	48.00	529
李成章教练奥数笔记.第9卷	2016—01	28.00	530

刘培杰数学工作室
已出版(即将出版)图书目录——初等数学

书　名	出版时间	定　价	编号
第19～23届"希望杯"全国数学邀请赛试题审题要津详细评注(初一版)	2014-03	28.00	333
第19～23届"希望杯"全国数学邀请赛试题审题要津详细评注(初二、初三版)	2014-03	38.00	334
第19～23届"希望杯"全国数学邀请赛试题审题要津详细评注(高一版)	2014-03	28.00	335
第19～23届"希望杯"全国数学邀请赛试题审题要津详细评注(高二版)	2014-03	38.00	336
第19～25届"希望杯"全国数学邀请赛试题审题要津详细评注(初一版)	2015-01	38.00	416
第19～25届"希望杯"全国数学邀请赛试题审题要津详细评注(初二、初三版)	2015-01	58.00	417
第19～25届"希望杯"全国数学邀请赛试题审题要津详细评注(高一版)	2015-01	48.00	418
第19～25届"希望杯"全国数学邀请赛试题审题要津详细评注(高二版)	2015-01	48.00	419
物理奥林匹克竞赛大题典——力学卷	2014-11	48.00	405
物理奥林匹克竞赛大题典——热学卷	2014-04	28.00	339
物理奥林匹克竞赛大题典——电磁学卷	2015-07	48.00	406
物理奥林匹克竞赛大题典——光学与近代物理卷	2014-06	28.00	345
历届中国东南地区数学奥林匹克试题集(2004～2012)	2014-06	18.00	346
历届中国西部地区数学奥林匹克试题集(2001～2012)	2014-07	18.00	347
历届中国女子数学奥林匹克试题集(2002～2012)	2014-08	18.00	348
数学奥林匹克在中国	2014-06	98.00	344
数学奥林匹克问题集	2014-01	38.00	267
数学奥林匹克不等式散论	2010-06	38.00	124
数学奥林匹克不等式欣赏	2011-09	38.00	138
数学奥林匹克超级题库(初中卷上)	2010-01	58.00	66
数学奥林匹克不等式证明方法和技巧(上、下)	2011-08	158.00	134,135
他们学什么:原民主德国中学数学课本	2016-09	38.00	658
他们学什么:英国中学数学课本	2016-09	38.00	659
他们学什么:法国中学数学课本.1	2016-09	38.00	660
他们学什么:法国中学数学课本.2	2016-09	28.00	661
他们学什么:法国中学数学课本.3	2016-09	38.00	662
他们学什么:苏联中学数学课本	2016-09	28.00	679
高中数学题典——集合与简易逻辑·函数	2016-07	48.00	647
高中数学题典——导数	2016-07	48.00	648
高中数学题典——三角函数·平面向量	2016-07	48.00	649
高中数学题典——数列	2016-07	58.00	650
高中数学题典——不等式·推理与证明	2016-07	38.00	651
高中数学题典——立体几何	2016-07	48.00	652
高中数学题典——平面解析几何	2016-07	78.00	653
高中数学题典——计数原理·统计·概率·复数	2016-07	48.00	654
高中数学题典——算法·平面几何·初等数论·组合数学·其他	2016-07	68.00	655

— 15 —

刘培杰数学工作室
已出版(即将出版)图书目录——初等数学

书 名	出版时间	定 价	编号
台湾地区奥林匹克数学竞赛试题.小学一年级	2017—03	38.00	722
台湾地区奥林匹克数学竞赛试题.小学二年级	2017—03	38.00	723
台湾地区奥林匹克数学竞赛试题.小学三年级	2017—03	38.00	724
台湾地区奥林匹克数学竞赛试题.小学四年级	2017—03	38.00	725
台湾地区奥林匹克数学竞赛试题.小学五年级	2017—03	38.00	726
台湾地区奥林匹克数学竞赛试题.小学六年级	2017—03	38.00	727
台湾地区奥林匹克数学竞赛试题.初中一年级	2017—03	38.00	728
台湾地区奥林匹克数学竞赛试题.初中二年级	2017—03	38.00	729
台湾地区奥林匹克数学竞赛试题.初中三年级	2017—03	28.00	730
不等式证题法	2017—04	28.00	747
平面几何培优教程	2019—08	88.00	748
奥数鼎级培优教程.高一分册	2018—09	88.00	749
奥数鼎级培优教程.高二分册.上	2018—04	68.00	750
奥数鼎级培优教程.高二分册.下	2018—04	68.00	751
高中数学竞赛冲刺宝典	2019—04	68.00	883
初中尖子生数学超级题典.实数	2017—07	58.00	792
初中尖子生数学超级题典.式、方程与不等式	2017—08	58.00	793
初中尖子生数学超级题典.圆、面积	2017—08	38.00	794
初中尖子生数学超级题典.函数、逻辑推理	2017—08	48.00	795
初中尖子生数学超级题典.角、线段、三角形与多边形	2017—07	58.00	796
数学王子——高斯	2018—01	48.00	858
坎坷奇星——阿贝尔	2018—01	48.00	859
闪烁奇星——伽罗瓦	2018—01	58.00	860
无穷统帅——康托尔	2018—01	48.00	861
科学公主——柯瓦列夫斯卡娅	2018—01	48.00	862
抽象代数之母——埃米·诺特	2018—01	48.00	863
电脑先驱——图灵	2018—01	58.00	864
昔日神童——维纳	2018—01	48.00	865
数坛怪侠——爱尔特希	2018—01	68.00	866
传奇数学家徐利治	2019—09	88.00	1110
当代世界中的数学.数学思想与数学基础	2019—01	38.00	892
当代世界中的数学.数学问题	2019—01	38.00	893
当代世界中的数学.应用数学与数学应用	2019—01	38.00	894
当代世界中的数学.数学王国的新疆域(一)	2019—01	38.00	895
当代世界中的数学.数学王国的新疆域(二)	2019—01	38.00	896
当代世界中的数学.数林撷英(一)	2019—01	38.00	897
当代世界中的数学.数林撷英(二)	2019—01	48.00	898
当代世界中的数学.数学之路	2019—01	38.00	899

刘培杰数学工作室
已出版(即将出版)图书目录——初等数学

书 名	出版时间	定 价	编号
105个代数问题:来自AwesomeMath夏季课程	2019—02	58.00	956
106个几何问题:来自AwesomeMath夏季课程	2020—07	58.00	957
107个几何问题:来自AwesomeMath全年课程	2020—07	58.00	958
108个代数问题:来自AwesomeMath全年课程	2019—01	68.00	959
109个不等式:来自AwesomeMath夏季课程	2019—04	58.00	960
国际数学奥林匹克中的110个几何问题	即将出版		961
111个代数和数论问题	2019—05	58.00	962
112个组合问题:来自AwesomeMath夏季课程	2019—05	58.00	963
113个几何不等式:来自AwesomeMath夏季课程	2020—08	58.00	964
114个指数和对数问题:来自AwesomeMath夏季课程	2019—09	48.00	965
115个三角问题:来自AwesomeMath夏季课程	2019—09	58.00	966
116个代数不等式:来自AwesomeMath全年课程	2019—04	58.00	967
117个多项式问题:来自AwesomeMath夏季课程	2021—09	58.00	1409
紫色彗星国际数学竞赛试题	2019—02	58.00	999
数学竞赛中的数学:为数学爱好者、父母、教师和教练准备的丰富资源.第一部	2020—04	58.00	1141
数学竞赛中的数学:为数学爱好者、父母、教师和教练准备的丰富资源.第二部	2020—07	48.00	1142
和与积	2020—10	38.00	1219
数论:概念和问题	2020—12	68.00	1257
初等数学问题研究	2021—03	48.00	1270
数学奥林匹克中的欧几里得几何	2021—10	68.00	1413
数学奥林匹克题解新编	2022—01	58.00	1430
澳大利亚中学数学竞赛试题及解答(初级卷)1978~1984	2019—02	28.00	1002
澳大利亚中学数学竞赛试题及解答(初级卷)1985~1991	2019—02	28.00	1003
澳大利亚中学数学竞赛试题及解答(初级卷)1992~1998	2019—02	28.00	1004
澳大利亚中学数学竞赛试题及解答(初级卷)1999~2005	2019—02	28.00	1005
澳大利亚中学数学竞赛试题及解答(中级卷)1978~1984	2019—03	28.00	1006
澳大利亚中学数学竞赛试题及解答(中级卷)1985~1991	2019—03	28.00	1007
澳大利亚中学数学竞赛试题及解答(中级卷)1992~1998	2019—03	28.00	1008
澳大利亚中学数学竞赛试题及解答(中级卷)1999~2005	2019—03	28.00	1009
澳大利亚中学数学竞赛试题及解答(高级卷)1978~1984	2019—05	28.00	1010
澳大利亚中学数学竞赛试题及解答(高级卷)1985~1991	2019—05	28.00	1011
澳大利亚中学数学竞赛试题及解答(高级卷)1992~1998	2019—05	28.00	1012
澳大利亚中学数学竞赛试题及解答(高级卷)1999~2005	2019—05	28.00	1013
天才中小学生智力测验题.第一卷	2019—03	38.00	1026
天才中小学生智力测验题.第二卷	2019—03	38.00	1027
天才中小学生智力测验题.第三卷	2019—03	38.00	1028
天才中小学生智力测验题.第四卷	2019—03	38.00	1029
天才中小学生智力测验题.第五卷	2019—03	38.00	1030
天才中小学生智力测验题.第六卷	2019—03	38.00	1031
天才中小学生智力测验题.第七卷	2019—03	38.00	1032
天才中小学生智力测验题.第八卷	2019—03	38.00	1033
天才中小学生智力测验题.第九卷	2019—03	38.00	1034
天才中小学生智力测验题.第十卷	2019—03	38.00	1035
天才中小学生智力测验题.第十一卷	2019—03	38.00	1036
天才中小学生智力测验题.第十二卷	2019—03	38.00	1037
天才中小学生智力测验题.第十三卷	2019—03	38.00	1038

刘培杰数学工作室
已出版(即将出版)图书目录——初等数学

书　名	出版时间	定　价	编号
重点大学自主招生数学备考全书:函数	2020-05	48.00	1047
重点大学自主招生数学备考全书:导数	2020-08	48.00	1048
重点大学自主招生数学备考全书:数列与不等式	2019-10	78.00	1049
重点大学自主招生数学备考全书:三角函数与平面向量	2020-08	68.00	1050
重点大学自主招生数学备考全书:平面解析几何	2020-07	58.00	1051
重点大学自主招生数学备考全书:立体几何与平面几何	2019-08	48.00	1052
重点大学自主招生数学备考全书:排列组合·概率统计·复数	2019-09	48.00	1053
重点大学自主招生数学备考全书:初等数论与组合数学	2019-08	48.00	1054
重点大学自主招生数学备考全书:重点大学自主招生真题.上	2019-04	68.00	1055
重点大学自主招生数学备考全书:重点大学自主招生真题.下	2019-04	58.00	1056
高中数学竞赛培训教程:平面几何问题的求解方法与策略.上	2018-05	68.00	906
高中数学竞赛培训教程:平面几何问题的求解方法与策略.下	2018-06	78.00	907
高中数学竞赛培训教程:整除与同余以及不定方程	2018-01	88.00	908
高中数学竞赛培训教程:组合计数与组合极值	2018-04	48.00	909
高中数学竞赛培训教程:初等代数	2019-04	78.00	1042
高中数学讲座:数学竞赛基础教程(第一册)	2019-06	48.00	1094
高中数学讲座:数学竞赛基础教程(第二册)	即将出版		1095
高中数学讲座:数学竞赛基础教程(第三册)	即将出版		1096
高中数学讲座:数学竞赛基础教程(第四册)	即将出版		1097
新编中学数学解题方法1000招丛书.实数(初中版)	2022-05	58.00	1291
新编中学数学解题方法1000招丛书.式(初中版)	2022-05	48.00	1292
新编中学数学解题方法1000招丛书.方程与不等式(初中版)	2021-04	58.00	1293
新编中学数学解题方法1000招丛书.函数(初中版)	2022-05	38.00	1294
新编中学数学解题方法1000招丛书.角(初中版)	2022-05	48.00	1295
新编中学数学解题方法1000招丛书.线段(初中版)	2022-05	48.00	1296
新编中学数学解题方法1000招丛书.三角形与多边形(初中版)	2021-04	48.00	1297
新编中学数学解题方法1000招丛书.圆(初中版)	2022-05	48.00	1298
新编中学数学解题方法1000招丛书.面积(初中版)	2021-07	28.00	1299
高中数学题典精编.第一辑.函数	2022-01	58.00	1444
高中数学题典精编.第一辑.导数	2022-01	68.00	1445
高中数学题典精编.第一辑.三角函数·平面向量	2022-01	68.00	1446
高中数学题典精编.第一辑.数列	2022-01	58.00	1447
高中数学题典精编.第一辑.不等式·推理与证明	2022-01	58.00	1448
高中数学题典精编.第一辑.立体几何	2022-01	58.00	1449
高中数学题典精编.第一辑.平面解析几何	2022-01	68.00	1450
高中数学题典精编.第一辑.统计·概率·平面几何	2022-01	58.00	1451
高中数学题典精编.第一辑.初等数论·组合数学·数学文化·解题方法	2022-01	58.00	1452

联系地址:哈尔滨市南岗区复华四道街10号　哈尔滨工业大学出版社刘培杰数学工作室
网　　址:http://lpj.hit.edu.cn/
邮　　编:150006
联系电话:0451-86281378　　13904613167
E-mail:lpj1378@163.com